"十二五"普通高等教育本科
国家级规划教材

机 械 设 计

第十一版

西北工业大学机械原理及机械零件教研室 编著

濮良贵 陈国定 吴立言 宁方立 主编

U0325805

中国教育出版传媒集团

高等教育出版社·北京

内容提要

本书是"十二五"普通高等教育本科国家级规划教材，是在西北工业大学机械原理及机械零件教研室编著，濮良贵、陈国定、吴立言主编《机械设计》（第十版）的基础上，根据教育部 2011 年制定的"机械设计课程教学基本要求"和编者多年来的教学实践经验，考虑加强学生素质教育和能力培养，结合拓宽专业面后的教学改革以及我国机械工业发展的需要修订而成的。本书第十版获首届全国教材建设奖二等奖。

全书共分五篇（十八章）：第一篇总论，第二篇连接，第三篇机械传动，第四篇轴系零、部件，第五篇其他零、部件。书后附录有常用量的名称、单位、符号及换算关系。

本书主要作为高等学校机械类专业的教材，也可供其他有关专业的师生和工程技术人员参考。

图书在版编目（CIP）数据

机械设计 / 西北工业大学机械原理及机械零件教研室编著；濮良贵等主编 . -- 11 版 . -- 北京：高等教育出版社，2024. 9（2025.2重印）. --ISBN 978-7-04-062473-1

Ⅰ. TH122

中国国家版本馆 CIP 数据核字第 20245DA307 号

Jixie Sheji

策划编辑	杜惠萍	责任编辑 杜惠萍	封面设计 张申申 马天驰	版式设计	杜微言
责任绘图	杨伟露	责任校对 马鑫蕊	责任印制 刘思涵		

出版发行	高等教育出版社	网　址	http://www.hep.edu.cn
社　址	北京市西城区德外大街 4 号		http://www.hep.com.cn
邮政编码	100120	网上订购	http://www.hepmall.com.cn
印　刷	武汉市新华印刷有限责任公司		http://www.hepmall.com
开　本	787mm×1092mm　1/16		http://www.hepmall.cn
印　张	28.75	版　次	1960年8月第1版
字　数	690 千字		2024年9月第11版
购书热线	010-58581118	印　次	2025年2月第2次印刷
咨询电话	400-810-0598	定　价	56.00 元

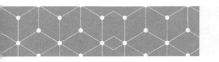
机械设计（第十一版）

西北工业大学

机械原理及机械零件教研室 编著

濮良贵 陈国定 吴立言 宁方立 主编

计算机访问：

1　计算机访问https://abooks.hep.com.cn/12320616。

2　注册并登录，进入"个人中心"，点击"绑定防伪码"，输入图书封底防伪码（20位密码，刮开涂层可见），完成课程绑定。

3　在"个人中心"→"我的学习"中选择本书，开始学习。

手机访问：

1　手机微信扫描下方二维码。

2　注册并登录后，点击"扫码"按钮，使用"扫码绑图书"功能或者输入图书封底防伪码（20位密码，刮开涂层可见），完成课程绑定。

3　在"个人中心"→"我的图书"中选择本书，开始学习。

课程绑定后一年为数字课程使用有效期。受硬件限制，部分内容无法在手机端显示，请按提示通过计算机访问学习。

如有使用问题，请直接在页面点击答疑图标进行问题咨询。

扫描二维码
访问新形态教材网
小程序

随着新工科建设的深入，机械工程专业人才培养的重心从技能型向技术型和创新型转移，特别是智能制造工程、机器人工程等新工科专业的出现，丰富和延拓了机械类专业的内涵与外延，使机械设计课程面临重大变革，并且迫切需要与之相适应的《机械设计》教材。

本书是"十二五"普通高等教育本科国家级规划教材，是在上一版的基础上修订而成的。本次修订主要做了以下几项工作：

1. 内容更新。自本书第十版出版以来，机械工程及相关领域的新理论、新技术和新标准有了发展和变化，根据这些发展和变化，本次修订更新了书中的部分内容，以满足科学技术领域的发展和教学工作的需要。在满足相同参考作用的前提下，适当地更新了部分参考文献，以准确反映科技领域新理论和新技术的状况。

2. 采用套色印刷。对于书中的插图和文字，通过套色印刷，既强化了教材的可读性，又能突显需要掌握的知识点。

3. 资源拓展。读者可通过扫描书中二维码浏览配套资源，更多地了解和掌握各章的知识架构，主要学习内容与重点、难点，学习要求以及相应的学习方法，并有助于解决一些学习过程中可能产生的疑难问题。

4. 体系微调。部分章节内容做了适当的调整，以更好地符合教学规律和学生的认知规律。

5. 疏漏更正。更正了第十版中文字、插图与计算的一些疏漏和错误。

本书作为高等学校机械类各专业的教材，其内容以机械类各专业通用的机械设计课程基本内容为主。为了适当拓宽专业面的需要，教师在使用本书时，可以根据不同要求增加介绍有关专业内容。

从 1960 年第一版开始，在濮良贵先生的带领下，教研室同志通过集体努力，编写完成了本书的多个版次，耗费了大量心血，使本书成为与时俱进、特色鲜明的精品教材和国内最受欢迎的机械设计教材之一。本书第十版获得了首届全国教材建设奖二等奖。在本次修订过程中，我们立足保持和发扬其原有特色，并适度引入新内容，力争不辜负本书前辈编者和广大读者的期望。

参加本次修订工作的有宁方立（第 1、2、16、18 章）、吴立言（第 3、15 章）、陈国定（第 4、12 章）、袁茹（第 5、6 章）、王琳（第 7 章）、李洲洋（第 8、9 章）、刘光磊（第 10 章）、李建华（第 11、14 章）、李育锡（第 13 章）和谷文韬（第 17 章，附录）。本书由濮良贵、陈国定、吴立言和宁方立担任主编。

受高等教育出版社委托，华南理工大学黄平教授详细审阅了本书，并提出了许多宝贵意见和建议。另外，各兄弟院校老师和同学以及工厂设计部门的同志都曾对本书提出过许多意见和建议，出版社的编辑人员为本书的出版与提高质量投入了大量的劳动。在此一并表示衷心的感谢。

限于编者的水平，书中难免有不当之处，请读者不吝批评指正，作者邮箱：gdchen@nwpu.edu.cn。

编　者

2023 年 10 月于西安

第一篇　总　　论

第二篇　连　　接

第三篇　机 械 传 动

第四篇　轴系零、部件

第五篇 其他零、部件

第一篇 总 论

本篇概括论述了与机械设计课程普遍相关的内容，包括第1～4章，即绪论，机械设计总论，机械零件的强度，摩擦、磨损及润滑概述。

绪论

1-1　机械与机械设计在社会发展中的作用

机械工业肩负着为国民经济各行业提供技术装备的重要任务。机械工业的生产水平是一个国家现代化建设水平的主要标志之一。国家的工业、农业、国防和科学技术的现代化程度都与机械工业的发展程度密切相关。

机器通过将能量、物料和信息等进行传递或转换来做各种有用功，可以代替人们体力和部分脑力劳动。人们之所以要广泛使用机器，是因为机器既能承担人力所不能或不便进行的工作，其生产的产品质量还优于人工生产的产品，极大提高了劳动生产率，并改善了劳动条件。同时，不论是集中进行的大量生产还是多品种、小批量生产，都只有使用机器才便于实现产品的标准化、系列化和通用化，实现产品生产的高度机械化、电气化、自动化和智能化。因此，大量设计制造和广泛使用各种先进的机器是促进国民经济发展，加速国家现代化建设的一个重要内容。

社会的进步源于人类不断的创新，设计活动则是各项创新的起点和关键环节。机器的发明、使用和发展是推动社会发展的重要创新过程。在这一过程中，人们总结出机械设计的理论与方法，从而为更高层次的创新与设计奠定了基础。

现代的机器，正在朝着自动化、智能化、性能更高以及与人类更加和谐的方向发展。现代的机械设计理论与方法正在不断与自动化技术、信息技术、管理科学、生命科学以及艺术学等学科融合。现代机械的设计，除了依靠专业的机械设计师外，更加需要掌握了不同专门技术的人才的相互协作。因此，不仅专业的机械设计师应该掌握较完备的机械设计知识，从事其他各类生产、研究的技术人员，也都应该掌握一定的机械设计知识。只有这样，才能设计出更多更好的机器。

1-2　机械设计课程的内容、性质与任务

在一台现代化的机器中，常会包含机械、电气、液压、气动、润滑、冷却、信息、控制和检测等系统，但是机器的主体仍然是它的机械系统。无论分解哪一台机器，它的机械系统总是由一些机构组成，每个机构又是由许多零件组成。所以，机器的基本组成要素是

机械零件。

机械设计课程的内容是介绍整台机器机械部分设计的基本知识，重点讨论一般尺寸和常用工作参数下的通用零件的设计，包括基本设计理论和方法、相关标准和技术资料等。

本书包含的具体内容如下：

1）总论部分——机器及零件设计的基本要求，设计准则，设计方法，材料选择，结构要求，强度理论，摩擦、磨损、润滑等方面的基本概念和知识；

2）连接设计——螺纹连接，键、花键及无键连接，销连接，铆接，焊接，胶接，过盈连接等的设计；

3）传动设计——螺旋传动、带传动、链传动、齿轮传动、蜗杆传动、摩擦轮传动等的设计；

4）轴系设计——滑动轴承、滚动轴承、联轴器与离合器、轴等的设计；

5）其他部分——弹簧、机座和箱体、减速器和变速器等的简介。

由上可知，机械设计课程的性质是以一般尺寸通用零件设计为核心的设计性课程，是论述它们的基本设计理论与方法的技术基础课程。这里需要特别提醒的是，书中虽然只涉及了上述一些零、部件的设计，但学生绝不是仅仅为了学会这些零、部件的设计理论和方法，而是通过学习这些基本内容去掌握有关的设计规律和技术措施，从而具有设计其他通用零、部件或某些专用零、部件（包括书中没有提到的以及目前尚未出现的零、部件）的能力。

机械设计课程（包括它的相关教学环节）的主要任务是培养学生以下方面的能力：

1）具有正确的设计思想及勇于创新和探索的精神；

2）掌握通用零件的设计原理、方法和机械设计的一般规律，进而具有综合运用所学的知识，研究改进或开发新的零、部件及设计简单机械装置的能力；

3）具有运用标准、规范、手册、图册和查阅有关技术资料的能力；

4）掌握典型机械零件的试验方法，获得试验技能的基本训练；

5）了解国家当前的有关技术经济政策，并对机械设计的新发展有所了解。

在机械设计课程的学习过程中，要综合运用先修课程中所学的有关知识与技能，结合各个教学及实践环节进行机械设计的基本训练，逐步提高理论水平、构思能力，特别是提高提出问题、分析问题及解决问题的能力，为顺利过渡到专业课程的学习及进行专业产品和设备的设计奠定宽广而坚实的基础。

重难点
分析

知识图谱 学习指南

机械设计总论

2-1　机器的组成

机器的发展经历了一个由简单到复杂的过程。人类为了满足生产及生活的需要，设计和制造了类型繁多、功能各异的机器。但是，只是在蒸汽机出现以后，机器才具有了完整的形态。可以用图 2-1 来概括地说明一部完整机器的组成。

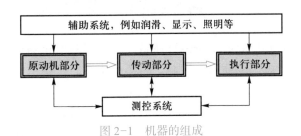

图 2-1　机器的组成

在图 2-1 中，蓝色背景的双线框表示一部机器的基本组成部分，无背景的单线框表示附加组成部分，着眼点在于它们的功能，并不涉及其复杂性。

原动机部分是驱动整部机器完成预定功能的动力源。通常一部机器只用一个原动机，复杂的机器也可能有多个原动机。一般地说，它们都是将其他形式的能量转换为可以利用的机械能。从历史发展来说，最早被用来作为原动机部分的是人力或畜力。此后水力机及风力机相继出现。工业革命以后，主要是利用蒸汽机（包括汽轮机）及内燃机。电动机出现后，几乎所有可以得到电力供应的地方都使用电动机作为原动机。现代机器中使用的原动机大致以各式各样的电动机和热力机为主。

原动机的动力输出绝大多数呈旋转运动的状态，输出一定的转矩。在少数情况下也有用直线运动电动机或作动筒以直线运动的形式输出一定的推力或拉力。

执行部分是用来完成机器预定功能的组成部分。一部机器的执行部分可以只有一个执行机构（例如压路机的压辊），也可以包括根据机器功能分解成的若干个执行机构（例如桥式起重机的卷筒、吊钩部分执行上下吊放重物的功能，小车行走部分执行横向运送重物的功能，大车行走部分执行纵向运送重物的功能）。

由于机器的功能是各式各样的，所以要求的运动形式也是各式各样的。同时，所要克服的阻力也会随着工作情况而异。但是原动机的运动形式、运动及动力参数却是有限的，而且是确定的。这就提出了必须把原动机的运动形式、运动及动力参数转变为执行部分所需的运动形式、运动及动力参数的问题。这个任务是靠传动部分来完成的。也就是说，机器中的传动部分是用来完成运动形式、运动及动力参数转换的。例如把旋转运动变为直线运动，高转速变为低转速，小转矩变为大转矩等。机器的传动部分多数使用机械传动系统，有时也可使用液压或电力传动系统等。

简单的机器只由上述三个基本部分组成。随着机器的功能越来越复杂，对机器的精确度要求也就越来越高，除了以上三个部分外，还会不同程度地增加其他部分，例如测控系统和辅助系统等。测控系统可分为检测系统与控制系统。控制系统根据检测系统测定的机器工作参数（速度、压力、温度等）来调整和控制机器的工作状态。

以汽车为例，发动机（汽油机、柴油机或电动机）是汽车的原动机部分；离合器、变速器、传动轴和差速器组成传动部分；车轮、悬挂系统及底盘（包括车身）是执行部分；转向盘和转向系统、排挡杆、制动器及其踏板、离合器踏板及加速踏板组成控制系统；油量表、速度表、里程表及水温表等组成显示系统；前、后灯及仪表盘灯组成照明系统；转向信号灯及车尾红灯组成信号系统；后视镜、门锁、刮水器及安全装置等为其他辅助装置等。

2-2　设计机器的一般程序

一部机器的质量很大程度取决于设计质量。制造过程对机器质量所起的作用，本质上就在于实现设计时所规定的质量。因此，机器的设计阶段是决定机器好坏的关键阶段之一。

本书中所讨论的设计过程仅指狭义的技术性的设计过程。它是一个创造性的工作过程，同时也是一个尽可能多地利用已有成功经验的工作。要很好地将继承与创新结合起来，才能设计出高质量的机器。一部完整的机器是一个复杂的系统，要提高设计质量，必须有一个科学的设计程序。虽然不可能列出一个在任何情况下都有效的程序，但是，根据人们设计机器的长期经验，归纳设计机器的一般程序见表 2-1。

以下对各阶段分别加以简要说明。

1. 计划阶段

作为设计预备阶段，计划阶段是在根据需要提出所要设计的机器之后，方案设计之前。此时，对所要设计的机器仅有一个模糊的概念。

在计划阶段中，应对所要设计的机器的需求情况做充分的调查研究和分析。通过分析，进一步明确机器所应具备的功能，并为以后的决策提出由环境、成本、加工以及时限等各方面所确定的约束条件。在此基础上，明确设计任务的全面要求及细节，最后形成设计任务书，作为本阶段的总结。设计任务书大体上应包括机器的功能、经济性及环保性的估计，制造要求方面的大致估计，基本使用要求以及完成设计任务的预计期限等。此时，对这些要求及条件一般也只能给出一个合理的范围，而不是准确的数字。例如，可以用必须达到的要求、最低要求、希望达到的要求等方式予以确定。

表 2-1 设计机器的一般程序

设计的阶段	工作步骤	阶段的目标
计划	提出任务 → 分析对机器的需求 → 确定任务要求	设计任务书
方案设计	机器的功能分析 → 提出可能的解决方案 → 组合几种可能的方案 → 评价（不可行/可行）→ 决策——选定方案	提出原理性的设计方案——原理图或机构运动简图
技术设计	明确构形要求 → 结构化 → 选择材料、确定尺寸 → 评价（不可行/可行）→ 决策——确定结构形状及尺寸 → 零件设计 → 部件设计 → 总体设计	总体设计草图及部件装配草图，并绘制出零件图、部件装配图及总装图
技术文件编制	编制技术文件	编制设计计算说明书、使用说明书、标准件明细表、其他技术文件等

2. 方案设计阶段

本阶段对设计的成败起关键的作用。这一阶段也充分表现出设计工作多解（方案）性的特点。

机器的功能分析，先要对设计任务书提出的机器功能中必须达到的要求、最低要求及希望达到的要求进行综合分析，即这些功能能否实现，多项功能间有无矛盾，相互间能否替代等。然后确定功能参数，作为进一步设计的依据。在机器的功能分析过程中，要恰当处理必要与可能、理想与现实、长远目标与当前目标等之间可能产生的矛盾。

确定功能参数后，即可提出可能的解决办法，即提出可能采用的方案。寻求方案时，可从原动机部分、传动部分及执行部分三方面分别进行讨论。较为常用的办法是先从执行部分开始讨论。

讨论机器的执行部分时，首先是关于工作原理的选择问题。例如，设计制造螺钉的机器时，既可采用在圆柱形毛坯上用车刀车削螺纹的办法，也可采用在圆柱形毛坯上用滚丝模滚压螺纹的办法。这就提出了两种不同的工作原理。工作原理不同，所设计出的机器就会不同。应当强调的是，必须不断地研究和发展新的工作原理，这是设计技术发展的重要途径。

根据不同的工作原理，可以拟定多种不同的执行机构的具体方案。以切削螺纹为例，既可以采用工件只作旋转运动而刀具作直线运动来切削螺纹（如在车床上切削螺纹），也可以使工件不动而刀具作转动和移动来切削螺纹（如用板牙加工螺纹）。这就是说，即使对于同一种工作原理，也可能有几种不同的结构方案。

原动机部分的方案当然也可以有多种选择。由于电力供应的普遍性和电力拖动技术的发展，现在可以说绝大多数的固定机械都优先选择电动机作为原动机。热力原动机主要用于运输机、工程机械或农业机械。即使是用电动机作为原动机，也还有交流和直流、高转速和低转速等的选择。

传动部分的方案更为复杂多样。对于同一传动任务，可以由多种机构或机构的组合来完成。因此，如果用 N_1 表示原动机部分的方案数，N_2 和 N_3 分别代表传动部分和执行部分的方案数，则机器总体的方案数 N 为 $N_1 \cdot N_2 \cdot N_3$ 个。

以上仅是就组成机器的三个主要部分讨论的。有时，还须考虑配置测控系统与其他辅助系统，对此，本书不再讨论。

在如此众多的方案中，技术上可行的可能仅有几个。对这几个可行的方案，要从技术性、经济性及环保性等方面进行综合评价。评价的方法很多，现以经济性评价为例略做说明。进行经济性评价时，既要考虑设计及制造时的经济性，又要考虑使用时的经济性。如果机器的结构方案比较复杂，则其设计制造成本就要相应地增加，可是其功能会更为齐全，生产率也较高，故使用经济性也较好。反过来，结构较为简单、功能不够齐全的机器，设计及制造费用虽少，但使用费用却会增加。这一考虑问题的思路导出图 2-2 所示的机器复杂性－费用曲线。把设计制造费用和使用费用加起来得到总费用。总费用最低处所对应的机器复杂程度就是最优的复杂程度。相应于这一复杂程度的机器结构方案就应是经济最佳方案。

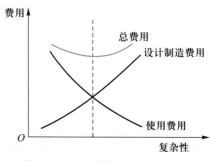

图 2-2　机器复杂性－费用曲线

评价结构方案的设计制造经济性时，还可以用单位功效的成本来表示，例如单位输出功率的成本、单件产品的成本等。

进行机器评价时，还必须对机器的可靠性进行分析，把可靠性作为一项评价指标。从可靠性的观点来看，盲目地追求复杂的结构往往是不明智的。一般地讲，系统越复杂，其可靠性就越低。为了提高复杂系统的可靠性，就必须提高系统品质或增加并联备用系统，而这不可避免地会提高机器的成本。

环境保护也是设计中必须考虑的重要方面。对环境造成不良影响的技术方案，必须详细地进行分析，并从技术上提出更为成熟的解决办法。

通过方案评价，最后进行决策，确定一个可以作为下一步技术设计依据的原理图或机构运动简图。

在方案设计阶段，要正确地处理好借鉴与创新的关系。同类机器成功的先例应当借鉴，原先薄弱的环节及不符合现有任务要求的部分应当加以改进或者根本改变。既要积极创新，也要反对保守和照搬原有设计及一味求新而把合理的原有经验弃置不用。

3. 技术设计阶段

技术设计阶段的目标是完成总装配草图及部件装配草图。通过草图设计确定各部件之间的连接，零、部件的外形及基本尺寸。最后绘制零件图、部件的装配图和总装配图。

为了确定主要零件的基本尺寸，必须做以下工作：

1）机器的运动学设计。根据确定的结构方案，确定原动机的参数（功率、转速、线速度等）。然后做运动学计算，从而确定各运动构件的运动参数（转速、速度、加速度等）。

2）机器的动力学计算。根据机器的工作载荷，结合各部分的结构及运动参数，计算各主要零件所受载荷的大小及特性。此时求出的载荷，由于零件尚未设计出来，因而只是作用于零件上的公称（或名义）载荷。

3）零件的工作能力设计。已知主要零件所受的公称载荷的大小和特性，即可做零、部件的初步设计。设计所依据的工作能力准则，须参照零、部件的一般失效情况、工作特性、环境条件等合理地拟定，一般有强度、刚度、振动稳定性、寿命等准则。通过计算或类比，即可确定零、部件的基本尺寸。

4）部件装配草图及总装配草图的设计。根据已确定的主要零、部件的基本尺寸，设计出部件装配草图及总装配草图。草图上需要对所有零件的外形及尺寸进行结构化设计。在此步骤中，需要很好地协调各零件的结构及尺寸，全面地考虑所设计零、部件的结构工艺性，使全部零件有最合理的构形。

5）主要零件的校核。有一些零件，在上述第 3）步中由于具体的结构未定，难以进行详细的工作能力计算，所以只能做初步计算及设计。在绘出部件装配草图及总装配草图以后，所有零件的结构及尺寸均为已知，相互邻接的零件之间的关系也已知，此时，就可以较为精确地定出作用在零件上的载荷，决定影响零件工作能力的各个细节因素。只有在此条件下，才有可能并且必须对一些重要的或者外形及受力情况复杂的零件进行精确的校核计算。根据校核的结果，反复地修改零件的结构及尺寸，直到满意为止。

在技术设计的各个步骤中，一些现代设计技术和方法，例如优化设计技术、有限元分析技术和可靠性技术等，在使结构参数的选择达到最佳能力，复杂情况下较好地近似定量计算结果，以及通过对所设计零、部件结构及其参数做出可靠性评价来提高机器的设计质量等方面，起着十分重要的作用。对于少数非常重要、结构复杂且价格昂贵的零件，必要时还须用模型试验方法来进行设计，即按初步设计的图样制造出模型，通过试验，找出结构上的薄弱部位或多余的截面尺寸，据此进行加强或减小来修改原设计，最后达到完善的程度。上述这些新的设计方法和概念，应当在设计中加以应用与推广，使之得到相应的发展。

草图设计完成以后，即可根据草图已确定的零件基本尺寸，设计零件图。此时，仍有大量的零件结构细节要加以推敲和确定。设计零件图时，要充分考虑零件的加工和装配工艺性、零件在加工过程中和加工完成后的检验要求和方法等。有些细节安排如果对零件的工作能力有值得考虑的影响，则须返回重新校核工作能力。最后绘制出除标准件以外的全部零件图。

按最后定型的零件图上的结构及尺寸，重新绘制部件装配图及总装配图。通过这一工作，可以检查出零件图中可能隐藏的尺寸和结构上的错误。人们把这一工作通俗地称为纸上装配。

4. 技术文件编制阶段

技术文件的种类较多，常用的有设计计算说明书、使用说明书、标准件明细表等。

设计计算说明书应包括方案选择及技术设计的全部结论性的内容。

供用户使用的使用说明书应向用户介绍机器的性能参数范围、使用操作方法、日常保养及简单的维修方法、备用件的目录等。

其他技术文件，如检验合格单、外购件明细表、验收条件等，视需要与否另行编制。

以上简要地介绍了机器的设计程序。广义地讲，在机器的制造过程中，随时都有可能出现由于工艺原因而修改设计的情况。如需修改，则应遵循一定的审批程序。机器出厂后，应该有计划地进行跟踪调查；另外，用户在使用过程中也会给制造或设计部门反馈出现的问题。设计部门根据这些信息，经过分析，也有可能对原设计进行修改，甚至改型。这些工作，虽然广义上也属设计程序的组成部分，但毕竟属于另一个层次的问题，本书不再讨论其具体的内容。但是作为设计工作者，应当有强烈的社会责任感，要把自己工作的视野延伸到制造、使用，甚至报废、回收利用的全过程中去，反复不断地改进设计，才能使机器的质量持续不断地提高，更好地满足生产及生活的需要。

随着计算机技术的发展，计算机在机械设计中得到了日益广泛的使用，并出现了许多高效率的设计、分析软件。利用这些软件可以在设计阶段进行多方案的对比，可以对不同的包括大型的和很复杂的方案的结构强度、刚度和动力学特性进行精确分析。同时，还可以在计算机上构建数字孪生模型，利用虚拟样机仿真对设计进行验证，从而实现在设计阶段充分地评估设计的可行性。可以说，计算机技术在机械设计中的推广使用已经在改变机械设计的进程，它在提高设计质量和效率方面的优势是难以预估的。

2-3　对机器的主要要求

设计机器的任务是在当前技术发展所能达到的条件下，根据生产及生活的需要提出的。不管机器的类型如何，一般来说，会对机器提出以下基本要求。

1. 使用功能要求

机器应具有预定的使用功能。这主要靠正确地选择机器的工作原理，正确地设计或选用能够全面实现功能要求的执行机构、传动机构和原动机，以及合理地配置必要的测控系统和辅助系统来实现。

2. 经济性要求

经济性体现在机器的设计、制造和使用的全过程中，设计机器时就要全面综合地考虑经济性。设计、制造的经济性表现为成本低；使用经济性表现为高生产率，高效率，较少地消耗能源、原材料和辅助材料，以及低的管理和维护费用等。

提高设计和制造经济性的主要途径如下：

1）采用先进的现代设计方法，使设计参数最优化，得到尽可能精确的设计计算结果，保证机器足够的可靠性。尽可能多地应用计算机辅助设计（computer aided design，CAD）技术，加快设计进度，降低设计成本。

2）最大限度地采用标准化、系列化及通用化的零、部件。零件结构尽可能采用标准化的结构及尺寸。

3）合理地采用新技术、新工艺、新结构和新材料。

4）合理地组织设计和制造过程。

5）力求改善零件的结构工艺性，使其用料少、易加工、易装配。

提高使用经济性的主要途径如下：

1）提高机器的机械化和自动化水平，以提高机器的生产率和产品的质量。

2）选用高效率的传动系统，尽可能减少传动的中间环节，以降低能源消耗和生产成本。

3）适当采用防护（如闭式传动、表面防护等）及润滑措施，以延长机器的使用寿命。

4）采用可靠的密封，减少或消除渗漏现象。

3. 劳动保护和环境保护要求

1）要使所设计的机器符合劳动保护法规的要求。设计时要按照人机工程学的原则尽可能减少操作手柄的数量，操作手柄及按钮等应放置在便于操作的位置，合理地规定操作时的驱动力，操作方式要符合人们的心理和习惯（例如汽车转向盘向左打则汽车向左拐弯）。同时，设置完善的安全防护装置、报警装置、显示装置等，并根据工程美学的原则美化机器的外形及外部配色，使操作者有一个安全、舒适的环境，不易产生疲劳。这也有助于提高劳动生产率和产品质量。

2）要把环境保护提高到一个重要的位置。改善机器及操作者周围的环境条件，如降低机器运转时的噪声，防止有毒、有害介质的渗漏及对废渣、废气和废液进行有效的治理等，以满足环境保护的要求。

4. 寿命与可靠性要求

任何机器都要求能在一定的寿命内可靠工作。随着机器的功能越来越先进，结构越来越复杂，可能发生故障的环节也越来越多。机器工作的可靠性受到了越来越大的挑战。在这种情况下，人们除了对机器有工作寿命的要求外，对可靠性也明确地提出了要求。机器可靠性的高低是用可靠度来衡量的。机器的可靠度 R 是指在规定的使用时间（工作寿命）内和给定的环境条件下机器能够正常工作的概率。机器不能正常工作，即机器由于某种故障而不能完成其预定的功能称为失效。已有越来越多的行业，特别是那些因机器失效会造成巨大损失的行业，例如航空、航天、海洋和核工业等，都相继规定了在设计时必须对其产品，包括零、部件，进行可靠性分析与评估，例如要求给出产品在工作寿命内可以安全工作的定量说明，在设计时要对组成机器的每个零件的可靠性提出要求。采用备用系统和在使用中对机器加强维护和检测都可以提高机器的可靠性。

5. 其他专用要求

某些机器还具有一些专用要求。例如：对机床有长期保持精度的要求，对飞机有质量小、飞行阻力小而运载能力大的要求，对流动使用的机器（如钻探机械）有便于安装和拆卸的要求，对大型机器有便于运输的要求等。设计机器时，在满足前述基本要求的前提下，还应着重地满足这些专用要求，以提高机器的使用性能。

不言而喻，对机器各项要求的满足，是以对组成机器的各零件进行正确设计和制造为前提的，即零件设计得好坏，将对机器的使用性能起着决定性的作用。

2-4　机械零件的主要失效形式

机械零件的失效形式主要有以下几种。

1. 整体断裂

拓展资源

零件在受拉、压、弯、剪和扭等外载荷作用时，由于某一危险截面上的应力超过零件的强度极限而发生的断裂，或者零件在受变应力作用时危险截面上发生的疲劳断裂，均属此类。例如螺栓的断裂、齿轮轮齿根部的折断等。

2. 过大的残余变形

拓展资源

如果作用于零件上的应力超过了材料的屈服极限，零件将产生残余变形。如果机床上被夹持定位的零件有过大的残余变形，会降低加工精度；高速转子轴的残余挠曲变形，将增大不平衡度，并进一步引起零件的变形。

3. 零件的表面破坏

零件的表面破坏主要是腐蚀、磨损和接触疲劳。

腐蚀是零件材料与环境间的物理－化学相互作用，其结果是使零件材料的性能发生变化，并常导致零件、环境或由它们作为组成部分的技术体系的功能受到损伤。如处于潮湿空气中或与水、汽及其他腐蚀性介质相接触的金属零件，均有可能发生腐蚀现象。与此同时，对于承受变应力的零件，还会产生腐蚀疲劳的现象。

磨损是两个接触表面在作相对运动的过程中表面物质损失或产生残余变形的现象。

接触疲劳是零件在循环接触应力的作用下，产生局部永久性累积损伤，经一定的循环次数后，接触表面产生麻点，浅层或深层剥落的过程。

腐蚀、磨损和接触疲劳都是随工作时间的延续而逐渐发生的失效形式。

4. 破坏正常工作条件引起的失效

　　有些零件只有在一定的工作条件下才能正常工作。例如，液体摩擦的滑动轴承，只有在存在完整的润滑油膜时才能正常工作；带传动和摩擦轮传动，只有在传递的有效圆周力小于临界摩擦力时才能正常工作；高速转动的零件，只有其转速与转动件系统的固有频率避开一个适当的频率间隔时才能正常工作等。如果破坏了这些必要的条件，则将发生不同类型的失效。例如，滑动轴承将发生过热、胶合、磨损等形式的失效；带传动将发生打滑失效；高速转子将发生共振，从而使振幅增大，以致引起断裂失效等。

　　零件到底经常发生哪种形式的失效，这与很多因素有关，并且在不同工作环境和不同机器上也不尽相同。根据参考文献［20］中对 1 378 项失效进行分类的结果来看，由于腐蚀、磨损和各种接触疲劳破坏所引起的失效就占所有失效的 73.88%，而由于断裂所引起的失效只占 4.79%。所以可以说，腐蚀、磨损和接触疲劳是引起零件失效的主要原因。

2-5　设计机械零件时应满足的基本要求

　　设计机械零件时应满足的要求是从设计机器的要求中引申出来的。一般地讲，大致有以下基本要求。

1. 避免在预定寿命期内失效的要求

（1）强度

　　零件在工作中发生断裂或不允许的残余变形均属于强度不足。上述失效形式，对于除了用于安全装置中预定适时破坏的零件外的其他零件都是应当避免的。因此，具有适当的强度是设计零件时必须满足的最基本要求。

　　有些大型零件，例如机架、床身等，虽然在工作时不会发生断裂，但在运输过程中由于吊装、捆绑、固定等操作，也有可能使零件承受比工作载荷大得多的载荷，因而引起断裂。此时，就应当优先考虑运输时的强度问题。

　　为了提高机械零件的强度，在设计时原则上可以采用以下措施：采用强度高的材料；使零件具有足够的横截面尺寸；合理地设计零件的横截面形状，以增大横截面的惯性矩；采用普通热处理和化学热处理方法，以提高材料的力学性能；提高运动零件的制造精度，以减小工作时的动载荷；合理地配置机器中各零件的相互位置，以减小作用于零件上的载荷等。

（2）刚度

　　零件在工作时所产生的弹性变形不超过允许的限度，就满足了刚度要求。显然，只有弹性变形过大会影响机器工作性能的零件（例如机床主轴、导轨等），才需要满足这项要求。对于这类零件，设计时除了要做强度计算外，还必须做刚度计算。

　　零件的刚度分为整体变形刚度和表面接触刚度两种。前者是指零件整体在载荷作用下发生的伸长、缩短、挠曲、扭转等弹性变形的程度；后者是指因两零件接触表面上的微观凸峰，在外载荷作用下发生变形所导致的两零件相对位置变化的程度。原则上说，为了提高零件的整体变形刚度，可采取增大零件横截面尺寸或增大横截面的惯性矩；缩短支承跨距或采用多支点结构，以减小挠曲变形等。为了提高接触刚度，可采取增大贴合面以降低压力，采用精加工以降低表面不平度等。

（3）寿命

有的零件在工作初期虽然能够满足各种要求，但在工作一定时间后可能由于某种（或多种）原因而失效。这个零件正常工作持续的时间就称为零件的寿命。

影响零件寿命的主要因素有材料的疲劳、材料的腐蚀以及相对运动零件接触表面的磨损等三个方面。

大部分机械零件在变应力条件下工作，因而疲劳破坏是引起零件失效的主要原因。在对零件进行精确的强度计算时，都要考虑零件材料的疲劳问题。影响零件材料疲劳强度的主要因素是应力集中、零件尺寸大小、零件表面性能及环境状况。在设计零件时，应努力从这几方面采取措施，以提高零件抵抗疲劳破坏的能力。

零件处于腐蚀性介质中工作时，就有可能使材料遭受腐蚀。对于这些零件，应选用耐腐蚀材料或采用各种防腐蚀的表面处理，例如发蓝、表面镀层、喷涂漆膜及表面阳极化处理等，以提高零件的耐腐蚀性能。

关于磨损及提高耐磨性等问题见第 4 章。

2. 结构工艺性要求

零件具有良好的结构工艺性，是指在既定的生产条件下能够方便而经济地生产出来，并便于装配成机器这一特性。所以，零件的结构工艺性应从毛坯制造、机械加工过程及装配等几个生产环节加以综合考虑。工艺性是和机器生产批量大小及具体的生产条件相关的。为了改善零件的工艺性，就应当熟悉当前的生产水平及条件。对零件的结构工艺性具有决定性影响的零件结构设计，在整个设计工作中占有很大的比重，因而必须予以足够的重视。关于零件结构设计的内容与方法可参看参考文献［6］、［52］、［53］。

3. 经济性要求

零件的经济性首先表现在零件本身的生产成本上。设计零件时，力求设计出耗费最少的零件。此处的耗费，除了材料的耗费以外，还应包括制造时间即人工的消耗等。

要降低零件的成本，首先要采用简洁的零件结构，以降低材料的消耗；采用少余量或无余量的毛坯或简化零件结构，以减少加工工时。这些对降低零件成本均有显著的作用。工艺性良好的结构意味着加工及装配费用低，所以工艺性对经济性有着直接的影响。

采用廉价且供应充足的材料以代替贵重材料，对于大型零件采用组合结构代替整体结构，都可以在降低材料费用方面起到积极的作用。

另外，尽可能采用标准化的零、部件取代特殊加工的零、部件，也可以在经济方面取得很大的效益。

4. 质量小的要求

对绝大多数机械零件来说，都应当力求减小其质量。减小质量有两方面的好处：一方面，可以节约材料；另一方面，对于运动零件来说，可以减小惯性，改善机器的动力性能，减小作用于构件上的惯性载荷。此外，对于运输机械的零件，由于减小了本身的质量，就可以增加运载量，从而提高机器的经济效能。

为了达到零件质量小的目的，可以从多方面采取设计措施。这些措施大致有：采用缓冲装置来减小零件上所受的冲击载荷；采用安全装置来限制作用在主要零件上的最大载荷；从零件上应力较小处削减部分材料，以改善零件受力的均匀性，从而提高材料的利用率；采用与工作载荷相反方向的预载荷，以降低零件上的工作载荷；采用轻型薄壁的冲压件或焊接件来代替铸、锻零件，以及采用强重比（即强度与单位体积材料所受的重力之比）高的材料等。

5. 可靠性要求

一台机器的可靠性是由组成它的零（部）件的可靠性及系统构成来保证的。零件可靠度的定义和机器可靠度的定义是相同的，即在规定的使用时间（工作寿命）内和给定的环境条件下，零件能够正常地完成其功能的概率。对于绝大多数的机械来说，失效的发生都是随机的。失效具有随机性，其原因在于零件工作条件的随机性。例如，零件所受的载荷、环境温度等都是随机变化的；零件本身的物理及力学性能也是随机变化的。通过大量的试验再利用概率统计的方法找出规律，可得到零件工作的可靠度，从而判断是否满足可靠性的要求。

2-6　机械零件的设计准则

为了保证所设计的机械零件能安全、可靠地工作，在进行设计工作之前，应确定相应的设计准则。对于不同的零件或工作在差异较大的环境中的相同零件，都应有不同的设计准则。设计准则的确定应该与零件的失效形式紧密地联系起来。一般来讲，大体有以下几类设计准则。

1. 强度准则

强度准则是指零件中的应力不得超过允许的限度。例如：对于一次断裂，应力不超过材料的强度极限；对于疲劳破坏，应力不超过零件的疲劳极限；对于残余变形，应力不超过材料的屈服极限。这就称为满足了强度要求，符合了强度设计的准则。其代表性的表达式为

$$\sigma \leqslant \sigma_{\text{lim}} \tag{2-1}$$

考虑各种偶然性或难以精确分析的影响，式（2-1）右边要除以设计安全系数（简称为安全系数）S，即

$$\sigma \leqslant \frac{\sigma_{\text{lim}}}{S} \tag{2-2}$$

2. 刚度准则

零件在载荷作用下产生的弹性变形量 y（它广义地代表任何形式的弹性变形量），小于或等于机器工作性能所允许的极限值 $[y]$（即许用变形量），就称为满足了刚度要求或符合了刚度设计准则。其表达式为

$$y \leqslant [y] \tag{2-3}$$

弹性变形量 y 可按各种求变形量的理论或试验方法来确定，而许用变形量 $[y]$ 则应随不同的使用场合，根据理论或经验来确定。

3. 工作寿命准则

影响工作寿命（简称寿命）的主要因素——腐蚀、磨损和接触疲劳是三个不同范畴的问题，它们各自发展过程的规律也不同。迄今为止，还没有提出实用有效的腐蚀寿命计算方法，因而也无法列出腐蚀的计算准则。关于磨损的计算方法，由于其类型众多，产生的机理还未完全明晰，影响因素也很复杂，所以尚无可供工程实际使用的能够进行定量计算的方法，本书不予讨论。关于疲劳寿命，通常是求出寿命内的疲劳极限或额定载荷来作为计算的依据，这在第 3 章中再做介绍。

4. 振动稳定性准则

机器中存在着很多周期性变化的激振源，例如齿轮的啮合、滚动轴承中的振动、滑动轴承中的油膜振荡、弹性轴的偏心转动等。当某一零件本身的固有频率与上述激振源的频率重合或成整数倍关系时，这些零件就会发生共振，致使零件破坏或机器工作情况失常等。所谓振动稳定性，是指在设计时要使机器中受激振作用的各零件的固有频率与激振源的频率错开。例如，令 f 代表零件的固有频率，f_p 代表激振源的频率，则通常应保证如下条件：

$$0.85f > f_p \quad 或 \quad 1.15f < f_p \tag{2-4}$$

如果不能满足上述条件，则可用改变零件及系统的刚性、改变支承位置、增加或减少辅助支承等办法来改变 f 值。

把激振源与零件隔离，使激振源的周期性改变的能量不能传递到零件上去，或者采用阻尼以减小受激振零件的振幅，都可以改善零件的振动稳定性。

5. 可靠性准则

如有一大批某种零件，其件数为 N_0，在一定的工作条件下进行试验。如在时间 t 后仍有 N 件在正常工作，则此零件在该工作条件下工作时间 t 的可靠度 R 可近似表示为

$$R \approx \frac{N}{N_0} \tag{2-5}$$

如试验时间不断延长，则 N 将不断地减小，故可靠度也将改变。这就是说，零件的可靠度本身是一个时间的函数。

零件或部件的可靠性的另一个指标是失效率，零件或部件的失效率 $\lambda(t)$ 与时间 t 的关系如图 2-3 所示。这个曲线常被形象化地称为浴盆曲线，一般是用试验的办法求得的。该曲线分为三段：

第 Ⅰ 段代表早期失效阶段。在这一阶段中，失效率由开始时很高的数值急剧地下降到某一稳定的数值。引起这一阶段失效率特别高的原因是零、部件中存在的初始缺陷，

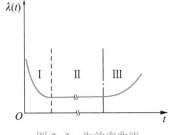

图 2-3　失效率曲线

例如零件上未被发现的加工裂纹、安装不正确、接触表面未经磨合（跑合）等。

第 Ⅱ 段代表正常使用阶段。在此阶段内如果发生失效，一般是由于偶然的原因而引起的，故其发生是随机的，失效率则表现为缓慢增长。

第 Ⅲ 段代表损坏阶段。由于长时间的使用使零件发生磨损、疲劳裂纹扩展等，失效率急剧增加。良好维护和及时更换马上要发生破坏的零件，就可以延缓机器进入这一阶段工作。

表征零件可靠性的指标还有零件的平均工作时间（也称平均寿命）。对于不可修复的零件，平均寿命是指其失效前的平均工作时间，用 MTTF（mean time to failures）表示；对于可修复的零件，平均寿命则是指其平均故障间隔时间，用 MTBF（mean time between failures）表示。在工程实际中，平均寿命应用统计的方法确定。

2-7 机械零件的设计方法

机械零件的设计方法，可从不同的角度做出不同的分类。目前较为流行的分类方法是把过去长期采用的设计方法称为常规（或传统）设计方法，近几十年发展起来的设计方法称为现代设计方法。本节主要介绍常规设计方法。

机械零件的常规设计方法可概括地划分为以下几种。

1. 理论设计

根据长期总结出来的设计理论和试验数据所进行的设计，称为理论设计。现以简单受拉杆件的强度设计为例来讨论理论设计的概念。设计时强度计算的依据为式（2-2）：

$$\sigma \leqslant \frac{\sigma_{\text{lim}}}{S}$$

或
$$\frac{F}{A} \leqslant \frac{\sigma_{\text{lim}}}{S} \tag{2-6}$$

式中：F——作用于拉杆上的外载荷；

A——拉杆横截面面积；

σ_{lim}——拉杆材料的极限应力；

S——设计安全系数（简称为安全系数）。

对式（2-6）的运算过程，可以有以下两大类不同的处理方法。

（1）设计计算

由式（2-6）直接求出杆件的横截面尺寸 A，即

$$A \geqslant \frac{SF}{\sigma_{\text{lim}}} \tag{2-6a}$$

（2）校核计算

在按其他办法初步设计出杆件的横截面尺寸后，可选用下列四式之一进行校核计算：

$$\sigma = \frac{F}{A} \leqslant [\sigma] = \frac{\sigma_{\text{lim}}}{S} \tag{2-6b}$$

$$F \leqslant \frac{\sigma_{\lim} A}{S} \tag{2-6c}$$

$$S_{ca} = \frac{\sigma_{\lim}}{\sigma} \geqslant S \tag{2-6d}$$

$$\sigma_{\lim} \geqslant \sigma S \tag{2-6e}$$

式（2-6b）中的 $[\sigma]$ 为许用应力；式（2-6d）中的 S_{ca} 为安全系数计算值，或简称为计算安全系数。

设计计算多用于能通过简单的力学模型进行设计的零件；校核计算则多用于结构复杂，应力分布较复杂，但又能用现有的应力分析方法（以强度为设计准则时）或变形分析方法（以刚度为设计准则时）进行计算的场合。

2. 经验设计

根据对某类零件已有的设计与使用实践而归纳出的经验关系式，或根据设计者本人的工作经验用类比法进行的设计称为经验设计。这对那些使用要求变动不大而结构形状已典型化的零件，例如箱体、机架、传动零件的各结构要素等，是很有效的设计方法。

3. 模型试验设计

对于一些尺寸巨大而结构又很复杂的重要零件，尤其是一些重型整体机械零件，为了提高设计质量，可采用模型试验设计的方法。即把初步设计的零、部件或机器制成小模型或小尺寸样机，经过试验的手段对其各方面的特性进行检验，根据试验结果对设计进行逐步完善。这样的设计过程称为模型试验设计。

这种设计方法费时、昂贵，因此只用于特别重要的设计中。

2-8　机械零件设计的一般步骤

机械零件设计大体要经过以下几个步骤：

1）根据零件的使用要求，选择零件的类型和结构。为此，必须对各种零件的不同类型、优缺点、特性与使用范围等进行综合对比并正确选用。

2）根据机器的工作要求，计算作用在零件上的载荷。

3）根据零件的类型、结构和所受载荷，分析零件可能的失效形式，从而确定零件的设计准则。

4）根据零件的工作条件及对零件的特殊要求（例如高温环境下或在腐蚀性介质中工作等），选择适当的材料。

5）根据设计准则进行有关的计算，确定零件的基本尺寸。

6）根据工艺性及标准化等原则，进行零件的结构设计。

7）细节设计完成后，必要时进行详细的校核计算，以判定结构的合理性。

8）绘制零件图，并撰写设计说明书。

在进行设计时，对于数值的计算除少数与几何尺寸精度要求有关外，一般以小数点后保留两位或三位数字的计算精度为宜。

必须再度强调指出，结构设计是机械零件的重要设计内容之一，在有些情况下，它占了设计工作量中较大的比例，一定要给予足够的重视。

　　绘制的零件图应完全符合制图标准，并满足加工要求。

　　撰写的设计说明书要条理清晰，语言简明，计算正确，格式统一，并附有必要的结构草图和计算草图。对于重要的引用数据，一般要注明来源。对于重要的计算结果，须写出简短的结论。

2-9　机械零件的材料及其选用

　　材料的选择是机械零件设计中非常重要的环节。随着工程实际对机械及零件要求的提高，以及材料科学的不断发展，材料的合理选择越来越成为提高零件质量、降低成本的重要手段。

1. 机械零件常用的材料

　　（1）金属材料

　　在各类工程材料中，金属材料（尤其是钢铁）使用最广。据统计，在机械制造产品中，钢铁材料占90%以上。钢铁之所以被大量采用，除了因为它们具有较好的力学性能（如强度、塑性、韧性等）外，还因为其相对便宜和容易获得，而且能满足多种性能和用途的要求。在各类钢铁材料中，由于合金钢的性能优良，因而常常用来制造重要的零件。

　　除钢铁以外的金属材料称为有色金属。在有色金属中，铝、铜及其合金的应用最多。其中，有的密度小，有的导热和导电性能好等，通常还可用于有减摩及耐腐蚀要求的场合。

　　（2）高分子材料

　　高分子材料按特性通常可分为塑料、橡胶及纤维等类型。高分子材料有许多优点：原料丰富，可以从石油、天然气和煤中提取，获取时所需的能耗低；密度小，平均只有钢的1/6；在适当的温度范围内有很好的弹性；耐蚀性好等。例如，有"塑料王"之称的聚四氟乙烯有很好的耐蚀性，其化学稳定性也极好，在极低的温度下不会变脆，在沸水中也不会变软。因此，聚四氟乙烯在化工设备和冷冻设备中有广泛应用。

　　但是，高分子材料也有明显的缺点，如容易老化，其中不少材料阻燃性差，总体上讲，耐热性不好等。

　　（3）陶瓷材料

　　工程结构陶瓷材料，有以 Si_3N_4 和 SiC 为主要成分的高温结构陶瓷，有以 Al_2O_3 为主要成分的刀具结构陶瓷。陶瓷材料的主要特点是硬度极高、耐磨、耐腐蚀、熔点高、刚度大以及密度比钢铁低等。陶瓷材料常被形容为"像钢一样强，像金刚石一样硬，像铝一样轻"的材料。目前，陶瓷材料已应用于密封件、滚动轴承和切削刀具等零件与工具中。

　　陶瓷材料的主要缺点是比较脆，断裂韧度低，价格高，加工工艺性差等。

　　（4）复合材料

　　复合材料是由两种或两种以上具有明显不同的物理和力学性能的材料复合制成的，不同的材料可分别作为材料的基体相和增强相。增强相起着提高基体相的强度和刚度的作用，而基体相起着使增强相定型的作用，从而获得单一材料难以达到的优良性能。

复合材料的基体相通常以树脂为主，而按增强相的不同可分为纤维增强复合材料和颗粒增强复合材料。作为增强相的纤维织物的原料主要有玻璃纤维、碳纤维、碳化硅纤维、氧化铝纤维等。作为增强相的颗粒有碳化硼、碳化硅、氧化铝等颗粒。复合材料的制备是按一定的工艺将增强相和基体相组合在一起，利用特定的模具而成形的。

复合材料的主要优点是有较高的强度和弹性模量，而质量又特别小；但也有耐热性差、导热和导电性能较差的缺点，此外，复合材料的价格比较高。所以，目前复合材料主要用于航空、航天等高科技领域。在民用产品中，复合材料也有一些应用，如在高尔夫球杆、网球拍、赛艇、划船桨等体育用品上的应用。

2. 机械零件材料的选择原则

从各种各样的材料中选择出合适的材料，是一项受多方面因素制约的工作。在后面的有关章节中，将分别介绍各种零件适用的材料和牌号。由于金属材料仍是在机械设计中应用得最多和最广的材料，所以下面就简要介绍金属材料（主要是钢铁）的一般选用原则。

（1）载荷、应力的大小和性质

这方面的因素主要是从强度方面来考虑的，应在充分了解材料力学性能的前提下进行选择。脆性材料原则上只适用于制造在静载荷下工作的零件。在有冲击的情况下，应以塑性材料作为主要使用的材料。

金属材料的性能一般可通过热处理加以改善，因此要充分利用热处理的手段来发挥材料的潜力。对于最常用的调质钢，由于其回火温度的不同，可得到力学性能不同的毛坯。回火温度越高，材料的硬度和强度就越低，而塑性越好。所以在选择材料的品种时，应同时规定其热处理规范，并在图样上注明。

（2）零件的工作情况

零件的工作情况是指零件所处的环境特点、工作温度、摩擦磨损的程度等。

在湿热环境下工作的零件，其材料应有良好的防锈和耐腐蚀的能力，例如选用不锈钢、铜合金等。

工作温度对材料选择的影响：一方面要考虑互相配合的两零件的材料线膨胀系数不能相差过大，以免在温度变化时产生过大的热应力或者使配合松动；另一方面也要考虑材料的力学性能随温度而改变的情况。

对于零件在工作中有可能发生磨损之处，要提高其表面硬度，以增强耐磨性。因此，应选择适于进行表面处理的淬火钢、渗碳钢、氮化钢等品种。

（3）零件的尺寸及质量

零件的尺寸及质量与材料的品种及毛坯制取方法有关。用铸造方法制造毛坯时，一般可以不受尺寸及质量的限制；而用锻造方法制造毛坯时，须注意锻压机械及设备的生产能力。此外，零件的尺寸和质量还和材料的强重比有关，应尽可能选用强重比大的材料，以便减小零件的尺寸和质量。

（4）零件结构的复杂程度及材料的加工可能性

结构复杂的零件宜选用铸造毛坯，或用板材冲压出结构件后再经焊接而成。结构简单的零件可用锻造法制取毛坯。

对材料工艺性的了解，在判断加工可能性方面起着重要的作用。铸造材料的工艺性是指材料的液态流动性、收缩率、偏析程度及产生缩孔的倾向性等。锻造材料的工艺性是指材料的延展性、热脆性及冷态和热态下塑性变形的能力等。焊接材料的工艺性是指材料的焊接性及焊缝产生裂纹的倾向性等。材料的热处理工艺性是指材料的可淬性、淬火变形倾向性及热处理介质对它的渗透能力等。材料的冷加工工艺性是指材料的硬度、易切削性、冷作硬化程度及切削后可能达到的表面粗糙度等。在材料手册中，对上述各点均有简明的介绍。

（5）材料的经济性

材料的经济性主要表现在以下几方面：

1）材料本身的相对价格。当用价格低廉的材料能满足使用要求时，就不应选择价格高昂的材料。这对于大批量生产的零件尤为重要。

2）材料的加工费用。例如制造某些箱体类零件，虽然铸铁比钢板价廉，但在批量小时，选用钢板焊接反而比较有利，因其可以省掉铸模的生产费用。

3）材料的利用率。例如采用无切屑或少切屑毛坯（如精铸、模锻、冷拉毛坯等），可以提高材料的利用率。此外，在结构设计时也应设法提高材料的利用率。

4）采用组合结构。例如火车车轮是在一般材料的轮芯外部热套上一个硬度高且耐磨损的轮箍，这种选材的方法常称为局部品质原则。

5）节约稀有材料。例如用铝青铜代替锡青铜制轴瓦，用锰硼系合金钢代替铬镍系合金钢等。

（6）材料的供应状况

选材时还应考虑当时当地材料的供应状况。为了简化供应和储存的材料品种，对于单件小批生产的零件，应尽可能地减少同一部机器上使用的材料品种和规格。

2-10　机械零件设计中的标准化

对于机械零件的设计工作来说，标准化的作用是很重要的。所谓零件的标准化，就是在零件的尺寸、结构要素、材料性能、检验方法、设计方法、制图要求等方面制定各类共同遵守的标准。标准化带来的优越性表现为：

1）能以最先进的方法在专业化工厂中对那些用途最广的零件进行大量的、集中的制造，以提高零件质量，降低成本。

2）统一了材料和零件的性能指标，使其能够进行比较，并提高了零件的可靠性。

3）采用了标准结构及零、部件，可以简化设计工作，缩短设计周期，提高设计质量。另外，也同时简化了机器的维修工作。

机械制图的标准化保证了工程语言的统一。因此，对设计图样的标准化检查是设计工作中的一个重要环节。

目前已发布的与机械零件设计有关的标准，从运用范围上来讲，可以分为国家标准（GB）、行业标准和企业标准三个等级，从使用的强制性来说，可分为必须执行的（有关度、量、衡及涉及人身安全等标准）和推荐使用的（如标准直径等）。

对于同一产品，为了符合不同的使用条件，在同一基本结构或基本尺寸条件下，规定出若干个辅助尺寸不同的产品，称为不同的系列，这就是系列化的含义。例如对于同一结构、同一内径的滚动轴承，制出不同外径及宽度的产品，称为滚动轴承系列。不同系列的规定，一般是以优先数系为基础的。优先数系就是按几何级数关系变化的数字系列，而级数项的公比一般取为 10 的某次方根，即取公比 $q = \sqrt[n]{10}$，根式指数 $n = 5$、10、20、40、80，按它们求出的数字系列（要做适当的圆整）分别称为 R5、R10、R20、R40 和 R80 系列，R5、R10、R20、R40 为基本系列，R80 为补充系列（详见 GB/T 321—2005）。

2-11　机械现代设计方法简介

机械现代设计方法通常是相对传统设计方法而言的。由于现代设计方法正在不断发展，人们对它的内涵看法不一，尚无明确的范畴。但对它的特征和发展动向，可以从总体上概括为力求运用现代应用数学、应用力学、微电子学及信息学等方面的最新成果与手段实现下述某些方面的转化：

1）从静态设计向动态设计的转化——如以机器结构动力学计算取代静力学计算，以实时在线测试数据作为评价依据等。

2）从定性分析向定量分析的转化——如以有限元法取代经验类比法计算箱体的尺寸和刚度。

3）从常规设计向可靠性设计的转化——如采用了随机统计理论的可靠性设计技术，不仅更符合工程实际情况，而且设计结果更为客观可信。

4）从一般性设计向优化设计的转化——用相关的设计变量恰当地建立设计目标的数学模型，从众多的可行解（方案）中寻求其最优解。

5）从串行设计向并行设计的转化——并行设计（concurrent design）也称并行工程（concurrent engineering），是一种面向整个"产品生命周期"的一体化设计过程，在设计阶段就从总体上并行地综合考虑产品整个生命周期中功能结构、工艺规划、可制造性、可装配性、可测试性、可维修性以及可靠性等各方面的要求及其相互关系，避免串行设计中可能发生的干涉与返工，从而迅速开发出质优、价廉、低能耗的产品。

6）从宏观分析向微观分析的转化——如以断裂力学理论处理零件材料本身微观裂纹扩展引起的低应力脆断现象，建立以损伤容限为设计判据的设计方法；润滑理论中的微－纳米摩擦学等。

7）从离散性分析向系统性分析的转化——将产品的整个设计工作作为一个单级或多级的系统，用系统工程的观点分析划分其设计阶段及组成单元，通过仿真及自动控制等手段，综合最优地处理它们的内在关系及系统与外界环境的关系。

8）从人工设计向自动化设计的转化——按照集成化与智能化的要求，充分利用先进的硬件（如计算机、自动绘图机等）及软件（如数据库、图形库、知识库、专家系统、评价与决策系统等众多支持系统），大力提高人机结合的设计系统的自动化水平，从而提高产品的设计质量、设计效率和经济效益，并利于设计人员集中精力创新，开发更多的高科技产品，无疑是现代设计方法发展的核心目标。

总之，设计工作本质上是一种创造性的活动，是对知识与信息等进行创造性的运作与处理。发展机械现代设计方法，实质上就是不断追求最高效、最恰当而且最经济地满足用户要求、社会效益、经济效益、机械内在要求等对机械构成的全部约束条件。

机械现代设计方法发展很快，目前常见的有计算机辅助设计（computer aided design，CAD）、优化设计（optimization design）、可靠性设计（reliability design）、并行设计（concurrent design）、数字孪生（digital twin）、参数化设计（parameterization design）、智能设计（intelligent design）、分形设计（fractal design）、网上设计（on-net design）等。

重难点
分析

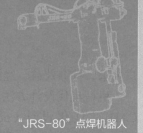
机械零件的强度

知识图谱　学习指南

机械零件的强度可分为静应力强度和变应力强度（疲劳强度）。根据设计经验及材料的特性，通常认为，在工作寿命期间应力变化次数小于 10^3 的零件，可按照静应力强度进行设计。运用材料力学的知识，已可按静应力强度对零件做初步设计，所以本章对此不再加以讨论。要说明的一点是，在机械零件的设计实践中，按静强度设计计算之处还是很多的。即使是承受变应力的零件，在按疲劳强度进行设计的同时，还有不少情况需要根据受载过程中作用次数很少而数值很大的峰值载荷做静应力强度校核。本章主要讨论零件在变应力作用下的疲劳、低应力作用下的脆断、接触应力作用下的接触强度以及机械零件的强度可靠性等问题。

3-1　材料的疲劳强度

材料的疲劳特性可用最大应力 $\sigma_{\max}$、应力循环次数 N、应力比（或称为循环特性）$r\left(=\dfrac{\sigma_{\min}}{\sigma_{\max}}\right)$ 来描述。机械零件材料的抗疲劳性能是通过试验来测定的，即在材料的标准试件上加上一定应力比的等幅变应力，通常是加上应力比 $r=-1$ 的对称循环应力或是 $r=0$ 的脉动循环应力，通过试验，记录在不同最大应力下引起试件疲劳破坏所经历的应力循环次数 N。把试验的结果用图 3-1 或图 3-2 来表达，就得到材料的疲劳特性曲线。图 3-1 描述了在一定的应力比 r 下，疲劳极限（以最大应力 $\sigma_{\max}$ 表征）与应力循环次数 N 的关系，通常称为 $\sigma\text{-}N$ 疲劳曲线。图 3-2 描述的是在一定的应力循环次数 N 下，疲劳极限的应力幅值 σ_{a} 与平均应力 σ_{m} 的关系。这一曲线实际上反映了在特定寿命条件下，最大应力 $\sigma_{\max}=\sigma_{\text{m}}+\sigma_{\text{a}}$ 与应力比 $r=\dfrac{\sigma_{\text{m}}-\sigma_{\text{a}}}{\sigma_{\text{m}}+\sigma_{\text{a}}}$ 的关系，故常称其为等寿命疲劳

应力变化
线图

曲线或极限应力线图。

在循环次数小于 10^3 时，相应于图 3-1 中的曲线 AB 段，使试件发生破坏的最大应力值基本不变，或者说下降得很小，因此可以将应力循环次数 $N\leqslant 10^3$ 时的变应力强度看作静应力强度。

在曲线的 BC 段，随着循环次数的增加，材料发生疲劳破坏的最大应力将不断下降。

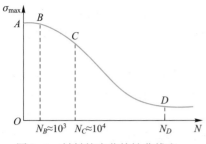

图 3-1　材料的疲劳特性曲线之一
（σ - N 疲劳曲线）

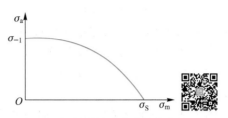

图 3-2　材料的疲劳特性曲线之二
（等寿命疲劳曲线）

仔细检查试件在这一阶段的破坏断口状况，总能见到材料已发生塑性变形的特征。点 C 相应的循环次数大约为 10^4。这一阶段的疲劳破坏，由于应力较大，材料已出现局部的塑性变形，所以用应变 - 循环次数来说明材料的行为更符合实际。因此，把这一阶段的疲劳现象称为应变疲劳。由于这一阶段的应力循环次数相对很少，所以也称为低周疲劳。有些机械零件在整个工作寿命期间应力变化次数只有几百到几千次，但应力值较大，故其疲劳属于低周疲劳范畴。但对绝大多数通用零件来说，当其承受变应力作用时，其应力循环次数总是大于 10^4 的。所以，本书中不讨论低周疲劳问题，若需要可参见参考文献 [19]。

1. σ-N 疲劳曲线

图 3-1 中曲线 CD 段代表有限寿命疲劳阶段。在此范围内，材料试件经过一定次数的交变应力作用后总会发生疲劳破坏。曲线 CD 段上任何一点所代表的疲劳极限，称为有限寿命疲劳极限，用符号 σ_{rN} 表示。脚标 r 代表该变应力的应力比，N 代表该变应力的循环次数。曲线 CD 段可用下式来描述：

$$\sigma_{rN}^m N = C, \quad N_C \leqslant N \leqslant N_D \tag{3-1}$$

式中，C 和 m 均为材料常数。

图 3-1 中 D 点以后的曲线几乎为一水平线，这表明若作用的变应力的最大值小于点 D 的应力值，则无论应力变化多少次，材料都不会破坏。故点 D 以后的线段代表了试件无限寿命疲劳阶段，可用下式描述：

$$\sigma_{rN} = \sigma_{r\infty}, \quad N > N_D \tag{3-2}$$

式中，$\sigma_{r\infty}$ 表示点 D 对应的疲劳极限，常称为持久疲劳极限。点 D 所对应的循环次数 N_D，对于各种钢材来说，为 $10^6 \sim 10^8$。由于 N_D 有时很大，所以人们在做疲劳试验时，常规定一个循环次数 N_0（称为循环基数），用 N_0 和与 N_0 相对应的疲劳极限 σ_{rN_0}（简写为 σ_r）来近似代表 N_D 和 $\sigma_{r\infty}$。这样，式（3-1）可改写为

$$\sigma_{rN}^m N = \sigma_r^m N_0 = C \tag{3-1a}$$

由式（3-1a）便得到了根据 σ_r 及 N_0 来求有限寿命区间内任意循环次数 N（$N_C \leqslant N \leqslant N_D$）时的疲劳极限 σ_{rN} 的表达式：

$$\sigma_{rN} = \sigma_r \sqrt[m]{\frac{N_0}{N}} = K_N \sigma_r \tag{3-3}$$

式中，K_N 称为寿命系数，其值为 σ_{rN} 与 σ_r 的比值。

以上各式中，材料常数 m 的值由试验来决定。对于钢材，在弯曲疲劳和拉压疲劳时，$m=6\sim20$、$N_0=(1\sim10)\times10^6$。在初步计算中，钢制零件受弯曲疲劳时，中等尺寸零件取 $m=9$、$N_0=5\times10^6$，大尺寸零件取 $m=9$、$N_0=10^7$。

当 N 大于疲劳曲线转折点 D 所对应的循环次数 N_D 时，式（3-3）中的 N 就取为 N_D 而不再增加（即当 $N>N_D$ 时，$\sigma_{rN}=\sigma_{rND}$）。实际计算中，常用 N_0 代表 N_D，用 σ_r 代表 σ_{rN_0}（即 $\sigma_{r\infty}$）。

图 3-1 中的曲线 CD 和点 D 以后两段所代表的疲劳通常统称为高周疲劳，大多数机械零件的疲劳失效都是由高周疲劳引起的。

2. 等寿命疲劳曲线

图 3-2 所示的疲劳特性曲线可用于表达某一给定循环次数条件下疲劳极限的特性。按试验的结果，这一疲劳特性曲线为二次曲线。在工程应用中，常将其以直线或折线来近似替代，图 3-3 所示的极限应力线图就是一种常用的近似替代折线图（其他的近似替代线图可参见参考文献 [19]）。

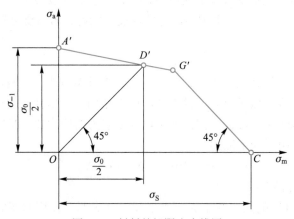

图 3-3   材料的极限应力线图

在做材料疲劳试验时，通常是测出对称循环疲劳极限 σ_{-1} 及脉动循环疲劳极限 σ_0。由于对称循环变应力的平均应力 $\sigma_m=0$，应力幅等于疲劳极限 σ_{-1}，所以对称循环疲劳极限在图 3-3 中以纵坐标轴上的点 A' 来表示。脉动循环变应力的平均应力及应力幅均为

$$\sigma_m=\sigma_a=\frac{\sigma_0}{2}$$，所以脉动循环疲劳极限以由原点 O 所作 45° 射线上的点 D' 来表示。连接点 A'、D' 得直线 $A'D'$。由于这条直线与不同应力比的情况下进行试验所求得的疲劳极限应力曲线（即曲线 $A'D'$，图 3-3 中未示出）非常接近，故用此直线近似代替曲线，所以直线 $A'D'$ 上任何一点都代表了一定应力比时的疲劳极限。横坐标上任何一点都代表应力幅等于零的应力，即静应力。取点 C 的坐标值等于材料的屈服极限 σ_S[①]，并自点 C 作一直

---

① 国家标准 GB/T 228.1—2021 中规定了应力、抗拉强度、上屈服强度、下屈服强度等术语，分别采用 R、R_m、R_{eH}、R_{eL} 等表示。由于在本课程的先学课程"材料力学"中仍采用旧国标中的 σ、σ_B、σ_S 表示应力、强度极限（或抗拉强度）和屈服极限（屈服极限一般对应下屈服强度），所以为了课程的延续，本书中采用材料力学中的符号和术语。

线与直线 CO 成 $45°$ 的夹角，交 $A'D'$ 的延长线于点 G'，则 CG' 上任何一点均代表 $\sigma_{\max}=\sigma'_{\mathrm{m}}+\sigma'_{\mathrm{a}}=\sigma_{\mathrm{S}}$ 的变应力状况。

于是，材料试件的极限应力线图近似为折线 $A'G'C$。材料中发生的应力若处于 $OA'G'C$ 区域以内，则表示不发生破坏；若在此区域以外，则表示一定要发生破坏；若正好处于折线上，则表示工作应力状况正好达到极限状态。

图 3-3 中，直线 $A'G'$ 的方程可由两点坐标 $A'\left(0, \sigma_{-1}\right)$ 及 $D'\left(\dfrac{\sigma_0}{2}, \dfrac{\sigma_0}{2}\right)$ 求得，即

$$\sigma_{-1}=\sigma'_{\mathrm{a}}+\varphi_\sigma\sigma'_{\mathrm{m}} \tag{3-4}$$

直线 CG' 的方程为

$$\sigma'_{\mathrm{m}}+\sigma'_{\mathrm{a}}=\sigma_{\mathrm{S}} \tag{3-5}$$

式中：σ'_{m}、σ'_{a}——试件受循环弯曲应力时疲劳极限的平均应力与应力幅值。

φ_σ——试件受循环弯曲应力时的材料常数，其值由试验及下式决定：

$$\varphi_\sigma=\frac{2\sigma_{-1}-\sigma_0}{\sigma_0} \tag{3-6}$$

根据试验，对碳钢，$\varphi_\sigma\approx0.1\sim0.2$；对合金钢，$\varphi_\sigma\approx0.2\sim0.3$。

3-2　机械零件的疲劳强度

1. 影响机械零件疲劳极限的因素

由于机械零件在几何尺寸和形状、加工质量和表面强化工艺等方面与材料试件存在一定的差异，往往会导致零件的疲劳极限小于材料试件的疲劳极限。若以综合影响系数 K_σ 表示材料对称循环弯曲疲劳极限 σ_{-1} 与零件对称循环弯曲疲劳极限 $\sigma_{-1\mathrm{e}}$ 的比值，即

$$K_\sigma=\frac{\sigma_{-1}}{\sigma_{-1\mathrm{e}}} \tag{3-7}$$

则当已知 K_σ 及 σ_{-1} 时，就可按下式估算出零件的对称循环弯曲疲劳极限：

$$\sigma_{-1\mathrm{e}}=\frac{\sigma_{-1}}{K_\sigma} \tag{3-8}$$

在不对称循环时，K_σ 是试件与零件的极限应力幅的比值。把零件材料的极限应力线图（图 3-3）中的直线 $A'D'G'$ 按比例 K_σ 向下移，成为图 3-4 所示的直线 ADG。而图 3-3 中的 CG' 部分，由于是按照静应力的要求来考虑的，故不需进行修正。这样一来，零件的极限应力曲线即可由折线 AGC（极限应力折线）表示。直线 AG 的方程由两点坐标 $A\left(0, \dfrac{\sigma_{-1}}{K_\sigma}\right)$ 及 $D\left(\dfrac{\sigma_0}{2}, \dfrac{\sigma_0}{2K_\sigma}\right)$ 求得：

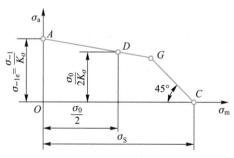

图 3-4　零件的极限应力线图

$$\sigma_{-1e} = \frac{\sigma_{-1}}{K_\sigma} = \sigma'_{ae} + \varphi_{\sigma e}\sigma'_{me} \qquad (3-9)$$

或
$$\sigma_{-1} = K_\sigma\sigma'_{ae} + \varphi_\sigma\sigma'_{me} \qquad (3-9a)$$

直线 CG 的方程为

$$\sigma'_{ae} + \sigma'_{me} = \sigma_S \qquad (3-10)$$

式中：σ'_{ae}——零件受循环弯曲应力时的极限应力幅。

　　　σ'_{me}——零件受循环弯曲应力时的极限平均应力。

　　　$\varphi_{\sigma e}$——零件受循环弯曲应力时的材料常数，$\varphi_{\sigma e}$ 可用下式计算：

$$\varphi_{\sigma e} = \frac{\varphi_\sigma}{K_\sigma} = \frac{1}{K_\sigma}\frac{2\sigma_{-1} - \sigma_0}{\sigma_0} \qquad (3-11)$$

上述各式中，系数 K_σ 称为弯曲疲劳极限综合影响系数，可用下式计算[18, 19]：

$$K_\sigma = \left(\frac{k_\sigma}{\varepsilon_\sigma} + \frac{1}{\beta_\sigma} - 1\right)\frac{1}{\beta_q} \qquad (3-12)$$

式中：k_σ——零件的有效应力集中系数（脚标 σ 表示在正应力条件下，下同）；

　　　ε_σ——零件的尺寸及截面形状系数；

　　　β_σ——零件的表面质量系数；

　　　β_q——零件的强化系数。

以上各系数的值可参见本章附录或有关资料。

　　同样，对于切应力的情况，也可以仿照式（3-9）及式（3-10），并以 τ 代换 σ，得出极限应力线图的方程为

$$\tau_{-1e} = \frac{\tau_{-1}}{K_\tau} = \tau'_{ae} + \varphi_{\tau e}\tau'_{me} \qquad (3-13)$$

或
$$\tau_{-1} = K_\tau\tau'_{ae} + \varphi_\tau\tau'_{me} \qquad (3-13a)$$

及
$$\tau'_{ae} + \tau'_{me} = \tau_S \qquad (3-14)$$

式中，$\varphi_{\tau e}$ 为零件受循环切应力时的材料常数。

　　仿照式（3-11）得

$$\varphi_{\tau e} = \frac{\varphi_\tau}{K_\tau} = \frac{1}{K_\tau}\frac{2\tau_{-1} - \tau_0}{\tau_0} \qquad (3-15)$$

式中：φ_τ——试件受循环切应力时的材料常数，$\varphi_\tau \approx 0.5\varphi_\sigma$；

　　　K_τ——剪切疲劳极限综合影响系数。

　　仿照式（3-12）得

$$K_\tau = \left(\frac{k_\tau}{\varepsilon_\tau} + \frac{1}{\beta_\tau} - 1\right)\frac{1}{\beta_q} \qquad (3-16)$$

式中，k_τ、ε_τ、β_τ 的含义分别与上述 k_σ、ε_σ、β_σ 相对应，脚标 τ 则表示在切应力条件下。各系数的值可参见本章附录或有关资料。

2. 单向稳定变应力时机械零件的疲劳强度计算

在做机械零件的疲劳强度计算时，首先需求出机械零件危险截面上交变工作应力的最大值 $\sigma_{\max}$ 及最小值 $\sigma_{\min}$，据此计算出平均工作应力 σ_{m} 及工作应力幅 σ_{a}。然后，在极限应力线图的坐标上即可确定相应于 σ_{m} 及 σ_{a} 的工作应力点 M（或者点 N），如图 3-5 所示。

显然，强度计算时所用的极限应力应是零件的极限应力线图（AGC）上的某一个点所代表的应力。到底用哪一个点来表示极限应力才算合适，这要根据零件所受载荷的变化规律，以及零件与相邻零件互相约束情况的不同而使工作应力可能发生的变化规律来决定。可能发生的典型的应力变化规律常有下述三种：第一种，变应力的应力比保持不变，即 $r=C$（例如绝大多数转轴中的应力状态）；第二种，变应力的平均应力保持不变，即 $\sigma_{m}=C$（例如振动着的受载弹簧中的应力状态）；第三种，变应力的最小应力保持不变，即 $\sigma_{\min}=C$（例如紧螺栓连接中螺栓受轴向变载荷时的应力状态）。下面分别讨论这三种情况。

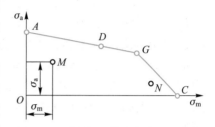

图 3-5　零件的工作应力在极限应力线图中的位置

（1）$r=C$ 的情况

当 $r=C$ 时，需找到一个其应力比与零件工作应力的应力比相同的极限应力值。因为

$$\frac{\sigma_{a}}{\sigma_{m}}=\frac{\sigma_{\max}-\sigma_{\min}}{\sigma_{\max}+\sigma_{\min}}=\frac{1-r}{1+r}=C' \tag{3-17}$$

式中，C' 也是一个常数。所以在图 3-6 中，从坐标原点引射线通过工作应力点 M（或 N），与极限应力折线交于点 M_1'（或 N_1'），得到 OM_1'（或 ON_1'），则在此射线上任何一个点所代表的应力循环都具有相同的应力比。因为点 M_1'（或 N_1'）为极限应力折线上的一个点，它所代表的最大应力值就是强度计算时所用的极限应力。

联解 OM 及 AG 两直线的方程式，可求出点 M_1' 的坐标值 σ_{me}' 及 σ_{ae}'，把它们加起来，就可求出对应于点 M 的零件的疲劳极限为

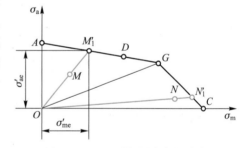

图 3-6　$r=C$ 时极限应力的确定

$$\sigma_{\max}'=\sigma_{ae}'+\sigma_{me}'=\frac{\sigma_{-1}(\sigma_{m}+\sigma_{a})}{K_{\sigma}\sigma_{a}+\varphi_{\sigma}\sigma_{m}}=\frac{\sigma_{-1}\sigma_{\max}}{K_{\sigma}\sigma_{a}+\varphi_{\sigma}\sigma_{m}} \tag{3-18}$$

于是，计算安全系数 S_{ca} 及强度条件式为

$$S_{ca}=\frac{\sigma_{\lim}}{\sigma}=\frac{\sigma_{\max}'}{\sigma_{\max}}=\frac{\sigma_{-1}}{K_{\sigma}\sigma_{a}+\varphi_{\sigma}\sigma_{m}}\geqslant S \tag{3-19}$$

式中，S 为零件的设计安全系数。

对应于点 N 的极限应力点 N_1' 位于直线 CG 上。此时的极限应力即为屈服极限 σ_{S}。这就是说，工作应力为 N 点时，可能发生的是屈服失效，故只需进行静强度计算。在工作

应力为单向应力时，强度条件式为

$$S_{ca} = \frac{\sigma_{lim}}{\sigma} = \frac{\sigma_S}{\sigma_{max}} = \frac{\sigma_S}{\sigma_a + \sigma_m} \geqslant S \tag{3-20}$$

分析图 3-6 得知，凡是工作应力点位于 OGC 区域内时，在应力比等于常数的条件下，极限应力统为屈服极限，都只需进行静强度计算。

（2）$\sigma_m = C$ 的情况

当 $\sigma_m = C$ 时，需找到一个平均应力与零件平均工作应力相同的极限应力。在图 3-7 中，通过点 M（或 N）作纵轴的平行线 MM_2'（或 NN_2'），则此线上任何一个点所代表的循环应力都具有相同的平均应力值。因为点 M_2'（或 N_2'）为极限应力折线上的点，所以它代表的最大应力值就是强度计算时所用的极限应力。

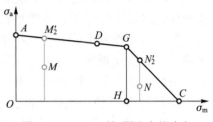

图 3-7　$\sigma_m = C$ 时极限应力的确定

MM_2' 的方程为 $\sigma_{me}' = \sigma_m$。联解 MM_2' 及 AG 两直线的方程式，求出点 M_2' 的坐标 σ_{me}' 及 σ_{ae}'，把它们加起来，就可求得对应于点 M 的零件的疲劳极限 σ_{max}'。疲劳极限 σ_{max}' 和极限应力幅 σ_{ae}' 的计算式为

$$\sigma_{max}' = \sigma_{-1e} + \sigma_m \left(1 - \frac{\varphi_\sigma}{K_\sigma}\right) = \frac{\sigma_{-1} + (K_\sigma - \varphi_\sigma)\sigma_m}{K_\sigma} \tag{3-21}$$

$$\sigma_{ae}' = \frac{\sigma_{-1} - \varphi_\sigma \sigma_m}{K_\sigma} \tag{3-22}$$

根据最大应力求得的计算安全系数 S_{ca} 及强度条件式为

$$S_{ca} = \frac{\sigma_{lim}}{\sigma} = \frac{\sigma_{max}'}{\sigma_{max}} = \frac{\sigma_{-1} + (K_\sigma - \varphi_\sigma)\sigma_m}{K_\sigma(\sigma_m + \sigma_a)} \geqslant S \tag{3-23}$$

也有文献建议，在 $\sigma_m = C$ 的情况下，按照应力幅来校核零件的疲劳强度，即按应力幅求得安全系数计算值为

$$S_a' = \frac{\sigma_{ae}'}{\sigma_a} = \frac{\sigma_{-1} - \varphi_\sigma \sigma_m}{K_\sigma \sigma_a} \geqslant S \tag{3-24}$$

对应于点 N 的极限应力由点 N_2' 表示，它位于直线 CG 上，故仍只按式（3-20）进行静强度计算，分析图 3-7 可知，凡是工作应力点位于 CGH 区域内时，在 $\sigma_m = C$ 的条件下，极限应力统为屈服极限，只需按式（3-20）进行静强度计算。

（3）$\sigma_{min} = C$ 的情况

当 $\sigma_{min} = C$ 时，需找到一个最小应力与零件工作应力的最小应力相同的极限应力。因为

$$\sigma_{min} = \sigma_m - \sigma_a = C \tag{3-25}$$

所以在图 3-8 中，通过点 M（或 N），作与横坐标轴夹角为 45° 的直线，则此直线上任何一个点所代表的应力均具有相同的最小应力。该直线与 AG（或 CG）线的交点 M_3'（或 N_3'）在极限应力折线上，所以它所代表的最大应力就是强度计算时所用的极限应力。

通过点 O 及点 G 作与横坐标轴夹角为 45° 的直线，得 OJ 及 IG，把安全工作区域分

成三个部分。当工作应力点位于 *AOJ* 区域内时，最小应力均为负值。这在实际的机械结构中是极为罕见的，所以无须讨论这一情况。当工作应力点位于 *GIC* 区域内时，极限应力统为屈服极限，故只需按式（3-20）进行静强度计算。工作应力点位于 *OJGI* 区域内时，极限应力在疲劳极限应力折线 *AG* 上。计算时所用的分析方法和前述两种情况相同，而所得到的计算安全系数 S_{ca} 及强度条件式为

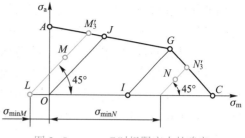

图 3-8　$\sigma_{\min}=C$ 时极限应力的确定

$$S_{ca}=\frac{\sigma'_{\max}}{\sigma_{\max}}=\frac{2\sigma_{-1}+(K_\sigma-\varphi_\sigma)\sigma_{\min}}{(K_\sigma+\varphi_\sigma)(2\sigma_a+\sigma_{\min})}\geqslant S \qquad (3-26)$$

在 $\sigma_{\min}=C$ 的条件下，也可以写出按极限应力幅求得的计算安全系数 S'_a 及强度条件为

$$S'_a=\frac{\sigma'_{ae}}{\sigma_a}=\frac{\sigma_{-1}-\varphi_\sigma\sigma_{\min}}{(K_\sigma+\varphi_\sigma)\sigma_a}\geqslant S_a \qquad (3-27)$$

具体设计零件时，如果难以确定应力可能的变化规律，在实践中往往采用 $r=C$ 时的公式。

（4）等效对称循环变应力

进一步分析式（3-19），分子为材料的对称循环弯曲疲劳极限，分母为工作应力幅乘以应力幅的综合影响系数（即 $K_\sigma\sigma_a$）再加上 $\varphi_\sigma\sigma_m$。从实际效果来看，可以把 $\varphi_\sigma\sigma_m$ 项看作一个应力幅，而 φ_σ 是把平均应力折算为等效的应力幅的折算系数。因此，可以把 $K_\sigma\sigma_a+\varphi_\sigma\sigma_m$ 看作一个与原来作用的不对称循环变应力等效的对称循环变应力。由于是对称循环，所以它是一个应力幅，记为 σ_{ad}。这个过程称为应力的等效转化。由此得

$$\sigma_{ad}=K_\sigma\sigma_a+\varphi_\sigma\sigma_m \qquad (3-28)$$

于是计算安全系数为

$$S_{ca}=\frac{\sigma_{-1}}{\sigma_{ad}} \qquad (3-29)$$

对于剪切变应力的疲劳强度计算，只需把以上各公式中的正应力符号 σ 改为切应力符号 τ 即可。

（5）零件的有限寿命疲劳强度计算

如果只要求机械零件在有限的使用期限内不发生疲劳破坏，具体地讲，当零件应力循环次数 $10^4<N<N_0$ 时，在做疲劳强度计算时所采用的极限应力 $\sigma_{\lim}$ 应当为所要求的寿命时的疲劳极限。即在以上有关计算公式中，统统以按式（3-3）求出的 σ_{rN} 来代替 σ_r（即以 σ_{-1N} 代替 σ_{-1}，以 σ_{0N} 代替 σ_0 等）。显然，这时零件的计算安全系数就会增大。

3. 单向不稳定变应力时机械零件的疲劳强度计算

不稳定变应力可分为非规律性不稳定变应力和规律性不稳定变应力两大类。

非规律性不稳定变应力，其变应力参数的变化要受到很多偶然因素的影响，是随机变化的。承受非规律性不稳定变应力作用的典型零件，可以汽车的钢板弹簧为例，作用在它

上面的载荷和应力的大小，要受到载重量大小、行车速度、轮胎充气程度、路面状况以及驾驶员的技术水平等一系列因素的影响。对于这一类问题，应根据大量的试验求得载荷及应力的统计分布规律，然后用统计疲劳强度理论的方法来处理。

规律性不稳定变应力，其变应力参数的变化有一个简单的规律。承受近似于规律性不稳定变应力作用的零件，可以专用机床的主轴、高炉上料机构的零件等为例。对于这一类问题，是根据疲劳损伤线性累积假说（常称为 Miner 法则）进行计算的。下面就来讨论这一问题。

图 3-9 为规律性不稳定变应力示意图。变应力 σ_1（对称循环变应力的应力幅，或不对称循环变应力的等效对称循环变应力的应力幅，下同）作用了 n_1 次，σ_2 作用了 n_2 次……。把图 3-9 中所示的应力图放在材料的 $\sigma\text{-}N$ 曲线上，如图 3-10 所示。根据 $\sigma\text{-}N$ 曲线，可以找出仅有 σ_1 作用时使材料发生疲劳破坏的应力循环次数 N_1。假使应力每循环一次都对材料的破坏起相同的作用，则应力 σ_1 每循环一次对材料的损伤率即为 $\dfrac{1}{N_1}$，而循环了 n_1 次的 σ_1 对材料的损伤率即为 $\dfrac{n_1}{N_1}$。如此类推，循环 n_2 次的 σ_2 对材料的损伤率为 $\dfrac{n_2}{N_2}$ 等。

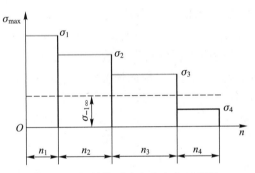

图 3-9　规律性不稳定变应力示意图

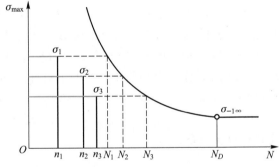

图 3-10　不稳定变应力在 $\sigma\text{-}N$ 曲线上的表示

按图 3-9 所示，σ_4 小于材料的持久疲劳极限 $\sigma_{-1\infty}$，它当然可以作用无限多次循环而不引起疲劳破坏。这就是说，小于材料持久疲劳极限的工作应力对材料不起疲劳损伤的作用，故在计算疲劳损伤时可以不予考虑。

因为当损伤率达到 100% 时，材料即发生疲劳破坏，故对应于极限状况有

$$\frac{n_1}{N_1}+\frac{n_2}{N_2}+\frac{n_3}{N_3}=1$$

一般地写成

$$\sum_{i=1}^{z}\frac{n_i}{N_i}=1 \tag{3-30}$$

式（3-30）是疲劳损伤线性累积假说的数学表达式。自从此假说提出后，学术界和工程界都做了大量的试验研究，以验证此假说的正确性。试验证明，当各级应力的应力幅

无很大的差别以及无短时的强烈过载时，这个规律是正确的；当各级应力是先作用最大的，然后依次降低时，式（3-30）中等号右边的值小于 1；当各级应力是先作用最小的，然后依次升高时，式（3-30）中等号右边的值要大于 1。通过大量的试验，可以有以下关系：

$$\sum_{i=1}^{z} \frac{n_i}{N_i} = 0.7 \sim 2.2 \qquad (3\text{-}31)$$

当式（3-31）右边的值小于 1 时，表示每一循环的变应力的损伤率实际上是大于 $\frac{1}{N_i}$ 的。这一现象可以解释为：使初始疲劳裂纹产生和使裂纹扩展所需的应力水平是不同的。递升的变应力不易产生破坏，是由于前面施加的较小的应力对材料不但没有产生初始疲劳裂纹，而且起了强化的作用；递减的变应力却由于开始作用了最大的变应力，引起了初始裂纹，则以后施加的应力虽然较小，但仍能够使裂纹扩展，故对材料有削弱的作用，因此使式（3-31）右边的值小于 1。虽然如此，由于疲劳试验的数据具有很大的离散性，从平均的意义上来说，在设计中应用式（3-30）还是可以得出一个较为合理的结果。

根据式（3-1a）可得

$$N_1 = N_0 \left(\frac{\sigma_{-1}}{\sigma_1} \right)^m, \quad N_2 = N_0 \left(\frac{\sigma_{-1}}{\sigma_2} \right)^m, \quad \cdots, \quad N_z = N_0 \left(\frac{\sigma_{-1}}{\sigma_z} \right)^m$$

把它们代入式（3-30），即得到不稳定变应力时的极限条件为

$$\frac{1}{N_0 \sigma_{-1}^m} (n_1 \sigma_1^m + n_2 \sigma_2^m + \cdots + n_z \sigma_z^m) = \frac{\sum_{i=1}^{z} n_i \sigma_i^m}{N_0 \sigma_{-1}^m} = 1$$

如果材料在上述应力作用下还未达到破坏，则

$$\frac{\sum_{i=1}^{z} n_i \sigma_i^m}{N_0 \sigma_{-1}^m} < 1 \quad \text{或} \quad \sum_{i=1}^{z} n_i \sigma_i^m < N_0 \sigma_{-1}^m \qquad (3\text{-}32)$$

令

$$\sigma_{\text{ca}} = \sqrt[m]{\frac{1}{N_0} \sum_{i=1}^{z} n_i \sigma_i^m} \qquad (3\text{-}33)$$

σ_{ca} 称为不稳定变应力的计算应力。这时式（3-32）为

$$\sigma_{\text{ca}} < \sigma_{-1} \qquad (3\text{-}34)$$

此时，计算安全系数 S_{ca} 及强度条件式为

$$S_{\text{ca}} = \frac{\sigma_{-1}}{\sigma_{\text{ca}}} \geqslant S \qquad (3\text{-}35)$$

应注意的是，上述各式中的 σ_i 是对称循环变应力的应力幅。在对零件进行疲劳强度计算时，应计入 K_σ 的影响，即用 $K_\sigma \sigma_i$ 代替上述各式中的 σ_i。

对于非对称循环的不稳定变应力，可先按式（3-28）求出各等效的对称循环变应力

σ_{ad1}、σ_{ad2}、$\cdots$、σ_{adz}，然后应用式（3-33）及式（3-35）进行强度计算。

例题 3-1   45 钢经过调质后的性能为 $\sigma_{-1}=307$ MPa，材料常数 $m=9$，$N_0=5\times10^6$。现用此材料做试件进行试验，以对称循环变应力 $\sigma_1=500$ MPa 作用 10^4 次，$\sigma_2=400$ MPa 作用 10^5 次。试计算该试件在此条件下的计算安全系数。若以后再以 $\sigma_3=350$ MPa 作用于试件，则还能再循环多少次才会使试件破坏？

[解] 根据式（3-33）

$$\sigma_{ca}=\sqrt[m]{\frac{1}{N_0}\sum_{i=1}^{z}n_i\sigma_i^m}=\sqrt[9]{\frac{1}{5\times10^6}\times(10^4\times500^9+10^5\times400^9)}\ \text{MPa}=275.52\ \text{MPa}$$

根据式（3-35），试件的计算安全系数为

$$S_{ca}=\frac{\sigma_{-1}}{\sigma_{ca}}=\frac{307}{275.52}=1.114$$

又根据式（3-1a）

$$N_1=N_0\left(\frac{\sigma_{-1}}{\sigma_1}\right)^m=5\times10^6\times\left(\frac{307}{500}\right)^9=0.062\times10^6$$

$$N_2=N_0\left(\frac{\sigma_{-1}}{\sigma_2}\right)^m=5\times10^6\times\left(\frac{307}{400}\right)^9=0.462\times10^6$$

$$N_3=N_0\left(\frac{\sigma_{-1}}{\sigma_3}\right)^m=5\times10^6\times\left(\frac{307}{350}\right)^9=1.537\times10^6$$

若要使试件破坏，则由式（3-30）得

$$\frac{10^4}{0.062\times10^6}+\frac{10^5}{0.462\times10^6}+\frac{n_3}{1.537\times10^6}=1$$

故

$$n_3=1.537\times10^6\times\left(1-\frac{10^4}{0.062\times10^6}-\frac{10^5}{0.462\times10^6}\right)=9.564\times10^5$$

即该试件再在 $\sigma_3=350$ MPa 的对称循环变应力作用下，估计可再承受 9.564×10^5 次应力循环。

事实上，试件还可以再工作的循环次数并不会准确地等于以上所求的值。如按 $\sum_{i=1}^{z}\dfrac{n_i}{N_i}=0.7\sim2.2$ 来计算，则 n_3 将在 $4.953\times10^5\sim2.801\times10^6$ 范围内。

4. 双向稳定变应力时机械零件的疲劳强度计算

当零件上同时作用有同相位的法向对称循环稳定变应力（简称法向应力）σ_a 及切向对称循环稳定变应力（简称切应力）τ_a 时，对于钢材，经过试验得出的极限应力关系式为

$$\left(\frac{\tau_a'}{\tau_{-1e}}\right)^2+\left(\frac{\sigma_a'}{\sigma_{-1e}}\right)^2=1 \qquad (3-36)$$

根据式（3-36），$\dfrac{\sigma_a}{\sigma_{-1e}}-\dfrac{\tau_a}{\tau_{-1e}}$ 曲线是一个四分之一单位

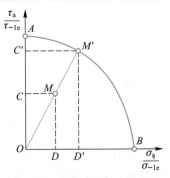

图 3-11 双向应力时的极限应力线图

圆，如图 3-11 所示。式中 τ_a' 及 σ_a' 分别为同时作用的切应力幅及法向应力幅的极限值。由于是对称循环变应力，故应力幅即为最大应力。圆弧 $AM'B$ 上任何一个点即代表一对极限应力 σ_a' 及 τ_a'。如果作用于零件上的应力幅 σ_a 及 τ_a 在坐标系中用点 M 表示，则由于此工作应力点在极限圆以内，未达到极限条件，因而是安全的。引直线 OM 与 AB 交于点 M'，则计算安全系数 S_{ca} 为

$$S_{ca} = \frac{OM'}{OM} = \frac{OC'}{OC} = \frac{OD'}{OD} \qquad (3\text{-}36a)$$

式中，各线段的长度为 $OC' = \dfrac{\tau_a'}{\tau_{-1e}}$、$OC = \dfrac{\tau_a}{\tau_{-1e}}$、$OD' = \dfrac{\sigma_a'}{\sigma_{-1e}}$、$OD = \dfrac{\sigma_a}{\sigma_{-1e}}$，代入式（3-36a）后得

$$\left.\begin{array}{l} \dfrac{\tau_a'}{\tau_{-1e}} = S_{ca} \dfrac{\tau_a}{\tau_{-1e}}, \text{即 } \tau_a' = S_{ca}\tau_a \\[3mm] \dfrac{\sigma_a'}{\sigma_{-1e}} = S_{ca} \dfrac{\sigma_a}{\sigma_{-1e}}, \text{即 } \sigma_a' = S_{ca}\sigma_a \end{array}\right\} \qquad (3\text{-}36b)$$

将式（3-36b）代入式（3-36），得

$$\left(\frac{S_{ca}\tau_a}{\tau_{-1e}}\right)^2 + \left(\frac{S_{ca}\sigma_a}{\sigma_{-1e}}\right)^2 = 1 \qquad (3\text{-}36c)$$

从强度计算的观点来看，$\dfrac{\tau_{-1e}}{\tau_a} = S_\tau$ 是零件只承受切应力 τ_a 时的计算安全系数，$\dfrac{\sigma_{-1e}}{\sigma_a} = S_\sigma$ 是零件只承受法向应力 σ_a 时的计算安全系数，故

$$\left(\frac{S_{ca}}{S_\tau}\right)^2 + \left(\frac{S_{ca}}{S_\sigma}\right)^2 = 1$$

亦即

$$S_{ca} = \frac{S_\sigma S_\tau}{\sqrt{S_\sigma^2 + S_\tau^2}} \qquad (3\text{-}37)$$

当零件上所承受的两个变应力均为不对称循环变应力时，可先由式（3-19）分别求出

$$S_\sigma = \frac{\sigma_{-1}}{K_\sigma \sigma_a + \varphi_\sigma \sigma_m} \quad \text{及} \quad S_\tau = \frac{\tau_{-1}}{K_\tau \tau_a + \varphi_\tau \tau_m}$$

然后按式（3-37）求出零件的计算安全系数 S_{ca}。

5. 提高机械零件疲劳强度的措施

在零件的设计阶段，除了采取提高零件强度的一般措施（如选用更好的材料、适当增大危险结构的尺寸等）外，还可以通过以下一些设计措施来提高机械零件的疲劳强度。

1）尽可能降低零件上应力集中的影响，是提高零件疲劳强度的首要措施。零件结构形状和尺寸的突变是应力集中的结构根源。因此，为了减少应力集中，应尽量避免零件结构形状和尺寸的突变或使其变化尽可能地平滑和均匀。为此，要尽可能地增大尺寸过渡处的圆角半径，同一零件上相邻截面处的刚性变化应尽可能小等。

在不可避免地要产生较大的应力集中的结构处，可采用减载槽来降低应力集中的影响。例如图 3-12 中用加开环槽作为减载槽的办法来降低轴肩处的应力集中。

2）选用疲劳强度高的材料和规定能够提高材料疲劳强度的热处理方法及强化工艺。

3）提高零件的表面质量。如将处在应力较高区域的零件表面加工得较为光洁，对于工作在腐蚀性介质中的零件规定适当的表面保护等。

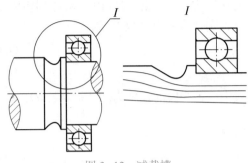

4）尽可能消除零件表面可能发生的初始裂纹或减小其尺寸，对于延长零件的疲劳寿命有着比提高材料性能更为显著的作用。因此，对于重要的零件，在设计图样上应规定严格的检验方法及要求。

图 3-12　减载槽

3-3　机械零件的抗断裂强度

在工程实际中，有这样一些结构，若按常规的强度理论来分析，它们是能满足强度条件的，即工作应力小于许用应力。但是在实际使用中，又往往会发生突然性的断裂。这种在工作应力小于许用应力时所发生的突然断裂，常称为低应力脆断。

对大量结构断裂事故的分析表明，大部分低应力脆断事故都是发生在应用了高强度钢材的结构或大型的结构件中，例如飞机机身、机器中的重载构件以及高压容器等结构。在发生脆断的构件断口处，往往可以找到原有的宏观裂纹的痕迹。进一步的研究和分析发现，高强度材料的大量采用、结构的大型化、焊接工艺使用的普遍化、结构工作条件的复杂化和载荷形式的多样化，是低应力脆断大量发生的外在原因；而结构内部裂纹和缺陷的存在，则是导致低应力脆断的内在原因。

试验研究表明，对于高强度材料，一方面是它的强度高（即许用应力大），另一方面则是它抵抗裂纹扩展的能力可能会随着强度的增高而下降。因此，用传统的强度理论计算高强度材料结构的强度问题，就存在一定的局限性。为了解决这一问题，断裂力学便应运而生。

断裂力学是研究带有裂纹或带有尖缺口的结构或构件的强度和变形规律的学科。准确地说，上述裂纹是指宏观裂纹，即用肉眼或低倍显微镜能看得见的裂纹。工程中常认为裂纹尺寸大于 0.1 mm，就称为宏观裂纹。断裂力学建立了构件的裂纹尺寸、工作应力以及材料抵抗裂纹扩展能力三者之间的定量关系。

对于传统的强度理论，是运用应力和许用应力来度量和控制结构的强度与安全性。为了度量含裂纹结构或构件的强度，在断裂力学中运用了应力强度因子 K_{I}（或 K_{II}、K_{III}）[1] 和平面应变断裂韧度 K_{IC}（或 K_{IIC}、K_{IIIC}）两个度量指标。应力强度因子 K_{I} 是反映裂纹顶端附近各点应力大小的物理量，表征裂纹顶端附近应力场的强弱。K_{I} 的值越大，裂纹顶端附近

---

① 脚标Ⅰ、Ⅱ、Ⅲ分别表示按承载时裂纹产生不同的变形现象（或趋势）而划分的裂纹类型，如Ⅰ表示张开型。

的应力场越强。平面应变断裂韧度 K_{IC} 是取决于材料性质的参数，反映了材料阻止裂纹失稳扩展的能力。K_{IC} 的值越大，材料抵抗裂纹失稳扩展的能力越强。利用这两项指标判别结构安全性的判别式是：若 $K_I < K_{IC}$，则裂纹不会失稳扩展；若 $K_I \geqslant K_{IC}$，则裂纹会失稳扩展。K_I 和 K_{IC} 的常用单位为 $MPa \cdot mm^{\frac{1}{2}}$。

高强度材料的广泛应用，推进了断裂力学的发展。随着对断裂力学研究的不断深入，其应用范围不断扩大。目前，断裂力学在工程上主要用于估计含裂纹构件的安全性和使用寿命，确定构件在工作条件下所允许的最大裂纹尺寸，用断裂力学指导结构的安全性设计。

运用断裂力学对含裂纹构件进行强度分析和安全性评价时，通常应做以下几方面的工作：

1）分析确定裂纹的形状、大小及分布，以确定初始裂纹的尺寸 a_0，通常用对构件进行精确的无损探伤来确定 a_0。

2）对构件的工作载荷进行充分的分析，运用断裂力学的知识，确定裂纹顶端的应力强度因子 K_I。

3）通过断裂力学试验，测定构件材料的断裂韧度 K_{IC}。目前已有一些工程手册中列出了常用结构材料的平面应变断裂韧度。

4）对构件进行安全性判断。

例如，某燃气轮机的一个零件是由高强度合金钢制成的。工作时，零件所受最大应力为 410 MPa。经超声波无损探伤以及进一步的分析，确定其结构内部可能有最大长度为 3 mm 的等效裂纹。根据断裂力学计算得到应力强度因子 $K_I = 1.8 \times 10^7 \, MPa \cdot mm^{\frac{1}{2}}$。由试验可以确定该零件材料的断裂韧度 $K_{IC} = 7.5 \times 10^7 \, MPa \cdot mm^{\frac{1}{2}}$。进一步可计算出断裂破坏的计算安全系数 $S_{ca} = \dfrac{K_{IC}}{K_I} = \dfrac{7.5}{1.8} = 4.17$。因此，可以判断该零件的安全性是足够的。

断裂力学自 20 世纪 50 年代诞生以来，已逐步得到学术界及工程界的广泛重视。现在断裂力学已应用于航空、航天、交通、机械、化工等许多领域。由于断裂力学涉及较深的数学和力学理论，所以本节只简略介绍了一些有关的基本概念。应该说，这点知识对于认识和运用断裂力学还相差甚远。进一步了解和学习断裂力学知识，可参考有关专著或教材。应该指出的是，实践表明，对于采用低中强度材料的小型结构，用传统的强度计算方法进行设计是足够的。在很多情况下，传统的强度理论仍不失其使用价值。

3-4 机械零件的接触强度

机械中各零件之间力的传递，总是通过两零件的接触来实现的。除了共形面（即两相互接触面的几何形态完全相同，处处贴合）相接触（例如平面与平面相接触）的情况外，大量存在着异形曲面相接触的情况。这些异形曲面在未受外力时的初始接触情况，不外乎是线接触（图 3-13a、b）和点接触（图 3-13c、d）两种。图 3-13a、c 所示的接触称为外接触，图 3-13b、d 所示的接触称为内接触。在通用机械零件中，渐开线直齿圆柱齿轮齿面间的接触为线接触，外啮合时为外接触，内啮合时为内接触。滚动轴承中，钢球与套圈的接触则为点接触。

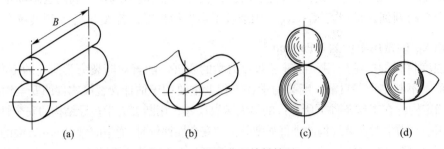

图 3-13 几种曲面接触情况

图 3-14 表示两个轴线平行的圆柱外接触和内接触受力后的横截面示意图。受力前，两圆柱沿与轴线相平行的一条线（在图上投影为一个点）相接触；受力后，由于材料的弹性变形，接触线变成宽度为 $2b$ 的一个矩形接触面。由图可看出，两零件接触面上沿接触宽度不同点处材料发生的弹性位移量在连心线方向上是不相同的。因此，接触表面上所承受的压应力也是处处不相同的，其分布呈半椭圆柱形。初始接触线处的压应力最大，以此最大压应力代表两零件间接触受力后的应力，称为接触应力，用符号 σ_H 表示。图中，ω_1 及 ω_2 分别为零件 1 和零件 2 初始接触线上沿连心线方向的弹性变形（即最大弹性变形）。在点接触情形下，受力后也会发生类似的变形，不过接触区一般呈椭圆形，而不是线接触时的矩形。接触应力的分布呈半椭球形。当两个球面相接触时，接触区则变成一个圆形。

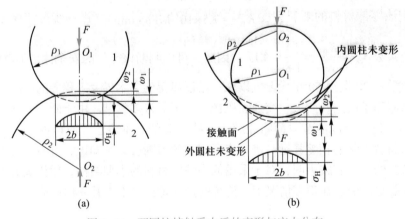

图 3-14 两圆柱接触受力后的变形与应力分布

在本书中，用到接触应力计算的地方仅为线接触的情况。球轴承及圆弧齿轮中虽用到点接触的概念，但未做接触应力计算。接触应力的计算是一个弹性力学问题。对于线接触，弹性力学给出的接触应力计算公式为

$$\sigma_H = \sqrt{\dfrac{\dfrac{F}{B}\left(\dfrac{1}{\rho_1} \pm \dfrac{1}{\rho_2}\right)}{\pi\left(\dfrac{1-\mu_1^2}{E_1} + \dfrac{1-\mu_2^2}{E_2}\right)}} \tag{3-38}$$

式中：F——作用于接触面上的总压力；

　　　B——初始接触线长度；

ρ_1、ρ_2——零件 1 和零件 2 初始接触线处的曲率半径，通常令 $\dfrac{1}{\rho_\Sigma} = \dfrac{1}{\rho_1} \pm \dfrac{1}{\rho_2}$，称为综合

　　　曲率，而 $\rho_\Sigma = \dfrac{\rho_1\rho_2}{\rho_1 \pm \rho_2}$ 称为综合曲率半径，其中正号用于外接触，负号用于

　　　内接触；

μ_1、μ_2——零件 1 和零件 2 材料的泊松比；

E_1、E_2——零件 1 和零件 2 材料的弹性模量。

当接触位置连续改变时，显然对于零件上任一点处的接触应力只能在 $0 \sim \sigma_H$ 范围内改变，因此接触变应力是一个脉动循环变应力。在做接触疲劳计算时，极限应力也应是一个脉动循环的极限接触应力。

在一些文献中，接触应力也称为赫兹应力，以纪念首先解决接触应力计算问题的德国科学家赫兹（H. R. Hertz）。

拓展资源

3-5　机械零件可靠性设计简介

可靠性作为产品一个重要的质量指标特征，表示产品在规定的工作条件下及规定的使用期限内完成规定功能的能力。传统的设计方法是把设计变量当作确定性变量来处理。但是，对于一大批同类产品中任何特定的一件来讲，许多设计变量（例如工作载荷、极限应力、零件尺寸等）都是随机变量。在传统的设计方法中，为考虑随机变量的影响，是通过引入一个经验性的安全系数来处理的。如果在产品的设计过程中通过概率与统计的方法来分析和处理这些随机变量，则可以更为准确地把握产品的可靠性。

基于上述思想及相应的方法进行的产品设计可称为概率设计。通过产品的概率设计，可以确定产品在规定的工作条件下及规定的使用期限内完成规定功能的概率。这一概率就是反映产品可靠性的定量指标之一，称为可靠度（常用 R 表示）。机械零件的概率设计和相应的可靠度计算是机械可靠性设计的一项重要内容，下面就机械强度的可靠度计算方法做一简介。

1. 基本概念及公式

广义地讲，可以把一切引起失效的外部作用的参数称为应力，把零件本身抵抗失效的能力称为强度，通过判断应力是否超过强度就可以判断零件的安全性。若将应力与强度视为随机变量，通过计算强度高于应力的概率，就得到零件的可靠度。根据这一思想建立的可靠度计算模型称为应力－强度干涉模型，这也是进行各种机械零件概率设计的基础。

狭义概念的应力－强度干涉模型是以零件的强度指标（例如零件的极限应力 $\sigma_{\lim}$）和工作应力都是随机变量的客观事实为基础的。由于它们都是随机变量，因而必然会有相应的概率分布规律。令 $g(r)$ 表示强度 r 的概率密度函数，$p(s)$ 表示工作应力 s[①] 的概率密

---

① 由于概率计算中常用 σ 表示随机变量标准差，为了区别，本节暂用 s 表示工作应力。

度函数。显然，零件失效的条件可以用以下两式中的任一个来描述：

$$r < s \qquad (3-39)$$

$$z = r - s < 0 \qquad (3-40)$$

式中，z 可理解为安全裕度。图 3-15 给出了强度 r 的概率密度函数 $g(r)$ 曲线和工作应力 s 的概率密度函数 $p(s)$ 曲线。由于 r 和 s 都用同样的单位，所以可以表示在同一个坐标系中。图 3-15 中两曲线相交部分即表示干涉。零件失效的概率 F 应等于强度 r 小于工作应力 s 的概率，可用式（3-41）来描述。

$$\left.\begin{array}{l} F = P(r < s) \\ F = P(z < 0) \end{array}\right\} \qquad (3-41)$$

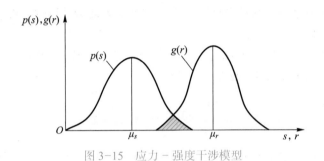

图 3-15 应力 – 强度干涉模型

2. 强度及应力均为正态分布时的可靠度计算

根据实际情况的不同，应力和强度的概率密度函数可以有各种不同的表达式。应力和强度均服从正态分布是最简单的且又比较典型的情况。

由概率论可知，两个正态分布的随机变量的代数和也是一个正态分布的随机变量。所以，变量 z 的数学期望（亦称均值）μ_z、标准差 σ_z 及概率密度函数 $f(z)$ 分别为

$$\left.\begin{array}{l} \mu_z = \mu_r - \mu_s \\ \sigma_z = \sqrt{\sigma_r^2 + \sigma_s^2} \\ f(z) = \dfrac{1}{\sqrt{2\pi}\sigma_z} \exp\left[-\dfrac{(z-\mu_z)^2}{2\sigma_z^2}\right] \end{array}\right\} \qquad (3-42)$$

式中：μ_r、μ_s——强度、应力的数学期望；

σ_r、σ_s——强度、应力的标准差。

变量 z 小于零即表示失效，所以零件的失效概率 F 为

$$F = P(z < 0) = \int_{-\infty}^{0} f(z)\,\mathrm{d}z \qquad (3-43)$$

因此，零件的可靠度 R 为

$$R = 1 - F = \int_{0}^{\infty} f(z)\,\mathrm{d}z = \int_{0}^{\infty} \frac{1}{\sqrt{2\pi}\sigma_z} \exp\left[-\frac{(z-\mu_z)^2}{2\sigma_z^2}\right]\mathrm{d}z \qquad (3-44)$$

令 $u = \dfrac{z - \mu_z}{\sigma_z}$ ，则 $\mathrm{d}z = \sigma_z \mathrm{d}u$ ，代入式（3-44）得

$$R = \frac{1}{\sqrt{2\pi}} \int_{\frac{\mu_r - \mu_s}{\sqrt{\sigma_r^2 + \sigma_s^2}}}^{\infty} \exp\left(-\frac{u^2}{2}\right) \mathrm{d}u$$

根据正态分布的概率密度函数的对称性，上式可以表示为

$$R = \frac{1}{\sqrt{2\pi}} \int_{-\infty}^{\frac{\mu_r - \mu_s}{\sqrt{\sigma_r^2 + \sigma_s^2}}} \exp\left(-\frac{u^2}{2}\right) \mathrm{d}u = \Phi\left(\frac{\mu_r - \mu_s}{\sqrt{\sigma_r^2 + \sigma_s^2}}\right) \tag{3-45}$$

式中，Φ 为标准正态分布随机变量的积分函数值（参见附表 3-12），若令

$$\beta = \frac{\mu_r - \mu_s}{\sqrt{\sigma_r^2 + \sigma_s^2}} \tag{3-46}$$

则有 $$R = \Phi(\beta) \tag{3-47}$$

式中，参数 β 是正态分布的分位数，在可靠性设计中常称为正态分布的可靠性系数，其值取决于零件的强度和应力的数学期望与标准差。式（3-46）称为正态分布的联结方程。

利用式（3-46）、式（3-47），可以根据已知的 μ_r、μ_s、σ_r、σ_s 来决定强度及应力均服从正态分布时零件的可靠度 R，这属于零件的可靠性评估或可靠性分析问题；也可以根据规定的零件可靠度来决定 μ_r、μ_s、σ_r、σ_s 中的任何一个值，这属于零件的可靠性设计问题。

3. 例题分析

例题 3-2　某齿轮材料的齿根弯曲疲劳极限的数学期望 μ_r=425 MPa，其标准差 σ_r=40 MPa。齿根弯曲应力的数学期望 μ_s=325 MPa，其标准差 σ_s=30 MPa。若齿根弯曲疲劳极限和齿根弯曲应力均是服从正态分布的随机变量，试求该齿轮齿根弯曲疲劳强度的可靠度。

［解］　按式（3-46）给出的联结方程，求出可靠性系数 β

$$\beta = \frac{\mu_r - \mu_s}{\sqrt{\sigma_r^2 + \sigma_s^2}} = \frac{425 - 325}{\sqrt{40^2 + 30^2}} = 2$$

由附表 3-12 即可查得对应的可靠度 $R = \Phi(2) = 0.977\,25$。

例题 3-3　有一螺栓在工作中受到静拉伸载荷的作用，拉伸载荷的平均值 μ_p=5 600 N，其标准差 σ_p=0.06μ_p=336 N。螺栓屈服极限的平均值为 μ_r=240 MPa，其标准差 σ_r=0.08μ_r=19.2 MPa。若拉伸载荷与螺栓屈服极限均为服从正态分布的随机变量，试按可靠度为 90% 的要求设计螺栓小径 d_1 的下限值。

［解］　设螺栓的横截面面积为 A，则螺栓中应力的平均值及标准差分别为

$$\mu_s = \frac{\mu_p}{A}, \quad \sigma_s = \frac{\sigma_p}{A}$$

按照可靠度为 90% 的要求，由标准正态随机函数表（附表 3-12）可查得 $R = \Phi(\beta) = 0.9$ 时，其对应的可靠性系数 β=1.28，于是按式（3-46）有

$$1.28 = \frac{\mu_r - \mu_s}{\sqrt{\sigma_r^2 + \sigma_s^2}} = \frac{240 - \dfrac{5\,600}{A}}{\sqrt{19.2^2 + \left(\dfrac{336}{A}\right)^2}}$$

解出螺栓小径处的横截面面积

$$A = 26.60 \ \text{mm}^2$$

螺栓的小径应满足

$$d_1 \geqslant \sqrt{\frac{4A}{\pi}} = \sqrt{\frac{4 \times 26.6}{\pi}} \ \text{mm} = 5.82 \ \text{mm}$$

所以，满足可靠度为 90% 要求的螺栓小径 d_1 的下限值为 5.82 mm。

重难点分析

本章附录

1. 零件结构的理论应力集中系数

用弹性理论或试验的方法（即把零件材料看作理想的弹性体）求出的零件几何不连续处的应力集中系数 α_σ（α_τ）称为**理论应力集中系数**。引起应力集中的几何不连续因素称为**应力集中源**。理论应力集中系数的定义为

$$\left.\begin{array}{l} \alpha_\sigma = \dfrac{\sigma_{\max}}{\sigma} \ （对正应力） \\[3mm] \alpha_\tau = \dfrac{\tau_{\max}}{\tau} \ （对切应力） \end{array}\right\}$$ （附 3-1）

式中：$\sigma_{\max}(\tau_{\max})$——应力集中源处产生的弹性最大正（切）应力；

$\sigma(\tau)$——按无应力集中的简化的材料力学公式求出的公称正（切）应力。

对于常见的几种应力集中源的情况，α_σ（α_τ）的数值可从附表 3-1～附表 3-3 中查到[17]。

附表 3-1　轴上环槽处的理论应力集中系数

简图	应力	公称应力公式	α_σ（拉伸、弯曲）或 α_τ（扭转剪切）									
			r/d	\multicolumn{9}{c}{D/d}								
				>2	2.00	1.50	1.30	1.20	1.10	1.05	1.03	1.02	1.01
	拉伸	$\sigma = \dfrac{4F}{\pi d^2}$	0.04						2.70	2.37	2.15	1.94	1.70
			0.10	2.45	2.39	2.33	2.27	2.18	2.01	1.81	1.68	1.58	1.42
			0.15	2.08	2.04	1.99	1.95	1.90	1.78	1.64	1.55	1.47	1.33
			0.20	1.86	1.83	1.80	1.77	1.73	1.65	1.54	1.46	1.40	1.28
			0.25	1.72	1.69	1.67	1.65	1.62	1.55	1.46	1.40	1.34	1.24
			0.30	1.61	1.59	1.58	1.55	1.53	1.47	1.40	1.36	1.31	1.22

续表

简图	应力	公称应力公式	α_σ（拉伸、弯曲）或 α_τ（扭转剪切）									

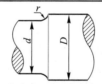

应力	公称应力公式	r/d	D/d									
			>2	2.00	1.50	1.30	1.20	1.10	1.05	1.03	1.02	1.01
弯曲	$\sigma_b = \dfrac{32M}{\pi d^3}$	0.04	2.83	2.79	2.74	2.70	2.61	2.45	2.22	2.02	1.88	1.66
		0.10	1.99	1.98	1.96	1.92	1.89	1.81	1.70	1.61	1.53	1.41
		0.15	1.75	1.74	1.72	1.70	1.69	1.63	1.56	1.49	1.42	1.33
		0.20	1.61	1.59	1.58	1.57	1.56	1.51	1.46	1.40	1.34	1.27
		0.25	1.49	1.48	1.47	1.46	1.45	1.42	1.38	1.34	1.29	1.23
		0.30	1.41	1.41	1.40	1.39	1.38	1.36	1.33	1.29	1.24	1.21
		r/d	D/d									
			>2	2.00	1.30	1.20	1.10	1.05	1.02	1.01		
扭转剪切	$\tau_T = \dfrac{16T}{\pi d^3}$	0.04	1.97	1.93	1.89	1.85	1.74	1.61	1.45	1.33		
		0.10	1.52	1.51	1.48	1.46	1.41	1.35	1.27	1.20		
		0.15	1.39	1.38	1.37	1.35	1.32	1.27	1.21	1.16		
		0.20	1.32	1.31	1.30	1.28	1.26	1.22	1.18	1.14		
		0.25	1.27	1.26	1.25	1.24	1.22	1.19	1.16	1.13		
		0.30	1.22	1.22	1.21	1.20	1.19	1.17	1.15	1.12		

附表 3-2　轴肩圆角处的理论应力集中系数

应力	公称应力公式	α_σ（拉伸、弯曲）或 α_τ（扭转剪切）									
		r/d	D/d								
			2.00	1.50	1.30	1.20	1.15	1.10	1.07	1.05	1.02	1.01
拉伸	$\sigma = \dfrac{4F}{\pi d^2}$	0.04	2.80	2.57	2.39	2.28	2.14	1.99	1.92	1.82	1.56	1.42
		0.10	1.99	1.89	1.79	1.69	1.63	1.56	1.52	1.46	1.33	1.23
		0.15	1.77	1.68	1.59	1.53	1.48	1.44	1.40	1.36	1.26	1.18
		0.20	1.63	1.56	1.49	1.44	1.40	1.37	1.33	1.31	1.22	1.15
		0.25	1.54	1.49	1.43	1.37	1.34	1.31	1.29	1.27	1.20	1.13
		0.30	1.47	1.43	1.39	1.33	1.30	1.28	1.26	1.24	1.19	1.12

续表

应力	公称应力公式	α_σ（拉伸、弯曲）或 α_τ（扭转剪切）									
		r/d	D/d								
			6.0	3.0	2.0	1.50	1.20	1.10	1.05	1.03	1.02	1.01
弯曲	$\sigma_b = \dfrac{32M}{\pi d^3}$	0.04	2.59	2.40	2.33	2.21	2.09	2.00	1.88	1.80	1.72	1.61
		0.10	1.88	1.80	1.73	1.68	1.62	1.59	1.53	1.49	1.44	1.36
		0.15	1.64	1.59	1.55	1.52	1.48	1.46	1.42	1.38	1.34	1.26
		0.20	1.49	1.46	1.44	1.42	1.39	1.38	1.34	1.31	1.27	1.20
		0.25	1.39	1.37	1.35	1.34	1.33	1.31	1.29	1.27	1.22	1.17
		0.30	1.32	1.31	1.30	1.29	1.27	1.26	1.25	1.23	1.20	1.14
扭转剪切	$\tau_T = \dfrac{16T}{\pi d^3}$	r/d	D/d								
			2.0	1.33	1.20	1.09						
		0.04	1.84	1.79	1.66	1.32						
		0.10	1.46	1.41	1.33	1.17						
		0.15	1.34	1.29	1.23	1.13						
		0.20	1.26	1.23	1.17	1.11						
		0.25	1.21	1.18	1.14	1.09						
		0.30	1.18	1.16	1.12	1.09						

附表 3-3　轴上径向孔处的理论应力集中系数

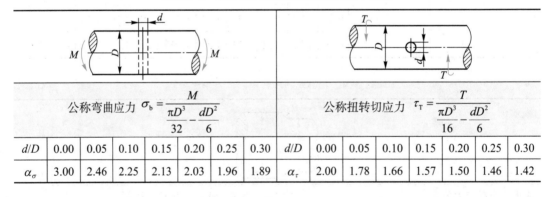

公称弯曲应力　$\sigma_b = \dfrac{M}{\dfrac{\pi D^3}{32} - \dfrac{dD^2}{6}}$								公称扭转切应力　$\tau_T = \dfrac{T}{\dfrac{\pi D^3}{16} - \dfrac{dD^2}{6}}$							
d/D	0.00	0.05	0.10	0.15	0.20	0.25	0.30	d/D	0.00	0.05	0.10	0.15	0.20	0.25	0.30
α_σ	3.00	2.46	2.25	2.13	2.03	1.96	1.89	α_τ	2.00	1.78	1.66	1.57	1.50	1.46	1.42

2. 有效应力集中系数

在有应力集中源的试件上，应力集中对其疲劳强度降低的影响用**有效应力集中系数** k_σ（k_τ）来表示。其定义为

$$\left.\begin{array}{l} k_\sigma = \dfrac{\sigma_{-1}}{\sigma_{-1k}} \\[3mm] k_\tau = \dfrac{\tau_{-1}}{\tau_{-1k}} \end{array}\right\}$$
（附 3-2）

式中：σ_{-1}（τ_{-1}）——无应力集中源的光滑试件的对称循环弯曲（扭转剪切）疲劳极限；

σ_{-1k}（τ_{-1k}）——有应力集中源的试件的对称循环弯曲（扭转剪切）疲劳极限。

试验结果证明，k_σ（k_τ）总是小于 α_σ（α_τ）的。为了工程设计上的需要，根据大量试验总结出了理论

应力集中系数与有效应力集中系数的关系式为

$$k - 1 = q(\alpha - 1) \qquad\qquad （附 3-3）$$

式中，q 为材料的敏性系数，其值见附图 3-1。

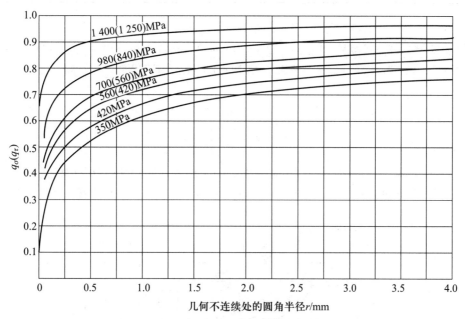

曲线上的数字为材料的强度极限。查 q_σ 时用不带括号的数字，查 q_τ 时用括号内的数字

附图 3-1　钢材的敏性系数

根据式（附 3-3）即可求出有效应力集中系数值为

$$\left.\begin{aligned} k_\sigma &= 1 + q_\sigma(\alpha_\sigma - 1) \\ k_\tau &= 1 + q_\tau(\alpha_\tau - 1) \end{aligned}\right\} \qquad\qquad （附 3-4）$$

对于若干典型的零件结构，在有关文献中已直接列出了根据疲劳试验求出的有效应力集中系数的数值。本书中最常用到的见附表 3-4～附表 3-6[18]。

附表 3-4　轴上键槽处的有效应力集中系数

轴材料的 σ_B/MPa	500	600	700	750	800	900	1 000
k_σ	1.5	—	—	1.75	—	—	2.0
k_τ	—	1.5	1.6	—	1.7	1.8	1.9

注：公称应力按照扣除键槽的净截面面积来求。

附表 3-5　外花键的有效应力集中系数

轴材料的 σ_B/MPa		400	500	600	700	800	900	1 000	1 200
k_σ		1.35	1.45	1.55	1.60	1.65	1.70	1.72	1.75
k_τ	矩形齿	2.10	2.25	2.36	2.45	2.55	2.65	2.70	2.80
	渐开线形齿	1.40	1.43	1.46	1.49	1.52	1.55	1.58	1.60

材料的 σ_B/MPa	400	600	800	1 000
k_σ	3.0	3.9	4.8	5.2

3. 绝对尺寸及截面形状影响系数（简称尺寸及截面形状系数）

零件真实尺寸及截面形状与标准试件尺寸（$d=10$ mm）及形状（圆柱形）不同时对材料疲劳极限的影响，用**尺寸及截面形状系数** ε_σ（**扭转剪切尺寸系数** ε_τ）来表示，其定义为

$$\left.\begin{aligned}\varepsilon_\sigma &= \frac{\sigma_{-1d}}{\sigma_{-1}} \\ \varepsilon_\tau &= \frac{\tau_{-1d}}{\tau_{-1}}\end{aligned}\right\} \qquad （附 3-5）$$

式中，σ_{-1d}（τ_{-1d}）表示尺寸为 d 的无应力集中的各截面形状试件的弯曲（扭转剪切）疲劳极限。

钢材的尺寸及截面形状系数 ε_σ 和圆截面钢材的扭转剪切尺寸系数 ε_τ 的值见附图 3-2 和附图 3-3[17]。

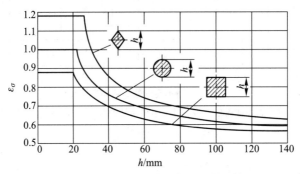

附图 3-2   钢材的尺寸及截面形状系数 ε_σ

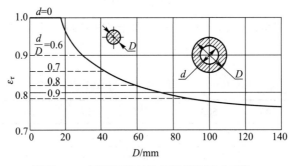

附图 3-3   圆截面钢材的扭转剪切尺寸系数 ε_τ

螺纹连接件的尺寸系数 ε_σ（因截面为圆形，故只考虑尺寸的影响）见附表 3-7[6]。

附表 3-7   螺纹连接件的尺寸系数 ε_σ

直径 d/mm	≤16	20	24	28	32	40	48	56	64	72	80
ε_σ	1.00	0.81	0.76	0.71	0.68	0.63	0.60	0.57	0.54	0.52	0.50

对于轮毂或滚动轴承与轴以过盈配合相连接，可按附表 3-8 求出其有效应力集中系数与尺寸及截面形状系数的比值 $\dfrac{k_{\sigma}}{\varepsilon_{\sigma}}$。若缺乏试验数据，设计时可取 $\dfrac{k_{\tau}}{\varepsilon_{\tau}} = (0.7 \sim 0.85)\dfrac{k_{\sigma}}{\varepsilon_{\sigma}}$。

附表 3-8　零件与轴过盈配合处的 $\dfrac{k_{\sigma}}{\varepsilon_{\sigma}}$ 值

直径 d/mm	配合	σ_B/MPa							
		400	500	600	700	800	900	1 000	1 200
30	H7/r6	2.25	2.50	2.75	3.00	3.25	3.50	3.75	4.25
	H7/k6	1.69	1.88	2.06	2.25	2.44	2.63	2.82	3.19
	H7/h6	1.46	1.63	1.79	1.95	2.11	2.28	2.44	2.76
50	H7/r6	2.75	3.05	3.36	3.66	3.96	4.28	4.60	5.20
	H7/k6	2.06	2.28	2.52	2.76	2.97	3.20	3.45	3.90
	H7/h6	1.80	1.98	2.18	2.38	2.57	2.78	3.00	3.40
>100	H7/r6	2.95	3.28	3.60	3.94	4.25	4.60	4.90	5.60
	H7/k6	2.22	2.46	2.70	2.96	3.20	3.46	3.98	4.20
	H7/h6	1.92	2.13	2.34	2.56	2.76	3.00	3.18	3.64

注：① 滚动轴承与轴配合处的 $\dfrac{k_{\sigma}}{\varepsilon_{\sigma}}$ 值与表内所列 $\dfrac{H7}{r6}$ 配合的 $\dfrac{k_{\sigma}}{\varepsilon_{\sigma}}$ 值相同；

　　② 表中无相应的数值时，可按插值计算。

4. 表面质量系数

零件表面质量（主要指表面粗糙度）对疲劳强度的影响用**表面质量系数** β 来表示，其定义为

$$\left.\begin{array}{l} \beta_{\sigma} = \dfrac{\sigma_{-1\beta}}{\sigma_{-1}} \\[3mm] \beta_{\tau} = \dfrac{\tau_{-1\beta}}{\tau_{-1}} \end{array}\right\} \qquad （附 3-6）$$

式中，$\sigma_{-1\beta}$（$\tau_{-1\beta}$）为某种表面质量的试件的对称循环弯曲（扭转剪切）疲劳极限。

弯曲疲劳时的钢材表面质量系数 β_{σ} 的值可从附图 3-4 中查取。当无试验资料时，扭转剪切疲劳的表面质量系数 β_{τ} 可按近似等于 β_{σ} 来确定。

5. 强化系数

对零件表面进行不同的强化处理，例如高频表面淬火、表面化学热处理、表面硬化加工等，均可不同程度地提高零件的疲劳强度。强化处理对疲劳强度的影响用**强化系数** β_{q} 来表示，其定义为

$$\beta_{q} = \dfrac{\sigma_{-1q}}{\sigma_{-1}} \qquad （附 3-7）$$

式中，σ_{-1q} 为经过强化处理后试件的弯曲疲劳极限。

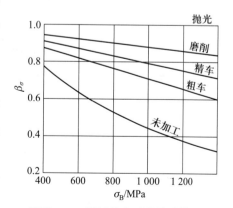

附图 3-4　钢材的表面质量系数 β_{σ}

附表 3-9～附表 3-11 列出了钢材经不同强化处理后的 β_q 值[18]。在无资料时，表中数值也可用于扭转剪切疲劳强度的场合。

附表 3-9　高频表面淬火的强化系数 β_q

试件类型	试件直径 /mm	β_q	试件类型	试件直径 /mm	β_q
无应力集中	7～20	1.3～1.6	有应力集中	7～20	1.6～2.8
	30～40	1.2～1.5		30～40	1.5～2.5

注：表中系数值用于旋转弯曲，淬硬层厚度为 0.9～1.5 mm。应力集中严重时，强化系数取大值。

附表 3-10　表面化学热处理的强化系数 β_q

表面化学热处理方法	试件类型	试件直径 /mm	β_q
氮化，氮化层厚度为 0.1～0.4 mm，表面硬度为 64 HRC 以上	无应力集中	8～15	1.15～1.25
		30～40	1.10～1.15
	有应力集中	8～15	1.9～3.0
		30～40	1.3～2.0
渗碳，渗碳层厚度为 0.2～0.6 mm	无应力集中	8～15	1.2～2.1
		30～40	1.1～1.5
	有应力集中	8～15	1.5～2.5
		30～40	1.2～2.0
氰化，氰化层厚度为 0.2 mm	无应力集中	10	1.8

附表 3-11　表面硬化加工的强化系数 β_q

加工方法	试件类型	试件直径 /mm	β_q
滚子滚压	无应力集中	7～20	1.2～1.4
		30～40	1.1～1.25
	有应力集中	7～20	1.5～2.2
		30～40	1.3～1.8
喷　丸	无应力集中	7～20	1.1～1.3
		30～40	1.1～1.2
	有应力集中	7～20	1.4～2.5
		30～40	1.1～1.5

6. 标准正态随机函数表

标准正态随机函数表见附表 3-12。

附表 3-12　标准正态随机函数表（摘引）

β	3.5	3.0	2.5	2.0	1.5	1.28
$\Phi(\beta)$	0.999 767 4	0.998 650	0.993 790	0.977 25	0.933 19	0.9
β	1.0	0.8	0.6	0.4	0.2	0
$\Phi(\beta)$	0.841 3	0.788 1	0.725 7	0.655 4	0.579 3	0.5

习题

3-1　某材料的对称循环弯曲疲劳极限 $\sigma_{-1}=180$ MPa，取循环基数 $N_0=5\times10^6$，材料常数 $m=9$。试求循环次数 N 分别为 7 000、25 000、620 000 时的有限寿命弯曲疲劳极限。

3-2　已知材料的力学性能：$\sigma_S=260$ MPa，$\sigma_{-1}=170$ MPa，$\varphi_\sigma=0.2$。试绘制此材料的简化等寿命疲劳曲线（参见图 3-3 中的 $A'D'G'C$）。

3-3　已知一圆轴的轴肩尺寸：$D=72$ mm，$d=62$ mm，$r=3$ mm；材料为 40CrNi，其强度极限 $\sigma_B=900$ MPa，屈服极限 $\sigma_S=750$ MPa。试计算轴肩处的有效应力集中系数 k_σ。

3-4　有一精车的圆轴，其轴肩处的尺寸为 $D=54$ mm，$d=45$ mm，$r=3$ mm。如用题 3-2 中的材料，设其强度极限 $\sigma_B=420$ MPa，未做表面强化处理。试绘制此圆轴该轴肩处的简化等寿命疲劳曲线。

3-5　如题 3-4 中危险截面上的平均应力 $\sigma_m=20$ MPa，应力幅 $\sigma_a=30$ MPa，试分别按① $r=C$，② $\sigma_m=C$ 求出该截面的计算安全系数 S_{ca}。

摩擦、磨损及润滑概述

当在正压力作用下相互接触的两个物体受切向外力的影响而发生相对运动，或有相对运动的趋势时，在接触表面上就会产生抵抗运动的阻力，这一自然现象称为摩擦，这时所产生的阻力称为摩擦力。摩擦是一种不可逆过程，其结果必然有能量损耗和摩擦表面物质的丧失或迁移，后者即为磨损。据估计，世界上在工业方面有 1/3～1/2 的能量消耗于摩擦过程中。磨损会使零件的表面形状和尺寸遭到缓慢而连续的破坏，使机器的效率及可靠性逐渐降低，从而丧失原有的工作性能，最终还可能导致零件的突然破坏。国内每年制造的配件中，磨损件占了其中很大的比例。虽然从 17 世纪就开始了对摩擦的系统研究，近几十年来也已在某些机器或设备的设计中采用了考虑磨损寿命的设计方法，但是由于摩擦、磨损过程的复杂性，对于它们的机理，至今仍在进行深入的研究探讨。不过，人们为了控制摩擦、磨损，提高机器效率，减少能量损失，降低材料消耗，保证机器工作的可靠性，已经找到了一个有效的手段——润滑。

当然，摩擦在机械中也并非总是有害的，如带传动、车辆的制动器和离合器等正是靠摩擦来工作的，这时还要进行增摩技术的研究。

将研究有关摩擦、磨损与润滑的科学与技术统称为摩擦学；将在机械设计中正确运用摩擦学知识与技术，使之具有良好的摩擦学性能这一过程称为摩擦学设计。本章将针对金属材料概略介绍机械设计中有关摩擦学方面的一些基本知识。

4-1 摩　　擦

摩擦可分两大类：一类是发生在物质内部，阻碍分子间相对运动的内摩擦；另一类是当相互接触的两个物体发生相对运动或有相对运动的趋势时，在接触表面上产生的阻碍相对运动的外摩擦。仅有相对运动趋势时的摩擦称为静摩擦；相对运动进行中的摩擦称为动摩擦。根据位移形式的不同，动摩擦又分为滑动摩擦与滚动摩擦。本节只着重讨论金属表面间的滑动摩擦。根据摩擦面间存在润滑剂的情况，滑动摩擦又分为干摩擦、边界摩擦（边界润滑）、流体摩擦（流体润滑）及混合摩擦（混合润滑），如图 4-1 所示。

干摩擦是指两表面间无任何润滑剂或保护膜接触时的摩擦。在工程实际中，并不存在真正的干摩擦，因为任何零件的表面不仅会因氧化而形成氧化膜，而且多少也会被含有润滑剂分子的气体所湿润或受到"油污"污染。在机械设计中，通常把这种未经人为润滑的摩擦状态当作干摩擦处理（图 4-1a）。运动副的摩擦表面被吸附在表面的边界膜隔

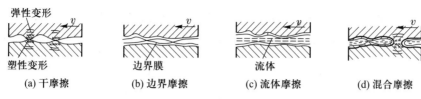

图 4-1 摩擦状态

开、摩擦性质取决于边界膜和表面吸附性能的摩擦称为边界摩擦（图 4-1b）。运动副的摩擦表面被流体膜隔开、摩擦性质取决于流体内部分子间黏性阻力的摩擦称为流体摩擦（图 4-1c）。摩擦状态处于边界摩擦及流体摩擦的混合状态称为混合摩擦（图 4-1d）。边界摩擦、混合摩擦及流体摩擦都必须具备一定的润滑条件，所以相应的润滑状态也常分别称为边界润滑、混合润滑及流体润滑。可以用膜厚比 λ 来大致估计两滑动表面所处的摩擦（润滑）状态，即

$$\lambda = \frac{h_{\min}}{(Rq_1^2 + Rq_2^2)^{\frac{1}{2}}} \tag{4-1}$$

式中：$h_{\min}$——两滑动粗糙表面间的最小公称油膜厚度，μm；

Rq_1、Rq_2——两表面形貌轮廓的均方根偏差（为算术平均偏差 Ra_1、Ra_2 的 1.20～1.25 倍），μm。

通常认为：$\lambda \leqslant 1$ 时呈边界摩擦（润滑）状态；$\lambda > 3$ 时呈流体摩擦（润滑）状态；$1 < \lambda \leqslant 3$ 时呈混合摩擦（润滑）状态。

1. 干摩擦

固体表面之间的摩擦，虽然早就进行了系统的研究，并在 18 世纪提出了至今仍在沿用的、关于摩擦力的数学表达式：$F_f = f F_n$（式中 F_f 为摩擦力，F_n 为法向载荷，f 为摩擦因数）。但是有关摩擦的机理，直到 20 世纪中叶才比较清楚地揭示出来，并逐渐形成现今被广泛接受的分子 - 机械理论、黏附理论[21]等。对于金属材料，特别是钢，目前较多采用修正后的黏附理论。

两个金属表面在法向载荷作用下的接触面积，并不是两个金属表面互相覆盖的公称接触面积（或称为表观接触面积）A_0，而是由一些表面轮廓峰相接触所形成的接触斑点的微面积的总和，称为真实接触面积 A_r（图 4-2）。由于真实接触面积很小，因此轮廓峰接触区所承受的压力很高。修正黏附理论认为，在有摩擦的情况下，轮廓峰接触区除有法向力作用外，还有切向力作用，所以接触区同时有压应力和切应力存在。这时金属材料的塑性变形，不是仅仅取决于金属材料的压缩屈服极限 σ_{Sy}，还取决于压应力和切应力所组成的复合应力作用。图 4-3a 所示为压应力 σ_y 及切应力 τ 联合作用下单个轮廓峰的接触模型，并且假定材料的塑性变形产生于最大切应力达到某一极限值的情况。若将作用在轮廓峰接触区的切向力逐渐增大到 F_f，结点将进一步发生

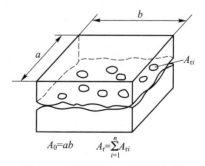

图 4-2 摩擦副接触面积示意图

塑性流动，这种流动导致接触面积增大。也就是说，在复合应力作用下，接触区出现了结点增长的现象。结点增长模型如图 4-3b 所示，其中 τ_B 为较软金属的剪切强度极限。

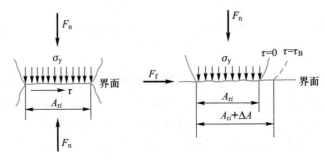

(a) 在复合应力作用下　　　　　(b) 在复合应力作用下结点增长

图 4-3　单个轮廓峰接触模型

修正后的黏附理论认为，作相对运动的两个金属表面间的摩擦因数为

$$f = \frac{F_f}{F_n} = \frac{\tau_{Bj}}{\sigma'_{Sy}} = \frac{界面剪切强度极限}{两种金属基体中较软的压缩屈服极限} \tag{4-2}$$

当两金属界面被表面膜分隔开时，τ_{Bj} 为表面膜的剪切强度极限；当剪断发生在较软金属基体内时，τ_{Bj} 为较软金属基体的剪切强度极限 τ_B；当表面膜局部破裂并出现金属黏附结点时，τ_{Bj} 介于较软金属的剪切强度极限和表面膜的剪切强度极限之间。

修正黏附理论与实际情况比较接近，可以在相当大的范围内解释摩擦现象。在工程中，常用金属材料副的摩擦因数是在常规的压力与速度条件下通过试验测定的值，并可认为是一个常数，其值可参见参考文献［63］。

2. 边界摩擦（边界润滑）

润滑油中的脂肪酸是一种极性化合物，它的极性分子能牢固地吸附在金属表面上。比较牢固地吸附在金属表面上的分子膜，称为边界膜。单层分子边界膜吸附在金属表面上的符号如图 4-4a 所示，图中〇为极性原子团。这些单层分子边界膜整齐地横向排列，很像一把刷子。边界摩擦类似两把刷子间的摩擦，其模型如图 4-4b 所示。吸附在金属表面上的多层分子边界膜的摩擦模型如图 4-5 所示。分子层距金属表面越远，吸附能力越弱，剪切强度越小，远到若干层后，就不再受约束。因此，摩擦因数将随着分子层数的增加而下降，三层的要比一层的小约一半。边界膜极薄，润滑油中分子的平均直径约为 0.002 μm，如果边界膜有 10 层分子，其厚度也仅为 0.02 μm。两摩擦表面的粗糙度之和一般都超过边界膜的厚度（当膜厚比 $\lambda \leqslant 1$ 时），所以边界摩擦状态不能完全避免金属的直接接触，这时仍有微小的摩擦力产生，其摩擦因数通常约为 0.1。

按边界膜形成机理，边界膜分为吸附膜（物理吸附膜及化学吸附膜）和反应膜。润滑剂中脂肪酸的极性分子牢固地吸附在金属表面上，形成了物理吸附膜；润滑剂分子受化学键力作用而吸附在金属表面上所形成的吸附膜则称为化学吸附膜。吸附膜的吸附强度随温度升高而下降，达到一定温度后，吸附膜发生软化、失向和脱吸现象，从而使润滑作用降低，磨损量和摩擦因数都将迅速增加。

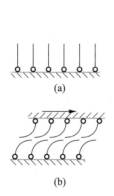

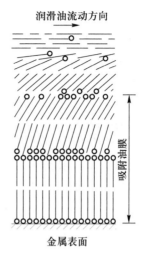

图 4-4　单层分子边界膜及其摩擦模型　　　　图 4-5　多层分子边界膜的摩擦模型

反应膜是当润滑剂中含有以原子形式存在的硫、氯、磷时，在较高的温度（通常为150～200℃）下，这些元素与金属发生化学反应而生成硫、氯、磷的化合物（如硫化铁）在油与金属界面处形成的薄膜。这种反应膜具有低的剪切强度和高熔点，它比前两种吸附膜更稳定。

合理选择摩擦副材料和润滑剂，降低表面粗糙度值，在润滑剂中加入适量的油性添加剂和极压添加剂，都能提高边界膜强度。

3. 混合摩擦（混合润滑）

当摩擦表面间处于边界摩擦与流体摩擦的混合状态（膜厚比 $\lambda=1\sim3$）时，称为混合摩擦。混合摩擦中如果流体润滑膜的厚度增大，表面轮廓峰直接接触的接触点数量就会减小，润滑膜的承载比例也随之增加。所以在一定条件下，混合摩擦能有效地减小摩擦阻力，其摩擦因数要比边界摩擦时小得多。但因表面间仍有轮廓峰的直接接触，所以不可避免地仍有磨损存在。

4. 流体摩擦（流体润滑）

当摩擦面间的润滑膜厚度大到足以将两个表面的轮廓峰完全隔开（即 $\lambda>3\sim4$）时，即形成了完全的流体摩擦。这时润滑剂分子已大都不受金属表面吸附作用的影响而可以自由移动，摩擦是在流体内部的分子之间产生的，所以摩擦因数很小（油润滑时为 $0.001\sim0.008$），是理想的摩擦状态。

从上述情况看，由干摩擦到流体摩擦，已有的摩擦学理论体系是不完善的。因为不论是从油膜厚度还是从摩擦特性来说，在流体润滑和边界润滑之间还存在一个空白区，而混合润滑只是描述了各种润滑状态共存时的润滑性能，并不具有基本的、独立的润滑机理。因此，近些年来提出了介于流体润滑和边界润滑之间的薄膜润滑，以填补上述的空白区。薄膜润滑的研究不仅对于深化润滑和磨损理论具有重要意义，而且也是现代科学技术发展的需要，具有广泛的应用前景。例如，薄膜润滑已成为保证一些高科技设备和超精密机械正常工作的关键技术；传统机械零件的小型化和大功率要求也有减小机器中润滑油膜厚度的趋势。

随着科学技术的发展，摩擦学研究也逐渐深入微观领域，形成了纳米摩擦学理论。纳米摩擦学是在原子、分子尺度上研究摩擦界面上的行为、损伤及其对策，主要研究内容包括纳米薄膜润滑和微观摩擦磨损理论，以及表面和界面分子工程。纳米摩擦学的学科基础、理论分析及试验测试方法都与宏观摩擦学研究有很大的差别。

纳米摩擦学的研究能够深入到原子、分子尺度，能够动态揭示摩擦过程中的微观现象，还可以在纳米尺度上使摩擦表面改性和排列原子。纳米摩擦学研究在微机械系统的摩擦特性研究方面，最大限度降低磨损以保证诸如计算机大容量高密度磁记录装置等高科技设备的功能和使用寿命等方面都具有明显的应用前景。

4-2　磨　　损

运动副之间的摩擦将导致零件表面材料的逐渐丧失或迁移，即形成磨损。磨损会影响机器的效率，降低工作的可靠性，甚至使机器提前报废。因此，设计时预先考虑如何避免或减轻磨损，以保证机器达到设计寿命，具有很大的现实意义。另外，也应当指出，工程上也有不少利用磨损作用的场合，如精加工中的磨削及抛光、机器的"磨合"过程等都是磨损的有用方面。

一个零件的磨损过程大致可分为三个阶段，即磨合阶段、稳定磨损阶段及剧烈磨损阶段（图 4-6）。磨合阶段包括摩擦表面轮廓峰的形状变化和表面材料被加工硬化两个过程。由于零件加工表面总具有一定的表面粗糙度，在磨合阶段，初期只有很少的轮廓峰接触，因此接触面上真实应力很大，使接触轮廓峰压碎和塑性变形，同时薄的表层发生加工硬化，随着原有的轮廓峰逐渐局部或完全消失，形成形状和尺寸均不同于原样的新轮廓峰。试验证明，各种摩擦副在不同条件下磨合之后，在给定摩擦条件下形成稳定的表面粗糙度，在以后的摩擦过程中，此表面粗糙度不会继续改变。磨合后的稳定表面粗糙度是给定摩擦条件（材料、压力、温度、润滑剂与润滑条件）下的最佳表面粗糙度，它与原始表面粗糙度无关，并以磨损率最小为原则。磨合阶段是磨损的不稳定阶段，在整个工作时间内所占比率很小。

在稳定磨损阶段内，零件磨损的速度平稳而缓慢，它标志着摩擦条件保持相对恒定。这个阶段的长短代表了零件使用寿命的长短。

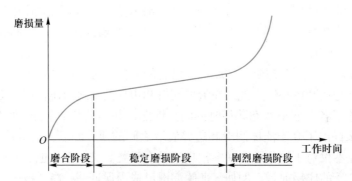

图 4-6　零件的磨损量与工作时间的关系（磨损曲线）

经过稳定磨损阶段后，零件的表面遭到破坏，运动副中的间隙增大，引起额外的动载荷，出现噪声和振动，这一阶段即为剧烈磨损阶段。由于这一阶段不能保证良好的润滑状态，摩擦副的温升便急剧增大，磨损速度也急剧增大。这时就必须停机，更换零件。

由此可见，在设计或使用机器时，应该力求缩短磨合阶段，延长稳定磨损阶段，推迟剧烈磨损阶段的到来。为此必须对形成磨损的机理有所了解。

关于磨损分类的见解颇不一致，大体上可概括为两种：一种是根据磨损结果对磨损表面外观的描述，如点蚀磨损、胶合磨损、擦伤磨损等；另一种则是根据磨损机理来分类，如黏着磨损、磨料磨损、疲劳磨损、流体磨料磨损、流体侵蚀磨损、机械化学磨损等。现按后一种分类进行简要介绍。

1. 黏着磨损

摩擦表面的轮廓峰在相互作用的各点处发生"冷焊"后，在相对滑动时材料从一个表面迁移到另一个表面，便形成了黏着磨损。这种被迁移的材料，有时也会再附着到原先的表面上去，出现逆迁移，或脱离所黏附的表面而成为游离颗粒。严重的黏着磨损会造成运动副咬死。这种磨损是金属摩擦副最普遍的一种磨损形式。

2. 磨料磨损

外部进入摩擦面间的游离硬颗粒（如空气中的尘土或磨损造成的金属微粒）或硬的轮廓峰尖在较软材料表面上犁刨出很多沟纹时，被移去的材料一部分流动到沟纹的两旁，一部分则形成一连串的碎片脱落下来成为新的游离颗粒，这样的微切削过程称为磨料磨损。

3. 疲劳磨损

疲劳磨损是指由于摩擦表面材料微体积在重复变形时疲劳破坏而引起的机械磨损。例如，当作滚动或滚－滑运动的高副零件受到反复作用的接触应力（如滚动轴承运转或齿轮传动）时，如果该应力超过材料相应的接触疲劳极限，就会在零件工作表面或表面下一定深度处形成疲劳裂纹，随着裂纹的扩展与相互连接，造成许多微粒从零件工作表面上脱落，致使表面上出现许多月牙形浅坑，形成疲劳磨损或疲劳点蚀。

4. 流体磨料磨损和流体侵蚀磨损（冲蚀磨损）

流体磨料磨损是指由流动的液体或气体中所夹带的硬质物体或硬质颗粒作用引起的机械磨损。利用高压空气输送型砂或用高压水输送碎矿石时，管道内壁所产生的机械磨损是流体磨料磨损的实例之一。

流体侵蚀磨损是指由液流或气流的冲蚀作用引起的机械磨损。由于蒸汽和燃气涡轮机叶片、火箭发动机尾喷管、直升机螺旋桨等部件的破坏，这种磨损形式已引起人们的注意。

5. 机械化学磨损（腐蚀磨损）

机械化学磨损是指由机械作用及材料与环境的化学作用或电化学作用共同引起的磨损。例如摩擦副受到空气中的酸或润滑油、燃油中残存的少量无机酸（如硫酸）及水分的化学作用或电化学作用，在相对运动中造成表面材料的损失所形成的磨损。氧化磨损是最常见的机械化学磨损之一。

6. 微动磨损（微动损伤）

微动磨损是一种甚为隐蔽的，由黏着磨损、磨料磨损、机械化学磨损和疲劳磨损共同形成的复合磨损形式。它发生在名义上相对静止，实际上存在循环的微幅相对滑动的两个紧密接触的表面（如轴与孔的过盈配合面、滚动轴承套圈的配合面、旋合螺纹的工作面、铆钉的工作面等）上。这种微幅相对滑动是在循环变应力或振动条件下，由于两接触面上产生的弹性变形的差异而引起的，并且相对滑动的幅度非常小，一般仅为微米的量级。微动磨损不仅损坏配合表面的品质，而且会导致疲劳裂纹的萌生，从而急剧地降低零件的疲劳强度[24]。通常所说的微动损伤除包含微动磨损外，还包含微动腐蚀和微动疲劳。

最后需要说明的是，工程中的磨损现象并不总是以单一类型形式出现的，很多时候是几种不同磨损类型的综合体现，也有在磨损进程中出现磨损类型（机理）转换的情况。

4-3　润滑剂、添加剂和润滑方法

1. 润滑剂

在摩擦面间加入润滑剂不仅可以减少摩擦，减轻磨损，保护零件不遭锈蚀，而且在采用循环润滑时还能起到散热降温的作用。由于液体的不可压缩性，润滑油膜还具有缓冲、吸振的能力。使用膏状的润滑脂，既可防止内部的润滑剂外泄，又可阻止外部杂质侵入，避免加剧零件的磨损，起到密封作用。

润滑剂可分为气体、液体、半固体和固体 4 种基本类型。在液体润滑剂中应用最广泛的是润滑油，包括矿物油，动、植物油，合成油和各种乳。半固体润滑剂主要是指各种润滑脂，它是润滑油和稠化剂的稳定混合物。固体润滑剂是任何可以形成固体膜以减小摩擦阻力的物质，如石墨、二硫化钼、聚四氟乙烯等。任何气体都可作为气体润滑剂，其中用得最多的是空气，它主要用在气体轴承中。下面仅对润滑油及润滑脂做些介绍。

（1）润滑油

润滑油主要可概括为三类：一是有机油，通常是动、植物油；二是矿物油，主要是石油产品；三是化学合成油。其中因矿物油来源充足，成本低廉，适用范围广，而且稳定性好，故应用最多。动、植物油中因含有较多的硬脂酸，在边界润滑时有很好的润滑性能，但因其稳定性差而且来源有限，所以使用不多。化学合成油是通过化学合成方法制成的新型润滑油，它能满足矿物油所不能满足的某些特性要求，如高温、低温、高速、重载和其他条件。由于它多是针对某种特定需要而制的，适用面较窄，成本又很高，故一般机器应用较少。近年来，由于环境保护的需要，一种具有生物可降解特性的润滑油——绿色润滑油也在一些特殊行业和场合中得到使用。

从润滑观点考虑，主要根据以下几个指标评判润滑油的优劣。

1）黏度

润滑油的黏度可定性地定义为它的流动阻力，是润滑油最重要的性能。

① 动力黏度。牛顿在 1687 年提出了黏性流体的摩擦定律（简称黏性定律），即在流体中任意点处的切应力均与该处流体的速度梯度成正比。可用以下数学形式表示这一定律：

$$\tau = -\eta \frac{\partial u}{\partial y} \tag{4-3}$$

式中：τ ——流体单位面积上的剪切阻力，即切应力；

　　　u ——流体的流动速度；

　　$\dfrac{\partial u}{\partial y}$ ——流体沿垂直于运动方向（即流体膜厚度方向）的速度梯度，式中的 "–" 号

　　　　　表示 u 随 y（流体润滑膜厚度方向的坐标）的增大而减小；

　　　η ——比例常数，即流体的动力黏度。

摩擦学中把服从这个黏性定律的流体称为牛顿流体。

国际单位制（SI 制）下的动力黏度单位为 Pa·s（帕·秒）。在绝对单位制（CGS 制）中，将动力黏度的单位定为 dyn·s/cm²，称为 P（泊），百分之一泊称为 cP（厘泊），即 1 P=100 cP。

P 和 cP 与 Pa·s 的换算关系为：1 P=0.1 Pa·s，1 cP=0.001 Pa·s。

② 运动黏度。工程中将流体的动力黏度 η 与同温度下该流体密度 ρ（单位为 kg/m³）的比值称为运动黏度 ν（单位为 m²/s），即

$$\nu = \frac{\eta}{\rho} \tag{4-4}$$

对于矿物油，密度 ρ=850～900 kg/m³。

在 CGS 制中，运动黏度的单位是 St（斯），1 St=1 cm²/s。百分之一斯称为 cSt（厘斯），它们之间有下列关系：

$$1 \text{ St}=1 \text{ cm}^2/\text{s}=100 \text{ cSt}=10^{-4} \text{ m}^2/\text{s}$$

$$1 \text{ cSt}=10^{-6} \text{ m}^2/\text{s}=1 \text{ mm}^2/\text{s}$$

GB/T 3141—1994 规定采用润滑油在 40℃时的运动黏度中心值作为润滑油的牌号。润滑油实际运动黏度在相应中心黏度值的 ±10% 偏差以内。常用工业润滑油的黏度分类及相应的运动黏度见表 4-1。例如，黏度等级为 15 的润滑油在 40℃时的运动黏度中心值为 15 cSt，实际运动黏度范围为 13.5～16.5 cSt。

表 4-1　常用工业润滑油的黏度分类及相应的黏度

黏度等级	运动黏度中心值（40℃）/cSt	运动黏度范围（40℃）/cSt	黏度等级	运动黏度中心值（40℃）/cSt	运动黏度范围（40℃）/cSt
2	2.2	1.98～2.42	15	15	13.5～16.5
3	3.2	2.88～3.52	22	22	19.8～24.2
5	4.6	4.14～5.06	32	32	28.8～35.2
7	6.8	6.12～7.48	46	46	41.4～50.6
10	10	9.00～11.0	68	68	61.2～74.8

续表

黏度等级	运动黏度中心值（40℃）/cSt	运动黏度范围（40℃）/cSt	黏度等级	运动黏度中心值（40℃）/cSt	运动黏度范围（40℃）/cSt
100	100	90～110	460	460	414～506
150	150	135～165	680	680	612～748
220	220	198～242	1 000	1 000	900～1 100
320	320	288～352	1 500	1 500	1 350～1 650

③ 条件黏度。条件黏度是在一定条件下，利用某种规格的黏度计，通过测定润滑油穿过规定孔道的时间来进行计量的黏度。我国常用恩氏度（°E_t）作为条件黏度单位。美国习惯用赛氏通用秒（SUS），英国习惯用雷氏秒（R）作为条件黏度单位。

平均温度 t 时的运动黏度 v_t（单位为 cSt）与条件黏度 η_E（单位为°E_t）可按下列关系进行换算：

$$\left.\begin{array}{ll}
\text{当 } 1.35 < \eta_E \leqslant 3.2 \text{ 时} & v_t = 8.0\eta_E - \dfrac{8.64}{\eta_E} \\[2mm]
\text{当 } 3.2 < \eta_E \leqslant 16.2 \text{ 时} & v_t = 7.6\eta_E - \dfrac{4.0}{\eta_E} \\[2mm]
\text{当 } \eta_E > 16.2 \text{ 时} & v_t = 7.41\eta_E
\end{array}\right\} \tag{4-5}$$

各种流体的黏度，特别是润滑油的黏度，随温度变化的情况十分明显。由于润滑油的成分及纯净程度不同，很难用一个解析式来表达各种润滑油的黏－温关系。图 4-7 所示为润滑油的黏－温曲线，图中数字代表润滑油黏度等级。润滑油黏度受温度影响的程度可用黏度指数表示。黏度指数越大，表明黏度随温度的变化越小，即黏－温性能越好。

压力对流体的影响有两方面。一个方面是流体的密度随压力增高而增加，不过对于所有的润滑油来说，压力在 100 MPa 以下时，每增加 20 MPa 的压力，油的密度才增加 1%，因此在多数润滑条件下这个影响可以不予考虑。另一个方面是压力对流体黏度的影响，当压力超过 20 MPa 时，黏度才随压力的增高而增加，高压时则更为显著，因此在一般的润滑条件下也同样不予考虑。但在高副接触零件的润滑中，这种影响就变得十分重要。对于一般矿物油的黏－压关系，可用下面的经验公式表示：

$$\eta_p = \eta_0 e^{\alpha p} \tag{4-6}$$

式中：η_p——润滑油在压力为 p 时的动力黏度，Pa·s。

η_0——润滑油在 10^5 Pa 压力下的动力黏度，Pa·s。

e ——自然对数的底，e=2.718。

α——润滑油的黏－压系数。当压力 p 的单位为 Pa 时，α 的单位即为 m²/N；对于一般的矿物油，$\alpha \approx (1\sim3) \times 10^{-8}$ m²/N。

润滑油黏度的大小不仅直接影响摩擦副的运动阻力，而且对润滑油膜的形成及承载能力有决定性作用。这是流体润滑中一个极为重要的因素。

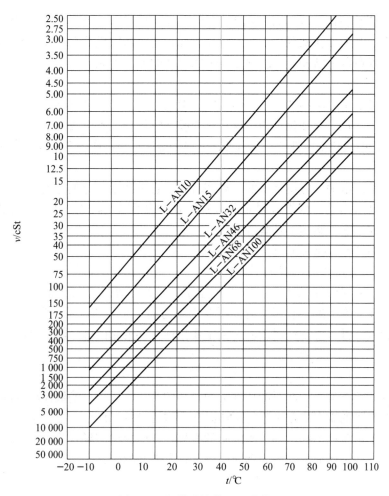

图 4-7　润滑油的黏 – 温曲线

2）润滑性（油性）

润滑性是指润滑油中极性分子与金属表面吸附形成一层边界油膜，以减少摩擦和磨损的性能。润滑性越好，油膜与金属表面的吸附能力越强。对于那些低速、重载或润滑不充分的场合，润滑性具有特别重要的意义。

3）极压性

极压性是指润滑油中加入含硫、氯、磷的有机极性化合物后，油中极性分子在金属表面生成抗磨、耐高压的化学反应边界膜的性能。它在重载、高速、高温条件下，可改善边界润滑性能。

4）闪点

当油在标准仪器中加热所蒸发出的油气一遇火焰即能发出闪光时的最低温度，称为油的闪点。这是衡量油的易燃性的一种尺度，对于高温下工作的机器，是一个十分重要的指标。通常应使工作温度比油的闪点低 30～40℃。

5）凝点与倾点

凝点是指润滑油在规定条件下不能再自由流动时所达到的最高温度；倾点是指润滑油

在规定条件下能够自由流动的最低温度。同一品牌的润滑油其倾点比凝点略高几摄氏度。凝点和倾点都是润滑油在低温下工作的重要指标，直接影响机器在低温工况下的启动性能和磨损情况。现在我国已逐步采用倾点表示润滑油的低温性能。

6）氧化稳定性

从化学意义上讲，矿物油是很不活泼的，但当它们暴露在高温气体中时，也会发生氧化并生成硫、氯、磷的酸性化合物。这是一些胶状沉积物，不但腐蚀金属，而且加剧零件的磨损。润滑油的氧化稳定性就是润滑油在受热和金属的催化作用下抵抗氧化变质的能力。

（2）润滑脂

润滑脂是除润滑油外应用最多的一类润滑剂。它是润滑油与稠化剂（如钙、锂、钠的金属皂）的膏状混合物。根据调制润滑脂所用皂基的不同，润滑脂主要分为钙基润滑脂、钠基润滑脂、锂基润滑脂和铝基润滑脂等几类。

润滑脂的主要质量指标如下：

1）锥（针）入度（或稠度）

一个重 1.5 N 的标准锥体，于 25℃恒温下，从润滑脂表面经 5 s 后刺入的深度（以 0.1 mm 计），称为锥入度。它标志着润滑脂内阻力的大小和流动性的强弱。锥入度越小，表明润滑脂越稠。锥入度是润滑脂的一项主要指标，润滑脂的牌号就是该润滑脂锥入度的等级。

2）滴点

在规定的加热条件下，润滑脂从标准测量杯的孔口滴下第一滴液体时的温度称为润滑脂的滴点。润滑脂的滴点决定了它的工作温度。润滑脂的工作温度至少应比滴点低 20℃。

一般机械中最常用的润滑油、润滑脂的牌号、性能及适用场合等，将在以后有关章节中进行介绍，一些常用润滑剂的详细介绍可参看参考文献［25］。

2. 添加剂

普通润滑油、润滑脂在一些十分恶劣的工作条件（如高温、低温、重载、真空等）下会很快劣化变质，失去润滑能力。为了提高润滑剂的品质和使用性能，常加入一些分量虽少（从百分之几到百万分之几）但对润滑剂性能改善起巨大作用的物质，这些物质称为添加剂。

添加剂的作用如下：

① 提高润滑剂的油性、极压性等，使其在极端工作条件下具有更有效的工作能力；

② 抑制润滑剂的氧化，延长其储存时间和使用寿命；

③ 改善润滑剂的物理性能，如降低凝点、消除泡沫、提高黏度、改进其黏－温特性等。

添加剂的种类很多，有油性添加剂、极压添加剂、分散净化剂、消泡添加剂、抗氧化添加剂、降凝剂、增黏剂等。为了有效地提高边界膜的强度，简单而行之有效的方法是在润滑油中添加一定量的油性添加剂或极压添加剂。如图 4-8 所示，非极性润滑油（如纯矿物油）

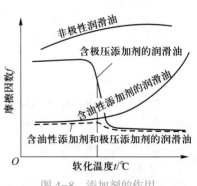

图 4-8　添加剂的作用

的摩擦因数最大；含油性添加剂（如脂肪酸）的润滑油，温度低时摩擦因数小，当温度超过油性添加剂的软化温度后，摩擦因数将迅速上升；含极压添加剂的润滑油，在软化温度附近，摩擦因数迅速下降；若在润滑油中同时加入油性添加剂和极压添加剂，则低温时可以靠油性添加剂的油性来获得减摩性，高温时则靠极压添加剂的化学反应膜来得到良好的减摩性。

3. 润滑方法

润滑油和润滑脂的供应方法在设计中是很重要的，尤其是油润滑时的供应方法与零件在工作时所处润滑状态有着密切的关系。

（1）油润滑

向摩擦表面添加润滑油的方法可分间歇式和连续式两种。手工用油壶或油枪向注油杯内注油，只能做到间歇润滑。图 4-9 所示为压配式注油杯，图 4-10 所示为旋套式注油杯。这些只可用于小型、低速或间歇运动的润滑场合。对于重要的润滑场合，必须采用连续供油的方法。连续供油的方法有以下几种：

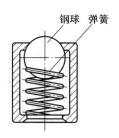

图 4-9　压配式注油杯

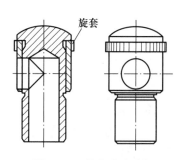

图 4-10　旋套式注油杯

1）滴油润滑

图 4-11 及图 4-12 所示的针阀油杯和油芯油杯都可做到连续滴油润滑。针阀油杯可调节滴油速度来改变供油量，并且停车时可扳动油杯上端的手柄以关闭针阀而停止供油。油芯油杯在停车时则仍继续滴油，会引起浪费。

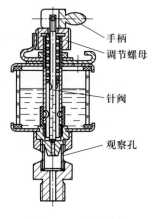

图 4-11　针阀油杯

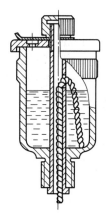

图 4-12　油芯油杯

2）油环润滑

图 4-13 所示为油环润滑。油环套在轴颈上，下部浸在油中。当轴颈转动时带动油环转动，将油带到轴颈表面进行润滑。轴颈速度过高或者过低，油环带的油量都会不足，通常用于转速不低于 50～60 r/min 的场合。油环润滑的轴承，其轴线应水平布置。

3）浸油润滑

浸油润滑是将需要润滑的零件（如齿轮、滚动轴承等）的一部分浸在油池中，零件转动时将润滑油带至其润滑部位。图 4-14 所示为齿轮传动的浸油润滑。

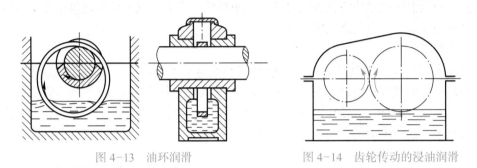

图 4-13　油环润滑　　　　　　图 4-14　齿轮传动的浸油润滑

4）飞溅润滑

利用转动件（例如齿轮）或曲轴的曲柄等将润滑油溅起以润滑轴承等需润滑的零件。

5）压力循环润滑

用油泵进行压力供油润滑，可保证供油充分，还能带走摩擦热以冷却轴承。这种润滑方法多用于高速、重载轴承或齿轮传动上。

（2）脂润滑

脂润滑只能间歇供应润滑脂。旋盖式油脂杯（图 4-15）是应用最广的脂润滑装置。杯中装满润滑脂后，旋动上盖即可将润滑脂挤入轴承中。有时还使用油枪向轴承补充润滑脂。

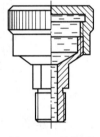

图 4-15　旋盖式油脂杯

4-4　流体润滑原理简介

根据摩擦面间流体润滑膜形成的原理，可把流体润滑分为流体动力润滑（利用摩擦面间的相对运动而自动形成承载流体润滑膜的润滑）及流体静力润滑（从外部将加压的润滑剂送入摩擦面间，强迫形成承载流体润滑膜的润滑）。当两个曲面体作相对滚动或滚 - 滑运动（如滚动轴承中的滚动体与套圈相接触，一对齿轮的两个轮齿相啮合等）时，若条件合适，也能在接触处形成承载流体润滑膜。这时不但接触处的弹性变形和流体润滑膜厚度都同样不容忽视，而且它们还彼此影响，互为因果。因而把这种润滑称为弹性流体动力润滑（简称弹流润滑）。

1. 流体动力润滑

两个作相对运动的物体的摩擦表面，用借助于相对速度而产生的黏性流体润滑膜将两摩擦表面完全隔开，由流体润滑膜产生的压力来平衡外载荷，称为流体动力润滑。所用的黏性流体可以是液体（如润滑油），也可以是气体（如空气等），相应地称为液体动力润滑和气体动力润滑。流体动力润滑的主要优点是摩擦力小，磨损小，并可以缓和振动与冲击。

　　下面简要介绍流体动力润滑中的楔效应承载机理。

　　如图 4-16a 所示，A、B 两板平行，板间充满一定黏度的润滑油，若板 B 静止不动，板 A 以速度 v 沿 x 方向运动。由于润滑油的黏性及它与平板间的吸附作用，与板 A 紧贴的油层的流速 u 等于板 A 的速度 v，与板 B 紧贴的油层的流速等于 0，其他各油层的流速 u 则按直线规律分布。这种流动是由于油层受到剪切作用而产生的，所以称为剪切流。这时通过两平行板间的任何垂直截面处的流量皆相等，润滑油虽能维持连续流动，但油膜对外载荷并无承载能力（这里忽略了流体受到挤压作用而产生压力的效应）。

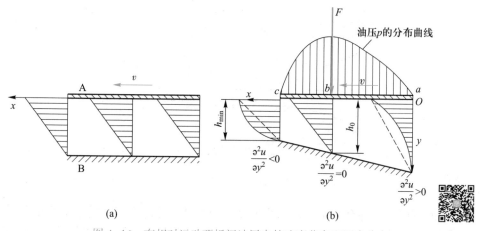

图 4-16　有相对运动两板间油层中的速度分布和压力分布

　　当两板相互倾斜使其间形成楔形收敛间隙，且移动件的运动方向是从间隙较大的一方移向间隙较小的一方时，若楔形间隙入口和出口的油层流速分布规律如图 4-16b 中的虚线所示，那么进入间隙的油量必然大于流出间隙的油量。设液体是不可压缩的，则进入此楔形间隙的过剩油量，一方面将阻碍油自进口截面 a 流入，且将油由出口截面 c 挤出，另一方面力图将上板抬起，即产生一种因压力而引起的流动，称为压力流。这时，楔形收敛间隙中油层流动速度由剪切流和压力流二者叠加，因而进口油的速度曲线呈内凹形，出口呈外凸形。只要连续充分地提供一定黏度的润滑油，并且 A、B 两板相对速度 v 值足够大，流入楔形收敛间隙的流体产生的动压力是能够稳定存在的。这种具有一定黏性的流体流入楔形收敛间隙而产生压力的效应称为流体动力润滑的楔效应。

2. 弹性流体动力润滑

　　流体动力润滑通常研究的是低副接触零件之间的润滑问题，将零件摩擦表面看作刚体，并认为润滑剂的黏度不随压力而改变。可是在齿轮传动、滚动轴承、凸轮机构等高副接触中，两摩擦表面之间接触压力很大，摩擦表面会出现不能忽略的局部弹性变形。同时，在较高压力下，润滑剂的黏度也将随压力发生变化。

　　弹性流体动力润滑理论是研究在相互滚动或伴有滑动的滚动条件下两弹性物体间的流

体润滑膜（简称润滑膜）的力学性质，将计算油膜压力下摩擦表面变形的弹性方程、表述润滑剂黏度和压力间关系的黏压方程与流体动力润滑的主要方程结合起来，以求解润滑膜压力分布和厚度分布等问题。

图 4-17 是两个平行圆柱在弹性流体动力润滑条件下，接触区中润滑膜在厚度方向上的形状及其压力分布的示意图。依靠润滑剂与摩擦表面的黏附作用，两圆柱相互滚动时将润滑剂带入间隙。由于接触压力较高使接触面发生局部弹性变形，接触面积扩大，在接触面间形成了一个平行的缝隙，在出油口处的接触面边缘出现了使间隙变小的凸起部分（一种"颈缩"现象），并形成最小润滑膜厚度，在此处附近出现了一个第二峰值压力。

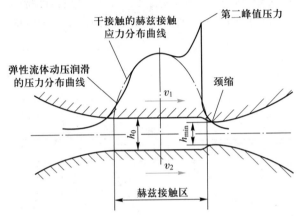

图 4-17　弹性流体动力润滑条件下接触区中润滑膜在厚度方向上的形状及其压力分布

由于任何零件表面都有一定的表面粗糙度，当弹性流体动力润滑的润滑膜很薄时，接触表面的表面粗糙度对润滑性能影响很大。一般认为要保证实现完全弹性流体动力润滑，其膜厚比 λ 应大于 3～4。当 $\lambda < 3$ 时，总有少数表面轮廓峰会直接接触，这种状态称为部分弹性流体动力润滑状态。生产实际中绝大多数的齿轮传动、滚动轴承等都是在这种润滑状态下工作。

3. 流体静力润滑

流体静力润滑是靠液压泵（或其他压力流体源）将加压后的流体送入两摩擦表面之间，利用流体静压力来平衡外载荷。图 4-18 为典型流体静力润滑系统示意图，润滑剂由液压泵加压，通过节流阀送入摩擦件的油腔，再通过油腔周围的封油面与另一摩擦面构成的间隙流出，其压力降至环境压力。油腔一般开在承导件上。

环境压力包围的封油面和油腔总称为油垫，一个油垫可以有一个或几个油腔。一个单油腔油垫不能承受倾覆力矩。

重难点分析

两个静止的、平行的摩擦表面间能采用流体静力润滑形成流体润滑膜。它的承载能力不依赖于流体黏度，故能用黏度较低的润滑剂，既可提高摩擦副承载能力，又可减小摩擦力矩。

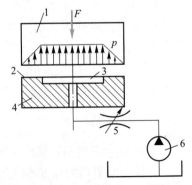

1—运动件；2—封油面；3—油腔；
4—承导件；5—节流阀；6—液压泵

图 4-18　典型流体静力润滑系统示意图

第二篇　连　　接

为了便于机器的制造、安装、运输、维修以及提高劳动生产率等，机器上广泛使用了各种连接。因此，机械设计人员必须熟悉各种机器中常用的连接方法及有关连接零件的结构、类型、性能与适用场合，掌握它们的设计理论或选用方法。

机械连接有两大类：一类是机器工作时，被连接的零（部）件间可以有相对运动的连接，称为机械动连接，如机械原理课程中讨论的各种运动副；另一类则是在机器工作时，被连接的零（部）件间不允许产生相对运动的连接，称为机械静连接，这是本篇所要讨论的内容。应该说明，在机器制造中，"连接"这一术语，实际上也仅指机械静连接，故本书中除了指明为机械动连接外，所用到的"连接"均指机械静连接。

连接根据其工作原理的不同可分为三类：形锁合连接、摩擦锁合连接及材料锁合连接。形锁合连接是指通过被连接件或附加固定零件的形状互相嵌合，使其产生连接作用，如加强杆螺栓（旧称铰制孔用螺栓）连接、平键连接等；摩擦锁合连接是指通过被连接件的压紧，在接触面间产生摩擦力阻止被连接件的相对移动，达到连接的目的，如受横向载荷的紧螺栓连接、过盈连接等；材料锁合连接是指在被连接件间涂敷附加材料，通过分子间的分子力将零件连接在一起，如胶接、钎焊等。

连接根据其可拆性又分为可拆连接和不可拆连接。可拆连接是不需破坏连接中的任一零件就可拆开的连接，故多次装拆无损于其使用性能。常见的有螺纹连接、键连接（包括花键连接、无键连接）及销连接等，其中尤以螺纹连接和键连接应用较广。不可拆连接是至少必须破坏连接中的某一部分才能拆开的连接，常见的有铆接、焊接、胶接等。过盈连接既可以做成可拆的，也可以做成不可拆的，但在许多情况下，常将这种连接设计成不可拆的，因拆开连接会导致接触面的损伤（损伤程度与过盈量有关）和配合松动。对于重要的过盈连接，若需做成可拆连接且又不损伤接触面，需要采用高压油装拆。

根据上述各种连接的使用广泛程度不同，本篇将着重讨论螺纹连接和键连接，并对销连接、铆接、焊接、胶接的基本结构形式和性能，以及过盈连接的基本原理和设计方法做概略的介绍。另外，由于螺旋传动也是利用螺纹零件工作的，所以将其附在本篇内一并讨论。

在设计被连接零件时，应同时决定所要采用的连接类型。连接类型的选择是以使用要求及经济性要求为根据的。一般地说，采用不可拆连接多是由于制造及经济上的原因；采用可拆连接多是由于结构、安装、运输、维修上的原因。不可拆连接的制造成本通常较可拆连接的低。

在具体选择连接类型时，还须考虑连接的加工条件和被连接零件的材料、形状及尺寸等因素。例如：板件与板件的连接，多选用螺纹连接、焊接、铆接或胶接；杆件与杆件的连接，多选用螺纹连接或焊接；轴与轮毂的连接则常选用键、花键连接或过盈连接等。有时亦可综合使用两种连接，例如胶-焊连接、胶-铆连接以及键与过盈配合同时并用的连接等。轴与轴的连接则采用联轴器或离合器，这将在第14章中讨论。

设计连接时，除应考虑强度、刚度及经济性等基本问题外，在某些场合（如用于锅炉、容器等），还必须满足紧密性的要求。就强度来说，必须做到既满足连接的工作要求，又保证连接零件本身的强度。影响连接强度的主要因素，除了特殊情况的过载外，就是各连接零件上载荷的分配不均和各连接零件的危险截面或工作面上应力的分布不均，也就是载荷集中和应力集中问题。为此，从结构、制造和装配工艺上采取适当的改善措施（如减少或削弱应力集中源，保证一定的制造精度、装配位置准确等），就成为不可忽视的问题。还应注意，当一个连接中包含多个危险截面和工作面时，要以其中最薄弱的部位来决定连接的工作能力。此外，在可能条件下，应尽可能将连接件与被连接件设计成等强度，使连接中各零件充分发挥其承载能力。

螺纹连接和螺旋传动

知识图谱　学习指南

　　螺纹连接和螺旋传动都是利用螺纹零件工作的，但两者的工作性质不同，在技术要求上也有差别。前者起紧固作用，要求保证连接强度（有时还要求紧密性）；后者起传动作用，要求保证螺旋副的传动精度、效率和磨损寿命等。本章将分别讨论螺纹连接和螺旋传动的类型、结构以及设计计算等问题。

5-1　螺　　纹

1. 螺纹的类型和应用

　　根据分布的部位，螺纹可分为外螺纹和内螺纹。在圆柱或圆锥外表面上形成的螺纹称为外螺纹，在圆柱孔或圆锥孔内壁上形成的螺纹称为内螺纹，内、外螺纹旋合组成的运动副称为螺纹副或螺旋副。根据螺旋线绕行方向，螺纹可分为右旋螺纹和左旋螺纹，常用的是右旋螺纹。根据螺纹母体形状，螺纹可分为圆柱螺纹和圆锥螺纹，圆锥螺纹主要用于管连接，圆柱螺纹用于一般连接和传动。螺纹又有米制和英制（螺距以每英寸牙数表示）之分，我国除管螺纹采用英制螺纹外，其余都采用米制螺纹。根据牙型，螺纹又分为普通螺纹、管螺纹、梯形螺纹、矩形螺纹和锯齿形螺纹等。普通螺纹主要用于连接，后三种螺纹主要用于传动，其中除矩形螺纹外，其余都已标准化。标准螺纹的公称尺寸可查阅有关标准，如 GB/T 193—2003 给出的是普通螺纹的直径与螺距系列。常用螺纹的类型、特点和应用见表 5-1。

表 5-1　常用螺纹的类型、特点和应用

螺纹类型		牙 型 图	特点和应用
连接螺纹	普通螺纹	 内螺纹　60° d　d_2　d_1　P　外螺纹	牙型为等边三角形，牙型角 $\alpha=60°$，内、外螺纹旋合后留有径向间隙。外螺纹牙根允许有较大的圆角，以减小应力集中。同一公称直径螺纹按螺距大小可分为粗牙螺纹和细牙螺纹。细牙螺纹的牙型与粗牙螺纹相似，但其螺距小，升角小，自锁性较好，强度高，因牙细不耐磨，容易滑扣。一般连接多用粗牙螺纹，细牙螺纹常用于细小零件，薄壁管件或受冲击、振动和变载荷的连接中，也可作为微调机构的调整螺纹

螺纹类型		牙 型 图	特点和应用
连接螺纹	55°非密封管螺纹		牙型为等腰三角形，牙型角 $\alpha=55°$，牙顶有较大的圆角，内、外螺纹旋合后无径向间隙，管螺纹为英制细牙螺纹，基准直径为管子的外螺纹大径。适用于管接头、旋塞、阀门及其他附件。若要求连接后具有密封性，则可压紧被连接件螺纹副外的密封面，也可在密封面间添加密封物
	55°密封管螺纹		牙型为等腰三角形，牙型角 $\alpha=55°$，牙顶有较大的圆角，螺纹分布在锥度为 $1:16$（$\varphi=1°\ 47'\ 24''$）的圆锥管壁上。它包括圆锥内螺纹与圆锥外螺纹和圆柱内螺纹与圆锥外螺纹两种连接形式。螺纹旋合后，利用本身的变形就可以保证连接的紧密性，不需要任何填料，密封简单。适用于管子、管接头、旋塞、阀门和其他螺纹连接的附件
	米制圆锥螺纹		牙型角 $\alpha=60°$，螺纹牙顶为平顶，螺纹分布在锥度为 $1:16$（$\varphi=1°\ 47'\ 24''$）的圆锥管壁上。用于气体或液体管路系统依靠螺纹密封的连接螺纹（水、煤气管道用管螺纹除外）
传动螺纹	矩形螺纹		牙型为正方形，牙型角 $\alpha=0°$。其传动效率较其他螺纹高，但牙根强度弱，螺纹副磨损后，间隙难以修复和补偿，传动精度降低。为了便于铣、磨削加工，可制成 $10°$ 的牙型角。 矩形螺纹尚未标准化，推荐尺寸：$d=\dfrac{5}{4}d_1$，$P=\dfrac{1}{4}d_1$。目前已逐渐被梯形螺纹所代替
	梯形螺纹		牙型为等腰梯形，牙型角 $\alpha=30°$。内、外螺纹以锥面贴紧，不易松动。与矩形螺纹相比，传动效率略低，但工艺性好，牙根强度高，对中性好。如用剖分螺母，还可以调整间隙。梯形螺纹是最常用的传动螺纹
	锯齿形螺纹		牙型为不等腰梯形，工作面的牙侧角为 $3°$，非工作面的牙侧角为 $30°$。外螺纹牙根有较大的圆角，以减小应力集中。内、外螺纹旋合后，大径处无间隙，便于对中。这种螺纹兼有矩形螺纹传动效率高、梯形螺纹牙根强度高的特点，但只能用于单向受力的螺纹连接或螺旋传动中，如螺旋压力机

　　机械制造中除上述常用螺纹外，还有特殊用途的螺纹，以适应各行业的特殊工作要求，如过盈配合螺纹，其牙型虽与普通螺纹相同，但通过中径尺寸的过盈来锁紧螺柱，无须采用任何辅助锁紧措施，这种螺纹在大功率、高转速、工作环境差的动力机械（如航空发动机）中应用较多；又如圆弧形螺纹，多用于排污设备、水闸闸门的传动螺纹和玻璃

器皿的瓶口螺纹等，需要时可查阅相关专用标准。

2. 螺纹的主要参数

现以圆柱普通外螺纹为例说明螺纹的主要几何参数（图 5-1）。

1）大径 d——螺纹的最大直径，即与螺纹牙顶相切的假想圆柱的直径，在标准中被定为公称直径。

2）小径 d_1——螺纹的最小直径，即与螺纹牙底相切的假想圆柱的直径，在强度计算中常作为螺杆危险截面的计算直径。

3）中径 d_2——通过螺纹轴向截面内牙型上的沟槽和凸起宽度相等处的假想圆柱的直径。中径是确定螺纹几何参数和配合性质的直径。

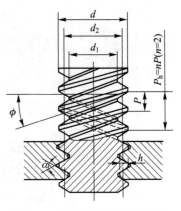

图 5-1   螺纹的主要几何参数

4）线数 n——螺纹的螺旋线数目。沿一根螺旋线形成的螺纹称为单线螺纹；沿两根以上的等距螺旋线形成的螺纹称为多线螺纹。常用的连接螺纹要求自锁性，故多用单线螺纹；传动螺纹要求传动效率高，故多用双线或三线螺纹。为了便于制造，一般线数 $n \leqslant 4$。

5）螺距 P——螺纹相邻两牙在中径线上对应两点间的轴向距离。

6）导程 P_h——同一条螺旋线上的相邻两牙在中径线上对应两点间的轴向距离。单线螺纹，$P_h = P$；多线螺纹，$P_h = nP$。

7）螺纹升角 ϕ——在中径圆柱上螺旋线的切线与垂直于螺纹轴线的平面间的夹角，即

$$\phi = \arctan \frac{P_h}{\pi d_2} = \arctan \frac{nP}{\pi d_2} \tag{5-1}$$

8）牙型角 α——螺纹轴向截面内，螺纹牙型两侧边的夹角。螺纹牙型的侧边与螺纹轴线的垂直平面的夹角称为牙侧角，对称牙型的牙侧角 $\beta = \dfrac{\alpha}{2}$。

9）接触高度 h——内、外螺纹旋合后牙侧接触部分的径向高度。

各种管螺纹的主要几何参数可查阅有关标准，其尺寸代号都不是螺纹大径，而近似等于管子的内径。

5-2   螺纹连接的类型和标准连接件

1. 螺纹连接的基本类型

（1）螺栓连接

螺栓连接分普通螺栓连接和加强杆螺栓连接两种。常见的普通螺栓连接如图 5-2a 所示，在被连接件上开有通孔，插入螺栓后在螺栓的另一端拧上螺母。这种连接的结构特点是被连接件上的通孔和螺栓杆间留有间隙，通孔的加工精度要求低，结构简单，装拆方

便，使用时不受被连接件材料的限制，因此应用极广。图 5-2b 是加强杆螺栓连接，孔和螺栓杆多采用基孔制过渡配合 $\left(\dfrac{H7}{m6}、\dfrac{H7}{n6}\right)$。这种连接能精确固定被连接件的相对位置，并能承受较大横向载荷，但孔的加工精度要求较高。

（2）双头螺柱连接

如图 5-3a 所示，这种连接适用于结构上不能采用螺栓连接的场合，例如被连接件之一太厚不宜制成通孔，材料又比较软（例用铝镁合金制造的壳体），且需要经常拆装时，往往采用双头螺柱连接。显然，拆卸这种连接时，不用拆下螺柱，避免了被连接件螺纹孔磨损失效。但应注意螺柱必须拧紧，以保证在松开螺母时，双头螺柱在螺孔中不得转动。

（3）螺钉连接

如图 5-3b 所示，这种连接的特点是螺钉直接拧入被连接件的螺纹孔中，不用螺母，结构比双头螺柱连接简单、紧凑。其用途和双头螺柱连接相似，但如果经常拆装，则易使螺纹孔磨损，可能导致被连接件报废，故多用于受力不大或不需要经常拆装的场合。

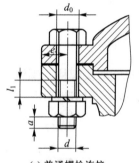

(a) 普通螺栓连接

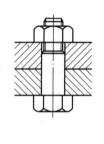

(b) 加强杆螺栓连接

螺纹余留长度 l_1：
　　静载荷，$l_1 \geq (0.3 \sim 0.5)\ d$；变载荷，$l_1 \geq 0.75\ d$；
　　冲击载荷或弯曲载荷，$l_1 \geq d$；铰制孔用螺栓连接，$l_1 \approx d$。
螺纹伸出长度：$a \approx (0.2 \sim 0.3)\ d$。
螺栓轴线到被连接件边缘的距离：$e = d + (3 \sim 6)$ mm。
通孔直径：$d_0 \approx 1.1 d$

图 5-2　螺栓连接

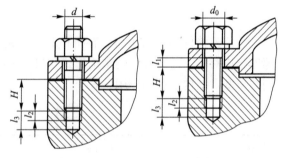

(a) 双头螺柱连接　　　　(b) 螺钉连接

拧入深度 H，当带螺纹孔件材料为：
　　钢或青铜，$H \approx d$；
　　铸铁，$H = (1.25 \sim 1.5)\ d$；
　　铝合金，$H = (1.5 \sim 2.5)\ d$

图 5-3　双头螺柱、螺钉连接

（4）紧定螺钉连接

紧定螺钉连接是利用拧入零件螺纹孔中的螺钉末端顶住另一零件的表面（图 5-4a）或顶入相应的凹坑中（图 5-4b），以固定两个零件的相对位置，并可传递不大的力或转矩。

螺钉除作连接和紧定用外，还可用于调整零件位置，如机器、仪器的调节螺钉等。

除上述 4 种基本螺纹连接形式外，还有一些特殊结构的连接。例如专门用于将机座或机架固定在地基上的地脚螺栓连接（图 5-5），装在机器或大型零、部件的顶盖或外壳上便于起吊用的吊

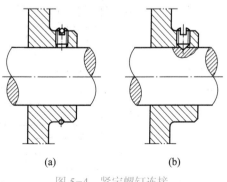

(a)　　　　　　(b)

图 5-4　紧定螺钉连接

环螺钉连接（图 5-6），用于工装设备中的 T 形槽螺栓连接（图 5-7）等。

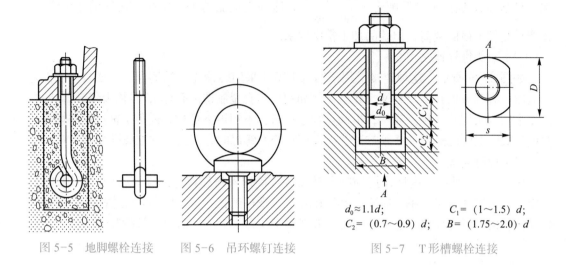

$d_0 \approx 1.1d$; $C_1 = (1 \sim 1.5) \ d$;
$C_2 = (0.7 \sim 0.9) \ d$; $B = (1.75 \sim 2.0) \ d$

图 5-5 地脚螺栓连接   图 5-6 吊环螺钉连接   图 5-7 T 形槽螺栓连接

2. 标准螺纹连接件

螺纹连接件的类型很多，在机械制造中常见的螺纹连接件有螺栓、双头螺柱、螺钉、螺母和垫圈等。这类零件的结构形式和尺寸都已标准化，设计时可根据有关标准选用。它们的类型、结构特点和应用见表 5-2。

表 5-2 常用标准螺纹连接件的类型、结构特点和应用

类型	图 例	结构特点和应用
六角头螺栓		种类很多，应用最广，精度分为 A、B、C 三级，其中，A 级最精确，C 级精度最低，通用机械制造中多用 C 级（左图）。螺栓杆部可制出一段螺纹或全螺纹，螺纹可用粗牙或细牙（A、B 级）
双头螺柱		螺柱两端都制有螺纹，两端螺纹可相同或不同，螺柱可带退刀槽或制成腰杆，也可制成全螺纹的螺柱。螺柱的一端常用于旋入铸铁或有色金属的螺纹孔中，旋入后即不拆卸，另一端则用于安装螺母以固定其他零件

类型	图　例	结构特点和应用
螺钉		螺钉头部形状有圆头、盘头、六角头、圆柱头和沉头等。头部的槽有一字、十字和内六角等形式。十字槽螺钉头部强度高、对中性好，便于自动装配。内六角孔螺钉能承受较大的扳手力矩，连接强度高，可代替六角头螺栓，用于要求结构紧凑的场合
紧定螺钉		紧定螺钉的末端形状常有锥端、平端和圆柱端。锥端适用于被紧定零件的表面硬度较低或不经常拆卸的场合；平端接触面积大，不伤零件表面，常用于顶紧硬度较大的平面或经常拆卸的场合；圆柱端压入轴上的凹坑中，适用于紧定空心轴上的零件
自攻螺钉		自攻螺钉头部形状有圆头、平头、半沉头及沉头等。头部的槽有一字、十字等形式。末端形状有锥端和平端两种。多用于连接金属薄板、轻合金或塑料零件。在被连接件上可不预先制出螺纹，在连接时利用螺钉直接攻出螺纹。螺钉材料一般用渗碳钢，热处理后表面硬度不低于 45 HRC。自攻螺钉的螺纹与普通螺纹相比，在大径相同时，自攻螺纹的螺距大而小径则稍小，已标准化
六角螺母		螺母根据其厚度不同分为标准螺母、高螺母和薄螺母三种。高螺母一般用于经常拆卸的连接中。薄螺母常用于受剪力的螺栓或空间尺寸受限制的场合。螺母的制造精度和螺栓相同，分为 A、B、C 三级，分别与相同级别的螺栓配用
圆螺母		圆螺母常与止动垫圈配用，装配时将垫圈内舌插入轴上的槽内，而将垫圈的外舌嵌入圆螺母的槽内，螺母即被锁紧。常用于滚动轴承的轴向固定

续表

类型	图　例	结构特点和应用
垫圈	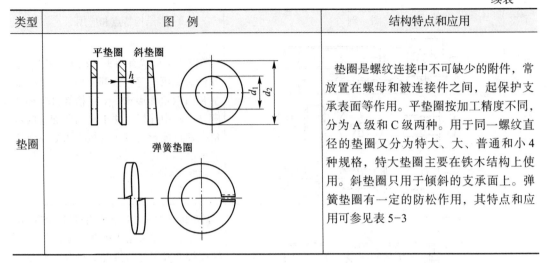	垫圈是螺纹连接中不可缺少的附件,常放置在螺母和被连接件之间,起保护支承表面等作用。平垫圈按加工精度不同,分为 A 级和 C 级两种。用于同一螺纹直径的垫圈又分为特大、大、普通和小 4 种规格,特大垫圈主要在铁木结构上使用。斜垫圈只用于倾斜的支承面上。弹簧垫圈有一定的防松作用,其特点和应用可参见表 5-3

　　根据 GB/T 3103.1—2002 的规定,螺纹连接件分为三个精度等级,其代号为 A、B、C 级。A 级精度的公差小,精度最高,用于要求配合精确、无振动等重要零件的连接;B 级精度多用于受载较大且经常装拆、调整或承受变载荷的连接;C 级精度多用于一般的螺纹连接。常用的标准螺纹连接件(螺栓、螺钉)通常选用 C 级精度。

5-3　螺纹连接的预紧

　　绝大多数螺纹连接在装配时都必须拧紧,使连接在承受工作载荷之前,预先受到力的作用。这个预加作用力称为预紧力。预紧的目的在于增强连接的可靠性和紧密性,以防止受载后被连接件间出现缝隙或发生相对滑移。经验证明,适当选用较大的预紧力对螺纹连接的可靠性以及连接件的疲劳强度都是有利的(详见 5-8 节),特别对于像气缸盖、管路凸缘、齿轮箱、轴承盖等紧密性要求较高的螺纹连接,预紧更为重要。但过大的预紧力会导致整个连接的结构尺寸增大,也会使连接件在装配或偶然过载时被拉断。因此,为了保证连接所需的预紧力,又不使螺纹连接件过载,对重要的螺纹连接,在装配时要控制预紧力。

　　通常规定,拧紧后螺纹连接件在预紧力作用下产生的预紧应力不得超过其材料屈服极限 σ_S 的 80%。对于一般连接用的钢制螺栓连接的预紧力 F_0,推荐按下列关系确定:

$$
\left.
\begin{array}{ll}
\text{碳钢螺栓} & F_0 \leqslant (0.6 \sim 0.7)\sigma_S A_1 \\
\text{合金钢螺栓} & F_0 \leqslant (0.5 \sim 0.6)\sigma_S A_1
\end{array}
\right\}
\tag{5-2}
$$

式中:σ_S——螺栓材料的屈服极限,MPa;

　　　A_1——螺栓危险截面的面积,$A_1 \approx \pi d_1^2/4$,mm^2。

　　预紧力的具体数值应根据载荷性质、连接刚度等具体工作条件确定。对于重要的或有特殊要求的螺栓连接,预紧力的数值应在装配图上作为技术条件注明,以便在装配时加以保证。受变载荷的螺栓连接的预紧力应比受静载荷的大些。

　　控制预紧力的方法很多,通常借助测力矩扳手(图 5-8)或定力矩扳手(图 5-9),

利用控制拧紧力矩的方法来控制预紧力的大小。

测力矩扳手的工作原理：根据扳手上的弹性元件 1，在拧紧力的作用下所产生的弹性变形来指示拧紧力矩的大小。为方便计量，可用指示刻度 2 直接以力矩值示出。

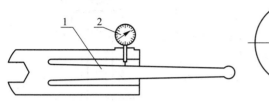

图 5-8 测力矩扳手

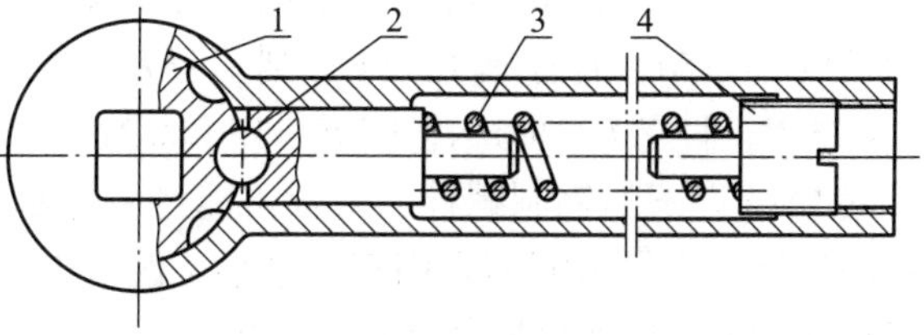

图 5-9 定力矩扳手

定力矩扳手的工作原理：当拧紧力矩超过规定值时，弹簧 3 被压缩，扳手卡盘 1 与圆柱销 2 之间打滑，如果继续转动手柄，卡盘即不再转动。拧紧力矩的大小可利用螺钉 4 调整弹簧压紧力来加以控制。

如上所述，装配时预紧力的大小是通过拧紧力矩来控制的。因此，应从理论上找出预紧力和拧紧力矩之间的关系。

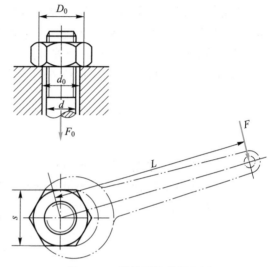

如图 5-10 所示，由于拧紧力矩 T（$T=$ FL）的作用，使螺栓和被连接件之间产生预紧力 F_0。由机械原理可知，拧紧力矩 T 等于螺纹副间的摩擦阻力矩 T_1 和螺母环形端面与被连接件（或垫圈）支承面间的摩擦阻力矩 T_2 之和，即

图 5-10 螺纹副的拧紧力矩

$$T = T_1 + T_2 \qquad (5-3)$$

螺纹副间的摩擦力矩为

$$T_1 = F_0 \tan(\phi + \varphi_v) \cdot \frac{d_2}{2} \qquad (5-4)$$

螺母与支承面间的摩擦力矩为

$$T_2 = f_c F_0 \cdot \frac{D_0^3 - d_0^3}{3(D_0^2 - d_0^2)} \qquad (5-5)$$

将式（5-4）、式（5-5）代入式（5-3），得

$$T = \frac{1}{2} F_0 \left[d_2 \tan(\phi + \varphi_v) + \frac{2}{3} f_c \frac{D_0^3 - d_0^3}{D_0^2 - d_0^2} \right] \qquad (5-6)$$

对于 M10～M64 粗牙普通螺纹的钢制螺栓，螺纹升角 ϕ=3° 2′～1° 49′；螺纹中径 d_2=0.9d；螺纹副的当量摩擦角 φ_v=arctan 1.155 f（f 为摩擦因数，无润滑时 f≈0.1～0.2）；螺栓孔直径 d_0≈1.1d；螺母环形支承面的外径 D_0≈1.5d；螺母与支承面间的摩擦因数

$f_c=0.15$。将上述各参数代入式（5-6）整理后可得

$$T \approx 0.2F_0d \tag{5-7}$$

对于公称直径 d 一定的螺栓，当所要求的预紧力 F_0 已知时，即可按式（5-7）确定扳手的拧紧力矩 T。一般标准扳手的长度 $L \approx 15d$，若拧紧力为 F，则 $T=FL$。由式（5-7）可得：$F_0 \approx 75\,F$。假定 $F=200$ N，则 $F_0 \approx 15\,000$ N。如果用这个预紧力拧紧 M12 以下的钢制螺栓，就很可能过载拧断。因此，对于重要的连接，应尽可能不采用直径过小（例如小于 M12）的螺栓。必须使用时，应严格控制其拧紧力矩。

采用测力矩扳手或定力矩扳手控制预紧力的方法，操作简便，但准确性较差（因拧紧力矩受摩擦因数波动的影响较大），也不适用于大型的螺栓连接。为此，可采用测定螺栓伸长量的方法来控制预紧力（图5-11）。当螺母拧到与被连接件贴紧时，测得螺栓的原始长度为 L_S，根据所需的预紧力 F_0，拧紧后螺栓的伸长量应为

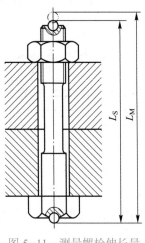

图 5-11　测量螺栓伸长量

$$L_M = L_S + \frac{F_0}{C_b} \tag{5-8}$$

式中，C_b 为螺栓的刚度系数，N/mm。

对于不重要的螺栓连接，还可根据拧紧螺母时的转角 θ 估计螺栓的预紧力 F_0，即达到预紧力 F_0 时螺母所需转角 θ 为

$$\theta = \frac{360°}{P} \frac{F_0}{C_b} \tag{5-9}$$

式中各符号的含义同前。

5-4　螺纹连接的防松

螺纹连接件一般采用单线普通螺纹。螺纹升角（$\phi=3° \ 2' \sim 1° \ 49'$）小于螺纹副的当量摩擦角（$\varphi_v \approx 6° \ 35' \sim 13°$），因此连接螺纹都能满足自锁条件（$\phi < \varphi_v$）。此外，拧紧以后螺母和螺栓头部等支承面上的摩擦力也有防松作用，所以在静载荷和工作温度变化不大时，螺纹连接不会自动松脱。但在冲击、振动或变载荷的作用下，螺纹副间的摩擦力可能减小或瞬时消失。这种现象多次重复后，就会使连接松脱。在高温或温度变化较大的情况下，由于螺纹连接件和被连接件的材料发生蠕变和应力松弛，也会使连接中的预紧力和摩擦力逐渐减小，最终导致连接失效。

螺纹连接一旦出现松脱，轻者会影响机器的正常运转，重者会造成严重事故。因此，为了防止连接松脱，保证连接安全可靠，设计时必须采取有效的防松措施。

防松的根本问题在于防止螺纹副在受载时发生相对转动。防松的方法，按其工作原理分为摩擦防松、机械防松和破坏螺纹副相对运动关系防松等。摩擦防松是利用螺纹副接触面间产生不随外力变化的正压力和摩擦力而实现防松；机械防松是通过螺纹连接的机械结

构或增加止动件实现防松；破坏螺纹副相对运动关系防松是通过铆、焊、胶等方法将螺杆与螺母固连，使螺纹副之间不发生相对转动以实现永久防松。一般说，摩擦防松简单、方便，但没有机械防松可靠。对于重要的连接，特别是在机器内部不易检查的连接，应采用机械防松。螺纹连接常用的防松方法见表 5-3。

表 5-3　螺纹连接常用的防松方法

防松方法		结构形式	特点和应用
摩擦防松	对顶螺母	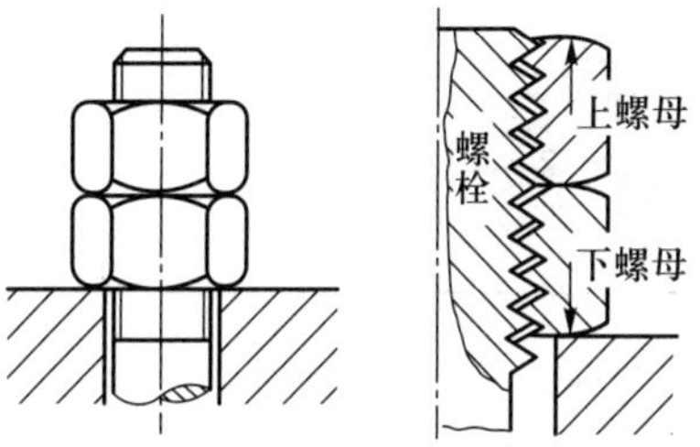	两螺母对顶拧紧后，使旋合螺纹间始终受到附加的压力和摩擦力的作用。工作载荷有变动时，该摩擦力仍然存在。旋合螺纹间的接触情况如图所示，下螺母螺纹牙受力较小，其高度可小些，但为了防止装错，两螺母的高度取成相等为宜。 结构简单，适用于平稳、低速和重载的固定装置上的连接
	弹簧垫圈	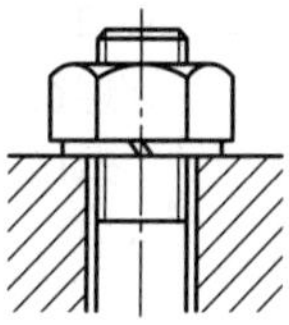	螺母拧紧后，靠垫圈压平而产生的弹性反力使旋合螺纹间压紧。同时，垫圈斜口的尖端抵住螺母与被连接件的支承面也有防松作用。 结构简单，使用方便。但由于垫圈的弹力不均，在冲击、振动的工作条件下，其防松效果较差，一般用于不重要的连接
	自锁螺母	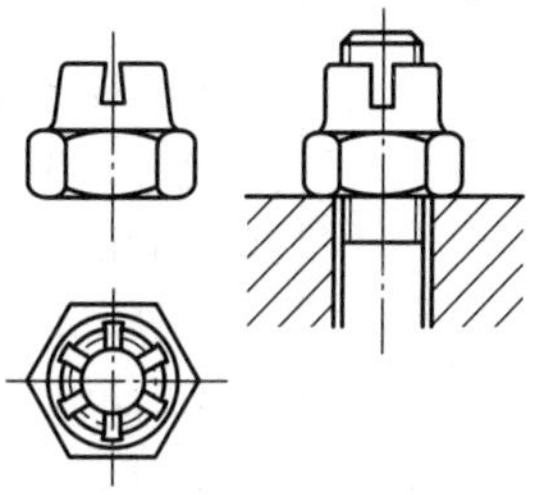	螺母一端制成非圆形收口或开缝后径向收口。当螺母拧紧后，收口胀开，利用收口的弹力使旋合螺纹压紧。 结构简单，防松可靠，可多次装拆而不降低防松性能
机械防松	开口销与六角开槽螺母	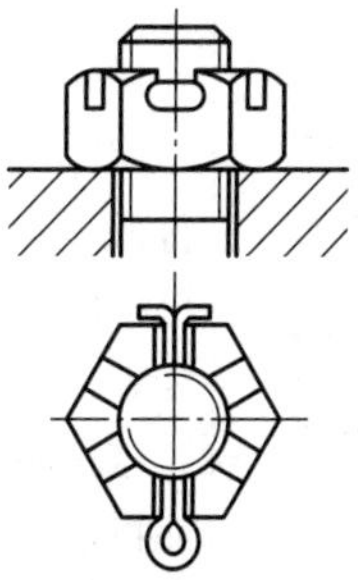	六角开槽螺母拧紧后，将开口销穿入螺栓尾部小孔和螺母的槽内，并将开口销尾部掰开与螺母侧面贴紧。也可用普通螺母代替六角开槽螺母，但需拧紧螺母后再配钻销孔。 适用于有较大冲击、振动的高速机械中运动部件的连接

续表

防松方法		结构形式	特点和应用
机械防松	止动垫圈		螺母拧紧后，将单耳或双耳止动垫圈分别向螺母和被连接件的侧面折弯贴紧，即可将螺母锁住。若两个螺栓需要双联锁紧，则可采用双联止动垫圈，使两个螺母相互制动。 　结构简单，使用方便，防松可靠
	串联钢丝	(a) 正确 (b) 错误	用低碳钢丝穿入各螺钉头部的孔内，将各螺钉串联起来，使其相互制动。使用时必须注意钢丝的穿入方向（对于常用的右旋螺纹，图 a 正确，图 b 错误）。 　适用于螺钉组连接，防松可靠，但装拆不便
破坏螺纹副相对运动关系防松	铆合	铆粗	螺栓杆末端外露长度为（1~1.5）P（螺距），当螺母拧紧后把螺栓末端伸出部分铆死。 　这种防松方法可靠，但拆卸后连接件不能重复使用
	冲点	（1~1.5）P　（1~1.5）P 深(1~1.5)P	用冲头在螺栓杆末端与螺母的旋合缝处打冲，利用冲点防松。冲点可以在端面，也可以在侧面，冲点中心一般在螺纹的小径处。 　这种防松方法可靠，但拆卸后连接件不能再使用

续表

防松方法		结构形式	特点和应用
破坏螺纹副相对运动关系防松	涂胶黏剂	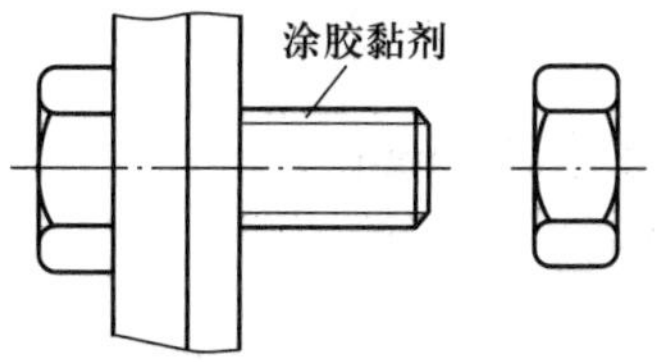 涂胶黏剂	在旋合螺纹间涂以专用液体胶黏剂，拧紧螺母后，胶黏剂硬化、固着，防止螺纹副的相对运动

5-5　螺纹连接的强度计算

本节以单个螺栓连接为例讨论螺纹连接的强度计算方法。所讨论的方法对双头螺柱连接和螺钉连接也同样适用。

当两零件用螺栓连接时，常使用多个螺栓，称为螺栓组。在进行螺纹连接强度计算前，先要进行螺栓组连接的受力分析，找出其中受力最大的螺栓及其所受的力，据此进行螺纹连接的强度计算，详见 5-6 节。对螺栓组连接而言，所受载荷有轴向载荷、横向载荷、转矩和倾覆力矩等，但对其中每一个具体的螺栓而言，其受载的形式不外乎受轴向载荷或受横向载荷。在轴向载荷（包括预紧力）的作用下，螺栓受拉，螺栓杆和螺纹部分可能发生塑性变形或断裂；而在横向载荷的作用下，当采用加强杆螺栓时，螺栓受剪，螺栓杆和孔壁的贴合面上可能发生压溃或螺栓杆被剪断等。根据统计分析，在静载荷下螺栓连接是很少发生破坏的，只有在严重过载的情况下才会发生。就破坏性质而言，约有 90% 的螺栓属于疲劳破坏。而且疲劳断裂常发生在螺纹根部，即截面面积较小并有缺口应力集中的部位（约占其中的 85%），有时也发生在螺栓头与光杆的交接处（约占其中的 15%）。

综上所述，受拉螺栓的主要破坏形式是螺栓杆螺纹部分发生断裂，因而其设计准则是保证螺栓的静力或疲劳拉伸强度；受剪螺栓的主要破坏形式是螺栓杆和孔壁的贴合面上出现压溃或螺栓杆被剪断，其设计准则是保证连接的挤压强度和螺栓的剪切强度，其中连接的挤压强度对连接的可靠性起决定性作用。

螺栓连接的强度计算，首先是根据连接的类型、装配情况（预紧或不预紧）、载荷状态等条件，确定螺栓的受力；然后按相应的强度条件计算螺栓危险截面的直径或校核其强度。螺栓的其他部分（螺纹牙、螺栓头）和螺母、垫圈的结构尺寸，是根据等强度条件及使用经验确定的，通常都不需要进行强度计算，可按螺栓螺纹的公称直径由标准中选定。

1. 松螺栓连接强度计算

松螺栓连接装配时，螺母不需要拧紧。在承受工作载荷之前，螺栓不受力。这种连接的应用范围有限，例如拉杆、起重吊钩等的螺纹连接均属此类。

现以起重吊钩的螺纹连接为例说明松螺栓连接的强度计算方法。如图 5-12 所示，当连接承受工作载荷 F 时，螺栓所受的工作载荷为 F，则螺栓危险截面［一般为螺纹牙根圆柱的横截面，参见式（5-2）中对 A_1 的说明］的拉伸强度条件为

$$\sigma = \frac{F}{\frac{\pi}{4}d_1^2} \leqslant [\sigma] \qquad (5-10)$$

或
$$d_1 \geqslant \sqrt{\frac{4F}{\pi[\sigma]}}$$
（5-11）

式中：F——工作载荷，N；

　　d_1——螺栓危险截面的直径，即螺纹小径，mm；

　　$[\sigma]$——螺栓材料的许用拉应力，MPa。

2. 紧螺栓连接强度计算

（1）仅承受预紧力的紧螺栓连接

紧螺栓连接装配时，螺母需要拧紧，在拧紧力矩的作用下，螺栓除受预紧力 F_0 的拉伸而产生拉伸应力外，还受螺纹摩擦力矩 T_1 [见式（5-4）]的扭转而产生扭转切应力，使螺栓处于拉伸与扭转的复合应力状态下。因此，进行仅承受预紧力的紧螺栓连接强度计算时，应综合考虑拉伸应力和扭转切应力的作用。

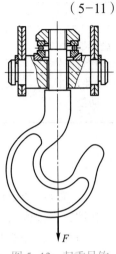

图 5-12　起重吊钩的松螺栓连接

螺栓危险截面的拉伸应力为

$$\sigma = \frac{F_0}{\frac{\pi}{4}d_1^2}$$
（5-12）

螺栓危险截面的扭转切应力为

$$\tau = \frac{F_0 \tan(\phi + \varphi_v)\frac{d_2}{2}}{\frac{\pi}{16}d_1^3} = \frac{\tan\phi + \tan\varphi_v}{1 - \tan\phi\tan\varphi_v}\frac{2d_2}{d_1}\frac{F_0}{\frac{\pi}{4}d_1^2}$$
（5-13）

对于 M10～M64 普通螺纹的钢制螺栓，取 $\tan\varphi_v \approx 0.17$，$\dfrac{d_2}{d_1} = 1.04 \sim 1.08$、$\tan\phi \approx 0.05$，由此可得

$$\tau \approx 0.5\sigma$$
（5-14）

由于螺栓材料是塑性材料，故可根据第四强度理论，求出螺栓预紧状态下的计算应力为

$$\sigma_{ca} = \sqrt{\sigma^2 + 3\tau^2} = \sqrt{\sigma^2 + 3 \times (0.5\sigma)^2} \approx 1.3\sigma$$
（5-15）

由此可见，对于 M10～M64 普通螺纹的钢制紧螺栓连接，在拧紧时虽是承受拉伸和扭转的联合作用，但在计算时可以只按拉伸强度计算，并将所受的拉力（预紧力）增大30%来考虑扭转的影响。

（2）承受轴向载荷的紧螺栓连接

承受轴向拉伸载荷在紧螺栓连接中比较常见，因而也是最重要的一种受力形式。这种紧螺栓连接承受轴向拉伸载荷（后简称轴向载荷）后，由于螺栓和被连接件的弹性变形，螺栓所受的总拉力并不简单地等于预紧力和轴向载荷之和。根据理论分析，螺栓的总拉力除与预紧力 F_0、轴向载荷 F 有关外，还受到螺栓刚度 C_b 及被连接件刚度 C_m 等因素的影响。因此，应从分析螺栓连接的受力和变形的关系入手，确定螺栓总拉力的大小。

图 5-13 所示为单个紧螺栓连接在承受轴向拉伸载荷前、后的受力及变形情况。

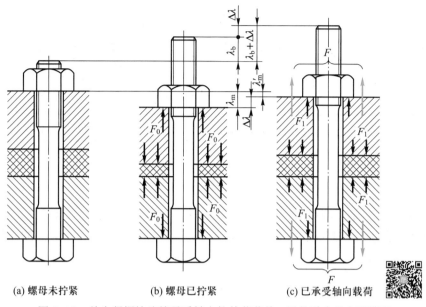

(a) 螺母未拧紧　　　　(b) 螺母已拧紧　　　　(c) 已承受轴向载荷

图 5-13　单个紧螺栓连接承受轴向拉伸载荷前、后的受力及变形情况

图 5-13a 是螺母刚好拧到和被连接件相接触，但尚未拧紧。此时，螺栓和被连接件都不受力，因而也不产生变形。

图 5-13b 是螺母已拧紧，但尚未承受轴向载荷。此时，螺栓受预紧力 F_0 的拉伸作用，其伸长量为 λ_b。相反，被连接件则受 F_0 的压缩作用，其压缩量为 λ_m。

图 5-13c 是承受轴向载荷时的情况。此时若螺栓和被连接件的材料在弹性变形范围内，则两者的受力与变形的关系符合拉（压）胡克定律。当螺栓承受轴向载荷 F 后继续伸长，其伸长量增加 $\Delta\lambda$，总伸长量为 $\lambda_b+\Delta\lambda$。与此同时，原来被压缩的被连接件，因螺栓伸长而被放松，其压缩量也随之减小。根据连接的变形协调条件，被连接件压缩变形的减少量应等于螺栓拉伸变形的增加量 $\Delta\lambda$。因而，总压缩量为 $\lambda_m'=\lambda_m-\Delta\lambda$。而被连接件的压缩力由 F_0 减至 F_1。F_1 称为残余预紧力。

显然，连接受载后，由于预紧力的变化，螺栓的总拉力 F_2 并不等于预紧力 F_0 与轴向载荷 F 之和，而是等于残余预紧力 F_1 与轴向载荷 F 之和。

上述螺栓和被连接件的受力与变形关系，还可以用线图表示。如图 5-14 所示，图中纵坐标代表力，横坐标代表变形。螺栓拉伸变形由坐标原点 O_b 向右量起；被连接件压缩变形由坐标原点 O_m 向左量起。图 5-14a、b 分别表示螺栓和被连接件的受力与变形的关系。由图可见，在连接尚未承受轴向载荷 F 时，螺栓承受的拉力和被连接件承受的压缩力都等于预紧力 F_0。因此，为分析方便，可将图 5-14a 和图 5-14b 合并成图 5-14c。

如图 5-14c 所示，当连接承受轴向载荷 F 时，螺栓的总拉力为 F_2，相应的总伸长量为 $\lambda_b+\Delta\lambda$；被连接件的压缩力等于残余预紧力 F_1，相应的总压缩量为 $\lambda_m'=\lambda_m-\Delta\lambda$。由图可见，螺栓的总拉力 F_2 等于残余预紧力 F_1 与轴向载荷 F 之和，即

$$F_2 = F_1 + F \tag{5-16}$$

为保证连接的紧密性，防止连接受载后接合面间产生缝隙，应使 $F_1>0$。推荐采用的 F_1 为：对于有密封性要求的连接，$F_1=(1.5\sim1.8)F$；对于一般连接，轴向载荷稳定时，

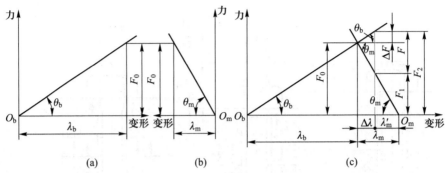

图 5-14   单个紧螺栓连接受力变形线图

$F_1 = (0.2 \sim 0.6) F$；轴向载荷不稳定时，$F_1 = (0.6 \sim 1.0) F$；对于地脚螺栓连接，$F_1 \geqslant F$。

螺栓的预紧力 F_0 与残余预紧力 F_1、总拉力 F_2 的关系，可由图 5-14 中的几何关系推出。由图 5-14 可得

$$\frac{F_0}{\lambda_b} = \tan \theta_b = C_b$$

$$\frac{F_0}{\lambda_m} = \tan \theta_m = C_m \tag{5-17}$$

式中，C_b、C_m 分别表示螺栓和被连接件的刚度，均为定值。

由图 5-14c 得

$$F_0 = F_1 + (F - \Delta F) \tag{a}$$

按图中的几何关系得

$$\frac{\Delta F}{F - \Delta F} = \frac{\Delta \lambda \tan \theta_b}{\Delta \lambda \tan \theta_m} = \frac{C_b}{C_m}$$

或

$$\Delta F = \frac{C_b}{C_b + C_m} F \tag{b}$$

将式（b）代入式（a）得螺栓的预紧力为

$$F_0 = F_1 + \left(1 - \frac{C_b}{C_b + C_m}\right) F = F_1 + \frac{C_m}{C_b + C_m} F \tag{5-18}$$

螺栓的总拉力为

$$F_2 = F_0 + \Delta F$$

或

$$F_2 = F_0 + \frac{C_b}{C_b + C_m} F \tag{5-19}$$

式（5-19）是螺栓总拉力的另一种表达形式。

上式中 $\dfrac{C_b}{C_b + C_m}$ 称为螺栓的相对刚度，其大小与螺栓和被连接件的结构尺寸、材料以及垫圈、轴向载荷的作用位置等因素有关，其值在 0～1 的范围变动。若被连接件的刚度很大，而螺栓的刚度很小（如细长的或中空螺栓），则螺栓的相对刚度趋于零。此时，

轴向载荷作用后，使螺栓所受的总拉力增加很少。反过来，当螺栓的相对刚度较大时，则轴向载荷作用后，将使螺栓所受的总拉力有较大的增加。为了降低螺栓的受力，提高螺栓连接的承载能力，应使 $\dfrac{C_b}{C_b+C_m}$ 值尽量小些。$\dfrac{C_b}{C_b+C_m}$ 值可通过计算或试验确定，一般设计时，可根据垫圈材料的不同使用下列推荐数据：金属垫圈（或无垫圈），0.2～0.3；皮革垫圈，0.7；铜皮石棉垫圈，0.8；橡胶垫圈，0.9。

设计时，可先根据连接的受载情况，求出螺栓的轴向载荷 F，再根据连接的工作要求选取 F_1 值，然后按式（5-16）计算螺栓的总拉力 F_2。求得 F_2 值后即可进行螺栓强度计算。考虑螺栓在总拉力 F_2 的作用下可能需要补充拧紧（应尽量避免），故将总拉力增加 30% 以考虑扭转切应力的影响。于是螺栓危险截面的拉伸强度条件为

$$\sigma_{ca}=\frac{1.3F_2}{\frac{\pi}{4}d_1^2}\leqslant[\sigma] \tag{5-20}$$

或

$$d_1\geqslant\sqrt{\frac{4\times1.3F_2}{\pi[\sigma]}} \tag{5-21}$$

式中各符号的意义及单位同前。

对于受轴向变载荷的重要连接（如内燃机气缸盖的螺栓连接等），除按式（5-20）或式（5-21）做静强度计算外，还应根据下述方法对螺栓的疲劳强度做精确校核。

如图 5-15 所示，当轴向载荷在 0～F 的范围内变化时，螺栓所受的总拉力将在 F_0～F_2 的范围内变化。如果不考虑螺纹摩擦力矩的扭转作用，则螺栓危险截面的最大拉应力为

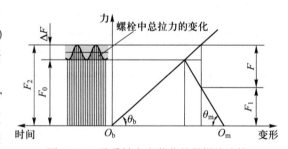

图 5-15　承受轴向变载荷的紧螺栓连接

$$\sigma_{max}=\frac{F_2}{\frac{\pi}{4}d_1^2}$$

最小拉应力（注意，此时螺栓中的应力变化规律是 σ_{min} 保持不变）为

$$\sigma_{min}=\frac{F_0}{\frac{\pi}{4}d_1^2} \tag{5-22}$$

应力幅为

$$\sigma_a=\frac{\sigma_{max}-\sigma_{min}}{2}=\frac{C_b}{C_b+C_m}\frac{2F}{\pi d_1^2} \tag{5-23}$$

由本书 3-2 节可知，设螺栓的工作应力点在 $OJGI$ 区域内，则其应力线应与极限应力线 AG 相交（参见图 3-8），此时可仿式（3-26）校核螺栓危险截面的疲劳强度［如其应力点在 GIC 区域内，则只需仿式（3-20）校核其静强度］，即螺栓的最大应力计算安全系数为

$$S_{ca} = \frac{2\sigma_{-1tc} + (K_\sigma - \varphi_\sigma)\sigma_{min}}{(K_\sigma + \varphi_\sigma)(2\sigma_a + \sigma_{min})} \geqslant S \tag{5-24}$$

式中：σ_{-1tc}——螺栓材料的对称循环拉压疲劳极限（其值可参见表 5-4），MPa。

φ_σ——螺栓的材料常数，即循环应力中平均应力的折算系数。对于碳钢，$\varphi_\sigma =$ 0.1～0.2；对于合金钢，$\varphi_\sigma = 0.2～0.3$。

K_σ——拉压疲劳强度的综合影响系数。如忽略加工方法的影响，则 $K_\sigma = \dfrac{k_\sigma}{\varepsilon_\sigma}$，此 处，$k_\sigma$ 为有效应力集中系数，见附表 3-6，表中仅列出 M12 螺栓的数据，对于公称直径大于 M12 的螺栓，可参照 M12 的查取；ε_σ 为尺寸系数，见附表 3-7。

S——安全系数，见表 5-5。

表 5-4　螺纹连接件常用材料的疲劳极限

材　料	疲劳极限 /MPa		材　料	疲劳极限 /MPa	
	σ_{-1}	σ_{-1tc}		σ_{-1}	σ_{-1tc}
10	160～220	120～150	45	250～340	190～250
Q215	170～220	120～160	40Cr	320～440	240～340
35	220～300	170～220			

表 5-5　螺纹连接的安全系数 S

受载类型			静载荷			变载荷			
松螺栓连接			1.2～1.7						
紧螺栓连接	受轴向及横向载荷的普通螺栓连接	不控制预紧力的计算	M6～M16	M16～M30	M30～M60		M6～M16	M16～M30	M30～M60
			碳钢			碳钢			
			5～4	4～2.5	2.5～2		12.5～8.5	8.5	8.5～12.5
			合金钢			合金钢			
			5.7～5	5～3.4	3.4～3		10～6.8	6.8	6.8～10
		控制预紧力的计算	1.2～1.5			1.2～1.5 $(S_a = 2.5～4)$，参见式（3-27）			
	加强杆螺栓连接		钢：$S_\tau = 2.5$，$S_{bs} = 1.25$ 铸铁：$S_{bs} = 2.0～2.5$			钢：$S_\tau = 3.5～5.0$，$S_{bs} = 1.5$ 铸铁：$S_{bs} = 2.5～3.0$			

（3）承受横向载荷的紧螺栓连接

如图 5-16 所示，这种连接是利用加强杆螺栓抗剪切来承受横向载荷 F 的，此时螺栓杆所受的工作剪力也为 F。螺栓杆与孔壁之间无间隙，接触表面受挤压；在连接接合面处螺栓杆受剪切。因此，应分别按挤压及剪切强度条件计算。

计算时，假设螺栓杆与孔壁表面上的压力分布是均匀的，又因这种连接所受的预紧力很小，所以不考虑预紧力和螺纹摩擦力矩的影响。

螺栓杆与孔壁的挤压强度条件为

$$\sigma_{bs} = \frac{F}{d_0 L_{min}} \leqslant [\sigma_{bs}] \qquad (5\text{-}25)$$

螺栓杆的剪切强度条件为

$$\tau = \frac{F}{\frac{\pi}{4} d_0^2} \leqslant [\tau] \qquad (5\text{-}26)$$

式中：F——螺栓杆所受的工作剪力，N；

　　d_0——螺栓剪切面的直径（可取为螺栓孔的直径），mm；

　　L_{min}——螺栓杆与孔壁挤压面的最小高度，mm，设计时应使 $L_{min} \geqslant 1.25 d_0$；

　　$[\sigma_{bs}]$——螺栓或孔壁材料的许用挤压应力，MPa；

　　$[\tau]$——螺栓材料的许用切应力，MPa。

当普通螺栓连接承受横向载荷时，由于预紧力的作用，将在接合面间产生摩擦力来抵抗横向载荷（图 5-17）。这时，螺栓仅承受预紧力的作用，而且预紧力不受横向载荷的影响，在连接承受横向载荷后仍保持不变。预紧力 F_0 的大小根据接合面不产生滑移的条件确定，参见式（5-29）。

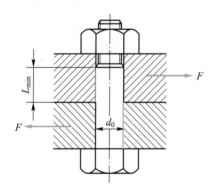

图 5-16　承受横向载荷的紧螺栓连接

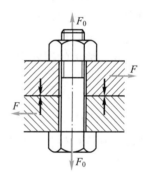

图 5-17　承受横向载荷的普通螺栓连接

螺栓危险截面的拉伸强度条件根据式（5-12）及式（5-15）可写为

$$\sigma_{ca} = \frac{1.3 F_0}{\frac{\pi}{4} d_1^2} \leqslant [\sigma] \qquad (5\text{-}27)$$

式中，F_0 为螺栓所受的预紧力，N。其余符号意义及单位同前。

这种靠摩擦力抵抗横向载荷的紧螺栓连接，要求保持较大的预紧力（使连接接合面不滑移的预紧力 $F_0 > F/f$，若 $f = 0.2$，则 $F_0 > 5F$），会使螺栓的结构尺寸增加。此外，在振动、冲击或变载荷下，由于摩擦因数 f 的变动，将使连接的可靠性降低，有可能出现松脱。

为了避免上述缺陷，可以考虑用各种减载零件来承受横向载荷（图 5-18），这种具有减载零件的紧螺栓连接，其连接强度按减载零件的剪切、挤压强度条件计算，而螺栓只是保证连接，不再承受工作载荷，因此预紧力不必很大。但这种连接增加了结构和工艺上的复杂性。

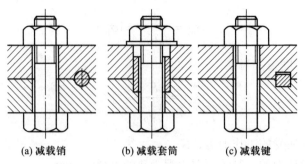

(a) 减载销　　　(b) 减载套筒　　　(c) 减载键

图 5-18　承受横向载荷的减载零件

5-6　螺栓组连接的设计

大多数机器的螺纹连接件都是成组使用的，其中以螺栓组连接最典型，因此下面以螺栓组连接为例，讨论它的设计和计算问题。其基本结论对双头螺柱组、螺钉组连接也同样适用。

设计螺栓组连接时，首先需要选定螺栓的数目及布置形式，然后确定螺栓连接的结构尺寸。在确定螺栓尺寸时，对于不重要的螺栓连接，可以参考现有的机械设备，用类比法确定，不再进行强度校核。但对于重要的连接，应根据连接的工作载荷，分析各螺栓的受力状况，找出受力最大的螺栓进行强度校核。

1. 螺栓组连接的结构设计

螺栓组连接结构设计的主要目的是合理确定连接接合面的几何形状和螺栓的布置形式，力求各螺栓和连接接合面间受力均匀，便于加工和装配。为此，设计时应综合考虑以下几方面的问题：

1）连接接合面的几何形状通常都设计成轴对称的简单几何形状，如圆形、环形、矩形、框形、三角形等。这样不但便于加工制造，而且便于对称布置螺栓，使螺栓组的对称中心和连接接合面的形心重合，从而保证连接接合面受力均匀。

2）螺栓的布置应使各螺栓的受力合理。对于加强杆螺栓连接，不要在平行于工作载荷的方向上成排地布置 8 个以上的螺栓，以免载荷分布过于不均。当螺栓连接承受弯矩或转矩时，应使螺栓的位置适当靠近连接接合面的边缘，以减小螺栓的受力（图 5-19）。如果同时承受轴向载荷和较大的横向载荷，应采用销、套筒、键等抗剪零件来承受横向载荷（参见图 5-18），以减小螺栓的预紧力及其结构尺寸。

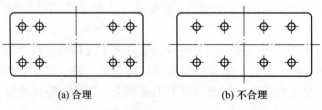

(a) 合理　　　　　　　(b) 不合理

图 5-19　接合面受弯矩或转矩时螺栓的布置

3）螺栓的排列应有合理的间距、边距。布置螺栓时，各螺栓轴线间以及螺栓轴线和机体壁间的最小距离，应根据扳手所需活动空间的大小来决定。图 5-20 中扳手空间的尺寸可查阅有关标准。对于压力容器等紧密性要求较高的重要连接，螺栓间距 t_0 不得大于表 5-6 所推荐的数值。

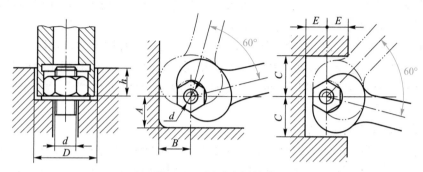

图 5-20　扳手空间尺寸

表 5-6　螺栓间距 t_0

	工作压力 /MPa					
	≤1.6	>1.6~4	>4~10	>10~16	>16~20	>20~30
	t_0/mm					
	7d	5.5d	4.5d	4d	3.5d	3d

注：表中 d 为螺纹公称直径。

4）分布在同一圆周上的螺栓数目应取 4、6、8 等偶数，以方便在圆周上钻孔时的分度和划线。同一螺栓组中螺栓的材料、直径和长度均应相同。

5）避免螺栓承受附加的弯曲载荷。除了要在结构上设法保证载荷不偏心外，还应在工艺上保证被连接件、螺母和螺栓头部的支承面平整，并与螺栓轴线相垂直。在铸、锻件等的粗糙表面上安装螺栓时，应制成凸台或沉头座（图 5-21）。当支承面为倾斜表面时，应采用斜面垫圈（图 5-22），特殊情况下，也可采用球面垫圈（图 5-23）等。

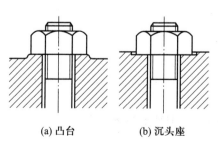

(a) 凸台　　(b) 沉头座

图 5-21　凸台与沉头座的应用

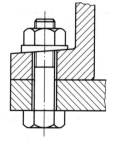

图 5-22　斜面垫圈的应用

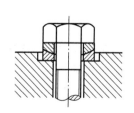

图 5-23　球面垫圈

螺栓组的结构设计，除综合考虑以上各点外，还应根据连接的工作条件合理选择螺栓组的防松装置（详见5-4节）。

2. 螺栓组连接的受力分析

进行螺栓组连接受力分析的目的是根据连接的结构和受载情况，求出受力最大的螺栓及其所受的力，以便进行螺栓连接的强度计算。

为了简化计算，在分析螺栓组连接的受力时，假设所有螺栓的拉伸刚度或剪切刚度（即各螺栓的材料、直径、长度）和预紧力均相同；螺栓的应变没有超出弹性范围；螺栓组的对称中心与连接接合面的形心重合；受载后连接接合面仍保持为平面。下面针对几种典型的受载情况进行讨论。

（1）受横向载荷的螺栓组连接

图5-24所示为一由4个螺栓组成的受横向载荷的螺栓组连接。横向载荷的作用线与螺栓轴线垂直，并通过螺栓组的对称中心。当采用普通螺栓连接时（图5-24a），靠连接预紧后在接合面间产生的摩擦力来抵抗横向载荷；当采用加强杆螺栓连接时（图5-24b），靠螺栓杆受剪切和挤压来抵抗横向载荷。虽然两者的传力方式不同，但计算时可近似地认为，在横向总载荷 F_Σ 的作用下，各螺栓所承担的横向载荷是均等的。因此，对于加强杆螺栓连接，每个螺栓所受的横向工作剪力为

$$F = \frac{F_\Sigma}{z} \tag{5-28}$$

式中，z 为螺栓数目。

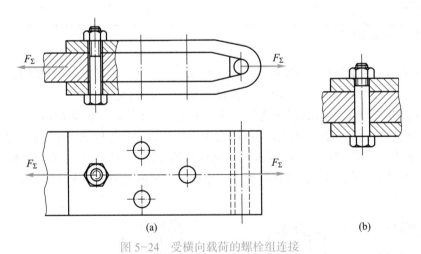

图5-24　受横向载荷的螺栓组连接

对于普通螺栓连接，应保证连接预紧后，接合面间所产生的最大摩擦力必须大于或等于横向载荷。

假设各螺栓所需要的预紧力均为 F_0，螺栓数目为 z，则其平衡条件为

$$f F_0 z i \geqslant K_s F_\Sigma$$

由此得预紧力 F_0 为

$$F_0 \geqslant \frac{K_s F_\Sigma}{f z i} \qquad (5\text{-}29)$$

式中：f——接合面的摩擦因数，见表 5-7；

　　　i——接合面数（图 5-24 中，$i=2$）；

　　　K_s——防滑系数，$K_s = 1.1 \sim 1.3$。

（2）受转矩的螺栓组连接

如图 5-25 所示，转矩 T 作用在连接接合面内，在转矩 T 的作用下，底板将绕通过螺栓组对称中心 O 并与接合面相垂直的轴线转动。为了防止底板转动，可以采用普通螺栓连接，也可采用加强杆螺栓连接。其传力方式和受横向载荷的螺栓组连接相同。

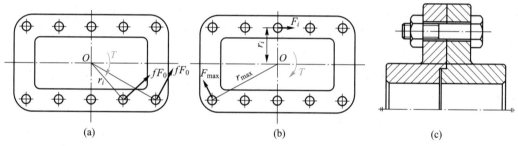

图 5-25　受转矩的螺栓组连接

采用普通螺栓时，靠连接预紧后在接合面间产生的摩擦力矩来抵抗转矩 T（图 5-25a）。假设各螺栓的预紧程度相同，即各螺栓的预紧力均为 F_0，则各螺栓连接处产生的摩擦力均相等，并假设此摩擦力集中作用在螺栓中心处。为阻止接合面发生相对转动，各摩擦力应与该螺栓的轴线到螺栓组对称中心 O 的连线（即力臂 r_i）相垂直。根据作用在底板上的力矩平衡条件，应有

$$f F_0 r_1 + f F_0 r_2 + \cdots + f F_0 r_z \geqslant K_s T$$

由上式可得各螺栓所需的预紧力为

$$F_0 \geqslant \frac{K_s T}{f(r_1 + r_2 + \cdots + r_z)} = \frac{K_s T}{f \sum\limits_{i=1}^{z} r_i} \qquad (5\text{-}30)$$

式中：f——接合面的摩擦因数，见表 5-7；

　　　r_i——第 i 个螺栓的轴线到螺栓组对称中心 O 的距离，mm；

　　　z——螺栓数目；

　　　K_s——防滑系数，同前。

表 5-7　连接接合面的摩擦因数

被连接件	接合面的表面状态	摩擦因数 f
钢或铸铁零件	干燥的加工表面	$0.10 \sim 0.16$
	有油的加工表面	$0.06 \sim 0.10$

续表

被连接件	接合面的表面状态	摩擦因数 f
钢结构件	轧制表面，钢丝刷清理浮锈	0.30～0.35
	涂富锌漆	0.35～0.40
	喷砂处理	0.45～0.55
铸铁对砖料、混凝土或木材	干燥表面	0.40～0.45

采用加强杆螺栓时，在转矩 T 的作用下，各螺栓受到剪切和挤压作用，各螺栓所受的横向工作剪力和该螺栓轴线到螺栓组对称中心 O 的连线（即力臂 r_i）相垂直（图 5-25b）。为了求得各螺栓的工作剪力的大小，计算时假定底板为刚体，受载后接合面仍保持为平面，则各螺栓的剪切变形量与该螺栓轴线到螺栓组对称中心 O 的距离成正比，即距螺栓组对称中心 O 越远，螺栓的剪切变形量越大。如果各螺栓的剪切刚度相同，则螺栓的剪切变形量越大，其所受的工作剪力也越大。

如图 5-25b 所示，用 r_i、r_{max} 分别表示第 i 个螺栓和受力最大螺栓的轴线到螺栓组对称中心 O 的距离，F_i、F_{max} 分别表示第 i 个螺栓和受力最大螺栓承受的工作剪力，则

$$\frac{F_{max}}{r_{max}} = \frac{F_i}{r_i} \quad 或 \quad F_i = F_{max}\frac{r_i}{r_{max}}, i = 1, 2, \cdots, z \tag{5-31}$$

根据作用在底板上的力矩平衡的条件得

$$\sum_{i=1}^{z} F_i r_i = T \tag{5-32}$$

联解式（5-31）及式（5-32），可求得受力最大的螺栓承受的工作剪力为

$$F_{max} = \frac{T r_{max}}{\sum\limits_{i=1}^{z} r_i^2} \tag{5-33}$$

图 5-25c 所示的凸缘联轴器，是承受转矩的螺栓组连接的典型部件。各螺栓的受力根据 $r_1 = r_2 = \cdots = r_z$ 的关系以及螺栓连接的类型，分别代入式（5-30）或式（5-33）即可求得。

（3）受轴向载荷的螺栓组连接

图 5-26 所示的螺栓组连接为一轴向总载荷为 F_{Σ} 的气缸盖螺栓组连接。F_{Σ} 的作用线与螺栓轴线平行，并通过螺栓组的对称中心。计算时，认为各螺栓平均受载，则每个螺栓所受的轴向载荷为

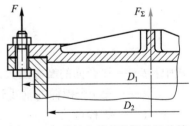

图 5-26　受轴向载荷的螺栓组连接

$$F = \frac{F_{\Sigma}}{z} \tag{5-34}$$

应当指出的是，各螺栓除承受轴向载荷 F 外，还承受预紧力 F_0 的作用。前已说明，各螺栓在工作时所受的总拉力并不等于 F 与 F_0 之和。

（4）受倾覆力矩的螺栓组连接

图 5-27a 为一受倾覆力矩的底板螺栓组连接。倾覆力矩 M 作用在通过 x-x 并垂直于连接接合面的对称平面内。底板承受倾覆力矩前，由于螺栓已拧紧，螺栓受预紧力 F_0，均匀伸长；地基在各螺栓的预紧力 F_0 的作用下均匀压缩，如图 5-27b 所示。当底板受到倾覆力矩的作用后，绕中心线 O-O 倾转一个角度，假定仍保持为平面。此时，在中心线 O-O 左侧，地基被放松，螺栓被进一步拉伸；在右侧，螺栓被放松，地基被进一步压缩。底板的受力情况如图 5-27c 所示。

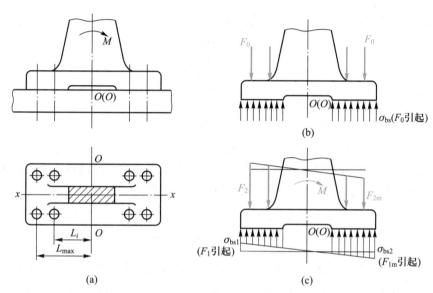

图 5-27 受倾覆力矩的底板螺栓组连接

上述过程，可用单个螺栓－地基的受力变形图来表示，如图 5-28 所示。为简便起见，地基与底板的互相作用力以作用在各螺栓中心的集中力代表。如图 5-28 所示，斜线 O_bA 为螺栓的受力变形线，斜线 O_mA 为地基的受力变形线。在倾覆力矩 M 作用以前，螺栓和地基的工作点都处于点 A，即螺栓受到的预紧力为 F_0，地基受到的压力也是 F_0，底板上受到的合力为零。当底板上受到外加的倾覆力矩 M 后（相当于图 5-27c 的情况），在倾转中心线 O-O 左侧，螺栓与地基的工作点分别移至点 B_1 与 C_1。

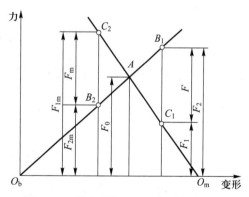

图 5-28 单个螺栓－地基的受力变形图

两者作用到底板上的合力的大小等于螺栓的工作载荷 F，方向向下。在 O-O 右侧，螺栓与地基的工作点分别移至点 B_2 与 C_2，两者作用到底板上的合力等于载荷 F_m，其大小等于工作载荷 F，但方向向上（注意右侧螺栓的工作载荷为零）。作用在 O-O 两侧底板上的两个总合力（F 和 F_m），对 O-O 形成一个力矩，这个力矩应与外加的倾覆力矩 M 平衡，即

$$M = \sum_{i=1}^{z} F_i L_i \qquad (5-35)$$

由于底板在工作载荷作用下仍保持为平面，根据螺栓的变形协调条件，各螺栓的变形与其到中心线 O-O 的距离成正比，又因各螺栓的刚度相同，所以螺栓和地基所受工作载荷与该螺栓至中心线 O-O 的距离也成正比，即

$$\frac{F_{\max}}{L_{\max}} = \frac{F_i}{L_i} \quad 或 \quad F_i = F_{\max} \frac{L_i}{L_{\max}}, i = 1, 2, \cdots, z \qquad (5-36)$$

联解式（5-35）及式（5-36），可求得螺栓所受的最大工作载荷为

$$F_{\max} = \frac{M L_{\max}}{\sum_{i=1}^{z} L_i^2} \qquad (5-37)$$

式中：z——螺栓数目；

L_i——各螺栓轴线到底板中心线 O-O 的距离，mm；

$L_{\max}$——L_i 中的最大值（图 5-27a），mm。

为了防止接合面受压最大处被压碎或受压最小处出现间隙，应该检查受载后地基接合面压应力的最大值不超过允许值，最小值不小于零，即有

$$\sigma_{\mathrm{bs\,max}} = \sigma_{\mathrm{bs}} + \Delta\sigma_{\mathrm{bs\,max}} \leqslant [\sigma_{\mathrm{bs}}] \qquad (5-38)$$

$$\sigma_{\mathrm{bs\,min}} = \sigma_{\mathrm{bs}} - \Delta\sigma_{\mathrm{bs\,max}} > 0 \qquad (5-39)$$

这里 $\sigma_{\mathrm{bs}} = \dfrac{zF_0}{A}$，代表地基接合面在受载前由于预紧力而产生的挤压应力，A 为接合面的有效面积；$[\sigma_{\mathrm{bs}}]$ 为地基接合面的许用挤压应力；$\Delta\sigma_{\mathrm{bsmax}}$ 代表由于加载而在地基接合面上产生的附加挤压应力的最大值。对于刚性大的地基，螺栓刚度相对来说比较小，可用下式近似计算 $\Delta\sigma_{\mathrm{bs\,max}}$：

$$\Delta\sigma_{\mathrm{bs\,max}} \approx \frac{M}{W} \qquad (5-40)$$

式中，W 为接合面的有效抗弯截面系数。则式（5-38）、式（5-39）可写成

$$\sigma_{\mathrm{bs\,max}} \approx \frac{zF_0}{A} + \frac{M}{W} \leqslant [\sigma_{\mathrm{bs}}] \qquad (5-41)$$

$$\sigma_{\mathrm{bs\,min}} \approx \frac{zF_0}{A} - \frac{M}{W} > 0 \qquad (5-42)$$

连接接合面材料的许用挤压应力 $[\sigma_{\mathrm{bs}}]$ 可查表 5-8。

表 5-8   连接接合面材料的许用挤压应力 $[\sigma_{\mathrm{bs}}]$

材料	钢	铸铁	混凝土	砖（水泥浆缝）	木材
$[\sigma_{\mathrm{bs}}]$/MPa	$0.8\sigma_{\mathrm{S}}$	$(0.4\sim0.5)\sigma_{\mathrm{B}}$	$2.0\sim3.0$	$1.5\sim2.0$	$2.0\sim4.0$

注：① σ_{S} 为材料的屈服极限，单位为 MPa；σ_{B} 为材料的强度极限，单位为 MPa。

② 当连接接合面的材料不同时，应按强度较弱者选取。

③ 连接承受静载荷时，$[\sigma_{\mathrm{bs}}]$ 应取表中较大值；承受变载荷时，应取较小值。

作为螺栓连接设计的全过程，在完成螺栓组连接设计后，还需要进行螺纹连接的强度计算（5-5 节的内容）。对于承受横向载荷和承受转矩的普通螺栓组连接及加强杆螺栓组连接，分别需要进行仅承受预紧力的紧螺栓连接强度计算（参见 5-5 节"紧螺栓连接强度计算"中（1）的内容）和承受横向载荷的紧螺栓连接强度计算（参见 5-5 节"紧螺栓连接强度计算"中（3）的内容）；对于承受轴向载荷和承受倾覆力矩的螺栓组连接，需要进行承受轴向载荷的紧螺栓连接强度计算（参见 5-5 节"紧螺栓连接强度计算"中（2）的内容）。

在实际使用中，螺栓组连接所受的工作载荷常常是以上 4 种简单受力状态的不同组合。但不论受力状态如何复杂，都可利用静力分析方法将复杂的受力状态简化成上述 4 种简单受力状态。因此，只要分别计算螺栓组在这些简单受力状态下每个螺栓的工作载荷，然后将它们按矢量相加，便得到每个螺栓的总的工作载荷。一般来说，对普通螺栓可按轴向载荷或（和）倾覆力矩确定螺栓的工作拉力；按横向载荷或（和）转矩确定连接所需要的预紧力，然后求出螺栓的总拉力。对加强杆螺栓，则按横向载荷或（和）转矩确定螺栓的工作剪力。在求得受力最大的螺栓后，便可进行单个螺栓连接的强度计算。

5-7　螺纹连接件的材料及许用应力

1. 螺纹连接件的材料

国家标准规定，螺纹连接件按材料的力学性能划分等级（简示于表 5-9、表 5-10，详见 GB/T 3098.1—2010 和 GB/T 3098.2—2015）。螺栓、螺柱、螺钉的性能等级分为 9 级，自 4.6 至 12.9。性能等级的代号是由点隔开的两部分数字组成，点左边的数字表示公称强度极限的 1/100（$\sigma_B/100$），点右边的数字表示公称屈服极限或规定非比例延伸 0.2% 的公称应力（σ_s 或 $\sigma_{p0.2}$）与公称强度极限（σ_B）之比值（屈强比）的 10 倍（$10\sigma_s/\sigma_B$）。例如性能等级 4.6，其中 4 表示紧固件的公称极限为 400 MPa，6 表示公称屈服极限与公称极限之比为 0.6。标准螺母（1 型）和高螺母（2 型）性能等级代号由数字组成，它相当于可与其搭配使用的螺栓、螺钉或螺柱的最高性能等级标记中左边的数字。薄螺母（0 型）的性能等级分为 2 级（04、05），其性能等级代号由两位数字组成，第一位数字为 0，表示这种螺母比标准螺母或高螺母降低了承载能力。因此，当超载时可能发生螺纹脱扣，故不应设计使用于抗脱扣的场合；第二位数字表示用淬硬试验芯棒测试的公称保证应力的 1/100。

表 5-9　螺栓、螺钉和螺柱的性能等级

性能等级		4.6	4.8	5.6	5.8	6.8	8.8		9.8	10.9	12.9
							$d \leqslant 16mm$	$d > 16mm$			
强度极限	公称	400		500		600	800		900	1 000	1 200
σ_B/MPa	min	400	420	500	520	600	800	830	900	1 040	1 220
屈服极限	公称	240	—	300	—	—	—		—	—	—
σ_s/MPa	min	240	—	300	—	—	—		—	—	—

续表

性能等级		4.6	4.8	5.6	5.8	6.8	8.8		9.8	10.9	12.9
							$d\leqslant16mm$	$d>16mm$			
硬度 /HBW	min	114	124	147	152	181	245	250	286	316	380
硬度 /HBW	max	209				238	316	331	355	375	429
材料和热处理		碳钢或添加元素的碳钢					添加元素的碳钢、合金钢淬火并回火			合金钢、添加元素的碳钢淬火并回火	

表 5-10　标准螺母（1 型）和高螺母（2 型）的性能等级

性能等级（标记）	5	6	8	10	12
螺母最小保证应力 σ_{min}/MPa	500	600	800	1 040	1 150
相配螺栓的最高性能等级	5.8	6.8	8.8	10.9	12.9

注：① 均指粗牙螺纹螺母。

　　② 性能等级为 10、12 的硬度最大值为 38 HRC，其余性能等级的硬度最大值为 30 HRC。

　　适合制造螺纹连接件的材料品种很多，常用材料有低碳钢（Q215、10 钢）和中碳钢（Q235、35 钢、45 钢）。对于承受冲击、振动或变载荷的螺纹连接件，可采用低合金钢、合金钢，如 15Cr、40Cr、30CrMnSi 等。国家标准规定 8.8 级及以上的中碳钢、低碳或中碳合金钢都须经淬火并回火处理。对于特殊用途（如防锈蚀、防磁、导电或耐高温等）的螺纹连接件，可采用特种钢或铜合金、铝合金等，并经表面处理（如氧化、镀锌钝化、磷化、镀镉等）。

　　普通垫圈的材料，推荐采用 Q235、15 钢、35 钢，弹簧垫圈用 65Mn 制造，并经热处理和表面处理。

2. 螺纹连接件的许用应力

　　螺纹连接件的许用应力与载荷性质（静、变载荷）、装配情况（松连接或紧连接）以及螺纹连接件的材料、结构尺寸等因素有关。螺纹连接件的许用拉应力按下式确定：

$$[\sigma]=\frac{\sigma_S}{S} \tag{5-43}$$

　　螺纹连接件的许用切应力 $[\tau]$ 和许用挤压应力 $[\sigma_{bs}]$ 分别按下式确定：

$$[\tau]=\frac{\sigma_S}{S_\tau} \tag{5-44}$$

对于钢

$$[\sigma_{bs}]=\frac{\sigma_S}{S_{bs}} \tag{5-45}$$

对于铸铁

$$[\sigma_{bs}]=\frac{\sigma_B}{S_{bs}} \tag{5-46}$$

式中：σ_S、σ_B——螺纹连接件材料的屈服极限和强度极限，见表 5-9，常用铸铁被连接件的 σ_B 可取 $200\sim250$ MPa；

S、S_r、S_{bs}——安全系数，见表 5-5。

5-8　提高螺纹连接强度的措施

以螺栓连接为例，螺栓连接的强度主要取决于螺栓的强度，因此研究影响螺栓强度的因素和提高螺栓强度的措施，对提高连接的可靠性有着重要的意义。

影响螺栓强度的因素很多，主要涉及螺纹牙的载荷分配、应力变化幅度、应力集中、附加应力、材料的力学性能和制造工艺等几个方面。下面分析各种因素对螺栓强度的影响以及提高强度的相应措施。

1. 降低影响螺栓疲劳强度的应力幅

根据理论与实践可知，受轴向变载荷的紧螺栓连接，在最小应力不变的条件下，应力幅越小，则螺栓越不容易发生疲劳破坏，连接的可靠性越高。当螺栓所受的轴向载荷在 $0\sim F$ 的范围内变化时，螺栓的总拉力将在 $F_0\sim F_2$ 的范围内变动。由式（5-19）可知，在保持预紧力 F_0 不变的条件下，若减小螺栓刚度 C_b 或增大被连接件刚度 C_m，都可以达到减小总拉力 F_2 的变动范围（即减小应力幅 σ_a）的目的。但由式（5-18）可知，在 F_0 给定的条件下，减小螺栓刚度 C_b 或增大被连接件的刚度 C_m，都将减小残余预紧力 F_1，从而降低连接的紧密性。因此，若在减小 C_b 和增大 C_m 的同时适当增加预紧力 F_0，就可以使 F_1 不致减小太多或保持不变。这对改善连接的可靠性和紧密性是有利的。但预紧力不宜增加过大，必须控制在所规定的范围内［见式（5-2）］，以免过分削弱螺栓的静强度。

图 5-29a、b、c 分别表示单独降低螺栓刚度、单独增大被连接件刚度和把这两种措施与增大预紧力并用时，螺栓连接的载荷变化情况。图 5-29a、b 中，预紧力 F_0 和工作载荷 F 保持不变，而分别降低螺栓刚度或增大被连接件刚度，螺栓总拉力 F_2 的变动范围由原来的 ΔF 减小到 $\Delta F'$，也即应力幅减小，螺栓的疲劳强度得到提高，但残余预紧力 F_1 随之减小到 F_1'，降低了连接的可靠性和紧密性。图 5-29c 中，在保证残余预紧力 F_1 和工作载荷 F 不变的情况下，同时降低螺栓刚度、增大被连接件刚度，而适当增加预紧力 F_0，使残余预紧力 F_1 保持不变，这样既能减小螺栓总拉力 F_2 的变动范围，提高螺栓的疲劳强度，又能保证连接的可靠性和紧密性。

为了减小螺栓的刚度，可适当增加螺栓的长度，或采用图 5-30 所示的腰状杆螺栓和空心螺栓。如果在螺母下面安装上弹性元件（图 5-31），其效果和采用腰状杆螺栓或空心螺栓相似。

为了增大被连接件的刚度，可以不用垫片或采用刚度较大的垫片。对于需要保持紧密性的连接，从增大被连接件刚度的角度来看，采用软垫片密封（图 5-32a）并不合适，此时以采用刚度较大的金属垫片或密封环密封较好（图 5-32b）。

2. 改善螺纹牙上载荷分布不均的现象

不论螺栓连接的具体结构如何，螺栓所受的总拉力 F_2 都是通过螺栓和螺母的螺纹牙面相接触来传递的。由于螺栓和螺母的刚度及变形性质不同，即使制造和装配都很精确，各圈螺纹牙上的受力也是不同的。如图 5-33 所示，螺栓杆拉力自下而上递减，并通过螺

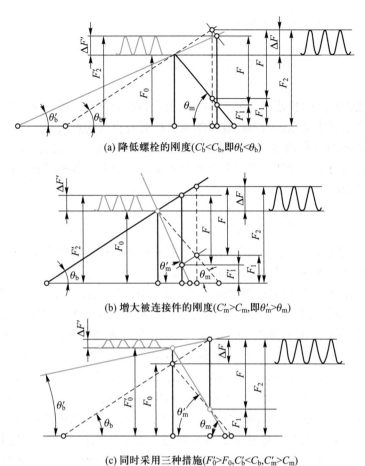

(a) 降低螺栓的刚度($C'_b<C_b$,即$\theta'_b<\theta_b$)

(b) 增大被连接件的刚度($C'_m>C_m$,即$\theta'_m>\theta_m$)

(c) 同时采用三种措施($F'_0>F_0,C'_b<C_b,C'_m>C_m$)

图 5-29 降低螺栓应力幅的措施

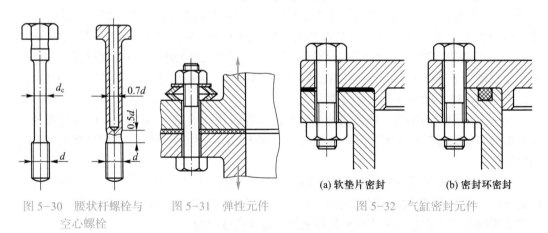

图 5-30 腰状杆螺栓与   图 5-31 弹性元件   图 5-32 气缸密封元件
空心螺栓   (a) 软垫片密封   (b) 密封环密封

纹牙传给螺母,螺母所受的压力则自上而下递增。螺栓受拉伸,螺距增大;螺母受压缩,螺距减小,这种螺距变化差主要靠旋合各圈螺纹牙的变形来补偿。由图可知,螺纹螺距的变化差以旋合的第一圈处为最大,以后各圈递减。旋合螺纹间的载荷分布如图 5-34 所示。试验证明,约有 1/3 的载荷集中在第一圈上,第八圈以后的螺纹牙几乎不承受载荷。

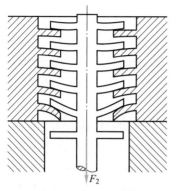

图 5-33　旋合螺纹的变形示意图

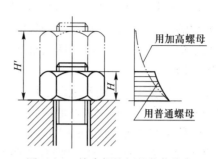

图 5-34　旋合螺纹间的载荷分布

因此，采用螺纹牙圈数过多的加厚螺母，并不能提高连接的强度。

为了改善螺纹牙上的载荷分布不均程度，常采用悬置螺母、减小螺栓旋合段受力较大的几圈螺纹牙的受力面或采用钢丝螺套等方法。下面对这三种方法分别进行介绍。

图 5-35a 为悬置螺母，螺母的旋合部分全部受拉，其变形性质与螺栓相同，从而可以减小两者的螺距变化差，使螺纹牙上的载荷分布趋于均匀。图 5-35b 为环槽螺母，这种结构可以使螺母内缘下端（螺栓旋入端）局部受拉，其作用与悬置螺母相似，但其载荷均布的效果不及悬置螺母。

图 5-35c 为内斜螺母。螺母下端（螺栓旋入端）受力大的几圈螺纹处制成 10°～15° 的斜角，使螺栓螺纹牙的受力面由上而下逐渐外移。这样，螺栓旋合段下部的螺纹牙在载荷作用下容易变形，而载荷将会向上转移，使载荷分布趋于均匀。

图 5-35d 所示的螺母结构，兼有环槽螺母和内斜螺母的作用。这些特殊结构的螺母，由于加工比较复杂，所以只限于重要的或大型的连接上使用。

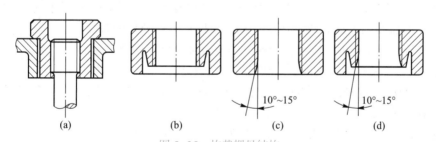

(a)　　　　(b)　　　　(c)　　　　(d)

图 5-35　均载螺母结构

图 5-36 为钢丝螺套。它是由菱形剖面钢丝绕成的螺套，类似螺旋弹簧，是为保护有色金属螺纹孔而研发的嵌入件。主要用于螺钉连接，旋入并紧固在被连接件之一的螺纹孔内，旋入后将安装柄在缺口处折断，然后将螺钉再拧入其中。因它具有一定的弹性，可以起到均载的作用，再加上它还有减振的作用，所以能显著提高螺纹连接件的疲劳强度。

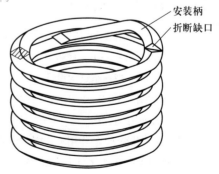

安装柄
折断缺口

图 5-36　钢丝螺套

3. 减小应力集中的影响

螺栓上的螺纹（特别是螺纹的收尾）、螺栓头和螺栓杆的过渡处以及螺栓横截面面积发生变化的部位等，都会产生应力集中。为了减小应力集中的程度，可以采用较大的圆角和卸载结构（图 5-37），或将螺纹收尾改为退刀槽等。但应注意，采用一些特殊结构会使制造成本增加。

此外，在设计、制造和装配上应力求避免螺纹连接产生附加弯曲应力，以免严重降低螺栓的强度。为了减小附加弯曲应力，要从结构、制造和装配等方面采取措施。例如规定螺母、螺栓头部和被连接件的支承面的加工要求，以及螺纹的精度等级、装配精度等；或者采用球面垫圈（图 5-23）、带有腰环（图 5-38）或细长的螺栓等来保证螺栓连接的装配精度。至于在结构上应注意的问题，可参考 5-6 节中的有关内容，这里不再赘述。

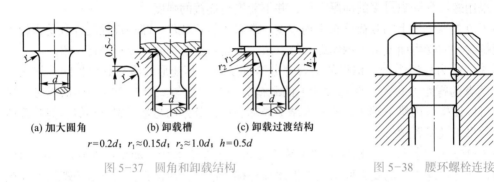

(a) 加大圆角   (b) 卸载槽   (c) 卸载过渡结构

$r=0.2d$；$r_1 \approx 0.15d$；$r_2 \approx 1.0d$；$h=0.5d$

图 5-37   圆角和卸载结构   图 5-38   腰环螺栓连接

4. 采用合理的制造工艺方法

采用冷镦螺栓头部和滚压螺纹的工艺方法，可以显著提高螺栓的疲劳强度。这是因为除可降低应力集中外，冷镦和滚压工艺不切断材料纤维，金属流线的走向合理（图 5-39），而且有冷作硬化的效果，并使表层留有残余压应力。因而滚压螺纹的疲劳强度可较切削螺纹的疲劳强度提高 30%～40%。如果热处理后再滚压螺纹，其疲劳强度可提高 70%～100%。这种冷镦和滚压工艺还具有材料利用率高、生产效率高和制造成本低等优点。

图 5-39   冷镦与滚压加工螺栓中的金属流线

此外，在工艺上采用氮化、氰化、喷丸等处理，都是提高螺纹连接件疲劳强度的有效方法。

例题 5-1   图 5-40 所示为一固定在钢制立柱上的铸铁托架，已知总载荷 $F_\Sigma = 4\ 800$ N，其作用线与垂直线的夹角 $\alpha = 50°$，底板高 $h = 340$ mm，宽 $b = 150$ mm，试设计此螺栓组连接。

［解］（1）螺栓组结构设计

采用如图 5-40 所示的结构，螺栓数 $z=4$，对称布置。

（2）螺栓受力分析

1）在总载荷 F_Σ 的作用下，螺栓组连接承受以下各力和倾覆力矩的作用：

轴向力（F_Σ 的水平分力 $F_{\Sigma h}$，作用于螺栓组中心，水平向右）

$$F_{\Sigma h} = F_{\Sigma} \sin\alpha = 4\,800\,\text{N} \times \sin 50° = 3\,677\,\text{N}$$

横向力（F_{Σ} 的垂直分力 $F_{\Sigma v}$，作用于接合面，垂直向下）

$$F_{\Sigma v} = F_{\Sigma} \cos\alpha = 4\,800\,\text{N} \times \cos 50° = 3\,085\,\text{N}$$

倾覆力矩（顺时针方向）

$$M = F_{\Sigma h} \times 160 + F_{\Sigma v} \times 150 = 1\,051\,070\,\text{N} \cdot \text{mm}$$

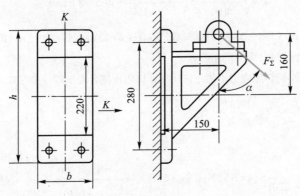

图 5-40　托架底板螺栓组连接

2）在轴向力 $F_{\Sigma h}$ 的作用下，各螺栓所受的工作拉力为

$$F_a = \frac{F_{\Sigma h}}{z} = \frac{3\,677}{4}\,\text{N} = 919\,\text{N}$$

3）在倾覆力矩 M 的作用下，上面两螺栓受到加载作用，而下面两螺栓受到减载作用，故上面的螺栓受力较大，所受的载荷按式（5-37）确定：

$$F_{max} = \frac{M L_{max}}{\sum\limits_{i=1}^{z} L_i^2} = \frac{1\,051\,070 \times 140}{2 \times (140^2 + 140^2)}\,\text{N} = 1\,877\,\text{N}$$

故上面的螺栓所受的轴向工作载荷为

$$F = F_a + F_{max} = 919\,\text{N} + 1\,877\,\text{N} = 2\,796\,\text{N}$$

4）在横向力 $F_{\Sigma v}$ 的作用下，底板连接接合面可能产生滑移，根据底板接合面不滑移的条件：

$$f\left(z F_0 - \frac{C_m}{C_b + C_m} F_{\Sigma h}\right) \geqslant K_s F_{\Sigma v}$$

由表 5-7 查得接合面间的摩擦因数 $f = 0.16$，并取 $\dfrac{C_b}{C_b + C_m} = 0.2$，则 $\dfrac{C_m}{C_b + C_m} = 1 - \dfrac{C_b}{C_b + C_m} = 0.8$。取防滑系数 $K_s = 1.2$，则各螺栓所需的预紧力为

$$F_0 \geqslant \frac{1}{z}\left(\frac{K_s F_{\Sigma v}}{f} + \frac{C_m}{C_b + C_m} F_{\Sigma h}\right) = \frac{1}{4} \times \left(\frac{1.2 \times 3\,085}{0.16} + 0.8 \times 3\,677\right)\text{N} = 6\,520\,\text{N}$$

5）上面每个螺栓所受的总拉力 F_2 按式（5-19）求得：

$$F_2 = F_0 + \frac{C_b}{C_b + C_m} F = 6\,520\,\text{N} + 0.2 \times 2\,796\,\text{N} = 7\,079\,\text{N}$$

（3）确定螺栓直径

选择性能等级为 4.6 的螺栓，由表 5-9 查得材料屈服极限 $\sigma_S=240$ MPa，由表 5-5 查得安全系数 $S=1.5$，故螺栓材料的许用应力 $[\sigma]=\dfrac{\sigma_S}{S}=\dfrac{240}{1.5}$ MPa $=160$ MPa。

根据式（5-21）求得螺栓危险截面的直径（螺纹小径 d_1）为

$$d_1 \geqslant \sqrt{\frac{4\times 1.3 F_2}{\pi [\sigma]}} = \sqrt{\frac{4\times 1.3\times 7\,079}{\pi \times 160}}\,\text{mm} = 8.6\ \text{mm}$$

按粗牙普通螺纹标准（GB/T 196—2003），选用螺纹公称直径 $d=12$ mm（螺纹小径 $d_1=10.106$ mm >8.6 mm）。

（4）校核螺栓组连接接合面的工作能力

1）连接接合面下端的挤压应力不超过许用值，以防止接合面压碎。参考式（5-41），有

$$\sigma_{bsmax} = \frac{1}{A}\left(zF_0 - \frac{C_m}{C_b+C_m}F_{\Sigma h}\right) + \frac{M}{W}$$

$$= \left[\frac{1}{150\times(340-220)}\times(4\times 6\,520 - 0.8\times 3\,677) + \frac{1\,051\,070}{\dfrac{150}{12}\times\dfrac{340}{2}\times(340^3-220^3)}\right]\text{N/mm}^2 = 1.784\ \text{MPa}$$

由表 5-8 查得 $[\sigma_{bs}]=0.5\sigma_B=0.5\times 250$ MPa $=125$ MPa $\gg 1.784$ MPa，故连接接合面下端不致压碎。

2）连接接合面上端应保持一定的残余预紧力，以防止托架受力时接合面间产生间隙，即 $\sigma_{bsmin}>0$，参考式（5-42），有

$$\sigma_{bs\,min} = \frac{1}{A}\left(zF_0 - \frac{C_m}{C_b+C_m}F_{\Sigma h}\right) - \frac{M}{W} \approx 0.786\ \text{MPa} > 0$$

故接合面上端受压最小处不会产生间隙。

（5）校核螺栓所需的预紧力是否合适

参考式（5-2），对碳钢螺栓，要求

$$F_0 \leqslant (0.6\sim 0.7)\sigma_S A_1$$

已知 $\sigma_S=240$ MPa，$A_1=\dfrac{\pi}{4}d_1^2=\dfrac{\pi}{4}\times 10.106^2\ \text{mm}^2 = 80.214\ \text{mm}^2$，取预紧力下限，即

$$0.6\sigma_S A_1 = 0.6\times 240\times 80.214\ \text{N} = 11\,550.8\ \text{N}$$

要求的预紧力 $F_0=6\,520$ N，小于上值，故满足要求。

确定螺栓的公称直径后，螺栓的类型、长度、精度以及相应的螺母、垫圈等结构尺寸，可根据底板厚度、螺栓在立柱上的固定方法及防松装置等全面考虑后定出，此处从略。

5-9　螺 旋 传 动

1. 螺旋传动的类型和应用

螺旋传动是利用螺杆和螺母组成的螺旋副来实现传动要求的。它主要用于将回转运动

转变为直线运动，同时传递运动和动力。

根据螺杆和螺母的相对运动关系，螺旋传动的常用运动形式主要有以下两种：图 5-41a 是螺杆转动，螺母移动，多用于机床的进给机构中；图 5-41b 是螺母固定，螺杆转动并移动，多用于螺旋起重器（千斤顶，参见图 5-42）或螺旋压力机中。

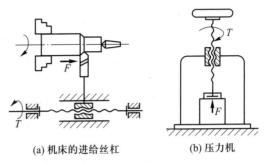

(a) 机床的进给丝杠　　(b) 压力机

图 5-41　螺旋传动的运动形式

螺旋传动按其用途不同，可分为以下三种类型：

1）传力螺旋。它以传递动力为主，要求以较小的转矩产生较大的轴向推力，用以克服工件阻力，如各种起重或加压装置的螺旋。这种传力螺旋主要是承受很大的轴向力，一般为间歇性工作，每次的工作时间较短，工作速度也不高，而且通常需有自锁能力。

2）传导螺旋。它以传递运动为主，有时也承受较大的轴向载荷，如机床进给机构的螺旋等。传导螺旋常需在较长的时间内连续工作，工作速度较高，因此要求具有较高的传动精度。

3）调整螺旋。它用以调整、固定零件的相对位置，如机床、仪器及测试装置中微调机构的螺旋。调整螺旋不经常转动，一般在空载下调整。

螺旋传动按其螺旋副的摩擦性质不同，又可分为滑动螺旋（滑动摩擦）、滚动螺旋（滚动摩擦）和静压螺旋（流体摩擦）。滑动螺旋结构简单，便于制造，易于自锁，但其主要缺点是摩擦阻力大、传动效率低（一般为30%～40%）、磨损快、传动精度低等。相反，滚动螺旋和静压螺旋的摩擦阻力小，传动效率高（一般为90%以上），但结构复杂，特别是静压螺旋还需要供油系统。因此，只有在高精度、高效率的重要传动中才宜采用，如数控机床、精密机床、测试装置或自动控制系统中的螺旋传动等。

本节重点讨论滑动螺旋的设计和计算，对滚动螺旋和静压螺旋只做简单的介绍。

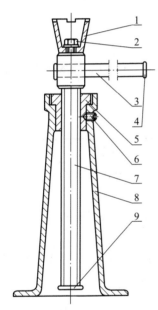

1—托杯；2—螺钉；3—手柄；
4、9—挡环；5—螺母；6—紧定螺钉；
7—螺杆；8—底座

图 5-42　螺旋起重器

2. 滑动螺旋的结构和材料

（1）滑动螺旋的结构

滑动螺旋的结构主要是指螺杆、螺母的固定和支承的结构。螺旋传动的工作刚度与精度等和支承结构有直接关系，当螺杆短而粗且垂直布置时，如起重及加压装置的传力螺旋，可以利用螺母本身为支承（图 5-42）。当螺杆细长且水平布置时，如机床的传导螺旋（丝杠）等，应在螺杆两端或中间附加支承，以提高螺杆的工作刚度。螺杆的支承结构和轴的支承结构基本相同，可参看第 13、15 两章有关内容。此外，对于轴向尺寸较大的

螺杆，应采用对接的组合结构代替整体结构，以减少制造工艺上的困难。

螺母的结构有整体螺母、组合螺母和剖分螺母等形式。整体螺母结构简单，但由磨损产生的轴向间隙不能补偿，只适合在精度要求较低的螺旋传动中使用。对于经常双向传动的传导螺旋，为了消除轴向间隙和补偿旋合螺纹的磨损，避免反向传动时的空行程，常采用组合螺母或剖分螺母。图 5-43 是利用调整楔块来定期调整螺旋副的轴向间隙的一种组合螺母的结构形式。

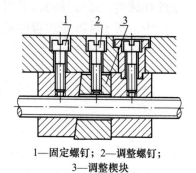

1—固定螺钉；2—调整螺钉；
3—调整楔块

图 5-43　组合螺母

滑动螺旋采用的螺纹类型有矩形、梯形和锯齿形。其中以梯形和锯齿形螺纹应用最广。螺杆常用右旋螺纹，只有在某些特殊的场合，如车床横向进给丝杠，为了符合操作习惯，才采用左旋螺纹。传力螺旋和调整螺旋要求自锁时，应采用单线螺纹。对于传导螺旋，为了提高其传动效率及直线运动速度，可采用多线螺纹（线数 $n=3\sim4$，甚至多达 6）。

（2）螺杆和螺母的材料

螺杆材料要有足够的强度和耐磨性。螺母材料除要有足够的强度外，还要求在与螺杆材料配合时摩擦因数小和耐磨。螺旋传动常用的材料见表 5-11。

表 5-11　螺旋传动常用的材料

螺旋副	材料牌号	应用范围
螺杆	Q235、Q275、45、50	材料不经热处理，适用于经常运动、受力不大、转速较低的传动
	40Cr、45Mn2、20CrMnTi、30Cr13	材料需经热处理，以提高其耐磨性，适用于重载、转速较高的重要传动
	30CrMnSi、38CrMoAl、18Cr2Ni4W	材料需经热处理，以提高其尺寸的稳定性，适用于精密传导螺旋传动
螺母	ZCuSn10P1（10-1 锡青铜） ZCuSn5Pb5Zn5（5-5-5 锡青铜）	材料耐磨性好，适用于一般传动
	ZCuAl9Fe4Ni4Mn2（9-4-4-2 铝青铜） ZCuZn25Al6Fe3Mn3（25-6-3-3 铝黄铜）	材料耐磨性好，强度高，适用于重载、低速的传动。对于尺寸较大或高速传动，螺母可采用钢或铸铁制造，内孔浇注青铜或巴氏合金

3. 滑动螺旋的设计计算

滑动螺旋工作时，主要承受转矩及轴向拉力（或压力）的作用，同时在螺杆和螺母的旋合螺纹间有较大的相对滑动。其失效形式主要是螺纹磨损。因此，滑动螺旋的基本尺寸（即螺杆直径与螺母高度），通常是根据耐磨性条件确定的。对于受力较大的传力螺旋，还应校核螺杆的危险截面以及螺母螺纹牙的强度，以防止发生塑性变形或断裂；对于要求自锁的螺杆应校核其自锁性；对于精密的传导螺旋应校核螺杆的刚度（螺杆的直径应根据刚度条件确定），以免受力后由于螺距的变化引起传动精度降低；对于长径比很大的螺杆，应校核其稳定性，以防止螺杆受压后失稳；对于高速的长螺杆还应校核其临界转速，以防止产生过度的横向振动等。在设计时，应根据螺旋传动的类型、工作条件及其失效形式等，选择不同的设计准则，而不必逐项进行校核。

下面主要介绍耐磨性计算和几项常用的校核计算方法。

（1）耐磨性计算

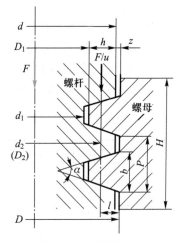

图 5-44　螺旋副受力

滑动螺旋的磨损与螺纹工作面上的压力、滑动速度、螺纹表面粗糙度以及润滑状态等因素有关。其中最主要的是螺纹工作面上的压力，压力越大，螺旋副间越容易形成过度磨损。因此，滑动螺旋的耐磨性计算主要是限制螺纹工作面上的压力 p，使其小于材料的许用压力 $[p]$。

如图 5-44 所示，假设作用于螺杆的轴向力为 F（单位为 N），螺纹的承压面积（指螺纹工作表面投射到垂直于轴向力的平面上的面积）为 A（单位为 mm²），螺纹中径为 d_2（单位为 mm），螺纹工作高度为 h（单位为 mm），螺纹螺距为 P（单位为 mm），螺母高度为 H（单位为 mm），螺纹工作圈数 $u = \dfrac{H}{P}$，则螺纹工作面上的耐磨性条件为

$$p = \frac{F}{A} = \frac{F}{\pi d_2 h u} = \frac{FP}{\pi d_2 h H} \leqslant [p] \tag{5-47}$$

上式可用于校核计算。为了导出设计计算式，令 $\varphi = H/d_2$，则 $H = \varphi d_2$。代入式（5-47）整理后可得

$$d_2 \geqslant \sqrt{\frac{FP}{\pi h \varphi [p]}} \tag{5-48}$$

对于矩形螺纹和梯形螺纹，$h = 0.5P$，则

$$d_2 \geqslant 0.8 \sqrt{\frac{F}{\varphi [p]}} \tag{5-49}$$

对于 30° 锯齿形螺纹，$h = 0.75P$，则

$$d_2 \geqslant 0.65 \sqrt{\frac{F}{\varphi [p]}} \tag{5-50}$$

螺母高度

$$H = \varphi d_2 \tag{5-51}$$

式中：$[p]$ 为材料的许用压力，MPa，见表 5-12；φ 值一般取 1.2～3.5。对于整体螺母，由于磨损后不能调整间隙，为使受力分布均匀，螺纹工作圈数不宜过多，故取 $\varphi = 1.2～2.5$；对于剖分螺母和兼作支承的螺母，可取 $\varphi = 2.5～3.5$；只有传动精度较高、载荷较大、要求寿命较长时，才允许取 $\varphi = 4$。

根据公式算得螺纹中径 d_2 后，应按国家标准选取相应的公称直径 d 及螺距 P。螺纹

工作圈数不宜超过 10 圈。

　　螺纹几何参数确定后，对于有自锁性要求的螺旋副，还应校核螺旋副是否满足自锁条件，即

$$\phi \leqslant \varphi_v = \arctan \frac{f}{\cos \beta} = \arctan f_v \qquad (5-52)$$

式中：ϕ——螺纹升角；

　　　　φ_v——当量摩擦角；

　　　　f_v——螺旋副的当量摩擦因数；

　　　　f——摩擦因数，见表 5-12。

表 5-12　滑动螺旋副材料的许用压力 [p] 及摩擦因数 f

螺杆－螺母的材料	滑动速度 /（m/min）	许用压力 /MPa	摩擦因数 f
钢－青铜	低速	18～25	0.08～0.10
	≤3.0	11～18	
	6～12	7～10	
	＞15	1～2	
淬火钢－青铜	6～12	10～13	0.06～0.08
钢－铸铁	＜2.4	13～18	0.12～0.15
	6～12	4～7	
钢－钢	低速	7.5～13	0.11～0.17

　　注：① 表中许用压力值适用于 $\varphi = 2.5 \sim 4$ 的情况。当 $\varphi < 2.5$ 时可提高 20%；当为剖分螺母时应降低 15%～20%。

　　　　② 表中启动时摩擦因数取大值，运转中取小值。

（2）螺杆的强度计算

　　受力较大的螺杆需进行强度计算。螺杆工作时承受轴向压力（或拉力）F 和扭矩 T 的作用。螺杆危险截面上既有压缩（或拉伸）应力，又有扭转切应力。因此，校核螺杆强度时，应根据第四强度理论求出危险截面的计算应力 σ_{ca}，其强度条件为

$$\sigma_{ca} = \sqrt{\sigma^2 + 3\tau^2} = \sqrt{\left(\frac{F}{A}\right)^2 + 3\left(\frac{T}{W_T}\right)^2} \leqslant [\sigma]$$

或

$$\sigma_{ca} = \frac{1}{A}\sqrt{F^2 + 3\left(\frac{4T}{d_1}\right)^2} \leqslant [\sigma] \qquad (5-53)$$

式中：F——螺杆所受的轴向压力（或拉力），N；

　　　　A——螺杆螺纹段的危险截面面积，$A = \dfrac{\pi}{4} d_1^2$，mm^2；

　　　　W_T——螺杆螺纹段的抗扭截面系数，$W_T = \dfrac{\pi d_1^3}{16} = A \dfrac{d_1}{4}$，$mm^3$；

d_1——螺杆螺纹小径，mm；

T——螺杆所受的扭矩，N·mm；

$[\sigma]$——螺杆材料的许用应力，MPa，见表 5-13。

表 5-13　滑动螺旋副材料的许用应力

螺旋副材料		许用应力 /MPa		
		$[\sigma]$	$[\sigma_b]$	$[\tau]$
螺杆	钢	$\dfrac{\sigma_s}{3\sim5}$		
螺母	青铜		40～60	30～40
	铸铁		45～55	40
	钢		（1.0～1.2）$[\sigma]$	0.6$[\sigma]$

注：① σ_s 为材料的屈服极限；

　　② 载荷稳定时，许用应力取大值。

（3）螺母螺纹牙的强度计算

螺纹牙多发生剪切和挤压破坏，一般螺母的材料强度低于螺杆，故只需校核螺母螺纹牙的强度。

如图 5-45 所示，如果将一圈螺纹沿螺母的螺纹大径 D（单位为 mm）处展开，则可看作宽度为 πD 的悬臂梁。假设螺母每圈螺纹所承受的平均压力为 $\dfrac{F}{u}$，并作用在以螺纹中径 D_2（单位为 mm）为直径的圆周上，则螺纹牙危险截面 a—a 的剪切强度条件为

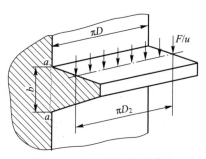

图 5-45　螺母螺纹圈的受力

$$\tau = \frac{F}{\pi Dbu} \leqslant [\tau] \tag{5-54}$$

螺纹牙危险截面 a—a 的弯曲强度条件为

$$\sigma_b = \frac{6Fl}{\pi Db^2 u} \leqslant [\sigma_b] \tag{5-55}$$

式中：b——螺纹牙根部的厚度，mm。对于矩形螺纹，$b=0.5P$；对于梯形螺纹，$b=0.65P$，对于 30° 锯齿形螺纹，$b=0.75P$。P 为螺纹螺距。

　　　l——弯曲力臂，mm，参见图 5-44，$l = \dfrac{D-D_2}{2}$。

$[\tau]$——螺母材料的许用切应力，MPa，见表 5-13。

$[\sigma_b]$——螺母材料的许用弯曲应力，MPa，见表 5-13。

其余符号的意义和单位同前。

当螺杆和螺母的材料相同时，由于螺杆的小径 d_1 小于螺母螺纹的大径 D，故应校核螺杆螺纹牙的强度。此时，式（5-54）、式（5-55）中的 D 应改为 d_1。

（4）螺杆的稳定性计算

对于长径比大的受压螺杆，当轴向压力 F 大于某一临界值时，螺杆就会突然发生侧

向弯曲而丧失稳定性。因此，在正常情况下，螺杆承受的轴向力 F（单位为 N）必须小于临界载荷 F_{cr}（单位为 N）。则螺杆的稳定性条件为

$$S_{sc} = \frac{F_{cr}}{F} \geqslant S_s \tag{5-56}$$

式中：S_{sc}——螺杆稳定性的计算安全系数。

$\quad\quad S_s$——螺杆稳定性安全系数。对于传力螺旋（如起重螺杆等），$S_s = 3.5 \sim 5.0$；对于传导螺旋 $S_s = 2.5 \sim 4.0$；对于精密螺杆或水平螺杆，$S_s > 4.0$。

$\quad\quad F_{cr}$——螺杆的临界载荷，N。

F_{cr} 根据螺杆柔度 λ_s 值的大小选用不同的公式计算，$\lambda_s = \dfrac{\mu l}{i}$。此处，$\mu$ 为螺杆长度系数，见表 5-14；l 为螺杆工作长度，mm；螺杆两端支承时取两支点间的距离作为工作长度 l，螺杆一端以螺母支承时以螺母中点到另一端支点的距离作为工作长度 l；i 为螺杆危险截面的惯性半径，mm；若螺杆危险截面面积 $A = \dfrac{\pi}{4}d_1^2$，则 $i = \sqrt{\dfrac{I}{A}} = \dfrac{d_1}{4}$。

当 $\lambda_s \geqslant 100$ 时，临界载荷 F_{cr} 可按欧拉公式计算，即

$$F_{cr} = \frac{\pi^2 EI}{(\mu l)^2} \tag{5-57}$$

式中：E——螺杆材料的拉压弹性模量，$E = 2.06 \times 10^5$ MPa；

$\quad\quad I$——螺杆危险截面的惯性矩，$I = \dfrac{\pi d_1^4}{64}$，mm⁴。

当 $\lambda_s < 100$ 时，临界载荷 F_{cr} 可按下式计算：

$$F_{cr} = (a - b\lambda_s)\frac{\pi}{4}d_1^2 \tag{5-58}$$

对于强度极限 $\sigma_B \geqslant 380$ MPa 的普通碳钢，如 Q235、Q275 等，取 $a = 304$，$b = 1.12$；对于强度极限 $\sigma_B \geqslant 480$ MPa 的优质碳钢，如 35 钢、45 钢、50 钢等，取 $a = 461$，$b = 2.57$。

当 $\lambda_s < 40$ 时，可以不必进行稳定性校核。

若上述计算结果不满足稳定性条件，应适当增加螺杆的小径 d_1。

表 5-14 螺杆的长度系数 μ

端部支承情况	长度系数 μ	端部支承情况	长度系数 μ
两端固定	0.50	两端不完全固定	0.75
一端固定，一端不完全固定	0.60	两端铰支	1.00
一端铰支，一端不完全固定	0.70	一端固定，一端自由	2.00

注：判断螺杆端部支承情况的方法：

① 采用滑动支承时，以轴承长度 l_0 与直径 d_0 的比值来确定。$\dfrac{l_0}{d_0} < 1.5$ 时，为铰支；$\dfrac{l_0}{d_0} = 1.5 \sim 3.0$ 时，为不完全固定；$\dfrac{l_0}{d_0} > 3.0$ 时，为固定支承。

② 以整体螺母作为支承时，仍按上述方法确定。此时，取 $l_0 = H$（H 为螺母高度）。

③ 以剖分螺母作为支承时，可作为不完全固定支承。

④ 采用滚动支承且有径向约束时，可作为铰支；有径向和轴向约束时，可作为固定支承。

4. 滚动螺旋简介

滚动螺旋可分为滚珠螺旋和滚子螺旋两大类。

滚珠螺旋是在具有螺旋槽的螺杆和螺母之间，连续填装滚珠（钢球）作为滚动体的螺旋传动。滚珠螺旋按其滚珠的循环方式不同分为外循环和内循环两类。在运动过程中，滚珠通过离开螺旋滚道的方式实现的循环，称为外循环，如图 5-46a 所示。外循环是通过外接弯管实现滚珠的循环。一个滚珠螺旋可以只有一个循环回路，但为了缩短回路滚道的长度，也可在一个滚珠螺旋中设置多个回路。若在运动过程中，滚珠始终没有离开螺旋滚道所实现的循环，称为内循环，如图 5-46b 所示。内循环是通过螺母中的反向器实现滚珠的循环。一个反向器可实现滚珠的一个循环回路。一个滚珠螺旋螺母常装配 2~4 个反向器，所以此时内循环滚珠螺旋中常有 2~4 个封闭循环回路。

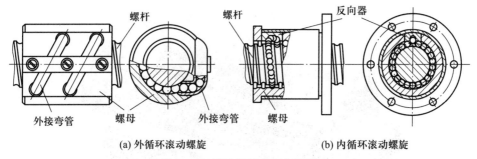

(a) 外循环滚动螺旋　　　　　　　　　(b) 内循环滚动螺旋

图 5-46　滚珠螺旋的工作原理

目前，滚珠螺旋已经形成了许多类型的产品系列，使用时可以查阅相应的产品目录。

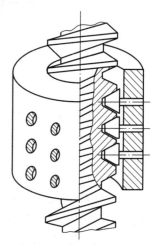

滚子螺旋可分为自转滚子式和行星滚子式，自转滚子式的滚子按形状有圆柱滚子（对应矩形螺纹的螺杆）和圆锥滚子（对应梯形螺纹的螺杆）。自转圆锥滚子式滚子螺旋的示意图见图 5-47，即在套筒形螺母内沿螺纹线装上约三圈滚子（可用销轴或滚针支承）代替螺纹牙进行传动。这种螺旋还可在螺母上开出轴向槽，以便躲过长螺杆（或两段螺杆接头处）的支承而运行到远处。

图 5-48 为标准式行星滚柱丝杠传动，它是行星滚子式滚子螺旋中应用很广泛的一种。当丝杠 1 作旋转运动时，丝杠螺纹与滚柱 2 中间螺纹啮合，带动沿圆周均布的多个滚柱作行星运动。滚柱中间螺纹与螺母螺纹啮合的同时，两端的滚柱齿（图 5-48 中零件 4）与固连在螺母 3 的内齿圈 5 啮合，最终将

图 5-47　自转圆锥滚子式
滚子螺旋的示意图

丝杠的旋转运动转换为螺母的直线运动。自由转动的保持架 6 起到将滚柱均匀隔开和辅助支承的作用。行星滚柱丝杠中，丝杠和螺母采用多线螺纹，滚柱采用单线螺纹，螺纹的牙型角常为 90°。

滚动螺旋具有传动效率高、启动力矩小、传动灵敏平稳、精度高、承载能力强、抗冲击、工作寿命长等优点，故目前在精密机床、汽车、机器人、航空、航天、陆地装备以及

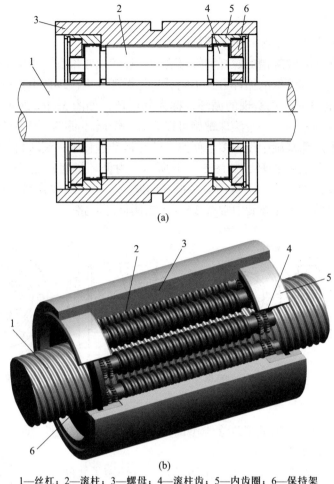

1—丝杠；2—滚柱；3—螺母；4—滚柱齿；5—内齿圈；6—保持架

图 5-48 标准式行星滚柱丝杠传动

食品包装等领域得到广泛应用。缺点是制造工艺比较复杂，尤其是材料和热处理工艺质量很难保证。

5. 静压螺旋简介

为了降低螺旋传动的摩擦，提高传动效率，并增加螺旋传动的刚性及抗振性能，可以将静压原理应用于螺旋传动中，制成静压螺旋。

关于静压原理的基本论述可参看本书 4-4 节。本节只简要介绍静压螺旋的结构和工作情况。

如图 5-49 所示，在静压螺旋中，螺杆仍为一具有梯形螺纹的普通螺杆，但在螺母每圈螺纹牙两个侧面的中径处，各开有 3～4 个油腔，压力油通过节流器进入油腔，产生一定的油腔压力。

当螺杆未受载荷时，螺杆的螺纹牙位于螺母螺纹牙的中间位置，处于平衡状态。此时，螺杆螺纹牙的两侧间隙相等，经螺纹牙两侧流出的油量相等。因此，油腔压力也相等。

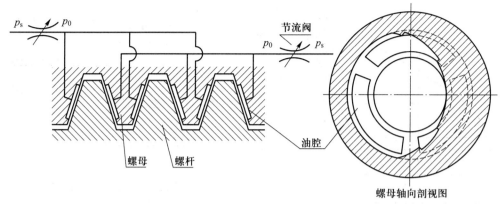

图 5-49　静压螺旋传动示意图

当螺杆受轴向载荷时，螺杆沿受载方向产生位移，螺纹牙一侧的间隙减小，另一侧的间隙增大。由于节流器的调节作用，使间隙减小一侧的油腔压力增高；而另一侧的油腔压力降低。于是两侧油腔便形成了压力差，从而使螺杆重新处于平衡状态。

当螺杆承受横向载荷或倾覆力矩时，其工作情况与上述的相同。

重难点分析

 习题

5-1　螺纹连接的基本类型有哪几种？分析说明它们的特点及应用场合。

5-2　将承受轴向变载荷的连接螺栓的光杆部分做得细些有什么好处？

5-3　分析活塞式空气压缩机气缸盖连接螺栓在工作时的受力变化情况，它的最大应力、最小应力将如何得出？当气缸内的最高压力提高时，它的最大应力、最小应力将如何变化？

5-4　图 5-50 所示的底板螺栓组连接受外力 F_Σ 的作用。外力 F_Σ 作用在包含 x 轴并垂直于底板接合面的平面内。试分析底板螺栓组的受力情况，并判断哪个螺栓受力最大。保证连接安全工作的必要条件有哪些？

（注：$\theta < 45°$，$l < h$）

5-5　图 5-51 是由两块边板和一块承重板焊成的龙门起重机导轨托架。两块边板各用 4 个螺栓与立柱相连接，托架所受的最大载荷为 20 kN，载荷有较大的变动。试问：此螺栓连接采用普通螺栓连接还是加强杆螺栓连接为宜？为什么？

5-6　已知一个托架的边板用 6 个螺栓与相邻的机架相连接。托架受一与边板螺栓组的垂直对称轴线相平行、距离为 250 mm、大小为 60 kN 的载荷作用。现有图 5-52 所示的两种螺栓布置形式，设采用加强杆螺栓连接，试问哪一种布置形式所用的螺栓直径较小？为什么？

5-7　图 5-53 所示为一拉杆螺纹连接。已知拉杆所受的载荷 $F = 56$ kN，载荷稳定，拉杆材料为 Q235，试设计此连接。

5-8　两块金属板用两个 M12 的普通螺栓连接。若接合面的摩擦因数 $f = 0.3$，螺栓预紧力控制为其屈服极限的 70%，螺栓性能等级为 4.8。求此连接所能传递的横向载荷。

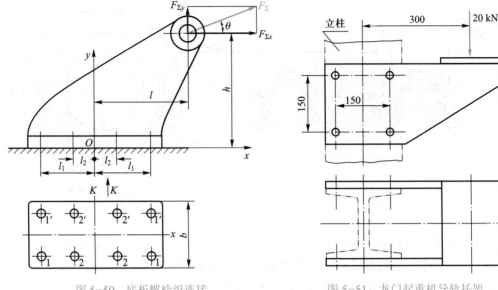

图 5-50　底板螺栓组连接

图 5-51　龙门起重机导轨托架

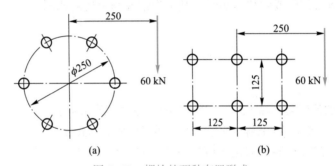

(a)　　　　　　　(b)

图 5-52　螺栓的两种布置形式

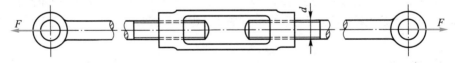

图 5-53　拉杆螺纹连接

5-9　刚性凸缘联轴器（图 5-25c）用 6 个普通螺栓连接。螺栓均匀分布在 $D=100$ mm 的圆周上，接合面摩擦因数 $f=0.15$，防滑系数 $K_s=1.2$。若联轴器传递的转矩 $T=150$ N·m，载荷较平稳，螺栓性能等级为 6.8 级，不控制预紧力，取安全系数 $S=4$，试求螺栓的最小直径。若改用加强杆螺栓连接，螺栓直径将如何变化？为什么？

5-10　受轴向载荷的紧螺栓连接，被连接钢板间采用橡胶垫片。已知螺栓预紧力 $F_0=15\ 000$ N，当受轴向工作载荷 $F=10\ 000$ N 时，求螺栓所受的总拉力及被连接件之间的残余预紧力。

5-11　受轴向载荷的紧螺栓连接，已知螺栓刚度 $C_b=0.4\times10^6$ N/mm，被连接件刚度 $C_m=1.6\times10^6$ N/mm，螺栓所受预紧力 $F_0=8\ 000$ N，螺栓所受轴向载荷为 $F=4\ 000$ N。要求：

1）按比例画出螺栓与被连接件的受力－变形图（比例尺自定）

2）在图上量出螺栓所受的总拉力 F_2 和残余预紧力 F_1，并用计算法求出此二值，互相校核。

3）若轴向载荷在 0～4 000 N 之间变化，螺栓的危险截面面积为 96.6 mm²，试求螺栓的应力幅 σ_a 和平均应力 σ_m。

5-12　图 5-26 所示为一气缸盖螺栓组连接。已知气缸内的工作压力 p=0～1 MPa，缸盖与缸体均为钢制，直径 D_1=350 mm，D_2=250 mm，上、下凸缘厚均为 25 mm。试设计此连接。

5-13　设计简单千斤顶（参见图 5-42）的螺杆和螺母的主要尺寸。起重量为 40 000 N，起重高度为 200 mm，材料自选。

键、花键、无键连接和销连接

知识图谱 学习指南

6-1 键 连 接

1. 键连接的功能、分类、结构形式及应用

键是一种标准零件，通常用来实现轴与轮毂之间的周向固定以传递转矩，有的还能实现轴上零件的轴向固定或轴向滑动的导向。键连接的主要类型有平键连接、半圆键连接、楔键连接和切向键连接。

（1）平键连接

图 6-1a 为普通平键连接的结构形式。键的两侧面是工作面，工作时，靠键与键槽侧面的挤压来传递转矩。键的上表面和轮毂的键槽底面间则留有间隙。平键连接具有结构简单、装拆方便、对中性较好等优点，因而得到广泛应用。这种键连接不能承受轴向力，因而对轴上的零件不能起到轴向固定的作用。

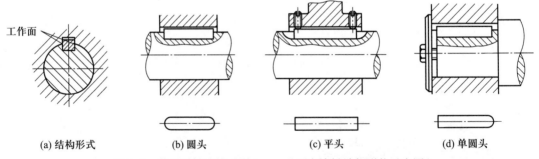

(a) 结构形式   (b) 圆头   (c) 平头   (d) 单圆头

图 6-1 普通平键连接（图 b、c、d 下方为键端部形状示意图）

根据用途的不同，平键分为普通平键、薄型平键、导向平键和滑键四种。其中，普通平键和薄型平键用于静连接，导向平键和滑键用于动连接。

普通平键按键的端部形状分，有圆头（A 型）、平头（B 型）及单圆头（C 型）三种。圆头平键（图 6-1b）宜放在轴上用键槽铣刀铣出的键槽中，键在键槽中轴向固定良好。缺点是键的端部侧面与轮毂上的键槽并不接触，因而键的圆头部分不能充分利用，而且轴上键槽端部的应力集中较大。平头平键（图 6-1c）是放在用盘铣刀铣出的键槽中，因而避免了上述缺点。但因键与键槽两端有较大间隙，对于尺寸大的键，宜用紧定螺钉固定在轴上的键槽中，以防止松动。单圆头平键（图 6-1d）则常用于轴端与毂类零件的连接。

　　薄型平键与普通平键的主要区别是键的高度为普通平键的 60%～70%，也分圆头、平头和单圆头三种形式，但传递转矩的能力较低，常用于薄壁结构、空心轴及一些径向尺寸受限制的场合。

　　当被连接的毂类零件在工作过程中必须在轴上作轴向移动时（如变速箱中的滑移齿轮），需采用导向平键或滑键。导向平键（图 6-2a）是一种较长的平键，用螺钉固定在轴上的键槽中。为了便于拆卸，键上制有起键螺孔，以便拧入螺钉使键退出键槽。轴上的传动零件则可沿键作轴向滑移。当零件需滑移的距离较大时，因所需导向平键的长度过大，制造困难，故宜采用滑键（图 6-2b）。滑键固定在轮毂上，轮毂带动滑键在轴上的键槽中作轴向滑移。这样，只需在轴上铣出较长的键槽，而键可做得较短。

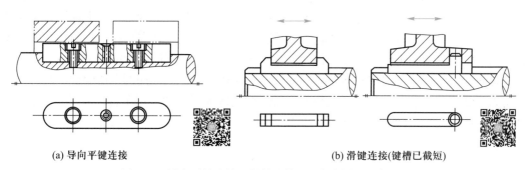

(a) 导向平键连接　　　　　　　　　　**(b) 滑键连接(键槽已截短)**

图 6-2　导向平键连接和滑键连接（下方为键的示意图）

　　（2）半圆键连接

　　半圆键连接如图 6-3 所示。轴上键槽用尺寸与半圆键相同的半圆键槽铣刀铣出，因而键在槽中能绕其几何中心摆动以适应轮毂中键槽的斜度。半圆键工作时，靠其侧面来传递转矩。这种键连接的优点是工艺性较好，装配方便，尤其适用于锥形轴与轮毂的连接。缺点是轴上键槽较深，对轴的强度削弱较大，故一般只用于轻载静连接中。

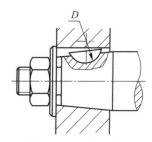

图 6-3　半圆键连接

　　（3）楔键连接

　　楔键连接如图 6-4 所示。键的上、下两面是工作面，键的上表面和与它相配合的轮毂键槽底面均具有 1∶100 的斜度。装配后，键即楔紧在轴和轮毂的键槽里。工作时，靠键的楔紧作用来传递转矩，同时还可以承受单向的轴向载荷，对轮毂起到单向的轴向固定作用。楔键的侧面与键槽侧面间有很小的间隙，当转矩过载而导致轴与轮毂发生相对转动时，键的侧面能像平键那样参加工作。因此，楔键连接在传递有冲击和振动的较大转矩时，仍能保证连接的可靠性。楔键连接的缺点是键楔紧后，轴和轮毂的配合产生偏心和偏斜，因此主要用于毂类零件的定心精度要求不高和低转速的场合。

　　楔键分为普通楔键和钩头楔键两种，普通楔键有圆头、平头和单圆头三种形式。装配时，圆头楔键要先放入轴上键槽中，然后楔紧轮毂（图 6-4a）；平头、单圆头和钩头楔键

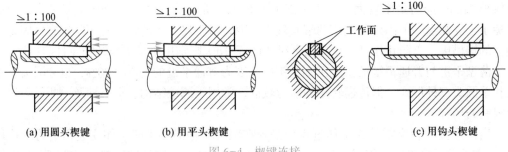

(a) 用圆头楔键　　　　　(b) 用平头楔键　　　　　(c) 用钩头楔键

图 6-4　楔键连接

则在轮毂装好后才将键放入键槽并楔紧。钩头楔键的钩头供拆卸用，安装在轴端时，应注意加装防护罩。

（4）切向键连接

切向键连接如图 6-5 所示。切向键是由一对斜度为 1∶100 的楔键组成。切向键的工作面是由一对楔键沿斜面拼合后相互平行的两个窄面，被连接的轴和轮毂上都制有相应的键槽。装配时，把一对楔键分别从轮毂两端装入，拼合而成的切向键就沿轴的切线方向楔紧在轴与轮毂之间。工作时，靠工作面上的挤压力和轴与轮毂间的摩擦力来传递转矩。用一个切向键时，只能传递单向转矩；当要传递双向转矩时，必须用两个切向键，两者间的夹角为 120°～130°。由于切向键的键槽对轴的削弱较大，因此常用于直径大于 100 mm 的轴上，如用于大型带轮、大型飞轮、矿山用大型绞车的卷筒及齿轮等与轴的连接。

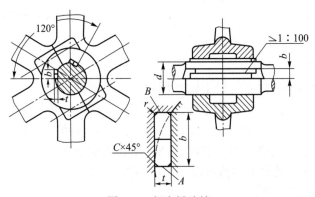

图 6-5　切向键连接

2. 键的选择和键连接强度计算

（1）键的选择

键的选择包括类型选择和尺寸选择两个方面。键的类型应根据键连接的结构特点、使用要求和工作条件来选择；键的尺寸则按符合标准规格和强度要求来选定。键的主要尺寸为其截面尺寸（一般以键宽 $b×$ 键高 h 表示）与长度 L。键的截面尺寸 $b×h$ 可根据键的标准选定。键的长度 L 一般可按轮毂的长度而定，即键长等于或略短于轮毂的长度；而导向平键则按轮毂的长度及其滑动距离而定。一般轮毂的长度可取为 $L' ≈ （1.5～2）d$，这里 d 为轴的直径。所选定的键长亦应符合标准规定的长度系列。普通平键的主要尺寸见表 6-1。重要的键连接在选出键的类型和尺寸后，还应进行强度校核计算。

表 6-1 普通平键的主要尺寸（摘自 **GB/T 1095—2003**）   mm

轴的直径 d*	6~8	>8~10	>10~12	>12~17	>17~22	>22~30	>30~38	>38~44
键宽 b× 键高 h	2×2	3×3	4×4	5×5	6×6	8×7	10×8	12×8
键长度范围 L	6~20	6~36	8~45	10~56	14~70	18~90	22~110	28~140
轴的直径 d*	>44~50	>50~58	>58~65	>65~75	>75~85	>85~95	>95~110	>110~130
键宽 b× 键高 h	14×9	16×10	18×11	20×12	22×14	25×14	28×16	32×18
键长度范围 L	36~160	45~180	50~200	56~220	63~250	70~280	80~320	90~360
键的长度 系列 L	\multicolumn{8}{l}{6, 8, 10, 12, 14, 16, 18, 20, 22, 25, 28, 32, 36, 40, 45, 50, 56, 63, 70, 80, 90, 100, 110, 125, 140, 160, 180, 200, 220, 250, 280, 320, 360, …}

*GB/T 1095—2003 中没有给出相应的轴径尺寸，此行数据取自 GB/T 1095—1979，供选键时参考。

（2）键连接强度计算

1）平键连接强度计算

平键连接传递转矩时，连接中各零件的受力情况如图 6-6 所示。对于采用常见的材料组合和按标准选取尺寸的普通平键连接（静连接），其主要失效形式是工作面被压溃。除非有严重过载，一般不会出现键的剪断（沿图 6-6 中 a—a 面剪断）。因此，通常只按工作面上的挤压应力进行强度校核计算。对于导向平键连接和滑键连接（动连接），其主要失效形式是工作面的过度磨损。因此，通常按工作面上的压力进行条件性的强度校核计算。

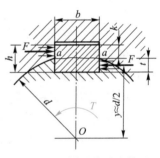

图 6-6 平键连接受力情况

假定载荷在键的工作面上均匀分布，普通平键连接的强度条件为

$$\sigma_{bs} = \frac{2\,000T}{kld} = \frac{4\,000T}{hld} \leqslant [\sigma_{bs}] \tag{6-1}$$

导向平键连接和滑键连接的强度条件为

$$p = \frac{2\,000T}{kld} = \frac{4\,000T}{hld} \leqslant [p] \tag{6-2}$$

式中：T——传递的转矩 $\left(T = Fy \approx F\dfrac{d}{2}\right)$，N·m。

　　k——键与轮毂键槽的接触高度，$k \approx 0.5h$，此处 h 为键的高度，mm。

　　l——键的工作长度，mm。圆头平键 $l = L - b$，单圆头平键 $l = L - 0.5b$，平头平键 $l = L$。这里 L 为键的公称长度，mm；b 为键的宽度，mm。

　　d——轴的直径，mm。

　　$[\sigma_{bs}]$——键、轴、轮毂三者中最弱材料的许用挤压应力，MPa，见表 6-2。

$[p]$——键、轴、轮毂三者中最弱材料的许用压力，MPa，见表 6-2。

表 6-2　键连接的许用挤压应力、许用压力　　　　　　　　　　MPa

许用挤压应力、许用压力	连接工作方式	键或毂、轴的材料	载荷性质		
			静载荷	轻微冲击	冲　击
$[\sigma_{bs}]$	静连接	锻钢	120～150	100～120	60～90
$[\sigma_{bs}]$	静连接	铸铁	70～80	50～60	30～45
$[p]$	动连接	钢	50	40	30

注：如与键有相对滑动的被连接件表面经过淬火，则动连接的许用压力 $[p]$ 可提高 2～3 倍。

2）半圆键连接强度计算

半圆键连接的受力情况如图 6-7 所示（轮毂未示出），因其只用于静连接，故主要失效形式是工作面被压溃。通常按工作面的挤压应力进行强度校核计算，强度条件同式（6-1），但应注意的是：半圆键的接触高度 k 应根据键的尺寸从标准中查取 $\left(k \neq \dfrac{h}{2}\right)$；半圆键的工作长度 l 近似地取其等于键的长度（弦长）L，即 $l \approx L = 2\sqrt{h(D-h)}$。

3）楔键连接简化强度计算

楔键连接装配后的受力情况如图 6-8a 所示（轮毂未示出），其主要失效形式是相互楔紧的工作面被压溃，故应校核各工作面的抗挤压强度。当传递转矩时（图 6-8b），为了简化，把键和轴视为一体，并将下方分布在半圆柱面上的径向压力用集中力 F 代替，由于这时轴与轮毂有相对转动的趋势，轴与毂也都产生了微小的扭转变形，故沿键的工作长度 l 及沿宽度 b 上的压力分布情况均较以前发生了变化，压力的合力 F 不再通过轴心。计算时假设压力沿键长均匀分布，沿键宽为三角形分布，取 $x \approx \dfrac{b}{6}$、$y \approx \dfrac{d}{2}$，由键和轴一体对轴心的受力平衡条件 $T = Fx + fFy + fF\dfrac{d}{2}$ 得到工作面上压力的合力为

$$F = \frac{T}{x + fy + f\dfrac{d}{2}} = \frac{6T}{b + 6fd}$$

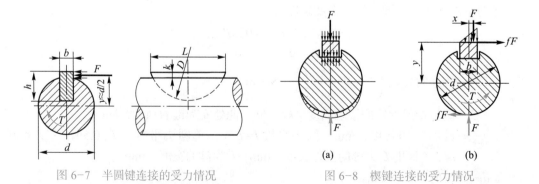

图 6-7　半圆键连接的受力情况　　　　　　　图 6-8　楔键连接的受力情况

则楔键连接的挤压强度条件为

$$\sigma_{bs} = \frac{2F}{bl} = \frac{12 \times 10^3 T}{bl(b + 6fd)} \leqslant [\sigma_{bs}] \qquad (6-3)$$

式中：T——传递的转矩，N·m；

d——轴的直径，mm；

b——键的宽度，mm；

l——键的工作长度，mm；

f——摩擦因数，一般取 $f = 0.12 \sim 0.17$；

$[\sigma_{bs}]$——键、轴、轮毂三者中最弱材料的许用挤压应力，
MPa，见表 6-2。

4）切向键连接简化强度计算

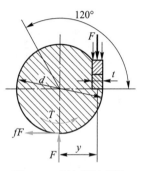

图 6-9　切向键连接的
受力情况

切向键连接的主要失效形式是工作面被压溃。设把键和轴看成一体，则当键连接传递转矩时，其受力情况如图 6-9 所示。假定压力在键的工作面上均匀分布，取 $y = \dfrac{d-t}{2}$、$t = \dfrac{d}{10}$，按一个切向键来计算时，由键和轴一体对轴心的受力平衡条件 $T = fF\dfrac{d}{2} + Fy$ 得到工作面上压力的合力为

$$F = \frac{T}{f\dfrac{d}{2} + y} = \frac{T}{d(0.5f + 0.45)}$$

则切向键连接的挤压强度条件为

$$\sigma_{bs} = \frac{F}{(t-C)l} = \frac{T \times 10^3}{(t-C)dl(0.5f + 0.45)} \leqslant [\sigma_{bs}] \qquad (6-4)$$

式中：T——传递的转矩，N·m；

d——轴的直径，mm；

l——键的工作长度，mm；

t——键槽的深度，mm；

C——键的倒角尺寸，mm；

f——摩擦因数，一般取 $f = 0.12 \sim 0.17$；

$[\sigma_{bs}]$——键、轴、轮毂三者中最弱材料的许用挤压应力，MPa，见表 6-2。

键的材料采用强度极限不小于 600 MPa 的钢，通常为 45 钢。

在进行强度校核后，如果强度不够，则采用双键。这时应考虑键的合理布置。两个平键最好布置在沿周向相隔 180°；两个半圆键应布置在轴的同一条母线上；两个楔键则应布置在沿周向相隔 90°～120°。考虑两键上载荷分配的不均匀性，在强度校核中只按 1.5 个键计算。如果轮毂允许适当加长，也可相应地增加键的长度，以提高单键连接的承载能力。但由于传递转矩时键上载荷沿其长度分布不均，故键的长度不宜过大。当键的长度大于 2.25d 时，其多出的长度实际上可认为并不承受载荷，故一般采用的键长不宜超过 （1.6～1.8）d。

例题 6-1　已知减速器中某直齿圆柱齿轮安装在轴的两个支承点间，齿轮和轴的材料都是锻钢，用键构成静连接。齿轮的精度为 7 级，装齿轮处的轴径 $d=70$ mm，齿轮轮毂宽度为 100 mm，需传递的转矩 $T=2\,200$ N·m，载荷有轻微冲击。试设计此键连接。

［解］（1）选择键连接的类型和尺寸

一般 8 级以上精度的齿轮有定心精度要求，应选用平键连接。由于齿轮不在轴端，故选用圆头普通平键（A 型）。

参考轴的直径 $d=70$ mm，从表 6-1 中查得键的截面尺寸为：宽度 $b=20$ mm，高度 $h=12$ mm。由轮毂宽度并参考键的长度系列，取键长 $L=90$ mm（比轮毂宽度小些）。

（2）校核键连接的强度

键、轴和轮毂的材料都是锻钢，由表 6-2 查得许用挤压应力 $[\sigma_{bs}]=100\sim120$ MPa，取其平均值，$[\sigma_{bs}]=110$ MPa。键的工作长度 $l=L-b=90$ mm-20 mm$=70$ mm。由式（6-1）可得

$$\sigma_{bs}=\frac{4\,000T}{hld}=\frac{4\,000\times2\,200}{12\times70\times70}\text{MPa}=149.7\text{ MPa}>[\sigma_{bs}]=110\text{ MPa}$$

可见连接的挤压强度不够。考虑相差较大，因此改用双键，相隔 180° 布置。双键的工作长度 $l=1.5\times70$ mm$=105$ mm。由式（6-1）可得

$$\sigma_{bs}=\frac{4\,000T}{hld}=\frac{4\,000\times2\,200}{12\times105\times70}\text{MPa}=99.8\text{ MPa}\leqslant[\sigma_{bs}]\text{（合适）}$$

设计结论：选用 GB/T 1096　键　$20\times12\times90$（一般 A 型键可不标出"A"，对于 B 型或 C 型键，需将"键"标为"键 B"或"键 C"）。

6-2　花键连接

1. 花键连接的类型、特点和应用

花键连接由外花键（图 6-10a）和内花键（图 6-10b）组成。由图可知，花键连接是平键连接在数目上的发展。但是，由于结构形式和制造工艺的不同，与平键连接比较，花键连接在强度、工艺和使用方面有下述一些优点：① 因为在轴上与毂孔上直接而匀称地制出较多的齿与槽，故连接受力较为均匀；② 因槽较浅，齿根处应力集中较小，对轴与毂的强度削弱较少；③ 齿数较多，总接触面积较大，因而可承受较大的载荷；④ 轴上零件与轴的对中性好（这对高速及精密机器很重要）；⑤ 导向性较好（这对动连接很重要）；⑥ 可用磨削的方法提高加工精度及连接质量。其缺点是齿根仍有应力集中，有时需用专门设备加工，成本较高。因此，花键连接适用于定心精度要求高、载荷大或经常滑移的连接。花键连接的齿数、尺寸、配合等均应按标准选取。

花键连接可用于静连接或动连接。按齿形不同，花键可分为矩形花键和渐开线花键两类，均已标准化。

（1）矩形花键

按齿高的不同，矩形花键的齿形尺寸在国家标准

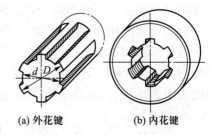

(a) 外花键　　　(b) 内花键

图 6-10　花键

中规定了两个系列，即轻系列和中系列。轻系列的承载能力较差，多用于静连接或轻载连接；中系列用于中等载荷的连接。

矩形花键的定心方式为小径定心（图 6-11），即外花键和内花键的小径为配合面。其特点是定心精度高，定心的稳定性好，能用磨削的方法消除热处理引起的变形。矩形花键连接应用广泛。

（2）渐开线花键

渐开线花键的齿廓为渐开线，分度圆压力角有 30° 和 45° 两种（图 6-12），齿顶高分别为 0.5m 和 0.4m，此处 m 为模数。图中 d_i 为渐开线花键的分度圆直径。与渐开线齿轮相比，渐开线花键齿较短，齿根较宽，不发生根切的最少齿数较小。

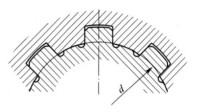

图 6-11　矩形花键连接

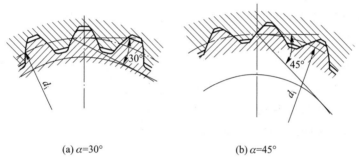

(a) $\alpha=30°$　　　　　　　　(b) $\alpha=45°$

图 6-12　渐开线花键连接

渐开线花键可以用制造齿轮的方法来加工，工艺性较好，制造精度也较高。花键齿的根部强度高，应力集中小，易于定心，当传递的转矩较大且轴径也大时，宜采用渐开线花键连接。压力角为 45° 的渐开线花键，由于齿形钝而短，与压力角为 30° 的渐开线花键相比，对连接件的削弱较少，但齿的工作面高度较小，故承载能力较差，多用于载荷较轻、直径较小的静连接，特别适用于薄壁零件的轴毂连接。

渐开线花键的定心方式为齿形定心。当齿受载时，齿上的径向力能起到自动定心作用，有利于各齿均匀承载。

2. 花键连接强度计算

花键连接的强度计算与键连接相似，首先根据连接的结构特点、使用要求和工作条件选定花键类型和尺寸，然后进行必要的强度校核计算。花键连接的受力情况如图 6-13 所示。其主要失效形式是工作面被压溃（静连接）或工作面过度磨损（动连接）。因此，静连接通常按工作面上的挤压应力进行强度计算，动连接则按工作面上的压力进行条件性的强度计算。在高速重载传动（如直升机主减速器）中，花键静连接也会发生微动磨损失效，这时需要按微动疲劳强度进行计算，具体可参考文献 [25]。

计算时，假定载荷在键的工作面上均匀分布，每个齿工作面上压力的合力 F 作用在平均直径 d_m 处（图 6-13），即传递的转矩 $T = zF\dfrac{d_m}{2}$，并引入系数 ψ 来考虑实际载荷在

各花键齿上分配不均的影响，则花键连接的强度条件为

静连接 $$\sigma_{bs} = \frac{2\,000T}{\psi zhld_m} \leqslant [\sigma_{bs}] \qquad (6-5)$$

动连接 $$p = \frac{2\,000T}{\psi zhld_m} \leqslant [p] \qquad (6-6)$$

式中：ψ——载荷分配不均系数，与齿数多少有关，一般取 $\psi=0.7\sim$
0.8，齿数多时取偏小值。

z——花键的齿数。

l——齿的工作长度，mm。

h——花键齿侧面的工作高度。对于矩形花键，$h = \dfrac{D-d}{2} -$
$2C$，此处 D 为外花键的大径，d 为内花键的小径，C
为倒角尺寸（图 6-13），单位均为 mm。对于渐开线
花键，$\alpha=30°$、$h=m$，$\alpha=45°$、$h=0.8\,m$，m 为模数。

d_m——花键的平均直径。对于矩形花键，$d_m = \dfrac{D+d}{2}$；对于
渐开线花键，$d_m=d_i$，d_i 为分度圆直径，mm。

$[\sigma_{bs}]$——花键连接的许用挤压应力，MPa，见表 6-3。

$[p]$——花键连接的许用压力，MPa，见表 6-3。

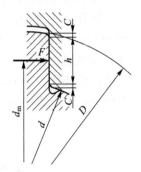

图 6-13 花键连接的
受力情况

表 6-3 花键连接的许用挤压应力、许用压力   MPa

许用挤压应力、许用压力	连接工作方式	使用和制造情况	齿面未经热处理	齿面经热处理
$[\sigma_{bs}]$	静连接	不良	35～50	40～70
		中等	60～100	100～140
		良好	80～120	120～200
$[p]$	空载下移动的动连接	不良	15～20	20～35
		中等	20～30	30～60
		良好	25～40	40～70
	在载荷作用下移动的动连接	不良	—	3～10
		中等	—	5～15
		良好	—	10～20

注：① 使用和制造情况不良是指受变载荷，有双向冲击、振动频率高和振幅大、润滑不良（对动连接）、材料硬度不高或精度不高等；

② 同一情况下，$[\sigma_{bs}]$ 或 $[p]$ 的较小值用于工作时间长和较重要的场合；

③ 花键材料的强度极限不低于 600 MPa。

6-3 无 键 连 接

凡是不用键或花键的轴与毂的连接，统称为无键连接。下面介绍型面连接和胀紧连接。

1. 型面连接

型面连接如图 6-14 所示。把安装轮毂的那一段轴做成表面光滑的非圆形截面的柱体（图 6-14a）或非圆形截面的锥体（图 6-14b），并在轮毂上制成相应的孔。这种轴与毂孔相配合而构成的连接，称为型面连接。

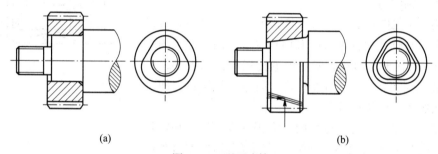

(a)   (b)

图 6-14　型面连接

型面连接装拆方便，能保证良好的对中性；连接面上没有键槽及尖角，从而减少了应力集中，故可传递较大的转矩。由于型面连接要采用非圆形孔，以前因其加工困难，限制了型面连接的应用。随着加工技术的进步和压铸、注塑零件的大量采用，型面连接的应用获得了很大发展。

型面连接常用的型面曲线有摆线和等距曲线两种。等距曲线如图 6-15 所示，因与其轮廓曲线相切的两平行线 T 间的距离 D 为一常数，故将此轮廓曲线称为等距曲线。与摆线相比，其加工与测量均较简单。

此外，型面连接也有采用方形、正六边形及带切口的圆形等截面形状的。

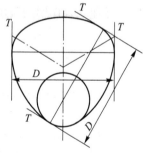

图 6-15　型面连接用等距曲线

2. 胀紧连接

胀紧连接（图 6-16）是在毂孔与轴之间装入胀紧连接套（简称胀套），可装一个（指一组）或几个，在轴向力作用下，同时胀紧轴与毂而构成的一种静连接。根据胀套结构形式的不同，GB/T 28701—2012 规定了 19 种型号（ZJ1～ZJ19 型），下面简要介绍采用 ZJ1、ZJ2 型胀套的胀紧连接。

采用 ZJ1 型胀套的胀紧连接如图 6-16 所示，在毂孔和轴的对应光滑圆柱面间，加装一个胀套（图 6-16a）或两个胀套（图 6-16b）。当拧紧螺母或螺钉时，在轴向力的作用下，内、外套筒互相楔紧。内套筒缩小而箍紧轴，外套筒胀大而撑紧毂，使接触面间产生

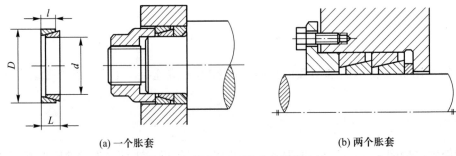

(a) 一个胀套　　　　　　　　(b) 两个胀套

图 6-16　采用 ZJ1 型胀套的胀紧连接

压紧力。工作时，利用此压紧力所产生的摩擦力来传递转矩或（和）轴向力。

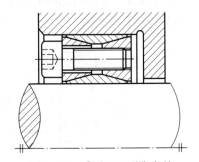

图 6-17　采用 ZJ2 型胀套的
胀紧连接

采用一个 ZJ2 型胀套的胀紧连接如图 6-17 所示。ZJ2 型胀套中，与轴或毂孔贴合的套筒均开有纵向缝隙（图中未示出），以利于变形和胀紧。根据传递载荷的大小，可在轴与毂孔间加装一个或几个胀套。拧紧连接螺钉，便可将轴、毂胀紧，以传递载荷。

各型胀套已标准化，选用时只需根据设计的轴和轮毂尺寸以及传递载荷的大小，查阅手册选择合适的型号和尺寸，使传递的载荷在许用范围内，亦即满足下列条件：

传递转矩时，$\qquad\qquad T \leqslant [T]$　　　　　　　　　　　　（6-7）

传递轴向力时，$\qquad\qquad F_a \leqslant [F_a]$　　　　　　　　　　　（6-8）

传递联合作用的转矩和轴向力时，

$$\sqrt{F_a^2 + \left(\frac{2\,000\,T}{d}\right)^2} \leqslant [F_a]　　　　　　　　（6-9）$$

式中：T——传递的转矩，N·m；

　　$[T]$——一个胀套的额定转矩，N·m；

　　F_a——传递的轴向力，N；

　　$[F_a]$——一个胀套的额定轴向力，N；

　　d——胀套内径，mm。

当一个胀套满足不了要求时，可用两个以上的胀套串联使用（这时单个胀套传递载荷的能力将随胀套数目的增加而降低，故胀套不宜过多）。其总的额定载荷（以转矩为例）为

$$[T_n] = m[T]　　　　　　　　　　　（6-10）$$

式中：$[T_n]$——n 个胀套的总额定转矩，N·m；

　　m——额定载荷系数，见表 6-4。

表 6-4 胀套的额定载荷系数 m

连接中胀套的数量 n	m		连接中胀套的数量 n	m	
	ZJ1 型胀套	ZJ2 型胀套		ZJ1 型胀套	ZJ12 型胀套
1	1.00	1.00	3	1.86	2.70
2	1.56	1.80	4	2.03	—

　　胀紧连接的定心性好，装拆方便，引起的应力集中较小，承载能力强，并且有安全保护作用。但由于要在轴和毂孔间安装胀套，应用有时受到结构尺寸的限制。

6-4 销 连 接

　　销按用途可分为定位销、连接销和安全销。定位销（图 6-18）用来固定零件之间的相对位置，它是组合加工和装配时的重要辅助零件；连接销（图 6-19）用于连接，可传递不大的载荷；安全销（图 6-20）可作为安全装置中的过载剪断元件。

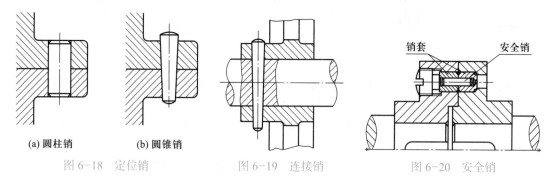

(a) 圆柱销　　　　(b) 圆锥销
图 6-18 定位销　　　　　图 6-19 连接销　　　　　图 6-20 安全销

　　销有多种类型，如圆柱销、圆锥销、槽销、销轴和开口销等，这些销均已标准化。

　　圆柱销（图 6-18a）靠过盈配合固定在销孔中，经多次装拆会降低其定位精度和可靠性。圆柱销的直径偏差有 h8 和 m6 两种，以满足不同的使用要求。

　　圆锥销（图 6-18b）具有 1:50 的锥度，在受横向力时可以自锁。它装拆方便，定位精度高，可多次装拆而不影响定位精度。端部带螺纹的圆锥销（图 6-21）可用于盲孔或拆卸困难的场合。开尾圆锥销（图 6-22）适用于有冲击、振动的场合。

　　槽销上有碾压或模锻出的三条纵向沟槽（图 6-23），将槽销打入销孔后，由于材料的弹性使销在销孔中挤紧，不易松脱，因而能承受振动和变载荷。安装槽销的孔不需要铰制，加工方便，可多次装拆。

　　销轴用于两零件的铰接处，构成铰链连接（图 6-24）。销轴通常用开口销锁定，工作可靠，拆卸方便。

　　开口销如图 6-25 所示。装配时将尾部分开，以防脱出。开口销除与销轴配用外，还常用于螺纹连接的防松装置中（参见表 5-3）。

　　定位销通常不承受载荷或只承受很小的载荷，故不做强度校核计算，其直径可按结构确定，数目一般不少于两个。销插入被连接件内的长度为销直径的 1～2 倍。

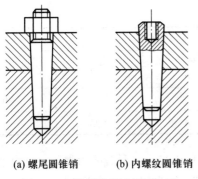

(a) 螺尾圆锥销　　(b) 内螺纹圆锥销

图 6-21　端部带螺纹的圆锥销

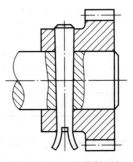

图 6-22　开尾圆锥销

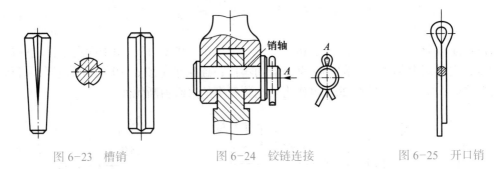

销轴

A

A

图 6-23　槽销　　　　　图 6-24　铰链连接　　　　图 6-25　开口销

　　连接销的类型可根据工作要求选定，其尺寸可根据连接的结构特点按经验或规范确定，必要时再按剪切和挤压强度条件进行校核计算。

　　安全销在机器过载时应被剪断（参见图 6-20），因此销的直径应按过载时被剪断的条件确定。

　　销的材料为 35 钢、45 钢（开口销为低碳钢），许用切应力 $[\tau]=80$ MPa，许用挤压应力 $[\sigma_{bs}]$ 可参考表 6-2 查取。

重难点分析

习题

　　6-1　为什么采用两个平键时，一般布置在沿周向相隔 180° 的位置；采用两个楔键时，相隔 90°～120°；而采用两个半圆键时，却布置在轴的同一母线上？

　　6-2　试分析比较由相同的材料组合，相同轴径、相同齿数和毂长的矩形花键（小径定心）和 30° 渐开线花键（齿形定心）两种花键连接的承载能力哪个大些。

　　6-3　胀套串联使用时，为何要引入额定载荷系数 *m*？为什么 ZJ1 型胀套和 ZJ2 型胀套的额定载荷系数有明显的差别？

　　6-4　在一直径 *d*=80 mm 的轴端，安装一钢制直齿圆柱齿轮（图 6-26），轮毂宽度 *L*=1.5*d*，工作时有轻微冲击。试确定平键连接的尺寸，并计算其允许传递的最大转矩。

6-5 图 6-27 所示的凸缘半联轴器及圆柱齿轮，分别用键与减速器的低速轴相连接。试选择两处键的类型及尺寸，并校核其连接强度。已知：轴的材料为 45 钢，传递的转矩 $T=1\,000$ N·m，齿轮用锻钢制成，半联轴器用灰铸铁制成，工作时有轻微冲击。

6-6 图 6-28 所示的灰铸铁 V 带轮，安装在直径 $d=45$ mm 的轴端，带轮的基准直径 $d_d=250$ mm，工作时的有效拉力 $F=2$ kN，轮毂宽度 $L'=65$ mm，工作时有轻微振动。设采用钩头楔键连接，试选择该楔键的尺寸，并校核连接的强度。

6-7 图 6-29 所示为变速箱中采用花键连接的双联滑移齿轮，传递的额定功率 $P=4$ kW，转速 $n=250$ r/min。齿轮在空载下移动，工作情况良好。试选择花键类型和尺寸，并校核连接的强度。

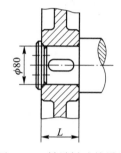

图 6-26 轴端键连接设计

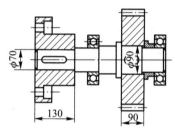

图 6-27 键连接设计

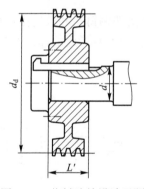

图 6-28 楔键连接设计习题

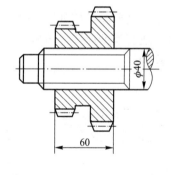

图 6-29 花键连接设计习题

6-8 图 6-30 所示为套筒式联轴器，分别用平键及半圆键与两轴相连接。已知：轴径 $d=38$ mm，联轴器材料为灰铸铁，外径 $D_1=90$ mm。试分别计算两种连接允许传递的转矩，并比较其优、缺点。

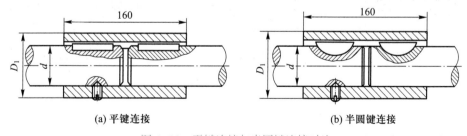

(a) 平键连接　　　　　　　　　　(b) 半圆键连接

图 6-30 平键连接与半圆键连接对比

铆接、焊接、胶接和过盈连接

知识图谱　学习指南

本章涉及的内容较多，但由于这几种连接的结构设计、强度计算及工艺要求，均与各有关专业的技术规范或规程有密切的关联，因而下面只就它们的基本内容分别做一概略介绍。

7-1　铆　　接

铆接是利用铆钉将两个或两个以上的元件（一般为板材或型材）连接在一起的一种不可拆的连接，其典型结构如图 7-1 所示。它们主要由连接件铆钉 1 和被连接件板 2、3 所组成，有的还有辅助连接件盖板 4。这些基本元件在构造物上所形成的连接部分统称为铆接缝（简称铆缝）。

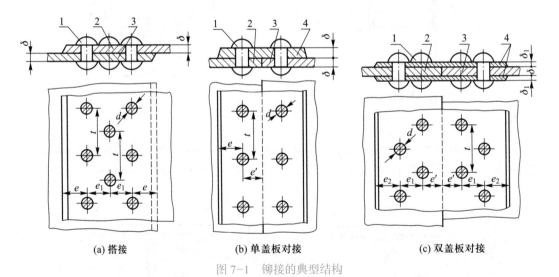

(a) 搭接　　　　　　　(b) 单盖板对接　　　　　　(c) 双盖板对接

图 7-1　铆接的典型结构

1. 铆缝的种类、特性及应用

铆缝的结构形式很多，就接头情况看，有图 7-1 所示的搭接铆缝、单盖板对接铆缝和双盖板对接铆缝；就铆钉排数看，有单排、双排与多排之分。如按铆缝性能的不同，又可分为三种：以强度为基本要求的铆缝称为强固铆缝，如飞机蒙皮与框架、起重设备的机架、建筑物的桁架等结构用的铆缝；不但要求具有足够的强度，而且要求保证良好紧密性的铆缝称为强密铆缝，如蒸汽锅炉、压缩空气储存器等承受高压器皿的铆缝；仅以紧密性为基本要求的铆缝称为紧密铆缝，多用于一般的流体储存器和低压管道上。铆接具有工艺设备简单、抗振、耐冲击、传力均匀和牢固可靠等优点。但结构一般较为笨重，被连接件（被铆件）上由于制有钉孔，使强度受到较大的削弱。铆接时一般噪声很大，影响工人健康。因此，目前除在桥梁、建筑、造船、重型机械及飞机制造等领域中仍有采用外，其他领域应用已渐减少，并为焊接、胶接所代替。铆接的应用实例如图 7-2 所示。图 7-2a 是合金钢制成的淬火锥齿轮与普通碳钢制成的轮毂的铆接结构，图 7-2b 是将组合式曲轴的平衡重固定在曲轴上的铆接结构。

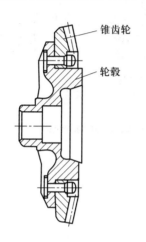

（a）合金钢制成的淬火锥齿轮与　　　　　　　（b）将组合式曲轴的平衡重固定在曲轴上的铆接结构
普通碳钢制成的轮毂的铆接结构

图 7-2　铆接的应用实例

2. 铆钉的主要类型和标准

铆钉的类型是多种多样的，而且多已标准化（GB/T 863.1—1986、GB/T 863.2—1986、GB/T 864—1986～GB/T 876—1986 等）。一般按钉头形状不同有多种形式，如半圆头、小半圆头、平锥头、平头、扁平头、沉头和半沉头铆钉等。图 7-3 所示为常用的铆钉在铆接后的形式。为适应不同工作要求，铆钉又有实心、空心和半空心之分。其中，实心铆钉多用于受力大的金属零件的连接，空心铆钉一般用于受力较小的薄板或非金属零件的连接。除此之外，还有一些特殊结构的铆钉，如抽芯铆钉，如图 7-4 所示。它由芯杆和钉套组成，是一种新型的铆钉结构，可以在单面进行铆接作业，装配方便、高效、牢固、抗振，能铆接有较强振动部位的封闭结构以及强度要求高、有良好密封性的复杂件及管件，应用广泛。图 7-4a 为封闭型平圆头抽芯铆钉结构（GB/T 12615.1—2004～GB/T 12615.4—2004），图 7-4b 为开口型平圆头抽芯铆钉（GB/T 12618.1—2006～GB/T 12618.6—2006）的铆接过程。

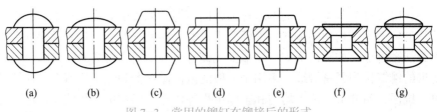

图 7-3 常用的铆钉在铆接后的形式

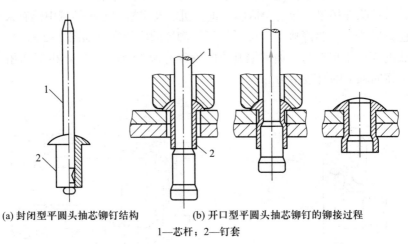

(a) 封闭型平圆头抽芯铆钉结构   (b) 开口型平圆头抽芯铆钉的铆接过程

1—芯杆；2—钉套

图 7-4 抽芯铆钉

3. 铆缝的受力、破坏形式及设计计算要点

铆缝的受力及破坏形式如图 7-5 所示。

设计铆缝时，通常是根据承载情况及具体要求，按照有关专业的技术规范或规程，选出合适的铆缝类型及铆钉规格，进行铆缝的结构设计（如按照铆缝形式及有关要求布置铆钉等），然后分析铆缝受力时可能的破坏形式（图 7-5），并进行必要的强度校核。

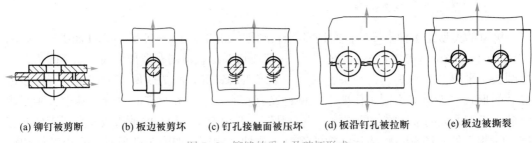

(a) 铆钉被剪断   (b) 板边被剪坏   (c) 钉孔接触面被压坏   (d) 板沿钉孔被拉断   (e) 板边被撕裂

图 7-5 铆缝的受力及破坏形式

在进行铆接结构设计时，应注意：① 使铆接结构具有良好的敞开性，以方便操作，并应尽量为机械化操作创造条件。② 不应将高强度的零件夹在强度低的零件之间，厚的、刚性大的零件应布置在外侧，铆钉镦头尽可能安排在材料强度大或厚度大的零件一侧。为减少铆件变形，铆钉镦头可以交替安排在被铆件的两面。③ 铆接厚度一般规定不大于 5d（d 为铆钉直径），被铆件的零件不应多于 4 层。④ 在同一结构上铆钉种类不宜太多，一般

不要超过两种。在传力铆接中，排在力作用方向的铆钉数不宜超过 6 个，且不应少于 2 个。⑤ 冲孔铆接的承载能力比钻孔铆接的承载能力约小 20%，因此冲孔的方法只可用于不受力或受力较小的构件。⑥ 铆钉材料一般应与被铆件相同，以避免因线膨胀系数不同而影响铆接强度，或与腐蚀介质接触而产生电化学腐蚀。

在进行受力分析时，均假定：① 一组铆钉中的各个铆钉受力均等；② 危险截面上的拉应力或切应力、工作面上的挤压应力都是均匀分布的；③ 被铆件接合面上无摩擦力；④ 铆缝不受弯矩作用。但实际上，在弹性范围内，不论是沿受力方向的一列铆钉中的切应力，还是一个铆钉与孔壁间的挤压应力，或是一个被铆件在钉孔附近各个截面上的拉应力，都不是均匀分布的。不过，在达到塑性变形时，上述假定大致上是可以成立的，因此可直接按材料力学的基本公式进行强度校核。这里要特别强调指出的是，所用的许用应力必须根据有关专业的技术规范或规程确定。

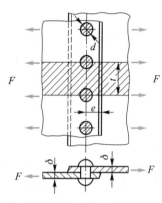

图 7-6　单排搭接铆缝强度
分析简图

铆缝的强度经过校核合格后，还应根据技术规范对铆接工艺提出相应的要求。

现以单排搭接铆缝的静强度分析为例，如图 7-6 所示。取图中宽度等于节距 t（即垂直于受载方向的钉距）的阴影部分进行计算（设边距 e 合乎规范要求，不致出现如图 7-5b 所示的破坏形式）。

由被铆件的拉伸强度条件得知，允许铆缝承受的静载荷为

$$F_1 = (t - d)\delta[\sigma] \tag{7-1}$$

由被铆件上孔壁的挤压强度条件得知，被铆件允许承受的压力为

$$F_2 = d\delta[\sigma_{bs}] \tag{7-2}$$

由铆钉的剪切强度条件得知，铆钉允许承受的横向载荷为

$$F_3 = \frac{\pi d^2[\tau]}{4} \tag{7-3}$$

上列三式中：F_1、F_2、F_3 的单位均为 N；$[\sigma]$、$[\sigma_{bs}]$、$[\tau]$ 分别为被铆件的许用拉应力、被铆件的许用挤压应力及铆钉的许用切应力，对一般强固铆缝可按表 7-1 取值；d、t、δ 的单位均为 mm，式中各符号所代表的尺寸如图 7-6 所示。

表 7-1　组成强固铆缝各元件的静载许用应力　　　　　　　　　　　　　　MPa

许用应力 /MPa	元件材料		说明
	Q215	Q235	
被铆件的许用拉应力 $[\sigma]$	200	210	采用冲孔或各被铆件分开钻孔而不用样板时，$[\sigma]$、$[\sigma_{bs}]$ 降低 20%；角钢单边铆接时，各许用应力降低 25%
被铆件的许用挤压应力 $[\sigma_{bs}]$	400	420	
铆钉的许用切应力 $[\tau]$	180	180	

显然，这段铆缝允许承受的静载荷 F 应取 F_1、F_2、F_3 中的最小者。

若令上面的 $F_1=F_2=F_3$，由式（7-1）~式（7-3）解出 d、t、δ 间的关系，并按此选出 d、t、δ 时，称为该单排搭接铆缝的等强度设计。但由于规范对于 d、t、δ 间的关系均有规定的范围，所以实际上难以达到等强度的要求。

被铆件遭到钉孔削弱后的强度与完整时的强度之比值，称为铆缝的强度系数。以如图 7-6 所示的铆缝为例，则强度系数 φ 为

$$\varphi = \frac{(t-d)\delta[\sigma]}{t\delta[\sigma]} = \frac{t-d}{t} < 1 \tag{7-4}$$

当铆钉排数一定时，φ 的大小由 t 与 d 的比值决定；排数增多时，t 可取大些，即 φ 可以提高，但材料及工时增多，结构的质量也增大。

7-2 焊 接

焊接是通过加热或加压或两者并用，且用或不用填充材料，使工件达到原子结合的一种不可拆卸连接。焊接的方法很多，机械制造业中常用的是属于熔焊的电焊、气焊与电渣焊，其中尤以电焊应用最广。电焊又分为电阻焊与电弧焊两种。前者是利用大的低压电流通过被连接件（这里即被焊件）时，在电阻最大的接头处（被焊接部位）引起强烈发热，使金属局部熔化，同时机械加压而形成的连接；后者则是利用电焊机的低压电流，通过电焊条（为一个电极）与被焊件（为另一个电极）间形成的电路，在两极间引起电弧来熔融被焊接部分的金属和焊条，使熔融的金属混合并填充接缝而形成的连接（图 7-7）。

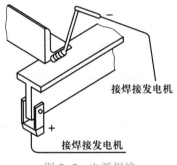

接焊接发电机

接焊接发电机

图 7-7 电弧焊接

本节只概略介绍有关电弧焊的基本知识及焊缝强度计算的一般方法。

1. 电弧焊缝的基本形式、特性及应用实例

被焊件经焊接后形成的结合部分叫作焊缝。电弧焊缝常用的形式如图 7-8 所示。由图可见，除了受力较小和避免增大质量时采用如图 7-8e 所示的塞焊缝外，其他焊缝大体上可以分为对接焊缝与角焊缝两类。前者用于连接位于同一平面内的被焊件（图 7-8c），后者用于连接不同平面内的被焊件（图 7-8a、b、d）。

与铆接相比，焊接具有强度高、工艺简单、因连接而增加的质量小、工人劳动条件较好等优点，所以应用日益广泛，新的焊接方法发展也很迅速。另外，以焊代铸可以大量节约金属，也便于制成不同材料的组合件而节约贵重或稀有金属。在技术革新、单件生产、新产品试制等情况下，采用焊接制造箱体、机架等，一般比较经济。

电弧焊的应用实例如图 7-9 所示。

2. 被焊件常用材料及焊条

焊接的金属结构常用材料为 Q215、Q235；焊接的零件则常用 Q275、15、20、25、

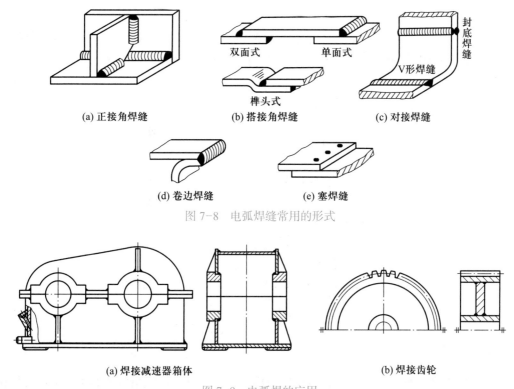

(a) 正接角焊缝　(b) 搭接角焊缝　(c) 对接焊缝

(d) 卷边焊缝　(e) 塞焊缝

图 7-8　电弧焊缝常用的形式

(a) 焊接减速器箱体　　　　　(b) 焊接齿轮

图 7-9　电弧焊的应用

30、35、40、45、50 等碳素结构钢，以及 50Mn、50Mn2、50SiMn2 等合金钢。在焊接中，广泛地使用各种型材、板材及管材。焊条的种类很多，应针对具体要求从手册中选取。常用的焊条型号有 E4303、E5003、E5015 和 E5016 等。型号中的数字，前两位表示熔敷金属的最小强度极限（如 43 表示 $\sigma_B \geqslant 430\ \mathrm{MPa}$），后两位表示药皮类型、焊接位置和电流类型。如 03 表示钛型，焊接位置为全位置（平焊、立焊、仰焊、横焊），电流类型为交流和直流正、反接；15 表示碱性，焊接位置为全位置（平焊、立焊、仰焊、横焊），电流类型为直流反接。

3. 焊缝的受力及破坏形式

对接焊缝主要用来承受作用于被焊件所在平面内的拉（压）力（图 7-10a）或弯矩（图 7-10b），其正常的破坏形式是沿焊缝断裂（图 7-10c）。

在角焊缝中，主要是搭接角焊缝（图 7-11）和正接角焊缝（参看图 7-8a）。搭接角焊缝中，与受力方向垂直的焊缝叫作正面角焊缝（图 7-11a），与受力方向平行的焊缝叫作侧面角焊缝（图 7-11b），即有与受力方向平行的又有与受力方向垂直的焊缝叫作混合角焊缝（图 7-11c）。正面角焊缝通常只用来承受拉力；侧面角焊缝及混合角焊缝可用来承受拉力或

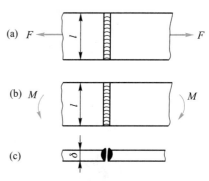

图 7-10　对接焊缝的受力及破坏形式

弯矩。实践证明，凡是角焊缝，它的正常破坏形式均如图 7-11 中的截面 A—A、B—B 所示，并认为是由于剪切而破坏的。角焊缝的横截面一般取为等腰直角三角形，并取其腰长 k（即焊脚）等于板厚 δ，则角焊缝的危险截面的宽度为 $k\sin 45° \approx 0.7\ k$。

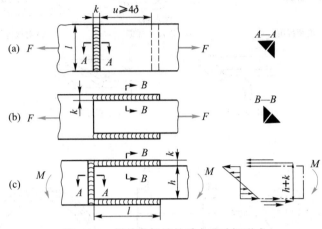

图 7-11　搭接角焊缝的受力及破坏形式

4. 焊缝的强度计算

焊缝的强度计算，通常都是在假设应力均匀分布，且不计残余应力的条件下进行简化计算，并根据试验来确定其许用应力。这样做的原因是：① 被焊件及焊接受载时，焊缝附近的应力分布非常复杂，应力集中及内应力很难准确确定，做这样的条件性计算可使计算大为简化；② 被焊件及焊缝本身多为塑性较大的材料，对应力集中不大敏感；③ 在设计及制造时，可采取各种措施保证应力集中和内应力不致过大。

根据上述焊缝破坏形式及简化计算方法，常用各种焊缝的承载情况及其强度条件式见表 7-2，其中 $[\sigma']$、$[\tau']$ 分别为焊缝的许用正应力及许用切应力。

表 7-2　常用各种焊缝的承载情况及其强度条件式

焊缝承载情况	强度条件式	焊缝承载情况	强度条件式
(a)	$\sigma = \dfrac{F\sin^2\alpha}{l\delta} \leqslant [\sigma']$ $\tau = \dfrac{F\sin\alpha\cos\alpha}{l\delta} \leqslant [\tau']$	(d)	$\tau = \dfrac{F}{2\times 0.7\delta_1 l} \leqslant [\tau']$
(b)	$\sigma = \dfrac{6M}{l\delta^2} \leqslant [\sigma']$	(e)	$\tau = \dfrac{F}{0.7\delta_1 l} + \dfrac{6M}{0.7\delta_1 l^2} \leqslant [\tau']$
(c)	$\sigma = \dfrac{6M}{l\delta^2} \leqslant [\sigma']$	(f)	$\tau = \dfrac{6M}{2\times 0.7kl^2} \leqslant [\tau']$

续表

焊缝承载情况	强度条件式	焊缝承载情况	强度条件式
(g) 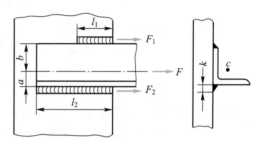	$\tau=\dfrac{F}{2\times0.7kl}\leqslant[\tau']$	(h)	$\tau=\dfrac{T}{0.7\pi dk}\leqslant[\tau']$

　　焊缝的强度与被焊件本身的强度之比，称为焊缝强度系数，现以 φ 表示。因焊缝的许用应力 $[\sigma']$ 通常小于被焊件的许用应力 $[\sigma]$，故 $\varphi=[\sigma']/[\sigma]<1$。因此，对于对接焊缝，只有采用表 7-2 中图 a 所示的斜焊缝，φ 才能增大（具体内容可查阅相关资料）；当焊缝与被焊件边线的夹角 $\alpha=45°$ 时，低碳钢被焊件的焊缝强度系数 $\varphi\approx1$。

　　下面简略介绍不对称侧面角焊缝及混合角焊缝的焊缝长度计算。

　　1）当焊接结构中有角钢等构件（图 7-12）时，因外力 F 的作用线应通过角钢截面的形心 c，作用线在焊接平面上的投影线与两侧焊缝间的距离不等（即 $a\neq b$），故两侧焊缝受力亦不等，因而对这种焊接结构应设计成不对称侧面角焊缝来承受外载荷。设两侧焊缝分别承担的载荷为 F_1 及 F_2，则因 $F=F_1+F_2$，$\dfrac{F_1}{F_2}=\dfrac{a}{b}$，故

图 7-12　不对称侧面角焊缝承受拉力

$$F_1=F\frac{a}{a+b},\ F_2=F\frac{a}{a+b}$$

通过相关分析得到两侧所需的焊缝长度分别为

$$\left.\begin{array}{l}l_1=\dfrac{F_1}{0.7k[\tau']}=\dfrac{Fa}{0.7k[\tau'](a+b)}\\[2mm]l_2=\dfrac{F_2}{0.7k[\tau']}=\dfrac{Fb}{0.7k[\tau'](a+b)}\end{array}\right\}\qquad(7\text{-}5)$$

式中：$[\tau']$ 为焊缝的许用切应力，见表 7-3；其他符号意义如图 7-12 所示。

表 7-3　焊缝的静载荷许用应力

许用应力类别	用 E4303 焊条手工焊接或熔剂层下自动焊接下列被焊件材料时，焊缝的静载荷许用应力 /MPa	
	Q215	Q235
许用压应力 $[\sigma'_c]$	200	210
许用拉应力（用精确方法检查焊缝质量）$[\sigma']$	200	210
许用拉应力（用普通方法检查焊缝质量）$[\sigma']$	180	180
许用切应力 $[\tau']$	140	140

注：对于单边焊接的角钢，各许用应力降低 25%。

2）当混合角焊缝受弯矩时（参见图7-11c），可按力矩独立作用原理进行计算。即作用在对称侧面角焊缝上的力矩（由两侧焊缝产生的力偶矩来平衡）为

$$M_1 = 0.7kl(h+k)\tau$$

作用在正面角焊缝上的力矩（由焊缝危险截面模拟地承受弯矩，即取其抗弯截面承受切应力，其抗弯截面系数 $W = \dfrac{0.7kh^2}{6}$）为

$$M_2 = W\tau = \frac{0.7kh^2\tau}{6}$$

则由 $M = M_1 + M_2$ 可得强度校核公式为

$$\tau = \frac{6M}{0.7k[6l(h+k)+h^2]} \leqslant [\tau'] \tag{7-6}$$

设计混合角焊缝时，若取 $k=\delta$，即可由上式求出所需的焊缝长度 l。

除上述两种情况外，其他常用各种焊缝的承载情况及其强度条件式见表7-2（取 $k=\delta$）。

焊缝的许用应力是根据焊接方法、焊条和被焊件的力学性能及载荷性质等而定的。应该强调指出的是，选择许用应力时，必须根据各行业（如机器制造、锅炉制造、建筑结构、船舶制造等）的规范或规程确定。常用低碳钢焊接结构在静载荷下的焊缝许用应力见表7-3。当被焊件承受变载荷时，焊缝及被焊件的许用应力均应乘以降低系数 γ。

$$\gamma = \frac{1}{a - b\dfrac{F_{\min}}{F_{\max}}} \leqslant 1 \tag{7-7}$$

式中：$F_{\min}$、$F_{\max}$——按绝对值计算的最小及最大载荷，在代入上式时必须带有本身的正（拉力）、负（压力）号；

a、b——系数，其值见表7-4。

当按式（7-7）计算的 γ 值大于1时，应取为1。

表7-4　系数 a、b 的数值

焊缝形式		低碳钢		低碳合金钢	
		a	b	a	b
被焊件不计应力集中时		1.00	0.50	1.30	0.70
表面加工的对接焊缝		1.10	0.60	1.45	0.850
有背焊的对接焊缝		1.30	0.80	1.75	1.15
腰长比为1:1.5的正面角焊缝		1.50	1.00	2.00	1.40
侧面角焊缝		2.00	1.20	2.70	2.10

5. 被焊件的工艺及设计注意要点

为了保证焊接的质量，避免未焊透或缺焊现象（图7-13），焊缝应按被焊件的厚度制成如图7-14所示的相应的坡口形式，或进行一般的倒棱修边工艺。在焊接前，应对坡口进行清洗整理。

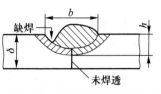

图 7-13　未焊透与缺焊现象

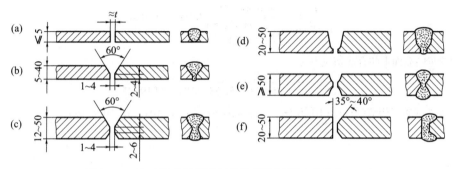

图 7-14　坡口形式及其适用的被焊件厚度（单位为 mm）

熔化的金属冷却时收缩，使焊缝内部产生残余应力，导致构件翘曲。这不仅使被焊件难以获得精确的尺寸，而且影响焊缝的强度。所以在满足强度条件的情况下，焊缝的长度应按实际结构的情况尽可能取得短些或分段进行焊接，并应避免焊缝交叉；还应在焊接工艺上采取措施，使构件在冷却时能有微小自由移动的可能；焊后应经热处理（如退火），以消除残余应力。此外，在焊接厚度不同的对接板件时，应将较厚的板件沿对接部位平滑辗薄或削薄到较薄板的厚度，以利焊缝金属匀称熔化和承载时的力流得以平滑过渡。

在设计被焊件时，应注意恰当选择母体材料及焊条；根据被焊件的厚度选择接头及坡口形式；合理布置焊缝及焊缝长度；正确安排焊接工艺，以避免施工不便及残余应力源。对于那些有强度要求的重要焊缝，必须按照有关行业的强度规范进行焊缝尺寸的校核，同时还应规定有一定技术水平的焊工进行焊接，并在焊后仔细地进行质量检验。

例题 **7-1**　校核图7-15所示的工字钢支架的焊缝强度。已知：静载荷 $F=150\ 000$ N，力臂 $l=150$ mm，焊脚 $k=8$ mm，工字钢型号为25a，材料为Q235AF（A为质量等级，F代表沸腾钢），用E4303焊条手工焊接。

［解］　由机械设计手册查知：25a型工字钢的尺寸是：高 $h=250$ mm，腿宽 $b=116$ mm，腿平均厚度 $t=13$ mm，腰厚 $d=8$ mm。

为了简化计算，设在 F 作用下（$l=0$ 时）的剪力仅由两条竖直的焊缝承担（偏于安全），此两焊缝在连接面上的投影面积 $A_1=2k(h-2t)$，则由 F 在焊缝危险截面上产生的切应力为

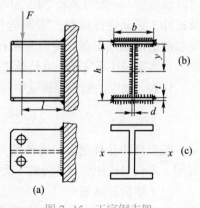

图 7-15　工字钢支架

$$\tau_1 \approx \frac{F}{0.7A_1} = \frac{F}{0.7 \times 2k(h-2t)} = \frac{150\ 000}{0.7 \times 2 \times 8 \times (250-2 \times 13)} \text{MPa} = 59.79 \text{ MPa}$$

焊缝在连接面上的投影面积 A_2（见图 7-15c，并略去上、下腿两端很短的焊缝，简化成腰、腿厚度均为 8 mm 的两个工字形）的转动惯量 J_{x-x} 可近似求得 [1]

$$J_{x-x} \approx 2\left[\frac{bh^3}{12} - \frac{(b-k)(h-2k)^3}{12}\right] = 2 \times \frac{116 \times 250^3 - 108 \times 234^3}{12} \ \text{mm}^4 = 71\,451\,061 \ \text{mm}^4$$

于是在力矩 Fl 作用下，焊缝危险截面上产生的切应力为

$$\tau_2 \approx \frac{Fl}{0.7\dfrac{J_{x-x}}{y}} = \frac{150\,000 \times 150}{0.7 \times \dfrac{71\,451\,061}{112}} \ \text{MPa} = 50.38 \ \text{MPa}$$

故得焊缝危险截面上的合成切应力为

$$\tau = \sqrt{\tau_1^2 + \tau_2^2} = \sqrt{59.79^2 + 50.38^2} \ \text{MPa} = 78.19 \ \text{MPa}$$

由表 7-3 查得焊缝的许用切应力 $[\tau'] = 140 \ \text{MPa} > \tau = 78.19 \ \text{MPa}$，故强度足够。

7-3 胶 接

1. 胶接及其应用

胶接是利用胶黏剂在一定条件下把预制的元件（如图 7-16a 中的轮圈和轮芯）连接在一起的连接。胶接具有一定的连接强度，它与铆接、焊接和螺纹连接等相比有许多独特优点，主要有：① 可以胶接不同性质的材料，因两种性质完全不同的材料很难焊接，若采用铆接或螺纹连接又容易产生电化学腐蚀；② 可以胶接异型、复杂部件和大的薄板结构件，以避免焊接产生的热变形和铆接产生的机械变形；③ 胶接是面连接，不易产生应力集中，故耐疲劳、耐蠕变性能较好；④ 胶接容易实现密封、绝缘、防腐蚀，可根据要求使接头具有某些特殊性能，如导电、透明、隔热等；⑤ 胶接工艺简单，操作方便，能节约能源，降低成本，减轻劳动强度；⑥ 胶接件外形平滑，比铆接、焊接和螺纹连接等可减轻重量（一般可减轻 20% 左右）。但胶接也有以下缺点：① 胶接接头抗剥离、抗弯曲及抗冲击振动性能较差；② 耐老化、耐介质（如酸、碱等）性能较差，且不稳定，多数胶黏剂的耐热性不高，使用温度有很大的局限性；③ 胶接工艺的影响因素很多，难以控制，检测手段还不完善，有待改进和发展。目前，胶接在机床、汽车、拖拉机、造船、化工、仪表、航空、航天等领域中的应用日渐广泛，其应用实例如图 7-16 所示。

2. 常用胶黏剂及其主要性能与选择原则

胶黏剂的品种繁多（见参考文献［63］第 5 篇第 5 章），可从不同的角度划分为很多类别，现仅对按使用目的分的三类做简单介绍。

（1）结构胶黏剂

结构胶黏剂在常温下的抗剪强度一般不低于 8 MPa，经受一般高、低温或化学的作用

---

[1] 本题中 $k=8 \ \text{mm} < t=13 \ \text{mm}$，在计算过程中假设 $k \approx t$，可近似取 A_2 的 J_{x-x} 为工字钢横截面的 J_{x-x} 的 2 倍。

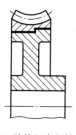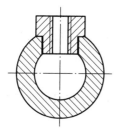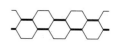

(a) 胶接组合蜗轮　　(b) 螺纹接套与管件胶接　　(c) 蒙皮与型材胶接　　(d) 蜂窝结构填料

图 7-16　胶接应用实例

不降低其性能，胶接件能承受较大的载荷。例如酚醛 - 缩醛 - 有机硅胶黏剂、环氧 - 酚醛胶黏剂和环氧 - 有机硅胶黏剂等。

（2）非结构胶黏剂

非结构胶黏剂在正常使用时有一定的胶接强度，但在受到高温或重载时，性能迅速降低。例如聚氨酯胶黏剂和酚醛 - 氯丁橡胶胶黏剂等。

（3）其他胶黏剂

其他胶黏剂包括一些具有特殊用途（如防锈、绝缘、导电、透明、超高温、超低温、耐酸、耐碱等）的胶黏剂。例如环氧导电胶黏剂和环氧超低温胶黏剂等。

在机械制造中，目前较为常用的是结构胶黏剂中的酚醛 - 缩醛 - 有机硅胶黏剂及环氧 - 酚醛胶黏剂等。

胶黏剂的主要性能有胶接强度（耐热性、耐介质性、耐老化性）、固化条件（温度、压力、保持时间）、工艺性能（涂布性、流动性、有效储存期）以及其他特殊性能（如防锈等）。胶黏剂的力学性能随着被胶接件材料、环境温度、固化条件、胶层厚度、工作时间、工艺水平等的不同而异。例如可用于胶接各种碳钢、合金钢、铝、镁、钛等合金以及各种玻璃钢的酚醛 - 缩醛 - 有机硅耐高温胶黏剂（牌号为 204 胶）胶接 30CrMnSiA 钢时，在常温下，剪切强度 $\tau_B \geqslant 22.8$ MPa；200 ℃时，$\tau_B \geqslant 15.8$ MPa；300 ℃时，$\tau_B \geqslant 8.6$ MPa；350 ℃时，$\tau_B \geqslant 4$ MPa。各种胶黏剂的性能数据可查阅有关手册。

胶黏剂的选择原则主要是针对被胶接件的使用要求及环境条件，从胶接强度、工作温度、固化条件等方面选取胶黏剂的品种，并兼顾产品的特殊要求（如防锈等）及工艺上的方便。此外，如对受一般冲击、振动的被胶接件，宜选用弹性模量小的胶黏剂；在变应力条件下工作的被胶接件，应选膨胀系数与零件材料的膨胀系数相近的胶黏剂等。

3. 胶接的基本工艺过程

（1）胶接表面的制备

胶接表面一般需经过除油处理、机械处理及化学处理，以便清除表面油污及氧化层，改变表面粗糙度，使其达到最佳胶接表面状态。表面粗糙度 Ra 一般应为 3.2～1.6 μm，过高或过低都会降低胶接的强度。

（2）胶黏剂配制

因大多数胶黏剂是多组分的，使用前应按规定的程序及正确的配方比例妥善配制。

（3）涂胶

采取适当的方法涂布胶黏剂（如喷涂、刷涂、滚涂、浸渍、贴膜等），以保证厚薄合适、均匀无缺、无气泡等。

（4）清理

在涂胶装配后，清除被胶接件上多余的胶黏剂（若产品允许在固化后进行机械加工或喷丸，这一步则可在固化后进行）。

（5）固化

根据被胶接件的使用要求、接头形式、接头面积等，恰当选定固化条件（温度、压力及保持时间），使胶接域固化。

（6）质量检验

对胶接产品的质量检验主要是采用 X 射线、超声波探伤、放射性同位素或激光全息摄影等方法进行无损检验，以防止胶接接头存在严重缺陷。

4. 胶接接头的结构形式、受力状况及设计要点

胶接接头的典型结构如图 7-17 所示。胶接接头的受力状况有拉伸、剪切、剥离与扯离等（图 7-18）。实践证明，胶缝的抗剪切及抗拉伸能力强，而抗扯离及抗剥离能力弱。

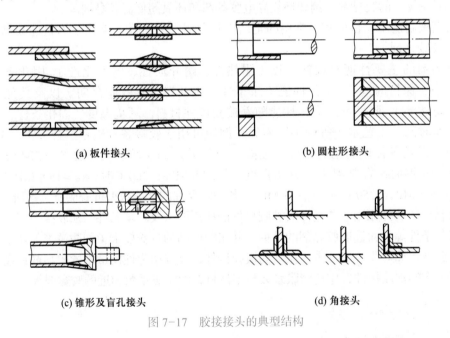

(a) 板件接头   (b) 圆柱形接头

(c) 锥形及盲孔接头   (d) 角接头

图 7-17 胶接接头的典型结构

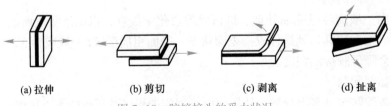

(a) 拉伸   (b) 剪切   (c) 剥离   (d) 扯离

图 7-18 胶接接头的受力状况

胶接接头的设计要点是：① 针对被胶接件的工作要求正确选择胶黏剂；② 合理选定接头形式；③ 恰当选取工艺参数；④ 充分利用胶缝的承载特性，尽可能使胶缝承受剪切或拉伸载荷，而避免承受扯离，特别是对剥离载荷，不宜采用胶接接头；⑤ 从结构上适当采取防止剥离的措施，如加装紧固元件，在边缘采用卷边和加大胶接面积等，以防止从边缘或拐角处脱缝；⑥ 尽量减小胶缝处的应力集中，如将胶缝处的板材端部切成斜角，或把胶黏剂和被胶接件材料的膨胀系数选得很接近等；⑦ 当有较大的冲击、振动时，应在胶接面间增加玻璃布层等缓冲减振材料。

7-4　过盈连接

1. 过盈连接的特点及应用

过盈连接是利用零件间的过盈配合来达到连接目的的。这种连接也称为干涉配合连接或紧配合连接。过盈连接主要用于轴与轮毂的连接、轮圈与轮芯的连接以及滚动轴承与轴或座孔的连接等。这种连接的特点是结构简单、对中性好、承载能力大、承受冲击性能好、对轴削弱少，但配合面加工精度要求高、装拆不便。本节只讲述配合面为圆柱面的过盈连接（圆锥面过盈连接可参见 GB/T 15755—1995 或参考文献［43］）。

2. 过盈连接的工作原理及装配方法

过盈连接是将外径为 d_B 的被包容件压入内径为 d_A 的包容件中（图 7-19）。由于配合直径间有 $\Delta A + \Delta B$ 的过盈量，在装配后的配合面上便产生了一定的径向压力。当连接承受轴向力 F（图 7-20）或转矩 T（图 7-21）时，配合面上便产生摩擦阻力或摩擦阻力矩以抵抗和传递外载荷。

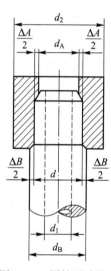

图 7-19　圆柱面过盈连接

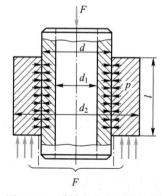

图 7-20　受轴向力的过盈连接

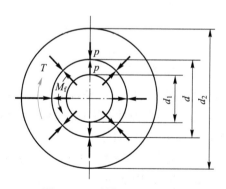

图 7-21　受转矩的过盈连接

过盈连接的装配方法有压入法和胀缩法（温差法）。

压入法是利用压力机将被包容件直接压入包容件中。由于过盈量的存在，在压入过程中，配合表面微观不平度的峰尖不可避免地要受到擦伤或压平，因而降低了连接的紧固性。在被包容件和包容件上分别制出如图 7-22 所示的导锥，并对配合表面进行润滑，可以减轻上述缺陷。但对连接质量要求更高时，应采用胀缩法进行装配。即加热包容件或（和）冷却被包容件，使之既便于装配，又可减少或避免损伤配合表面，而且在常温下即达到牢固的连接。胀缩法一般是利用电加热，冷却则多采用液态空气（平均沸点约为 −192℃）或固态二氧化碳（又名干冰，沸点为 −78.5℃）。加热时应防止配合面上产生氧化皮。加热法常用于配合直径较大的场合；冷却法则常用于配合直径较小的场合。

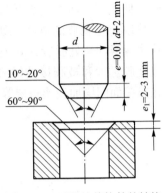

图 7-22　过盈连接构件的结构

过盈连接的应用实例见图 7-23 及图 7-24。

过盈连接经过多次拆装后，配合面会受到严重损伤，当装配过盈量很大时，装好后再拆开则更加困难。因此，为了保证多次装拆后的配合仍能具有良好的紧固性，可采用液压拆卸，即在配合面间注入高压油，以胀大包容件的内径，缩小被包容件的外径，从而使连接便于拆开，并减小配合面的擦伤。但采用这种方法时，需在包容件和（或）被包容件上制出油孔和油沟，如图 7-24 所示。

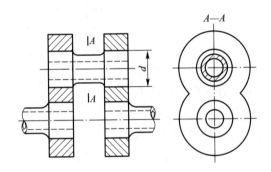

图 7-23　曲轴过盈连接组装件

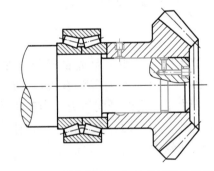

图 7-24　轴与轴承、齿轮的过盈连接及
拆开时用的注油螺口管道

3. 过盈连接的设计计算

过盈连接计算的假设条件如下：连接零件中的应力处于平面应力状态（即轴向应力 $\sigma_z = 0$），应变均在弹性范围内；材料的弹性模量为常量；连接部分为两个等长的厚壁筒，配合面上的压力为均匀分布。

过盈连接主要用以承受轴向力或传递转矩，或者同时兼有以上两种作用（个别情况也用以承受弯矩）。由前述工作原理可知，为了保证过盈连接的工作能力，强度计算须包含两个方面：一个是在已知载荷的条件下，计算配合面间所需产生的压力和产生这个压力所需的最小过盈量；另一个是在选定的标准过盈配合下，校核连接的诸零件（如轮圈与轮芯、轮毂与轴等）在最大过盈量时的强度。如采用胀缩法装配时，还应算出加热及冷却的温度。此外，需算出装拆时所需的压入力及压出力。必要时还应算出包容件外径的胀大量及被包容件内径的缩小量。现分述于后。

（1）传递载荷所需的最小径向压力 $p_{\min}$

过盈连接的配合面间应具有的径向压力是随着所传递的载荷类型不同而异的。

1）传递轴向力 F

当连接传递轴向力 F（图 7-20）时，应保证连接在此载荷作用下不产生轴向滑动。即当径向压力为 p 时，在外载荷 F 的作用下，配合面上所能产生的轴向摩擦阻力 F_f，应大于或等于外载荷 F。设配合的公称直径为 d，配合面间的摩擦因数为 f，配合长度为 l，则

$$F_f = \pi dlpf$$

因需保证 $F_f \geqslant F$，故

$$p \geqslant \frac{F}{\pi dlf} \qquad\qquad (7\text{-}8)$$

所以 $p_{\min} = \dfrac{F}{\pi dlf}$。

2）传递转矩 T

当连接传递转矩 T（图 7-21）时，应保证在此转矩作用下不产生周向滑移。即当径向压力为 p 时，在转矩 T 的作用下，配合面间所能产生的摩擦阻力矩 M_f 应大于或等于转矩 T。

设配合面上的摩擦因数为 f[①]，配合尺寸同前，则

$$M_f = \pi dlpf \frac{d}{2}$$

因需保证 $M_f \geqslant T$，故得

$$p \geqslant \frac{2T}{\pi d^2 lf} \qquad\qquad (7\text{-}9)$$

所以 $p_{\min} = \dfrac{2T}{\pi d^2 lf}$。

配合面间摩擦因数的大小与配合面的状态、材料及润滑情况等因素有关，应由试验测定。表 7-5 给出了几种情况下的摩擦因数，以供计算时参考。

3）承受轴向力 F 和转矩 T 的联合作用

此时所需的最小径向压力为

$$p_{\min} = \frac{\sqrt{F^2 + \left(\dfrac{2T}{d}\right)^2}}{\pi dlf} \qquad\qquad (7\text{-}10)$$

---

① 实际上，周向摩擦因数与轴向摩擦因数略有差异，现为简化，取两者近似相等，均以 f 表示。

表 7-5　几种情况下的摩擦因数 f

压　入　法			胀　缩　法		
连接零件材料	无润滑时 f	有润滑时 f	连接零件材料	接合方式，润滑	f
钢－铸钢	0.11	0.08	钢－钢	油压扩孔，压力油为矿物油	0.125
钢－结构钢	0.10	0.07		油压扩孔，压力油为甘油，接合面排油干净	0.18
钢－优质结构钢	0.11	0.08		在电炉中加热包容件至300℃	0.14
钢－青铜	0.15～0.20	0.03～0.06		在电炉中加热包容件至300℃以后，接合面脱脂	0.2
钢－铸铁	0.12～0.15	0.05～0.10	钢－铸铁	油压扩孔，压力油为矿物油	0.1
铸铁－铸铁	0.15～0.25	0.05～0.10	钢－铝镁合金	无润滑	0.10～0.15

（2）过盈连接的最小有效过盈量 $\delta_{\min}$

根据材料力学有关厚壁圆筒的计算理论，在径向压力为 p 时的过盈量为

$$\Delta = pd\left(\frac{C_1}{E_1} + \frac{C_2}{E_2}\right) \times 10^3$$

则由式（7-8）～式（7-10）可知，过盈连接传递载荷所需的最小过盈量应为

$$\Delta_{\min} = p_{\min}d\left(\frac{C_1}{E_1} + \frac{C_2}{E_2}\right) \times 10^3 \tag{7-11}$$

两式中：Δ、$\Delta_{\min}$——过盈连接的过盈量和最小过盈量，μm。

$\qquad p_{\min}$——配合面间所需的最小径向压力，由式（7-8）～式（7-10）计算，MPa。

$\qquad d$——配合的公称直径，mm。

$\qquad E_1$、E_2——分别为被包容件与包容件材料的弹性模量，MPa。

$\qquad C_1$——被包容件的刚性系数，$C_1 = \dfrac{d^2 + d_1^2}{d^2 - d_1^2} - \mu_1$。

$\qquad C_2$——包容件的刚性系数，$C_2 = \dfrac{d_2^2 + d^2}{d_2^2 - d^2} + \mu_2$。

$\qquad d_1$、d_2——分别为被包容件的内径和包容件的外径，mm。

$\qquad \mu_1$、μ_2——分别为被包容件与包容件材料的泊松比。对于钢，$\mu=0.3$；对于铸铁，$\mu=0.25$。

由式（7-8）～式（7-10）可见，当传递的载荷一定时，配合长度 l 越短，所需的最小径向压力 $p_{\min}$ 就越大。再由式（7-11）可见，当 $p_{\min}$ 增大时，所需的过盈量也随之增大。因此，为了避免在载荷一定时需用较大的过盈量而增加装配时的困难，配合长度不宜过短，一般推荐采用 $l \approx 0.9d$。但应注意，由于配合面上的应力分布不均匀，当 $l > 0.8d$ 时，即应考虑两端应力集中的影响，并从结构上采取降低应力集中的措施，可参见图 15-19。显然，上面求出的 $\Delta_{\min}$ 只有在采用胀缩法装配，不致擦去或压平配合表面微观不平度的峰

尖时才是有效的。所以用胀缩法装配时，最小有效过盈量 $\delta_{\min}=\Delta_{\min}$。但当采用压入法装配时，配合表面的微观峰尖将被擦去或压平一部分（图 7-25），此时按式（7-11）求出的 $\Delta_{\min}$ 即为理论值，应再增加被擦去部分，即 $2(S_1+S_2)$，故计算公式为

$$
\left.\begin{array}{l}
\delta_{\min} = \Delta_{\min} + 2(S_1+S_2) \\
S_i = 1.6Ra_i \quad (i=1,2)
\end{array}\right\}
\tag{7-12}
$$

式中：S_1、S_2——分别为被包容件及包容件配合表面上微观峰尖被擦去部分的高度或压平深度，单位为 μm，如图 7-25 所示；

Ra_1、Ra_2——分别为被包容件及包容件配合表面评定轮廓的算术平均偏差，单位为 μm，其值随表面粗糙度而异，见表 7-6。

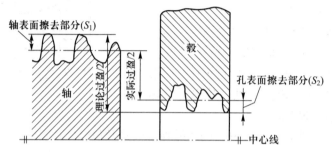

图 7-25　压入法装配时配合表面擦去部分示意图

表 7-6　加工方法、表面粗糙度及评定轮廓的算术平均偏差 Ra

加工方法	精车或精镗，中等磨光，刮（每平方厘米内有 1.5~3 个点）		铰，精磨，刮（每平方厘米内有 3~5 个点）		钻石刀头镗，镗磨		研磨，抛光，超精加工等		
表面粗糙度代号	▽Ra 3.2	▽Ra 1.6	▽Ra 0.8	▽Ra 0.4	▽Ra 0.2	▽Ra 0.1	▽Ra 0.05	▽Ra 0.025	▽Ra 0.012
$Ra/\mu m$	3.2	1.6	0.8	0.4	0.2	0.1	0.05	0.025	0.012

　　设计过盈连接时，如用压入法装配，应根据式（7-12）求得的最小有效过盈量 $\delta_{\min}$，从国家标准中选出一个标准过盈配合，这个标准过盈配合的最小过盈量应略大于或等于 $\delta_{\min}$。当使用胀缩法装配时，由于配合表面微观峰尖被擦去或压平得很少，可以忽略不计，亦即可按式（7-11）求出 $\Delta_{\min}$（$\Delta_{\min}=\delta_{\min}$）后直接选定标准过盈配合。还应指出的是：实践证明，不平度较小的两表面相配合时贴合的情况较好，从而可提高连接的紧固性。

　　（3）过盈连接的强度计算[①]

　　前已指出，过盈连接的强度包括两个方面，即连接的强度及连接零件本身的强度。由于按照上述方法选出的标准过盈配合已能产生所需的径向压力，即已能保证连接的强度，

①　本书只讨论承受载荷时静止的或转速不高的过盈连接，对高转速的过盈连接还应计入离心力的影响。

所以下面只讨论连接零件本身的强度问题。

过盈连接零件本身的强度，可按材料力学中的厚壁圆筒强度计算方法进行校核。当压力 p 一定时，过盈连接中的应力大小及分布情况如图 7-26 所示。首先按所选的标准过盈配合种类计算出最大过盈量 $\delta_{\max}$［采用压入法装配时应减掉被擦去的部分，即 $2(S_1+S_2)$］，再按下式求出最大径向压力 $p_{\max}$，即

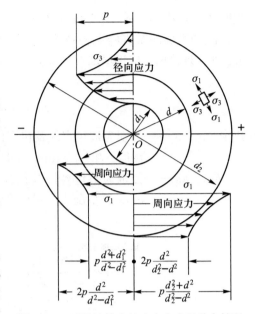

$$p_{\max} = \frac{\delta_{\max}}{d\left(\dfrac{C_1}{E_1}+\dfrac{C_2}{E_2}\right)\times 10^3} \qquad (7\text{-}13)$$

然后根据 $p_{\max}$ 来校核连接零件本身的强度。当包容件（被包容件）为脆性材料时，可按图 7-26 所示的最大周向应力（拉应力或压应力）用第一强度理论进行校核。由图可见，其主要破坏形式是包容件内表层断裂。

图 7-26　过盈连接中的应力大小及分布情况

设 σ_{B1}、σ_{B2} 分别为被包容件材料的压缩强度极限及包容件材料的拉伸强度极限，则强度校核公式为

对被包容件
$$p_{\max} \leqslant \frac{d^2-d_1^2}{2d^2}\frac{\sigma_{B1}}{2\sim 3} \qquad (7\text{-}14)$$

对包容件
$$p_{\max} \leqslant \frac{d_2^2-d^2}{d_2^2+d^2}\frac{\sigma_{B2}}{2\sim 3} \qquad (7\text{-}15)$$

当零件材料为塑性材料时，应按第四强度理论检验其承受最大应力的表层是否处于弹性变形范围内[1]。设 σ_{S1}、σ_{S2} 分别为被包容件及包容件材料的屈服极限，则由图 7-26 可知，不出现塑性变形的检验公式为

对被包容件内表层
$$p_{\max} \leqslant \frac{d^2-d_1^2}{2d^2}\sigma_{S1} \qquad (7\text{-}16)$$

对包容件内表层
$$p_{\max} \leqslant \frac{d_2^2-d^2}{\sqrt{3d_2^4+d^4}}\sigma_{S2} \qquad (7\text{-}17)$$

（4）过盈连接最大压入力、最大压出力

当采用压入法装配并准备拆开时，为了选择所需压力机的容量，应将其最大压入力、最大压出力按下列公式算出：

最大压入力
$$F_i = f\pi dl p_{\max} \qquad (7\text{-}18)$$

最大压出力
$$F_o = (1.3\sim 1.5)F_i = (1.3\sim 1.5)f\pi dl p_{\max} \qquad (7\text{-}19)$$

---

[1]　既计入转速的影响，又按弹－塑性变形条件来设计过盈连接的方法可参看参考文献［29］。

（5）包容件的加热温度及被包容件的冷却温度

当采用胀缩法装配时，包容件的加热温度 t_2 或被包容件的冷却温度 t_1（单位均为℃）可按下式计算：

$$t_1 = -\frac{\delta_{max} + \Delta_0}{\alpha_1 d \times 10^3} + t_0 \qquad (7-20)$$

$$t_2 = \frac{\delta_{max} + \Delta_0}{\alpha_2 d \times 10^3} + t_0 \qquad (7-21)$$

式中：δ_{max}——所选得的标准配合在装配前的最大过盈量，μm。

　　　　Δ_0——装配时为了避免配合面互相擦伤所需的最小间隙。通常采用同样公称直径的间隙配合 $\dfrac{H7}{g6}$ 的最小间隙，μm，或从手册中查取。

　　　　d——配合的公称直径，mm。

α_1、α_2——分别为被包容件及包容件材料的线膨胀系数，查有关手册。

　　　　t_0——装配环境的温度，℃。

（6）包容件外径胀大量及被包容件内径缩小量（一般只需计算其最大绝对值）

当有必要计算过盈连接装配后包容件外径胀大量及被包容件内径缩小量时，可按下列公式计算：

被包容件内径最大缩小量　　$\Delta d_{1max} = \dfrac{2 p_{max} d_1 d^2}{E_1(d^2 - d_1^2)}$ 　　　　　　$(7-22)$

包容件外径最大胀大量　　$\Delta d_{2max} = \dfrac{2 p_{max} d_2 d^2}{E_2(d_2^2 - d^2)}$ 　　　　　　$(7-23)$

式中，Δd_{1max} 和 Δd_{2max} 的单位为 mm，其余各符号的意义及单位同前。

例题 7-2 图 7-27 所示为一过盈连接的组合齿轮：齿圈材料为 45 钢，轮芯材料为灰铸铁 HT250；已知其传递的转矩 $T = 7 \times 10^6$ N·mm，结构尺寸如图所示，装配后不再拆开，装配时配合面用润滑油润滑。试确定其标准过盈量和压入力。

［解］（1）确定径向压力 p

在转矩 T 的作用下，连接应具有径向压力 p，根据式（7-9），并由表 7-5 取 $f = 0.08$，得

$$p \geqslant \frac{2T}{f \pi d^2 l} = \frac{2 \times 7 \times 10^6}{0.08 \pi \times 480^2 \times 110} \text{ MPa} = 2.19 \text{ MPa}$$

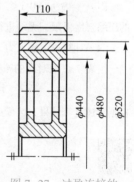

图 7-27　过盈连接的
组合齿轮

所以，$p_{min} = 2.19$ MPa。

（2）确定最小有效过盈量，选定配合种类

1）求满足上面 p_{min} 值所需的最小过盈量。由式（7-11），先计算式中的刚性系数 C_1、C_2，已知 $\mu_1 = 0.25$，$\mu_2 = 0.3$，$E_1 = 1.3 \times 10^5$ MPa，$E_2 = 2.1 \times 10^5$ MPa，得

$$C_1 = \frac{d^2 + d_1^2}{d^2 - d_1^2} - \mu_1 = \frac{480^2 + 440^2}{480^2 - 440^2} - 0.25 = 11.27$$

$$C_2 = \frac{d_2^2 + d^2}{d_2^2 - d^2} + \mu_2 = \frac{520^2 + 480^2}{520^2 - 480^2} + 0.3 = 12.82$$

将以上诸值代入式（7-11），得

$$\Delta_{min} = p_{min} d\left(\frac{C_1}{E_1} + \frac{C_2}{E_2}\right) \times 10^3 = 2.19 \times 480 \times \left(\frac{11.27}{1.3 \times 10^5} + \frac{12.82}{2.1 \times 10^5}\right) \times 10^3 \ \mu m = 155 \ \mu m$$

2）选择标准配合，确定标准过盈量。根据式（7-12）确定最小有效过盈量 δ_{min}。设配合孔的表面粗糙度为 Ra_2，轴为 Ra_1，由表 7-6 可知 $Ra_2 = 3.2 \ \mu m$，$Ra_1 = 1.6 \ \mu m$，则

$$\delta_{min} = \Delta_{min} + 2 \times (1.6Ra_1 + 1.6Ra_2) = [155 + 2 \times (1.6 \times 1.6 + 1.6 \times 3.2)] \ \mu m = 170 \ \mu m$$

现考虑齿轮所传递的转矩较大，由公差配合表选 $\dfrac{H7}{s6}$ 配合，其孔公差为 $\phi 480^{+0.063}_{0}$，轴公差为 $\phi 480^{+0.292}_{+0.252}$。此标准配合可能产生的最大过盈量 $\delta_{max} = (292 - 0) \ \mu m = 292 \ \mu m$，最小过盈量为 $(252 - 63) \ \mu m = 189 \ \mu m > \delta_{min} = 170 \ \mu m$，合适。

（3）计算过盈连接的强度

因所选标准配合可以产生足够的径向压力，故连接强度已保证。现只需校核连接零件本身的强度。已知所选配合的最大过盈量为 292 μm，但因采用压入法装配，考虑配合表面微观峰尖被擦去的部分，即 $2(S_1 + S_2) = 2 \times (1.6Ra_1 + 1.6Ra_2)$，故装配后可能产生的最大径向压力 p_{max} 按式（7-13）及式（7-12）求得：

$$p_{max} = \frac{\delta_{max} - 2 \times (1.6Ra_1 + 1.6Ra_2)}{d\left(\dfrac{C_1}{E_1} + \dfrac{C_2}{E_2}\right) \times 10^3} = \frac{292 - 2 \times (1.6 \times 1.6 + 1.6 \times 3.2)}{480 \times \left(\dfrac{11.27}{1.3 \times 10^5} + \dfrac{12.82}{2.1 \times 10^5}\right) \times 10^3} \ MPa = 3.90 \ MPa$$

再由手册查取齿圈材料（包容件）45 钢的屈服极限 $\sigma_{S2} = 280 \ MPa$，则由式（7-17）求得

$$\frac{d_2^2 - d^2}{\sqrt{3d_2^4 + d^4}} \sigma_{S2} = \frac{520^2 - 480^2}{\sqrt{3 \times 520^4 + 480^4}} \times 280 \ MPa = 21.46 \ MPa$$

因 $p_{max} = 3.90 \ MPa \ll 21.46 \ MPa$，即齿圈强度足够。轮芯（被包容件）材料为 HT250，具有很高的压缩强度极限，无须进行校核，故连接零件本身强度均已足够。

（4）计算最大压入力

由表 7-5 取对应的摩擦因数 $f = 0.10$，根据式（7-18）求得最大压入力为

$$F_i = f \pi d l p_{max} = 0.10 \times \pi \times 480 \times 110 \times 3.90 \ N = 64 \ 692 \ N$$

根据上述计算结果，装配此组合齿轮可选用容量为 7.5 t 的压力机。

重难点分析

 习题

7-1　现有图 7-28 所示的焊接接头，被焊件材料均为 Q235，$b = 170 \ mm$，$b_1 = 80 \ mm$，$\delta = 12 \ mm$，

承受静载荷 $F = 0.4 \times 10^6$ N，采用 E4303 焊条手工焊接。试校核该接头的强度。

7-2　上题的接头如承受变载荷 $F_{max} = 0.4 \times 10^6$ N，$F_{min} = 0.2 \times 10^6$ N，其他条件不变，接头强度能否满足要求？

7-3　试设计图 7-12 所示的不对称侧面角焊缝。已知被焊件材料均为 Q235，角钢尺寸为 100 mm × 100 mm × 10 mm，截面形心 c 到两边外侧的距离 $a = b = 28.4$ mm，用 E4303 焊条手工焊接，焊缝焊脚 $k = \delta = 10$ mm，静载荷 $F = 0.35 \times 10^6$ N。

7-4　现有 45 钢制的实心轴与套筒采用过盈连接，轴径 $d = 80$ mm，套筒外径 $d_2 = 120$ mm，配合长度 $l = 80$ mm，材料的屈服极限 $\sigma_S = 360$ MPa，配合面上的摩擦因数 $f = 0.085$，轴与孔配合表面的表面粗糙度分别为 Ra_1 及 Ra_2，$Ra_1 = 1.6$ μm，$Ra_2 = 3.2$ μm，传递的转矩 $T = 1\,600$ N·m，试设计此过盈连接。

7-5　图 7-29 所示的铸锡磷青铜蜗轮轮圈与铸铁轮芯采用过盈连接，所选用的标准配合为 $\dfrac{H8}{t7}$，配合表面的表面粗糙度均为 3.2 μm，设连接零件本身的强度足够，试求此连接允许传递的最大转矩（摩擦因数 $f = 0.10$）。

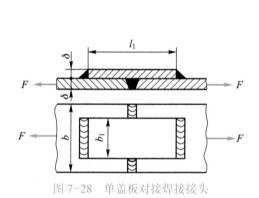

图 7-28　单盖板对接焊接接头　　　　　图 7-29　组合蜗轮

第三篇 机械传动

1. 传动的重要性

工作机一般都要靠原动机供给一定形式的能量（绝大多数是机械能）才能工作。但是，把原动机和工作机直接连接起来的情况较少，往往需在两者之间加入传递动力或改变运动状态的传动装置。其主要原因如下：

1）工作机的速度和扭矩一般与原动机的最优速度和扭矩存在差异，故需增速降扭（例如风电机组）或减速增扭（例如起重机）。此外，原动机的输出轴通常只作匀速回转运动，但工作机所要求的运动形式却是多种多样的，如直线运动、间歇运动等。

2）很多工作机都需要根据生产要求进行速度调整，但仅依靠调整原动机的速度来达到这一目的往往是不经济的，甚至是不可能的。

3）在有些情况下，需要用一台原动机带动若干个工作速度不同的工作机。

4）为了工作安全及维护方便，或因机器的外廓尺寸受到限制等其他原因，有时不能把原动机和工作机直接连接在一起。

由此可见，传动装置是大多数机器或机组的重要组成部分。实践证明，传动装置在整台机器的质量和成本中都占有很大的比例。机器的工作性能和运转费用也在很大程度上取决于传动装置的优劣。因此，提高传动装置的设计和制造水平具有极其重大的意义。

2. 传动的分类

根据工作原理的不同，可将传动分为两类：① 机械能不改变为另一种形式的能的传动——机械传动（指广义的机械传动）；② 机械能改变为电能，或电能改变为机械能的传动——电力传动。机械传动又分为摩擦传动、啮合传动、液压传动和气压传动。它们的特性对比列于表 1，以供对各类传动做一般比较时参考。现代机器往往需要综合运用上述某些传动组成复杂的传动系统，以满足对机器提出的各种功能要求。

表 1　各类传动特性的对比

各种特点	电力传动	机械传动			
		啮合传动	摩擦传动	液压传动	气压传动
便于集中供应能量	+				+
在远距离传动时，设备简单	+				
能量易于储存					+
易于在较大范围内实现有级变速	+	+	+		
易于在较大范围内实现无级变速	+		+	+	
保持准确的传动比		+			
可用于高转速	+				+
易于实现直线运动		+	+	+	+
周围环境温度变化影响很小	+	+			+
作用于工作部分的压力大		+	+	+	
易于自动控制和远程控制	+				

电力、液压和气压传动不属于本课程范围，可参看有关书籍。本书只讨论机械传动中的摩擦传动与啮合传动。摩擦传动与啮合传动的形式很多，发展甚为迅速，新型的高速、大功率或大传动比的传动不断涌现。这里只就常用的一般传动形式及其基本性能与特点做简要的阐述与对比。它们的概括分类如图1所示。

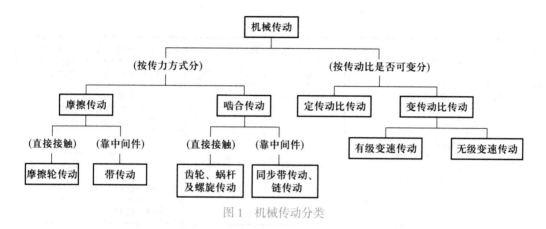

图 1 机械传动分类

上面列举的各类传动中，除螺旋传动已合并在第 5 章中讲述外，带传动、链传动、齿轮传动和蜗杆传动将在后面分章进行讨论；摩擦轮传动一般作为机械无级变速器的实现方式，将在第 18 章做简略介绍，如需做进一步了解，可参见参考文献［6］、［7］或其他有关书籍。

3. 传动类型选择概要 [①]

不同类型的传动各有其优缺点。设计传动时，若传递的功率 P、传动比 i 等工作条件已经确定，则如何选择合理的传动类型成为首要问题。

概括地说，选择传动类型时需要考虑各类传动的效率、运动性能、外廓尺寸、质量以及各种生产约束条件（如生产的可能性、预期的生产率及生产成本）等因素。在具体情况下，需要综合对比若干方案的技术经济指标后才能决定选择哪种类型的传动。现简述下列要点，供选择一般机械传动类型时参考。

（1）功率与效率

各类传动所能传递的功率取决于其传动原理、承载能力、载荷分布、工作速度、制造精度、机械效率和发热情况等因素。

一般地说，啮合传动传递功率的能力高于摩擦传动；蜗杆传动工作时的发热情况较为严重，传递的功率不宜过大；摩擦轮传动必须要具有足够的压紧力，故在传递相同圆周力时，其压轴力要比齿轮传动的大几倍，因而一般不宜用于大功率的传动；链传动和带传动为了增大传递功率，通常需增大链条和带的截面面积或排数（根数），会受到载荷分布不均的限制；齿轮传动在较多方面优于上述各种传动，因而应用也就最广。

效率是评定传动性能的主要指标之一。提高传动的效率，就能节约动力，降低运转费

---

① 主要论述定传动比传动。

用。效率对应着传动中的功率损失。在机械传动中，功率损失主要由于轴承摩擦、传动零件间的相对滑动和搅动润滑油等原因，所损失的能量绝大部分转化为热。如果损失过大，会使工作温度超过允许的限度，导致传动失效。因此，效率低的传动装置一般不宜用于大功率的传动。各种传动传递功率的范围及效率概值见表 2。

表 2　各种传动传递功率的范围及效率概值

传动类型		功率 P/kW		效率 η（未计入轴承中摩擦损失）	
		适用范围	常用范围	闭式传动	开式传动
圆柱齿轮及锥齿轮传动（单级）		极小～60 000	—	0.96～0.99	0.92～0.95
蜗杆传动	自锁的	可达 800	20～50	0.40～0.45	0.30～0.35
	非自锁的，蜗杆头数为：				
	$z_1=1$			0.70～0.80	0.60～0.70
	$z_1=2$			0.80～0.85	—
	$z_1=4$、6			0.85～0.92	
链传动		可达 4 000	100 以下	0.97～0.98	0.90～0.93
带传动	平带	1～3 500	20～30	—	0.94～0.98
	V 带	可达 1 000	50～100		0.92～0.97
	同步带	可达 300	10 以下		0.95～0.98
摩擦轮传动		很小至 200	20 左右	0.90～0.96	0.80～0.88

还应指出，不同的传动形式传递同样的功率时，通过传动零件作用到轴上的压力亦不同。这个力在很大程度上决定着传动的摩擦损失和轴承寿命。传递相同功率时，摩擦轮传动作用在轴上的压力最大，带传动次之，斜齿轮及蜗杆传动再次之，链传动、直齿和人字齿齿轮传动则最小。

（2）速度

速度是传动的主要参数之一。提高传动速度是机器的重要发展方向。传动速度的提高，在不同传动形式中要受到不同因素的限制，例如载荷、传动的热平衡条件、离心力及振动稳定性等。

传动速度通常用最大圆周速度或最高转速表达。表 3 给出了各类传动的最大允许速度、最大允许转速与减速传动比，以供参考。

表 3　各类传动的最大允许速度、最大允许转速与减速传动比（参考值）

传动类型	最大允许速度 /（m/s）	最大允许转速 /（r/min）	减速传动比[3]
普通平带传动	≤25（30）		≤3（5）[4]
高质量皮革带传动	35～40	7 000～8 000	≤5
特殊高质量的织造的平带传动	到 100[1]	到 60 000[1]	≤5

续表

传动类型		最大允许速度 / （m/s）	最大允许转速 / （r/min）	减速传动比[3]
钢带传动		80～100	—	≤5
V 带传动	普通 V 带	25～30	12 000	≤8（15）
	窄 V 带	35～40	15 000	≤8（15）
同步带传动		50～100	20 000	≤10（20）
链传动		40	8 000～10 000	≤6（10）（滚子链），≤15（齿形链）
6 级精度直齿圆柱齿轮传动		到 20	<30 000	5（8）[5]
6 级精度非直齿圆柱齿轮传动		到 50	30 000	5（8）[5]
5 级精度直齿圆柱齿轮传动		到 120	30 000	5（8）[5]
蜗杆传动		15～35[2]		≤40（80）[6]
摩擦轮传动		15～25		≤5（15）

① 在缩短寿命的条件下可达到的数值。

② 指滑动速度。

③ 由于增速传动的工作情况较差，摩擦传动的增速传动比≤1∶3（1∶5），啮合传动的增速传动比≤1∶1.5（1∶2）。

④ 括弧中的数值是指迫不得已时使用的极限值，下同。

⑤ 圆柱齿轮定轴传动的传动比>8 时，一般不宜采用单级传动；锥齿轮的单级传动比≤3（开式）～5（闭式）。

⑥ 只传递运动时可达 1 000。

（3）外廓尺寸、质量和成本

传动装置的外廓尺寸和质量与功率和速度的大小密切相关，也与传动零件材料的力学性能有关。当这些条件一定时，传动装置的外廓尺寸和质量基本上取决于传动的形式。在大传动比的多级传动中，传动比的分配对外廓尺寸有着很大的影响。

传动比是传动的主要参数之一。各类传动用于单级减速及单级增速时的传动比（主动轮与从动轮的转速比）参考值见表 3。

在同样功率和传动比的条件下，各类传动装置外廓尺寸的差异是很可观的。由表 4 可以看出，在传动比不大的情况下，从尺寸与质量来看，蜗杆传动质量最小。当传动比很大时，虽然蜗杆传动便于实现大传动比，但由于蜗轮的增大和轴承结构尺寸的增大，其外廓尺寸就不能保持最小，这时采用齿轮传动较为适宜。

成本是选择传动类型时的重要经济指标，常用几种传动的相对成本见表 4。

应该说明，上面只是概括了常用的基本传动形式，其他如摆线针轮传动、谐波传动、渐开线少齿差行星传动等也应用较多。另外，在本书参考文献［37］、［43］、［66］～［68］中，还介绍了一些其他传动，可供读者参考。

值得注意的是，从各类传动装置的结构看，都是通过以滚动取代滑动这一途径来减小磨损和发热，以提高传动的功率、效率和工作寿命。因此，加强机械设计中的滚动化应该得到足够的重视。

表 4   各类传动（功率 $P=75$ kW，传动比 $i=n_1/n_2=1\,000/250=4$）的尺寸、质量和成本对比

相关参数和指标	传动类型 [圆周速度 /（m/s）]					
	平带传动 （23.6）	有张紧轮的 平带传动 （23.6）	普通 V 带传动 （23.6）	滚子链传动 （7）	齿轮传动 （5.85）	蜗杆传动 （5.85）
中心距 /mm	5 000	2 300	1 800	830	280	280
轮宽 /mm	350	250	130	360	160	60
质量概值 /kg	500	550	500	500	600	450
相对成本 /%	106	125	100	140	165	125

　　如前所述，传动部分在机器中一般处于举足轻重的地位，因而积极钻研创新，开发先进的大功率、高效率、长寿命、大传动比的传动，无疑是发展机械产品及装备的核心工作。

带传动

8-1 概　述

带传动是一种挠性传动。带传动的基本组成零件为带轮（主动带轮和从动带轮）和传动带（图 8-1）。当主动带轮 1 转动时，利用带轮和传动带间的摩擦或啮合作用，将运动和动力通过传动带 2 传递给从动带轮 3。带传动具有结构简单、传动平稳、价格低廉和缓冲吸振等特点，在机械装置中应用广泛。

1. 带传动的类型

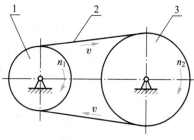

图 8-1　带传动运动示意图

按照工作原理的不同，带传动可分为摩擦型带传动（图 8-2）和啮合型带传动（图 8-3）。在摩擦型带传动中，根据传动带横截面形状的不同，又可以分为平带传动（图 8-4a）、圆带传动（图 8-4b）、V 带传动（图 8-4c）和多楔带传动（图 8-4d）。

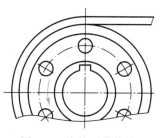

图 8-2　摩擦型带传动

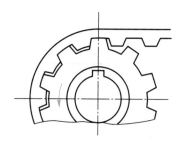

图 8-3　啮合型带传动

(a) 平带传动

(b) 圆带传动

(c) V带传动

(d) 多楔带传动

图 8-4　摩擦型带传动的几种类型

平带传动结构简单，传动效率高，带轮容易制造，在传动中心距较大的情况下应用较多。常用的平带有帆布芯平带、编织平带（棉织、毛织和缝合棉布带）、尼龙片基平带、聚氨酯片基平带等数种。其中以尼龙片基平带应用最广，它的规格可查阅国家标准或手册。

圆带结构简单，其材料常为皮革、棉、麻、锦纶、聚氨酯等，多用于小功率传动。

V 带的横截面呈等腰梯形，带轮上也做出相应的轮槽。传动时，V 带的两个侧面和轮槽接触（图 8-4c）。槽面摩擦可以提供更大的摩擦力。另外，V 带传动允许的传动比大，结构紧凑，大多数 V 带已标准化。V 带传动的上述特点使它获得了广泛的应用。

多楔带兼有平带柔性好和 V 带摩擦力大的优点，并解决了多根 V 带长短不一而使各带受力不均的问题。多楔带主要用于传递功率较大同时要求结构紧凑的场合。

啮合型带传动一般也称为同步带传动。它通过传动带内表面上等距分布的横向齿和带轮上的相应齿槽的啮合来传递运动。与摩擦型带传动比较，同步带传动的带轮和传动带之间没有相对滑动，能够保证严格传动比。但同步带传动对中心距及其尺寸稳定性要求较高。

2. V 带的类型与结构

标准普通 V 带是用多种材料制成的无接头环形带。V 带根据其结构分为包边 V 带和切边 V 带两类，包边 V 带外表面包裹有胶帆布，切边 V 带则没有，如图 8-5 所示，V 带由胶帆布 1、顶布 2、顶胶 3、抗拉体 4、底胶 5 和底布 6 等部分组成。

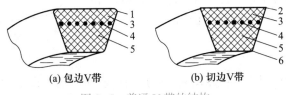

(a) 包边V带　　　　(b) 切边V带

图 8-5　普通 V 带的结构

普通 V 带具有对称的梯形横截面，带型分为 Y、Z、A、B、C、D、E 7 种，截面尺寸见表 8-1。

表 8-1　普通 V 带的截面尺寸

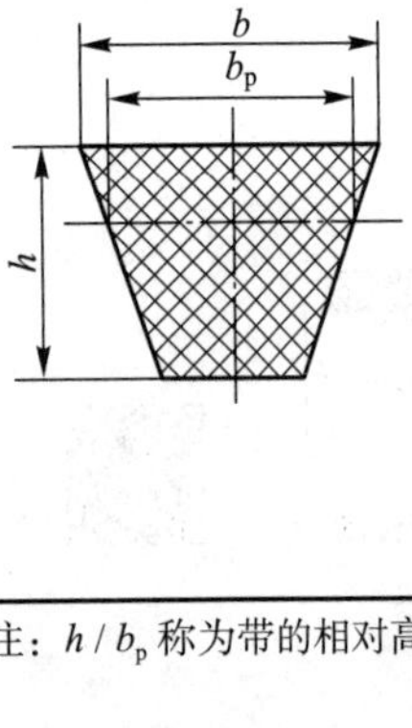

普通 V 带的带型	节宽 b_p/mm	顶宽 b/mm	高度 h/mm	横截面积 A/mm²
Y	5.3	6.0	4.0	18
Z	8.5	10.0	6.0	47
A	11.0	13.0	8.0	81
B	14.0	17.0	11.0	143
C	19.0	22.0	14.0	237
D	27.0	32.0	19.0	476
E	32.0	38.0	23.0	722

注：h/b_p 称为带的相对高度。

窄 V 带的横截面结构与普通 V 带类似。与普通 V 带相比，当带的宽度相同时，窄 V 带的高度约增加 1/3，使其看上去比普通 V 带窄（图 8-6）。由于窄 V 带截面形状的改进，使得窄 V 带的承载能力与相同宽度的普通 V 带的承载能力相比有了较大的提高，因而适用于传递功率较大同时又要求外形尺寸较小的场合。窄 V 带的工作原理和设计方法与普通 V 带类似。

(a) 普通V带

(b) 窄V带

图 8-6 相同宽度普通 V 带与窄 V 带的对比

普通 V 带采用基准宽度制[①]。当带垂直其底边弯曲时，在带中保持原长度不变的周线称为节线，全部节线构成节面，节面宽度称为节宽 b_p。当带垂直于底边弯曲时，节宽保持不变。在带轮上，轮槽宽等于带的节宽处的直径称为带轮的基准直径 d_d。在规定的张紧力下，V 带位于测量带轮基准直径上的节线长度称为基准长度 L_d。V 带的基准长度已经标准化，见表 8-2。

表 8-2 普通 V 带的基准长度 L_d（mm）及带长修正系数 K_L（摘自 GB/T 13575.1—2022）

Y		Z		A		B		C		D		E	
L_d	K_L	L_d	K_L	L_d	K_L	L_d	K_L	L_d	K_L	L_d	K_L	L_d	K_L
200	0.81	405	0.87	630	0.81	930	0.83	1 565	0.82	2 740	0.82	4 660	0.91
224	0.82	475	0.90	700	0.83	1 000	0.84	1 760	0.85	3 100	0.86	5 040	0.92
250	0.84	530	0.93	790	0.85	1 100	0.86	1 950	0.87	3 330	0.87	5 420	0.94
280	0.87	625	0.96	890	0.87	1 210	0.87	2 195	0.90	3 730	0.90	6 100	0.96
315	0.89	700	0.99	990	0.89	1 370	0.90	2 420	0.92	4 080	0.91	6 850	0.99
355	0.92	780	1.00	1 100	0.91	1 560	0.92	2 715	0.94	4 620	0.94	7 650	1.01
400	0.96	920	1.04	1 250	0.93	1 760	0.94	2 880	0.95	5 400	0.97	9 150	1.05
450	1.00	1 080	1.07	1 430	0.96	1 950	0.97	3 080	0.97	6 100	0.99	12 230	1.11
500	1.02	1 330	1.13	1 550	0.98	2 180	0.99	3 520	0.99	6 840	1.02	13 750	1.15
		1 420	1.14	1 640	0.99	2 300	1.01	4 060	1.02	7 620	1.05	15 280	1.17
		1 540	1.54	1 750	1.00	2 500	1.03	4 600	1.05	9 140	1.08	16 800	1.19
				1 940	1.02	2 700	1.04	5 380	1.08	10 700	1.13		
				2 050	1.04	2 870	1.05	6 100	1.11	12 200	1.16		
				2 200	1.06	3 200	1.07	6 815	1.14	13 700	1.19		
				2 300	1.07	3 600	1.09	7 600	1.17	15 200	1.21		
				2 480	1.09	4 060	1.13	9 100	1.21				
				2 700	1.10	4 430	1.15	10 700	1.24				

① 普通 V 带采用基准宽度制，窄 V 带采用基准宽度制和有效宽度制，请参考 GB/T 13575.1—2022 和 GB/T 13575.2—2022。

续表

Y		Z		A		B		C		D		E	
L_d	K_L	L_d	K_L	L_d	K_L	L_d	K_L	L_d	K_L	L_d	K_L	L_d	K_L
						4 820	1.17						
						5 370	1.20						
						6 070	1.24						

除普通 V 带和窄 V 带外，还有联组 V 带、齿形 V 带、大楔角 V 带、宽 V 带等多种类型。由于普通 V 带应用较广，设计方法与理论具有普遍性，故本章将重点讨论普通 V 带的设计方法，其他类型的 V 带传动设计可参阅有关标准。

8-2　带传动工作情况的分析

1. 带传动的受力分析

带传动工作前，传动带以一定的初拉力 F_0（图 8-7a）张紧在带轮上。

带传动工作时，因带和带轮间的摩擦力作用使带一边拉紧，一边放松。紧边拉力为 F_1，松边拉力为 F_2（图 8-7b）。如果近似认为带的总长度保持不变，并且假设带为线弹性体，则带紧边拉力的增加量应等于松边拉力的减少量，即

$$F_1 - F_0 = F_0 - F_2 \tag{8-1}$$

或者
$$F_1 + F_2 = 2F_0 \tag{8-1a}$$

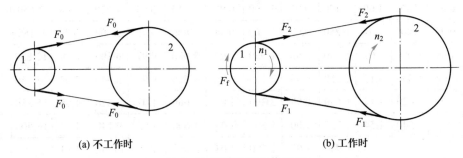

(a) 不工作时　　　　　　　　　　　　(b) 工作时

图 8-7　带传动的工作原理

如果取与小带轮接触的传动带为分离体（图 8-8），则传动带上诸力对带轮中心的力矩平衡条件为

$$F_f \frac{d_{d1}}{2} = F_1 \frac{d_{d1}}{2} - F_2 \frac{d_{d1}}{2}$$

由此可得
$$F_f = F_1 - F_2$$

式中：F_f——传动带工作面上的总摩擦力；

　　　d_{d1}——小带轮的基准直径。

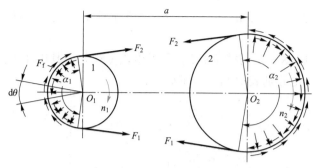

图 8-8 带与带轮的受力分析

带传动的有效拉力 F_e 等于传动带工作表面上的总摩擦力 F_f，即

$$F_e = F_f = F_1 - F_2 \tag{8-2}$$

在初拉力 F_0、紧边拉力 F_1、松边拉力 F_2 和有效拉力 F_e 这 4 个力中，只有两个是独立的。因此，由式（8-1）和式（8-2）可得

$$\left. \begin{array}{l} F_1 = F_0 + \dfrac{F_e}{2} \\[2mm] F_2 = F_0 - \dfrac{F_e}{2} \end{array} \right\} \tag{8-3}$$

有效拉力 F_e 与带传动所传递的功率 P 的关系为

$$P = \frac{F_e v}{1\,000} \tag{8-4}$$

式中，功率 P 的单位为 kW，有效拉力 F_e 的单位为 N，带速 v 的单位为 m/s。

由式（8-4）可知，在带速一定的条件下，带传动所能传递的功率 P 取决于带传动中的有效拉力 F_e，即带和带轮之间的总摩擦力 F_f。显然，当其他条件不变且初拉力 F_0 一定时，摩擦力 F_f 有一极限值（临界值），这个极限值限制着带传动的传动能力。

2. 带传动的最大有效拉力及其影响因素

带传动中，当带有打滑趋势时，摩擦力达到极限值，即带传动的有效拉力达到最大值。这时，根据理论推导（参看文献［4］），带的紧边拉力 F_1 和松边拉力 F_2 的关系可用柔韧体摩擦的欧拉公式表示，即

$$F_1 = F_2 e^{f\alpha} \tag{8-5}$$

式中：e——自然对数的底（e=2.718…）；

f——摩擦因数（对于 V 带，用当量摩擦因数 f_v 代替 f）；

α——带在带轮上的包角，rad，见图 8-8。

带在小带轮与大带轮上的包角分别为 α_1 和 α_2（图 8-8），由下式确定：

$$\left. \begin{array}{l} \alpha_1 \approx 180° - (d_{d2} - d_{d1}) \dfrac{57.3°}{a} \\[2mm] \alpha_2 \approx 180° + (d_{d2} - d_{d1}) \dfrac{57.3°}{a} \end{array} \right\} \tag{8-6}$$

式中：α_1 和 α_2 的单位为（°）；d_{d1} 和 d_{d2} 分别为小带轮和大带轮的基准直径，mm；a 为带轮的中心距，mm。

由式（8-5）、式（8-2）与式（8-3）可得出式（8-7），其中用 F_{ec} 表示最大（临界）有效拉力，F_{1c} 和 F_{2c} 也分别表示 F_1、F_2 的临界值。

$$\left.\begin{aligned} F_{1c} &= F_{ec}\frac{e^{f\alpha}}{e^{f\alpha}-1} \\ F_{2c} &= F_{ec}\frac{1}{e^{f\alpha}-1} \\ F_{ec} &= 2F_0\frac{e^{f\alpha}-1}{e^{f\alpha}+1} = 2F_0\frac{1-1/e^{f\alpha}}{1+1/e^{f\alpha}} \end{aligned}\right\} \tag{8-7}$$

式中的包角 α 应取 α_1 和 α_2 中的较小者。

由式（8-7）可知，最大有效拉力 F_{ec} 与下列几个因素有关：

1）初拉力 F_0。最大有效拉力 F_{ec} 与初拉力 F_0 成正比，F_0 越大，带与带轮间的正压力越大，则传动时的摩擦力就越大，最大有效拉力 F_{ec} 也就越大。若 F_0 过大，将使带的磨损加剧，导致带过快松弛，缩短带的工作寿命。如果 F_0 过小，则带的工作能力得不到充分发挥，运转时容易发生跳动和打滑。

2）包角 α。最大有效拉力 F_{ec} 随包角 α 的增大而增大。这是因为 α 越大，带和带轮接触面上所产生的总摩擦力就越大，传动能力也就越高。

3）摩擦因数 f。最大有效拉力 F_{ec} 随摩擦因数 f 的增大而增大。摩擦因数 f 与带及带轮的材料、表面状况和工作环境条件有关。

3. 带的应力分析

带传动工作时，带中的应力有以下几种。

（1）拉应力

带上拉应力包括紧边拉应力 σ_1 和松边拉应力 σ_2。

$$\left.\begin{aligned} \sigma_1 &= \frac{F_1}{A} \\ \sigma_2 &= \frac{F_2}{A} \end{aligned}\right\} \tag{8-8}$$

式中：σ_1 和 σ_2 的单位为 MPa；F_1 和 F_2 的单位为 N；A 为带的横截面积，mm^2，见表 8-1。

（2）弯曲应力

带绕在带轮上时，在带中产生弯曲应力 σ_{b1} 和 σ_{b2}。

$$\left.\begin{aligned} \sigma_{b1} &\approx E\frac{h}{d_{d1}} \\ \sigma_{b2} &\approx E\frac{h}{d_{d2}} \end{aligned}\right\} \tag{8-9}$$

式中：h ——带的高度，mm，见表 8-1；

E ——带的弹性模量，MPa。

因为带的弯曲应力与带轮的基准直径成反比，所以带在小带轮上的弯曲应力 σ_{b1} 大于带在大带轮上的弯曲应力 σ_{b2}。

（3）离心拉应力

当带随着带轮作圆周运动时，带自身的质量将引起离心力，并因此在带中产生离心拉力，离心拉力存在于带的全长范围内。由离心拉力而产生的离心拉应力 σ_c 为

$$\sigma_c = \frac{qv^2}{A} \tag{8-10}$$

式中：q —— 带单位长度的质量，kg/m（V 带单位长度的质量参见表 8-3）；

　　　v —— 带速，m/s。

表 8-3　V 带单位长度的质量

带型	Y	Z	A	B	C	D	E
q/(kg/m)	0.023	0.060	0.105	0.170	0.300	0.630	0.970

图 8-9 表示带工作时的应力分布情况。带中可能产生的最大应力发生在带的紧边开始绕上小带轮处，此最大应力可近似地表示为

$$\sigma_{max} \approx \sigma_1 + \sigma_{b1} + \sigma_c \tag{8-11}$$

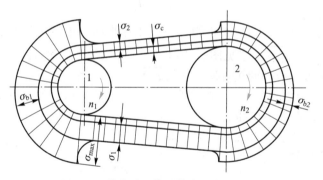

图 8-9　带传动工作时带中的应力分布

由图 8-9 可见，带在运动过程中，带上任意一点的应力都是变化的。带每运行一周，应力变化一个周期。当带工作一定时间之后，将会因为疲劳而发生断裂或塑性变形。

4. 带的弹性滑动和打滑

带在受到拉力作用时会发生弹性变形。在主动带轮上，带的拉力从紧边拉力 F_1 逐渐降低到松边拉力 F_2，带的弹性变形量逐渐减小，因此带相对于主动带轮向紧边退缩，使得带速低于主动带轮的线速度 v_1；在从动带轮上，带的拉力从松边拉力 F_2 逐渐上升为紧边拉力 F_1，带的弹性变形量逐渐增加，带相对于从动带轮向紧边伸长，使带速高于从动带轮的线速度 v_2。这种由于带的弹性变形而引起的带与带轮间的微量滑动，称为带传动的弹性滑动。因为带传动总有紧边和松边，所以弹性滑动也总是存在的。

带绕小带轮和大带轮运动一周，带速没有发生变化。但是从动带轮的线速度

v_2 却因此而小于主动带轮的线速度 v_1。带轮线速度的相对变化量可以用滑动率 ε 来评价：

$$\varepsilon = \frac{v_1 - v_2}{v_1} \times 100\% \qquad (8-12)$$

或

$$v_2 = (1-\varepsilon)v_1 \qquad (8-12a)$$

其中

$$\left.\begin{array}{l} v_1 = \dfrac{\pi d_{d1} n_1}{60 \times 1\,000} \\[3mm] v_2 = \dfrac{\pi d_{d2} n_2}{60 \times 1\,000} \end{array}\right\} \qquad (8-13)$$

式中，n_1、n_2 分别为小带轮和大带轮的转速，r/min。

将式（8-13）代入式（8-12a），可得

$$d_{d2} n_2 = (1-\varepsilon)d_{d1} n_1 \qquad (8-14)$$

因而带传动的平均传动比为

$$i = \frac{n_1}{n_2} = \frac{d_{d2}}{(1-\varepsilon)d_{d1}} \qquad (8-15)$$

在一般的带传动中，因滑动率不大（$\varepsilon \approx 1\% \sim 2\%$），故可以不予考虑，将传动比取为

$$i = \frac{n_1}{n_2} \approx \frac{d_{d2}}{d_{d1}} \qquad (8-15a)$$

在带传动正常工作时，带的弹性滑动只发生在带离开小带轮和大带轮之前的那一段接触弧上，例如 $\overparen{C_1 B_1}$ 和 $\overparen{C_2 B_2}$（参见图8-10），这一段弧称为滑动弧，所对的中心角为滑动角；而把没有发生弹性滑动的接触弧，例如 $\overparen{A_1 C_1}$ 和 $\overparen{A_2 C_2}$，称为静止弧，所对的中心角为静止角。在传动速度不变的条件下，若逐渐增大带传动的载荷，带所传递的功率将逐渐增加，带和带轮间的总摩擦力也随之增加，滑动弧也相应扩大。当总摩擦力增加到临界值时，滑动弧也就扩大到了整个接触弧（相当于点 C_1 移动到与点 A_1 重合）。此时，如果再增加带传动的载荷，则带与带轮间就会发生显著的相对滑动，即打滑。打滑会加剧带的磨损，降低从动带轮的转速，使带传动失效，故应极力避免这种情况的发生。但是，当带传动的载荷因意外而突然增大，超过设计值时，这种打滑可以起到过载保护的作用。

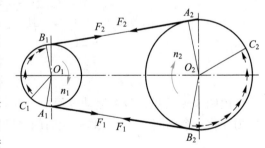

图 8-10　带传动的弹性滑动

8-3　普通 V 带传动的设计计算

1. 设计准则和单根 V 带的基本额定功率 P_0

带传动的主要失效形式是打滑和疲劳破坏。因此，带传动的设计准则是：在保证带传

动不打滑的条件下，使带具有所需的疲劳强度和寿命。

由式（8-11）可知，V 带的疲劳强度条件为

$$\sigma_{\max} \approx \sigma_1 + \sigma_{b1} + \sigma_c \leqslant [\sigma] \tag{8-16}$$

或

$$\sigma_1 \leqslant [\sigma] - \sigma_{b1} - \sigma_c \tag{8-16a}$$

式中，$[\sigma]$ 为在一定条件下由带的疲劳强度所决定的许用应力。

由式（8-16a）可得

$$\sigma_{1\max} = [\sigma] - \sigma_{b1} - \sigma_c$$

由式（8-7）和式（8-8），可得到在满足带传动具有一定的疲劳强度和寿命的情况下，带所允许的最大有效拉力 F_{ec} 为

$$F_{ec} = F_{1e}\left(1 - \frac{1}{e^{f_v\alpha}}\right) = \sigma_{1\max} A\left(1 - \frac{1}{e^{f_v\alpha}}\right) \tag{8-17}$$

由式（8-4）、式（8-16）和式（8-17）可得到单根 V 带所允许传递的基本额定功率 P_0 为

$$P_0 = \frac{([\sigma] - \sigma_{b1} - \sigma_c)\left(1 - \dfrac{1}{e^{f_v\alpha}}\right) A v}{1\,000} \tag{8-18}$$

式中，P_0 的单位为 kW。

单根普通 V 带的基本额定功率 P_0 是通过试验得到的。试验条件为包角 $\alpha_1 = \alpha_2 = 180°$（$i=1$）、特定带长 L_d、平稳的工作条件。单根普通 V 带的基本额定功率 P_0 见表 8-4。

表 8-4　单根普通 V 带的基本额定功率 P_0　　　　　　　kW

带型	小带轮的基准直径 d_{d1}/mm	小带轮的转速 n_1/(r/min)									
		400	700	800	960	1 200	1 450	1 600	2 000	2 400	2 800
Z	50	0.06	0.09	0.10	0.12	0.14	0.16	0.17	0.20	0.22	0.26
	56	0.06	0.11	0.12	0.14	0.17	0.19	0.20	0.25	0.30	0.33
	63	0.08	0.13	0.15	0.18	0.22	0.25	0.27	0.32	0.37	0.41
	71	0.09	0.17	0.20	0.23	0.27	0.30	0.33	0.39	0.46	0.50
	80	0.14	0.20	0.22	0.26	0.30	0.35	0.39	0.44	0.50	0.56
	90	0.14	0.22	0.24	0.28	0.33	0.36	0.40	0.48	0.54	0.60
A	75	0.38	0.58	0.64	0.73	0.86	0.98	1.05	1.21	1.35	1.47
	90	0.53	0.84	0.93	1.06	1.27	1.47	1.58	1.85	2.09	2.30
	100	0.64	1.01	1.12	1.28	1.54	1.78	1.92	2.26	2.56	2.83
	112	0.76	1.21	1.34	1.54	1.86	2.15	2.32	2.74	3.11	3.44
	125	0.89	1.42	1.58	1.82	2.20	2.55	2.75	3.25	3.69	4.08

带型	小带轮的基准直径 d_{d1}/mm	小带轮的转速 n_1/(r/min)									
		400	700	800	960	1 200	1 450	1 600	2 000	2 400	2 800
A	140	1.04	1.66	1.86	2.14	2.58	2.99	3.23	3.81	4.33	4.77
	160	1.23	1.98	2.21	2.55	3.08	3.57	3.85	4.54	5.14	5.64
	180	1.42	2.29	2.56	2.95	3.56	4.13	4.45	5.23	5.89	6.42
B	125	1.13	1.75	1.93	2.19	2.59	2.94	3.13	3.58	3.92	4.17
	140	1.40	2.18	2.41	2.75	3.27	3.73	3.99	4.58	5.05	5.38
	160	1.74	2.74	3.04	3.48	4.15	4.75	5.09	5.86	6.46	6.88
	180	2.08	3.29	3.66	4.19	5.01	5.74	6.14	7.07	7.77	8.23
	200	2.42	3.84	4.27	4.89	5.84	6.70	7.16	8.21	8.97	9.41
	224	2.81	4.48	4.99	5.71	6.82	7.80	8.33	9.49	10.26	10.61
	250	3.24	5.16	5.74	6.57	7.84	8.94	9.52	10.75	11.46	11.59
	280	3.72	5.92	6.59	7.54	8.96	10.17	10.79	12.02	12.56	12.29
C	200	3.39	5.19	5.72	6.46	7.53	8.41	8.85	9.67	9.93	9.60
	224	4.14	6.40	7.07	7.99	9.36	10.48	11.03	12.06	12.35	11.82
	250	4.93	7.67	8.49	9.62	11.26	12.61	13.27	14.41	14.58	13.65
	280	5.84	9.12	10.09	11.43	13.37	14.93	15.66	16.80	16.62	14.94
	315	6.87	10.76	11.90	13.47	15.70	17.42	18.18	19.10	18.21	15.23
	355	8.04	12.57	13.89	15.70	18.19	19.98	20.69	21.05	18.89	—
	400	9.32	14.55	16.05	18.06	20.74	22.46	22.99	22.28	18.03	—
	450	10.72	16.66	18.32	20.51	23.24	24.68	24.84	22.33	—	—
D	355	12.25	18.21	19.77	21.70	23.74	24.18	23.58	—	—	—
	400	15.03	22.46	24.39	26.75	29.11	29.27	28.18	—	—	—
	450	18.05	26.99	29.26	31.96	34.33	33.67	31.64	—	—	—
	500	21.00	31.30	33.83	36.70	38.68	36.63	33.20	—	—	—
	560	24.45	36.16	38.89	41.73	42.67	38.09	32.30	—	—	—
	630	28.35	41.41	44.19	46.64	45.48	36.62	27.04	—	—	—
	710	32.66	46.78	49.36	50.84	45.99	30.31	—	—	—	—
	800	37.28	51.99	53.96	53.61	42.77	—	—	—	—	—

注：因为 Y 型带主要用于传递运动，所以没有列出。

2. 单根 V 带的额定功率 P_r

单根 V 带的基本额定功率是在规定的试验条件下得到的。实际工作条件下带传动的传动比、V 带长度和带轮包角与试验条件不同，因此需要对单根 V 带的基本额定功率予

以修正，得到单根 V 带的额定功率

$$P_r = (P_0 + \Delta P_0)K_\alpha K_L \qquad (8\text{-}19)$$

式中：ΔP_0——当传动比不等于 1 时单根 V 带基本额定功率的增量，参见表 8-5；

$\quad\quad K_\alpha$——当包角小于 180°时的修正系数，参见表 8-6；

$\quad\quad K_L$——当带长不等于试验规定的特定带长时的修正系数，参见表 8-2。

表 8-5　单根 V 带基本定功率的增量 ΔP_0　　　　　　　　　　　　　　　　kW

带型	传动比 i	小带轮的转速 $n_1/$（r/min）									
		400	700	800	950	1 200	1 450	1 600	2 000	2 400	2 800
Z	1.00～1.01	0.00	0.00	0.00	0.00	0.00	0.00	0.00	0.00	0.00	0.00
	1.02～1.04	0.00	0.00	0.00	0.00	0.00	0.00	0.01	0.01	0.01	0.01
	1.05～1.08	0.00	0.00	0.00	0.01	0.01	0.01	0.01	0.01	0.02	0.02
	1.09～1.12	0.00	0.00	0.00	0.01	0.01	0.01	0.01	0.02	0.02	0.02
	1.13～1.18	0.00	0.00	0.01	0.01	0.01	0.01	0.01	0.02	0.02	0.03
	1.19～1.24	0.00	0.00	0.01	0.01	0.01	0.02	0.02	0.02	0.02	0.03
	1.25～1.34	0.00	0.01	0.01	0.01	0.02	0.02	0.02	0.02	0.03	0.03
	1.35～1.50	0.00	0.01	0.01	0.02	0.02	0.02	0.02	0.03	0.03	0.04
	1.51～1.99	0.01	0.01	0.02	0.02	0.02	0.02	0.03	0.03	0.04	0.04
	≥2.00	0.01	0.02	0.02	0.02	0.03	0.03	0.03	0.04	0.04	0.04
A	1.00～1.01	0.00	0.00	0.00	0.00	0.00	0.00	0.00	0.00	0.00	0.00
	1.02～1.04	0.00	0.00	0.00	0.00	0.00	0.00	0.00	0.00	0.00	0.00
	1.05～1.08	0.01	0.02	0.02	0.03	0.03	0.04	0.04	0.05	0.07	0.08
	1.09～1.12	0.02	0.03	0.03	0.04	0.05	0.06	0.06	0.08	0.10	0.11
	1.13～1.18	0.02	0.04	0.04	0.05	0.07	0.08	0.09	0.11	0.13	0.15
	1.19～1.24	0.03	0.05	0.05	0.06	0.08	0.10	0.11	0.14	0.16	0.19
	1.25～1.34	0.03	0.06	0.07	0.08	0.10	0.12	0.13	0.16	0.20	0.23
	1.35～1.51	0.04	0.07	0.08	0.09	0.11	0.14	0.15	0.19	0.23	0.27
	1.52～1.99	0.04	0.08	0.09	0.10	0.13	0.16	0.17	0.22	0.26	0.31
	≥2.00	0.05	0.09	0.10	0.12	0.15	0.18	0.20	0.25	0.29	0.34
B	1.00～1.01	0.00	0.00	0.00	0.00	0.00	0.00	0.00	0.00	0.00	0.00
	1.02～1.04	0.00	0.00	0.00	0.00	0.00	0.01	0.01	0.01	0.01	0.01
	1.05～1.08	0.03	0.05	0.06	0.07	0.09	0.10	0.12	0.14	0.17	0.20
	1.09～1.12	0.04	0.07	0.08	0.10	0.13	0.15	0.17	0.21	0.25	0.30
	1.13～1.18	0.06	0.10	0.12	0.14	0.17	0.21	0.23	0.29	0.35	0.40
	1.19～1.24	0.07	0.13	0.14	0.17	0.22	0.26	0.29	0.36	0.43	0.51

续表

带型	传动比 i	小带轮的转速 n_1/(r/min)									
		400	700	800	950	1 200	1 450	1 600	2 000	2 400	2 800
B	1.25~1.34	0.09	0.15	0.17	0.21	0.26	0.31	0.35	0.43	0.52	0.61
	1.35~1.51	0.10	0.18	0.20	0.24	0.30	0.37	0.40	0.51	0.61	0.71
	1.52~1.99	0.12	0.20	0.23	0.27	0.35	0.42	0.46	0.58	0.69	0.81
	≥2.00	0.13	0.23	0.26	0.31	0.39	0.47	0.52	0.65	0.78	0.91
C	1.00~1.01	0.00	0.00	0.00	0.00	0.00	0.00	0.00	0.00	0.00	0.00
	1.02~1.04	0.00	0.01	0.01	0.01	0.01	0.02	0.02	0.02	0.03	0.03
	1.05~1.08	0.08	0.14	0.16	0.19	0.24	0.29	0.32	0.40	0.48	0.56
	1.09~1.12	0.12	0.20	0.23	0.28	0.35	0.42	0.47	0.58	0.70	0.81
	1.13~1.18	0.16	0.28	0.32	0.38	0.48	0.58	0.64	0.80	0.96	1.12
	1.19~1.24	0.20	0.35	0.40	0.47	0.60	0.72	0.80	1.00	1.20	1.40
	1.25~1.34	0.24	0.42	0.48	0.57	0.72	0.87	0.96	1.19	1.43	1.67
	1.35~1.51	0.28	0.49	0.56	0.66	0.84	1.01	1.12	1.39	1.67	1.95
	1.52~1.99	0.32	0.56	0.64	0.76	0.96	1.16	1.28	1.59	1.91	2.23
	≥2.00	0.36	0.63	0.72	0.85	1.08	1.30	1.43	1.79	2.15	2.51
D	1.00~1.01	0.00	0.00	0.00	0.00	0.00	0.00	0.00	—	—	—
	1.02~1.04	0.02	0.03	0.03	0.04	0.05	0.06	0.06	—	—	—
	1.05~1.08	0.28	0.50	0.57	0.68	0.85	1.03	1.14	—	—	—
	1.09~1.12	0.42	0.73	0.83	0.99	1.25	1.51	1.67	—	—	—
	1.13~1.18	0.57	1.00	1.14	1.35	1.71	2.07	2.28	—	—	—
	1.19~1.24	0.71	1.25	1.43	1.69	2.14	2.59	2.85	—	—	—
	1.25~1.34	0.86	1.50	1.71	2.03	2.57	3.10	3.42	—	—	—
	1.35~1.51	1.00	1.75	2.00	2.37	3.00	3.62	4.00	—	—	—
	1.52~1.99	1.14	2.00	2.28	2.71	3.43	4.14	4.57	—	—	—
	≥2.00	1.28	2.25	2.57	3.05	3.85	4.65	5.13	—	—	—

表 8-6　包角修正系数

小带轮包角 α/(°)	180	174	169	163	157	151	145	139	133	127	120	113	106	99	91	83
K_α	1.00	0.99	0.97	0.96	0.94	0.93	0.91	0.89	0.87	0.85	0.82	0.80	0.77	0.73	0.70	0.65

3. 带传动的参数选择

（1）中心距 a

中心距大，可以增加带在带轮上的包角，并减少单位时间内带的循环次数，有利于提高带的寿命。但是如果中心距过大，则会加剧带的波动，降低带传动的平稳性，同时增大带传动的整体尺寸。中心距小，则有相反的利弊。一般初选带传动的中心距 a_0 为

$$0.7(d_{d1}+d_{d2}) \leqslant a_0 \leqslant 2(d_{d1}+d_{d2}) \tag{8-20}$$

（2）传动比 i

传动比大，则带在小带轮上的包角将减小，带传动的承载能力降低。因此，带传动的传动比不宜过大，一般为 $i \leqslant 7$，推荐值为 $i=2 \sim 5$。

（3）带轮的基准直径 d_d

当带传动的功率和转速一定时，减小小带轮的直径，带速将降低，单根 V 带所能传递的功率减小，从而导致 V 带根数的增加。这样不仅增大了带轮的宽度，而且也增大了载荷在 V 带之间分配的不均匀性。另外，减小带轮直径，会增大带的弯曲应力。为了避免弯曲应力过大，小带轮的基准直径就不能过小。一般情况下，应保证 $d_d \geqslant d_{dmin}$。推荐的 V 带轮的最小基准直径列于表 8-7 中。

表 8-7　V 带轮的最小基准直径

槽型	Y	Z	A	B	C	D	E
d_{dmin}/mm	20	50	75	125	200	355	500

（4）带速 v

当带传动的功率一定时，提高带速，单根 V 带所能传递的功率增大，相应地可减少带的根数或者减小 V 带的横截面积，使带传动的总体尺寸减小。但是，若带速过高，则带中的离心应力增大，使得单根 V 带所能传递的功率降低，带的寿命下降。若带速过低，则单根 V 带所能传递的功率过小，带的根数增多，带传动的能力得不到发挥。

由此可见，带速不宜过高或过低，一般推荐 $v=5 \sim 25$ m/s，最高带速 $v_{max}=30$ m/s。

分析表 8-4 中的数据可见，在较大速度范围内，V 带的基本额定功率都随转速的升高而逐渐增大。所以，从充分发挥带的工作能力和减小带传动的总体尺寸考虑，在多级传动中，应将带传动设置在高速级。

4. 带传动的设计计算

（1）已知条件和设计内容

设计 V 带传动时的已知条件包括带传动的工作条件、传动位置与总体尺寸限制、所需传递的额定功率 P、小带轮转速 n_1、大带轮转速 n_2 或传动比 i。

设计内容包括选择带的型号、确定基准长度、根数、中心距、带轮的材料、基准直径以及结构尺寸、初拉力和压轴力、张紧装置等。

（2）设计步骤和方法

1）确定计算功率

根据额定功率 P 和带的工作条件确定计算功率 P_{ca}。

$$P_{ca} = K_A P \tag{8-21}$$

式中：P_{ca}——计算功率，kW；

K_A——工作情况系数，见表 8-8；

P——所需传递的额定功率，如电动机的额定功率或名义的负载功率，kW。

表 8-8　工作情况系数 K_A

工　　况		K_A					
		空、轻载启动			重载启动		
		每天工作小时数 /h					
		<10	10～16	>16	<10	10～16	>16
载荷变动微小	液体搅拌机、通风机和鼓风机（≤7.5 kW）、离心式水泵和压缩机、轻负荷输送机	1.0	1.1	1.2	1.1	1.2	1.3
载荷变动小	带式输送机（不均匀负荷）、通风机和鼓风机（>7.5 kW）、旋转式水泵和压缩机（非离心式）、发电机、金属切削机床、印刷机、旋转筛、锯木机和木工机械	1.1	1.2	1.3	1.2	1.3	1.4
载荷变动较大	制砖机、斗式提升机、往复式水泵和压缩机、起重机、磨粉机、冲剪机床、橡胶机械、振动筛、纺织机械、重载输送机	1.2	1.3	1.4	1.4	1.5	1.6
载荷变动很大	破碎机（旋转式、颚式等）、磨碎机（球磨、棒磨、管磨）	1.3	1.4	1.5	1.5	1.6	1.8

注：① 空、轻载启动——电动机（交流启动、三角启动、直流并励）、四缸及以上的内燃机、装有离心式离合器、液力联轴器的动力机；

② 重载启动——电动机（联机交流启动、直流复励或串励）、四缸以下的内燃机；

③ 反复启动、正反转频繁、工作条件恶劣等场合，K_A 应乘以 1.2；

④ 在增速传动场合，K_A 应乘以下列系数：

增速比（$1/i$）：　　1.25～1.74　　1.75～2.49　　2.50～3.49　　>3.5

系　　数：　　　　　1.05　　　　　1.11　　　　　1.18　　　　　1.25

2）选择 V 带的带型

根据计算功率 P_{ca} 和小带轮转速 n_1，从图 8-11 选取普通 V 带的带型。

3）确定带轮的基准直径 d_d 并验算带速 v

① 初选小带轮的基准直径 d_{d1}

根据 V 带的带型，参考表 8-7、图 8-11 和表 8-9 确定小带轮的基准直径 d_{d1}，应使 $d_{d1} \geqslant d_{dmin}$。

② 验算带速 v

根据式（8-13）计算带速。带速不宜过低或过高，一般应使 $v=5\sim25$ m/s，最高不超过 30 m/s。

③ 计算大带轮的基准直径

由 $d_{d2}=id_{d1}$ 计算，并根据表 8-9 加以适当圆整。

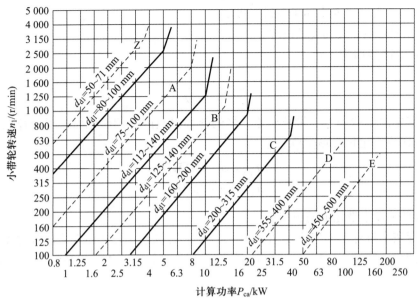

图 8-11　普通 V 带选型图

表 8-9　普通 V 带轮的基准直径系列

带型	基准直径 d_d/mm
Y	20, 22.4, 25, 28, 31.5, 35.5, 40, 45, 50, 56, 63, 71, 80, 90, 100, 112, 125
Z	50, 56, 63, 71, 75, 80, 90, 100, 112, 125, 132, 140, 150, 160, 180, 200, 224, 250, 280, 315, 355, 400, 500, 630
A	75, 80, 85, 90, 95, 100, 106, 112, 118, 125, 132, 140, 150, 160, 180, 200, 224, 250, 280, 315, 355, 400, 450, 500, 560, 630, 710, 800
B	125, 132, 140, 150, 160, 170, 180, 200, 224, 250, 280, 315, 355, 400, 450, 500, 560, 600, 630, 710, 750, 800, 900, 1 000, 1 120
C	200, 212, 224, 236, 250, 265, 280, 300, 315, 335, 355, 400, 450, 500, 560, 600, 630, 710, 750, 800, 900, 1 000, 1 120, 1 250, 1 400, 1 600, 2 000
D	355, 375, 400, 425, 450, 475, 500, 560, 600, 630, 710, 750, 800, 900, 1 000, 1 060, 1 120, 1 250, 1 400, 1 500, 1 600, 1 800, 2 000
E	500, 530, 560, 600, 630, 670, 710, 800, 900, 1 000, 1 120, 1 250, 1 400, 1 500, 1 600, 1 800, 2 000, 2 240, 2 500

4）确定中心距 a，并选择 V 带的基准长度 L_d

① 根据带传动总体尺寸的限制条件或要求的中心距，结合式（8-20）初定中心距 a_0。

② 计算带的基准长度 L_d。

带的初定基准长度 L_{d0} 近似为

$$L_{d0} \approx 2a_0 + \frac{\pi}{2}(d_{d1} + d_{d2}) + \frac{(d_{d2} - d_{d1})^2}{4a_0} \qquad （8-22）$$

根据 L_{d0} 由表 8-2 选取带的基准长度 L_d。

③计算中心距 a 及其变动范围。

实际中心距近似为

$$a \approx a_0 + \frac{L_d - L_{d0}}{2} \tag{8-23}$$

考虑带轮的制造误差、带长误差、带的弹性以及因带的松弛而产生的补充张紧的需要，常给出中心距的变动范围如下：

$$\left.\begin{array}{l} a_{\min} = a - 0.015 L_d \\ a_{\max} = a + 0.02 L_d \end{array}\right\} \tag{8-24}$$

5）验算带在小带轮上的包角 α_1

通常带在小带轮上的包角 α_1 小于在大带轮上的包角 α_2，小带轮上的临界摩擦力小于大带轮上的临界摩擦力。因此，打滑通常发生在小带轮上。为了提高带传动的工作能力，应使

$$\alpha_1 \approx 180° - (d_{d2} - d_{d1})\frac{57.3°}{a} \geqslant 120° \tag{8-25}$$

6）确定带的根数 z

$$z = \frac{P_{ca}}{P_r} = \frac{K_A P}{(P_0 + \Delta P_0)K_\alpha K_L} \tag{8-26}$$

为了使各根 V 带受力均匀，带的根数不宜过多，一般应少于 10 根。否则，应更换横截面积较大的带型，以减少带的根数。

7）确定带的初拉力 F_0

初拉力 F_0 小，则带传动的传动能力小，易出现打滑。初拉力 F_0 过大，则带的寿命短，带对轴及轴承的压力大。因此，确定初拉力时，既要发挥带的传动能力，又要保证带的寿命。单根 V 带的初拉力可由下式确定：

$$F_0 = 500\frac{(2.5 - K_\alpha)P_{ca}}{K_\alpha z v} + q v^2 \tag{8-27}$$

安装 V 带时，可以采用如图 8-12 所示的方法控制实际 F_0 的大小，即在 V 带与两带轮切点的跨度中点 M 施加一规定的、与带边垂直的测试力 G，使带在每 100 mm 上产生的挠度 y 为 1.6 mm。

测定初拉力所加的 G 值，应随 V 带的使用程度不同而改变，G 值的计算方法如下：

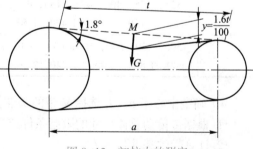

图 8-12　初拉力的测定

新安装的 V 带

$$G = \frac{1.5 F_0 + \Delta F_0}{16} \tag{8-28}$$

运转后的 V 带 $$G = \frac{1.3F_0 + \Delta F_0}{16}$$ （8-29）

最小极限值 $$G = \frac{F_0 + \Delta F_0}{16}$$ （8-30）

式中：G——测试力，N；

ΔF_0——初拉力的增量，N，见表 8-10。

表 8-10 初拉力的增量 ΔF_0 N

带型	Y	Z	A	B	C	D	E
ΔF_0	6	10	15	20	29.4	58.8	108

8）计算带传动的压轴力 F_p

为了设计支承带轮的轴和轴承，需要计算带传动作用在轴上的压轴力 F_p，如果不考虑带两边的拉力差，则压轴力可以近似地按带两边初拉力的合力来计算（图 8-13），即

$$F_p = 2zF_0 \sin \frac{\alpha_1}{2}$$ （8-31）

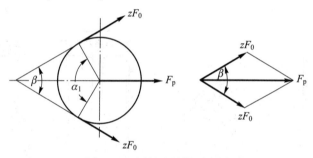

图 8-13 压轴力计算示意图

8-4　V 带轮的设计

1. V 带轮的设计内容

根据带轮的基准直径和带轮转速等已知条件，确定带轮的材料、结构形式、几何尺寸、公差和表面粗糙度以及相关技术要求。

2. 带轮的材料

常用的带轮材料为铸铁。转速较高时可以采用铸钢或用钢板冲压后焊接而成。小功率时可用铸铝或工程塑料。

3. 带轮的结构形式

V 带轮由轮缘、轮辐和轮毂组成。

根据轮辐结构的不同，V带轮可以分为实心式（图8-14a）、腹板式（图8-14b）、孔板式（图8-14c）和椭圆轮辐式（图8-14d）。

V带轮的结构形式与基准直径有关。当带轮基准直径为 $d_d \leqslant 2.5d$（d 为安装带轮的轴的直径，mm）时，可采用实心式；当 $d_d \leqslant 300$ mm 时，可采用腹板式；当 $d_d \leqslant 300$ mm，同时 $D_1 - d_1 \geqslant 100$ mm 时，可采用孔板式；当 $d_d > 300$ mm 时，可采用轮辐式。

轮毂和轮辐的尺寸参见图8-14中的经验公式。

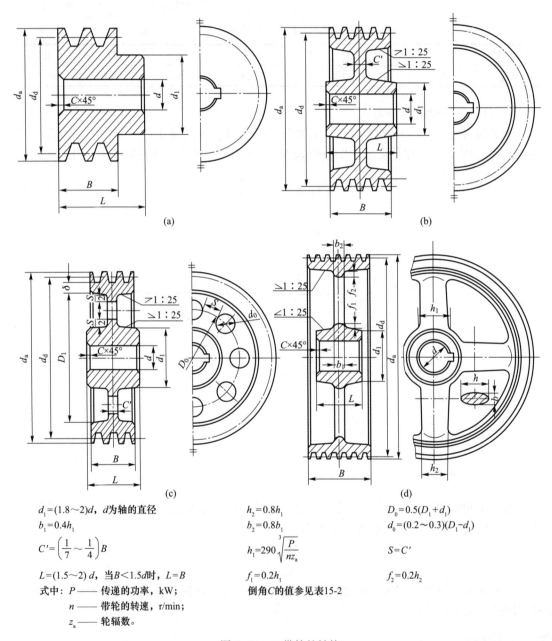

$d_1 = (1.8 \sim 2)d$，d 为轴的直径

$b_1 = 0.4h_1$

$C' = \left(\dfrac{1}{7} \sim \dfrac{1}{4} \right) B$

$L = (1.5 \sim 2)d$，当 $B < 1.5d$ 时，$L = B$

式中：P —— 传递的功率，kW；
　　　　n —— 带轮的转速，r/min；
　　　　z_a —— 轮辐数。

$h_2 = 0.8h_1$

$b_2 = 0.8b_1$

$h_1 = 290 \sqrt[3]{\dfrac{P}{nz_a}}$

$f_1 = 0.2h_1$

倒角 C 的值参见表15-2

$D_0 = 0.5(D_1 + d_1)$

$d_0 = (0.2 \sim 0.3)(D_1 - d_1)$

$S = C'$

$f_2 = 0.2h_2$

图8-14　V带轮的结构

4. V 带轮的轮槽

V 带轮的轮槽与所选用的 V 带的型号相对应，轮槽截面尺寸见表 8-11。

表 8-11　轮槽截面尺寸　　　　　　　　　　　　　　mm

槽型	b_d	h_{amin}	h_{fmin}	e	f_{min}	δ_{min}	d_d 与 d_d 相对应的带轮槽角 φ			
							$\varphi=32°$	$\varphi=34°$	$\varphi=36°$	$\varphi=38°$
Y	5.3	1.60	4.7	8 ± 0.3	6	5	≤60	—	>60	—
Z	8.5	2.00	7.0	12 ± 0.3	7	5.5	—	≤80	—	>80
A	11.0	2.75	8.7	15 ± 0.3	9	6	—	≤118	—	>118
B	14.0	3.50	10.8	19 ± 0.4	11.5	7.5	—	≤190	—	>190
C	19.0	4.80	14.3	25.5 ± 0.5	16	10	—	≤315	—	>315
D	27.0	8.10	19.9	37 ± 0.6	23	12	—	—	≤475	>475
E	32.0	9.60	23.4	44.5 ± 0.7	28	15	—	—	≤600	>600

V 带绕在带轮上以后发生弯曲变形，使 V 带工作面的夹角发生变化。为了使 V 带的工作面与带轮的轮槽工作面紧密贴合，应将 V 带轮轮槽角设计成小于 40°。带轮槽角的具体值参见表 8-11。

V 带安装到轮槽中以后，一般不应超出带轮外圆，也不应与轮槽底部接触。为此规定了轮槽基准直径到带轮外圆和底部的最小高度 h_{amin} 和 h_{fmin}。

轮槽工作表面的表面粗糙度为 Ra 1.6 μm 或 Ra 3.2 μm。

5. V 带轮的技术要求

铸造、焊接或烧结的带轮在轮缘、腹板、轮辐及轮毂上不允许有砂眼、裂缝、缩孔及气泡；铸造带轮在不提高内部应力的前提下，允许对轮缘、凸台、腹板及轮毂的表面缺陷进行修补；通常情况下，带轮只需要做静平衡。对于有较宽轮缘或转速相对较高的带轮，需要做动平衡。详细内容请参见 GB/T 11357—2020。

8-5　V 带传动的张紧、安装与防护

1. V 带传动的张紧

V 带传动运转一段时间以后，带会因为其塑性变形和磨损而松弛。为了保证带传动正常工作，应定期检查带的松弛程度，采取相应的张紧措施。常见的 V 带传动张紧装置有以下几种。

（1）定期张紧装置

采用定期改变中心距的方法来调节带的初拉力，使带重新张紧。图 8-15a 为滑道式，

图 8-15b 为摆架式。

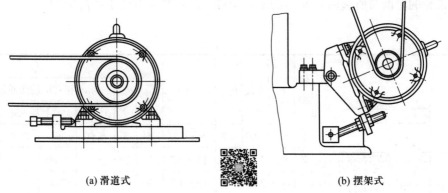

(a) 滑道式   (b) 摆架式

图 8-15   带的定期张紧装置

（2）自动张紧装置

如图 8-16 所示，将装有带轮的电动机安装在浮动的摆架上，利用电动机的自重，使带轮随同电动机绕固定轴摆动，以自动保持带的初拉力。

（3）采用张紧轮的张紧装置

当中心距不能调节时，可采用张紧轮将带张紧（图 8-17）。设置张紧轮应注意：① 一般应放在松边的内侧，使带只受单向弯曲；② 张紧轮还应尽量靠近大带轮，以免减小带在小带轮上的包角；③ 张紧轮的轮槽尺寸与带轮的相同，且直径小于小带轮的直径。

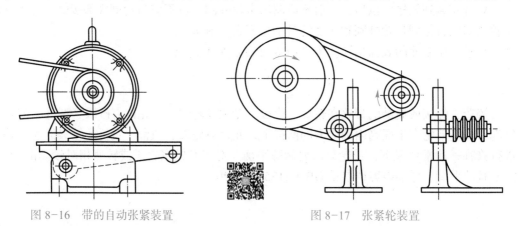

图 8-16   带的自动张紧装置   图 8-17   张紧轮装置

如果中心距过小，可以将张紧轮设置在带的松边外侧，同时应靠近小带轮。但这种方式使带产生反向弯曲，会降低带的疲劳寿命。

2. V 带传动的安装

大、小带轮的轴线应相互平行，大、小带轮相对应的 V 形槽的对称平面应重合，误差不得超过 20′。

多根 V 带传动时，为避免各根 V 带的载荷分布不均，带的配组差应在规定的范围内（参见 GB/T 11544—2012）。

3. V 带传动的防护

为安全起见，带传动应置于铁丝网或保护罩内，并保证通风和排污。

例题 8-1　设计某带式输送机传动系统中第一级用的普通 V 带传动。已知电动机功率 $P=4$ kW，转速 $n_1=1\,440$ r/min，传动比 $i=3.4$，每天工作 8 h。

[解] （1）确定计算功率 P_{ca}

由表 8-8 查得工作情况系数 $K_A=1.1$，故

$$P_{ca}=K_A P=1.1\times 4\ \text{kW}=4.4\ \text{kW}$$

（2）选择 V 带的带型

根据 P_{ca}、n_1 由图 8-11 选用 A 型。

（3）确定带轮的基准直径 d_d 并验算带速 v

1）初选小带轮的基准直径 d_{d1}。由表 8-7、图 8-11 和表 8-9，取小带轮的基准直径 $d_{d1}=90$ mm。

2）验算带速 v。按式（8-13）验算带的速度

$$v=\frac{\pi d_{d1}n_1}{60\times 1000}=\frac{\pi\times 90\times 1\,440}{60\times 1000}\ \text{m/s}=6.79\ \text{m/s}$$

因为 5 m/s$<v<$25 m/s，故带速合适。

3）计算大带轮的基准直径。根据式（8-15a），计算大带轮的基准直径

$$d_{d2}=id_{d1}=3.4\times 90\ \text{mm}=306\ \text{mm}$$

根据表 8-9，取标准值为 $d_{d2}=315$ mm。

（4）确定 V 带的中心距 a 和基准长度 L_d

1）根据式（8-20），初定中心距 $a_0=500$ mm。

2）由式（8-22）计算带所需的基准长度

$$L_{d0}\approx 2a_0+\frac{\pi}{2}(d_{d1}+d_{d2})+\frac{(d_{d2}-d_{d1})^2}{4a_0}$$

$$=\left[2\times 500+\frac{\pi}{2}\times(90+315)+\frac{(315-90)^2}{4\times 500}\right]\text{mm}=1\,661\ \text{mm}$$

由表 8-2 选带的基准长度 $L_d=1\,640$ mm。

3）按式（8-23）计算实际中心距 a。

$$a\approx a_0+\frac{L_d-L_{d0}}{2}=\left(500+\frac{1640-1661}{2}\right)\text{mm}=490\ \text{mm}$$

按式（8-24），中心距的变化范围为 465～523 mm。

（5）验算小带轮上的包角 α_1

$$\alpha_1\approx 180°-(d_{d2}-d_{d1})\frac{57.3°}{a}=180°-(315-90)\times\frac{57.3°}{490}=154°>120°$$

（6）计算带的根数 z

1）计算单根 V 带的额定功率 P_r。

由 $d_{d1}=90$ mm 和 $n_1=1\,440$ r/min，查表 8-4 计算得 $P_0=1.462$ kW。

根据 $n_1 = 1\,440$ r/min，$i = 3.4$ 和 A 型带，查表 8-5 得 $\Delta P_0 = 0.179$ kW。

查表 8-6 得 $K_\alpha = 0.935$，查表 8-2 得 $K_L = 0.99$，于是

$$P_r = (P_0 + \Delta P_0)K_\alpha K_L = (1.462 + 0.179) \times 0.935 \times 0.99 \text{ kW} = 1.52 \text{ kW}$$

2）计算 V 带的根数 z。

$$z = \frac{P_{ca}}{P_r} = \frac{4.4}{1.52} = 2.89$$

取 3 根。

（7）计算单根 V 带的初拉力 F_0

由表 8-3 得 A 型带的单位长度质量 $q = 0.105$ kg/m，所以

$$F_0 = 500\frac{(2.5 - K_\alpha)P_{ca}}{K_\alpha z v} + qv^2 = \left[500 \times \frac{(2.5 - 0.935) \times 4.4}{0.935 \times 3 \times 6.79} + 0.105 \times 6.79^2\right] \text{N} = 185.6 \text{ N}$$

（8）计算压轴力 F_p

$$F_p = 2zF_0\sin\frac{\alpha_1}{2} = 2 \times 3 \times 185.6 \times \sin\frac{154°}{2} \text{ N} = 1\,085.1 \text{ N}$$

（9）带轮结构设计（略）

（10）主要设计结论

选用 A 型普通 V 带 3 根，带基准长度 1 640 mm。带轮基准直径 $d_{d1} = 90$ mm，$d_{d2} = 315$ mm，中心距控制在 $a = 465 \sim 523$ mm。单根带初拉力 $F_0 = 185.6$ N。

重难点分析

 习题

8-1 某 V 带传动中，$n_1 = 1\,450$ r/min，带与带轮的当量摩擦因数 $f_v = 0.51$，包角 $\alpha_1 = 180°$，初拉力 $F_0 = 360$ N。试问：（1）该传动所能传递的最大有效拉力为多少？（2）若 $d_{d1} = 100$ mm，其传递的最大转矩为多少？（3）若传动效率为 0.95，弹性滑动忽略不计，从动轮输出功率为多少？

8-2 V 带传动传递的功率 $P = 7.5$ kW，带速 $v = 10$ m/s，紧边拉力是松边拉力的两倍，即 $F_1 = 2F_2$，试求紧边拉力 F_1、有效拉力 F_e 和初拉力 F_0。

8-3 已知一 V 带传动的 $n_1 = 1\,450$ r/min，$n_2 = 400$ r/min，$d_{d1} = 180$ mm，中心距 $a = 1\,600$ mm，V 带为 B 型，根数 $z = 2$，工作时有振动，一天运转 16 h（即两班制），试求带能传递的功率。

8-4 有一带式输送装置，其异步电动机与齿轮减速器之间用普通 V 带传动，电动机功率 $P = 7$ kW，转速 $n_1 = 960$ r/min，减速器输入轴的转速 $n_2 = 330$ r/min，允许误差为 ±5%，运输装置工作时有轻度冲击，两班制工作。试设计此带传动。

链传动

9-1 链传动的特点及应用

链传动是一种挠性传动，它由链条和链轮（小链轮和大链轮）组成（图9-1）。通过链轮轮齿与链条链节的啮合来传递运动和动力。链传动在机械中应用广泛。

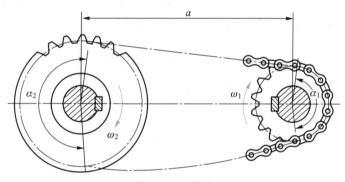

图 9-1 链传动

与摩擦型的带传动相比，链传动无弹性滑动和整体打滑现象，因而能保持准确的平均传动比，传动效率较高；又因链条不需要像带那样张得很紧，所以作用于轴上的径向压力较小；链条采用金属材料制造，在同样的使用条件下，链传动的整体尺寸较小，结构较为紧凑；链传动能在高温和潮湿的环境中工作。

与齿轮传动相比，链传动的制造与安装精度要求较低，成本也低，在远距离传动时，它比齿轮传动轻便得多。

链传动的主要缺点是：只能实现平行轴间链轮的同向传动，运转时不能保持恒定的瞬时传动比，磨损后易发生跳齿，工作时有噪声，不宜用在载荷变化很大、高速和急速反向的传动中。

链传动主要用在要求工作可靠，两轴相距较远，低速重载，工作环境恶劣，以及其他不宜采用带传动和齿轮传动的场合。例如在摩托车上应用了链传动，结构大为简化，而且使用方便可靠；掘土机的运行机构也采用了链传动，它虽然经常受到土块、泥浆和瞬时过载等的影响，依然能很好地工作。

　　链条按用途不同可以分为传动链、输送链和起重链。输送链和起重链主要用在运输和起重机械中。在一般机械传动中，常用的是传动链。

　　传动链又可以分为短节距精密滚子链（简称滚子链）、齿形链等类型。其中，滚子链常用于传动系统的低速级，一般传递的功率在 100 kW 以下，链速不超过 15 m/s，推荐使用的最大传动比 $i_{max}=6$。齿形链应用较少。

　　本章主要讨论滚子链，对齿形链仅做简要介绍。

9-2　传动链的结构特点

1. 滚子链

　　滚子链的结构如图 9-2 所示，它是由滚子 1、套筒 2、销轴 3、内链板 4 和外链板 5 所组成。内链板与套筒之间、外链板与销轴之间为过盈配合，滚子与套筒之间、套筒与销轴之间为间隙配合。内、外链板间的相对运动是通过套筒与销轴的相对转动来实现的。滚子是活套在套筒上的，工作时，滚子沿链轮齿廓滚动，可减轻齿廓的磨损。链的磨损主要发生在销轴与套筒的接触面上。因此，内、外链板间应留少许间隙，以便润滑油渗入销轴和套筒的摩擦面间。

拓展资源

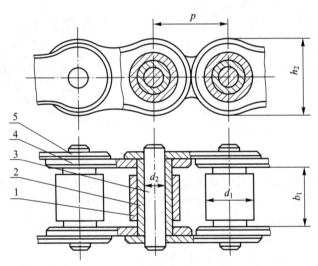

图 9-2　滚子链的结构

　　链板一般制成 8 字形，以使它的各个横截面具有接近相等的抗拉强度，同时也减少了链的质量和运动时的惯性力。

　　当传递大功率时，可采用双排链（图 9-3）或多排链。多排链的承载能力与排数成正比。但由于精度的影响，各排链承受的载荷不易均匀，故排数不宜过多。

　　滚子链的接头形式如图 9-4 所示。当链节数为偶数时，接头处可用开口销（图 9-4a）或弹性锁片（图 9-4b）来固定，一般前者用于大节距链，后者用于小节距链；当链节数

为奇数时，需采用图 9-4c 所示的过渡链节。由
于过渡链节的链板要受附加弯矩的作用，会降低
链板的强度，所以在一般情况下最好不用奇数
链节。

　　滚子链和链轮啮合的基本参数是节距 p、滚
子外径 d_1 和内链节内宽 b_1，如图 9-2 所示。对
于多排链还有排距 p_t（图 9-3）。其中，节距 p 是
滚子链的主要参数，节距增大时，链条中各零件
的尺寸也要相应地增大，可传递的功率也随着增
大。链的使用寿命在很大程度上取决于链的材料
及热处理方法。因此，组成链的所有元件均需经
过热处理，以提高其强度、耐磨性和耐冲击性。

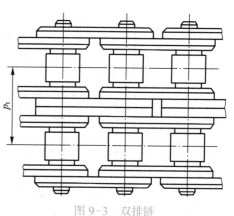

图 9-3　双排链

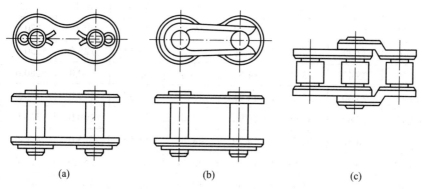

(a)　　　　　　　　(b)　　　　　　　　(c)

图 9-4　滚子链的接头形式

　　表 9-1 列出了国家标准 GB/T 1243—2006 中规定的部分规格的滚子链的链号、主要
尺寸和抗拉载荷。滚子链的节距由英制折算成米制得到，表 9-1 中大部分滚子链的链号
数乘以 $\dfrac{25.4}{16}$ mm 即为节距值。后缀 A 或 B 分别表示 A 系列或 B 系列，本章介绍我国主
要使用的 A 系列滚子链传动的设计。

表 9-1　滚子链的规格和主要参数

链号	节距 p	滚子直径 d_1 max	内链节内宽 b_1 min	销轴直径 d_2 max	内链板高度 h_2 max	排距 p_t	抗拉载荷		单排单位长度质量 q min
							单排 min	双排 min	
	mm						kN		kg/m
05B	8.00	5.00	3.00	2.31	7.11	5.64	4.4	7.8	0.18
06B	9.525	6.35	5.72	3.28	8.26	10.24	8.9	16.9	0.39
08A	12.70	7.92	7.85	3.98	12.07	14.38	13.9	27.8	0.60
08B	12.70	8.51	7.75	4.45	11.81	13.92	17.8	31.1	0.65

续表

链号	节距 p	滚子直径 d_1 max	内链节内宽 b_1 min	销轴直径 d_2 max	内链板高度 h_2 max	排距 p_t	抗拉载荷		单排单位长度质量 q min
							单排 min	双排 min	
	mm						kN		kg/m
10A	15.875	10.16	9.40	5.09	15.09	18.11	21.8	43.6	1.00
10B	15.875	10.16	9.65	5.08	14.73	16.59	22.2	44.5	0.92
12A	19.05	11.91	12.57	5.96	18.10	22.78	31.3	62.6	1.50
12B	19.05	12.07	11.68	5.72	16.13	19.46	28.9	57.8	1.24
16A	25.40	15.88	15.75	7.94	24.13	29.29	55.6	111.2	2.60
16B	25.40	15.88	17.02	8.28	21.08	31.88	60.0	106.0	2.80
20A	31.75	19.05	18.90	9.54	30.17	35.76	87.0	174.0	3.80
20B	31.75	19.05	19.56	10.19	26.42	36.45	95.0	170.0	3.81
24A	38.10	22.23	25.22	11.11	36.2	45.44	125.0	250.0	5.60
24B	38.10	25.40	25.40	14.63	33.4	48.36	160.0	280.0	6.65
28A	44.45	25.40	25.22	12.71	42.23	48.87	170.0	340.0	7.50
28B	44.45	27.94	30.99	15.90	37.08	59.56	200.0	360.0	
32A	50.80	28.58	31.55	14.29	48.26	58.55	223.0	446.0	10.10
32B	50.80	29.21	30.99	17.81	42.29	58.55	250.0	450.0	
36A	57.15	35.71	35.48	17.46	54.30	65.84	281.0	562.0	
40A	63.50	39.68	37.85	19.85	60.33	71.55	347.0	694.0	16.10
40B	63.50	39.37	38.10	22.89	52.96	72.29	355.0	630.0	
48A	76.20	47.63	47.35	23.81	72.39	87.83	500.0	1 000.0	22.60
48B	76.20	48.26	45.72	29.24	63.88	91.21	560.0	1 000.0	
56B	88.90	53.98	53.34	34.32	77.85	106.60	850.0	1 600.0	
64B	101.60	63.50	60.96	39.40	90.17	119.89	1 120.0	2 000.0	
72B	114.30	72.39	68.58	44.48	103.63	136.27	1 400.0	2 500.0	

注：使用过渡链节时，其极限拉伸载荷按表值的 80% 计算。

滚子链的标记为

| 链　号 | - | 排　数 | - | 整链链节数 | 标准编号 |

例如：08A-1-88　GB/T 1243—2006 表示 A 系列、节距 12.7 mm、单排、88 节的滚子链。

拓展资源

2. 齿形链

齿形链又称无声链，它由一组带有两个齿的链板左右交错并列铰接而成

（图 9-5）。每个链板的两个外侧直边为工作边，其间的夹角称为齿楔角。齿楔角一般为 60°。工作时，链齿外侧直边与链轮轮齿相啮合实现传动。

(a) 内导板齿形链　　　　　　(b) 外导板齿形链

图 9-5　齿形链

为了防止齿形链在工作时发生侧向窜动，齿形链上设有导板。导板有内导板和外导板两种。对于内导板齿形链，链轮轮齿上要开出导向槽。内导板齿形链导向性好，工作可靠，适用于高速及重载传动。对于外导板齿形链，不需要在链轮轮齿上开出导向槽。外导板齿形链的结构简单，但导向性差，外导板与销轴铆合处容易松脱。当链轮宽度大于 25～30 mm 时，一般采用内导板齿形链；当链轮宽度较小时，在链轮轮齿上开槽有困难，可采用外导板齿形链。

与滚子链相比，齿形链传动平稳、噪声小，承受冲击性能好，效率高，工作可靠，故常用于高速、大传动比和小中心距等工作条件较为严酷的场合。但是，与滚子链相比，齿形链结构复杂，难于制造，价格较高。

9-3　滚子链链轮的结构和材料

链轮由轮齿、轮缘、轮辐和轮毂组成。链轮设计主要是确定其结构和尺寸，选择材料及其热处理方法。

1. 链轮齿形

滚子链与链轮的啮合属于非共轭啮合，其链轮齿形的设计比较灵活。在国家标准 GB/T 1243—2006 中没有规定具体的链轮齿形，仅规定了最小和最大齿槽参数，见表 9-2。实际齿槽形状取决于加工轮齿的刀具和加工方法，并应使其位于最小和最大齿槽形状之间。

表 9-2　滚子链链轮的齿槽形状

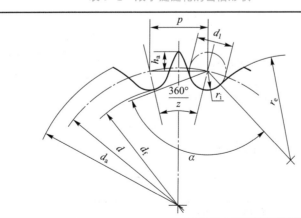

续表

名　称	符　号	计算公式	
		最小齿槽	最大齿槽
齿槽圆弧半径	r_e	$r_{emax}=0.12d_1(z+2)$	$r_{emin}=0.008d_1(z^2+180)$
齿沟圆弧半径	r_i	$r_{imin}=0.505d_1$	$r_{imax}=0.505d_1+0.069\sqrt[3]{d_1}$
齿沟角	α	$\alpha_{max}=140°-\dfrac{90°}{z}$	$\alpha_{min}=120°-\dfrac{90°}{z}$

注：半径精确到 0.01 mm；角度精确到分。

2. 链轮的基本参数和主要尺寸

链轮的基本参数是配用链条的节距 p、滚子外径 d_1、排距 p_t 和齿数 z。链轮的主要尺寸和计算公式见表 9-3 和表 9-4。

表 9-3 滚子链链轮的主要尺寸

名　称	符　号	计算公式	备　注
分度圆直径	d	$d=\dfrac{p}{\sin\left(\dfrac{180°}{z}\right)}$	
齿顶圆直径	d_a	$d_{amin}=d+p\left(1-\dfrac{1.6}{z}\right)-d_1$ $d_{amax}=d+1.25p-d_1$	d_{amin} 和 d_{amax} 对于最小齿槽形状和最大齿槽形状均可应用。d_{amax} 的极限由刀具来限制
齿根圆直径	d_f	$d_f=d-d_1$	
齿高	h_a	$h_{amin}=0.5(p-d_1)$ $h_{amax}=0.625p-0.5d_1+\dfrac{0.8p}{z}$	h_a 为节距多边形以上的齿高，用于绘制放大尺寸的齿槽形状，见表 9-2。h_{amin} 与 d_{amin} 对应，h_{amax} 与 d_{amax} 对应
最大齿侧凸缘直径	d_g	对链号为 04C 和 06C 的链条： $d_g=p\cot\dfrac{180°}{z}-1.05h_2-1.00-2r_a$ 对其他的链条： $d_g=p\cot\dfrac{180°}{z}-1.04h_2-0.76$	h_2 为内链板高度，见表 9-1

注：d_a、d_g 值取整数，其他尺寸精确到 0.01 mm。

表 9-4　滚子链链轮轴向齿廓尺寸

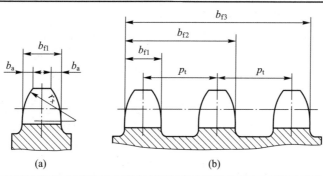

(a)　　　　　　　　　　(b)

名称		符号	计算公式		备注
			$p \leqslant 12.7$ mm	$p > 12.7$ mm	
齿宽	单排	b_{f1}	$0.93b_1$	$0.95b_1$	$p > 12.7$ 时，使用者和客户同意，也可以使用 $p \leqslant 12.7$ 时的齿宽。b_1 为内链节内宽，见表 9-1
	双排、三排		$0.91b_1$	$0.93b_1$	
齿侧倒角		b_{anom}	对链号为 081，083，084 和 085 的链条：$$b_{anom}=0.06p$$ 对其他的链条：$$b_{anom}=0.13p$$		
齿侧半径		r_{xnom}	$r_{xnom}=p$		
齿全宽		b_{fn}	$b_{fn}=(n-1)p_t+b_{f1}$		n 为排数

3. 链轮的材料

链轮轮齿要具有足够的耐磨性和强度。由于小链轮轮齿的啮合次数比大链轮多，所受的冲击也较大，故小链轮应采用较好的材料制造。链轮常用的材料和适用范围见表 9-5。

4. 链轮的结构

小直径的链轮可制成整体式（图 9-6a）；中等尺寸的链轮可制成孔板式（图 9-6b）；相对于轮毂，链轮轮齿要求材料具有较高的强度和耐磨性，故对于大直径链轮，可将齿圈与轮毂采用不同的材料分开制造，再用螺栓或焊接连接在一起（图 9-6c）。

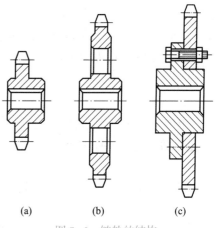

(a)　　　(b)　　　(c)

图 9-6　链轮的结构

表 9-5　链轮常用的材料及齿面硬度

材料	热　处　理	热处理后的硬度	应用范围
15、20	渗碳、淬火、回火	50～60 HRC	$z \leqslant 25$，有冲击载荷的主、从动链轮
35	正火	160～200 HBW	在正常工作条件下，齿数较多（$z >$ 25）的链轮
40、50、ZG310-570	淬火、回火	40～50 HRC	无剧烈振动及冲击的链轮
15Cr、20Cr	渗碳、淬火、回火	50～60 HRC	有动载荷及传递较大功率的重要链轮（$z < 25$）
35SiMn、40Cr、35CrMo	淬火、回火	40～50 HRC	使用优质链条的重要链轮
Q235、Q275	焊接后退火	140 HBW	中等速度、传递中等功率的较大链轮
普通灰铸铁	淬火、回火	260～280 HBW	$z_2 > 25$ 的从动链轮
夹布胶木	—	—	功率小于 6 kW、速度较高、要求传动平稳和噪声小的链轮

9-4　链传动的工作情况分析

1. 链传动的运动特性

因为链是由刚性链节通过销轴铰接而成，当链绕在链轮上时，其链节与相应的轮齿啮合后，这一段链条将曲折成正多边形的一部分（图 9-7）。该正多边形的边长等于链条的节距 p，边数等于链轮齿数 z，链轮每转过一圈，链条走过 zp 长，所以以链的平均速度 v（单位为 m/s）为

$$v = \frac{z_1 n_1 p}{60 \times 1\,000} = \frac{z_2 n_2 p}{60 \times 1\,000} \tag{9-1}$$

式中：z_1、z_2——主、从动链轮的齿数；

　　　n_1、n_2——主、从动链轮的转速，r/min。

链传动的平均传动比为

$$i = \frac{n_1}{n_2} = \frac{z_2}{z_1} \tag{9-2}$$

因为链传动为啮合传动，链条和链轮之间没有相对滑动，所以平均链速和平均传动比都是常数。但是，仔细考察铰链链节随同链轮转动的过程就会发现，链传动的瞬时传动比和链速并非常数。

下面来分析图 9-7 所示的链传动中，链条和链轮的速度是怎样发生变化的。

在主动链轮上，铰链 A 正在牵引链条沿直线运动，绕在主动链轮上的其他铰链并不直接牵引链条，因此链条的运动速度完全由铰链 A 的运动所决定。由图可见，铰链 A 随同主动链轮运动的线速度为 $v_1 = R_1 \omega_1$，方向垂直于 AO_1，与链条直线运动方向的夹角为 β。

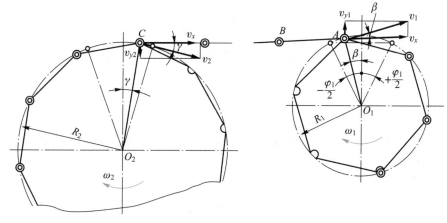

图 9-7　链传动的速度分析

因此，铰链 A 实际用于牵引链条运动的速度为

$$v_x = v_1 \cos\beta = R_1\omega_1\cos\beta \tag{9-3}$$

式中，R_1 为主动链轮的分度圆半径，m。

　　因为 β 是变化的，所以即使主动链轮转速恒定，链条的运动速度 v_x 也是变化的。当 $\beta = \pm\dfrac{\varphi_1}{2} = \pm\dfrac{180°}{z_1}$ 时，链速最低；当 $\beta = 0$ 时，链速最高。φ_1 是主动链轮上一个链节所对的圆心角。链速的变化呈周期性，链轮转过一个链节，对应链速变化的一个周期。链速变化的程度与主动链轮的转速 n_1 和齿数 z_1 有关。转速越高、齿数越少，则链速变化范围越大。

　　在链速 v_x 变化的同时，铰链 A 还带动链条上下运动，其上下运动的链速

$$v_{y1} = v_1 \sin\beta = R_1\omega_1\sin\beta \tag{9-4}$$

也呈周期性变化的。

　　在主动链轮牵引链条变速运动的同时，从动链轮上也发生着类似的过程。从图中可见，从动链轮上的铰链 C 正在被直线链条拉动，并由此带动从动链轮以 ω_2 转动。因为链速 v_x 的方向与铰链 C 的线速度方向之间的夹角为 γ，所以铰链 C 沿圆周方向运动的线速度为

$$v_2 = R_2\omega_2 = \frac{v_x}{\cos\gamma} \tag{9-5}$$

式中，R_2 为从动链轮的分度圆半径，m。

　　由此可知从动链轮的转速为

$$\omega_2 = \frac{v_x}{R_2\cos\gamma} = \frac{R_1\omega_1\cos\beta}{R_2\cos\gamma} \tag{9-6}$$

　　在传动过程中，因为 γ 在 $\pm\dfrac{180°}{z_2}$ 内不断变化，加上 β 也在变化，所以即使 ω_1 为常数，ω_2 也是周期性变化的。

　　从式（9-6）可得链传动的瞬时传动比为

$$i = \frac{\omega_1}{\omega_2} = \frac{R_2 \cos \gamma}{R_1 \cos \beta} \qquad (9\text{-}7)$$

可见链传动的瞬时传动比是变化的。链传动的传动比变化与链条绕在链轮上的多边形特征有关，故将以上现象称为链传动的多边形效应。

2. 链传动的动载荷

链传动在工作过程中，链速和从动链轮的转速都是变化的，因而会引起变化的惯性力及相应的动载荷。

链速变化引起的惯性力为

$$F_{d1} = m a_c \qquad (9\text{-}8)$$

式中：m——紧边链条的质量，kg；

　　　a_c——链条变速运动的加速度，m/s²。

如果视主动链轮匀速转动，则

$$a_c = \frac{\mathrm{d}v_x}{\mathrm{d}t} = \frac{\mathrm{d}}{\mathrm{d}t}(R_1 \omega_1 \cos \beta) = -R_1 \omega_1^2 \sin \beta$$

当 $\beta = \pm \dfrac{\varphi_1}{2} = \pm \dfrac{180°}{z_1}$ 时，

$$(a_c)_{\max} = -R_1 \omega_1^2 \sin\left(\pm \frac{180°}{z_1}\right) = \mp R_1 \omega_1^2 \sin \frac{180°}{z_1} = \mp \frac{\omega_1^2 p}{2}$$

从动链轮因角加速度引起的惯性力为

$$F_{d2} = \frac{J}{R_2} \frac{\mathrm{d}\omega_2}{\mathrm{d}t} \qquad (9\text{-}9)$$

式中：J——从动系统转化到从动链轮轴上的转动惯量，kg·m²；

　　　ω_2——从动链轮的角速度，rad/s。

链轮的转速越高，节距越大，齿数越少，则惯性力就越大，相应的动载荷也就越大。同时，链条沿垂直方向也在作变速运动，也会产生一定的动载荷。

此外，链节和链轮啮合瞬间的相对速度也将引起冲击和振动。如图 9-8 所示，当链节与链轮轮齿接触的瞬间，因链节的运动速度和链轮轮齿的运动速度在大小和方向上的差别，从而产生冲击和附加的动载荷。显然，节距越大，链轮的转速越高，则冲击越严重。

3. 链传动的受力分析

链传动在安装时，应使链条受到一定的张紧力。张紧力是通过使链条保持适当的垂度所产生的悬垂拉力来获得的。链传动张紧的目的主要是使松边不致过松，以免出现链条的不正常啮合、

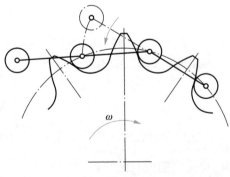

图 9-8　链节和链轮轮齿啮合瞬间的冲击

跳齿或脱链。因为链传动为啮合传动，所以与带传动相比，链传动所需的张紧力要小得多。

链传动在工作时，存在紧边拉力和松边拉力。如果不计传动中的动载荷，则紧边拉力和松边拉力分别为

$$F_1 = F_e + F_c + F_f$$
$$F_2 = F_c + F_f \tag{9-10}$$

式中：F_e——有效圆周力，N；

F_c——离心力引起的拉力，N；

F_f——悬垂拉力，N。

有效圆周力为

$$F_e = 1\,000 \frac{P}{v} \tag{9-11}$$

式中：P——传递的功率，kW；

v——链速，m/s。

离心力引起的拉力为

$$F_c = qv^2 \tag{9-12}$$

式中，q 为链条单位长度的质量，kg/m。

悬垂拉力 F_f 为

$$F_f = \max(F_f', F_f'') \tag{9-13}$$

其中：

$$\left.\begin{array}{l} F_f' = K_f qa \times 10^{-2} \\ F_f'' = (K_f + \sin\alpha)qa \times 10^{-2} \end{array}\right\}$$

式中：a——链传动的中心距，mm。

K_f——垂度系数，如图 9-9 所示。图中 f 为下垂度，α 为中心线与水平面夹角。

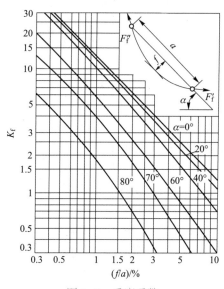

图 9-9　垂度系数

9-5　滚子链传动的设计计算

1. 链传动的失效形式

拓展资源

（1）链的疲劳破坏

在运动过程中，链上的各个元件都在变应力作用下工作，经过一定循环次数后，链板将会因疲劳而断裂；套筒和滚子表面将会因冲击而出现疲劳点蚀。因此，链条的疲劳强度就成为决定链传动承载能力的主要因素。

（2）链条铰链的磨损

链条在工作过程中，铰链中的销轴与套筒间不仅承受较大的压力，而且还有相对转动，导致铰链磨损，其结果是链节距增大，链条总长度增加，从而使链的松边垂度发生变化，同时增加了运动的不均匀性和动载荷，引起跳齿。

（3）链条铰链的胶合

当链速较高时，链节受到的冲击增大，铰链中的销轴和套筒在高压下直接接触，同时两者相对转动产生摩擦热，从而导致胶合。因此，胶合在一定程度上限制了链传动的极限转速。

（4）链条的过载破坏

若链条受到的拉力较大，超过表9-1中所规定抗拉载荷时，会产生过载破坏。此时，虽然链条的载荷不变，但链条变形引起的伸长持续增加，即认为链条正在被破坏。

2. 链传动的额定功率

（1）极限功率曲线

链传动的各种失效形式都与链速有关。图9-10所示为试验条件下单排链的极限功率曲线示意图。由图可见：在润滑良好、中等速度下，链传动的承载能力主要取决于链板的疲劳强度；随着转速的提高，链传动的动载荷增大，传动能力主要取决于滚子和套筒的冲击疲劳强度；当转速很高时，胶合将限制链传动的承载能力。

（2）额定功率曲线

为了保证链传动工作的可靠性，采用额定功率 P_o 来限制链传动的实际工作能力。

典型的额定功率曲线如图9-11所示，其试验条件为：① 主动链轮和从动链轮安装在水平平行轴上；② 主动链轮齿数 $z_1=19$；③ 无过渡链节的单排滚子链；④ 链条长120个链节（实际链长小于此长度时，使用寿命将按比例减少）；⑤ 减速传动比 $i=3$；⑥ 链条预期使用寿命15 000 h；⑦ 工作环境温度在 $-5\sim+70℃$ 的范围内；⑧ 两链轮共面，链条保持规定的张紧度；⑨ 平稳运转，无过载、冲击或频繁启动；⑩ 具有清洁的环境和合适的润滑。

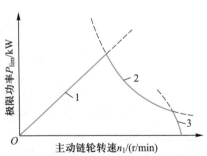

1—由链板疲劳强度限定；2—由滚子、套筒冲击疲劳强度限定；3—由销轴和套筒胶合限定

图9-10　极限功率曲线示意图

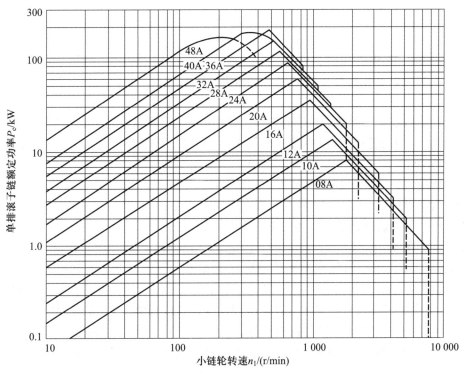

图 9-11　A 系列单排滚子链额定功率曲线

当链传动的工作条件与试验条件不同时，额定功率应予以修正。修正时考虑的因素包括工作情况、主动链轮齿数、链传动的排数。

3. 链传动的参数选择

（1）链轮齿数 z_1 和 z_2

小链轮齿数 z_1 小，可减小外廓尺寸，但齿数过小，会增加运动的不均匀性和动载荷；链条在进入和退出啮合时，链节间的相对转角增大；链传动的圆周力增大，从整体上加速铰链和链轮的磨损。可见，小链轮的齿数 z_1 不宜过大。链轮的最小齿数 $z_{min}=9$。一般 $z_1 \geqslant 17$，对于高速传动或承受冲击载荷的链传动，z_1 不少于 25，且链轮齿应淬硬。

小链轮的齿数 z_1 也不宜取得太大。在传动比给定时，z_1 大，大链轮齿数 z_2 也相应增大，其结果不仅增大了传动的总体尺寸，而且还容易发生跳齿和脱链，从另一方面降低了链条的使用寿命。

如图 9-12 所示，由于链条的铰链磨损，链节的增长量为 Δp，使链条铰链所在圆的直径增加 Δd，向链轮的齿顶移动。链节增长量 Δp 与直径增加量 Δd 的关系为

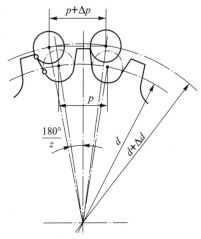

图 9-12　链节距增长量和铰链外移量

$$\Delta d = \frac{\Delta p}{\sin(180°/z)}$$

由此可知，当 Δp 一定时，齿数越多，直径增加量 Δd 就越大，越容易产生跳齿和脱链的现象。因此，链轮齿数不宜过多，通常限定链轮的最大齿数 $z_{max} \leqslant 150$，一般不大于114。

由于链节数通常是偶数，为使链条和链轮磨损均匀，常取链轮齿数为奇数，并尽可能与链节数互质。优先选用的链轮齿数系列为 17、19、21、23、25、38、57、76、95 和 114。

（2）传动比 i

传动比过大，链条在小链轮上的包角就会过小，参与啮合的齿数减少，每个轮齿承受的载荷增大，加速轮齿的磨损，且易出现跳齿和脱链现象。一般链传动的传动比 $i \leqslant 6$，常取 $i = 2 \sim 3.5$，链条在小链轮上的包角不应小于 120°。

（3）中心距 a

中心距过小，单位时间内链条的绕转次数增多，链条屈伸次数和应力循环次数增多，因而加剧了链条的磨损和疲劳。同时，由于中心距小，链条在小链轮上的包角变小（$i \neq 1$），每个轮齿所受的载荷增大，且易出现跳齿和脱链现象；中心距太大，松边垂度过大，传动时造成松边颤动。因此在设计时，若中心距不受其他条件限制，一般可取 $a_0 = （30 \sim 50）p$，最大取 $a_{0max} = 80p$。有张紧装置或托板时，a_{0max} 可大于 $80p$；若中心距不能调整，$a_{0max} \approx 30p$。

（4）链的节距 p 和排数

节距 p 越大，承载能力就越高，但总体尺寸增大，多边形效应显著，振动、冲击和噪声也越严重。为使结构紧凑和延长寿命，应尽量选取较小节距的单排链。速度高、功率大时，宜选用小节距的多排链。如果从经济上考虑，当中心距小、传动比大时，应选小节距的多排链；中心距大、传动比小时，应选大节距的单排链。

4. 滚子链传动的设计计算

（1）已知条件和设计内容

设计链传动时的已知条件包括链传动的工作条件、传动位置与总体尺寸限制、所需传递的功率 P、主动链轮转速 n_1、从动链轮转速 n_2 或传动比 i。

设计内容包括确定链条型号、链节数 L_p 和排数，链轮齿数 z_1、z_2 以及链轮的材料、结构和几何尺寸，链传动的中心距 a，压轴力 F_p，润滑方式和张紧装置等。

（2）设计步骤和方法

1）选择链轮齿数 z_1、z_2 和确定传动比 i

一般链轮齿数为 17~114。传动比 i 按下式计算：

$$i = \frac{z_2}{z_1} \tag{9-14}$$

2）计算当量的单排链计算功率 P_{ca}

根据链传动的工作情况、主动链轮齿数和链条排数，将链传动所传递的功率修正为当量的单排链计算功率：

$$P_{ca} = \frac{K_A K_z}{K_p} P \tag{9-15}$$

式中：K_A——工作情况系数，见表 9-6；

　　　K_z——主动链轮齿数系数，$K_z = \left(\dfrac{19}{z_1}\right)^{1.08}$；

　　　K_p——多排链系数，双排链时 $K_p = 1.7$，三排链时 $K_p = 2.5$；

　　　P——传递的功率，kW。

表 9-6　工作情况系数 K_A

从动机械特性		主动机械特性		
		平稳运转	轻微冲击	中等冲击
		电动机、汽轮机和燃气轮机、带有液力耦合器的内燃机	6 缸或 6 缸以上带机械式联轴器的内燃机、经常启动的电动机（一日两次以上）	少于 6 缸带机械式联轴器的内燃机
平稳运转	离心式的泵和压缩机、印刷机械、均匀加料的带式输送机、纸张压光机、自动扶梯、液体搅拌机和混料机、回转干燥炉、风机	1.0	1.1	1.3
中等冲击	3 缸或 3 缸以上的泵和压缩机、混凝土搅拌机、载荷非恒定的输送机、固体搅拌机和混料机	1.4	1.5	1.7
严重冲击	刨煤机、电铲、轧机、球磨机、橡胶加工机械、压力机、剪床、单缸或双缸的泵和压缩机、石油钻机	1.8	1.9	2.1

3）确定链条型号和节距 p

链条型号根据当量的单排链计算功率 P_{ca}、单排链额定功率 P_c 和主动链轮转速 n_1 由图 9-11 得到。查表时应保证

$$P_{ca} \leqslant P_c \tag{9-16}$$

然后由表 9-1 查得链条节距 p。

4）计算链节数和中心距

初选中心距 $a_0 = (30 \sim 50)p$，按下式计算链节数 L_{p0}：

$$L_{p0} = 2\frac{a_0}{p} + \frac{z_1 + z_2}{2} + \left(\frac{z_2 - z_1}{2\pi}\right)^2 \frac{p}{a_0} \tag{9-17}$$

为了避免使用过渡链节，应将计算出的链节数 L_{p0} 圆整为偶数 L_p。

链传动的最大中心距为

$$a_{max} = f_1 p [2L_p - (z_1 + z_2)] \tag{9-18}$$

式中，f_1 为中心距计算系数，见表 9-7。

表 9-7　中心距计算系数 f_1

$\dfrac{L_p - z_1}{z_2 - z_1}$	f_1	$\dfrac{L_p - z_1}{z_2 - z_1}$	f_1	$\dfrac{L_p - z_1}{z_2 - z_1}$	f_1	$\dfrac{L_p - z_1}{z_2 - z_1}$	f_1	$\dfrac{L_p - z_1}{z_2 - z_1}$	f_1
8	0.249 78	2.8	0.247 58	1.62	0.239 38	1.36	0.231 23	1.21	0.220 90
7	0.249 70	2.7	0.247 35	1.60	0.238 97	1.35	0.230 73	1.20	0.219 90
6	0.249 58	2.6	0.247 08	1.58	0.238 54	1.34	0.230 22	1.19	0.218 84
5	0.249 37	2.5	0.246 78	1.56	0.238 07	1.33	0.229 68	1.18	0.217 71
4.8	0.249 31	2.4	0.246 43	1.54	0.237 58	1.32	0.229 12	1.17	0.216 52
4.6	0.249 25	2.0	0.244 21	1.52	0.237 05	1.31	0.228 54	1.16	0.215 26
4.4	0.249 17	1.95	0.243 80	1.50	0.236 48	1.30	0.227 93	1.15	0.213 90
4.2	0.249 07	1.90	0.243 33	1.48	0.235 88	1.29	0.227 29	1.14	0.212 45
4.0	0.248 96	1.85	0.242 81	1.46	0.235 24	1.28	0.226 62	1.13	0.210 90
3.8	0.248 83	1.80	0.242 22	1.44	0.234 55	1.27	0.225 93	1.12	0.209 23
3.6	0.248 68	1.75	0.241 56	1.42	0.233 81	1.26	0.225 20	1.11	0.207 44
3.4	0.248 49	1.70	0.240 81	1.40	0.233 01	1.25	0.224 43	1.10	0.205 49
3.2	0.248 25	1.68	0.240 48	1.39	0.232 59	1.24	0.223 61	1.09	0.203 36
3.0	0.247 95	1.66	0.240 13	1.38	0.232 15	1.23	0.222 75	1.08	0.201 04
2.9	0.247 78	1.64	0.239 77	1.37	0.231 70	1.22	0.221 85	1.07	0.198 48

当两链轮的齿数相等（$z = z_1 = z_2$）时，链传动的最大中心距为

$$a_{\max} = p\left(\frac{L_p - z}{2}\right) \tag{9-19}$$

5）计算链速 v，确定润滑方式

平均链速按式（9-1）计算。根据链速 v，由图 9-13 选择合适的润滑方式。

6）计算链传动作用在轴上的压轴力 F_p

压轴力 F_p 可近似取为

$$F_p \approx K_{Fp} F_e \tag{9-20}$$

式中：F_e——有效圆周力，N。

K_{Fp}——压轴力系数。对于水平传动，$K_{Fp} = 1.15$；对于垂直传动，$K_{Fp} = 1.05$。

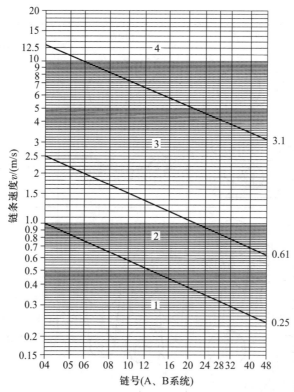

1—定期人工润滑；2—滴油润滑；3—油池润滑或油盘飞溅润滑；4—压力供油润滑

图 9-13 润滑范围选择图

9-6 链传动的布置、张紧、润滑与防护

1. 链传动的布置

布置链传动时，链轮必须位于竖直面内，两链轮共面。中心线可以水平，也可以倾斜，但尽量不要处于竖直位置。一般紧边在上，松边在下，以免松边在上时下垂量过大而妨碍链轮的顺利运转。具体布置可参考表 9-8。

表 9-8 链传动的布置

i 和 a 的组合方式	合理布置	不合理布置	说　明
$i=2\sim3$ $a=(30\sim50)p$			中心线水平，紧边在上或在下，最好在上

续表

i 和 a 的组合方式	合理布置	不合理布置	说　明
$i>2$ $a<30p$	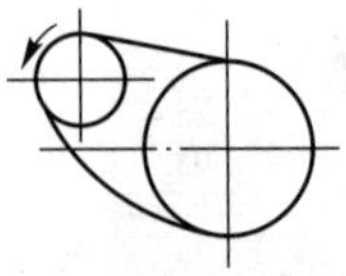	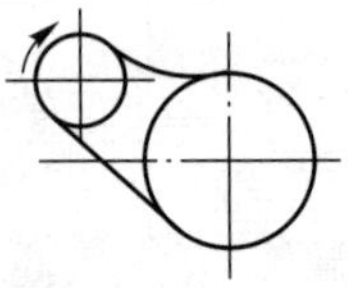	中心线与水平面有夹角，松边在下
$i<1.5$ $a>60p$	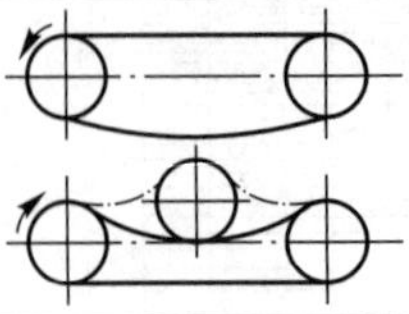		中心线水平，松边在下
i、a 任意	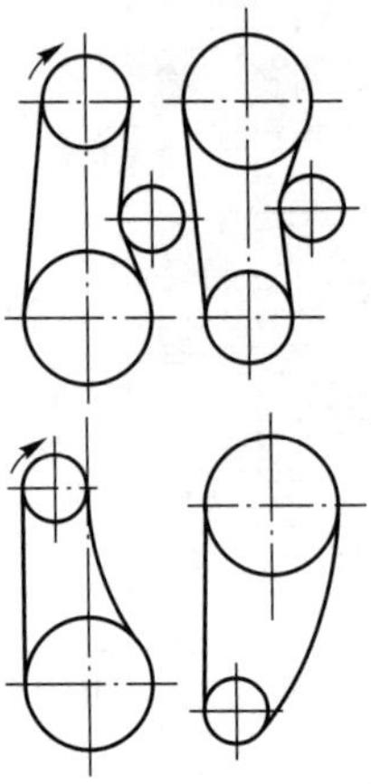	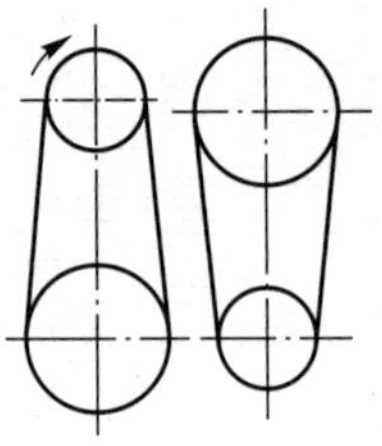	避免中心线竖直，同时应采用： 1）中心距可调； 2）有张紧装置

2. 链传动的张紧

链传动张紧的目的主要是避免在链条的松边垂度过大时产生啮合不良和链条的振动现象，同时也为了增加链条与链轮的啮合包角。当中心线与水平线的夹角大于 60° 时，通常设有张紧装置。

张紧的方法有很多。当中心距可调时，可通过调节中心距来控制张紧程度；当中心距不可调时，可设置张紧轮，如图 9-14 所示，或在链条磨损变长后从中去掉两个链节，以恢复原来的张紧程度。张紧轮可以是链轮，也可以是滚轮。张紧轮的直径应与小链轮的直径相近。张紧轮有自动张紧（图 9-14a、b）和定期张紧（图 9-14c、d），前者多用弹簧、吊重等自动张紧装置，后者可用螺旋、偏心等调整装置，另外还可用压板和托板张紧（图 9-14e）。

3. 链传动的润滑

链传动的润滑十分重要，对高速、重载的链传动更是如此。良好的润滑可缓和冲击，减轻磨损，延长链条使用寿命。图 9-13 中所推荐的润滑方法的说明列于表 9-9 中。

润滑油推荐采用黏度等级为 32、46、68 的全损耗系统用油。对于开式及重载低速传动，可在润滑油中加入 MoS_2、WS_2 等添加剂。对于不便使用润滑油的场合，允许使用润滑脂，但应定期清洗和更换润滑脂。

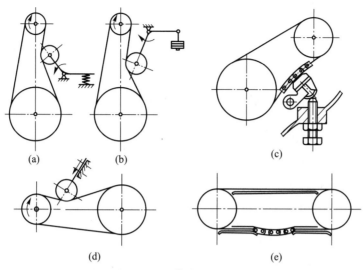

(a)　　　　(b)　　　　　　(c)

(d)　　　　　　(e)

图 9-14　链传动的张紧装置

表 9-9　滚子链的润滑方法和供油量

润滑方式	说　明	供　油　量
定期人工润滑	用油壶或油刷定期在链条松边内、外链板间隙中注油	每班注油一次
滴油润滑	装有简单外壳，用油杯滴油	单排链，每分钟供油 5～20 滴，速度高时取大值
油池润滑	采用不漏油的外壳，使链条从油槽中通过	一般浸油深度为 6～12 mm
油盘飞溅润滑	采用不漏油的外壳，在链轮侧边安装甩油盘，飞溅润滑。甩油盘圆周速度 $v > 3$ m/s。当链条宽度大于 125 mm 时，链轮两侧各装一个甩油盘	甩油盘浸油深度为 12～35 mm
压力供油润滑	采用不漏油的外壳，油泵强制供油，带过滤器，喷油管口设在链条啮入处，循环油可起冷却作用	每个喷油口供油量可根据链节距及链速大小查阅有关手册

注：① 开式传动和不易润滑的链传动，可定期拆下用煤油清洗，干燥后，浸入 70～80℃润滑油中，待铰链间隙中充满润滑油后再安装使用；

　　② 当链传动的空间狭小，并作高速、大功率传动时，有必要使用油冷却器。

4. 链传动的防护

为了防止工作人员无意中碰到链传动装置中的运动部件而受到伤害，应该用防护罩将其封闭。防护罩还可以将链传动与灰尘隔离，以维持正常的润滑状态。

例题 9-1　设计拖动某带式运输机用的链传动。已知：链传动传递的额定功率 $P = 4$ kW，主动链轮转速 $n_1 = 90$ r/min，传动比 $i = 3.2$，载荷平稳，中心线水平布置。

[解]（1）选择链轮齿数

取小链轮齿数 $z_1 = 21$，大链轮的齿数为 $z_2 = i z_1 = 3.2 \times 21 = 67.2 \approx 67$。

（2）确定计算功率

由表 9-6 查得工作情况系数 $K_A=1.0$，主动链轮齿数系数 $K_z=\left(\dfrac{19}{21}\right)^{1.08}=0.9$，单排链，则计算功率为

$$P_{ca}=K_A K_z P=1.0\times0.9\times4\,\text{kW}=3.6\,\text{kW}$$

（3）选择链条型号和节距

根据 $P_{ca}=3.6\,\text{kW}$，$n_1=90\,\text{r/min}$，$P_{ca}\leqslant P_c$，查图 9-11，可选 16A。查表 9-1，链条节距为 $p=25.40\,\text{mm}$。

（4）计算链节数和中心距

初选中心距 $a_0=(30\sim50)p=(30\sim50)\times25.4\,\text{mm}=762\sim1\,270\,\text{mm}$，取 $a_0=1\,000\,\text{mm}$。相应的链长节数为

$$L_{p0}=2\frac{a_0}{p}+\frac{z_1+z_2}{2}+\left(\frac{z_2-z_1}{2\pi}\right)^2\frac{p}{a_0}=2\times\frac{1\,000}{25.4}+\frac{21+67}{2}+\left(\frac{67-21}{2\pi}\right)^2\times\frac{25.4}{1\,000}=124.1$$

取链长节数 $L_p=126$。

查表 9-7，采用线性插值法得到中心距计算系数 $f_1=0.245\,76$，则链传动的最大中心距为

$$a_{max}=f_1 p[2L_p-(z_1+z_2)]=0.245\,76\times25.4\times[2\times126-(21+67)]\,\text{mm}=1\,024\,\text{mm}$$

（5）计算链速 v，确定润滑方式

$$v=\frac{n_1 z_1 p}{60\times1\,000}=\frac{90\times21\times25.4}{60\times1\,000}\,\text{m/s}=0.8\,\text{m/s}$$

由 $v=0.8\,\text{m/s}$ 和链号 16A，查图 9-13 可知应采用滴油润滑。

（6）计算压轴力 F_p

有效圆周力为：$F_e=1\,000\,P/v=1\,000\times4/0.8\,\text{N}=5\,000\,\text{N}$。

链轮水平布置时压轴力系数 $K_{Fp}=1.15$，则压轴力 $F_p\approx K_{Fp}F_e=1.15\times5\,000\,\text{N}=5\,750\,\text{N}$。

（7）主要设计结论

链条型号 16A；链轮齿数 $z_1=21$，$z_2=67$；链节数 $L_p=126$；中心距 $a=1\,024\,\text{mm}$。

重难点分析

 习题

9-1　如图 9-15 所示的几种链传动，小链轮为主动链轮，中心距 $a=(30\sim50)p$。它在图 9-15a、b 所示的布置中应按哪个方向回转算合理？两轮轴线布置在同一竖直面内（图 9-15c）有什么缺点？应采取什么措施？

9-2　某链传动传递的功率 $P=1\,\text{kW}$，主动链轮转速 $n_1=48\,\text{r/min}$，从动链轮转速 $n_2=14\,\text{r/min}$，载荷平稳，定期人工润滑，试设计此链传动。

9–3　已知主动链轮转速 $n_1=850$ r/min，齿数 $z_1=21$，从动链轮齿数 $z_2=99$，中心距 $a=900$ mm，滚子链极限拉伸载荷为 55.6 kN，工作情况系数 $K_A=1$。试求链条所能传递的功率。

9–4　选择并验算一输送装置用的传动链。已知：链传动传递的功率 $P=7.5$ kW，主动链轮的转速 $n_1=960$ r/min，传动比 $i=3$，工作情况系数 $K_A=1.5$，中心距 $a\leqslant650$ mm（可以调节）。

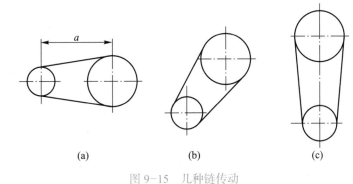

(a)　　　　(b)　　　　(c)

图 9–15　几种链传动

齿轮传动

知识图谱　学习指南

10-1　概　　述

拓展资源

　　齿轮传动是机械传动中最重要的传动之一，形式很多，应用广泛，传递的功率可达数十万千瓦，圆周速度可达 200 m/s。本章主要介绍最常用的渐开线齿轮传动。

　　齿轮传动的主要特点如下：

　　1）效率高　在常用的机械传动中，以齿轮传动的效率为最高。如一级圆柱齿轮传动的效率可达 99%。这对大功率传动十分重要，因为即使效率只提高 1%，也有很大的经济意义。

　　2）结构紧凑　在同样的使用条件下，齿轮传动所需的空间尺寸一般较小。

　　3）工作可靠、寿命长　设计制造正确合理、使用维护良好的齿轮传动，工作十分可靠，寿命可长达一二十年，这也是其他机械传动所不能比拟的。这对车辆、舰船及在矿井内工作的机器尤为重要。

　　4）传动比稳定　传动比稳定往往是对传动性能的基本要求。齿轮传动获得广泛应用，也就是因为其具有这一特点。

　　但是齿轮传动的制造及安装精度要求高，价格较高，且不宜用于传动距离过大的场合。

　　齿轮传动可做成开式、半开式及闭式。如在农业机械、建筑机械以及简易的机械设备中，有一些齿轮传动没有防尘罩或机壳，齿轮完全暴露在外边，这种齿轮传动称为开式齿轮传动。这种传动不仅外界杂物极易侵入，而且润滑不良，因此工作条件不好，轮齿也容易磨损，故只宜用于低速传动。齿轮传动装有简单的防护罩，有的还把大齿轮的一部分浸入油池中，这种齿轮传动称为半开式齿轮传动。它的工作条件虽有改善，但仍不能做到防止外界杂物侵入，润滑条件也不算最好。而汽车、机床、航空发动机等所用的齿轮传动，都是装在经过精确加工而且封闭严密的齿轮箱（机匣）内，这种齿轮传动称为闭式齿轮传动。它与开式或半开式的相比，润滑及防护等条件最好，多用于重要的场合。

10-2 齿轮传动的失效形式及设计准则

1. 失效形式

齿轮传动就装置形式来说，有开式、半开式及闭式之分；就使用情况来说，有低速、高速及轻载、重载之别；就齿轮材料的性能及热处理工艺的不同，轮齿有较脆的（如经整体淬火、齿面硬度很高的钢齿轮或铸铁齿轮）或较韧的（如经调质、正火的优质碳钢及合金钢齿轮），齿面有较硬的（齿面的硬度大于 350 HBW 或 38 HRC，这种齿轮称为硬齿面齿轮）或较软的（齿面的硬度小于或等于 350 HBW 或 38 HRC，这种齿轮称为软齿面齿轮）等。由于上述条件的不同，齿轮传动也就出现了不同的失效形式。一般地说，齿轮传动的失效主要是轮齿的失效，而轮齿的失效形式又是多种多样的，这里只就齿轮传动常见的轮齿折断和齿面磨损、点蚀、胶合及塑性变形五种失效形式略做介绍，其余的轮齿失效形式请参看有关文献。至于齿轮的其他部分（如齿圈、轮辐、轮毂等），除了对齿轮的质量大小需加严格限制者之外，通常只按经验设计，所定的尺寸对强度及刚度来说均较富裕，实践中也极少失效。

拓展资源

（1）轮齿折断

轮齿受载后，齿根处的弯曲应力较大，齿根过渡部分的形状突变及加工刀痕，还会在该处引起应力集中。在正常工况下，当齿根的循环弯曲应力超过其疲劳极限时，将在齿根处产生疲劳裂纹，裂纹逐步扩展，致使轮齿疲劳折断（图 10-1）。

当使用不当造成齿轮过载时，轮齿在突加载荷作用下也可能出现过载折断；长期使用的齿轮因严重磨损而导致齿厚过分减薄时，也会在名义载荷作用下发生折断。

图 10-1 直齿圆柱齿轮的轮齿整体折断

齿宽较小的直齿圆柱齿轮一般发生整齿折断；齿宽较大的直齿圆柱齿轮，因制造装配误差使得载荷偏置于齿轮的一端，发生局部折断的可能性较大。斜齿圆柱齿轮和人字齿圆柱齿轮的接触线是倾斜的，轮齿受载后，如有载荷集中，一般会发生局部折断。

为了提高轮齿的抗折断能力，可采取下列措施：① 采用正变位齿轮，增加齿根的强度；② 使齿根过渡曲线变化更为平缓及消除加工刀痕，减小齿根应力集中；③ 增大轴及支承的刚性，使轮齿接触线上的受载较为均匀；④ 采用合适的热处理方法使齿芯材料具有足够的韧性；⑤ 采用喷丸、滚压等工艺措施对齿根表层进行强化处理。

（2）齿面磨损

齿面摩擦或啮合齿面间落入磨料性物质（如砂粒、铁屑等），都会使齿面逐渐磨损而致报废，如图 10-2 所示。齿面磨损是开式齿轮传动的主要失效形式之一，它会引起齿廓变形和齿厚减薄，产生振动和噪声，甚至因轮齿过薄而断裂。采用闭式齿轮传动、提高齿面硬度、降低齿面粗糙度值、注意保持润滑油清洁等，均有利于减轻齿面磨损。

拓展资源

（3）齿面点蚀

齿轮工作时，在循环接触应力、齿面摩擦力及润滑剂的反复作用下，在齿面或其表层内会产生微小的裂纹。这些微裂纹继续扩展，相互连接，形成小片并脱落，在齿面上出现细碎的凹坑或麻点，如图 10-3 所示，从而造成齿面损伤，称为齿面点蚀。

图 10-2   齿面磨损

图 10-3   齿面点蚀

齿面点蚀与齿面间的相对滑动和润滑油的黏度有关。当相对滑动速度高，黏度大时，齿面间容易形成油膜，齿面有效接触面积较大，接触应力较小，点蚀就不容易发生。但在轮齿的节线附近，相对滑动速度低，形成油膜的条件差，特别是对于直齿圆柱齿轮传动，这时只有一对轮齿啮合，轮齿受力也较大，因此该处最容易出现点蚀。观察齿面点蚀破坏发现，点蚀往往首先出现在靠近节线的齿根面上，然后再向其他部位扩展。从相对意义上说，靠近节线处的齿根面抵抗点蚀破坏的能力最弱。

提高齿轮材料的硬度，可以增强轮齿抵抗点蚀破坏的能力。在啮合的轮齿间加注润滑油可以减小摩擦，延缓点蚀，延长齿轮的工作寿命。并且在合理的限度内，润滑油的黏度越高，上述效果也越好。因为当齿面上出现疲劳裂纹后，润滑油就会浸入裂纹，而且黏度越低的油，越易浸入裂纹。润滑油浸入裂纹后，在轮齿啮合时，就有可能在裂纹内受到挤胀，从而加快裂纹的扩展，这是不利之处。所以对速度不高的齿轮传动，宜用黏度高一些的油来润滑；对速度较高的齿轮传动（如圆周速度 $v>12$ m/s），要用喷油润滑（同时还起散热的作用），此时只宜用黏度低的油。

对于开式齿轮传动，由于齿面磨损较快，很少出现点蚀。

（4）齿面胶合

齿面胶合是由于齿面间未能有效地形成润滑油膜，导致齿面金属直接接触，并在随后的相对滑动中，相互粘连的金属沿着相对滑动方向相互撕扯而出现一条条划痕，如图 10-4 中的轮齿左部所示。齿面胶合会引起振动和噪声，导致齿轮传动性能下降，甚至失效。

对于高速重载齿轮传动，齿面间压力大、相对滑动速度大，因摩擦导致局部温度上升、油膜破裂，造成齿面金属直接接触并相互黏着，

胶合

图 10-4   齿面胶合

称为齿面热胶合；对于低速重载齿轮传动（$v \leqslant 4\ \text{m/s}$），由于齿面间压力很高，导致油膜破裂而使金属黏着，称为齿面冷胶合。

采用正变位齿轮，减小模数，降低齿高以减小滑动速度，提高齿面硬度，降低齿面粗糙度值，采用抗胶合能力强的齿轮材料，在润滑油中加入抗胶合能力强的极压添加剂等，均可以提高齿轮的抗胶合能力。

（5）塑性变形

拓展资源

当轮齿材料过软时，若轮齿上的载荷所产生的应力超过材料的屈服极限，则轮齿就会发生塑性变形。

当轮齿上受到冲击载荷作用时，在较软齿面的接触部位会出现压痕；当润滑不良而导致齿面产生过大的摩擦力时，齿面材料有可能沿着摩擦力的作用方向发生金属塑性流动。在主动轮的轮齿上，摩擦力方向背离节线，齿面金属的流动导致节线处下凹；在从动轮的轮齿上，摩擦力方向指向节线，齿面金属的流动导致节线处凸起，如图 10-5 所示。

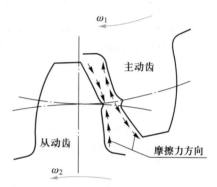

图 10-5 摩擦力作用下的齿面塑性变形

提高轮齿齿面硬度，采用高黏度的或加有极压添加剂的润滑油，均有助于延缓、减少或防止轮齿产生塑性变形。

为了防止齿轮发生上述几种失效形式，还可以采用合理选配主、从动齿轮的材料及硬度，适当地磨合（跑合），以及选用合适的润滑剂及润滑方法等措施。

2. 设计准则

在给定的工作条件下，齿轮传动应防止发生各种形式的失效。因此，针对上述各种工作情况及失效形式，均应建立相应的设计准则。但是对于齿面磨损、塑性变形等，因为尚未建立起广为工程实际使用且行之有效的计算方法及设计数据，所以目前设计一般使用的齿轮传动时，通常只按保证齿根弯曲疲劳强度及保证齿面接触疲劳强度准则进行设计。对于高速大功率的齿轮传动（如航空发动机主传动、汽轮发电机组传动等），还要按保证齿面抗胶合能力的准则进行设计（参阅 GB/Z 6413.1—2003，GB/Z 6413.2—2003）。至于抵抗其他失效的能力，目前虽然一般不进行计算，但应采取相应的措施，以增强轮齿抵抗这些失效的能力。

由实践得知，在闭式齿轮传动中，通常以保证齿面接触疲劳强度为主。但对于齿面硬度很高、齿心强度又低的齿轮（如用 20、20Cr 钢经渗碳后淬火的齿轮）或材质较脆的齿轮，通常则以保证齿根弯曲疲劳强度为主。如果两齿轮均为硬齿面且齿面硬度一样高，则视具体情况而定。

功率较大的传动，例如输入功率超过 75 kW 的闭式齿轮传动，发热量大，易于导致润滑不良及轮齿胶合损伤等，为了控制温升，还应作散热能力计算（计算准则及办法参看第 11 章）。

开式（或半开式）齿轮传动，按理应根据保证齿面抗磨损及齿根抗折断能力两准则进行计算，但由于对齿面抗磨损能力的计算方法迄今尚不够完善，故对开式（或半开式）齿轮传动，目前仅以保证齿根弯曲疲劳强度作为设计准则。为了延长开式（或半开式）齿轮传动的寿命，可视具体需要而将所求得的模数适当增大。

前已指出，对于齿轮的轮圈、轮辐、轮毂等部位的尺寸，通常仅做结构设计，不进行强度计算。但对于工作在重要场合的齿轮传动，这些部位也是需要进行强度校核的。

10-3　齿轮的材料及其选择原则

齿轮材料对齿轮的承载能力和结构尺寸的影响很大，合理选择齿轮材料是齿轮设计的重要内容之一。由轮齿的失效形式可知，设计齿轮传动时，应使齿面具有足够的硬度以保证齿面抗磨损、抗点蚀、抗胶合及抗塑性变形的能力；轮齿心部应具有足够的强度和韧性，以保证齿根抗弯曲折断的能力。因此，对齿轮材料性能的基本要求为齿面要硬，齿心要韧。同时，齿轮材料还应具有良好的机械加工和热处理工艺性、经济性要求等。

1. 常用的齿轮材料

（1）钢

钢材的韧性好，耐冲击，还可通过热处理或化学热处理改善其力学性能及提高齿面的硬度，故最适于用来制造齿轮。

1）锻钢

除尺寸过大或者是结构形状复杂只宜铸造者外，一般都用锻钢制造齿轮，常用的是碳的质量分数为 0.15%～0.6% 的碳钢或合金钢。

制造齿轮的锻钢可分为以下两种：

① 经热处理后切齿的齿轮所用的锻钢。对于强度、速度及精度都要求不高的齿轮，应采用软齿面（硬度≤350 HBW）以便于切齿，并使刀具不致迅速磨损变钝。因此，应将齿轮毛坯经过正火或调质处理后切齿，切制后即为成品。其精度一般为 8 级，精切时可达 7 级。这类齿轮制造简便、经济，生产率高。

② 需进行精加工的齿轮所用的锻钢。高速、重载及精密机器（如精密机床、航空发动机）所用的主要齿轮传动，除对材料性能有一定的要求，轮齿具有高强度及齿面具有高硬度（如 58～65 HRC）外，还应进行磨齿等精加工。需精加工的齿轮目前多是先切齿，再做表面硬化处理，最后进行精加工，精度可达 5 级或 4 级。这类齿轮精度高，所用热处理方法有表面淬火、渗碳、氮化、软氮化及氰化等。所用材料视具体要求及热处理方法而定。

合金钢材所含不同金属的成分及性能，可分别使材料的韧性、抗冲击、耐磨及抗胶合的性能等获得提高，也可通过热处理或化学热处理改善材料的力学性能及提高齿面的硬度。所以，对于既工作于高速、重载条件下，又要求尺寸小、质量小的航空用齿轮，都用性能优良的合金钢（如 20CrMnTi、20Cr2Ni4A 等）来制造。

由于硬齿面齿轮具有力学性能高、结构尺寸小等优点，因而一些工业发达的国家在一般机械中也普遍采用了中、硬齿面的齿轮传动。

2）铸钢

铸钢的耐磨性及强度均较好，但应经退火及正火处理，必要时也可进行调质。铸钢常用于尺寸较大的齿轮。

（2）铸铁

铸铁包括灰铸铁、球墨铸铁等。灰铸铁性质较脆，抗冲击性及耐磨性都较差，但抗胶合及抗点蚀的能力较好。灰铸铁齿轮常用于工作平稳，速度较低，功率不大的场合。

（3）非金属材料

对高速、轻载及精度不高的齿轮传动，为了降低噪声，常用非金属材料（如夹布胶木、尼龙等）做小齿轮，大齿轮仍用钢或铸铁制造。为使大齿轮具有足够的抗磨损及抗点蚀的能力，齿面的硬度应为 250～350 HBW。

常用的齿轮材料及其力学性能列于表 10-1。

表 10-1　常用齿轮材料及其力学性能

材料牌号	热处理方法	强度极限 σ_B/MPa	屈服极限 σ_S/MPa	硬度（HBW）	
				齿心部	齿面
HT250	—	250	—	170～241	
HT300		300		187～255	
HT350		350		197～269	
QT500-5	正火	500	—	147～241	
QT600-2		600		229～302	
ZG310-570		580	320	156～217	
ZG340-640		650	350	169～229	
45		580	290	162～217	
ZG340-640	调质	700	380	241～269	
45		650	360	217～255	
30CrMnSi		1 100	900	310～360	
35SiMn		750	450	217～269	
38SiMnMo		700	550	217～269	
40Cr		700	500	241～286	
45	调质后表面淬火			217～255	40～50 HRC
40Cr				241～286	48～55 HRC
20Cr	渗碳后淬火	650	400	300	58～62 HRC
20CrMnTi		1 100	850		
12Cr2Ni4		1 100	850	320	
20Cr2Ni4		1 200	1 100	350	

续表

材料牌号	热处理方法	强度极限 σ_B/MPa	屈服极限 σ_S/MPa	硬度（HBW）	
				齿心部	齿面
35CrAlA	调质后氮化（氮化层厚 $\delta \geqslant 0.3$ mm、0.5 mm）	950	750	255～321	>850 HV
38CrMoAlA		1 000	850		
夹布胶木		100		25～35	

注：40Cr 钢可用 40MnB 或 40MnVB 钢代替；20Cr、20CrMnTi 钢可用 20Mn2B 或 20MnVB 钢代替。

2. 齿轮材料的选择原则

齿轮材料的种类很多，在选择时应考虑的因素也很多。下述几点可供选择材料时参考：

1）齿轮材料必须满足工作条件的要求。例如，用于飞行器上的齿轮，要满足质量小、传递功率大和可靠性高的要求，因此必须选择力学性能高的合金钢；矿山机械中的齿轮传动，一般功率很大、工作速度较低、周围环境中粉尘含量极高，因此往往选择铸钢或铸铁等材料；家用及办公用机械的功率很小，但要求传动平稳、低噪声或无噪声，以及能在少润滑或无润滑状态下正常工作，因此常选用工程塑料作为齿轮材料。总之，工作条件的要求是选择齿轮材料时首先应考虑的因素。

2）应考虑齿轮尺寸的大小、毛坯成形方法及热处理和制造工艺。大尺寸的齿轮一般采用铸造毛坯，可选用铸钢或铸铁作为齿轮材料。中等或中等以下尺寸要求较高的齿轮常选用锻造毛坯，可选择锻钢制作。尺寸较小且要求不高时，可选用圆钢做毛坯。

齿轮表面硬化的方法有渗碳、氮化和表面淬火。采用渗碳工艺时，应选用低碳钢或低碳合金钢作齿轮材料；采用氮化工艺时选用氮化钢和调质钢；采用表面淬火工艺时一般用于调质钢。

3）不论毛坯的制作方法如何，正火碳钢只能用于制作在载荷平稳或轻度冲击下工作的齿轮，不能承受大的冲击载荷；调质碳钢可用于制作在中等冲击载荷下工作的齿轮。

4）合金钢常用于制作高速、重载并在冲击载荷下工作的齿轮。

5）飞行器中的齿轮传动，要求齿轮尺寸尽可能小，应采用表面硬化处理的高强度合金钢。

6）金属制的软齿面齿轮，配对两轮齿面的硬度差应保持为 30～50 HBW 或更多。当小齿轮与大齿轮的齿面具有较大的硬度差（如小齿轮齿面为淬火并磨制，大齿轮齿面为正火或调质），且速度又较高时，较硬的小齿轮齿面对较软的大齿轮齿面会起较显著的冷作硬化效应，从而提高了大齿轮齿面的疲劳极限。因此，当配对的两齿轮齿面具有较大的硬度差时，大齿轮的接触疲劳许用应力可提高约 20%，但应注意硬度高的齿面，表面粗糙度值也要相应地减小。

10-4　齿轮传动的计算载荷

根据齿轮传动的额定功率和转速，可以得到齿轮传递的名义扭矩和轮齿上的名义法向载

荷 F_n。但在实际传动中，由于受多种因素的影响，会使轮齿上的名义法向载荷增大。在齿轮强度计算中，应修正名义载荷，以得到用于齿轮强度计算的计算载荷，即

$$F_{ca} = KF_n \tag{10-1}$$

式中，K 为载荷系数，它等于使用系数 K_A、动载系数 K_v、齿间载荷分配系数 K_α、齿向载荷分布系数 K_β 的连乘积，即

$$K = K_A K_v K_\alpha K_\beta \tag{10-2}$$

按照强度计算的类别，载荷系数可以分为齿根弯曲疲劳强度计算用载荷系数 K_F 和齿面接触疲劳强度计算用载荷系数 K_H，下面统一介绍。

1. 使用系数 K_A

齿轮传动中的实际载荷会受到原动机和工作机（即执行部分）的特性、质量比、联轴器类型以及运行状态的影响，这种影响通过引入使用系数 K_A 来表征。K_A 的实用值应针对设计对象通过实践确定。表 10-2 所列的 K_A 值可供参考。

表 10-2　使用系数 K_A

载荷状态	工作机器	原动机			
		电动机、均匀运转的蒸汽机、燃气轮机	蒸汽机、燃气轮机液压装置	多缸内燃机	单缸内燃机
均匀平稳	发电机、均匀传送的带式输送机或板式输送机、螺旋输送机、轻型升降机、包装机、机床进给机构、通风机、均匀密度材料搅拌机等	1.00	1.10	1.25	1.50
轻微冲击	不均匀传送的带式输送机或板式输送机、机床的主传动机构、重型升降机、工业与矿用风机、重型离心机、变密度材料搅拌机等	1.25	1.35	1.50	1.75
中等冲击	橡胶挤压机、连续工作的橡胶和塑料混料机、轻型球磨机、木工机械、钢坯初轧机、提升装置、单缸活塞泵等	1.50	1.60	1.75	2.00
严重冲击	挖掘机、重型球磨机、橡胶揉合机、破碎机、重型给水泵、旋转式钻探装置、压砖机、带材冷轧机、压坯机等	1.75	1.85	2.00	2.25 或更大

注：表中所列 K_A 值仅适用于减速传动；若为增速传动，K_A 值约为表值的 1.1 倍。当外部机械与齿轮装置间有挠性连接时，通常 K_A 值可适当减小。

2. 动载系数 K_v

齿轮传动不可避免地会有制造及装配的误差，轮齿受载后还要产生弹性变形。这些误差及变形实际上将使啮合轮齿的法向齿距 p_{b1} 与 p_{b2} 不相等（参见图 10-6 和图 10-7），因

而轮齿就不能正确地啮合传动，瞬时传动比就不是定值，从动轮在运转中就会产生角加速度，于是引起了动载荷或冲击。对于直齿圆柱齿轮传动，在啮合过程中，不论是由双对齿啮合过渡到单对齿啮合，或是由单对齿啮合过渡到双对齿啮合，由于啮合齿对的刚度变化，也要引起动载荷。

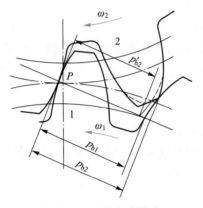 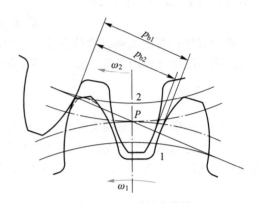

图 10-6 从动轮齿修缘   图 10-7 主动轮齿修缘

齿轮的制造精度及圆周速度对轮齿啮合过程中产生动载荷的大小影响很大。提高制造精度，减小齿轮直径以降低圆周速度，均可减小动载荷。

为了减小动载荷，可将轮齿进行齿顶修缘，即把齿顶的一小部分齿廓曲线（分度圆压力角 $\alpha=20°$ 的渐开线）修整成 $\alpha>20°$ 的渐开线。如图 10-6 所示，因 $p_{b2}>p_{b1}$，则后一对轮齿在未进入啮合区时就开始接触，从而产生动载荷。为此将从动轮 2 进行齿顶修缘，图中从动轮 2 的虚线齿廓即为修缘后的齿廓，实线齿廓则为未经修缘的齿廓。由图明显地看出，修缘后的轮齿齿顶处的法向齿距 $p'_{b2}<p_{b2}$，因此当 $p_{b2}>p_{b1}$ 时，对修缘了的轮齿，在开始啮合阶段（图 10-6），相啮合的轮齿的法向齿距差就小一些，啮合时产生的动载荷也就小一些。

如图 10-7 所示，若 $p_{b1}>p_{b2}$，则在后一对齿进入啮合区时，其主动齿齿根与从动齿齿顶并未啮合。要待前一对齿离开啮合区一段距离以后，后一对齿才能开始啮合，在此期间，仍不免要产生动载荷。若将主动轮 1 也进行齿顶修缘（如图 10-7 中虚线齿廓所示），即可减小这种动载荷。

对于高速齿轮传动或齿面经硬化的齿轮，其轮齿应进行修缘。但应注意，若修缘量过大，不仅重合度减小过多，而且动载荷也不一定就相应减小，故轮齿的修缘量应定得适当。修缘量的选择可参见参考文献［35］。

为了计及动载荷的影响，引入了动载系数 K_v。动载系数 K_v 的实用值应针对设计对象通过实践确定，或按文献［35］所推荐的办法确定。对于一般齿轮传动的动载系数 K_v，可参考图 10-8 选用。图中，v 为齿轮的节线速度；C 为齿轮传动的精度系数，它与齿轮的精度有关。如将齿轮精度降低一级作为 C 值查取动载系数 K_v 值，所得结果相对合理。若为直齿锥齿轮传动，应按锥齿轮齿宽中点处的节线速度 v_m 查取 K_v 值[1]。

---

① 直齿锥齿轮通用影响系数的详尽计算方法参见 GB/T 10062.1—2003，下同。

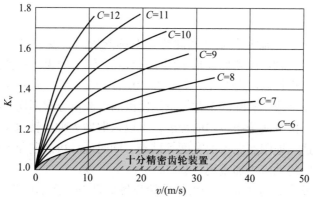

图 10-8 动载系数 K_v

3. 齿间载荷分配系数 K_α

一对相互啮合的直齿（或斜齿）圆柱齿轮，如果在啮合区 B_1B_2（图 10-9 和图 10-17）中有两对（或多对）齿同时工作，则载荷应由这两对（或多对）齿共同承担。考虑齿轮制造误差和接触部位的差别，两对齿承担的载荷并不相等。为了计及这种影响，引入了齿间载荷分配系数 K_α。

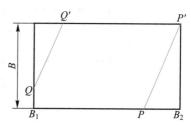

图 10-9 啮合区内齿间载荷的分配

K_α 的计算有一般方法和简化方法[35]。对于简化方法可查表 10-3。若为直齿锥齿轮传动，取 $K_{H\alpha}=K_{F\alpha}=1$。

表 10-3 齿间载荷分配系数 $K_{H\alpha}$、$K_{F\alpha}$

$K_A F_t/b$			≥100 N/mm				<100 N/mm
精度等级			5	6	7	8	5 级或更低
硬齿面	直齿圆柱齿轮	$K_{H\alpha}$	1.0		1.1	1.2	1.2
		$K_{F\alpha}$					
	斜齿圆柱齿轮	$K_{H\alpha}$	1.0	1.1	1.2	1.4	1.4
		$K_{F\alpha}$					
非硬齿面	直齿圆柱齿轮	$K_{H\alpha}$	1.0			1.1	1.2
		$K_{F\alpha}$					
	斜齿圆柱齿轮	$K_{H\alpha}$	1.0	1.1		1.2	1.4
		$K_{F\alpha}$					

注：如硬齿面和软齿面相配，$K_{H\alpha}$、$K_{F\alpha}$ 取平均值；如大、小齿轮精度等级不同时，按精度等级较低者取值。

4. 齿向载荷分布系数 K_β[①]

如图 10-10 所示，当轴承相对于齿轮作不对称配置时，受载前，轴无弯曲变形，轮齿啮合正常；受载后，轴产生弯曲变形（图 10-11a），轴上的齿轮也就随之偏斜，这就使作用在齿面上的载荷沿接触线分布不均匀（图 10-11b）。当然，轴和齿轮的扭转变形、轴承、支座的变形以及制造、装配的误差等也是使齿面上载荷分布不均的因素。

为了降低载荷沿接触线分布不均的程度，可以采取增大轴、轴承及支座的刚度，对称地配置轴承，以及适当地限制轮齿的宽度等措施。同时应尽可能避免齿轮作悬臂布置。这对高速、重载的齿轮传动应更加重视。

除上述一般措施外，也可把一个齿轮的轮齿做成鼓形（图 10-12）。当轴产生弯曲变形而导致齿轮偏斜时，鼓形齿齿面上的载荷分布如图 10-11c 所示。显然，这样可以减轻载荷偏于轮齿一端的现象。

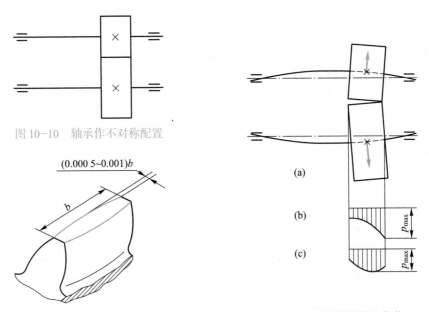

图 10-10　轴承作不对称配置

图 10-12　鼓形齿

图 10-11　轮齿所受的载荷

由于小齿轮轴的弯曲及扭转变形改变了轮齿沿齿宽的正常啮合位置，因而相应于轴的这些变形量，沿小齿轮齿宽对轮齿做适当的修形，可以降低载荷沿接触线分布不均的程度。这种沿齿宽对轮齿的修形，多用于斜齿圆柱齿轮及人字齿圆柱齿轮传动，通常称之为轮齿的螺旋角修形。

轮齿沿接触线分布不均的程度用齿向载荷分布系数 K_β 来表征。根据计算类型的不同，K_β 分为 $K_{H\beta}$ 和 $K_{F\beta}$。其中，$K_{H\beta}$ 用于齿面接触疲劳强度计算，$K_{F\beta}$ 用于齿根弯曲疲劳强度计算。表 10-4 给出了渐开线圆柱齿轮的 $K_{H\beta}$ 值，其中，ϕ_d 为齿宽系数，$\phi_d = b/d_1$，b 为齿宽，d_1 为小齿轮的分度圆直径。若为直齿锥齿轮传动，表中的齿宽系数按平均分度圆直径 d_{m1} 计算，即 $\phi_d = b/d_{m1}$。

[①]　也称为螺旋线载荷分布系数，参见 GB/T 3480.1—2019，下同。

表 10-4　渐开线圆柱齿轮的 $K_{H\beta}$ 值

小齿轮支承位置		软齿面齿轮									硬齿面齿轮					
		对称布置			非对称布置			悬臂布置			对称布置		非对称布置		悬臂布置	
ϕ_d	b/mm	精度等级														
		6	7	8	6	7	8	6	7	8	5	6	5	6	5	6
0.2	40	1.052	1.066	1.109	1.053	1.066	1.109	1.054	1.067	1.111	1.064	1.067	1.065	1.067	1.067	1.070
	80	1.058	1.075	1.121	1.059	1.075	1.121	1.060	1.077	1.123	1.068	1.073	1.069	1.073	1.071	1.076
	120	1.064	1.084	1.134	1.065	1.084	1.134	1.066	1.086	1.135	1.072	1.079	1.073	1.080	1.075	1.082
	160	1.070	1.093	1.146	1.071	1.093	1.146	1.072	1.095	1.148	1.076	1.086	1.077	1.086	1.079	1.089
	200	1.076	1.102	1.158	1.077	1.103	1.159	1.078	1.104	1.160	1.080	1.092	1.081	1.093	1.083	1.095
0.4	40	1.072	1.085	1.128	1.074	1.087	1.130	1.099	1.112	1.155	1.096	1.098	1.100	1.102	1.140	1.143
	80	1.078	1.094	1.140	1.080	1.096	1.143	1.105	1.121	1.168	1.100	1.104	1.104	1.108	1.144	1.149
	120	1.084	1.103	1.153	1.086	1.106	1.155	1.111	1.131	1.180	1.104	1.111	1.108	1.115	1.148	1.155
	160	1.090	1.112	1.165	1.092	1.115	1.168	1.117	1.140	1.193	1.108	1.117	1.112	1.121	1.152	1.162
	200	1.096	1.122	1.178	1.098	1.124	1.180	1.123	1.149	1.205	1.112	1.124	1.116	1.128	1.156	1.168
0.6	40	1.104	1.117	1.160	1.116	1.129	1.172	1.243	1.256	1.299	1.148	1.150	1.168	1.170	1.376	1.388
	80	1.110	1.126	1.172	1.122	1.138	1.185	1.249	1.265	1.311	1.152	1.156	1.172	1.177	1.380	1.396
	120	1.116	1.135	1.185	1.128	1.148	1.197	1.254	1.274	1.324	1.156	1.163	1.176	1.183	1.385	1.404
	160	1.122	1.144	1.197	1.134	1.157	1.210	1.261	1.283	1.336	1.160	1.69	1.180	1.189	1.390	1.411
	200	1.128	1.154	1.210	1.140	1.166	1.222	1.267	1.293	1.349	1.164	1.176	1.184	1.196	1.395	1.419
0.8	40	1.148	1.162	1.205	1.188	1.201	1.244	1.587	1.601	1.644	1.220	1.223	1.284	1.287	2.044	2.057
	80	1.154	1.171	1.217	1.194	1.210	1.257	1.593	1.610	1.656	1.224	1.229	1.288	1.293	2.049	2.064
	120	1.160	1.180	1.230	1.199	1.219	1.269	1.599	1.619	1.669	1.228	1.236	1.292	1.299	2.054	2.072
	160	1.166	1.189	1.242	1.206	1.229	1.281	1.605	1.628	1.681	1.232	1.242	1.296	1.306	2.058	2.080
	200	1.172	1.198	1.254	1.212	1.238	1.294	1.611	1.637	1.639	1.236	1.248	1.300	1.312	2.063	2.087
1.0	40	1.206	1.219	1.262	1.302	1.315	1.358	2.278	2.291	2.334	1.314	1.316	1.491	1.504	3.382	3.395
	80	1.212	1.228	1.275	1.308	1.324	1.371	2.284	2.300	2.347	1.318	1.323	1.469	1.511	3.387	3.402
	120	1.218	1.238	1.287	1.314	1.334	1.383	2.290	2.310	2.359	1.322	1.329	1.500	1.519	3.391	3.410
	160	1.224	1.247	1.300	1.320	1.343	1.396	2.296	2.319	2.372	1.326	1.336	1.505	1.526	3.396	3.417
	200	1.230	1.256	1.312	1.326	1.352	1.408	2.302	2.328	2.384	1.330	1.348	1.510	1.534	3.401	3.425
1.2	40	1.276	1.290	1.333	1.475	1.489	1.532	3.499	3.512	3.556	1.441	1.454	1.827	1.840	5.748	5.761
	80	1.282	1.299	1.345	1.481	1.498	1.544	3.505	3.522	3.568	1.446	1.462	1.832	1.847	5.753	5.768
	120	1.288	1.308	1.358	1.487	1.507	1.557	3.511	3.531	3.580	1.451	1.469	1.836	1.855	5.758	5.776
	160	1.294	1.317	1.370	1.493	1.516	1.569	3.517	3.540	3.593	1.456	1.477	1.841	1.862	5.762	5.784
	200	1.300	1.326	1.382	1.500	1.525	1.581	3.523	3.549	3.605	1.460	1.484	1.846	1.870	5.767	5.791

齿轮的 $K_{F\beta}$ 可根据 $K_{H\beta}$ 和齿宽 b 与齿高 h 之比 b/h 从图 10-13 中查得。其中，齿宽 b 对于人字齿圆柱齿或双斜齿圆柱齿轮，采用单个斜齿圆柱齿轮的齿宽；当小齿轮和大齿轮宽度不等时，取大、小齿轮中的小值。

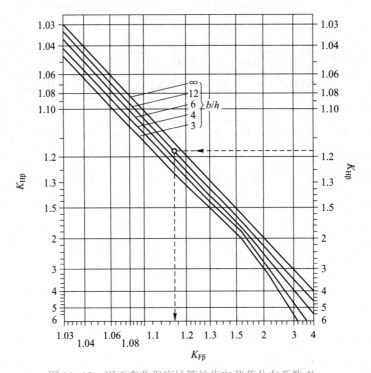

图 10-13　用于弯曲强度计算的齿向载荷分布系数 $K_{F\beta}$

10-5　标准直齿圆柱齿轮传动的强度计算

拓展资源

1. 轮齿的受力分析

为了计算齿轮强度，需要知道轮齿上受到的力。另外，齿轮传动的力分析也是计算安装齿轮的轴及轴承所必需的。

齿轮传动一般均加以润滑，啮合轮齿间的摩擦力通常很小，计算轮齿受力时，可不予考虑。

为了计算齿轮上的名义法向力 F_n，首先将其在小齿轮的分度圆处分解为圆周力 F_{t1} 和径向力 F_{r1}，各力的方向如图 10-14 所示，然后再根据力平衡条件和各力之间的关系进行计算，即

$$\left.\begin{array}{l} F_{t1} = \dfrac{2T_1}{d_1} \\[2mm] F_{r1} = F_{t1}\tan\alpha \\[2mm] F_n = \dfrac{F_{t1}}{\cos\alpha} \end{array}\right\} \tag{10-3}$$

式中：T_1——小齿轮传递的转矩，N·mm；

　　　α ——压力角。

大齿轮的受力分析与小齿轮类似。

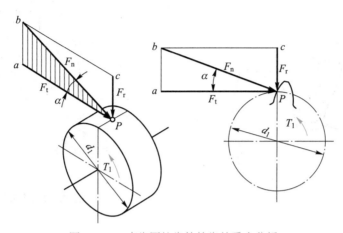

图 10-14　直齿圆柱齿轮轮齿的受力分析

2. 齿根弯曲疲劳强度计算

当轮齿在齿顶处啮合时，处于双对齿啮合区，两对齿共同分担载荷，齿根处的弯曲应力并不是最大。根据分析，当载荷作用在单对齿啮合区的最高点时，齿根产生的弯曲应力最大，对此，文献［35］有详尽的计算方法。为了简化计算，同时又保证一定的精度，这里介绍载荷作用于齿顶，并由一对轮齿承担时，在齿根产生弯曲应力的计算方法。对于由此产生的误差，用重合度系数 Y_ε 予以修正。经验表明，按照这种方法计算得到的结果偏于安全。

载荷作用于齿顶时的情况如图 10-15 所示。图中，α_a 为载荷作用于齿顶时的压力角；载荷 F_n 可以分为 $F_n\cos\alpha_a$ 和 $F_n\sin\alpha_a$ 两个分量，前者在齿根产生弯曲应力 σ_{F0} 和切应力 τ_{F0}，后者在齿根产生压应力 σ_{c0}。因为切应力和压应力相对较小，所以下面主要计算轮齿在 $F_n\cos\alpha_a$ 分力作用下的齿根弯曲应力，并将此应力作为齿根弯曲疲劳强度计算的基础应力，由此造成的误差，通过引入修正系数的办法予以调整。

齿根弯曲应力的危险截面可用 30° 切线法确定，如图 10-16 所示。图中，作与轮齿对称线成 30° 角、并与齿根过渡曲线相切的两条直线，切点分别为 A、B，连线 AB 表示的就是齿根处的危险截面。该处的弯曲应力为

$$\sigma_{F0} = \frac{M}{W} = \frac{F_n h \cos\alpha_a}{\dfrac{bs^2}{6}} = \frac{6F_n h \cos\alpha_a}{bs^2}$$

将式（10-3）代入上式，于是危险截面处的弯曲应力为

$$\sigma_{F0} = \frac{F_{t1}}{bm} \cdot \frac{6\dfrac{h}{m}\cos\alpha_a}{\left(\dfrac{s}{m}\right)^2 \cos\alpha} = \frac{F_{t1}}{bm}Y_{Fa}$$

式中，Y_{Fa} 为齿形系数[1]，它取决于齿廓形状，与齿的大小（模数 m）无关。齿形系数的部分数据见表 10-5。

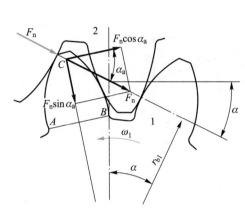

图 10-15　齿顶啮合受载

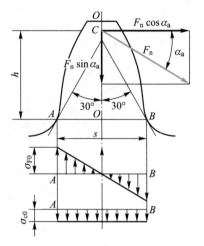

图 10-16　齿根应力图

表 10-5　齿形系数 Y_{Fa} 及应力修正系数 Y_{Sa}

$z\ (z_v)$	17	18	19	20	21	22	23	24	25	26	27	28	29
Y_{Fa}	2.97	2.91	2.85	2.80	2.76	2.72	2.69	2.65	2.62	2.60	2.57	2.55	2.53
Y_{Sa}	1.52	1.53	1.54	1.55	1.56	1.57	1.575	1.58	1.59	1.595	1.60	1.61	1.62
$z\ (z_v)$	30	35	40	45	50	60	70	80	90	100	150	200	∞
Y_{Fa}	2.52	2.45	2.40	2.35	2.32	2.28	2.24	2.22	2.20	2.18	2.14	2.12	2.06
Y_{Sa}	1.625	1.65	1.67	1.68	1.70	1.73	1.75	1.77	1.78	1.79	1.83	1.865	1.97

注：① 基准齿形的参数为 $\alpha=20°$、$h_a^*=1$、$c^*=0.25$、$\rho=0.38\,m$（m 为齿轮模数）。

②　对内齿轮：当 $\alpha=20°$、$h_a^*=1$、$c^*=0.25$、$\rho=0.15\,m$ 时，齿形系数 $Y_{Fa}=2.053$，应力修正系数 $Y_{Sa}=2.65$。

考虑到齿根危险截面处的过渡曲线所引起的应力集中、弯曲应力以外的其他应力和载荷作用于齿顶所引起的误差，引入载荷系数 K_F 来修正 σ_{F0}，从而得到直齿圆柱齿轮的弯曲疲劳强度条件为

$$\sigma_F = \sigma_{F0} K_F Y_{Sa} Y_\varepsilon = \frac{K_F F_{t1} Y_{Fa} Y_\varepsilon}{bm} \leqslant [\sigma_F] \tag{10-4}$$

式中：K_F——用于弯曲疲劳强度计算的载荷系数，$K_F = K_A K_v K_{F\alpha} K_{F\beta}$。

　　　　Y_{Sa}——应力修正系数，部分数据见表 10-5。

　　　　Y_ε——用于弯曲疲劳强度计算的重合度系数，按下式计算：

$$Y_\varepsilon = 0.25 + \frac{0.75}{\varepsilon_\alpha} \tag{10-5}$$

---

① 也称为齿廓系数，参见 GB/T 3480.1—2019，下同。

式中，ε_α 为直齿圆柱齿轮的重合度。

将 $\phi_d = b/d_1$、$F_{t1} = 2T_1/d_1$ 及 $m = d_1/z_1$ 代入式（10-4），得

$$\sigma_F = \frac{2K_F T_1 Y_{Fa} Y_{Sa} Y_\varepsilon}{\phi_d m^3 z_1^2} \leqslant [\sigma_F] \tag{10-6}$$

经变换，可得

$$m \geqslant \sqrt[3]{\frac{2K_F T_1 Y_\varepsilon}{\phi_d z_1^2}\left(\frac{Y_{Fa} Y_{Sa}}{[\sigma_F]}\right)} \tag{10-7}$$

式（10-6）为校核计算公式，式（10-7）为设计计算公式。两式中：σ_F、$[\sigma_F]$ 的单位为 MPa；F_{t1} 的单位为 N；b、m 的单位为 mm；T_1 的单位为 N·mm。

3. 齿面接触疲劳强度计算

齿面接触应力与轮齿载荷、齿面相对曲率、摩擦因数和润滑状态有关。这里仅介绍在齿面接触应力中占主要部分的赫兹应力的计算方法，并以此应力作为接触疲劳强度计算的基础应力。

将计算赫兹应力的式（3-38）中的载荷 F 用轮齿名义法向载荷 F_n 代替，即得到齿轮的赫兹应力为

$$\sigma_H = \sqrt{\frac{F_n\left(\dfrac{1}{\rho_1} \pm \dfrac{1}{\rho_2}\right)}{\pi\left[\left(\dfrac{1-\mu_1^2}{E_1}\right) + \left(\dfrac{1-\mu_2^2}{E_2}\right)\right]L}} = \sqrt{\frac{F_n}{\rho_\Sigma L}}Z_E \tag{10-8}$$

式中：ρ_Σ——综合曲率半径，mm，$\dfrac{1}{\rho_\Sigma} = \dfrac{1}{\rho_1} \pm \dfrac{1}{\rho_2}$；

L——接触线长度，mm；

Z_E——弹性影响系数，$Z_E = \sqrt{\dfrac{1}{\pi\left[\left(\dfrac{1-\mu_1^2}{E_1}\right) + \left(\dfrac{1-\mu_2^2}{E_2}\right)\right]}}$，$\text{MPa}^{1/2}$，数值列于表 10-6。

表 10-6 弹性影响系数 Z_E　　　　　　　　　　　　　　　$\text{MPa}^{1/2}$

| 齿轮材料 | 配对齿轮材料（弹性模量 E/MPa） | | | | |
	灰铸铁（11.8×10^4）	球墨铸铁（17.3×10^4）	铸钢（20.2×10^4）	锻钢（20.6×10^4）	夹布胶木（0.785×10^4）
锻钢	162.0	181.4	188.9	189.8	56.4
铸钢	161.4	180.5	188	—	—
球墨铸铁	156.6	173.9	—	—	—
灰铸铁	143.7	—			

注：表中所列夹布胶木的泊松比 μ 为 0.5，其余材料的 μ 均为 0.3。

齿轮的赫兹应力对小齿轮和大齿轮都是一样的。但随着啮合位置的变动，齿轮上的载荷和综合曲率半径都在改变，导致赫兹应力发生变化。图 10-17 给出了直齿圆柱齿轮的赫兹应力随啮合位置发生变化的情况。由图 10-17 可见，点 C 和点 D 的赫兹应力较大，应该在这两点中确定一个最大的赫兹应力作为强度计算的齿面接触应力。但此种做法相对复杂，且当小齿轮齿数 $z_1 \geqslant 20$ 时，不同点处的赫兹应力计算结果极为接近。从简化计算、同时又保证一定的计算精度出发，即以节点 P 处的赫兹应力为代表进行齿面接触疲劳强度计算。

下面介绍赫兹应力在节点处的计算公式。

标准齿轮在标准安装时，节圆与分度圆重合，压力角等于啮合角，因此节点处的齿廓综合曲率半径为

$$\rho_\Sigma = \frac{\rho_1 \rho_2}{\rho_2 \pm \rho_1} = \frac{d_1 \sin\alpha}{2} \frac{u}{u \pm 1}$$

式中，$u = \dfrac{z_2}{z_1}$ 为齿数比。

接触线长度 L 与重合度有关，按下式计算：

$$L = \frac{b}{Z_\varepsilon^2}$$

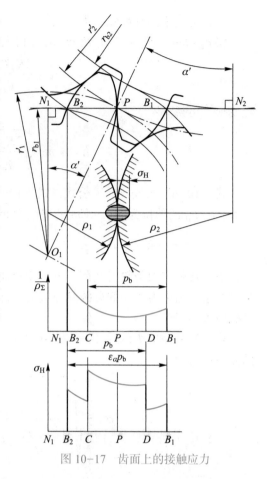

图 10-17 齿面上的接触应力

式中，Z_ε 为用于接触疲劳强度计算的重合度系数，表达式为

$$Z_\varepsilon = \sqrt{\frac{4 - \varepsilon_\alpha}{3}} \tag{10-9}$$

将综合曲率半径和接触线长度及式（10-3）代入式（10-8），同时引入载荷系数 K_H，可得

$$\sigma_H = \sqrt{\frac{K_H F_{t1}}{b d_1} \frac{u \pm 1}{u} \frac{2}{\cos\alpha \sin\alpha}} Z_E Z_\varepsilon = \sqrt{\frac{K_H F_{t1}}{b d_1} \frac{u \pm 1}{u}} Z_H Z_E Z_\varepsilon$$

式中：K_H——用于接触疲劳强度计算的载荷系数，$K_H = K_A K_v K_{H\alpha} K_{H\beta}$；

Z_H——区域系数，$Z_H = \sqrt{\dfrac{2}{\cos\alpha \sin\alpha}}$。

将 $F_{t1} = 2T_1/d_1$、$\phi_d = b/d_1$ 代入上式，从而得到直齿圆柱齿轮的接触疲劳强度条件为

$$\sigma_H = \sqrt{\frac{2 K_H T_1}{\phi_d d_1^3} \frac{u \pm 1}{u}} Z_H Z_E Z_\varepsilon \leqslant [\sigma_H] \tag{10-10}$$

经变换，可得

$$d_1 \geqslant \sqrt[3]{\frac{2K_H T_1}{\phi_d} \frac{u \pm 1}{u} \left(\frac{Z_H Z_E Z_\varepsilon}{[\sigma_H]} \right)^2} \qquad (10\text{-}11)$$

式（10-10）为校核计算公式，式（10-11）为设计计算公式。式中，σ_H、$[\sigma_H]$ 的单位为 MPa，d_1 的单位为 mm，其余各符号的意义和单位同前。

4. 齿轮传动的强度计算说明

1）在弯曲疲劳强度计算中，式（10-4）和式（10-7）对小齿轮和大齿轮都是适用的。但在式（10-7）中，小齿轮和大齿轮的 $Y_{Fa} Y_{Sa}/[\sigma_F]$ 却不一样。为了保证齿轮副的弯曲疲劳强度，在设计计算中，应取 $Y_{Fa1} Y_{Sa1}/[\sigma_F]_1$ 和 $Y_{Fa2} Y_{Sa2}/[\sigma_F]_2$ 中的较大者，即取一对齿轮副中较弱的那个齿轮的数据代入计算。

2）在接触疲劳强度计算中，式（10-10）和式（10-11）对小齿轮和大齿轮都是适用的。因为小齿轮的接触应力和大齿轮的接触应力相等，即 $\sigma_{H1}=\sigma_{H2}$。所以，只需要选择齿轮副中较弱的那个齿轮来校核就可以了，即在齿面接触疲劳强度计算中，取 $[\sigma_H]_1$ 和 $[\sigma_H]_2$ 中的较小者，代入设计公式或校核公式进行计算。

3）当配对齿轮副中的齿面均属软齿面时，小齿轮的齿面硬度应大于大齿轮的齿面硬度，以平衡两齿面的接触疲劳强度；当配对齿轮副中的齿面均属硬齿面时，两齿轮的材料、热处理方法及硬度可取相同的值。

4）当用设计公式计算齿轮的分度圆直径 d_1（或模数 m）时，动载系数 K_v、齿间载荷分配系数 $K_{H\alpha}$（或 $K_{F\alpha}$）及齿向载荷分布系数 $K_{H\beta}$（或 $K_{F\beta}$）等因与设计结果有关而尚无法确知。此时可试选 K_{Ht}[①]（或 K_{Ft}）（如在 1.2～1.4 之间试取一值），用其计算出来的分度圆直径（或模数）也是一个试算值 d_{1t}（或模数 m_t）。然后按 d_{1t} 值计算齿轮的圆周速度 v，查取动载系数 K_v、齿间载荷分配系数 $K_{H\alpha}$（或 $K_{F\alpha}$）及齿向载荷分布系数 $K_{H\beta}$（或 $K_{F\beta}$），结合使用系数 K_A，得到计算载荷系数 K_H（或 K_F）。若算得的 K_H（或 K_F）值与试选的 K_{Ht}（或 K_{Ft}）值相差不多，就不必再修改原计算；若二者相差较大，则应按下式修正试算所得分度圆直径 d_{1t}（或模数 m_t）：

$$d_1 = d_{1t} \sqrt[3]{\frac{K_H}{K_{Ht}}} \qquad (10\text{-}12)$$

$$m = m_t \sqrt[3]{\frac{K_F}{K_{Ft}}} \qquad (10\text{-}13)$$

5）由式（10-7）可知，在齿轮的齿宽系数、齿数及材料已选定的情况下，影响齿根弯曲疲劳强度的主要因素是模数。模数越大，齿轮的齿根弯曲疲劳强度越大。由式（10-11）可知，在齿轮的齿宽系数、材料及传动比已选定的情况下，影响齿面接触疲劳强度的主要因素是小齿轮直径。小齿轮直径越大，齿轮的齿面接触疲劳强度越高。

---

① 脚标 t 表示试选或试算值。下同。

6）设计齿轮传动时，可分别按齿根弯曲疲劳强度及齿面接触疲劳强度的设计公式进行计算，并取其中几何尺寸较大者作为设计结果。考虑圆柱齿轮的轴向安装误差和调整，为了保证设计齿宽，一般选择大齿轮齿宽等于设计齿宽，小齿轮齿宽略大于大齿轮齿宽。对于锥齿轮，安装时要求锥顶重合，故小齿轮和大齿轮的齿宽都取为设计齿宽。

10-6　齿轮传动的精度、设计参数与许用应力

1. 齿轮传动的精度及其选择

渐开线圆柱齿轮传动的精度分为13个等级，其中0级最高，12级最低。齿轮传动精度等级可分为三个公差组。

1）第Ⅰ公差组。用齿轮一转内的转角误差表示，决定齿轮传递运动的准确程度。

2）第Ⅱ公差组。用齿轮一齿内的转角误差表示，决定齿轮运转的平稳程度。

3）第Ⅲ公差组。用啮合区域的位置、形状和大小表示，决定齿轮载荷分布的均匀程度。

选择齿轮精度等级时应从降低制造成本的角度出发，首先满足主要使用功能，然后兼顾其他要求。例如，仪表中的齿轮传动，以保证运动精度为主；航空动力传输装置中的齿轮传动，以保证平稳性精度为主；轧钢机中的齿轮传动，以保证接触精度为主。同一齿轮的三种精度指标也可以选择同一精度等级。各类机器中使用的齿轮传动的精度等级范围列于表10-7中。更为详细的精度选择可参见参考文献［35］。

表 10-7　各类机器所用齿轮传动的精度等级范围

机器类型	精度等级范围	机器类型	精度等级范围
汽轮机	3～6	拖拉机	6～8
金属切削机床	3～8	通用减速器	6～8
航空发动机	4～8	锻压机床	6～9
轻型汽车	5～8	起重机	7～10
载重汽车	7～9	农用机器	8～11

注：对于主传动的齿轮或重要的齿轮传动，选择偏上限的精度等级；对于辅助传动的齿轮或一般齿轮传动，选择居中或偏下限的精度等级。

2. 齿轮传动设计参数的选择

（1）压力角 α 的选择

增大压力角，轮齿的齿厚和节点处的齿廓曲率半径都随之增加，有利于提高齿轮传动的弯曲强度和接触强度。我国对一般用途的齿轮传动规定的标准压力角为20°。为提高航空用齿轮传动的弯曲强度及接触强度，我国航空齿轮传动标准还规定了 $\alpha=25°$ 的标准压力角。但增大压力角并不一定都对传动有利。对重合度接近2的高速齿轮传动，推荐采用齿顶高系数为1～1.2、压力角为16°～18°的齿轮，这样做可增加轮齿的柔性，降低噪声和

动载荷。

（2）齿数 z 的选择

在保证接触强度的前提下，增加齿数，除能使重合度增加，有利于改善齿轮传动的平稳性外，还能降低齿高，减小齿坯尺寸，降低加工时的切削量，有利于节省制造费用。另外，降低齿高，齿顶处的滑动速度也会减小，从而降低磨损及胶合的可能性。但模数小了，齿厚随之减薄，齿轮的弯曲强度有所下降。综上所述，在保证齿轮的齿根弯曲疲劳强度的条件下，以齿数多一些为好。

闭式齿轮传动一般转速较高，为了提高传动的平稳性，减小冲击振动，以齿数多一些为好，小齿轮的齿数可取为 $z_1=20\sim40$。对于开式（或半开式）齿轮传动，由于齿轮的失效形式主要为齿面磨损，为使轮齿不致过小，故小齿轮不宜选用过多的齿数，一般可取 $z_1=17\sim20$。

小齿轮齿数确定后，按齿数比可确定大齿轮齿数 z_2。为了使轮齿磨损均匀，一般使 z_1 和 z_2 互为质数。

（3）齿宽系数 ϕ_d 的选择

在保证齿轮接触强度和弯曲强度的前提下增加齿宽系数，会增大齿轮的轴向尺寸，而减小径向尺寸。当对径向尺寸有严格要求时，应选择较大的齿宽系数。但增加齿宽系数，将增大载荷沿接触线分布的不均匀程度，因此齿宽系数应取得适当。

圆柱齿轮的齿宽系数 ϕ_d 的荐用值列于表 10-8。

表 10-8　圆柱齿轮的齿宽系数 ϕ_d

装置状况	两支承相对于小齿轮作对称布置	两支承相对于小齿轮作不对称布置	小齿轮作悬臂布置
ϕ_d	0.9～1.4（1.2～1.9）	0.7～1.15（1.1～1.65）	0.4～0.6

注：① 大、小齿轮皆为硬齿面时，ϕ_d 应取表中偏下限值；皆为软齿面或仅大齿轮为软齿面时，ϕ_d 可取表中偏上限值。

② 括号内的数值用于人字齿圆柱齿轮，此时 b 为人字齿圆柱齿轮的单侧齿宽。

③ 对于金属切削机床的齿轮传动，当传递的功率不大时，ϕ_d 可小到 0.2。

④ 非金属齿轮可取 $\phi_d=0.5\sim1.2$。

3. 齿轮的许用应力

齿轮的许用应力是基于试验条件下的齿轮疲劳极限，再考虑实际齿轮与试验条件的差别和可靠性而确定的[35]。

（1）齿轮疲劳试验的条件

齿轮疲劳试验的条件为：中心距 $a=100$ mm、$m=3\sim5$ mm、$\alpha=20°$、$b=10\sim50$ mm、$v=10$ m/s、齿面微观不平度十点高度[①]$Rz=3$ μm，齿根过渡表面微观不平度十点高度 $Rz=10$ μm，齿轮精度等级为 4～7 级的直齿圆柱齿轮副；齿轮材料在完全弹性范围内，承

---

① 国家标准 GB/T 3505—2009《产品几何技术规范（GPS） 表面结构轮廓法术语、定义及表面结构参数》中已经取消了"微观不平度十点高度"的使用，但在 GB/T 3480.5—2021 中，齿面粗糙度使用的是表面微观不平度十点高度，所以本书仍保留此说法。

受脉动循环变应力，载荷系数 $K_H=K_F=1$，润滑剂黏度 $\nu_{50}=100\ \text{mm}^2/\text{s}$，失效概率为 1%。

（2）齿轮的许用应力

对一般的齿轮传动，因绝对尺寸、齿面粗糙度、圆周速度及润滑等对实际齿轮的疲劳极限的影响不大，通常都不予考虑（必要时可参阅参考文献 [35]），故只需要考虑应力循环次数的影响即可。由此得到齿轮的许用应力为

$$[\sigma]=\frac{K_N\sigma_{\lim}}{S} \tag{10-14}$$

式中：S——疲劳强度安全系数。对接触疲劳强度而言，由于出现点蚀后只是增大振动和噪声，不会导致齿轮传动中断，故可取 $S=S_H=1$。但对弯曲疲劳强度来说，一旦发生断齿，就会引起严重的事故，因此在进行齿根弯曲疲劳强度计算时取 $S=S_F=1.25\sim1.5$。在进行直齿锥齿轮的齿根弯曲疲劳强度计算时，$S_F\geqslant1.5$。

K_N——寿命系数。当实际齿轮的应力循环次数大于或小于试验齿轮的循环次数 N_0 时，用于将试验齿轮的疲劳极限折算为实际齿轮的疲劳极限。弯曲疲劳寿命系数 K_{FN} 查图 10-18，接触疲劳寿命系数 K_{HN} 查图 10-19。两图中应力循环次数的计算方法是：设 n 为齿轮的转速（单位为 r/min），j 为齿轮每转一圈时同一齿面的啮合次数，L_h 为齿轮的工作寿命（单位为 h），则齿轮的工作应力循环次数 N 按下或计算：

$$N=60njL_h \tag{10-15}$$

式（10-14）中，$\sigma_{\lim}$ 为齿轮的疲劳极限，它包括弯曲疲劳极限 σ_{Flim} 和接触疲劳极限 σ_{Hlim}。其中，弯曲疲劳极限 σ_{Flim} 查图 10-20，图中的 σ_{Flim} 值是对试验齿轮的弯曲疲劳极限进行应力校正后的结果，接触疲劳极限 σ_{Hlim} 查图 10-21。

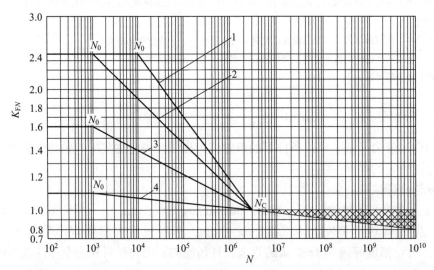

1—调质钢，球墨铸铁（珠光体、贝氏体），珠光体可锻铸铁；2—渗碳淬火的渗碳钢，全齿廓火焰或感应淬火的钢、球墨铸铁；3—渗氮的渗氮钢，球墨铸铁（铁素体），灰铸铁，结构钢；4—氮碳共渗的调质钢、渗碳钢

图 10-18　弯曲疲劳寿命系数 K_{FN}（当 $N>N_C$ 时，可根据经验在网纹区内取值）

由于齿轮材料的品质和加工过程不尽相同，使其疲劳极限具有一定的分散性。在图 10-20 和图 10-21 中，将同一种材料能够达到的质量分为高、中、低三个等级，分别用 ME、MQ 和 ML 表示。在查取数据时，一般可在 MQ 及 ML 中间取值。当齿面硬度超出图中荐用的范围时，可按外插法查取数据。图 10-20 所示为脉动循环应力下的齿根弯曲疲劳极限。对称循环应力下齿根弯曲疲劳极限按脉动循环的 **70%** 估算。

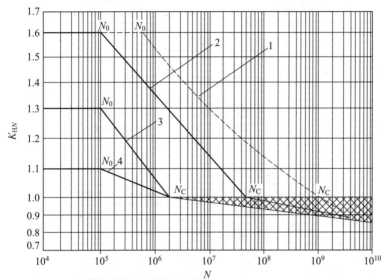

1—允许一定点蚀时的结构钢，调质钢，球墨铸铁（珠光体、贝氏体），珠光体可锻铸铁，渗碳淬火的渗碳钢；
2—结构钢，调质钢，渗碳淬火钢，火焰或感应淬火的钢，球墨铸铁，球墨铸铁（珠光体、贝氏体），珠光体可锻铸铁；
3—灰铸铁，球墨铸铁（铁素体），渗氮的渗氮钢，调质钢，渗碳钢；4—氮碳共渗的调质钢、渗碳钢

图 10-19 接触疲劳寿命系数 K_{HN}（当 $N > N_C$ 时，可根据经验在网纹区内取值）

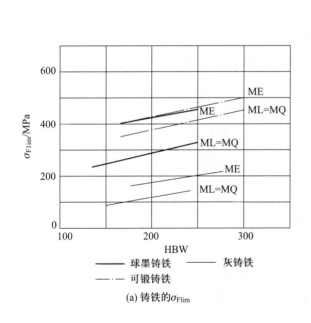

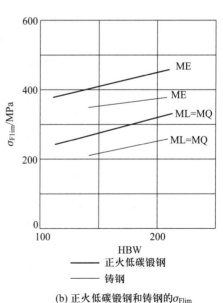

(a) 铸铁的 σ_{Flim}

(b) 正火低碳锻钢和铸钢的 σ_{Flim}

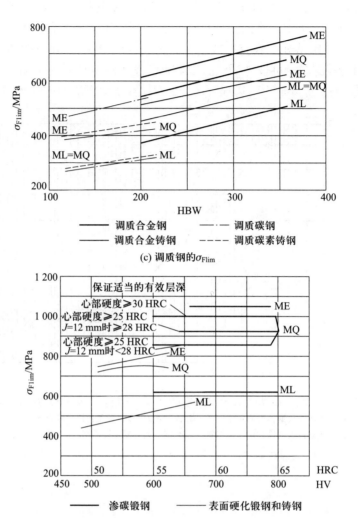

(c) 调质钢的σ_{Flim}

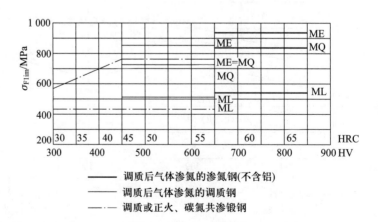

(d) 渗碳锻钢、表面硬化(火焰或感应淬火)锻钢和铸钢的σ_{Flim}

(e) 渗氮及碳氮共渗钢的σ_{Flim}

图 10-20　脉动循环应力下齿轮的弯曲疲劳极限 σ_{Flim}

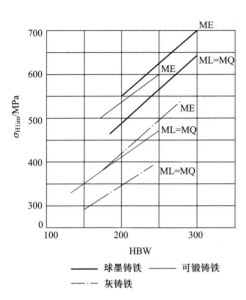

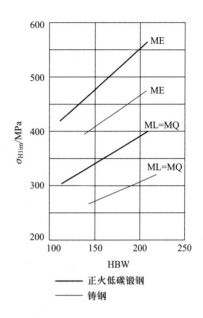

(a) 铸铁的 σ_{Hlim}

(b) 正火处理钢的 σ_{Hlim}

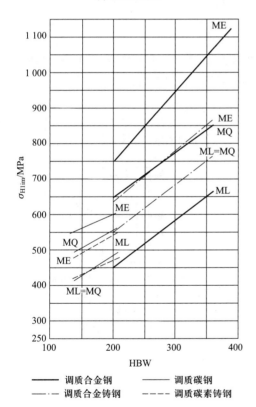

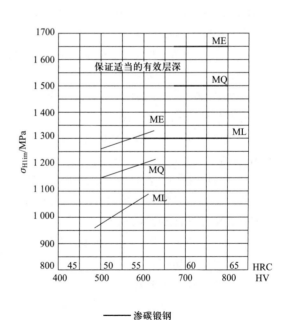

(c) 调质处理钢的 σ_{Hlim}

(d) 渗碳锻钢、表面硬化(火焰或感应淬火)锻钢和铸钢的 σ_{Hlim}

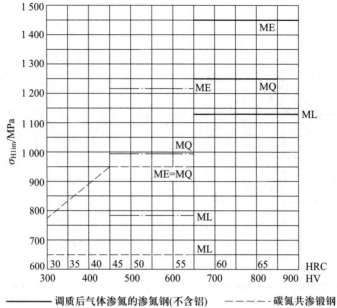

(e) 渗氮及碳氮共渗锻钢的σ_{Hlim}

图 10-21　齿轮的接触疲劳极限 σ_{Hlim}

例题 10-1　如图 10-22 所示，试设计此带式输送机减速器的高速级齿轮传动。已知输入功率 $P=11$ kW，小齿轮转速 $n_1=970$ r/min，齿数比 $u=3.2$，由电动机驱动，工作寿命 15 年（设每年工作 250 天），两班制，带式输送机工作平稳，转向不变。

[解]（1）选择齿轮类型、精度等级、材料及齿数

1）按图 10-22 所示的传动方案，选用标准直齿圆柱齿轮传动，压力角取为 20°。

2）带式输送机为一般工作机器，参考表 10-7，选用 7 级精度。

3）材料选择。由表 10-1，选择小齿轮材料为 40 Cr（调质），齿面硬度为 280 HBW；大齿轮材料为 45 钢（调质），齿面硬度为 240 HBW。

4）初选小齿轮齿数 $z_1=24$，大齿轮齿数 $z_2=uz_1=3.2 \times 24=76.8$，取 $z_2=77$。

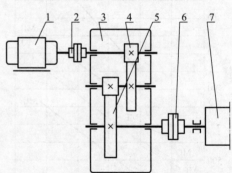

1—电动机；2、6—联轴器；3—减速器；
4—高速级齿轮传动；5—低速级齿轮传动；
7—输送机滚筒

图 10-22　带式输送机传动简图

（2）按齿面接触疲劳强度设计

1）由式（10-11）试算小齿轮分度圆直径，即

$$d_{1t} \geqslant \sqrt[3]{\frac{2K_{Ht}T_1}{\phi_d}\frac{u+1}{u}\left(\frac{Z_H Z_E Z_\varepsilon}{[\sigma_H]}\right)^2}$$

① 确定公式中的各参数值。

（ⅰ）试选 $K_{Ht}=1.3$。

（ⅱ）小齿轮传递的转矩 T_1。

$$T_1 = 9.549\times10^6\frac{P}{n_1} = 9.549\times10^6\times\frac{11}{970}\ \text{N}\cdot\text{mm} = 1.083\times10^5\ \text{N}\cdot\text{mm}$$

（ⅲ）由表 10-8 选取齿宽系数 $\phi_d=1$。

（ⅳ）计算区域系数 Z_H。

$$Z_H = \sqrt{\frac{2}{\cos\alpha\sin\alpha}} = \sqrt{\frac{2}{\cos20°\sin20°}} = 2.495$$

（ⅴ）由表 10-6 查得材料的弹性影响系数 $Z_E=189.8\ \text{MPa}^{1/2}$。

（ⅵ）由式（10-9）计算接触疲劳强度用重合度系数 Z_ε。

$$\alpha_{a1} = \arccos\frac{z_1\cos\alpha}{z_1+2h_a^*} = \arccos\frac{24\times\cos20°}{24+2\times1} = 29.841°$$

$$\alpha_{a2} = \arccos\frac{z_2\cos\alpha}{z_2+2h_a^*} = \arccos\frac{77\times\cos20°}{77+2\times1} = 23.666°$$

$$\begin{aligned}\varepsilon_\alpha &= \frac{z_1(\tan\alpha_{a1}-\tan\alpha')+z_2(\tan\alpha_{a2}-\tan\alpha')}{2\pi}\\ &= \frac{z_1(\tan\alpha_{a1}-\tan\alpha)+z_2(\tan\alpha_{a2}-\tan\alpha)}{2\pi}\\ &= \frac{24\times(\tan29.841°-\tan20°)+77\times(\tan23.666°-\tan20°)}{2\pi} = 1.711\end{aligned}$$

$$Z_\varepsilon = \sqrt{\frac{4-\varepsilon_\alpha}{3}} = \sqrt{\frac{4-1.711}{3}} = 0.873$$

（ⅶ）计算接触疲劳许用应力 $[\sigma_H]$。

由图 10-21c 查得小齿轮和大齿轮的接触疲劳极限分别为 $\sigma_{Hlim1}=600\ \text{MPa}$，$\sigma_{Hlim2}=550\ \text{MPa}$。

由式（10-15）计算应力循环次数

$$N_1 = 60n_1jL_h = 60\times970\times1\times(2\times8\times250\times15) = 3.492\times10^9$$

$$N_2 = \frac{N_1}{u} = \frac{3.492\times10^9}{\frac{77}{24}} = 1.088\times10^9$$

由图 10-19 查取接触疲劳寿命系数 $K_{HN1}=0.88$，$K_{HN2}=0.91$。

取失效概率为 1%，安全系数 $S=1$，由式（10-14）得

$$[\sigma_H]_1 = \frac{K_{HN1}\sigma_{Hlim1}}{S} = \frac{0.88\times600}{1}\ \text{MPa}=528\ \text{MPa}$$

$$[\sigma_H]_2 = \frac{K_{HN2}\sigma_{Hlim2}}{S} = \frac{0.91\times550}{1}\ \text{MPa}=500.5\ \text{MPa}$$

取 $[\sigma_H]_1$ 和 $[\sigma_H]_2$ 中的较小者作为该齿轮副的接触疲劳许用应力，即

$$[\sigma_H] = [\sigma_H]_2 = 500.5\ \text{MPa}$$

② 试算小齿轮分度圆直径：

$$d_{1t} \geqslant \sqrt[3]{\frac{2K_{Ht}T_1}{\phi_d}\frac{u+1}{u}\left(\frac{Z_H Z_E Z_\varepsilon}{[\sigma_H]}\right)^2}$$

$$=\sqrt[3]{\frac{2\times1.3\times1.083\times10^5}{1}\times\frac{77/24+1}{77/24}\times\left(\frac{2.495\times189.8\times0.873}{500.5}\right)^2}\ \text{mm}$$

$$=63.163\ \text{mm}$$

2）调整小齿轮分度圆直径。

① 计算实际载荷系数前的数据准备。

（ⅰ）圆周速度 v。

$$v=\frac{\pi d_{1t}n_1}{60\times1\,000}=\frac{\pi\times63.163\times970}{60\times1\,000}\ \text{m/s}=3.208\ \text{m/s}$$

（ⅱ）齿宽 b。

$$b=\phi_d d_{1t}=1\times63.163\ \text{mm}=63.163\ \text{mm}$$

② 计算实际载荷系数 K_H。

（ⅰ）由表 10-2 查得使用系数 $K_A=1$。

（ⅱ）根据 $v=3.208$ m/s、8 级精度（降低了一级精度），由图 10-8 查得动载系数 $K_v=1.127$。

（ⅲ）齿间载荷分配系数 $K_{H\alpha}$。

$$F_{t1}=\frac{2T_1}{d_{1t}}=\frac{2\times1.083\times10^5}{63.163}\ \text{N}=3.429\times10^3\ \text{N}$$

$$\frac{K_A F_{t1}}{b}=\frac{1\times3.429\times10^3}{63.163}\ \text{N/mm}=54.288\ \text{N/mm}<100\ \text{N/mm}$$

查表 10-3 得齿间载荷分配系数 $K_{H\alpha}=1.2$。

（ⅳ）由表 10-4 用插值法查得 7 级精度、小齿轮相对支承非对称布置时的齿向载荷分布系数 $K_{H\beta}=1.320$。

由此，得到实际载荷系数

$$K_H=K_A K_v K_{H\alpha} K_{H\beta}=1\times1.127\times1.2\times1.320=1.785$$

③ 按实际载荷系数由式（10-12），可得的分度圆直径及相应的齿轮模数：

$$d_{1H}=d_{1t}\sqrt[3]{\frac{K_H}{K_{Ht}}}=63.163\times\sqrt[3]{\frac{1.785}{1.3}}\ \text{mm}=70.204\ \text{mm}$$

$$m_H=\frac{d_{1H}}{z_1}=\frac{70.204}{24}\ \text{mm}=2.925\ \text{mm}$$

（3）按齿根弯曲疲劳强度设计

1）由式（10-7）试算模数，即

$$m_t \geqslant \sqrt[3]{\frac{2K_{Ft}T_1Y_\varepsilon}{\phi_d z_1^2}\frac{Y_{Fa}Y_{Sa}}{[\sigma_F]}}$$

① 确定公式中的各参数值。

（ⅰ）试选 $K_{Ft}=1.3$。

（ii）由式（10-5）计算弯曲疲劳强度用重合度系数。

$$Y_\varepsilon = 0.25 + \frac{0.75}{\varepsilon_\alpha} = 0.25 + \frac{0.75}{1.711} = 0.688$$

（iii）计算 $\dfrac{Y_{Fa}Y_{Sa}}{[\sigma_F]}$。

由表 10-5 查得齿形系数 $Y_{Fa1}=2.65$，$Y_{Fa2}=2.226$；应力修正系数 $Y_{Sa1}=1.58$，$Y_{Sa2}=1.764$。

由图 10-20c 查得小齿轮和大齿轮的齿根弯曲疲劳极限分别为 $\sigma_{Flim1}=500\ \text{MPa}$，$\sigma_{Flim2}=320\ \text{MPa}$。

由图 10-18 查得弯曲疲劳寿命系数 $K_{FN1}=0.85$，$K_{FN2}=0.88$。

取弯曲疲劳安全系数 $S=1.4$，由式（10-14）得

$$[\sigma_F]_1 = \frac{K_{FN1}\sigma_{Flim1}}{S} = \frac{0.85 \times 500}{1.4}\ \text{MPa} = 304\ \text{MPa}$$

$$[\sigma_F]_2 = \frac{K_{FN2}\sigma_{Flim2}}{S} = \frac{0.88 \times 320}{1.4}\ \text{MPa} = 201\ \text{MPa}$$

$$\frac{Y_{Fa1}Y_{Sa1}}{[\sigma_F]_1} = \frac{2.65 \times 1.58}{304} = 0.013\,8$$

$$\frac{Y_{Fa2}Y_{Sa2}}{[\sigma_F]_2} = \frac{2.226 \times 1.764}{201} = 0.019\,5$$

因为大齿轮的 $\dfrac{Y_{Fa2}Y_{Sa2}}{[\sigma_F]_2}$ 大于小齿轮的 $\dfrac{Y_{Fa1}Y_{Sa1}}{[\sigma_F]_1}$，所以取

$$\frac{Y_{Fa}Y_{Sa}}{[\sigma_F]} = \frac{Y_{Fa2}Y_{Sa2}}{[\sigma_F]_2} = 0.019\,5$$

② 试算模数：

$$m_t \geqslant \sqrt[3]{\frac{2K_{Ft}T_1Y_\varepsilon}{\phi_d z_1^2} \frac{Y_{Fa}Y_{Sa}}{[\sigma_F]}} = \sqrt[3]{\frac{2 \times 1.3 \times 1.083 \times 10^5 \times 0.688}{1 \times 24^2} \times 0.019\,5}\ \text{mm}$$
$$= 1.872\ \text{mm}$$

2）调整齿轮模数

① 准备计算实际载荷系数前的数据。

（i）圆周速度 v

$$d_{1t} = m_t z_1 = 1.872 \times 24\ \text{mm} = 45\ \text{mm}$$

$$v = \frac{\pi d_{1t} n_1}{60 \times 1\,000} = \frac{\pi \times 45 \times 970}{60 \times 1\,000}\ \text{m/s} = 2.286\ \text{m/s}$$

（ii）齿宽 b

$$b = \phi_d d_{1t} = 1 \times 45\ \text{mm} = 45\ \text{mm}$$

（iii）宽高比 b/h

$$h = (2h_a^* + c^*)m_t = (2 \times 1 + 0.25) \times 1.872\ \text{mm} = 4.212\ \text{mm}$$

$$\frac{b}{h} = \frac{45}{4.212} = 10.684$$

② 计算实际载荷系数 K_F。

（ⅰ）根据 $v=2.286$ m/s，8 级精度，由图 10-8 查得动载系数 $K_v=1.100$。

（ⅱ）由 $F_{t1}=2T_1/d_{1t}=2\times1.083\times10^5/45$ N$=4.813\times10^3$ N，$K_A F_{t1}/b=1\times4.813\times10^3/45$ N/mm$=107$ N/mm>100 N/mm，查表 10-3 得齿间载荷分配系数 $K_{F\alpha}=1.0$。

（ⅲ）由表 10-4 用插值法查得 $K_{H\beta}=1.316$，结合 $b/h=10.684$ 查图 10-13，得 $K_{F\beta}=1.276$。则载荷系数为

$$K_F=K_A K_v K_{F\alpha} K_{F\beta}=1\times1.100\times1.0\times1.276=1.404$$

③由式（10-13），可得按实际载荷系数算得的齿轮模数：

$$m_F=m_t\sqrt[3]{\frac{K_F}{K_{Ft}}}=1.872\times\sqrt[3]{\frac{1.404}{1.3}}\text{ mm}=1.921\text{ mm}$$

及相应的小齿轮分度圆直径

$$d_{1F}=m_F z_1=1.921\times24\text{ mm}=46.104\text{ mm}$$

对比计算结果，由齿面接触疲劳强度计算的模数 m_H 和小齿轮分度圆直径 d_{1H} 分别大于由齿根弯曲疲劳强度计算的模数 m_F 和小齿轮分度圆直径 d_{1F}。由于齿轮模数的大小主要取决于齿根弯曲疲劳强度，而齿轮直径的大小主要取决于齿面接触疲劳强度，可取由弯曲疲劳强度算得的模数 1.921 mm 并就近圆整为标准值 $m=2$ mm，按接触疲劳强度算得的分度圆直径 $d_{1H}=70.204$ mm，算出小齿轮齿数 $z_1=d_{1H}/m=70.204/2=35.102$。

取 $z_1=35$，则大齿轮齿数 $z_2=u z_1=3.2\times35=112$。

这样设计出的齿轮传动，既满足了齿面接触疲劳强度，又满足了齿根弯曲疲劳强度，并做到结构紧凑。

（4）几何尺寸计算

1）计算分度圆直径

$$d_1=z_1 m=35\times2\text{ mm}=70\text{ mm}$$

$$d_2=z_2 m=112\times2\text{ mm}=224\text{ mm}$$

2）计算中心距

$$a=\frac{d_1+d_2}{2}=\frac{70+224}{2}\text{ mm}=147\text{ mm}$$

3）计算齿轮宽度

$$b=\phi_d d_1=1\times70\text{ mm}=70\text{ mm}$$

考虑不可避免的安装误差，为了保证设计齿宽 b 和节省材料，一般将小齿轮加宽（5~10）mm，即

$$b_1=b+(5\sim10)\text{ mm}=[70+(5\sim10)]\text{ mm}=75\sim80\text{ mm}$$

取 $b_1=75$ mm，且使大齿轮的齿宽等于设计齿宽，即 $b_2=b=70$ mm。

（5）结构设计及绘制齿轮零件图（从略）

（6）主要设计结论

齿数 $z_1=35$，$z_2=112$，模数 $m=2$ mm，压力角 $\alpha=20°$，中心距 $a=147$ mm，齿宽 $b_1=75$ mm，$b_2=70$ mm。小齿轮选用 40Cr（调质），大齿轮选用 45 钢（调质）。7 级精度。

10-7　标准斜齿圆柱齿轮传动的强度计算

1. 轮齿的受力分析

拓展资源

与直齿圆柱齿轮类似，为了计算名义法向力 F_n，先将其在小齿轮分度圆处分解为圆周力 F_{t1}、径向力 F_{r1} 和轴向力 F_{a1}，各力的方向如图 10-23 所示，然后再按照力平衡条件和各力之间的关系进行计算，即

$$\left.\begin{aligned}
F_{t1} &= \frac{2T_1}{d_1}\\[4pt]
F_{r1} &= F_{t1}\tan\alpha_t = \frac{F_{t1}\tan\alpha_n}{\cos\beta}\\[4pt]
F_{a1} &= F_{t1}\tan\beta\\[4pt]
F_{n1} &= \frac{F_{t1}}{\cos\alpha_n\cos\beta} = \frac{F_{t1}}{\cos\alpha_t\cos\beta_b}
\end{aligned}\right\} \tag{10-16}$$

式中：β——螺旋角；

$\quad\alpha_t$——端面压力角；

$\quad\alpha_n$——法面压力角，$\tan\alpha_n = \tan\alpha_t\cos\beta$；

$\quad\beta_b$——基圆螺旋角，$\tan\beta_b = \tan\beta\cos\alpha_t$。

大齿轮的受力分析与小齿轮类似。

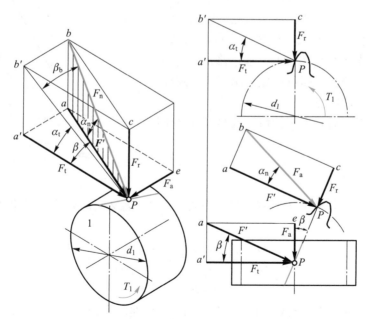

图 10-23　斜齿轮的轮齿受力分析

由式（10-16）可知，斜齿圆柱齿轮存在轴向力，且随螺旋角的增加而增加。为了不使轴承承受过大的轴向力，应对螺旋角有所限制，一般控制在 8°～20° 范围内。

人字齿圆柱齿轮相当于由两个螺旋角大小相等、旋向相反的斜齿圆柱齿轮组成，两个斜齿圆柱齿轮所产生的轴向力大小相等、方向相反。考虑制造误差和运转中的波动，可能出现轴向力的不平衡，但总体上还是比斜齿圆柱齿轮的轴向力要小得多。因此，人字齿圆柱齿轮的螺旋角 β 可取较大的数值（15°～40°）。人字齿圆柱齿轮传动的受力分析及强度计算可仿照斜齿圆柱齿轮传动进行。

2. 斜齿圆柱齿轮强度的计算原理

与直齿圆柱齿轮类似，斜齿圆柱齿轮的轮齿在受到法向载荷作用后，同样会在齿根处产生弯曲应力，在齿面产生接触应力。如前所述，斜齿圆柱齿轮上的法向载荷位于载荷作用点的法截面内。这样的载荷在齿根产生的弯曲应力，除与载荷和轮齿的大小有关外，还与法截面内的齿形和齿根过渡曲线有关；齿面接触应力同样也与该处法截面内的齿廓形状有关。

斜齿圆柱齿轮的当量齿轮所具有的齿廓形状与斜齿圆柱齿轮的法面齿形最为接近，所以斜齿圆柱齿轮的强度计算是以直齿圆柱齿轮的强度计算为基础的，将斜齿圆柱齿轮转化为当量的直齿圆柱齿轮来进行的。考虑斜齿圆柱齿轮的当量齿轮与实际斜齿圆柱齿轮的差别，比如，斜齿圆柱齿轮的接触线长度要比直齿圆柱齿轮长、同时啮合的齿对数多、啮合线倾斜等特点（图 10-24），通过修正直齿圆柱齿轮的强度计算公式，即可形成适用于斜齿圆柱齿轮强度计算的一系列公式。

下面以此思路对斜齿圆柱齿轮的强度计算予以说明。

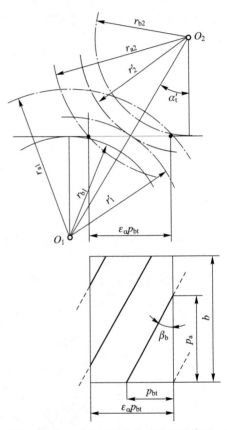

图 10-24　斜齿圆柱齿轮传动的啮合区

3. 齿根弯曲疲劳强度计算

在斜齿圆柱齿轮法面（所有变量加下脚 n）内，名义法向载荷 F_n 在齿根处产生的弯曲应力为

$$\sigma_{F0} = \frac{M}{W} = \frac{F_n h_n \cos\gamma_n}{\dfrac{b s_n^2}{6\cos\beta}} = \frac{6 F_n h_n \cos\gamma_n \cos\beta}{b s_n^2}$$

将式（10-16）代入上式，于是危险截面处的弯曲应力为

$$\sigma_{F0} = \frac{F_{t1}}{bm_n} \frac{6\dfrac{h_n}{m_n}\cos\gamma_n}{\left(\dfrac{s_n}{m_n}\right)^2 \cos\alpha_n} = \frac{F_{t1}}{bm_n} Y_{Fa}$$

式中，Y_{Fa} 为斜齿圆柱齿轮的齿形系数，按照当量齿轮的齿数 $z_v = z/\cos^3\beta$ 由表 10-5 查取。

与直齿圆柱齿轮类似，引入载荷系数 K_F，修正 σ_{F0}，并考虑螺旋角影响，用 $\phi_d = b/d_1$、$F_{t1} = 2T_1/d_1$、$d_1 = m_n z_1/\cos\beta$ 代入上式，从而得到斜齿圆柱齿轮的弯曲疲劳强度条件为

$$\sigma_F = \frac{2K_F T_1 Y_{Fa} Y_{Sa} Y_\varepsilon Y_\beta \cos^2\beta}{\phi_d m_n^3 z_1^2} \leqslant [\sigma_F] \tag{10-17}$$

式中：Y_{Sa}——应力修正系数，按照当量齿轮的齿数由表 10-5 查取。

Y_ε——弯曲疲劳强度计算的重合度系数，按下式计算：

$$Y_\varepsilon = 0.25 + \frac{0.75}{\varepsilon_{\alpha v}} \tag{10-18}$$

Y_β——弯曲疲劳强度计算的螺旋角系数，按下式计算：

$$Y_\beta = \left(1 - \varepsilon_\beta \frac{\beta}{120°}\right)\frac{1}{\cos^3\beta} \tag{10-19}$$

式（10-18）中的当量齿轮的重合度 $\varepsilon_{\alpha v} = \varepsilon_\alpha/\cos^2\beta_b$。式（10-19）中斜齿圆柱齿轮的轴向重合度 $\varepsilon_\beta = \phi_d z_1 \tan\beta/\pi$。当 $\varepsilon_\beta > 1.0$ 时，取 $\varepsilon_\beta = 1$；当 $\beta > 30°$ 时，取 $\beta = 30°$。

变换式（10-17），可得设计计算公式：

$$m_n \geqslant \sqrt[3]{\frac{2K_F T_1 Y_\varepsilon Y_\beta \cos^2\beta}{\phi_d z_1^2} \frac{Y_{Fa} Y_{Sa}}{[\sigma_F]}} \tag{10-20}$$

4. 齿面接触疲劳强度计算

斜齿圆柱齿轮的齿面接触应力仍按式（10-8）计算。

将斜齿圆柱齿轮在节点 P 处的法截面内的曲率半径用端面内的参数来表达（图 10-25），注意到标准斜齿圆柱齿轮的分度圆与节圆重合，啮合角等于压力角，得到该处的综合曲率半径为

$$\rho_\Sigma = \frac{\rho_{n1}\rho_{n2}}{\rho_{n2} \pm \rho_{n1}} = \frac{d_1 \sin\alpha_t}{2\cos\beta_b} \frac{u}{u \pm 1}$$

式中，α_t 为端面压力角。

斜齿圆柱齿轮的接触线长度为

$$L = \frac{b}{Z_\varepsilon^2 \cos\beta_b}$$

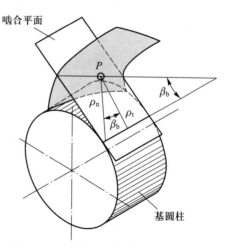

图 10-25　节点端面曲率与法面曲率的关系

式中，Z_ε 为接触疲劳强度计算的重合度系数，按下式计算：

$$Z_\varepsilon = \sqrt{\frac{4-\varepsilon_\alpha}{3}(1-\varepsilon_\beta)+\frac{\varepsilon_\beta}{\varepsilon_\alpha}} \qquad (10-21)$$

当 $\varepsilon_\beta \geqslant 1$ 时，取 $\varepsilon_\beta = 1$，于是 $Z_\varepsilon = \sqrt{\dfrac{1}{\varepsilon_\alpha}}$。

将综合曲率半径、接触线长度及式（10-16）代入式（10-8）中，同时引入载荷系数 K_H 和齿宽系数 $\phi_d = b/d_1$，并考虑螺旋角的影响，可得斜齿圆柱齿轮的接触疲劳强度条件为

$$\sigma_H = \sqrt{\frac{2K_H T_1}{\phi_d d_1^3}\frac{u\pm1}{u}}Z_H Z_E Z_\varepsilon Z_\beta \leqslant [\sigma_H] \qquad (10-22)$$

式中：Z_H——标准斜齿圆柱齿轮的区域系数，$Z_H = \sqrt{\dfrac{2\cos\beta_b}{\cos\alpha_t \sin\alpha_t}}$；

Z_β——接触疲劳强度计算的螺旋角系数，按下式计算：

$$Z_\beta = \sqrt{\frac{1}{\cos\beta}} \qquad (10-23)$$

变换式（10-22），可得设计计算公式

$$d_1 \geqslant \sqrt[3]{\frac{2K_H T_1}{\phi_d}\frac{u\pm1}{u}\left(\frac{Z_H Z_E Z_\varepsilon Z_\beta}{[\sigma_H]}\right)^2} \qquad (10-24)$$

例题 10-2 按例题 10-1 的数据，改用标准斜齿圆柱齿轮传动，试设计此传动。

[解]（1）选择标准斜齿圆柱齿轮的精度等级、材料及齿数

1）材料及热处理仍按例题 10-1。

2）齿轮精度仍按例题 10-1。

3）初选小齿轮齿数 $z_1 = 24$，大齿轮齿数 $z_2 = 77$。

4）初选螺旋角 $\beta = 14°$。

5）压力角 $\alpha = 20°$。

（2）按齿面接触疲劳强度设计

1）由式（10-24）试算小齿轮分度圆直径，即

$$d_{1t} \geqslant \sqrt[3]{\frac{2K_{Ht} T_1}{\phi_d}\frac{u+1}{u}\left(\frac{Z_H Z_E Z_\varepsilon Z_\beta}{[\sigma_H]}\right)^2}$$

① 确定公式中的各参数值。

（i）试选载荷系数 $K_{Ht} = 1.3$。

（ii）计算区域系数 Z_H。

$$\alpha_t = \arctan\frac{\tan\alpha_n}{\cos\beta} = \arctan\frac{\tan20°}{\cos14°} = 20.562°$$

$$\beta_b = \arctan(\tan\beta\cos\alpha_t) = \arctan(\tan14° \times \cos20.562°) = 13.140°$$

$$Z_\mathrm{H} = \sqrt{\frac{2\cos\beta_\mathrm{b}}{\cos\alpha_\mathrm{t}\sin\alpha_\mathrm{t}}} = \sqrt{\frac{2\times\cos13.140°}{\cos20.562°\times\sin20.562°}} = 2.434$$

（iii）由式（10-21）计算接触疲劳强度用重合度系数 Z_ε。

$$\alpha_\mathrm{at1} = \arccos\frac{z_1\cos\alpha_\mathrm{t}}{z_1 + 2h_\mathrm{an}^*\cos\beta} = \arccos\frac{24\times\cos20.562°}{24 + 2\times1\times\cos14°} = 29.974°$$

$$\alpha_\mathrm{at2} = \arccos\frac{z_2\cos\alpha_\mathrm{t}}{z_2 + 2h_\mathrm{an}^*\cos\beta} = \arccos\frac{77\times\cos20.562°}{77 + 2\times1\times\cos14°} = 24.038°$$

$$\varepsilon_\alpha = \frac{z_1(\tan\alpha_\mathrm{at1} - \tan\alpha_\mathrm{t}') + z_2(\tan\alpha_\mathrm{at2} - \tan\alpha_\mathrm{t}')}{2\pi} = \frac{z_1(\tan\alpha_\mathrm{at1} - \tan\alpha_\mathrm{t}) + z_2(\tan\alpha_\mathrm{at2} - \tan\alpha_\mathrm{t})}{2\pi}$$

$$= \frac{24\times(\tan29.974° - \tan20.562°) + 77\times(\tan24.038° - \tan20.562°)}{2\pi} = 1.639$$

$$\varepsilon_\beta = \frac{\phi_\mathrm{d}z_1\tan\beta}{\pi} = \frac{1\times24\times\tan14°}{\pi} = 1.905$$

因为 $\varepsilon_\beta > 1$，所以

$$Z_\varepsilon = \sqrt{\frac{1}{\varepsilon_\alpha}} = \sqrt{\frac{1}{1.639}} = 0.781$$

（iv）由式（10-23）可得螺旋角系数 Z_β

$$Z_\beta = \sqrt{\frac{1}{\cos\beta}} = \sqrt{\frac{1}{\cos14°}} = 1.015$$

公式中的其他参数值均与例题 10-1 相同。

② 试算小齿轮分度圆直径：

$$d_\mathrm{1t} \geqslant \sqrt[3]{\frac{2K_\mathrm{Ht}T_1}{\phi_\mathrm{d}}\cdot\frac{u+1}{u}\left(\frac{Z_\mathrm{H}Z_\mathrm{E}Z_\varepsilon Z_\beta}{[\sigma_\mathrm{H}]}\right)^2}$$

$$= \sqrt[3]{\frac{2\times1.3\times1.083\times10^5}{1}\times\frac{(77/24)+1}{(77/24)}\times\left(\frac{2.434\times189.8\times0.781\times1.015}{500.5}\right)^2}\ \mathrm{mm} = 58.259\ \mathrm{mm}$$

2）调整小齿轮分度圆直径。

① 先做计算实际载荷系数前的数据准备。

（i）圆周速度 v

$$v = \frac{\pi d_\mathrm{1t}n_1}{60\times1\,000} = \frac{\pi\times58.259\times970}{60\times1\,000}\ \mathrm{m/s} = 2.959\ \mathrm{m/s}$$

（ii）齿宽 b

$$b = \phi_\mathrm{d}d_\mathrm{1t} = 1\times58.259\ \mathrm{mm} = 58.259\ \mathrm{mm}$$

② 计算实际载荷系数 K_H。

（i）由表 10-2 查得使用系数 $K_\mathrm{A} = 1$。

（ii）根据 $v = 2.959\ \mathrm{m/s}$、8 级精度（降低了一级精度），由图 10-8 查得动载系数 $K_\mathrm{v} = 1.125$。

（iii）齿轮的圆周力 $F_\mathrm{t1} = 2T_1/d_\mathrm{1t} = 2\times1.083\times10^5/58.259\ \mathrm{N} = 3.718\times10^3\ \mathrm{N}$，$K_\mathrm{A}F_\mathrm{t1}/b = 1\times3.718\times10^3/$

58.259 N/mm＝63.818 N/mm＜100 N/mm，查表 10-3 得齿间载荷分配系数 $K_{H\alpha}=1.4$。

（iv）由表 10-4 用插值法查得 7 级精度、小齿轮相对支承非对称布置时，$K_{H\beta}=1.318$。则载荷系数为

$$K_H = K_A K_v K_{H\alpha} K_{H\beta} = 1\times1.125\times1.4\times1.318 = 2.076$$

3）由式（10-12），可按实际载荷系数算得分度圆直径：

$$d_{1H} = d_{1t}\sqrt[3]{\frac{K_H}{K_{Ht}}} = 58.259\times\sqrt[3]{\frac{2.076}{1.3}}\ \text{mm} = 68.096\ \text{mm}$$

及相应的齿轮模数

$$m_{nH} = \frac{d_{1H}\cos\beta}{z_1} = \frac{68.096\times\cos14°}{24}\ \text{mm} = 2.753\ \text{mm}$$

（3）按齿根弯曲疲劳强度设计

1）由式（10-20）试算齿轮模数，即

$$m_{nt} \geqslant \sqrt[3]{\frac{2K_{Ft}T_1 Y_{\varepsilon} Y_{\beta}\cos^2\beta}{\phi_d z_1^2}\frac{Y_{Fa}Y_{Sa}}{[\sigma_F]}}$$

① 确定公式中的各参数值。

（i）试选载荷系数 $K_{Ft}=1.3$。

（ii）由式（10-18），计算弯曲疲劳强度的重合度系数 Y_{ε}。

$$\varepsilon_{\alpha v} = \frac{\varepsilon_{\alpha}}{\cos^2\beta_b} = \frac{1.639}{\cos^2 13.140°} = 1.728$$

$$Y_{\varepsilon} = 0.25 + \frac{0.75}{\varepsilon_{\alpha v}} = 0.25 + \frac{0.75}{1.728} = 0.684$$

（iii）由式（10-19），计算弯曲疲劳强度的螺旋角系数 Y_{β}。由于 $\varepsilon_{\beta}>1$，取 $\varepsilon_{\beta}=1$，所以

$$Y_{\beta} = \left(1-\varepsilon_{\beta}\frac{\beta}{120°}\right)\frac{1}{\cos^3\beta} = \left(1-1\times\frac{14°}{120°}\right)\times\frac{1}{\cos^3 14°} = 0.967$$

（iv）计算 $\dfrac{Y_{Fa}Y_{Sa}}{[\sigma_F]}$。

由当量齿数 $z_{v1}=z_1/\cos^3\beta=24/\cos^3 14°=26.272$，$z_{v2}=z_2/\cos^3\beta=77/\cos^3 14°=84.290$，查表 10-5 得齿形系数 $Y_{Fa1}=2.592$，$Y_{Fa2}=2.211$，应力修正系数 $Y_{Sa1}=1.596$，$Y_{Sa2}=1.774$。

许用应力与例题 10-1 相同。

$$\frac{Y_{Fa1}Y_{Sa1}}{[\sigma_F]_1} = \frac{2.592\times1.596}{304} = 0.013\,6$$

$$\frac{Y_{Fa2}Y_{Sa2}}{[\sigma_F]_2} = \frac{2.211\times1.774}{201} = 0.019\,5$$

因为大齿轮的 $\dfrac{Y_{Fa2}Y_{Sa2}}{[\sigma_F]_2}$ 大于小齿轮的 $\dfrac{Y_{Fa1}Y_{Sa1}}{[\sigma_F]_1}$，所以取

$$\frac{Y_{Fa}Y_{Sa}}{[\sigma_F]} = \frac{Y_{Fa2}Y_{Sa2}}{[\sigma_F]_2} = 0.019\,5$$

公式中的其他参数值均与例题 10-1 相同。

② 试算齿轮模数。

$$m_{\mathrm{nt}} \geqslant \sqrt[3]{\frac{2K_{\mathrm{Ft}}T_1 Y_\varepsilon Y_\beta \cos^2\beta}{\phi_{\mathrm{d}} z_1^2} \frac{Y_{\mathrm{Fa}}Y_{\mathrm{Sa}}}{[\sigma_{\mathrm{F}}]}}$$

$$= \sqrt[3]{\frac{2\times1.3\times1.083\times10^5\times0.684\times0.967\times\cos^2 14°}{1\times24^2}\times0.019\,5}\ \text{mm}$$

$$= 1.811\ \text{mm}$$

2）调整齿轮模数。

① 做计算实际载荷系数前的数据准备。

（i）圆周速度 v

$$d_{1\mathrm{t}} = \frac{m_{\mathrm{nt}} z_1}{\cos\beta} = \frac{1.811\times24}{\cos 14°}\ \text{mm} = 44.795\ \text{mm}$$

$$v = \frac{\pi d_{1\mathrm{t}} n_1}{60\times1\,000} = \frac{\pi\times44.795\times970}{60\times1\,000}\ \text{m/s} = 2.275\ \text{m/s}$$

（ii）齿宽 b

$$b = \phi_{\mathrm{d}} d_{1\mathrm{t}} = 1\times44.795\ \text{mm} = 44.795\ \text{mm}$$

（iii）宽高比 b/h

$$h = (2h_{\mathrm{an}}^* + c_{\mathrm{n}}^*)m_{\mathrm{nt}} = (2\times1 + 0.25)\times1.811\ \text{mm} = 4.075\ \text{mm}$$

$$\frac{b}{h} = \frac{44.795}{4.075} = 10.993$$

② 计算实际载荷系数 K_{F}。

（i）根据 $v = 2.275$ m/s，8 级精度，由图 10-8 查得动载系数 $K_{\mathrm{v}} = 1.091$。

（ii）由 $F_{\mathrm{t1}} = 2T_1/d_{1\mathrm{t}} = 2\times1.083\times10^5/44.795$ N $= 4.835\times10^3$ N，$K_{\mathrm{A}}F_{\mathrm{t1}}/b = 1\times4.835\times10^3/44.795$ N/mm $= 107.936$ N/mm > 100 N/mm，查表 10-3 得齿间载荷分配系数 $K_{\mathrm{F\alpha}} = 1.1$。

（iii）由表 10-4 用插值法查得 $K_{\mathrm{H\beta}} = 1.318$，结合 $b/h = 10.993$ 查图 10-13，得 $K_{\mathrm{F\beta}} = 1.275$。则载荷系数为

$$K_{\mathrm{F}} = K_{\mathrm{A}} K_{\mathrm{v}} K_{\mathrm{F\alpha}} K_{\mathrm{F\beta}} = 1\times1.091\times1.1\times1.275 = 1.530$$

③ 由式（10-13）按实际载荷系数算得齿轮模数：

$$m_{\mathrm{nF}} = m_{\mathrm{nt}}\sqrt[3]{\frac{K_{\mathrm{F}}}{K_{\mathrm{Ft}}}} = 1.811\times\sqrt[3]{\frac{1.530}{1.3}}\ \text{mm} = 1.912\ \text{mm}$$

及相应的小齿轮分度圆直径

$$d_{1\mathrm{F}} = \frac{m_{\mathrm{nF}} z_1}{\cos\beta} = \frac{1.912\times24}{\cos 14°}\ \text{mm} = 47.293\ \text{mm}$$

按照与例题 10-1 类似的做法，从满足齿根弯曲疲劳强度出发，从标准中就近取模数 $m_{\mathrm{n}} = 2$ mm；同时为了满足齿面接触疲劳强度，需按齿面接触疲劳强度算得的分度圆直径 $d_{1\mathrm{H}} = 68.096$ mm 计算小齿轮的齿数，即 $z_1 = d_{1\mathrm{H}}\cos\beta/m_{\mathrm{n}} = 68.096\times\cos 14° /2 = 33.037$。取 $z_1 = 33$，则 $z_2 = uz_1 = 3.2\times33 = 105.6$，取 $z_2 = 106$。

（4）几何尺寸计算

1）计算中心距：

$$a = \frac{(z_1 + z_2)m_n}{2\cos\beta} = \frac{(33 + 106) \times 2}{2 \times \cos14°} \, \text{mm} = 143.255 \, \text{mm}$$

将中心距圆整为 144 mm。

2）按圆整后的中心距修正螺旋角：

$$\beta = \arccos\frac{(z_1 + z_2)m_n}{2a} = \arccos\frac{(33 + 106) \times 2}{2 \times 144} = 15.143°$$

因 β 值改变不大，故不必再做强度验算。

3）计算小、大齿轮的分度圆直径：

$$d_1 = \frac{z_1 m_n}{\cos\beta} = \frac{33 \times 2}{\cos15.143°} = 68.374 \, \text{mm}$$

$$d_2 = \frac{z_2 m_n}{\cos\beta} = \frac{106 \times 2}{\cos15.143°} = 219.626 \, \text{mm}$$

4）计算齿轮宽度：

$$b = \phi_d d_1 = 1 \times 68.374 \, \text{mm} = 68.374 \, \text{mm}$$

取 $b_2 = 69$ mm，$b_1 = 74$ mm。

（5）主要设计结论

齿数 $z_1 = 33$，$z_2 = 106$，模数 $m_n = 2$ mm，压力角 $\alpha = 20°$，螺旋角 $\beta = 15.143° = 15° 8' 35''$，中心距 $a = 144$ mm，齿宽 $b_1 = 74$ mm，$b_2 = 69$ mm。小齿轮选用 40Cr（调质），大齿轮选用 45 钢（调质）。7 级精度。

（6）结构设计

以大齿轮为例。因齿轮齿顶圆直径大于 160 mm，而又小于 500 mm，故以选用腹板式结构为宜。其他有关尺寸按图 10-34 荐用的结构尺寸设计（尺寸计算从略），并绘制大齿轮零件图如图 10-26 所示。

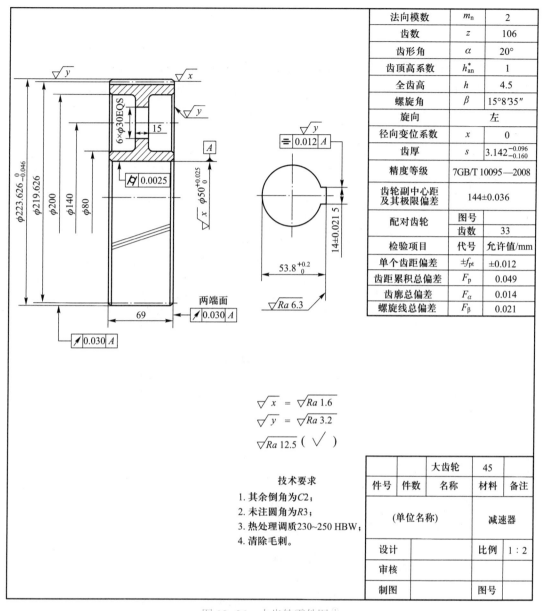

法向模数	m_n	2	
齿数	z	106	
齿形角	α	20°	
齿顶高系数	h_{an}^*	1	
全齿高	h	4.5	
螺旋角	β	15°8′35″	
旋向		左	
径向变位系数	x	0	
齿厚	s	$3.142_{-0.160}^{-0.096}$	
精度等级		7GB/T 10095—2008	
齿轮副中心距及其极限偏差		144±0.036	
配对齿轮	图号		
	齿数	33	
检验项目	代号	允许值/mm	
单个齿距偏差	$\pm f_{pt}$	±0.012	
齿距累积总偏差	F_p	0.049	
齿廓总偏差	F_α	0.014	
螺旋线总偏差	F_β	0.021	

		大齿轮	45	
件号	件数	名称	材料	备注
(单位名称)			减速器	
设计			比例	1:2
审核				
制图			图号	

图 10-26 大齿轮零件图[1]

10-8 标准直齿锥齿轮传动的强度计算

锥齿轮用于传递相交轴或相错轴之间的运动。按齿向不同，锥齿轮分为直齿锥齿轮、斜齿锥齿轮和曲线齿锥齿轮。下面仅介绍轴线相交且轴交角 $\Sigma=90°$ 的标准直齿锥齿轮传动的强度计算。

---

[1] 由于最新国家标准 GB/T 10095.1—2022《圆柱齿轮 ISO 齿面公差分级制 第 1 部分：齿面偏差的定义和允许值》中未提供可查取齿轮偏差数据的表格，所以本书仍沿用 GB/T 10095—2008 中的数据。

1. 设计参数

锥齿轮的几何参数见图 10-27。其大端和小端的几何尺寸和模数不同，国家标准中规定以大端参数为标准值。在强度计算时，标准规定以齿宽中点处的当量齿轮作为计算模型。为此，列出锥齿轮大端与齿宽中点、齿宽中点与该处当量齿轮的几何参数之间的关系：

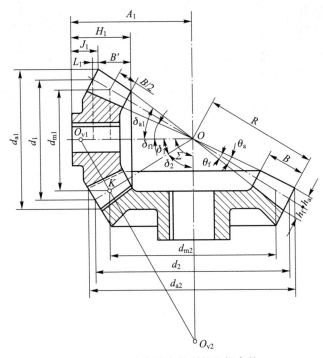

图 10-27   直齿锥齿轮副的几何参数

$$m_m = m(1 - 0.5\phi_R)$$

$$d_m = d(1 - 0.5\phi_R)$$

$$h_m = h(1 - 0.5\phi_R)$$

$$d_{mv} = \frac{d_m}{\cos\delta} = \frac{d(1 - 0.5\phi_R)}{\cos\delta}$$

$$z_v = \frac{z}{\cos\delta}$$

$$u_v = \frac{z_{v2}}{z_{v1}} = u^2$$

式中：脚标 m 表示齿宽中点；脚标 v 表示当量齿轮；$\phi_R = \dfrac{b}{R}$，为直齿锥齿轮副的齿宽系数，通常取 $\phi_R = 0.25 \sim 0.35$；δ 为分锥角。

拓展资源

2. 轮齿的受力分析

与圆柱齿轮类似，将名义法向载荷 F_n 在小齿轮平均分度圆处分解为圆周力 F_{t1}、径向力 F_{r1} 及轴向力 F_{a1}，各力的方向如图 10-28 所示，然后再按照力平衡条件和各力之间的关系进行计算，即

$$
\left.
\begin{aligned}
F_{t1} &= \frac{2T_1}{d_{m1}} \\
F_{r1} &= F_{t1} \tan\alpha \cos\delta_1 \\
F_{a1} &= F_{t1} \tan\alpha \sin\delta_1 \\
F_n &= \frac{F_{t1}}{\cos\alpha}
\end{aligned}
\right\}
\tag{10-25}
$$

大齿轮的受力分析与小齿轮类似。

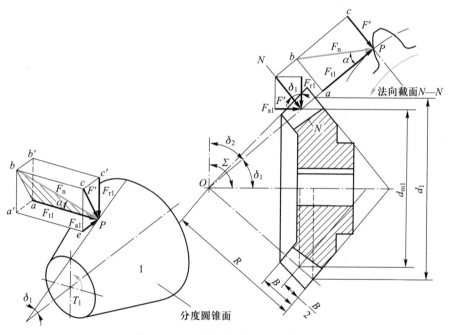

图 10-28 直齿锥齿轮的受力分析

3. 齿根弯曲疲劳强度计算

将直齿锥齿轮齿宽中点处的几何参数以及式（10-25）代入式（10-4），经整理，可得齿根弯曲疲劳强度条件式为

$$
\sigma_F = \frac{4K_F T_1 Y_{Fa} Y_{Sa} Y_\varepsilon}{\phi_R (1-0.5\phi_R)^2 m^3 z_1^2 \sqrt{u^2+1}} \leqslant [\sigma_F]
\tag{10-26}
$$

经变换，可得设计计算公式

$$
m \geqslant \sqrt[3]{\frac{4K_F T_1 Y_\varepsilon}{\phi_R (1-0.5\phi_R)^2 z_1^2 \sqrt{u^2+1}} \frac{Y_{Fa} Y_{Sa}}{[\sigma_F]}}
\tag{10-27}
$$

式中：各符号的意义与单位均与直齿圆柱齿轮类似；σ_F、$[\sigma_F]$ 的单位为 MPa，m 的单位为 mm。齿形系数 Y_{Fa}、齿根应力修正系数 Y_{Sa} 和重合度系数 Y_ε 均按当量齿轮计算。

4. 齿面接触疲劳强度计算

将直齿锥齿轮齿宽中点处的当量齿轮的几何参数以及式（10-25）代入式（10-8），经整理，可得齿面接触疲劳强度条件式为

$$\sigma_H = \sqrt{\frac{4K_H T_1}{\phi_R(1-0.5\phi_R)^2 d_1^3 u} } Z_H Z_E Z_\varepsilon \leqslant [\sigma_H] \qquad (10\text{-}28)$$

经变换，可得设计计算公式

$$d_1 \geqslant \sqrt[3]{\frac{4K_H T_1}{\phi_R(1-0.5\phi_R)^2 u}\left(\frac{Z_H Z_E Z_\varepsilon}{[\sigma_H]}\right)^2} \qquad (10\text{-}29)$$

式中：各符号的意义与单位均与直齿圆柱齿轮类似；σ_H、$[\sigma_H]$ 的单位为 MPa；d_1 的单位为 mm。重合度系数 Z_ε 按当量齿轮计算。

例题 10-3 试设计一减速器中的直齿锥齿轮传动。已知小齿轮主动、悬臂，大齿轮从动、简支，轴交角为 90°，其他工作要求与例题 10-1 相同。

[解]（1）选定齿轮类型、精度等级、材料及齿数

1）选用标准直齿锥齿轮传动，压力角取为 20°。

2）齿轮精度和材料与例题 10-1 相同。

3）选小齿轮齿数 $z_1=24$，大齿轮齿数 $z_2=uz_1=3.2\times24=76.8$，取 $z_2=77$。

（2）按齿面接触疲劳强度设计

1）由式（10-29）试算小齿轮分度圆直径，即

$$d_{1t} \geqslant \sqrt[3]{\frac{4K_{Ht} T_1}{\phi_R(1-0.5\phi_R)^2 u}\left(\frac{Z_H Z_E Z_\varepsilon}{[\sigma_H]}\right)^2}$$

① 确定公式中的各参数值。

（i）试选 $K_{Ht}=1.3$。

（ii）选取齿宽系数 $\phi_R=0.3$。

（iii）计算重合度系数 Z_ε。

由分锥角

$$\delta_1 = \arctan\frac{z_1}{z_2} = \arctan\frac{24}{77} = 17.312°$$

$$\delta_2 = 90° - \delta_1 = 90° - 17.312° = 72.688°$$

可得当量齿数

$$z_{v1} = \frac{z_1}{\cos\delta_1} = \frac{24}{\cos17.312°} = 25.139$$

$$z_{v2} = \frac{z_2}{\cos\delta_2} = \frac{77}{\cos72.688°} = 258.758$$

由此得到当量齿轮的重合度

$$\alpha_{a1} = \arccos \frac{z_{v1} \cos \alpha}{z_{v1} + 2 h_a^*} = \arccos \frac{25.139 \times \cos 20°}{25.139 + 2 \times 1} = 29.490°$$

$$\alpha_{a2} = \arccos \frac{z_{v2} \cos \alpha}{z_{v2} + 2 h_a^*} = \arccos \frac{258.758 \times \cos 20°}{258.758 + 2 \times 1} = 21.174°$$

$$\varepsilon_{\alpha v} = \frac{z_{v1}(\tan \alpha_{a1} - \tan \alpha') + z_{v2}(\tan \alpha_{a2} - \tan \alpha')}{2\pi}$$
$$= \frac{z_{v1}(\tan \alpha_{a1} - \tan \alpha) + z_{v2}(\tan \alpha_{a2} - \tan \alpha)}{2\pi}$$
$$= \frac{25.139 \times (\tan 29.490° - \tan 20°) + 258.758 \times (\tan 21.174° - \tan 20°)}{2\pi} = 1.769$$

重合度系数为

$$Z_\varepsilon = \sqrt{\frac{4 - \varepsilon_{\alpha v}}{3}} = \sqrt{\frac{4 - 1.769}{3}} = 0.862$$

公式中的其他参数值均与例题 10-1 相同。

② 试算小齿轮分度圆直径。

$$d_{1t} \geqslant \sqrt[3]{\frac{4 K_{Ht} T_1}{\phi_R (1 - 0.5\phi_R)^2 u} \left(\frac{Z_H Z_E Z_\varepsilon}{[\sigma_H]}\right)^2}$$
$$= \sqrt[3]{\frac{4 \times 1.3 \times 1.083 \times 10^5}{0.3 \times (1 - 0.5 \times 0.3)^2 \times (77/24)} \times \left(\frac{2.495 \times 189.8 \times 0.862}{500.5}\right)^2} \text{ mm} = 81.366 \text{ mm}$$

2）调整小齿轮分度圆直径

① 做计算实际载荷系数前的数据准备。

（i）圆周速度 v。

$$d_{m1} = d_{1t}(1 - 0.5\phi_R) = 81.366 \times (1 - 0.5 \times 0.3) \text{ mm} = 69.161 \text{ mm}$$

$$v_m = \frac{\pi d_{m1} n_1}{60 \times 1000} = \frac{\pi \times 69.161 \times 970}{60 \times 1000} \text{ m/s} = 3.513 \text{ m/s}$$

（ii）当量齿轮的齿宽系数 ϕ_d。

$$b = \frac{\phi_R d_{1t} \sqrt{u^2 + 1}}{2} = \frac{0.3 \times 81.366 \times \sqrt{(77/24)^2 + 1}}{2} \text{ mm} = 41.015 \text{ mm}$$

$$\phi_d = \frac{b}{d_{m1}} = \frac{41.015}{69.161} = 0.593$$

② 计算实际载荷系数 K_H。

（i）由表 10-2 查得使用系数 $K_A = 1$。

（ii）根据 $v_m = 3.517$ m/s、8 级精度（降低了一级精度），由图 10-8 查得动载系数 $K_v = 1.147$。

（iii）直齿锥齿轮精度较低，取齿间载荷分配系数 $K_{H\alpha} = 1$。

（iv）由表 10-4 用插值法查得 7 级精度、小齿轮悬臂时，得齿向载荷分布系数 $K_{H\beta} = 1.300$。

由此，得到实际载荷系数

$$K_H = K_A K_v K_{H\alpha} K_{H\beta} = 1 \times 1.147 \times 1 \times 1.300 = 1.491$$

③ 由式（10-12），可按实际载荷系数算得分度圆直径

$$d_{1H} = d_{1t} \sqrt[3]{\frac{K_H}{K_{Ht}}} = 81.366 \times \sqrt[3]{\frac{1.491}{1.3}} \text{ mm} = 85.170 \text{ mm}$$

及相应的齿轮模数

$$m_H = \frac{d_{1H}}{z_1} = \frac{85.170}{24} \text{ mm} = 3.549 \text{ mm}$$

（3）按齿根弯曲疲劳强度设计

1）由式（10-27）试算模数，即

$$m_t \geqslant \sqrt[3]{\frac{4K_{Ft}T_1 Y_\varepsilon}{\phi_R (1-0.5\phi_R)^2 z_1^2 \sqrt{u^2+1}} \frac{Y_{Fa}Y_{Sa}}{[\sigma_F]}}$$

① 确定公式中的各参数值。

（i）试选 $K_{Ft} = 1.3$。

（ii）重合度系数 Y_ε。

$$Y_\varepsilon = 0.25 + \frac{0.75}{\varepsilon_{\alpha v}} = 0.25 + \frac{0.75}{1.769} = 0.674$$

（iii）计算 $\dfrac{Y_{Fa}Y_{Sa}}{[\sigma_F]}$。

由表 10-5 查得齿形系数 $Y_{Fa1} = 2.617$，$Y_{Fa2} = 2.097$；应力修正系数 $Y_{Sa1} = 1.591$，$Y_{Sa2} = 1.906$。
齿根弯曲疲劳极限和弯曲疲劳寿命系数与例题 10-1 相同。

取弯曲疲劳安全系数 $S = 1.5$，由式（10-14）得

$$[\sigma_F]_1 = \frac{K_{FN1}\sigma_{Flim1}}{S} = \frac{0.85 \times 500}{1.5} \text{ MPa} = 283 \text{ MPa}$$

$$[\sigma_F]_2 = \frac{K_{FN2}\sigma_{Flim2}}{S} = \frac{0.88 \times 320}{1.5} \text{ MPa} = 188 \text{ MPa}$$

$$\frac{Y_{Fa1}Y_{Sa1}}{[\sigma_F]_1} = \frac{2.617 \times 1.591}{283} = 0.014\,7$$

$$\frac{Y_{Fa2}Y_{Sa2}}{[\sigma_F]_2} = \frac{2.097 \times 1.906}{188} = 0.021\,3$$

因为大齿轮的 $\dfrac{Y_{Fa2}Y_{Sa2}}{[\sigma_F]_2}$ 大于小齿轮的 $\dfrac{Y_{Fa1}Y_{Sa1}}{[\sigma_F]_1}$，所以取

$$\frac{Y_{Fa}Y_{Sa}}{[\sigma_F]} = \frac{Y_{Fa2}Y_{Sa2}}{[\sigma_F]_2} = 0.021\,3$$

公式中的其他参数值均与例题 10-1 相同。

② 试算模数：

$$m_t \geqslant \sqrt[3]{\frac{4K_{Ft}T_1 Y_\varepsilon}{\phi_R (1-0.5\phi_R)^2 z_1^2 \sqrt{u^2+1}} \frac{Y_{Fa}Y_{Sa}}{[\sigma_F]}} = \sqrt[3]{\frac{4 \times 1.3 \times 1.083 \times 10^5 \times 0.674}{0.3 \times (1-0.5 \times 0.3)^2 \times 24^2 \times \sqrt{(77/24)^2+1}} \times 0.021\,3} \text{ mm}$$

$$=2.681\,\text{mm}$$

2）调整齿轮模数

① 做计算实际载荷系数前的数据准备。

（i）圆周速度 v：

$$d_{1t} = m_t z_1 = 2.681 \times 24\,\text{mm} = 64.344\,\text{mm}$$

$$d_{m1} = d_{1t}(1 - 0.5\phi_R) = 64.344 \times (1 - 0.5 \times 0.3)\,\text{mm} = 54.692\,\text{mm}$$

$$v_m = \frac{\pi d_{m1} n_1}{60 \times 1\,000} = \frac{\pi \times 54.692 \times 970}{60 \times 1\,000}\,\text{m/s} = 2.778\,\text{m/s}$$

（ii）齿宽 b：

$$b = \frac{\phi_R d_{1t}\sqrt{u^2+1}}{2} = \frac{0.3 \times 64.344 \times \sqrt{(77/24)^2 + 1}}{2}\,\text{mm} = 32.435\,\text{mm}$$

$$\phi_d = \frac{b}{d_{m1}} = \frac{32.435}{54.692} = 0.593$$

（iii）齿宽与中点齿高之比：

$$m_m = m_t(1 - 0.5\phi_R) = 2.681 \times (1 - 0.5 \times 0.3)\,\text{mm} = 2.279\,\text{mm}$$

$$h_m = (2h_a^* + c^*)m_m = (2 \times 1 + 0.2) \times 2.279\,\text{mm} = 5.014\,\text{mm}$$

$$\frac{b}{h_m} = \frac{32.435}{5.014} = 6.469$$

② 计算实际载荷系数 K_F。

（i）根据 $v = 2.778\,\text{m/s}$，8 级精度，由图 10-8 查得动载系数 $K_v = 1.120$。

（ii）直齿锥齿轮精度较低，取齿间载荷分配系数 $K_{F\alpha} = 1$。

（iii）由表 10-4 用插值法查得 $K_{H\beta} = 1.126$，于是 $K_{F\beta} = 1.091$。则载荷系数为

$$K_F = K_A K_v K_{F\alpha} K_{F\beta} = 1 \times 1.120 \times 1 \times 1.091 = 1.222$$

③ 由式（10-13），可得按实际载荷系数算得的齿轮模数

$$m_F = m_t \sqrt[3]{\frac{K_F}{K_{Ft}}} = 2.681 \times \sqrt[3]{\frac{1.222}{1.3}}\,\text{mm} = 2.626\,\text{mm}$$

及相应的小齿轮分度圆直径

$$d_{1F} = m_F z_1 = 2.626 \times 24\,\text{mm} = 63.024\,\text{mm}$$

按照与例题 10-1 类似的做法，由齿根弯曲疲劳强度计算的模数 $m_F = 2.626\,\text{mm}$，就近选择标准模数 $m = 2.75\,\text{mm}$，按照齿面接触疲劳强度算得的分度圆直径 $d_{1H} = 85.284\,\text{mm}$，算出小齿轮齿数

$$z_1 = \frac{d_{1H}}{m} = \frac{85.170}{2.75} = 30.971$$

取 $z_1 = 31$，则大齿轮齿数 $z_2 = uz_1 = 3.2 \times 31 = 99.2$，取 $z_2 = 99$。

（4）几何尺寸计算

1）计算分度圆直径

$$d_1 = z_1 m = 31 \times 2.75\,\text{mm} = 85.25\,\text{mm}$$

$$d_2 = z_2 m = 99 \times 2.75 \text{ mm} = 272.25 \text{ mm}$$

2）计算分锥角

$$\delta_1 = \arctan \frac{z_1}{z_2} = \arctan \frac{31}{99} = 17°23'13''$$

$$\delta_2 = 90° - 17°23'13'' = 72°36'47''$$

3）计算齿轮宽度

$$b = \frac{\phi_R d_1 \sqrt{u^2 + 1}}{2} = \frac{0.3 \times 85.25 \times \sqrt{(99/31)^2 + 1}}{2} \text{ mm} = 42.793 \text{ mm}$$

取 $b_1 = b_2 = 43$ mm。

（5）结构设计及绘制齿轮零件图（从略）

（6）主要设计结论

齿数 $z_1 = 31$，$z_2 = 99$，模数 $m = 2.75$ mm，压力角 $\alpha = 20°$，分锥角 $\delta_1 = 17°23'13''$，$\delta_2 = 72°36'47''$，齿宽 $b_1 = b_2 = 43$ mm。小齿轮选用 40Cr（调质），大齿轮选用 45 钢（调质）。齿轮按 7 级精度设计。

5. 曲齿锥齿轮传动简介

曲齿锥齿轮传动具有重合度大、承载能力高、传动效率高、传动平稳、噪声小等优点，因而获得了日益广泛的应用。

曲齿锥齿轮（图 10-29）有圆弧齿锥齿轮（简称弧齿锥齿轮，为格里森制锥齿轮）及延伸外摆线齿锥齿轮（为奥里康制锥齿轮）等。两种齿轮的齿制和加工方法不尽相同。弧齿锥齿轮采用收缩齿、间歇分齿法加工，可以磨齿；延伸外摆线锥齿轮采用等高齿、连续分齿法加工，目前无法磨齿。

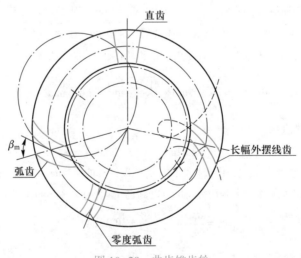

图 10-29   曲齿锥齿轮

零度弧齿锥齿轮轴向力与直齿锥齿轮类似，始终指向齿轮大端，同时具有对齿轮间的相对位置不敏感的特点，在许多场合已经取代直齿锥齿轮。

除零度弧齿锥齿轮外，凡是螺旋角不等于零的弧齿锥齿轮，其轴向力会随着转动方向的改变而发生变化。在设计和使用时，应使轴向力指向大端，否则会减小齿侧间隙，甚至楔紧轮齿。

10-9 变位齿轮传动强度计算概述

一对齿轮副中的某个齿轮为变位齿轮，则该对齿轮副即为变位齿轮传动。按照齿轮副的变位系数和（$x_\Sigma = x_1 + x_2$，x_1、x_2 分别为小齿轮和大齿轮的变位系数）是否等于零，又可分为等变位（也称高度变位，$x_\Sigma = 0$，$x_1 = -x_2 \neq 0$）齿轮传动和不等变位（也称为角度变位，$x_\Sigma \neq 0$）齿轮传动。

齿轮的变位系数影响轮齿几何尺寸、端面重合度、滑动率、齿面接触应力和齿根弯曲应力。适当选择变位系数可以避免根切，配凑中心距，提高接触疲劳强度、弯曲疲劳强度、抗胶合能力和耐磨损能力。

选择变位系数是变位齿轮传动的设计内容之一。变位系数的具体数值一般根据设计目的和约束条件而定，目前有多种确定方法。对于外啮合齿轮传动，这里介绍一种线图法。具体做法是：① 在图 10-30a 中，按照使用要求与齿数和 $z_\Sigma = z_1 + z_2$，选择适宜的变位系数和 $x_\Sigma = x_1 + x_2$；② 在图 10-30b 中，过坐标点 $(z_\Sigma/2, x_\Sigma/2)$ 作射线，该射线到与其相邻的两条 L 线的距离之比保持不变；③ 在图 10-30b 中，从横坐标上的 z_1 和 z_2 处作垂直线，与②中所作射线的交点的纵坐标即为 x_1 和 x_2。对于斜齿圆柱齿轮，按当量齿数 $z_v = z/\cos^3 \beta$ 来确定变位系数为 x_n。

在选择变位系数之后，即可计算齿轮传动的强度。渐开线变位齿轮传动的强度计算原理与标准齿轮传动相同。但在具体计算时，要注意以下方面：

1）在计算变位齿轮的齿根弯曲应力时，变位主要影响齿形系数、齿根应力修正系数和重合度系数。具体数值可查阅参考文献［35］。

在一定齿数（如 80 个齿）范围内，正变位齿轮的齿厚增加了，尽管齿根过渡曲线的曲率半径有所减小，但总的来讲齿根弯曲应力还是下降的。因而，正变位齿轮有利于提高轮齿的弯曲疲劳强度。

2）在计算齿面接触应力时，变位主要影响区域系数和重合度系数。对于等变位齿轮传动，齿面接触应力与标准齿轮的相同；对于不等变位齿轮传动，因啮合角不等于压力角，齿顶高也与标准齿轮的不同，使得区域系数和重合度系数均与标准齿轮的不同（具体数值可查阅参考文献［35］）。其中，正传动（$x_\Sigma > 0$）的齿面接触应力有所下降，轮齿的接触疲劳强度有所提高；负传动（$x_\Sigma < 0$）的齿面接触应力有所上升，轮齿的接触疲劳强度有所下降。

3）锥齿轮传动通常按等变位齿轮传动设计。为了平衡小齿轮和大齿轮的齿根弯曲疲劳强度，还可对锥齿轮进行切向变位。

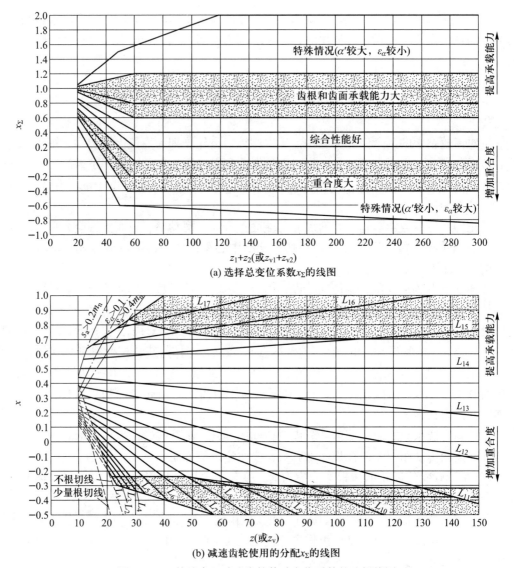

图 10-30 外啮合、减速齿轮传动变位系数的选择线图

10-10 齿轮的结构设计

齿轮强度计算仅仅满足轮齿的强度要求，并由此定出齿宽和齿轮直径等尺寸。而齿圈、轮辐、轮毂等的结构形式及尺寸大小，还需由齿轮结构设计确定。

齿轮的结构大致分为整体式、腹板式和轮辐式。设计内容包括选择齿轮的结构形式和确定齿轮的结构尺寸。一般先根据齿轮的大小、加工方法、材料、使用要求及经济性等因素选择齿轮的结构形式，然后再根据经验公式计算齿轮的结构尺寸。

当齿轮的直径与轴径相差不多时，如果把齿轮与轴分开制造，那么齿轮的键槽底部到齿根圆的距离 e（图 10-31）就会很小，使得齿轮轮体的强度得不到保证。例如，对于圆柱齿轮，$e < 2m_t$（m_t 为端面模数），对于锥齿轮，$e < 1.6m$。这时，应将齿轮和轴做成一体

而成为齿轮轴（图 10-32）。若 e 值大于上述尺寸，则应将齿轮与轴分开设计与制造。

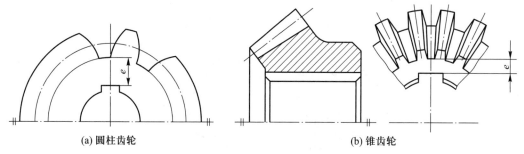

(a) 圆柱齿轮　　　　　　　　　　　(b) 锥齿轮

图 10-31　齿轮的结构尺寸 e

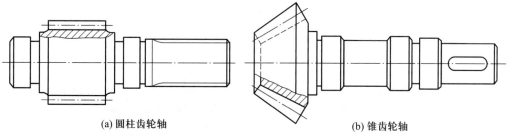

(a) 圆柱齿轮轴　　　　　　　　　(b) 锥齿轮轴

图 10-32　齿轮轴

将齿轮和轴分开制造时，根据齿轮的大小，可将齿轮做成多种形式。当齿顶圆直径 $d_a \leqslant 160$ mm 时，可以做成实心式齿轮（图 10-31 及图 10-33）；当齿顶圆直径 $d_a \leqslant 500$ mm 时，可做成腹板式齿轮（图 10-34）；当铸造锥齿轮的齿顶圆直径 $d_a > 300$ mm 时，可做成带加强肋的腹板式锥齿轮（图 10-35）；当齿顶圆直径 400 mm $< d_a <$ 1 000 mm 时，可做成轮辐截面为"十"字形的轮辐式齿轮（图 10-36）。

为了节约贵重金属，对于尺寸较大的圆柱齿轮，可做成组装齿圈式齿轮（图 10-37）。齿圈用钢制，而轮芯则用铸铁或铸钢。

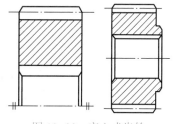

图 10-33　实心式齿轮

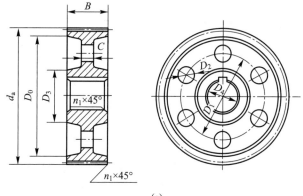

(a)

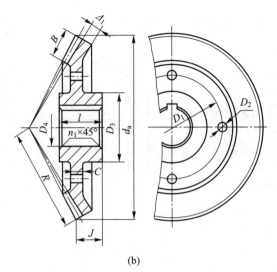

(b)

$D_1 \approx (D_0 + D_3)/2$；$D_2 \approx (0.25 \sim 0.35)(D_0 - D_3)$；$D_3 \approx 1.6 D_4$（钢材）；$D_3 \approx 1.7 D_4$（铸铁）；

$n_1 \approx 0.5 m_n$；$r \approx 5$ mm；

圆柱齿轮：$D_0 \approx d_a - (10 \sim 14) m_n$，C $\approx (0.2 \sim 0.3) B$；

锥齿轮：$l \approx (1 \sim 1.2) D_4$；$C \approx (3 \sim 4) m$；尺寸$J$由结构设计而定；$\Delta_1 = (0.1 \sim 0.2) B$

常用齿轮的C值不应小于10 mm，航空用齿轮可取$C \approx 3 \sim 6$ mm

图 10-34　腹板式齿轮（$d_a \leqslant 500$ mm）

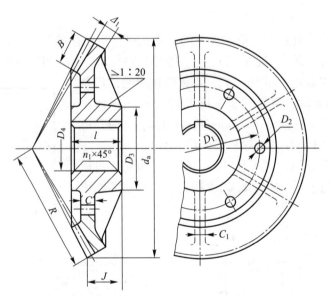

图 10-35　带加强肋的腹板式锥齿轮（$d_a > 300$ mm）

　　用尼龙等工程塑料模压出来的齿轮，也可参照图 10-33 或图 10-34 所示的结构进行设计。用夹布胶木等非金属板材制造的齿轮结构如图 10-38 所示。

　　设计齿轮轮体结构时，还要进行齿轮和轴的连接设计。通常采用单键连接。但当齿轮转速较高时，要考虑轮心的平衡及对中性。这时齿轮和轴的连接应采用花键或双键连接。对于在轴上滑移的齿轮，为了操作灵活，也应采用花键或两个导向键连接。

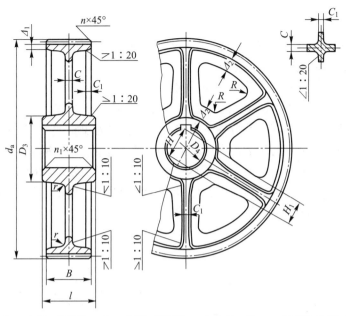

$B < 240$ mm；$D_3 \approx 1.6 D_4$（钢材）；$D_3 \approx 1.7 D_4$（铸铁）；$\Delta_1 = (3 \sim 4)\, m_n$，但不应小于8 mm；
$\Delta_2 \approx (1 \sim 1.2)\,\Delta_1$；$H \approx 0.8 D_4$（铸钢）；$H \approx 0.9 D_4$（铸铁）；$H_1 \approx 0.8 H$；$C \approx H/5$；$C_1 \approx H/6$；
$R \approx 0.5 H$；$1.5 D_4 > l \geqslant B$；轮辐数常取为6

图 10-36　轮辐式齿轮（400 mm＜d_a＜1 000 mm）

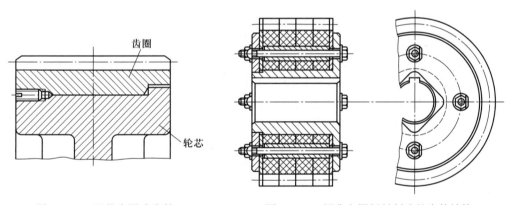

图 10-37　组装齿圈式齿轮　　　　图 10-38　用非金属板材制造的齿轮结构

10-11　齿轮传动的润滑

　　齿轮在传动时，相啮合的齿面间有相对滑动，因此就要产生摩擦和磨损，增加动力消耗，降低传动效率。特别是高速齿轮传动，就需要考虑润滑。

　　轮齿啮合面间加注润滑剂，可以避免金属直接接触，减少摩擦损失，还可以散热及防锈蚀。因此，对齿轮传动进行适当的润滑，可以大为改善轮齿的工作状况，确保运转正常及预期的寿命。

1. 齿轮传动的润滑方式

对于开式及半开式齿轮传动，或速度较低的闭式齿轮传动，通常用人工做周期性润滑，所用润滑剂为润滑油或润滑脂。

对于通用的闭式齿轮传动，采用的润滑方法根据齿轮的圆周速度大小而定。当齿轮的圆周速度 $v < 12$ m/s 时，常将大齿轮的轮齿浸入油池中进行浸油润滑（图 10-39）。这样，齿轮在转动过程中就把润滑油带到啮合的齿面上，同时也将油甩到箱壁上，借以散热。齿轮浸入油中的深度可视齿轮的圆周速度大小而定，速度高时，应减小浸油深度。对圆柱齿轮通常不宜超过一个齿高，但一般亦不应小于 10 mm；对锥齿轮应浸入全齿宽，至少应浸入齿宽的一半。在多级齿轮传动中，可采用带油轮润滑，借带油轮将油带到未浸入油池内的齿轮的齿面上（图 10-40）。

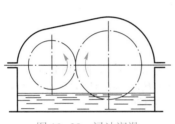

图 10-39　浸油润滑

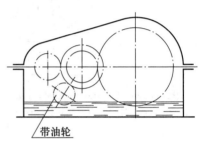

图 10-40　带油轮润滑

油池中的油量多少，取决于齿轮传递功率的大小。对单级传动，每传递 1 kW 的功率，需油量为 0.35～0.7 L。对于多级传动，需油量按级数成倍地增加。

当齿轮的圆周速度 $v > 12$ m/s 时，应采用喷油润滑（图 10-41），即由油泵或中心供油站以一定的压力供油，借喷嘴将润滑油喷到轮齿的啮合面上。当 $v \leqslant 25$ m/s 时，喷嘴位于轮齿啮入边或啮出边均可；当 $v > 25$ m/s 时，喷嘴应位于轮齿啮出的一边，以便借润滑油及时冷却刚啮合过的轮齿。

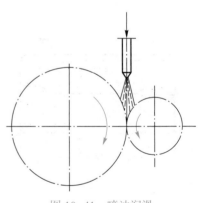

图 10-41　喷油润滑

2. 润滑剂的选择

齿轮传动常用的润滑剂为润滑油或润滑脂。所用的润滑油或润滑脂的牌号按表 10-9 选取；润滑油的黏度按表 10-10 选取。

表 10-9　齿轮传动常用的润滑剂

名称	牌号	运动黏度 v/cSt（40℃或100℃）*	应用
重负荷工业闭式齿轮油（GB 5903—2011）	L-CKD100	90～110	齿面接触应力 $\sigma_H \geqslant 1\ 100$ MPa 适用于工业设备齿轮的润滑
	L-CKD150	135～165	
	L-CKD220	198～242	

续表

名称	牌号	运动黏度 ν/cSt（40℃或100℃）*	应用
重负荷工业闭式齿轮油（GB 5903—2011）	L-CKD320 L-CKD460	288～352 414～506	齿面接触应力 $\sigma_H \geqslant 1\,100$ MPa 适用于工业设备齿轮的润滑
中负荷工业闭式齿轮油（GB 5903—2011）	L-CKC68 L-CKC100 L-CKC150 L-CKC220 L-CKC320	61.2～74.8 90～110 135～165 198～242 288～352	齿面接触应力 500 MPa $\leqslant \sigma_H$ $< 1\,100$ MPa 适用于煤炭、水泥和冶金等工业部门的大型闭式齿轮传动装置的润滑
普通开式齿轮油（SH/T 0363—1992，1998 年确认）	68 100 150	60～75 90～110 135～165	主要适用于开式齿轮、链条和钢丝绳的润滑
Pinnacle 极压齿轮油	150 220 320 460 680	150 216 316 451 652	齿面接触应力 $\sigma_H > 1\,100$ MPa 用于润滑采用极压润滑剂的各种车用及工业设备的齿轮
钙钠基润滑脂（SH/T 0368—1992，2003 年确认）	2 号 3 号		适用于 80～100℃，有水分或较潮湿的环境中工作的齿轮传动，但不适于低温工作情况

注：表中所列仅为齿轮油的一部分，必要时可参阅有关资料。

* 普通开式齿轮油的运动黏度为 100℃条件下的运动黏度，其他的为 40℃条件下的运动黏度。

表 10-10　齿轮传动润滑油的黏度荐用值

齿轮材料	强度极限 σ_B/MPa	圆周速度 ν/（m/s）						
		<0.5	0.5～1	1～2.5	2.5～5	5～12.5	12.5～25	>25
		运动黏度 ν/cSt（50℃）						
塑料、铸铁、青铜	—	177	118	81.5	59	44	32.4	—
钢	450～1 000	266	177	118	81.5	59	44	32.4
	1 000～1 250	266	266	177	118	81.5	59	44
渗碳或表面淬火的钢	1 250～1 580	444	266	266	177	118	81.5	59

注：① 对于多级齿轮传动，采用各级传动圆周速度的平均值来选取润滑油黏度；

② $\sigma_B > 800$ MPa 的镍铬钢制齿轮（不渗碳）的润滑油黏度应取高一级的数值。

10-12　圆弧齿圆柱齿轮传动简介

减小齿轮传动的尺寸和质量的主要途径是设法提高其承载能力。目前工业中广泛使用的渐开线齿轮传动已有两百多年的历史。虽然它具有易于加工及传动可分性等特点，但由于综合曲率半径 ρ_Σ 不能增大很多，载荷沿齿宽分布不均匀，以及啮合损失较大等原因，提高其承载能力就受到了一定的限制，因而日益不能满足如冶金、采矿、动力等重要工业部门所提出的越来越高的要求。为此，提出了新的齿轮传动——圆弧齿圆柱齿轮传动，简称圆弧齿轮传动。

圆弧齿轮传动的齿廓及其类型、啮合原理及传动特性等已在机械原理中介绍过。圆弧齿轮传动与渐开线齿轮传动相比有下列特点：

1）圆弧齿轮传动中啮合轮齿的综合曲率半径 ρ_Σ 较大，轮齿具有较高的接触强度。由试验得知，对于软齿面（≤350 HBW）、低速和中速的圆弧齿轮传动，按接触强度而定的承载能力至少为渐开线直齿圆柱齿轮传动的 1.75 倍，甚至有时达 2～2.5 倍。

目前我国对软齿面的单圆弧齿轮传动，经精滚工艺，精度可达 6 级，齿面接触斑点达 80%，相当于经过磨制的渐开线齿轮传动。

而双圆弧齿轮传动时较之单圆弧者，不仅接触弧线长，而且主、从动齿轮的齿根都较厚，齿面接触强度、齿根弯曲强度以及耐磨性都更高。双圆弧齿轮的齿高较大，轮齿的刚度就较小，故啮合时的冲击、噪声也小，因而双圆弧齿轮传动更具发展前途。

2）圆弧齿轮传动具有良好的磨合性能。经磨合之后，圆弧齿轮传动相啮合的齿面能紧密贴合，实际啮合面积较大，而且轮齿在啮合过程中主要是滚动摩擦，啮合点又以相当高的速度沿啮合线移动，这就给形成轮齿间的动力润滑带来了有利的条件，因而啮合齿面间的油膜较厚。这不仅有助于提高齿面的接触强度及耐磨性，而且啮合摩擦损失也大为减小（约为渐开线齿轮传动的一半），因而传动效率较高（当齿面粗糙度为 Ra 1.6 μm 时，传动效率约为 0.99）。

3）圆弧齿轮传动时轮齿没有根切现象，故齿数可少到 6～8，但应视小齿轮轴的强度及刚度而定。

4）圆弧齿轮不能做成直齿，并为确保传动的连续性，必须具有一定的齿宽。但是对不同的要求（如承载能力、效率、磨损、噪声等）可通过选取不同的参数，设计出不同的齿形来实现。

5）圆弧齿轮传动的中心距及切齿深度的偏差对轮齿沿齿高的正常接触影响很大，它将降低齿轮应有的承载能力，因而这种传动对中心距及切齿深度的精度要求较高。

圆弧齿轮轮齿的失效形式与渐开线齿轮相同，齿面有点蚀、磨损，齿根有折断。对于要求寿命长、冲击轻微的闭式齿轮传动，应以防止齿面疲劳点蚀为主，故应考虑选用双圆弧齿轮，并选取较大的齿高系数，以增长接触弧，从而提高轮齿的齿面接触强度。若是齿轮的承载能力取决于齿根的弯曲强度，则又应考虑选用短齿制的双圆弧齿轮，以减小轮齿受载的力臂及增大齿根厚度，从而提高齿根弯曲强度。

圆弧齿圆柱齿轮传动的强度计算可参阅参考文献［39］。

重难点分析

 习题

10-1　试分析图 10-42 所示的齿轮传动各齿轮所受的力（用受力图表示各力的作用位置及方向）。

10–2　如图 10–43 所示的齿轮传动，齿轮 A、B 和 C 的材料都是中碳钢调质，其硬度：齿轮 A 为 240 HBW，齿轮 B 为 260 HBW，齿轮 C 为 220 HBW，试确定齿轮 B 的许用接触应力 $[\sigma_{\mathrm{H}}]$ 和许用弯曲应力 $[\sigma_{\mathrm{F}}]$。假定：

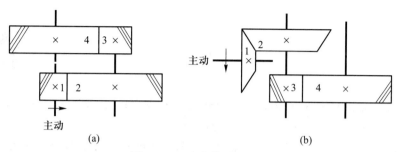

图 10–42　齿轮传动力分析

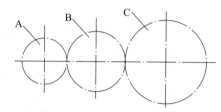

图 10–43　齿轮传动许用应力分析

1）齿轮 B 为"惰轮"（中间轮），齿轮 A 为主动轮，齿轮 C 为从动轮，设 $K_{FN}=K_{HN}=1$；

2）齿轮 B 为主动，齿轮 A 和齿轮 C 均为从动，设 $K_{FN}=K_{HN}=1$。

若齿轮的工作寿命不是无限的，问在上述两种情况下对各齿轮的许用应力有何影响？

10–3　对于双向传动的齿轮来说，它的齿面接触应力和齿根弯曲应力各属于什么循环特性？在做强度计算时应怎样考虑？

10–4　齿轮的精度等级与齿轮的选材及热处理方法有什么关系？

10–5　要提高轮齿的抗弯疲劳强度和齿面抗点蚀能力有哪些可能的措施？

10–6　设计铣床中的一对圆柱齿轮传动。已知 $P_1=7.5$ kW，$n_1=1\,450$ r/min，$z_1=26$，$z_2=54$，寿命 $L_{\mathrm{h}}=12\,000$ h，小齿轮相对其轴的支承为不对称布置。并画出大齿轮的结构图。

10–7　某齿轮减速器的斜齿圆柱齿轮传动，已知 $n_1=750$ r/min，两轮的齿数分别为 $z_1=24$、$z_2=108$，$\beta=9°\,22'$，$m_{\mathrm{n}}=6$ mm，$b=160$ mm，8 级精度，小齿轮材料为 38SiMnMo（调质），大齿轮材料为 45 钢（调质），寿命 20 年（设每年 250 个工作日），每日两班制，小齿轮相对其轴的支承为对称布置。试计算该齿轮传动所能传递的功率。

10–8　设计一对斜齿圆柱齿轮传动。已知传递功率 $P_1=130$ kW，转速 $n_1=11\,460$ r/min，$z_1=23$，$z_2=73$，寿命 $L_{\mathrm{h}}=100$ h，小齿轮作悬臂布置，使用系数 $K_{\mathrm{A}}=1.25$。

10–9　设计用于螺旋输送机的闭式直齿锥齿轮传动，轴夹角 $\Sigma=90°$，传递功率 $P_1=1.8$ kW，转速 $n_1=250$ r/min，齿数比 $u=2.3$，两班制工作，寿命 10 年（每年按 250 天计算），小齿轮作悬臂布置。

知识图谱　学习指南

蜗杆传动

蜗杆传动是在交错轴间传递运动和动力的一种传动机构（图 11-1），两轴线交错的夹角可为任意值，常用的为 90°。这种传动被广泛应用，是由于具有以下特点：

1）当使用单头蜗杆（相当于单线螺纹）时，蜗杆每旋转一周，蜗轮只转过一个齿距，因而能实现大的传动比。在动力传动中，一般传动比为 5~80；在分度机构或手动机构的传动中，传动比可达 300。由于传动比大，零件数目又少，因而结构很紧凑。

2）在蜗杆传动中，由于蜗杆齿是连续不断的螺旋齿，它和蜗轮齿是逐渐进入和退出啮合的，同时啮合的齿对又较多，故冲击载荷小，传动平稳，噪声低。

3）当蜗杆的螺旋线导程角小于啮合面的当量摩擦角时，蜗杆传动便具有自锁性。

4）蜗杆传动与交错轴斜齿轮传动相似，在啮合处有相对滑动。当滑动速度很大，工作条件不够良好时，会产生较严重的摩擦与磨损，从而引起过分发热，使润滑情况恶化。因此，摩擦损失较大，效率低；当传动具有自锁性时，效率仅为 0.4 左右；由于摩擦与磨损严重，常需耗用有色金属制造蜗轮（或轮圈），以便与钢制蜗杆配对组成减摩性良好的滑动摩擦副。

蜗杆传动通常用于减速装置，但也有个别机器用作增速装置。

拓展资源

11-1　蜗杆传动的类型

根据蜗杆形状的不同，蜗杆传动可以分为圆柱蜗杆传动（图 11-1）、环面蜗杆传动（图 11-2）和锥蜗杆传动（图 11-3）等。

1. 圆柱蜗杆传动

圆柱蜗杆传动包括普通圆柱蜗杆传动和圆弧圆柱蜗杆传动两类。

（1）普通圆柱蜗杆传动

普通圆柱蜗杆的齿面（除 ZK 型蜗杆外）一般是在车床上用直线刀刃的车刀车制的。根据车刀安装位置的不同，所加工出的蜗杆齿面在不同截面中的齿廓曲线也不同。根据不同的齿廓曲线，普通圆柱蜗杆可分为阿基米德蜗杆（ZA 蜗杆）、渐开

图 11-1　圆柱蜗杆传动

图 11-2 环面蜗杆传动　　　　　　　图 11-3 锥蜗杆传动

线蜗杆（ZI 蜗杆）、法向直廓蜗杆（ZN 蜗杆）和锥面包络圆柱蜗杆（ZK 蜗杆）四种。圆柱蜗杆尺寸参数相同时，采用不同工艺方法可相应获得 ZA、ZI、ZN 和 ZK 蜗杆。GB/T 10085—2018 推荐采用 ZI 蜗杆和 ZK 蜗杆两种。现将上述四种普通圆柱蜗杆传动所用的蜗杆及配对的蜗轮齿形分别予以介绍。

1）阿基米德蜗杆（ZA 蜗杆）

ZA 蜗杆在垂直于蜗杆轴线平面（即端面）上的齿廓为阿基米德螺旋线（图 11-4），在包含轴线的平面上的齿廓（即轴向齿廓）为直线齿廓（简称直廓），其齿形角 $\alpha_0 = 20°$。它可在车床上用直线刀刃的单刀（当导程角 $\gamma \leqslant 3°$ 时）或双刀（当 $\gamma > 3°$ 时）车削加工。安装刀具时，切削刃的顶面必须通过蜗杆的轴线，如图 11-4 所示。这种蜗杆磨削困难，当导程角 γ 较大时加工不便。

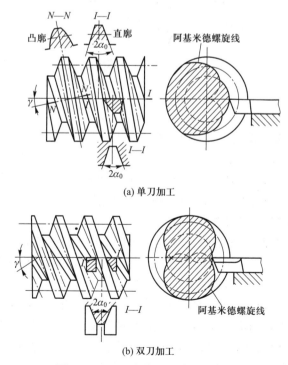

(a) 单刀加工

(b) 双刀加工

图 11-4 阿基米德蜗杆（ZA 蜗杆）

2）法向直廓蜗杆（ZN 蜗杆）

ZN 蜗杆的端面齿廓为延伸渐开线（图 11-5），法面（N—N）齿廓为直线。ZN 蜗杆也是用直线刀刃的单刀或双刀在车床上车削加工，刀具的安装形式如图 11-5 所示。这种蜗杆磨削起来也比较困难。

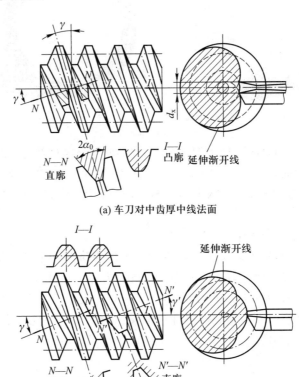

(a) 车刀对中齿厚中线法面

(b) 车刀对中齿槽中线法面

图 11-5 法向直廓蜗杆（ZN 蜗杆）

3）渐开线蜗杆（ZI 蜗杆）

ZI 蜗杆的端面齿廓为渐开线（图 11-6），所以它相当于一个少齿数（齿数等于蜗杆头数）、大螺旋角的渐开线斜齿圆柱齿轮。ZI 蜗杆可用两把直线刀刃的车刀在车床上车削加工，刀刃顶面应与基圆柱相切，其中一把刀具高于蜗杆轴线，另一把刀具则低于蜗杆轴线，如图 11-6 所示。这种蜗杆可以在专用机床上磨削。

4）锥面包络圆柱蜗杆（ZK 蜗杆）

这是一种非线性螺旋齿面蜗杆。它不能在车床上加工，只能在铣床上铣制并在磨床上磨削。加工时，除工件作螺旋运动外，刀具同时绕其自身的轴线作回转运动。这时，铣刀（或砂轮）回转曲面的包络面即为蜗杆的螺旋齿面（图 11-7），在 I—I 及 N—N 截面上的齿廓均为曲线（图 11-7a）。这种蜗杆便于磨削，蜗杆的精度较高，应用日渐广泛。

与上述各类蜗杆配对的蜗轮齿廓完全随蜗杆的齿廓而异。蜗轮一般是在滚齿机上用滚刀或飞刀加工的。为了保证蜗杆和蜗轮能正确啮合，切削蜗轮的滚刀齿廓应与蜗杆的齿廓一致，滚切时的中心距也应与蜗杆传动的中心距相同。

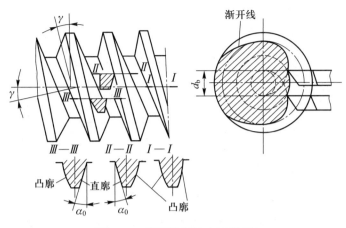

图 11-6　渐开线蜗杆（ZI 蜗杆）

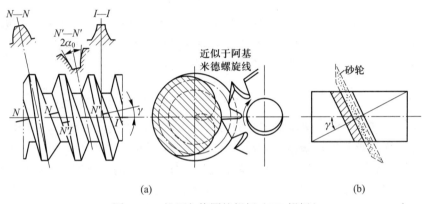

图 11-7　锥面包络圆柱蜗杆（ZK 蜗杆）

（2）圆弧圆柱蜗杆（ZC 蜗杆）传动

图 11-8 所示的圆弧圆柱蜗杆传动与普通圆柱蜗杆传动相似，只是齿廓形状有所区别。这种蜗杆的螺旋面是用刃边为凸圆弧形的刀具切制的，而蜗轮是用展成法制造的。在中间平面（即蜗杆轴线和蜗杆副连心线所在的平面，参见图 11-13）上，蜗杆的齿廓为凹弧形（图 11-8b），而与之相配的蜗轮的齿廓则为凸弧形。所以，圆弧圆柱蜗杆传动是一种凹凸弧齿廓相啮合的传动，也是一种线接触的啮合传动。其主要特点为：效率高，一般可达 90% 以上；承载能力高，一般可比普通圆柱蜗杆传动高出 50%～150%；体积小；质量小；结构紧凑。这种传动已广泛应用于冶金、矿山、化工、建筑、起重等机械设备的减速机构。

2. 环面蜗杆传动

环面蜗杆传动的特征是，蜗杆体在轴向的外形是以凹圆弧为母线所形成的旋转曲面，所以把这种蜗杆传动称为环面蜗杆传动（参见图 11-2）。在这种传动的啮合带内，蜗轮的节圆位于蜗杆的节弧面上，亦即蜗杆的节弧沿蜗轮的节圆包着蜗轮。在中间平面内，蜗杆和蜗轮都是直线齿廓。由于环面蜗杆传动同时啮合的齿对多，而且轮齿的接触线与蜗杆齿

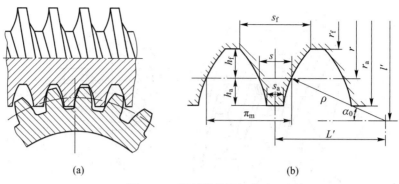

(a)   (b)

图 11-8　圆弧圆柱蜗杆传动

运动的方向近似于垂直[35]，这就大大改善了轮齿受力情况和润滑油膜形成的条件，因而其承载能力为阿基米德蜗杆传动的 2～4 倍，效率一般高达 0.85～0.9，但它需要较高的制造和安装精度。有关资料可参看参考文献［43］、［63］。

除上述环面蜗杆传动外，还有包络环面蜗杆传动。这种蜗杆传动分为一次包络和二次包络（双包）环面蜗杆传动两种。它们的承载能力和效率较上述环面蜗杆传动均有显著的提高。其啮合原理和设计计算方法可参看参考文献［63］。

3. 锥蜗杆传动

锥蜗杆传动也是一种在交错轴之间的传动，两轴交错角通常为 90°。蜗杆是由在节锥上分布的等导程的螺旋所形成的，故称为锥蜗杆。而蜗轮在外观上就像一个曲线齿锥齿轮，它是用与锥蜗杆相似的锥滚刀在普通滚齿机上加工而成的，故称为锥蜗轮。锥蜗杆传动的特点是：同时接触的点数较多，重合度大；传动比范围大（一般为 10～360）；承载能力和效率较高；侧隙便于控制和调整；能作离合器使用；可节约有色金属；制造安装简便，工艺性好。但由于结构上的原因，传动具有不对称性，因而正、反转时受力不同，承载能力和传动效率也不同。

以上都是由蜗杆与蜗轮组成滑动副的一些滑动蜗杆传动，它们在传动过程中的摩擦磨损严重。因而人们研制出了多种滚动蜗杆传动，有滚动体安装于蜗杆上的，如图 11-9 及图 11-10（沿蜗杆的螺旋线安装许多与蜗杆螺旋齿尺寸相当的圆锥滚子，从而组成与取代蜗杆齿）所示，也有滚动体安装于蜗轮上的，如图 11-11 及图 11-12 所示。显然，通过以滚代滑，大大减轻了摩擦磨损，提高了工作效率与使用寿命，也节约了有色金属，但结构较为复杂，主要用于功率不太大（功率较大时可将图 11-9 中的单线循环滚珠改用双线循环滚珠或采用滚子齿蜗杆）或以传递运动为主的场合。

4. 蜗杆传动类型选择的原则

设计蜗杆传动时，应根据各种蜗杆传动的特点，考虑传动的要求和使用条件，从满足功能要求出发，合理选择蜗杆传动的类型。

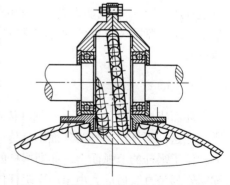

图 11-9　滚动蜗杆传动（滚珠齿蜗杆）

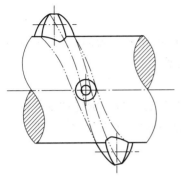

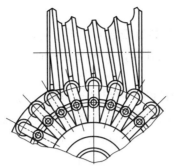

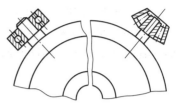

图 11-10 滚子齿蜗杆
（示意图）
　　图 11-11 滚动蜗杆传动
（滚珠齿蜗轮）
　　图 11-12 滚子齿蜗轮（示意图）

1）对于重载、高速、要求效率高、精度高的重要传动，可选用圆弧圆柱蜗杆（ZC 蜗杆）传动或包络环面蜗杆传动。

2）对于要求传动效率高、蜗杆不磨削的大功率传动，可选用环面蜗杆传动。

3）对于速度高、要求较精密、蜗杆头数较多的传动，且要求加工工艺简单，可选用渐开线圆柱蜗杆（ZI 蜗杆）传动、锥面包络蜗杆（ZK 蜗杆）传动或法向直廓蜗杆（ZN 蜗杆）传动。

4）对于载荷较小、速度较低、精度要求不高或不太重要的传动，要求蜗杆加工简单时，可选用阿基米德圆柱蜗杆（ZA 蜗杆）传动。

5）对于要求自锁的低速、轻载的传动，可选用单头阿基米德圆柱蜗杆（ZA 蜗杆）传动。

11-2　普通圆柱蜗杆传动的基本参数及几何尺寸计算

如图 11-13 所示，在中间平面上，普通圆柱蜗杆传动相当于齿条与齿轮的啮合传动。故在设计蜗杆传动时，均取中间平面上的参数（如模数、压力角等）和尺寸（如齿顶圆、分度圆等）为基准，并沿用齿轮传动的计算关系。

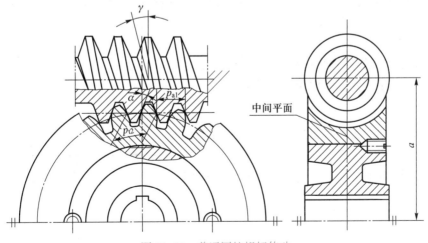

图 11-13　普通圆柱蜗杆传动

1. 普通圆柱蜗杆传动的基本参数及其选择

普通圆柱蜗杆传动的基本参数有模数 m、压力角 α、蜗杆头数 z_1、蜗轮齿数 z_2 及蜗杆的直径 d_1 等。进行蜗杆传动的设计时，首先要正确地选择参数。

（1）模数 m 和压力角 α

和齿轮传动一样，蜗杆传动的几何尺寸也以模数为主要计算参数。蜗杆和蜗轮啮合时，在中间平面上，蜗杆的轴面模数、压力角应与蜗轮的端面模数、压力角相等，即

$$m_{a1} = m_{t2} = m$$

$$\alpha_{a1} = \alpha_{t2}$$

ZA 蜗杆的轴向压力角 α_a 为标准值（20°），其余三种（ZN、ZI、ZK）蜗杆的法向压力角 α_n 为标准值（20°），蜗杆轴向压力角与法向压力角的关系为

$$\tan \alpha_a = \frac{\tan \alpha_n}{\cos \gamma}$$

式中，γ 为导程角。

（2）蜗杆的分度圆直径 d_1

在蜗杆传动中，为了保证蜗杆与配对蜗轮的正确啮合，常用与蜗杆具有同样尺寸的蜗轮滚刀[①] 来加工与其配对的蜗轮。这样，只要有一种尺寸的蜗杆，就得有一种对应的蜗轮滚刀。对于同一模数，可以有很多不同直径的蜗杆，因而对每一模数就要配备很多蜗轮滚刀。显然，这样很不经济。为了减少蜗轮滚刀的种类数量，便于滚刀的标准化，就对每一标准模数规定了一定数量的蜗杆分度圆直径 d_1，并把比值

$$q = \frac{d_1}{m} \tag{11-1}$$

称为蜗杆的直径系数。d_1 与 q 已有标准值，常用的标准模数 m 和蜗杆分度圆直径 d_1 见表 11-1。如果采用非标准蜗轮滚刀或飞刀切制蜗轮，d_1 与 q 值可不受标准的限制。

（3）蜗杆头数 z_1

蜗杆头数 z_1 可根据要求的传动比和效率来选定。单头蜗杆传动的传动比可以较大，但效率较低，如要提高效率，应增加蜗杆的头数。但蜗杆头数过多，又会给加工带来困难。所以，通常蜗杆头数取为 1、2、4、6。

（4）导程角 γ

蜗杆的分度圆直径 d_1 和蜗杆头数 z_1 选定之后，蜗杆分度圆柱上的导程角 γ 也就确定了。由图 11-14 可知

$$\tan \gamma = \frac{p_z}{\pi d_1} = \frac{z_1 p_a}{\pi d_1} = \frac{z_1 m}{d_1} = \frac{z_1}{q} \tag{11-2}$$

式中，p_z 为蜗杆导程，$p_z = z_1 p_a$，p_a 为蜗杆轴向齿距。

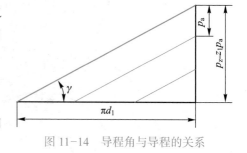

图 11-14　导程角与导程的关系

---

① 蜗轮滚刀的齿顶高比与蜗轮相配的蜗杆的齿顶高大 c，c 为蜗杆传动的顶隙。

表 11-1　普通圆柱蜗杆基本尺寸和参数

模数 m/mm	分度圆直径 d_1/mm	$m^2 d_1$/mm³	蜗杆头数 z_1	分度圆导程角 γ	模数 m/mm	分度圆直径 d_1/mm	$m^2 d_1$/mm³	蜗杆头数 z_1	分度圆导程角 γ
1	18	18	1	3° 10′ 47″	5	50	1 250	1	5° 42′ 38″
1.25	20	31.25	1	3° 34′ 35″				2	11° 18′ 36″
	22.4	35	1	3° 11′ 38″				4	21° 48′ 05″
1.6	20	51.2	1	4° 34′ 26″				6	30° 57′ 50″
			2	9° 05′ 25″		90	2 250	1	3° 10′ 47″
			4	17° 44′ 41″	6.3	63	2 500.5	1	5° 42′ 38″
	28	71.68	1	3° 16′ 14″				2	11° 18′ 36″
2	22.4	89.6	1	5° 06′ 08″				4	21° 48′ 05″
			2	10° 07′ 29″				6	30° 57′ 50″
			4	19° 39′ 14″		112	4 445.3	1	3° 13′ 10″
			6	28° 10′ 43″	8	80	5 120	1	5° 42′ 38″
	35.5	142	1	3° 13′ 28″				2	11° 18′ 36″
2.5	28	175	1	5° 06′ 08″				4	21° 48′ 05″
			2	10° 07′ 29″				6	30° 57′ 50″
			4	19° 39′ 14″		140	8 960	1	3° 16′ 14″
			6	28° 10′ 43″	10	90	9 000	1	6° 20′ 25″
	45	281.25	1	3° 10′ 47″				2	12° 31′ 44″
3.15	35.5	352.25	1	5° 04′ 15″				4	23° 57′ 45″
			2	10° 03′ 48″				·6	33° 41′ 24″
			4	19° 32′ 29″		160	16 000	1	3° 34′ 35″
			6	28° 01′ 50″	12.5	112	17 500	1	6° 22′ 06″
	56	555.66	1	3° 13′ 10″				2	12° 34′ 59″
4	40	640	1	5° 42′ 38″				4	24° 03′ 26″
			2	11° 18′ 36″		200	31 250	1	3° 34′ 35″
			4	21° 48′ 05″	16	140	35 840	1	6° 31′ 11″
			6	30° 57′ 50″				2	12° 52′ 30″
	71	1 136	1	3° 13′ 28″				4	24° 34′ 02″

注：① 本表中导程角 γ 小于 3° 30′ 的圆柱蜗杆均为自锁蜗杆传动。

②　本表摘自 GB/T 10085—2018。

（5）传动比 i 和齿数比 u

传动比

$$i = \frac{n_1}{n_2}$$

式中，n_1、n_2 分别为蜗杆和蜗轮的转速，r/min。

齿数比 $$u = \frac{z_2}{z_1}$$

式中，z_2 为蜗轮的齿数。

当蜗杆为主动时，

$$i = \frac{n_1}{n_2} = \frac{z_2}{z_1} = u \tag{11-3}$$

（6）蜗轮齿数 z_2

蜗轮齿数 z_2 主要根据传动比来确定。应注意：为了避免在用蜗轮滚刀切制蜗轮时产生根切与干涉，理论上应使 $z_{2min} \geqslant 17$。但当 $z_2 < 26$ 时，啮合区要显著减小，将影响传动的平稳性，而在 $z_2 \geqslant 30$ 时，可始终保持有两对以上的齿啮合，所以通常取 z_2 大于 28。对于动力传动，z_2 一般不大于 80。这是由于当蜗轮直径不变时，z_2 越大，模数就越小，将使轮齿的弯曲强度削弱；当模数不变时，蜗轮尺寸将要增大，使相啮合的蜗杆支承间距加长，这将降低蜗杆的弯曲刚度，容易产生挠曲而影响正常的啮合。z_1、z_2 的荐用值见表 11-2。当设计非标准或分度传动时，z_2 的选择可不受限制。

表 11-2　蜗杆头数 z_1 与蜗轮齿数 z_2 的荐用值

$i=z_2/z_1$	z_1	z_2	$i=z_2/z_1$	z_1	z_2
≈5	6	29～31	14～30	2	29～61
7～15	4	29～61	29～82	1	29～82

（7）蜗杆传动的标准中心距 a

蜗杆传动的标准中心距为

$$a = \frac{1}{2}(d_1 + d_2) = \frac{1}{2}(d_1 + z_2 m) \tag{11-4}$$

标准普通圆柱蜗杆传动的基本尺寸和参数列于表 11-1。设计普通圆柱蜗杆减速装置时，在按接触强度或弯曲强度确定了 $m^2 d_1$ 后，一般应按表 11-1 的数据确定蜗杆的基本尺寸和参数。当可自行加工蜗轮滚刀时，也可不按表 11-1 选配参数。

2. 蜗杆传动的几何尺寸计算

普通圆柱蜗杆传动的几何尺寸及其计算公式见图 11-15 及表 11-3、表 11-4。

表 11-3　普通圆柱蜗杆传动基本几何尺寸的计算关系式

名　称	代　号	计算关系式	说　明
中心距	a	$a = \dfrac{d_1 + d_2 + 2x_2 m}{2}$	
蜗杆头数	z_1		按规定选取

续表

名　称	代　号	计算关系式	说　明
蜗轮齿数	z_2		按传动比确定
压力角	α	$\alpha_a=20°$ 或 $\alpha_n=20°$	按蜗杆类型确定
模数	m	$m=m_{a1}=m_{t2}=\dfrac{m_n}{\cos\gamma}$	按规定选取
传动比	i	$i=\dfrac{n_1}{n_2}$	蜗杆为主动 按规定选取
齿数比	u	$u=\dfrac{z_2}{z_1}$，当蜗杆主动时，$i=u$	
蜗轮变位系数	x_2	$x_2=\dfrac{a}{m}-\dfrac{d_1+d_2}{2m}$	
蜗杆直径系数	q	$q=\dfrac{d_1}{m}$	
蜗杆轴向齿距	p_a	$p_a=\pi m$	
蜗杆导程	p_z	$p_z=\pi m z_1$	
蜗杆分度圆直径	d_1	$d_1=mq$	按规定选取
蜗杆齿顶圆直径	d_{a1}	$d_{a1}=d_1+2h_{a1}=d_1+2h_a^*m$	
蜗杆齿根圆直径	d_{f1}	$d_{f1}=d_1-2h_{f1}=d_1-2(h_a^*m+c)$	
顶隙	c	$c=c^*m$	按规定选取
渐开线蜗杆基圆直径	d_{b1}	$d_{b1}=\dfrac{d_1\tan\gamma}{\tan\gamma_b}=\dfrac{mz_1}{\tan\gamma_b}$	
蜗杆齿顶高	h_{a1}	$h_{a1}=h_a^*m=\dfrac{1}{2}(d_{a1}-d_1)$	按规定选取
蜗杆齿根高	h_{f1}	$h_{f1}=(h_a^*+c^*)m=\dfrac{1}{2}(d_1-d_{f1})$	
蜗杆齿高	h_1	$h_1=h_{a1}+h_{f1}=\dfrac{1}{2}(d_{a1}-d_{f1})$	
蜗杆导程角	γ	$\tan\gamma=\dfrac{mz_1}{d_1}=\dfrac{z_1}{q}$	
渐开线蜗杆基圆导程角	γ_b	$\cos\gamma_b=\cos\gamma\cos\alpha_n$	
蜗杆齿宽	b_1	见表 11-4	由设计确定
蜗轮分度圆直径	d_2	$d_2=mz_2=2a-d_1-2x_2m$	

续表

名　称	代　号	计算关系式	说　明
蜗轮喉圆直径	d_{a2}	$d_{a2}=d_2+2h_{a2}$	
蜗轮齿根圆直径	d_{f2}	$d_{f2}=d_2-2h_{f2}$	
蜗轮齿顶高	h_{a2}	$h_{a2}=\dfrac{1}{2}(d_{a2}-d_2)=m(h_a^*+x_2)$	
蜗轮齿根高	h_{f2}	$h_{f2}=\dfrac{1}{2}(d_2-d_{f2})=m(h_a^*-x_2+c^*)$	
蜗轮齿高	h_2	$h_2=h_{a2}+h_{f2}=\dfrac{1}{2}(d_{a2}-d_{f2})$	
蜗轮咽喉母圆半径	r_{g2}	$r_{g2}=a-\dfrac{1}{2}d_{a2}$	
蜗轮齿宽	b_2		由设计确定
蜗轮齿宽角	θ	$\theta=2\arcsin\dfrac{b_2}{d_1}$	
蜗杆轴向齿厚	s_a	$s_a=\dfrac{1}{2}\pi m$	
蜗杆法向齿厚	s_n	$s_n=s_a\cos\gamma$	
蜗轮齿厚	s_t	按蜗杆节圆处轴向齿槽宽 e_a' 确定	
蜗杆节圆直径	d_1'	$d_1'=d_1+2x_2m=m(q+2x_2)$	
蜗轮节圆直径	d_2'	$d_2'=d_2$	

表 11-4　蜗轮宽度 B、顶圆直径 d_{e2} 及蜗杆齿宽 b_1 的计算公式

z_1	B	d_{e2}	x_2/mm	b_1	
1		$\leq d_{a2}+2m$	0	$\geq(11+0.06z_2)m$	
			-0.5	$\geq(8+0.06z_2)m$	
2	$\leq 0.75d_{a1}$	$\leq d_{a2}+1.5m$	-1.0	$\geq(10.5+z_1)m$	当变位系数 x_2 为中间值时，b_1 取 x_2 邻近两公式所求值的较大者。
			0.5	$\geq(11+0.1z_2)m$	经磨削的蜗杆，按左式所求的 b_1 应再增加下列值：
			1.0	$\geq(12+0.1z_2)m$	当 $m<10$ mm 时，增加 25 mm；
4	$\leq 0.67d_{a1}$	$\leq d_{a2}+2m$	0	$\geq(12.5+0.09z_2)m$	当 $m=10\sim16$ mm 时，增加 $35\sim40$ mm；
			-0.5	$\geq(9.5+0.09z_2)m$	当 $m>16$ mm 时，增加 50 mm
			-1.0	$\geq(10.5+z_1)m$	
			0.5	$\geq(12.5+0.1z_2)m$	
			1.0	$\geq(13+0.1z_2)m$	

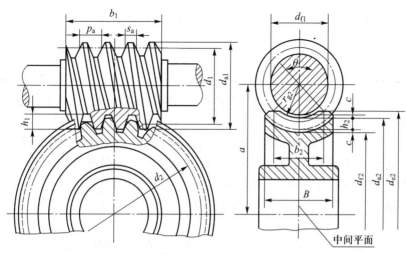

图 11-15 普通圆柱蜗杆传动的几何尺寸

11-3 普通圆柱蜗杆传动承载能力计算

1. 蜗杆传动的失效形式、设计准则及常用材料

与齿轮传动一样，蜗杆传动的失效形式也有齿面点蚀（疲劳点蚀）、轮齿折断、齿面胶合及齿面磨损等。由于材料和结构上的原因，蜗杆螺旋齿部分的强度总是高于蜗轮轮齿的强度，所以失效经常发生在蜗轮轮齿上。因此，一般只对蜗轮轮齿进行承载能力计算。由于蜗杆与蜗轮齿面间有较大的相对滑动，从而增加了产生齿面胶合和齿面磨损失效的可能性，尤其在某些条件下（如润滑不良），蜗杆传动因齿面胶合而失效的可能性更大。因此，蜗杆传动的承载能力往往受到抗胶合能力的限制。

在开式蜗杆传动中多发生齿面磨损和轮齿折断，因此应以保证齿根弯曲疲劳强度作为开式蜗杆传动的主要设计准则。

在闭式蜗杆传动中，蜗杆副多因齿面胶合或齿面点蚀而失效。因此，通常是按齿面接触疲劳强度进行设计，按齿根弯曲疲劳强度进行校核。此外，对于闭式蜗杆传动，由于散热较为困难，还应做热平衡核算。

由上述蜗杆传动的失效形式可知，蜗杆、蜗轮的材料不仅要求具有足够的强度，更重要的是要具有良好的磨合和耐磨性。

蜗杆一般是用碳钢或合金钢制成。高速重载蜗杆常用 15Cr 或 20Cr，并经渗碳淬火；也可用 40 钢、45 钢或 40Cr 并经淬火。这样可以提高表面硬度，增加耐磨性。通常要求蜗杆淬火后的硬度为 40～55 HRC，经氮化处理后的硬度为 55～62 HRC。一般不太重要的低速中载的蜗杆，可采用 40 钢或 45 钢，并经调质处理，其硬度为 220～300 HBW。

常用的蜗轮材料为 10-1 锡青铜（ZCuSn10P1）、5-5-5 锡青铜（ZCuSn5Pb5Zn5）、10-3 铝青铜（ZCuAl10Fe3）及灰铸铁（HT150、HT200）等。锡青铜耐磨性最好，但价格较高，一般用于滑动速度 $v_s \geqslant 3$ m/s 的重要传动；铝青铜的耐磨性较锡青铜的差一些，但价格较低，一般用于滑动速度 $v_s \leqslant 4$ m/s 的传动；当滑动速度不高（ $v_s < 2$ m/s），对效率

要求也不高时，可采用灰铸铁。为了防止变形，常对蜗轮进行时效处理。

2. 蜗杆传动的受力分析

蜗杆传动的受力分析和斜齿圆柱齿轮传动相似。在进行蜗杆传动的受力分析时，通常不考虑摩擦力的影响。但是在重要传动设计中，摩擦力 F_f（图 11-16a 中的 fF_n）在受力分析中应计入。

图 11-16 所示是以右旋蜗杆为主动件，并沿图示的方向旋转时，蜗杆螺旋面上的受力情况。设 F_n 为集中作用于节点 P 处的法向载荷，它作用于法向截面 $Pabc$ 内（图 11-16a）。F_n 可分解为三个互相垂直的分力，即圆周力 F_{t1}、径向力 F_{r1} 和轴向力 F_{a1}。显然，在蜗杆与蜗轮间，相互作用着 F_{t1} 与 F_{a2}、F_{r1} 与 F_{r2} 和 F_{a1} 与 F_{t2} 这三对大小相等、方向相反的力（图 11-16b）。

在确定各力的方向时，尤其需要注意所受轴向力方向的确定。因为轴向力的方向是由螺旋线的旋向和蜗杆的转向来决定的。如图 11-16a 所示，该蜗杆为右旋蜗杆，当其为主动件沿图示方向（由左端视之为逆时针方向）回转时，如图 11-16b 所示，蜗杆齿的右侧为工作面（推动蜗轮沿图 11-16b 所示方向转动），故蜗杆所受的轴向力 F_{a1}（即蜗轮齿给它的阻力的轴向分力）必然指向蜗杆齿的工作面（见图 11-16b 下部）。如果该蜗杆的转向相反，则蜗杆齿的左侧为工作面（推动蜗轮沿图 11-16b 所示方向的反向转动），故此时蜗杆所受的轴向力必指向右端[①]。至于蜗杆所受圆周力 F_{t1} 的方向，总是与它的转向相反的；径向力的方向则总是指向轴心的。关于蜗轮上各力的方向，可由图 11-16b 所示的关系定出。

拓展资源

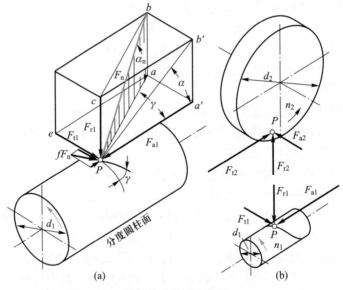

图 11-16　蜗杆传动的受力分析

---

① 右（左）旋蜗杆所受轴向力的方向也可以用右（左）手法则确定。所谓右（左）手法则，是指用右（左）手握拳时，以四指所示的方向表示蜗杆回转方向，则拇指伸直所指的方向就表示蜗杆所受轴向力 F_{a1} 的方向。

当不计摩擦力的影响时，各力的大小可按下列各式计算（各力的单位均为 N）：

$$F_{t1} = F_{a2} = \frac{2T_1}{d_1} \qquad (11-5)$$

$$F_{a1} = F_{t2} = \frac{2T_2}{d_2} \qquad (11-6)$$

$$F_{r1} = F_{r2} = F_{t2}\tan\alpha \qquad (11-7)$$

$$F_n = \frac{F_{a1}}{\cos\alpha_n\cos\gamma} = \frac{F_{t2}}{\cos\alpha_n\cos\gamma} = \frac{2T_2}{d_2\cos\alpha_n\cos\gamma} \qquad (11-8)$$

式中：T_1、T_2——蜗杆及蜗轮上的公称转矩，$N\cdot mm$；

$\quad\quad d_1$、d_2——蜗杆及蜗轮的分度圆直径，mm。

3. 蜗杆传动强度计算

（1）蜗轮齿面接触疲劳强度计算

蜗轮齿面接触疲劳强度计算的原始公式仍来源于赫兹公式。接触应力 σ_H（单位为 MPa）为

$$\sigma_H = \sqrt{\frac{KF_n}{L_0\rho_\Sigma}}Z_E$$

式中：F_n——啮合齿面上的法向载荷，N；

$\quad\quad L_0$——接触线总长，mm；

$\quad\quad K$——载荷系数；

$\quad\quad Z_E$——材料的弹性影响系数，单位为 $MPa^{\frac{1}{2}}$，对于青铜或铸铁蜗轮与钢蜗杆配对

$\quad\quad\quad$ 时，取 $Z_E = 160\ MPa^{\frac{1}{2}}$。

将以上公式中的法向载荷 F_n 换算成蜗轮分度圆直径 d_2（单位为 mm）与蜗轮转矩 T_2

（单位为 $N\cdot mm$）的关系式，再将 $d_2 = mz_2$、$L_0 = 1.18d_1$、$\dfrac{1}{\rho_\Sigma} = \dfrac{2\cos^2\lambda}{mz_2\sin\alpha_n}$ 等代入上式后，

得蜗轮齿面接触疲劳强度的校核公式为

$$\sigma_H = 480\sqrt{\frac{KT_2}{d_1 m^2 z_2^2}} \leqslant [\sigma_H] \qquad (11-9)$$

式中：K——载荷系数，$K = K_A K_\beta K_v$。其中：K_A 为使用系数，查表 11-5。K_β 为齿向载荷
$\quad\quad$ 分布系数。当蜗杆传动在平稳载荷下工作时，载荷分布不均现象将由于工作
$\quad\quad$ 表面良好的磨合而得到改善，此时可取 $K_\beta = 1$；当载荷变化较大，或有冲击、
$\quad\quad$ 振动时，可取 $K_\beta = 1.3\sim1.6$。K_v 为动载系数。由于蜗杆传动一般较平稳，动
$\quad\quad$ 载荷要比齿轮传动的小得多，故对于精确制造，且蜗轮圆周速度 $v_2 \leqslant 3\ m/s$
$\quad\quad$ 时，取 $K_v = 1.0\sim1.1$，$v_2 > 3\ m/s$ 时，$K_v = 1.1\sim1.2$。

σ_H、$[\sigma_H]$——分别为蜗轮齿面的接触应力与许用接触应力，MPa。

表 11-5 使用系数 K_A

工作类型	I	II	III
载荷性质	均匀、无冲击	不均匀、小冲击	不均匀、大冲击
每小时启动次数	<25	25～50	>50
启动载荷	小	较大	大
K_A	1	1.15	1.2

当蜗轮材料为灰铸铁或高强度青铜（$\sigma_B \geqslant 300\,\text{MPa}$）时，蜗杆传动的承载能力主要取决于齿面胶合强度。但因目前尚无完善的胶合强度计算公式，故采用接触强度计算作为条件性计算，在查取蜗轮齿面的许用接触应力时，要考虑相对滑动速度的大小。由于齿面胶合不属于疲劳失效，$[\sigma_H]$ 的值可不计应力循环次数 N，因而可直接从表 11-6 中查出许用接触应力 $[\sigma_H]$ 的值。

表 11-6 灰铸铁及铝青铜的许用接触应力 $[\sigma_H]$　　　　　　　　　MPa

材料		滑动速度 v_s/（m/s）						
蜗 杆	蜗 轮	<0.25	0.25	0.5	1	2	3	4
20 钢或 20Cr 渗碳后淬火、45 钢淬火，齿面硬度大于 45 HRC	HT150	206	166	150	127	95	—	—
	HT200	250	202	182	154	115	—	—
	ZCuAl10Fe3（10-3 铝青铜）	—	—	250	230	210	180	160
45 钢或 Q275	HT150	172	139	125	106	79	—	—
	HT200	208	168	152	128	96	—	—

若蜗轮材料为强度极限 $\sigma_B < 300\,\text{MPa}$ 的锡青铜，因蜗轮主要为接触疲劳失效，故应先从表 11-7 中查出蜗轮的基本许用接触应力 $[\sigma_H']$，再按 $[\sigma_H] = K_{HN}[\sigma_H']$ 算出许用接触应力的值。式中，K_{HN} 为接触强度的寿命系数，$K_{HN} = \sqrt[8]{\dfrac{10^7}{N}}$，其中应力循环次数 $N = 60jn_2L_h$，此处：n_2 为蜗轮转速，r/min；L_h 为工作寿命，h；j 为蜗轮每转一周每个轮齿啮合的次数。

表 11-7 锡青铜蜗轮的基本许用接触应力 $[\sigma_H']$　　　　　　　　　MPa

蜗轮材料	铸造方法	蜗杆齿面硬度	
		≤45 HRC	>45 HRC
ZCuSn10P1（10-1 锡青铜）	砂模铸造	150	180
	金属模铸造	220	268

蜗轮材料	铸造方法	蜗杆齿面硬度	
		≤45 HRC	>45 HRC
ZCuSn5Pb5Zn5（5-5-5 锡青铜）	砂模铸造	113	135
	金属模铸造	128	140

注：锡青铜的基本许用接触应力为应力循环次数 $N=10^7$ 时的值。当 $N \neq 10^7$ 时，需将表中数值乘以寿命系数 K_{HN}；当 $N>25 \times 10^7$ 时，取 $N=25 \times 10^7$；当 $N<2.6 \times 10^5$ 时，取 $N=2.6 \times 10^5$。

从式（11-9）可得到按蜗轮接触疲劳强度条件设计的计算公式为

$$m^2 d_1 \geqslant KT_2 \left(\frac{480}{z_2 [\sigma_H]} \right)^2 \tag{11-10}$$

从式（11-10）算出蜗杆传动的 $m^2 d_1$ 值（单位为 mm^3）后，可根据 z_1 从表 11-1 中选择一合适的 $m^2 d_1$ 值以及相应的蜗杆参数。

（2）蜗轮齿根弯曲疲劳强度计算

蜗轮轮齿因弯曲强度不足而失效的情况，多发生在蜗轮齿数较多（如 $z_2 > 90$ 时）或开式蜗杆传动中。因此，蜗杆传动通常应该进行弯曲强度的设计或校核计算。校核蜗轮轮齿的弯曲强度绝不只是为了判别其弯曲断裂的可能性，对那些承受重载的动力蜗杆副，蜗轮轮齿的弯曲变形量还会直接影响蜗杆副的运动平稳性精度。

由于蜗轮轮齿的齿形比较复杂，要精确计算齿根的弯曲应力是比较困难的，所以常用的齿根弯曲疲劳强度计算方法就带有很大的条件性。通常是把蜗轮近似地当作斜齿圆柱齿轮来考虑，仿式（10-17）得蜗轮齿根的弯曲应力为

$$\sigma_F = \frac{KF_{t2}}{\hat{b}_2 m_n} Y_{Fa2} Y_{Sa2} Y_\varepsilon Y_\beta = \frac{2KT_2}{\hat{b}_2 d_2 m_n} Y_{Fa2} Y_{Sa2} Y_\varepsilon Y_\beta$$

式中：$\hat{b}_2$——蜗轮轮齿弧长，$\hat{b}_2 = \dfrac{\pi d_1 \theta}{360° \cos \gamma}$，其中 θ 为蜗轮齿宽角（参见图 11-15），可按 100° 计算；

m_n——法面模数，$m_n = m \cos \gamma$，mm；

Y_{Sa2}——齿根应力修正系数，放在 $[\sigma_F]$ 中考虑；

Y_ε——弯曲疲劳强度的重合度系数，取 $Y_\varepsilon = 0.667$；

Y_β——螺旋角影响系数，$Y_\beta = 1 - \dfrac{\gamma}{140°}$。

将以上参数代入上式得

$$\sigma_F = \frac{1.53 KT_2}{d_1 d_2 m} Y_{Fa2} Y_\beta \leqslant [\sigma_F] \tag{11-11}$$

式中：σ_F——蜗轮齿根的弯曲应力，MPa。

Y_{Fa2}——蜗轮的齿形系数，可由蜗轮的当量齿数 $z_{v2} = \dfrac{z_2}{\cos^3 \gamma}$ 从表 11-8 中查得。

$[\sigma_F]$——蜗轮的许用弯曲应力，MPa。$[\sigma_F] = [\sigma_F'] K_{FN}$，其中：$[\sigma_F']$ 为计入齿根应力修正

系数 Y_{Sa2} 后蜗轮的基本许用应力，由表 11-9 中选取；K_{FN} 为寿命系数，

$K_{FN} = \sqrt[9]{\dfrac{10^6}{N}}$，其中应力循环次数 N 的计算方法同前。

表 11-8　蜗轮的齿形系数 Y_{Fa2}

z_{v2}	18	19	20	21	22	23	24	25	26	27	28	29	30
Y_{Fa2}	2.97	2.92	2.87	2.83	2.78	2.75	2.72	2.69	2.67	2.64	2.62	2.59	2.57
z_{v2}	35	40	45	50	60	70	80	90	100	200	300	400	∞
Y_{Fa2}	2.49	2.44	2.39	2.36	2.31	2.27	2.25	2.23	2.21	2.17	2.14	2.12	2.06

表 11-9　蜗轮的基本许用弯曲应力 $[\sigma'_F]$ [62]

蜗轮材料	铸造方法	单侧工作 $[\sigma'_{0F}]$/MPa	双侧工作 $[\sigma'_{-1F}]$/MPa
ZCuSn10P1 （10-1 锡青铜）	砂模铸造	40	29
	金属模铸造	56	40
ZCuSnSPb5Zn5 （5-5-5 锡青铜）	砂模铸造	26	22
	金属模铸造	32	26
ZCuAl10Fe3 （10-3 铝青铜）	砂模铸造	80	57
	金属模铸造	90	64
HT150	砂模铸造	40	28
HT200	砂模铸造	48	34

注：表中各种青铜的基本许用弯曲应力为应力循环次数 $N = 10^6$ 时的值，当 $N \neq 10^6$ 时，需将表中数值乘以 K_{FN}；当 $N > 25 \times 10^7$ 时，取 $N = 25 \times 10^7$；当 $N < 10^5$ 时，取 $N = 10^5$。

其余符号的意义和单位同前。

式（11-11）为蜗轮弯曲疲劳强度的校核公式，经整理后可得蜗轮轮齿按弯曲疲劳强度条件设计的公式为

$$m^2 d_1 \geqslant \frac{1.53 K T_2}{z_2 [\sigma_F]} Y_{Fa2} Y_\beta \qquad (11-12)$$

计算出 $m^2 d_1$（mm^3）后，可从表 11-1 中查出相应的蜗杆基本尺寸和参数。

4. 蜗杆的刚度计算

蜗杆受力后如产生过大的变形，就会造成轮齿上的载荷集中，影响蜗杆与蜗轮的正确啮合，所以蜗杆还需进行刚度校核。校核蜗杆的刚度时，通常把蜗杆螺旋部分看作以蜗杆齿根圆直径为直径的轴段，主要校核蜗杆的弯曲刚度，得到其最大挠度 y（单位为 mm）的近似计算公式及其刚度条件：

$$y = \frac{\sqrt{F_{t1}^2 + F_{r1}^2}}{48EI} L'^3 \leqslant [y] \qquad (11-13)$$

式中：F_{t1}——蜗杆所受的圆周力，N。

F_{r1}——蜗杆所受的径向力，N。

E——蜗杆材料的弹性模量，MPa。

I——蜗杆危险截面的惯性矩，$I = \dfrac{\pi d_{f1}^4}{64}$，$mm^4$。其中，$d_{f1}$ 为蜗杆齿根圆直径，mm。

L'——蜗杆两端支承间的跨距，mm，视具体结构要求而定。初步计算时可取 $L' \approx 0.9 d_2$，d_2 为蜗轮分度圆直径。

$[y]$——许用最大挠度，$[y] = \dfrac{d_1}{1\,000}$，其中 d_1 为蜗杆分度圆直径，mm。

5. 普通圆柱蜗杆传动的精度等级及其选择

GB/T 10089—2018 对蜗杆传动规定了 12 个精度等级；1 级精度最高，依次降低。

普通圆柱蜗杆传动的精度一般以 6～9 级应用得最多。6 级精度的传动可用于中等精度机床的分度机构、发动机调节系统的传动以及机械式读数装置的精密传动，它允许的蜗轮圆周速度 $v_2 > 5$ m/s。7 级精度常用于运输和一般工业中的中等速度（$v_2 < 7.5$ m/s）的动力传动。8 级精度常用于每昼夜只有短时工作的次要的低速（$v_2 \leqslant 3$ m/s）传动。

11-4　圆弧圆柱蜗杆传动设计计算

1. 概述

与普通圆柱蜗杆传动相比，圆弧圆柱蜗杆（ZC 蜗杆）传动的承载能力更大，传动效率更高，使用寿命更长。因此，圆弧圆柱蜗杆传动有逐渐代替普通圆柱蜗杆传动的趋势。

（1）圆弧圆柱蜗杆传动的特点

这种蜗杆传动和其他蜗杆传动一样，可以实现交错轴之间的传动，蜗杆能安装在蜗轮的上、下方或侧面。它的主要特点如下：

1）传动比范围大，可实现 1∶100 的大传动比传动；

2）蜗杆与蜗轮的齿廓呈凸凹啮合，接触线与相对滑动速度方向间的夹角大，有利于液体动力润滑油膜的形成，抗胶合能力强，承载能力大；

3）当蜗杆主动时，啮合效率可达 95% 以上，比普通圆柱蜗杆传动的啮合效率提高 10%～20%；

4）中心距的偏差对蜗杆传动的承载能力影响较大，对中心距偏差较敏感是这种蜗杆传动的缺点。

（2）圆弧圆柱蜗杆传动的主要参数及其选择

圆弧圆柱蜗杆传动的主要参数有压力角 α_0、变位系数 x_2 及齿廓圆弧半径 ρ（图 11-8b）。

1）压力角 α_0

依据啮合分析，推荐选取压力角 $\alpha_0 = 23° \pm 2°$。

2）齿廓圆弧半径 ρ

齿廓圆弧半径 ρ 可按 $\rho = (0.72 \pm 0.1) h_a^* \left(\dfrac{1}{\sin \alpha_0} \right)^{2.2}$ 计算。实际应用中，推荐 $\rho = (5 \sim 5.5)$

m（m 为模数）。当 $z_1=1$、2 时，取 $\rho=5m$；当 $z_1=3$ 时，$\rho=5.3m$；当 $z_1=4$ 时，$\rho=5.5m$。

（3）圆弧圆柱蜗杆的参数及几何尺寸计算

圆弧圆柱蜗杆的齿形参数及几何尺寸计算公式见表 11-10。

表 11-10　圆弧圆柱蜗杆齿形参数及几何尺寸计算公式

名称	符号	计算公式	备注
齿形角	α_0	常取 $\alpha_0=23°$	
蜗杆齿厚	s	$s=0.4\pi m$	m 为模数，下同
蜗杆齿间宽	e	$e=0.6\pi m$	
蜗杆轴向齿距	p_a	$p_a=\pi m$	
齿廓圆弧半径	ρ	$\rho=(5\sim5.5)m$	
齿廓圆弧中心到蜗杆轴线的距离	l'	$l'=\rho\sin\alpha_0+0.5qm$	
齿廓圆弧中心到蜗杆齿对称线的距离	L'	$L'=\rho\cos\alpha_0+0.5s=\rho\cos\alpha_0+0.2\pi m$	
齿顶高	h_a	$h_a=m$	
齿根高	h_f	$h_f=1.2m$	
齿全高	h	$h=2.2m$	
顶隙	c	$c=0.2m$	
蜗杆齿顶厚度	s_a	$s_a=2\left[L'-\sqrt{\rho^2-(l'-r_{a1})^2}\right]$	
蜗杆齿根厚度	s_f	$s_f=2\left[L'-\sqrt{\rho^2-(l'-r_{f1})^2}\right]$	
蜗杆分度圆柱导程角	γ	$\gamma=\arctan(z_1/q)$	
法面模数	m_n	$m_n=m\cos\gamma$	
蜗杆法面齿厚	s_n	$s_n=s\cos\gamma$	
齿廓圆弧半径最小界限值	ρ_{min}	$\rho_{min}\geqslant\dfrac{h_a}{\sin\alpha_0}=\dfrac{h_a^* m}{\sin\alpha_0}$	

2. 圆弧圆柱蜗杆传动强度计算

圆弧圆柱蜗杆传动的受力情况与普通圆柱蜗杆传动相同，因此其主要失效形式及设计准则也大体相同。由于蜗轮的强度相对较弱，因此主要对蜗轮进行强度计算。

在进行计算前，应具备的已知条件为输入功率 P_1、输入轴的转速 n_1、传动比 i（或输出轴的转速 n_2）以及载荷的变化规律等。

根据功率 P_1、转速 n_1 和传动比 i，按图 11-17 可以初步确定蜗杆传动的中心距 a（见图中"用法举例"），参考表 11-11 可确定该传动中蜗杆与蜗轮的主要几何参数，基本几何尺寸的计算公式见表 11-12。图 11-17 是按磨削的淬火钢蜗杆与锡青铜蜗轮制定的，在其他情况下，可传递的功率 P_1 随 σ_{Hlim} 增减而增减。

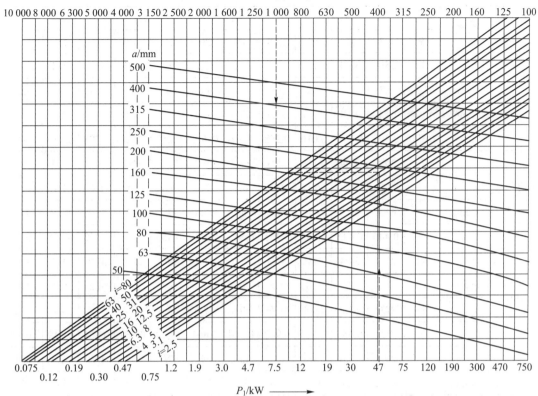

用法举例：已知$P_1=53$ kW，$i=10$，$n_1=1\ 000$ r/min，可按箭头方沿虚线查得中心距$a=200$ mm。

图 11-17　齿面接触疲劳强度承载能力的线图

表 11-11　圆弧圆柱蜗杆减速器参数匹配

中心距	参数	公称传动比											
a/mm		5	6.3	8	10	12.5	16	20	25	31.5	40	50	60
63	z_2/z_1	24/5	25/4	31/4	31/3	38/3	31/2	39/2	49/2	31/1	39/1	49/1	—
	m/mm	3.6	3.6	3	3	2.5	3	2.5	2	2	2.5	2	—
	d_1/mm	35.4	35.4	30.4	32	30	32	26	26	32	26	26	—
	x_2	0.583	0.083	0.433	0.167	0.2	0.167	0.5	0.5	0.167	0.5	0.5	—
80	z_2/z_1	24/5	25/4	33/4	31/3	37/3	31/2	41/2	51/2	31/1	41/1	51/1	59/1
	m/mm	4.5	4.5	3.6	3.8	3.2	3.8	3	2.5	3.8	3	2.5	2.25
	d_1/mm	43.6	43.6	35.4	38.4	36.6	38.4	32	30	38.4	32	30	26.5
	x_2	0.933	0.433	0.806	0.5	0.781	0.5	0.833	0.5	0.5	0.833	0.5	0.167
100	z_2/z_1	24/5	25/4	33/4	31/3	37/3	31/2	41/2	49/2	31/1	41/1	50/1	60/1
	m/mm	5.8	5.8	4.5	4.8	4	4.8	3.8	3.2	4.8	3.8	3.2	2.75
	d_1/mm	49.4	49.4	43.6	46.4	44	46.4	38.4	36.6	46.4	38.4	36.6	32.5
	x_2	0.983	0.483	0.878	0.5	1	0.5	0.763	1.031	0.5	0.763	0.531	0.455

续表

中心距 a/mm	参数	公称传动比											
		5	6.3	8	10	12.5	16	20	25	31.5	40	50	60
125	z_2/z_1	24/5	25/4	33/4	31/3	37/3	31/2	41/2	51/2	30/1	41/1	50/1	59/1
	m/mm	7.3	7.3	5.8	6.2	5.2	6.2	4.8	4	6.2	4.8	4	3.5
	d_1/mm	61.8	61.8	49.4	57.6	54.6	57.6	46.4	44	57.6	46.4	44	39
	x_2	0.890	0.390	0.793	0.016	0.288	0.016	0.708	0.250	0.516	0.708	0.750	0.643
（140）	z_2/z_1	—	29/5	29/4	31/3	35/3	31/2	39/2	51/2	31/1	39/1	51/1	58/1
	m/mm	—	7.3	7.3	6.5	6.2	6.5	5.6	4.4	6.5	5.6	4.4	4
	d_1/mm	—	61.8	61.8	67	57.6	67	58.8	47.2	67	58.8	47.2	44
	x_2	—	0.445	0.445	0.885	0.435	0.885	0.250	0.955	0.885	0.250	0.955	0.5
160	z_2/z_1	24/5	25/4	34/4	31/3	37/3	31/2	41/2	49/2	31/1	41/1	50/1	60/1
	m/mm	9.5	9.5	7.3	7.8	6.5	7.8	6.2	5.2	7.8	6.2	5.2	4.4
	d_1/mm	73	73	61.8	69.4	67	69.4	57.6	54.6	69.4	57.6	54.6	47.2
	x_2	1	0.5	0.685	0.564	0.962	0.564	0.661	1.019	0.564	0.661	0.519	0.5
（180）	z_2/z_1	—	29/5	29/4	29/3	36/3	33/2	39/2	52/2	33/1	40/1	52/1	60/1
	m/mm	—	9.5	9.5	9.2	7.8	8.2	7.1	5.6	8.2	7.1	5.6	5
	d_1/mm	—	73	73	80.6	69.4	78.6	70.8	58.8	78.6	70.8	58.8	55
	x_2	—	0.605	0.605	0.685	0.628	0.659	0.866	0.893	0.659	0.366	0.893	0.5
200	z_2/z_1	24/5	25/4	33/4	31/3	38/3	31/2	41/2	51/2	31/1	41/1	50/1	60/1
	m/mm	11.8	11.8	9.5	10	8.2	10	7.8	6.5	10	7.8	6.5	5.6
	d_1/mm	93.5	93.5	73	82	78.6	82	69.4	67	82	69.4	67	58.8
	x_2/mm	0.987	0.487	0.711	0.4	0.598	0.4	0.692	0.115	0.4	0.692	0.615	0.464
（225）	z_2/z_1	—	29/5	29/4	32/3	36/3	32/2	39/2	52/2	32/1	40/1	52/1	58/1
	m/mm	—	11.8	11.8	10.5	10	10.5	9	7.1	10.5	9	7.1	6.5
	d_1/mm	—	93.5	93.5	99	82	99	84	70.8	99	84	70.8	67
	x_2	—	0.606	0.606	0.714	0.4	0.714	0.833	0.704	0.714	0.333	0.704	0.462
250	z_2/z_1	24/5	25/4	33/4	31/3	37/3	31/2	41/2	51/2	31/1	41/1	50/1	59/1
	m/mm	15	15	11.8	12.5	10.5	12.5	10	8.2	12.5	10	8.2	7.1
	d_1/mm	111	111	93.5	105	99	105	82	78.6	105	82	78.6	70.8
	x_2	0.967	0.467	0.724	0.3	0.595	0.3	0.4	0.195	0.3	0.4	0.695	0.725

注：① 括号中的中心距属于第二系列；

② $a>250$ mm 时请查有关标准。

③ z_2/z_1 为实际传动比，与公称传动比略有偏差。

表 11-12　圆弧圆柱蜗杆传动基本尺寸的计算公式

名称	符号	计算公式	备注
中心距	a	$a = \dfrac{1}{2}(d_1 + d_2)$	$a' = \dfrac{1}{2}(d_1 + d_2 + 2x_2 m)$（变位后）
传动比	i	$i = \dfrac{n_1}{n_2} = \dfrac{z_2}{z_1}$	
蜗杆分度圆直径	d_1	$d_1 = mq$	$q = \dfrac{2a}{m} - (z_2 + 2x_2)$
蜗轮分度圆直径	d_2	$d_2 = mz_2$	$d_2 = 2a - d_1 - 2x_2 m$（变位后）
蜗杆节圆直径	d_1'	$d_1' = d_1$	$d_1' = d_1 + x_2 m = 2a' - mz_2$（变位后）
蜗杆齿顶圆直径	d_{a1}	$d_{a1} = d_1 + 2m$	
蜗轮齿顶圆直径（中间平面）	d_{a2}	$d_{a2} = d_2 + 2m$	$d_{a2} = d_2 + 2m + 2x_2 m$（变位后）
蜗杆齿根圆直径	d_{f1}	$d_{f1} = d_1 - 2.4m$	
蜗轮齿根圆直径（中间平面）	d_{f2}	$d_{f2} = d_2 - 2.4m$	$d_{f2} = d_2 - 2.4m + 2x_2 m$（变位后）
蜗轮顶圆直径	d_{e2}	$d_{e2} \leqslant d_{a2} + (0.8 \sim 1)m$	取整数值
蜗轮宽度	B	$B = (0.67 \sim 0.7)d_{a1}$	取整数值
蜗杆齿宽	b_1	$z_1 = 1 \sim 2$：$x < 1$，$b_1 \geqslant (12.5 + 0.1z_2)m$；$x \geqslant 1$，$b_1 \geqslant (13 + 0.1z_2)m$；$z_1 = 3 \sim 4$：$x < 1$，$b_1 \geqslant (13.5 + 0.1z_2)m$；$x \geqslant 1$，$b_1 \geqslant (14 + 0.1z_2)m$	对磨削蜗杆 b_1 的加长量：$m \leqslant 6$ mm，加长 20 mm；$m = 7 \sim 9$ mm，加长 30 mm；$m = 10 \sim 14$ mm，加长 40 mm；$m = 16 \sim 25$ mm，加长 50 mm

（1）校核蜗轮齿面接触疲劳强度的安全系数

在初步确定蜗杆传动的主要几何尺寸后，可按下式校核蜗轮齿面接触疲劳强度的安全系数：

$$S_H = \frac{\sigma_{Hlim}}{\sigma_H} \geqslant S_{Hlim} \tag{11-14}$$

式中：σ_H——蜗轮齿面接触应力，MPa，见式（11-15）；

　　　σ_{Hlim}——蜗轮齿面接触疲劳极限，MPa，见式（11-16）；

　　　S_{Hmin}——最小安全系数，见表 11-13。

表 11-13　最小安全系数 S_{Hmin}

蜗轮的圆周速度 /（m/s）	>10	≤10	≤7.5	≤5
精度等级（GB/T 10089—2018）	5	6	7	8
S_{Hmin}	1.2	1.6	1.8	2.0

蜗轮齿面接触应力

$$\sigma_{H} = \frac{F_{t2}}{Z_{m}Y_{z}b_{m2}(d_{2}+2x_{2}m)} \tag{11-15}$$

式中：F_{t2}——蜗轮分度圆上的圆周力，N；

Z_{m}——系数，$Z_{m}=\sqrt{\dfrac{10m}{d_{1}}}$；

b_{m2}——蜗轮平均齿宽，$b_{m2}\approx0.45(d_{1}+6m)$，mm；

Y_{z}——蜗杆齿的齿形系数，见表 11-14。

其余各符号的意义和单位同前。

表 11-14 蜗杆齿的齿形系数 Y_{Z}

$\tan\gamma$	0	0.1	0.2	0.3	0.4	0.5	0.6	0.7	0.8	0.9	1
Y_{Z}	0.695	0.666	0.638	0.618	0.600	0.590	0.583	0.580	0.576	0.575	0.570

蜗轮齿面接触疲劳极限

$$\sigma_{Hlim} = K_{0}f_{h}f_{n}f_{w} \tag{11-16}$$

式中：K_{0}——蜗轮与蜗杆的配对材料系数，见表 11-15。

f_{h}——寿命系数，$f_{h}=\sqrt[3]{\dfrac{12\,000}{L_{h}}}$，其中 L_{h} 是设计时所要求的以 h 为单位的工作寿命。

f_{n}——速度系数。当转速不变时，见表 11-16；当转速有变化时，计算方法可见参考文献［63］。

f_{w}——载荷系数。当载荷平稳时，$f_{w}=1$；当载荷有变化时，计算方法可见参考文献［63］。

表 11-15 蜗轮与蜗杆的配对材料系数 K_{0} 　　　　　　　　MPa

蜗杆材料	蜗轮齿圈材料	K_{0}	蜗杆材料	蜗轮齿圈材料	K_{0}
钢经淬火、磨削	锡青铜	7.84	钢经调质、不磨削	锡青铜	4.61
	铝青铜	4.17		铝青铜	2.45
	珠光体铸铁	11.76		黄铜	1.67

表 11-16 速度系数 f_{n}

$v_{s}/(\text{m/s})$	0.1	0.4	1.0	2.0	4.0	8.0	12	16	24	32	46	64
f_{n}	0.935	0.815	0.666	0.526	0.380	0.268	0.194	0.159	0.108	0.095	0.071	0.065

注：表中滑动速度 v_{s} 参见图 11-18 及式（11-20）。

（2）校核蜗轮齿根弯曲疲劳强度的安全系数

$$S_{F}=\frac{C_{Flim}}{C_{Fmax}}\geqslant1 \tag{11-17}$$

式中：C_{Flim}——蜗轮齿根应力系数极限值，MPa，见表 11-17。

C_{Fmax}——蜗轮齿根最大应力系数，MPa。

$$C_{Fmax} = \frac{F_{t2\,max}}{m_n \pi \hat{b}_2}$$

式中：F_{t2max}——蜗轮平均圆（以蜗轮的齿顶圆直径和喉圆直径的平均值为直径所作的圆）上的最大圆周力，N。

$\hat{b}_2$——蜗轮齿弧长，mm。蜗轮齿圈为锡青铜时，$\hat{b}_2 \approx 1.1b_2$；为铝青铜时，$\hat{b}_2 \approx 1.17b_2$。

m_n——法向模数，mm。

表 11-17　蜗轮齿根应力系数 C_{Flim}

蜗轮齿圈材料	锡青铜	铝青铜
C_{Flim}/MPa	39.2	18.62

（3）计算几何尺寸

当蜗轮强度校核合格后，计算蜗杆及蜗轮的全部几何尺寸（参见表 11-12）。

11-5　普通圆柱蜗杆传动的效率、润滑及热平衡计算

1. 蜗杆传动的效率

闭式蜗杆传动的功率损耗一般包括三部分，即啮合摩擦损耗、轴承摩擦损耗及溅油损耗（浸入油池中的零件搅油时产生的）。因此，总效率为

$$\eta = \eta_1 \eta_2 \eta_3 \tag{11-18}$$

式中，η_1、η_2、η_3 分别为单独考虑啮合摩擦损耗、轴承摩擦损耗及溅油损耗时的效率，而蜗杆传动的总效率主要取决于计入啮合摩擦损耗时的效率 η_1。当蜗杆主动时，

$$\eta_1 = \frac{\tan\gamma}{\tan(\gamma + \varphi_v)} \tag{11-19}$$

式中：γ——普通圆柱蜗杆分度圆柱上的导程角；

φ_v——当量摩擦角，$\varphi_v = \arctan f_v$，其值可根据滑动速度 v_s 由表 11-18 或表 11-19 中选取。

表 11-18　普通圆柱蜗杆传动 v_s、f_v、φ_v 值

蜗轮齿圈材料	锡青铜				铝青铜		灰铸铁			
蜗杆齿面硬度	≥45 HRC		其他		≥45 HRC		≥45 HRC		其他	
滑动速度 v_s[1]/(m/s)	f_v[2]	φ_v[2]	f_v	φ_v	f_v[2]	φ_v[2]	f_v[2]	φ_v[2]	f_v	φ_v
0.01	0.110	6° 17′	0.120	6° 51′	0.180	10° 12′	0.180	10° 12′	0.190	10° 45′

续表

蜗轮齿圈材料	锡　青　铜				铝青铜		灰　铸　铁			
蜗杆齿面硬度	≥45 HRC		其他		≥45 HRC		≥45 HRC		其他	
滑动速度 $v_s^{①}$/(m/s)	$f_v^{②}$	$\varphi_v^{②}$	f_v	φ_v	$f_v^{②}$	$\varphi_v^{②}$	$f_v^{②}$	$\varphi_v^{②}$	f_v	φ_v
0.05	0.090	5° 09′	0.100	5° 43′	0.140	7° 58′	0.140	7° 58′	0.160	9° 05′
0.10	0.080	4° 34′	0.090	5° 09′	0.130	7° 24′	0.130	7° 24′	0.140	7° 58′
0.25	0.065	3° 43′	0.075	4° 17′	0.100	5° 43′	0.100	5° 43′	0.120	6° 51′
0.50	0.055	3° 09′	0.065	3° 43′	0.090	5° 09′	0.090	5° 09′	0.100	5° 43′
1.0	0.045	2° 35′	0.055	3° 09′	0.070	4° 00′	0.070	4° 00′	0.090	5° 09′
1.5	0.040	2° 17′	0.050	2° 52′	0.065	3° 43′	0.065	3° 43′	0.080	4° 34′
2.0	0.035	2° 00′	0.045	2° 35′	0.055	3° 09′	0.055	3° 09′	0.070	4° 00′
2.5	0.030	1° 43′	0.040	2° 17′	0.050	2° 52′				
3.0	0.028	1° 36′	0.035	2° 00′	0.045	2° 35′				
4	0.024	1° 22′	0.031	1° 47′	0.040	2° 17′				
5	0.022	1° 16′	0.029	1° 40′	0.035	2° 00′				
8	0.018	1° 02′	0.026	1° 29′	0.030	1° 43′				
10	0.016	0° 55′	0.024	1° 22′						
15	0.014	0° 48′	0.020	1° 09′						
24	0.013	0° 45′								

① 滑动速度与表中数值不一致时，可用插入法求得 f_v 和 φ_v 值。

② 蜗杆齿面经磨削或抛光并仔细磨合、正确安装，以及采用黏度合适的润滑油进行充分润滑时的 f_v 和 φ_v 值。

表 11-19　圆弧圆柱蜗杆传动的 v_s、f_v、φ_v 值

蜗轮齿圈材料	锡　青　铜				铝青铜		灰　铸　铁			
蜗杆齿面硬度	≥45 HRC		其他		≥45 HRC		≥45 HRC		其他	
滑动速度 $v_s^{①}$/(m/s)	$f_v^{②}$	$\varphi_v^{②}$	f_v	φ_v	$f_v^{②}$	$\varphi_v^{②}$	$f_v^{②}$	$\varphi_v^{②}$	f_v	φ_v
0.01	0.093	5° 19′	0.10	5° 47′	0.156	8° 53′	0.156	8° 53′	0.165	9° 22′
0.05	0.075	4° 17′	0.083	4° 45′	0.12	6° 51′	0.12	6° 51′	0.138	7° 12′
0.10	0.065	3° 43′	0.075	4° 17′	0.111	6° 20′	0.111	6° 20′	0.119	6° 47′
0.25	0.052	2° 59′	0.060	3° 26′	0.083	4° 45′	0.083	4° 45′	0.107	5° 50′
0.50	0.042	2° 25′	0.052	2° 59′	0.075	4° 17′	0.075	4° 17′	0.083	4° 45′
1.00	0.033	1° 54′	0.042	2° 25′	0.056	3° 12′	0.056	3° 12′	0.075	4° 17′
1.50	0.029	1° 40′	0.038	2° 11′	0.052	2° 59′	0.052	2° 59′	0.065	3° 43′
2.00	0.023	1° 21′	0.033	1° 54′	0.042	2° 25′	0.042	2° 25′	0.056	3° 12′

续表

蜗轮齿圈材料	锡 青 铜				铝 青 铜		灰 铸 铁			
蜗杆齿面硬度	≥45 HRC		其他		≥45 HRC		≥45 HRC		其他	
滑动速度 v_s[1]/(m/s)	f_v[2]	φ_v[2]	f_v	φ_v	f_v[2]	φ_v[2]	f_v[2]	φ_v[2]	f_v	φ_v
2.5	0.022	1° 16′	0.031	1° 47′	0.041	2° 21′	0.041	2° 21′		
3	0.019	1° 05′	0.027	1° 33′	0.037	2° 07′	0.037	2° 07′		
4	0.018	1° 02′	0.024	1° 23′	0.033	1° 54′	0.033	1° 54′		
5	0.017	0° 59′	0.023	1° 20′	0.029	1° 40′	0.029	1° 40′		
8	0.014	0° 48′	0.022	1° 16′	0.025	1° 26′	0.025	1° 26′		
10	0.012	0° 41′	0.020	1° 09′						
15	0.011	0° 38′	0.017	0° 59′						
20	0.010	0° 35′								
25	0.009	0° 31′								

① 滑动速度与表中数值不一致时，可用插入法求得 f_v 和 φ_v 值。

② 蜗杆齿面经磨削或抛光并仔细磨合、正确安装，以及采用黏度合适的润滑油进行充分润滑时的 f_v 和 φ_v 值。

滑动速度 v_s（单位为 m/s）由图 11-18 得

$$v_s = \frac{v_1}{\cos\gamma} = \frac{\pi d_1 n_1}{60 \times 1\,000 \cos\gamma} \qquad (11-20)$$

式中：v_1——蜗杆分度圆的圆周速度，m/s；

d_1——蜗杆分度圆直径，mm；

n_1——蜗杆的转速，r/min。

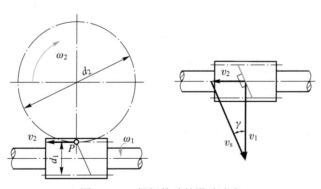

图 11-18　蜗杆传动的滑动速度

由于轴承摩擦损耗及溅油损耗这两项功率损耗不大，一般取 $\eta_2\eta_3 = 0.95 \sim 0.96$，则总效率 η 为

$$\eta = \eta_1 \eta_2 \eta_3 = (0.95 \sim 0.96) \frac{\tan \gamma}{\tan(\gamma + \varphi_v)} \quad\quad (11-18a)$$

在设计之初，为了近似地求出蜗轮轴上的转矩 T_2，η 值可按如下关系估取：

蜗杆头数 z_1	1	2	4	6
总效率 η	0.7	0.8	0.9	0.95

2. 蜗杆传动的润滑

润滑对蜗杆传动来说，具有特别重要的意义。因为当润滑不良时，传动效率将显著降低，并且会带来剧烈的磨损和产生胶合破坏的危险，所以往往采用黏度大的矿物油进行良好的润滑，在润滑油中还常加入添加剂，使其提高抗胶合能力。

蜗杆传动所采用的润滑油、润滑方法及润滑装置与齿轮传动的基本相同。

（1）润滑油

润滑油的种类很多，需根据蜗杆、蜗轮配对材料和运转条件合理选用。在钢蜗杆配青铜蜗轮时，常用的润滑油见表 11-20，也可参照第 10 章有关资料进行选取。

表 11-20   蜗杆传动常用的润滑油

L-CKE 轻负荷蜗轮蜗杆油黏度等级	220	320	460	680
运动黏度 ν_{40}/cSt	198～242	288～352	414～506	612～748
黏度指数不小于	90			
闪点（开口）/℃ 不小于	180			
倾点 /℃ 不高于	-6			

注：其余指标参见 SH/T 0094—1991。

（2）润滑油黏度及给油方法

一般根据相对滑动速度及载荷类型选择润滑油黏度及给油方法。对于闭式传动，常用的润滑油黏度及给油方法可参见表 11-21；对于开式传动，则采用黏度较高的齿轮油或润滑脂。

表 11-21   蜗杆传动（闭式传动）的润滑油黏度荐用值及给油方法

蜗杆传动的相对滑动速度 v_s/(m/s)	0～1	0～2.5	0～5	>5～10	>10～15	>15～25	>25
载荷类型	重	重	中	（不限）	（不限）	（不限）	（不限）
运动黏度 ν_{40}/cSt	900	500	350	220	150	100	80
给油方法	油池润滑			喷油润滑或油池润滑	喷油润滑时的喷油压力 /MPa		
					0.7	2	3

如果采用喷油润滑，喷油嘴要对准蜗杆啮入端。蜗杆正、反转时，啮入端和啮出端两边都要装有喷油嘴，而且要控制一定的油压。

（3）润滑油量

当闭式蜗杆传动采用油池润滑时，在溅油损耗不致过大的情况下，应有适当的油量。这样不仅有利于动压油膜的形成，而且有助于散热。对于蜗杆下置式的传动，浸油深度应为蜗杆的一个齿高；对于蜗杆上置式或蜗杆侧置式的传动，浸油深度约为蜗轮外径的 1/3。

3. 蜗杆传动的热平衡计算

蜗杆传动由于效率低，所以工作时发热量大。在闭式传动中，如果产生的热量不能及时散逸，将因油温不断升高而使润滑油稀释，从而增大啮合摩擦损耗，甚至发生胶合。所以，必须根据单位时间内的发热量等于同时间内的散热量的条件进行热平衡计算，以保证油温稳定地处于规定的范围内。

由于摩擦损耗的功率 $P_f = P(1-\eta)$，则产生的热流量（单位为 1 W = 1 J/s）为

$$\varPhi_1 = 1\,000P(1-\eta)$$

式中，P 为蜗杆传递的功率，kW。

以自然冷却方式，从箱体外壁散发到周围空气中去的热流量 $\varPhi_2$（单位为 W）为

$$\varPhi_2 = \alpha_d S(t_0 - t_a)$$

式中：α_d——箱体的表面传热系数，可取 $\alpha_d = (8.15 \sim 17.45)\text{W}/(\text{m}^2 \cdot \text{℃})$，当周围空气流通良好时，取偏大值；

S——内表面能被飞溅的润滑油覆盖，外表面又可为周围空气所冷却的箱体表面面积，m^2；

t_0——油的工作温度，一般限制为 60～70℃，最高不应超过 80℃；

t_a——周围空气的温度，常温情况可取为 20℃。

按热平衡条件 $\varPhi_1 = \varPhi_2$，可求得在既定工作条件下油的工作温度 t_0（单位为℃）为

$$t_0 = t_a + \frac{1\,000P(1-\eta)}{\alpha_d S} \tag{11-21}$$

或在既定条件下，保持正常工作温度所需要的散热面积 S（单位为 m^2）为

$$S = \frac{1\,000P(1-\eta)}{\alpha_d(t_0 - t_a)} \tag{11-22}$$

两式中各符号的意义和单位同前。

在 $t_0 > 80$℃或有效的散热面积不足时，必须采取措施，以提高散热能力。通常采取：

1）加散热片以增大散热面积，见图 11-19。

2）在蜗杆轴端加装风扇（图 11-19）以加速空气的流通。

由于在蜗杆轴端加装风扇，这就增加了功率损耗。总的功率损耗 P_f（单位为 kW）为

$$P_f = (P - \Delta P_F)(1-\eta) \tag{11-23}$$

式中，ΔP_F 为风扇消耗的功率，kW。可按下式计算：

$$\Delta P_F \approx \frac{1.5v_F^3}{10^5} \tag{11-24}$$

式中，v_F 为风扇叶轮的圆周速度，m/s。

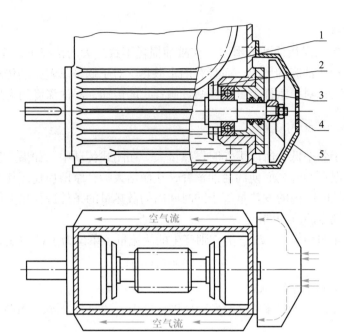

1—散热片；2—溅油轮；3—风扇；4—过滤网；5—集气罩

图 11-19　加散热片和风扇的蜗杆传动

$$v_F = \frac{\pi D_F n_F}{60 \times 1\,000}$$

式中：D_F 为风扇叶轮外径，mm；n_F 为风扇叶轮转速，r/min。

由摩擦消耗的功率所产生的热流量 Φ_1（单位为 W）为

$$\Phi_1 = 1\,000(P - \Delta P_F)(1 - \eta) \qquad (11-25)$$

式中，P、ΔP_F 的单位为 kW。

散发到空气中的热流量 Φ_2（单位为 W）为

$$\Phi_2 = (\alpha'_d S_1 + \alpha_d S_2)(t_0 - t_a) \qquad (11-26)$$

式中：S_1、S_2——风冷面积及自然冷却面积，m^2；

α'_d——风冷时的表面传热系数，按表 11-22 选取；

t_0、t_a——油的工作温度及周围空气的温度，℃。

表 11-22　风冷时的表面传热系数 α'_d

蜗杆转速 /(r/min)	750	1 000	1 250	1 550
α'_d/[W/($\mathrm{m}^2 \cdot$ ℃)]	27	31	35	38

3）在传动箱内装循环冷却管路，如图 11-20 所示。

关于散热片，冷却管路的设计计算见参考文献［43］。

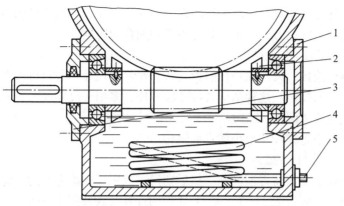

1—闷盖；2—溅油轮；3—透盖；4—蛇形管；5—冷却水出、入接口

图 11-20　装有循环冷却管路的蜗杆传动

11-6　圆柱蜗杆和蜗轮的结构设计

蜗杆螺旋部分的直径不大，所以常和轴做成一个整体，其结构形式如图 11-21 所示，其中图 a 所示的结构无退刀槽，螺旋部分时只能用铣削加工；图 b 所示的结构有退刀槽，螺旋部分可以车制，也可以铣制，但这种结构的刚度比前一种差。当蜗杆螺旋部分的直径较大时，可以将蜗杆与轴分开制作。

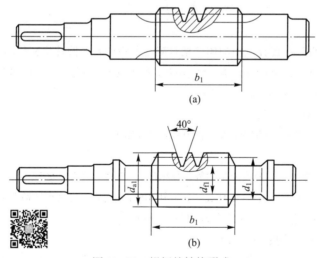

图 11-21　蜗杆的结构形式

常用的蜗轮结构形式有以下几种。

（1）齿圈式（图 11-22a）

这种结构由青铜齿圈及铸铁轮芯组成。齿圈与轮芯多用 $\dfrac{\text{H7}}{\text{r6}}$ 配合，并加装 4～6 个紧定螺钉（或用螺钉拧紧后将头部锯掉），以增强连接的可靠性。螺钉直径取（1.2～1.5）m，m 为蜗轮的模数。螺钉拧入深度为（0.3～0.4）B，B 为蜗轮宽度。为了便于钻孔，应

将螺孔中心线由配合缝向材料较硬的轮芯部分偏移 2～3 mm。这种结构多用于尺寸不太大或工作温度变化较小的地方，以免热胀冷缩影响配合的质量。

（2）螺栓连接式（图 11-22b）

可用普通螺栓连接，或用加强杆螺栓连接，螺栓的尺寸和数目可参考蜗轮的结构尺寸确定，然后做适当的校核。这种结构装拆比较方便，多用于尺寸较大或容易磨损的蜗轮。

（3）整体浇注式（图 11-22c）

主要用于铸铁蜗轮或尺寸很小的青铜蜗轮。

（4）拼铸式（图 11-22d）

这是在铸铁轮芯上加铸青铜齿圈，然后切齿。只用于成批生产的蜗轮。

蜗轮的几何尺寸可按表 11-3、表 11-4 中的计算公式及图 11-15、图 11-22 所示的结构尺寸来确定；轮芯部分的结构尺寸可参考齿轮的结构尺寸。

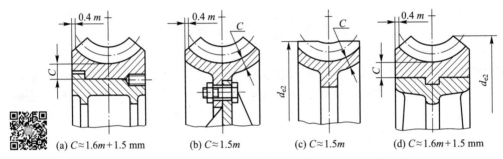

(a) $C \approx 1.6m + 1.5$ mm　　(b) $C \approx 1.5m$　　(c) $C \approx 1.5m$　　(d) $C \approx 1.6m + 1.5$ mm

图 11-22　蜗轮的结构形式（m 为蜗轮模数，m 和 C 的单位均为 mm）

例题 11-1　试设计一搅拌机用的闭式蜗杆减速器中的普通圆柱蜗杆传动。已知：输入功率 $P = 9$ kW，蜗杆转速 $n_1 = 1\,450$ r/min，传动比 $i_{12} = 20$，搅拌机为大批量生产，传动不反向，工作载荷较稳定，但有不大的冲击，要求寿命 L_h 为 12 000 h。

［解］（1）选择蜗杆传动类型

根据 GB/T 10085—2018 的推荐，采用渐开线蜗杆（ZI）。

（2）选择材料

考虑蜗杆传动功率不大，速度只是中等，故蜗杆用 45 钢；因希望效率高些，耐磨性好些，故蜗杆螺旋齿面要求淬火，硬度为 45～55 HRC。蜗轮用 10-1 锡青铜，金属模铸造。为了节约贵重的有色金属，仅齿圈用青铜制造，而轮芯用灰铸铁 HT100 制造。

（3）按齿面接触疲劳强度进行设计

根据闭式蜗杆传动的设计准则，先按齿面接触疲劳强度进行设计，再校核齿根弯曲疲劳强度。齿面接触疲劳强度设计可按式（11-10）

$$m^2 d_1 \geqslant KT_2 \left(\frac{480}{z_2 [\sigma_H]} \right)^2$$

进行。

1）确定作用在蜗轮上的转矩 T_2

按 $z_1 = 2$，估取效率 $\eta = 0.8$，则

$$T_2 = 9.55 \times 10^6 \frac{P_2}{n_2} = 9.55 \times 10^6 \frac{P\eta}{n_1/i_{12}} = 9.55 \times 10^6 \times \frac{9 \times 0.8}{1\,450/20} \text{N} \cdot \text{mm} \approx 948\,400 \text{N} \cdot \text{mm}$$

2）确定载荷系数 K

因工作载荷较稳定，故取载荷分布不均系数 $K_\beta = 1$；由表 11-5 选取使用系数 $K_A = 1.15$；由于转速不高，冲击不大，可取动载系数 $K_v = 1.05$。所以，

$$K = K_A K_\beta K_v = 1.15 \times 1 \times 1.05 = 1.21$$

3）确定蜗轮齿数 z_2

$$z_2 = z_1 i_{12} = 2 \times 20 = 40$$

4）确定许用接触应力 $[\sigma_H]$

根据蜗轮材料为 10-1 锡青铜，金属模铸造，蜗杆齿面硬度>45 HRC，可从表 11-7 中查得蜗轮的基本许用接触应力 $[\sigma_H'] = 268$ MPa。

应力循环次数　　　　　$N = 60 j n_2 L_h = 60 \times 1 \times \dfrac{1\,450}{20} \times 12\,000 = 5.22 \times 10^7$

寿命系数　　　　　　　$K_{HN} = \sqrt[8]{\dfrac{10^7}{5.22 \times 10^7}} = 0.81$

则　　　　　　　　　　$[\sigma_H] = K_{HN}[\sigma_H'] = 0.81 \times 268$ MPa $= 217$ MPa

5）计算 $m^2 d_1$ 值

$$m^2 d_1 \geqslant 1.21 \times 948\,400 \times \left(\frac{480}{40 \times 217}\right)^2 \text{mm}^3 = 3\,509.3 \text{ mm}^3$$

因 $z_1 = 2$，故从表 11-1 中取模数 $m = 8$ mm，蜗杆分度圆直径 $d_1 = 80$ mm。

（4）蜗杆与蜗轮的主要参数与几何尺寸

1）中心距

$$a = \frac{d_1 + d_2}{2} = \frac{80 + 8 \times 40}{2} \text{mm} = 200 \text{ mm}$$

2）蜗杆

轴向齿距 $p_a = 25.133$ mm，齿顶圆直径 $d_{a1} = 96$ mm，齿根圆直径 $d_{f1} = 60.8$ mm，分度圆导程角 $\gamma = 11°18'36'' = 11.31°$，蜗杆轴向齿厚 $s_a = 12.566$ mm。由于 $h_{a1} = h_a^* m = \frac{1}{2}(d_{a1} - d_1) = \frac{1}{2} \times (96 - 80)$ mm $= 8$ mm，且 $m = 8$ mm，所以 $h_a^* = 1$。又由于 $h_{f1} = (h_a^* + c^*) m = \frac{1}{2}(d_1 - d_{f1}) = \frac{1}{2} \times (80 - 60.8)$ mm $= 9.6$ mm，所以 $c^* = 0.2$。

3）蜗轮

蜗轮分度圆直径　$d_2 = m z_2 = 8 \times 40$ mm $= 320$ mm

蜗轮喉圆直径　$d_{a2} = d_2 + 2 h_{a2} = (320 + 2 \times 1 \times 8)$ mm $= 336$ mm

蜗轮齿根圆直径　$d_{f2} = d_2 - 2 h_{f2} = (320 - 2 \times 1.2 \times 8)$ mm $= 300.8$ mm

蜗轮咽喉母圆半径　$r_{g2} = a - \dfrac{1}{2} d_{a2} = \left(200 - \dfrac{1}{2} \times 336\right)$ mm $= 32$ mm

（5）校核齿根弯曲疲劳强度

$$\sigma_F = \frac{1.53 K T_2}{d_1 d_2 m} Y_{Fa2} Y_\beta \leqslant [\sigma_F]$$

当量齿数 $\qquad z_{v2} = \frac{z_2}{\cos^3 \gamma} = \frac{40}{(\cos 11.31°)^3} = 42.42$

根据 $z_{v2} = 42.42$，从表 11-8 中可查得齿形系数 $Y_{Fa2} = 2.42$。

螺旋角影响系数 $\qquad Y_\beta = 1 - \frac{\gamma}{140°} = 1 - \frac{11.31°}{140°} = 0.92$

许用弯曲应力 $\qquad [\sigma_F] = [\sigma_F'] K_{FN}$

从表 11-9 中查得由 10-1 锡青铜，金属模铸造的蜗轮的基本许用弯曲应力 $[\sigma_F'] = 56$ MPa。

寿命系数 $\qquad K_{FN} = \sqrt[9]{\frac{10^6}{5.22 \times 10^7}} = 0.64$

$$[\sigma_F] = 56 \times 0.64 \text{ MPa} = 35.84 \text{ MPa}$$

$$\sigma_F = \frac{1.53 \times 1.21 \times 948\,400}{80 \times 320 \times 8} \times 2.42 \times 0.92 \text{ MPa} = 19.09 \text{ MPa}$$

弯曲强度是满足的。

（6）验算效率 η

$$\eta = (0.95 \sim 0.96) \frac{\tan \gamma}{\tan(\gamma + \varphi_v)}$$

已知 $\gamma = 11°\,18'\,36'' = 11.31°$，$\varphi_v = \arctan f_v$，$f_v$ 与相对滑动速度 v_s 有关。

$$v_s = \frac{\pi d_1 n_1}{60 \times 1000 \times \cos \gamma} = \frac{\pi \times 80 \times 1\,450}{60 \times 1000 \times \cos 11.31°} \text{ m/s} = 6.19 \text{ m/s}$$

从表 11-18 中用插值法查得 $f_v = 0.020$、$\varphi_v = 1.17°$，代入式中得 $\eta = 0.86$，大于原估计值，因此应该根据 $\eta = 0.86$，重算 $T_2 = 1\,019\,545$ N·mm，$m^2 d_1 \geqslant 3\,772.55$ mm³。已经选定的 $m = 8$ mm，$d_1 = 80$ mm，$m^2 d_1 = 5\,120$ mm³，齿面接触强度满足。重算齿根弯曲应力 $\sigma_F = 20.52$ MPa，弯曲强度满足。

（7）精度等级公差和表面粗糙度的确定

考虑所设计的蜗杆传动是动力传动，根据 GB/T 10089—2018《圆柱蜗杆、蜗轮精度》选择 8 级精度，标注为 8 GB/T 10089—2018。然后由有关手册查得要求的公差项目及表面粗糙度，此处从略。

（8）热平衡核算（从略）

（9）绘制工作图（从略）

（10）主要设计结论

模数 $m = 8$ mm，蜗杆直径 $d_1 = 80$ mm，蜗杆头数 $z_1 = 2$，蜗轮齿数 $z_2 = 40$。蜗杆材料用 45 钢，齿面淬火；蜗轮材料用 10-1 锡青铜，金属模铸造。

重难点分析

········ 习题 ··········

11-1　试分析图 11-23 所示蜗杆传动中各轴的回转方向，蜗轮轮齿的螺旋方向及蜗杆、蜗轮所受各力的作用位置及方向。

11-2　图 11-24 所示为热处理车间所用的可控气氛加热炉拉料机传动简图。已知：蜗轮传递的转矩 $T_2 = 405\ \mathrm{N \cdot m}$，蜗杆减速器的传动比 $i_{12} = 20$，蜗杆转速 $n_1 = 480\ \mathrm{r/min}$，传动较平稳，冲击不大。工作时间为每天 8 h，要求工作寿命为 5 年（每年按 300 工作日计），试设计该蜗杆传动。

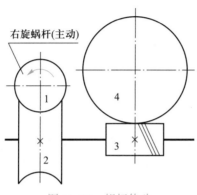

图 11-23　蜗杆传动

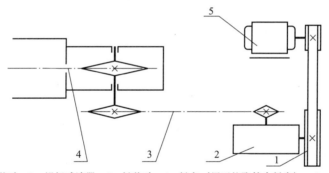

1—V 带传动；2—蜗杆减速器；3—链传动；4—链条（用于拉取炉内料盘）；5—电动机

图 11-24　加热炉拉料机传动简图

11-3　设计用于带式输送机的普通圆柱蜗杆传动，传递功率 $P_1 = 5.0\ \mathrm{kW}$，$n_1 = 960\ \mathrm{r/min}$，传动比 $i = 23$，由电动机驱动，载荷平稳。蜗杆材料为 20Cr，渗碳淬火，硬度 ≥ 58 HRC。蜗轮材料为 ZCuSn10P1，金属模铸造。蜗杆减速器每日工作 8 h，要求工作寿命为 7 年（每年按 300 个工作日计）。

11-4　设计一起重设备用的蜗杆传动，载荷有中等冲击，蜗杆轴由电动机驱动，传递的额定功率 $P_1 = 10.3\ \mathrm{kW}$，$n_1 = 1\ 460\ \mathrm{r/min}$，$n_2 = 120\ \mathrm{r/min}$，间歇工作，平均每日工作时间约为 2 h，要求工作寿命为 10 年（每年按 300 个工作日计）。

11-5　试设计轻纺机械中的一单级蜗杆减速器，传递功率 $P = 8.5\ \mathrm{kW}$，主动轴转速 $n_1 = 1\ 460\ \mathrm{r/min}$，传动比 $i = 20$，工作载荷稳定，单向工作，长期连续运转，润滑情况良好，要求工作寿命为 15 000 h。

11-6　试设计某钻机用的单级圆弧圆柱蜗杆减速器。已知蜗轮轴上的转矩 $T_2 = 10\ 600\ \mathrm{N \cdot m}$，蜗杆转速 $n_1 = 910\ \mathrm{r/min}$，蜗轮转速 $n_2 = 18\ \mathrm{r/min}$，断续工作，有轻微振动，有效工作时数为 3 000 h。

第四篇　轴系零、部件

滑动轴承

12-1　概　　述

根据轴承中摩擦性质的不同，可把轴承分为滑动摩擦轴承（简称滑动轴承）和滚动摩擦轴承（简称滚动轴承）两大类。滚动轴承由于摩擦因数小，启动阻力小，且因已标准化，选用、润滑、维护都很方便，因此在一般机器中应用较广。但由于滑动轴承本身具有的一些独特优点，使得它在某些不能、不便使用或使用滚动轴承没有优势的场合，如在工作转速极高、冲击与振动特大、径向空间尺寸受到限制或必须剖分安装（如曲轴的轴承），以及需在水或腐蚀性介质中工作等场合，仍占有重要地位。因此，滑动轴承在轧钢机、汽轮机、内燃机、铁路机车及车辆、金属切削机床、航空发动机附件、雷达、卫星通信地面站、天文望远镜以及各种仪表中应用颇为广泛。

滑动轴承的类型很多，按其承受载荷方向的不同，可分为径向轴承（承受径向载荷）和止推轴承（承受轴向载荷）。根据其滑动表面间润滑状态的不同，可分为流体润滑轴承、不完全流体润滑轴承（指滑动表面间处于边界润滑或混合润滑状态）和自润滑轴承（指工作时不加润滑剂）。根据流体润滑承载机理的不同，又可分为流体动力润滑轴承（简称流体动压轴承）和流体静力润滑轴承（简称流体静压轴承）。本章主要讨论流体动压轴承。

滑动轴承的主要设计内容包括以下几个方面：① 轴承的形式和结构设计；② 轴瓦的结构和材料选择；③ 轴承结构参数的确定；④ 润滑剂的选择和供应；⑤ 轴承的工作能力及热平衡计算。

12-2　滑动轴承的主要结构形式

1. 整体式径向滑动轴承

整体式径向滑动轴承的结构形式如图 12-1 所示，它由轴承座和由减摩材料制成的整体轴套组成。轴承座上面设有安装润滑油杯的螺纹孔。在轴套上开有油孔，并在轴套的内表面上开有油槽。

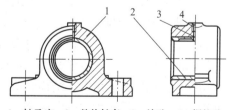

1—轴承座；2—整体轴套；3—油孔；4—螺纹孔

图 12-1　整体式径向滑动轴承的结构形式

这种轴承的优点是结构简单，成本低。它的缺点是轴套磨损后，轴承间隙过大时无法调整；另外，只能从轴颈端部装拆，对于重型机器的轴或具有中间轴颈的轴，装拆很不方便或无法安装。所以，这种轴承多用在低速、轻载或间歇性工作的机器中，如某些农业机械、手动机械等。这种轴承所用的轴承座称为整体有衬正滑动轴承座，其标准见 JB/T 2560—2007。

2. 对开式径向滑动轴承

对开式径向滑动轴承的结构形式如图 12-2 所示，它是由轴承座、轴承盖、剖分式轴瓦和双头螺柱等组成。轴承盖和轴承座的剖分面常做成阶梯形，以便对中和防止横向错动。轴承盖上部开有螺纹孔，用以安装油杯或油管。剖分式轴瓦由上轴瓦、下轴瓦两部分组成，通常是下轴瓦承受载荷，上轴瓦不承受载荷。为了节省贵重金属或因其他需要，常在轴瓦内表面上贴附一层轴承衬。在轴瓦内壁不承受载荷的表面上开设油槽，润滑油通过油孔和油槽流进轴承间隙。轴承剖分面最好与载荷方向垂直或接近垂直，多数轴承的剖分面是水平的（也有做成倾斜的，如倾斜 45°，以适应径向载荷作用线的倾斜度超出轴承垂直中心线左右各 35°范围的情况）。这种轴承装拆方便，并且轴瓦磨损后可以用减少剖分面处的垫片厚度来调整轴承间隙（调整后应修刮轴瓦内孔）。这种轴承所用的轴承座有两种：一种为对开式二螺柱正滑动轴承座，其标准见 JB/T 2561—2007；另一种为对开式四螺柱正滑动轴承座，其标准见 JB/T 2562—2007。

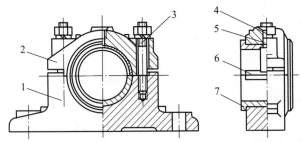

1—轴承座；2—轴承盖；3—双头螺柱；4—螺纹孔；5—油孔；6—油槽；7—剖分式轴瓦

图 12-2 对开式径向滑动轴承的结构形式

另外，还可将轴瓦的瓦背制成凸球面，并将其支承面制成凹球面，从而组成调心轴承，用于支承挠度较大或多支点的长轴。

3. 止推滑动轴承

止推滑动轴承由轴承座和止推轴颈组成。止推轴颈常用的结构形式有空心式、单环式和多环式，其尺寸见表 12-1。通常不采用实心式止推轴颈，因其端面上的压力分布极不均匀，靠近中心处的压力很高，对润滑极为不利。空心式止推轴颈接触面上压力分布较均匀，润滑条件较实心式有所改善。单环式止推轴颈是利用轴颈的环形端面止推，而且可以利用纵向油槽输入润滑油，结构简单，润滑方便，广泛用于低速、轻载的场合。多环式止推轴颈不仅能承受较大的轴向载荷，有时还可承受双向轴向载荷。

表 12-1 止推轴颈常用的结构形式及尺寸

空心式	单环式		多环式
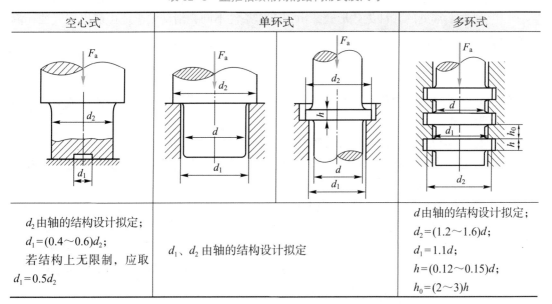			
d_2 由轴的结构设计拟定； $d_1 = (0.4 \sim 0.6)d_2$； 若结构上无限制，应取 $d_1 = 0.5d_2$	d_1、d_2 由轴的结构设计拟定		d 由轴的结构设计拟定； $d_2 = (1.2 \sim 1.6)d$； $d_1 = 1.1d$； $h = (0.12 \sim 0.15)d$； $h_0 = (2 \sim 3)h$

12-3 滑动轴承的失效形式及常用材料

拓展资源

1. 滑动轴承的失效形式

（1）磨粒磨损

进入轴承间隙的硬颗粒（如灰尘、砂粒等）有的嵌入轴承表面，有的游离于间隙中并随轴一起转动，它们都会对轴颈和轴承表面起研磨作用，构成了磨粒磨损。在启动、停车或轴颈与轴承发生边缘接触时，将加剧轴承磨损，导致轴承几何形状改变、精度下降，轴承间隙加大，使轴承性能在预期寿命前急剧恶化。

（2）刮伤

进入轴承间隙中的硬颗粒或轴颈表面粗糙的轮廓峰，在轴瓦上划出线状伤痕，导致轴承因刮伤而失效。

（3）胶合（咬黏）

当轴承温升过高，载荷过大，油膜破裂时，或在润滑油供应不足的情况下，轴颈和轴承的相对运动表面材料发生胶合，从而造成轴承损坏。胶合有时甚至可能导致相对运动终止。

（4）疲劳剥落

在载荷反复作用下，轴承表面出现与滑动方向垂直的疲劳裂纹，当裂纹向轴承衬与衬背接合面扩展后，造成轴承衬材料的剥落。它与轴承衬和衬背因接合不良或接合力不足造成轴承衬的剥离有些相似，但疲劳剥落周边不规则，而接合不良造成的剥离周边比较光滑。

（5）腐蚀

润滑剂在使用中不断氧化，所生成的酸性物质对轴承材料有腐蚀性，特别是对铸造铜铅合金中的铅，易受腐蚀而形成点状的脱落。氧对锡基巴氏合金的腐蚀，会使轴承表面形成一层由 SnO_2 和 SnO 混合组成的黑色硬质覆盖层，它能擦伤轴颈表面，并使轴承间隙变小。此外，硫对含银或含铜的轴承材料的腐蚀，润滑油中水分对铜铅合金的腐蚀，都应予以注意。

以上列举了常见的几种失效形式，由于工作条件不同，滑动轴承还可能出现气蚀、流体侵蚀、电侵蚀和微动磨损等损伤。

2. 轴承材料

轴瓦和轴承衬的材料统称为轴承材料。针对上述失效形式，轴承材料的性能应着重满足以下主要要求。

（1）良好的减摩性、耐磨性和抗咬黏性

减摩性好是指材料副具有低的摩擦因数。耐磨性是指材料的抗磨性能（通常以磨损率表示）。抗咬黏性是指材料的耐热性和抗黏附性。

（2）良好的摩擦顺应性、嵌入性和磨合性

摩擦顺应性是指材料通过表层弹塑性变形来补偿轴承滑动表面初始配合不良的能力。嵌入性是指材料容纳硬质颗粒嵌入，从而减轻轴承滑动表面发生刮伤或磨粒磨损的性能。磨合性是指轴瓦与轴颈表面经短期轻载运转后，易于形成相互匹配的表面形貌状态。

（3）足够的强度和抗腐蚀能力

（4）良好的导热性、工艺性、经济性等

应该指出，没有一种轴承材料能够全面具备上述性能，因而必须针对各种具体情况，仔细进行分析后合理选用。

常用的轴承材料可分三大类：① 金属材料，如轴承合金、铜合金、铝基合金和铸铁等；② 多孔质金属材料；③ 非金属材料，如工程塑料、碳－石墨等。下面择其主要者略做介绍。

（1）轴承合金（通称巴氏合金或白合金）

轴承合金是锡、铅、锑、铜的合金，它以锡或铅作为基体，其内含有锑锡（Sb-Sn）或铜锡（Cu-Sn）的硬晶粒。硬晶粒起抗磨作用，软基体则增加材料的塑性。轴承合金的弹性模量和弹性极限都很低，在所有轴承材料中，它的嵌入性及摩擦顺应性最好，很容易和轴颈磨合，也不易与轴颈发生胶合。但轴承合金的强度很低，不能单独制作轴瓦，只能贴附在青铜、钢或铸铁轴瓦上做轴承衬。轴承合金适用于重载、中高速场合，价格较高。

（2）铜合金

铜合金具有较高的强度、较好的减摩性和耐磨性。由于青铜的减摩性和耐磨性比黄铜的好，故青铜是最常用的材料。青铜有锡青铜、铅青铜和铝青铜等几种，其中锡青铜的减摩性和耐磨性最好，应用较广。锡青铜比轴承合金硬度高，磨合性及嵌入性差，适用于重载及中速场合。铅青铜抗黏附能力强，适用于高速、重载轴承。铝青铜的强度及硬度较高，抗黏附能力较差，适用于低速、重载轴承。

（3）铝基轴承合金

铝基轴承合金已获得广泛应用。它有相当好的耐蚀性和较高的疲劳强度，摩擦性能亦较好。这些品质使铝基轴承合金在部分领域取代了较贵的轴承合金和青铜。铝基轴承合金可以制成单金属零件（如轴套、轴承等），也可制成双金属零件，双金属轴瓦以铝基轴承合金做轴承衬，以钢做衬背。

（4）铸铁

普通灰铸铁或加有镍、铬、钛等合金成分的耐磨灰铸铁，或者球墨铸铁，都可以用作轴承材料。这类材料中的片状或球状石墨在材料表面上覆盖后，可以形成一层起润滑作用的石墨层，故具有一定的减摩性和耐磨性。此外，石墨能吸附碳氢化合物，有助于提高边界润滑性能，故采用灰铸铁作为轴承材料时应加润滑油。由于铸铁性脆、磨合性差，故只适用于轻载低速和不受冲击载荷的场合。

（5）多孔质金属材料

多孔质金属材料是一种用不同金属粉末经压制、烧结而成的轴承材料。这种材料是多孔结构的，孔隙占体积的 10%～35%。使用前先把由多孔质金属材料制成的轴瓦在热油中浸渍数小时，使孔隙中充满润滑油，因而通常把这种材料制成的轴承称为含油轴承。它具有自润滑性。工作时，由于轴颈转动的抽吸作用及轴承发热时油的膨胀作用，油便进入摩擦表面间起润滑作用；不工作时，因毛细管作用，油便被吸回到轴承内部，故在相当长时间内，即使不加润滑油仍能很好地工作。如果定期供油，则使用效果更佳。但由于其韧性较小，故宜用于平稳无冲击载荷及中低速的场合。常用的有多孔铁和多孔质青铜。多孔铁常用来制作磨粉机轴套、机床油泵衬套、内燃机凸轮轴衬套等。多孔质青铜常用来制作电唱机、电风扇、纺织机械及汽车发电机的轴承。我国已有专门制造含油轴承的工厂，需要时可根据设计手册选用。

（6）非金属材料

非金属材料中应用最多的是各种塑料（聚合物材料），如酚醛树脂、尼龙、聚四氟乙烯等。聚合物的特性是：与许多化学物质不起反应，抗腐蚀能力特别强，例如聚四氟乙烯（PTFE）能抗强酸弱碱；具有一定的自润滑性，可以在无润滑条件下工作，在高温条件下也具有一定的润滑能力；具有包容异物的能力（嵌入性好），不易擦伤配对表面；减摩性及耐磨性都比较好。

选择聚合物作为轴承材料时，必须注意下述一些问题：由于聚合物的热传导能力只有钢的百分之几，因此必须考虑摩擦热的消散问题，它严格限制着聚合物轴承的工作转速及压力值。又因聚合物的线膨胀系数比钢的大得多，因此工作时聚合物轴承与钢制轴颈的间隙比金属轴承的间隙大。此外，聚合物材料的强度极限和屈服极限较低，因而在装配和工作时能承受的载荷有限。又由于聚合物材料在常温条件下会出现蠕变现象，因而不宜用来制作间隙要求严格的轴承。

碳 - 石墨是电机电刷的常用材料，也是不良环境中的轴承材料。碳 - 石墨是由不同量的碳和石墨构成的人造材料，石墨含量越多，材料越软，摩擦因数越小。可在碳 - 石墨材料中加入金属、聚四氟乙烯或二硫化钼组分，也可以浸渍液体润滑剂。碳 - 石墨轴承具有自润性，它的自润性和减摩性取决于吸附的水蒸气量。碳 - 石墨和含有碳氢化合物的润滑剂有亲和力，加入润滑剂有助于提高其边界润滑性能。此外，它还可以作为水润滑的轴承材料。

橡胶主要用于以水作为润滑剂且环境较脏污之处。橡胶轴承内壁上带有纵向沟槽，以利润滑剂的流通，加强冷却效果并冲走污物。

木材具有多孔质结构，可用填充剂来改善其性能。填充剂能提高木材的尺寸稳定性和减少吸湿量，并能提高强度。采用木材（以溶于润滑油的聚乙烯作为填充剂）制成的轴承，可在灰尘极多的条件下工作，例如建筑业、农业中使用的带式输送机支承辊子的滑动轴承。

常用金属轴承材料性能见表 12-2；常用非金属和多孔质金属轴承材料性能可参看参考文献 [63]。

表 12-2　常用金属轴承材料性能 [63][37]

材料类别	合金牌号（合金名称）	许用值① [p]/MPa	许用值① [v]/(m/s)	许用值① [pv]/(MPa·m/s)	最高工作温度/℃	硬度②/HBW	性能比较③ 抗胶合性	摩擦顺应性	嵌入性	耐蚀性	抗疲劳性	备注
锡基轴承合金	ZSnSb11Cu6	25	80	20（平稳载荷）	150	27~24（150）	1	1	1	1	5	用于高速、重载下工作的重要轴承，不易于疲劳，较贵
	ZSnSb8Cu4	20	60	15（冲击载荷）								
铅基轴承合金	ZPbSb16Sn16Cu2	15	12	10	150	30~32（150）	1	1	1	3	5	用于中速、中等载荷的轴承，不宜受显著冲击，可作为锡锑轴承合金的代用品
	ZPbSb15Sn5Cu3Cd2	5	8	5								
锡青铜	ZCuSn10P1（10-1锡青铜）	15	10	15	280	80~120	3	5	5	2	1	用于中速、重载及受变载荷的轴承
	ZCuSn5Pb5Zn5（5-5-5锡青铜）	8	3	15		50~75						用于中载的中速轴承
铅青铜	ZCuPb30（30铅青铜）	25	12	30	280	25（300）	2	2	2	5	3	用于高速、能受变载荷的轴承，能受冲击
铝青铜	ZCuAl10Fe3（10-3铝青铜）	20	5	15	280	110	5	5	5	2	2	用于高速、重载的轴承，重载荷冲击
黄铜	ZCuZn16Si4（16-4硅黄铜）	12	2	10	200		5	5	5	1	1	最宜用于润滑充分的低速、重载荷轴承
	ZCuZn40Mn2（40-2锰黄铜）	10	1	10		90~110						用于滑动速度小的稳定载荷或冲击载荷的轴，如起重机、挖掘机的轴承

续表

材料类别	合金牌号（合金名称）	许用值①			最高工作温度/℃	硬度②/HBW	性能比较③					备注
		[p]/MPa	[v]/(m/s)	[pv]/(MPa·m/s)			抗胶合性	摩擦顺应性	嵌入性	耐蚀性	抗疲劳性	
铝基轴承合金	20%高锡铝合金 铝硅合金	28~35	14	—	140	45~50（300）	—	—	—	—	—	用于高速、中载的轴承，是较新的轴承材料，强度高、耐腐蚀，表面性能好，可用于增压强化柴油机轴承
三元电镀合金	铝-硅-镉镀层	14~35	—	—	170	（200~300）	1	2	2	2	2	镀铝锡青铜作中间层，再镀10~30 μm三元减摩层，疲劳强度高，嵌入性好
银	镀层	28~35	—	—	180	（300~400）	2	3	3	1	1	镀银，上附薄层铝，再镀铟铅，常用于飞机发动机、柴油机轴承
耐磨铸铁	HT300	0.1~6	3~0.75	0.3~4.5	150	（<150）	4	5	5	1	1	宜用于低速、轻载的轴承
灰铸铁	HT150、HT200、HT225、HT250	1~4	2~0.5	—	150	143~255	4	5	5	1	1	不重要轴承，价廉

① [p]、[v]、[pv] 为不完全液体润滑下的许用值。
② 括号内的数值为轴颈硬度。
③ 性能比较：1~5 依次由好到差。

12-4　轴 瓦 结 构

　　轴瓦是滑动轴承中的重要零件，它的结构设计得是否合理对轴承性能影响很大。有时为了节省贵重合金材料或者满足结构上的需要，常在轴瓦内表面上浇注或轧制一层轴承合金，称为轴承衬。轴瓦应具有一定的强度和刚度，在轴承中定位可靠，便于输送润滑剂，容易散热，并且装拆、调整方便。为此，轴瓦应在外形结构、定位、油槽开设和配合等方面采用不同的形式以适应不同的工作要求。

1. 轴瓦的结构形式和构造

　　常用的轴瓦有整体式和对开式两种结构形式。

　　整体式轴瓦按材料及制法不同，分为整体轴套（图 12-3）和单层、双层或多层材料的卷制轴套（图 12-4）。非金属整体式轴瓦既可以是整体非金属轴套，也可以在钢套上镶衬非金属材料制成。

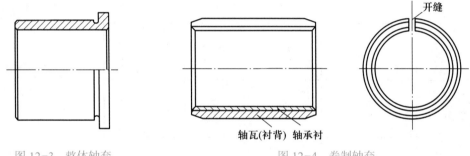

图 12-3　整体轴套　　　　　　　　　　　　　　　图 12-4　卷制轴套

　　对开式轴瓦有厚壁轴瓦和薄壁轴瓦之分。厚壁轴瓦用铸造方法制造（图 12-5），内表面可附有轴承衬，常将轴承合金用离心铸造法浇注在铸铁、钢或青铜轴瓦的内表面上。为使轴承合金与轴瓦贴附得好，常在轴瓦内表面上制出各种形式的榫头、凹沟或螺纹。

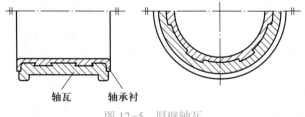

图 12-5　厚壁轴瓦

　　薄壁轴瓦（图 12-6）由于能用双金属板连续轧制等工艺进行大量生产，因此质量稳定，成本低，但轴瓦刚性小，装配时不再修刮轴瓦内圆表面，轴瓦受力后，其形状完全取决于轴承座的形状，因此轴瓦和轴承座均需精密加工。薄壁轴瓦在汽车发动机、柴油机上得到广泛应用。

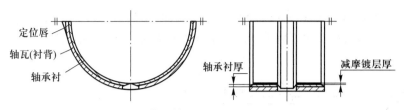

图 12-6　薄壁轴瓦（GB/T 7308.1—2021）

2. 轴瓦的定位

轴瓦和轴承座不允许有相对移动。为了防止轴瓦沿轴向移动和转动，可将其两端做出凸缘来做轴向定位，也可用紧定螺钉（图 12-7a）或销（图 12-7b）将其固定在轴承座上，或在轴瓦剖分面上冲出定位唇（凸耳）以供定位用（图 12-6）。

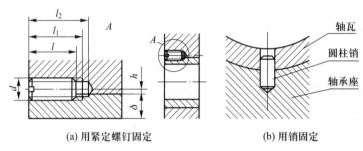

(a) 用紧定螺钉固定　　　　　　　　(b) 用销固定

图 12-7　轴瓦的固定

3. 油孔及油槽

为了把润滑油导入整个摩擦面间，轴瓦或轴颈上需开设油孔和油槽。对于流体动压径向轴承，有轴向油槽和周向油槽两种形式可供选择。

轴向油槽分为单轴向油槽和双轴向油槽。对于整体式径向滑动轴承，轴颈单向旋转时，载荷方向变化不大，单轴向油槽最好开在最大油膜厚度位置（图 12-8），以保证润滑油从压力最小的地方输入轴承。对于对开式径向滑动轴承，常把轴向油槽开在轴承剖分面处（剖分面与载荷作用线成 90°），如果轴颈双向旋转，可在轴承剖分面上开设双轴向油槽（图 12-9）。通常轴向油槽应较轴承宽度稍短，以便在轴瓦两端留出封油面，防止润滑油从端部大量流失。周向油槽适用于载荷方向变动范围超过 180° 的场合，它常设在轴承宽度

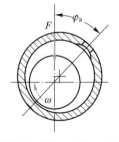

图 12-8　单轴向油槽开在最大油膜厚度位置

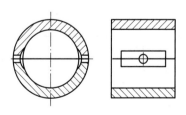

图 12-9　双轴向油槽开在轴承剖分面上

中部，把轴承分为两个独立部分；当宽度相同时，设有周向油槽轴承的承载能力低于设有

轴向油槽轴承的承载能力（图 12-10）。对于不完全流体润滑径向轴承，常用油槽形状如图 12-11 所示，设计时，可以将油槽从非承载区延伸到承载区。油槽尺寸可查有关手册。

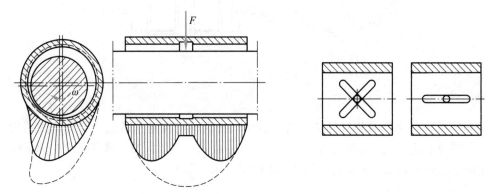

图 12-10　周向油槽对轴承承载能力的影响　　　图 12-11　不完全流体润滑轴承常用油槽形状

12-5　滑动轴承润滑剂的选用

滑动轴承种类繁多，使用条件和重要程度往往相差较大，因而对润滑剂的要求也各不相同。下面仅就滑动轴承常用润滑剂的选择方法做一简要介绍。

1. 润滑脂及其选择

使用润滑脂可以形成将滑动表面完全分开的一层薄膜。由于润滑脂属于半固体润滑剂，流动性差，故无冷却效果。常用在那些要求不高、难以经常供油，或者低速重载以及作摆动运动之处的轴承中。

选择润滑脂品种的一般原则如下：

1）当压力高和滑动速度低时，选择锥入度小一些的品种，反之，选择锥入度大一些的品种。

2）所用润滑脂的滴点一般应较轴承的工作温度高 20～30℃，以免工作时润滑脂过多流失。

3）在有水淋或潮湿的环境下，应选择防水性强的钙基或铝基润滑脂；在温度较高处应选用钠基或复合钙基润滑脂。

选择润滑脂牌号时可参考表 12-3。

表 12-3　滑动轴承润滑脂的选择

压力 p/MPa	轴颈圆周速度 v/(m/s)	最高工作温度 /℃	选用的牌号
≤1.0	≤1	75	3 号钙基润滑脂
1.0～6.5	0.5～5	55	2 号钙基润滑脂
≥6.5	≤0.5	75	3 号钙基润滑脂
≤6.5	0.5～5	120	2 号钠基润滑脂
>6.5	≤0.5	110	1 号钙-钠基润滑脂

压力 p/MPa	轴颈圆周速度 v/(m/s)	最高工作温度 /℃	选用的牌号
1.0～6.5	≤1	−50～100	锂基润滑脂
>6.5	0.5	60	2 号压延机脂

注：① "压力" 或 "压强"，本书统用 "压力"；

② 在潮湿环境，温度在 75～120℃ 的条件下，应考虑用钙 − 钠基润滑脂；

③ 在潮湿环境，工作温度在 75℃ 以下，没有 3 号钙基润滑脂时也可以用铝基润滑脂；

④ 工作温度在 110～120℃ 可用锂基润滑脂或钡基润滑脂；

⑤ 集中润滑时，黏度要小些。

2. 润滑油及其选择

润滑油是滑动轴承中应用最广的润滑剂。流体动压轴承通常采用润滑油作润滑剂。原则上讲，当转速高、压力小时，应选黏度较低的润滑油；反之，当转速低、压力大时，应选黏度较高的润滑油。

润滑油的黏度随温度的升高而降低，故在较高温度下工作的轴承（例如 $t > 60℃$），所用润滑油的黏度应比常温轴承的高一些。

不完全流体润滑轴承润滑油的选择参考表 12-4。流体动压轴承润滑油的选择参考表 4-1。

表 12-4　滑动轴承润滑油选择（不完全流体润滑、工作温度 < 60℃）

轴颈圆周速度 v/(m/s)	平均压力 $p < 3$ MPa	轴颈圆周速度 v/(m/s)	平均压力 $p = 3 \sim 7.5$ MPa
<0.1	黏度等级为 68、100、150 的润滑油	<0.1	黏度等级为 150 的润滑油
0.1～0.3	黏度等级为 68、100 的润滑油	0.1～0.3	黏度等级为 100、150 的润滑油
0.3～2.5	黏度等级为 46、68 的润滑油	0.3～0.6	黏度等级为 100 的润滑油
2.5～5.0	黏度等级为 32、46 的润滑油	0.6～1.2	黏度等级为 68、100 的润滑油
5.0～9.0	黏度等级为 15、22、32 的润滑油	1.2～2.0	黏度等级为 68 的润滑油
>9.0	黏度等级为 7、10、15 的润滑油		

注：表中润滑油的黏度等级是以 40℃ 时运动黏度为基础。

3. 固体润滑剂

固体润滑剂可以在摩擦表面上形成固体膜以减小摩擦阻力，通常只用于一些有特殊要求的场合，例如，大型可展开天线定向机构和铰链处的固体润滑，空间机器人谐波齿轮减速器采用的固体润滑等。

二硫化钼用黏结剂调配涂在轴承摩擦表面上可以大大提高摩擦副的磨损寿命。在金属表面上涂镀一层钼，然后放在含硫的气氛中加热，可生成 MoS_2 膜。这种膜黏附最为牢固，承载能力极高。在用塑料或多孔质金属制造的轴承材料中渗入 MoS_2 粉末，会在摩擦过程中连续对摩擦表面提供 MoS_2 薄膜。将全熔金属注到石墨或碳−石墨零件的孔隙中，或经过烧结制成轴瓦可获得较高的黏附能力。聚四氟乙烯片材可冲压成轴瓦，也可以用烧结法或黏结法形成聚四氟乙烯膜黏附在轴瓦内表面上。软金属薄膜（如铅、金、银等薄膜）主要用于真空及高温的场合。

12-6　不完全流体润滑滑动轴承设计计算

采用润滑脂、油绳或滴油润滑的径向滑动轴承，由于轴承中得不到足够的润滑剂，在相对运动表面间难以产生一个完全的承载油膜，轴承只能在混合润滑状态（即边界润滑和流体润滑同时存在的状态）下运转。这类轴承可靠工作的条件是：边界膜不遭破坏，维持粗糙表面微腔内有流体润滑存在。因此，这类轴承的承载能力不仅与边界膜的强度及其破裂温度有关，而且与轴承材料、轴颈与轴承的表面粗糙度、润滑油的供给量等因素有着密切的关系。

工程上，这类轴承常以维持边界油膜不遭破坏作为设计的最低要求。但是促使边界油膜破裂的因素较复杂，所以目前仍采用简化的条件性计算。这种计算方法只适用于一般对工作可靠性要求不高的低速、重载或间歇工作的轴承。

1. 径向滑动轴承的计算

设计时，通常是已知轴承所受径向载荷 F（单位为 N）、轴颈转速 n（单位为 r/min）及轴颈直径 d（单位为 mm），然后进行以下验算。

（1）验算轴承的平均压力 p（单位为 MPa）

$$p = \frac{F}{dB} \leqslant [p] \tag{12-1}$$

式中：B——轴承宽度，mm（根据宽径比 B/d 确定，参见 12-7 节中"5. 参数选择"）；

　　$[p]$——轴瓦材料的许用压力，MPa，其值见表 12-2。

（2）验算轴承的 pv（单位为 MPa·m/s）值

轴承的发热量与其单位面积上的摩擦功耗 fpv 成正比（f 是摩擦因数），限制 pv 值就是限制轴承的温升。

$$pv = \frac{F}{Bd}\frac{\pi dn}{60 \times 1\,000} = \frac{Fn}{19\,100B} \leqslant [pv] \tag{12-2}$$

式中：v——轴颈圆周速度，即滑动速度，m/s；

　　$[pv]$——轴承材料的 pv 许用值，MPa·m/s，其值见表 12-2。

（3）验算滑动速度 v（单位为 m/s）

$$v \leqslant [v] \tag{12-3}$$

式中，$[v]$ 为许用滑动速度，m/s，其值见表 12-2。

对于 p 和 pv 的验算均合格的轴承，由于滑动速度过高，也会加速磨损而使轴承报废。这是因为 p 只是平均压力，实际上，在轴发生弯曲或不同心等引起的一系列误差及振动的影响下，轴承边缘可能产生相当大的压力，因而局部区域的 pv 值也会超过许用值，故而对滑动速度 v 也要做个验算。

滑动轴承所选用的材料及尺寸经验算合格后，应选取恰当的配合，一般可选 $\dfrac{H9}{d9}$、$\dfrac{H8}{f7}$ 或 $\dfrac{H7}{f6}$。

　　以上介绍了一般不完全流体润滑径向轴承的计算方法，对于重要的不完全流体润滑径向轴承，设计计算方法可查阅参考文献 [63]。

2. 止推滑动轴承的计算

　　设计止推轴承时，通常已知轴承所受轴向载荷 F_a（单位为 N）、轴颈转速 n（单位为 r/min）、轴环直径 d_2、轴承孔直径 d_1（单位为 mm）以及轴环数目（轴环相关尺寸可参考表 12-1 中的图），处于混合润滑状态下的止推轴承需要校核 p 和 pv。

　　（1）验算轴承的平均压力 p（单位为 MPa）

$$p = \frac{F_a}{A} = \frac{F_a}{z\dfrac{\pi}{4}(d_2^2 - d_1^2)} \leqslant [p] \tag{12-4}$$

式中：d_1——轴承孔直径，mm。

　　　　d_2——轴环直径，mm。

　　　　F_a——轴向载荷，N。

　　　　z——轴环的数目。

　　　　$[p]$——许用压力，MPa，见表 12-5。对于多环式止推滑动轴承，由于载荷在各轴环间分布不均，因此其许用压力 $[p]$ 比单环式止推滑动轴承的降低 50%。

表 12-5　止推滑动轴承的 $[p]$、$[pv]$ 值

轴（轴环端面、凸缘）	轴承	$[p]$/MPa	$[pv]$/(MPa·m/s)
未淬火钢	铸铁	2.0~2.5	1~2.5
	青铜	4.0~5.0	
	轴承合金	5.0~6.0	
淬火钢	青铜	7.5~8.0	1~2.5
	轴承合金	8.0~9.0	
	淬火钢	12~15	

　　（2）验算轴承的 pv（单位为 MPa·m/s）值

　　因轴承的环形支承面平均直径处的圆周速度 v（单位为 m/s）为

$$v = \frac{\pi n(d_1 + d_2)}{60 \times 1\,000 \times 2}$$

故应满足

$$pv = \frac{4F_a}{z\pi(d_2^2 - d_1^2)}\frac{\pi n(d_1 + d_2)}{60 \times 1\,000 \times 2} = \frac{nF_a}{30\,000 z(d_2 - d_1)} \leqslant [pv] \tag{12-5}$$

式中：n——轴颈转速，r/min。

　　　　$[pv]$——pv 的许用值，MPa·m/s，见表 12-5。同样，由于多环式止推滑动轴承中的

载荷在各轴环间分布不均，因此其 [pv] 值也应比单环式止推滑动轴承的降低 50%。

其余各符号的意义和单位同前。

12-7 流体动力润滑径向滑动轴承设计计算

流体动力润滑的楔效应承载机理已在第 4 章做过简要说明，本节将讨论流体动力润滑理论的基本方程（即雷诺方程）及其在流体动力润滑径向滑动轴承设计计算中的应用。

1. 流体动力润滑理论的基本方程

流体动力润滑理论的基本方程是描述流体膜压力分布的微分方程。它是从黏性流体动力学的基本方程出发，通过创建一些假设条件做了简化后得出的。这些假设条件是：流体为牛顿流体；流体膜中流体的流动是层流；忽略压力对流体黏度的影响；略去惯性力及重力的影响；认为流体不可压缩；流体膜中的压力沿膜厚方向是不变的等。

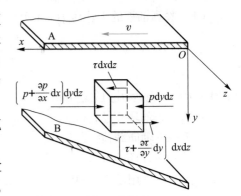

图 12-12 被油膜隔开的两平板的相对运动情况

如图 12-12 所示，两平板被润滑油隔开，设板 A 沿 x 轴方向以速度 v 移动，另一板 B 静止。再假定油在两平板间沿 z 轴方向没有流动（可视此运动副在 z 轴方向的尺寸为无限大）。现从层流运动的油膜中取一微单元体进行分析。

由图可见，作用在此微单元体右面和左面的压力分别为 p 及 $\left(p + \dfrac{\partial p}{\partial x}\mathrm{d}x\right)$，作用在单元体上、下两面的切应力分别为 τ 及 $\left(\tau + \dfrac{\partial \tau}{\partial y}\mathrm{d}y\right)$。根据 x 方向的平衡条件，得

$$p\mathrm{d}y\mathrm{d}z + \tau\mathrm{d}x\mathrm{d}z - \left(p + \frac{\partial p}{\partial x}\mathrm{d}x\right)\mathrm{d}y\mathrm{d}z - \left(\tau + \frac{\partial \tau}{\partial y}\mathrm{d}y\right)\mathrm{d}x\mathrm{d}z = 0$$

整理后得

$$\frac{\partial p}{\partial x} = -\frac{\partial \tau}{\partial y} \tag{12-6}$$

根据牛顿黏性流体摩擦定律，将式（4-3）对 y 求导数，得 $\dfrac{\partial \tau}{\partial y} = -\eta\dfrac{\partial^2 u}{\partial y^2}$，代入式（12-6）得

$$\frac{\partial p}{\partial x} = \eta\frac{\partial^2 u}{\partial y^2} \tag{12-7}$$

该式表示了压力沿 x 轴方向变化与速度沿 y 轴方向变化的关系。

下面继续推导流体动力润滑理论的基本方程。

（1）润滑油层的速度分布

将式（12-7）改写成

$$\frac{\partial^2 u}{\partial y^2} = \frac{1}{\eta}\frac{\partial p}{\partial x}$$ （a）

对 y 积分后得

$$\frac{\partial u}{\partial y} = \frac{1}{\eta}\left(\frac{\partial p}{\partial x}\right)y + C_1$$ （b）

$$u = \frac{1}{2\eta}\left(\frac{\partial p}{\partial x}\right)y^2 + C_1 y + C_2$$ （c）

根据边界条件决定积分常数 C_1 及 C_2：当 $y=0$ 时，$u=v$；当 $y=h$（h 为相应于所取单元体处的油膜厚度）时，$u=0$。则得

$$C_1 = -\frac{h}{2\eta}\frac{\partial p}{\partial x} - \frac{v}{h};\quad C_2 = v$$

代入式（c）后，即得

$$u = \frac{v(h-y)}{h} - \frac{y(h-y)}{2\eta}\frac{\partial p}{\partial x}$$ （d）

由上式可见，润滑油层的速度 u 由两部分组成：式中前一项表示速度呈线性分布，这是直接由剪切流引起的；后一项表示速度呈抛物线分布，这是由油流沿 x 方向的变化所产生的压力流引起的，如图 4-16b 所示。

（2）润滑油流量

当无侧泄时，润滑油在单位时间内流经任意截面上单位宽度面积的流量为

$$q = \int_0^h u\,\mathrm{d}y$$ （e）

将式（d）代入式（e）并积分，得

$$q = \int_0^h \left[\frac{v(h-y)}{h} - \frac{y(h-y)}{2\eta}\frac{\partial p}{\partial x}\right]\mathrm{d}y = \frac{vh}{2} - \frac{h^3}{12\eta}\frac{\partial p}{\partial x}$$ （f）

如图 4-16b 所示，设在 $p=p_{\max}$ 处的油膜厚度为 h_0（即 $\frac{\partial p}{\partial x}=0$ 时，$h=h_0$），在该截面处的流量为

$$q = \frac{vh_0}{2}$$ （g）

当润滑油连续流动时，各截面的流量相等，由此得

$$\frac{vh_0}{2} = \frac{vh}{2} - \frac{h^3}{12\eta}\frac{\partial p}{\partial x}$$

整理后得

$$\frac{\partial p}{\partial x}=\frac{6\eta v}{h^3}(h-h_0) \tag{12-8}$$

式（12-8）为一维雷诺方程。它是计算流体动力润滑滑动轴承的基本方程。由雷诺方程可以看出，油膜压力的变化与润滑油的黏度、表面滑动速度和油膜厚度及其变化有关。利用这一公式，经积分后可求出油膜的承载能力。由式（12-8）及图 4-16b 也可看出：在 ab（$h>h_0$）段，$\frac{\partial^2 u}{\partial y^2}>0$（即速度分布曲线呈凹形），所以 $\frac{\partial p}{\partial x}>0$，即压力沿 x 方向逐渐增大；而在 bc（$h<h_0$）段，$\frac{\partial^2 u}{\partial y^2}<0$（即速度分布曲线呈凸形），即 $\frac{\partial p}{\partial x}<0$，这表明压力沿 x 方向逐渐降低。在点 a 和 c 之间必有一处（点 b）的油流速度变化规律不变，此处的 $\frac{\partial^2 u}{\partial y^2}=0$，即 $\frac{\partial p}{\partial x}=0$，因而压力 p 达到最大值。由于油膜沿着 x 方向各处的油压都大于入口和出口的压力，且压力形成如图 4-16b 上部曲线所示的分布，因而能承受一定的外载荷。

由上可知，形成流体动力润滑（即形成动压油膜）的必要条件如下：

1）相对滑动的两表面间必须形成收敛的楔形间隙；

2）被油膜分开的两表面必须有足够的相对滑动速度（亦即滑动表面带油时要有足够的油层最大速度），其运动方向必须使润滑油由大口流进、小口流出；

3）润滑油必须有一定的黏度，供油要充分。

拓展资源

2. 径向滑动轴承形成流体动力润滑的过程

径向滑动轴承的轴颈与轴承孔间必须留有间隙，如图 12-13a 所示，当轴颈静止时，轴颈处于轴承孔的最低位置，并与轴瓦接触。此时，两表面间自然形成一收敛的楔形空间。当轴颈开始转动时，速度较低，带入轴承间隙中的油量较少，这时轴瓦对轴颈摩擦力的方向与轴颈表面圆周速度方向相反，迫使轴颈在摩擦力作用下沿孔壁向右爬升（图 12-13b）。随着转速的增大，轴颈表面的圆周速度增大，带入楔形空间的油量也逐渐加多。这时，右侧楔形油膜产生了一定的动压力，将轴颈向左浮起。当轴颈达到稳定运转时，轴颈便稳定在一定的偏心位置上（图 12-13c）。这时，轴承处于流体动力润滑状态，油膜产生的动压力与外载荷 F 相平衡。此时，由于轴承内的摩擦阻力仅为液体的内阻力，故摩擦因数达到最小值。

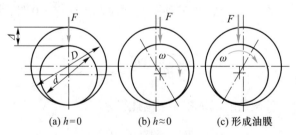

图 12-13　径向滑动轴承形成流体动力润滑的过程

3. 径向滑动轴承的主要几何关系

图 12-14 所示为径向滑动轴承的几何参数和油压分布，也表明了轴承工作时轴颈与轴承的位置关系。如图所示，轴承和轴颈的连心线 OO_1 与外载荷 F（载荷作用在轴颈中心上）的方向形成一偏位角 φ_a。轴承孔和轴颈的直径分别用 D 和 d 表示，则轴承的直径间隙为

$$\Delta = D - d \qquad (12-9)$$

半径间隙为轴承孔半径 R 与轴颈半径 r 之差，则有

$$\delta = R - r = \frac{\Delta}{2} \qquad (12-10)$$

直径间隙与轴颈直径之比称为相对间隙，以 ψ 表示，即

$$\psi = \frac{\Delta}{d} = \frac{\delta}{r} \qquad (12-11)$$

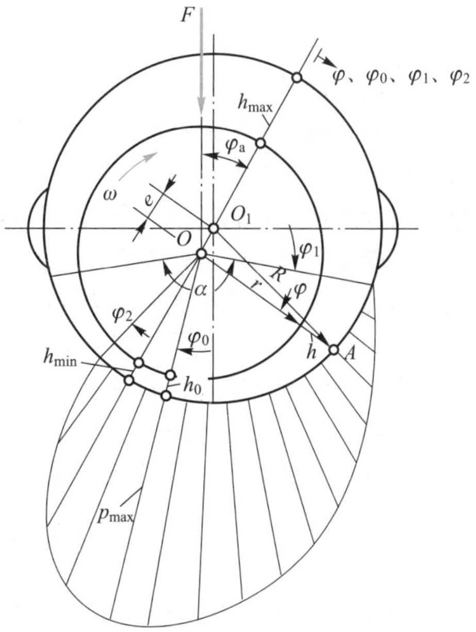

图 12-14　径向滑动轴承的几何参数和油压分布

轴颈在稳定运转时，其中心 O 与轴承中心 O_1 的距离，称为偏心距，用 e 表示。偏心距与半径间隙的比值，称为偏心率，以 ε 表示，则有

$$\varepsilon = \frac{e}{\delta}$$

于是由图 12-14 可见，最小油膜厚度为

$$h_{\min} = \delta - e = \delta(1 - \varepsilon) = r\psi(1 - \varepsilon) \qquad (12-12)$$

对于径向滑动轴承，采用极坐标描述较方便。取轴颈中心 O 为极点，连心线 OO_1 为极轴，对应于任意极角 φ（包括 φ_0、φ_1、φ_2 均由 OO_1 算起）的油膜厚度为 h，h 的大小可在 $\triangle AOO_1$ 中应用余弦定理求得，即

$$R^2 = e^2 + (r+h)^2 - 2e(r+h)\cos\varphi$$

解上式得

$$r + h = e\cos\varphi \pm R\sqrt{1 - \left(\frac{e}{R}\right)^2 \sin^2\varphi}$$

略去微量 $\left(\dfrac{e}{R}\right)^2 \sin^2\varphi$，并取根式的正号，则得任意位置的油膜厚度为

$$h = \delta(1 + \varepsilon\cos\varphi) = r\psi(1 + \varepsilon\cos\varphi) \qquad (12-13)$$

在压力最大处的油膜厚度 h_0 为

$$h_0 = \delta(1 + \varepsilon\cos\varphi_0) \qquad (12-14)$$

式中，φ_0 是对应于最大压力处的极角。

4. 径向滑动轴承的工作能力计算简介

径向滑动轴承的工作能力计算是在轴承结构参数和润滑油参数初步选定后进行的工作，目的是校核参数选择的正确性。通过工作能力计算，若确定了参数选择是正确的，则轴承的设计工作基本完成，否则需要重新选择有关参数并再进行相应的计算。滑动轴承的这一设计思路在后面的设计举例中会体现出来。

径向滑动轴承的工作能力计算主要包括轴承的承载能力计算、最小油膜厚度的确定和热平衡计算等。下面对此做简单介绍。

（1）轴承的承载能力计算和承载量系数

为了方便分析问题，假设轴承为无限宽，则可以认为润滑油沿轴向没有流动。将一维雷诺方程［式（12-8）］改写成极坐标表达形式，即将 $dx=rd\varphi$、$v=r\omega$ 及式（12-13）、式（12-14）代入式（12-8）得到极坐标形式的雷诺方程为

$$\frac{dp}{d\varphi} = 6\eta \frac{\omega}{\psi^2} \frac{\varepsilon(\cos\varphi - \cos\varphi_0)}{(1 + \varepsilon\cos\varphi)^3} \quad (12\text{-}15)$$

将式（12-15）从油膜起始角 φ_1 到任意角 φ 进行积分，得任意角位置的压力为

$$p_\varphi = 6\eta \frac{\omega}{\psi^2} \int_{\varphi_1}^{\varphi} \frac{\varepsilon(\cos\varphi - \cos\varphi_0)}{(1 + \varepsilon\cos\varphi)^3} d\varphi \quad (12\text{-}16)$$

压力 p_φ 在外载荷方向上的分量为

$$P_{\varphi y} = p_\varphi \cos[180° - (\varphi_a + \varphi)] = -p_\varphi \cos(\varphi_a + \varphi) \quad (12\text{-}17)$$

将式（12-17）在 φ_1 到 φ_2 的区间内积分，得出在轴承单位宽度上的油膜承载力，即

$$p_y = \int_{\varphi_1}^{\varphi_2} p_{\varphi y} r d\varphi = -\int_{\varphi_1}^{\varphi_2} p_\varphi \cos(\varphi_a + \varphi) r d\varphi$$

$$= \frac{6\eta\omega r}{\psi^2} \int_{\varphi_1}^{\varphi_2} \left[\int_{\varphi_1}^{\varphi} \frac{\varepsilon(\cos\varphi - \cos\varphi_0)}{(1 + \varepsilon\cos\varphi)^3} d\varphi \right] [-\cos(\varphi_a + \varphi)] d\varphi \quad (12\text{-}18)$$

为了求出油膜的承载力，理论上只需将 p_y 乘以轴承宽度 B 即可。但在实际轴承中，由于润滑油可能从轴承的两个端面流出，故必须考虑端泄的影响。这时，压力沿轴承宽度的变化呈抛物线分布，而且其油膜压力也比无限宽轴承的油膜压力低（图12-15），所以乘以系数 C' 以考虑这种情况的影响，C' 的值取决于宽径比 B/d 和偏心率 ε 的大小。这样，距轴承中线为 z 处的油膜压力的数学表达式为

$$p_y' = p_y C' \left[1 - \left(\frac{2z}{B} \right)^2 \right] \quad (12\text{-}19)$$

因此，对有限宽轴承，油膜的总承载能力为

$$F = \int_{-B/2}^{+B/2} p_y' dz$$

$$= \frac{6\eta\omega r}{\psi^2} \int_{-B/2}^{+B/2} \int_{\varphi_1}^{\varphi_2} \int_{\varphi_1}^{\varphi} \left[\frac{\varepsilon(\cos\varphi - \cos\varphi_0)}{(1 + \varepsilon\cos\varphi)^3} d\varphi \right] [-\cos(\varphi_a + \varphi) d\varphi] C' \left[1 - \left(\frac{2z}{B} \right)^2 \right] dz \quad (12\text{-}20)$$

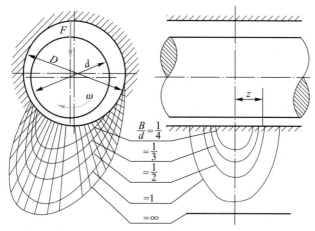

图 12-15　不同宽径比时沿轴承周向和轴向的压力分布

将上式改写为

$$F = \frac{\eta \omega d B}{\psi^2} C_p \qquad (12\text{-}21)$$

式中

$$C_p = 3 \int_{-B/2}^{+B/2} \int_{\varphi_1}^{\varphi_2} \int_{\varphi_1}^{\varphi} \left[\frac{\varepsilon(\cos\varphi - \cos\varphi_0)}{B(1 + \varepsilon\cos\varphi)^3} d\varphi \right] [-\cos(\varphi_a + \varphi) d\varphi] C' \left[1 - \left(\frac{2z}{B} \right)^2 \right] dz \qquad (12\text{-}22)$$

又由式（12-21）得

$$C_p = \frac{F\psi^2}{\eta \omega d B} = \frac{F\psi^2}{2\eta v B} \qquad (12\text{-}23)$$

式中：C_p——承载量系数；

　　　η——润滑油在轴承平均工作温度下的动力黏度，$N \cdot s/m^2$；

　　　B——轴承宽度，m；

　　　F——外载荷，N；

　　　v——轴颈圆周速度，m/s。

C_p 的积分非常困难，因而采用数值积分的方法进行计算，并做成相应的线图或表格供设计应用。由式（12-22）可知，在给定边界条件时，C_p 是轴颈在轴承中位置的函数，其值取决于轴承的包角 α（指轴承表面上的连续光滑部分包围轴颈的角度，即润滑油的入口到出口间所包轴颈的夹角）、偏心率 ε 和宽径比 B/d。由于 C_p 是一个量纲为一的量，故称为轴承的承载量系数。当轴承的包角 α 给定（$\alpha = 120°$、$180°$或 $360°$）时，经过一系列换算，C_p 可以表示为

$$C_p \propto (\varepsilon, B/d) \qquad (12\text{-}24)$$

若轴承是在非承载区内进行无压力供油，且设流体动压力是在轴颈与轴承衬的 $180°$的弧内产生，则对应不同 ε 和 B/d 的 C_p 值见表 12-6。

表 12-6   有限宽轴承的承载量系数 C_p

B/d	ε													
	0.3	0.4	0.5	0.6	0.65	0.7	0.75	0.80	0.85	0.90	0.925	0.95	0.975	0.99
	承载量系数 C_p													
0.3	0.052 2	0.082 6	0.128	0.203	0.259	0.347	0.475	0.699	1.122	2.074	3.352	5.73	15.15	50.52
0.4	0.089 3	0.141	0.216	0.339	0.431	0.573	0.776	1.079	1.775	3.195	5.055	8.393	21.00	65.26
0.5	0.133	0.209	0.317	0.493	0.622	0.819	1.098	1.572	2.428	4.261	6.615	10.706	25.62	75.86
0.6	0.182	0.283	0.427	0.655	0.819	1.070	1.418	2.001	3.036	5.214	7.956	12.64	29.17	83.21
0.7	0.234	0.361	0.538	0.816	1.014	1.312	1.720	2.399	3.580	6.029	9.072	14.14	31.88	88.90
0.8	0.287	0.439	0.647	0.972	1.199	1.538	1.965	2.754	4.053	6.721	9.992	15.37	33.99	92.89
0.9	0.339	0.515	0.754	1.118	1.371	1.745	2.248	3.067	4.459	7.294	10.753	16.37	35.66	96.35
1.0	0.391	0.589	0.853	1.253	1.528	1.929	2.469	3.372	4.808	7.772	11.38	17.18	37.00	98.95
1.1	0.440	0.658	0.947	1.377	1.669	2.097	2.664	3.580	5.106	8.186	11.91	17.86	38.12	101.15
1.2	0.487	0.723	1.033	1.489	1.796	2.247	2.838	3.787	5.364	8.533	12.35	18.43	39.04	102.90
1.3	0.529	0.784	1.111	1.590	1.912	2.379	2.990	3.968	5.586	8.831	12.73	18.91	39.81	104.42
1.5	0.610	0.891	1.248	1.763	2.099	2.600	3.242	4.266	5.947	9.304	13.34	19.68	41.07	106.84
2.0	0.763	1.091	1.483	2.070	2.446	2.981	3.671	4.778	6.545	10.091	14.34	20.97	43.11	110.79

（2）最小油膜厚度 h_{min} 的确定

由式（12-12）及表 12-6 可知，在其他条件不变的情况下，h_{min} 越小则偏心率 ε 越大，轴承的承载能力就越大。然而，最小油膜厚度是不能无限缩小的，这是因为它受到轴颈和轴承的表面粗糙度、轴的刚性及轴承与轴颈的几何形状误差等因素的限制。为确保轴承能处于液体摩擦状态，最小油膜厚度必须大于或等于许用油膜厚度 $[h]$，即

$$h_{min} = r\psi(1-\varepsilon) \geqslant [h] \tag{12-25}$$

$$[h] = 4S(Ra_1 + Ra_2) \tag{12-26}$$

式中：Ra_1、Ra_2——分别为轴颈和轴承孔评定轮廓的算术平均偏差（表 7-6），对一般轴承，可分别取 Ra_1 和 Ra_2 值为 0.8 μm 和 1.6 μm，或 0.4 μm 和 0.8 μm；对重要轴承可取为 0.2 μm 和 0.4 μm，或 0.05 μm 和 0.1 μm。

　　　　S——安全系数，考虑表面几何形状误差和轴颈挠曲变形等，常取 $S \geqslant 2$。

（3）轴承的热平衡计算

轴承工作时，摩擦功耗将转变为热量，使润滑油温度升高。如果润滑油的平均温度超过计算承载能力时所假定的数值，则轴承承载能力就要降低。因此，要计算润滑油的温升 Δt，并将其限制在允许的范围内。

轴承运转中达到热平衡状态的条件是：单位时间内轴承摩擦所产生的热量 Q 等于同时间内流动的润滑油带走的热量 Q_1 与轴承散发的热量 Q_2 之和，即

$$Q = Q_1 + Q_2 \tag{12-27}$$

轴承中的热量是由摩擦损失的功转变而来的。因此，单位时间内轴承中产生的热量 Q（单位为 W）为

$$Q = fFv \qquad\qquad (12\text{-}27a)$$

由流动的润滑油带走的热量 Q_1（单位为 W）为

$$Q_1 = q\rho c(t_o - t_i) \qquad\qquad (12\text{-}27b)$$

式中：q——润滑油流量，按润滑油流量系数求出，m^3/s；

　　　　ρ——润滑油的密度，kg/m^3，矿物油的密度为 $850 \sim 900 \text{ kg/m}^3$；

　　　　c——润滑油的比热容，$\text{J/(kg} \cdot \text{℃)}$，矿物油的比热容为 $1\,675 \sim 2\,090 \text{ J/(kg} \cdot \text{℃)}$；

　　　　t_o——润滑油的出口温度，℃；

　　　　t_i——润滑油的入口温度，℃，通常由于冷却设备的限制，取为 $35 \sim 40$ ℃。

　　除了润滑油带走的热量以外，还可以由轴承的金属表面通过传导和辐射把一部分热量散发到周围介质中去。这部分热量与轴承散热表面的面积、空气流动速度等有关，很难精确计算。因此，通常采用近似计算。若以 Q_2（单位为 W）代表这部分热量，并以润滑油的出口温度 t_o 代表轴承温度，润滑油的入口温度 t_i 代表周围介质的温度，则

$$Q_2 = \alpha_s \pi dB(t_o - t_i) \qquad\qquad (12\text{-}27c)$$

式中：α_s 为轴承的表面传热系数，由轴承结构的散热条件而定。对于轻型结构的轴承，或周围的介质温度高和难于散热的环境（如轧钢机轴承），取 $\alpha_s = 50 \text{ W/(m}^2 \cdot \text{℃)}$；中型结构或一般通风条件，取 $\alpha_s = 80 \text{ W/(m}^2 \cdot \text{℃)}$；在良好冷却条件下（如周围介质温度很低，轴承附近有其他特殊用途的水冷或气冷的冷却设备）工作的重型轴承，可取 $\alpha_s = 140 \text{ W/(m}^2 \cdot \text{℃)}$。

　　热平衡时，$Q = Q_1 + Q_2$，即

$$fFv = q\rho c(t_o - t_i) + \alpha_s \pi dB(t_o - t_i)$$

于是得出为了达到热平衡而必需的润滑油温升 Δt（单位为 ℃）为

$$\Delta t = t_o - t_i = \dfrac{\dfrac{f}{\psi}p}{c\rho\dfrac{q}{\psi v B d} + \dfrac{\pi\alpha_s}{\psi v}} \qquad\qquad (12\text{-}28)$$

式中：$\dfrac{q}{\psi v B d}$——润滑油流量系数，是一个量纲为一的量，可根据轴承的宽径比 B/d 及偏心率 ε 由图 12-16 查出。

　　　　f——摩擦因数，$f = \dfrac{\pi}{\psi}\dfrac{\eta\omega}{p} + 0.55\psi\xi$。式中，$\xi$ 为随轴承宽径比变化的系数，当 $B/d < 1$ 时，$\xi = \left(\dfrac{d}{B}\right)^{\frac{3}{2}}$；$B/d \geqslant 1$ 时，$\xi = 1$。ω 为轴颈角速度，rad/s；B、d 的单位为 mm；p 为轴承的平均压力，Pa；η 为润滑油的动力黏度，$\text{Pa} \cdot \text{s}$。

　　　　v——轴颈圆周速度，m/s。

由于实际上轴承上各点的温度是不同的，所以用式（12-28）求出的只是平均温升

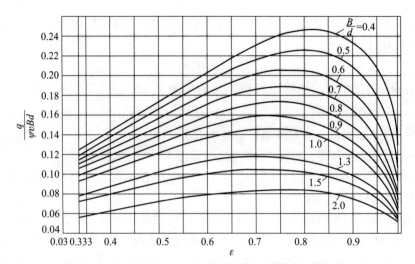

图 12-16   润滑油流量系数线图（指速度供油的耗油量）

差。润滑油从入口到出口，温度逐渐升高，因而在轴承中不同位置的润滑油的黏度也不同。研究结果表明，在利用式（12-21）计算轴承承载能力时，可以采用平均温度条件下的润滑油黏度。润滑油的平均温度 $t_m = \dfrac{t_i + t_o}{2}$，温升 $\Delta t = t_o - t_i$，所以润滑油的平均温度 t_m 按下式计算：

$$t_m = t_i + \frac{\Delta t}{2} \qquad\qquad (12\text{-}29)$$

为了保证轴承的承载能力，建议平均温度不超过 75℃。

设计时，通常是先给定润滑油的平均温度 t_m，按式（12-28）求出的温升 Δt 来校核润滑油的入口温度 t_i，即

$$t_i = t_m - \frac{\Delta t}{2} \qquad\qquad (12\text{-}30)$$

若 $t_i > 35\sim40℃$，则表示轴承热平衡易于建立，轴承的承载能力尚未用尽。此时应降低给定的平均温度，并允许适当地加大轴瓦及轴颈的表面粗糙度值，再行计算。

若 $t_i < 35\sim40℃$，则表示轴承不易达到热平衡状态。此时需加大间隙，并适当地降低轴瓦及轴颈的表面粗糙度值，再行计算。

此外要说明的是，轴承热平衡计算中的润滑油流量仅考虑速度供油量，即由旋转轴颈从油槽带入轴承间隙的油量，忽略油泵供油时油被输入轴承间隙时的压力供油量，这将影响轴承温升（即润滑油温升）计算的精确性。因此，上述计算方法适用于一般用途的流体动力润滑径向轴承的热平衡计算，对于重要的流体动压轴承计算需要查阅参考文献［63］第 3 卷。

5. 参数选择

参数选择是流体动力润滑径向滑动轴承设计中的重要工作，轴承的工作能力计算只有在一些重要的轴承参数确定后才能进行。下面就几个重要轴承参数的选择做简单介绍。

（1）宽径比 B/d

一般轴承的宽径比 B/d 在 $0.3\sim1.5$ 范围内选择。宽径比小，有利于提高运转稳定性，增大端泄量以降低温升。但轴承宽度减小，轴承承载能力也随之降低。

对于高速重载轴承，其温升高，B/d 宜取小值；对于低速重载轴承，为提高轴承整体刚性，B/d 宜取大值；对于高速轻载轴承，如对轴承刚性无过高要求，B/d 可取小值；对于需要对轴有较大支承刚性的机床轴承，B/d 宜取较大值。

一般机器常用的 B/d 值：汽轮机、鼓风机，$B/d=0.3\sim1$；电动机、发电机、离心泵、齿轮变速器，$B/d=0.6\sim1.5$；机床、拖拉机，$B/d=0.8\sim1.2$；轧钢机，$B/d=0.6\sim0.9$。

（2）相对间隙 ψ

相对间隙 ψ 主要根据载荷和速度选取。速度越高，ψ 值应越大；载荷越大，ψ 值应越小。此外，直径大、宽径比小，调心性能好，加工精度高时，ψ 值取小值，反之取大值。

一般轴承按轴颈转速取 ψ 值的经验公式为

$$\psi \approx \frac{\left(\dfrac{n}{60}\right)^{\frac{4}{9}}}{10^{\frac{31}{9}}} \tag{12-31}$$

式中，n 为轴颈转速，r/min。

一般机器中常用的 ψ 值为：汽轮机、电动机、齿轮减速器，$\psi=0.001\sim0.002$；轧钢机、铁路车辆，$\psi=0.000\,2\sim0.001\,5$；机床、内燃机，$\psi=0.000\,2\sim0.001\,25$；鼓风机、离心泵，$\psi=0.001\sim0.003$。

（3）润滑油黏度

润滑油黏度是轴承设计中的一个重要参数，它对轴承的承载能力、功耗和轴承温升都有不可忽视的影响。轴承工作时，油膜各处温度是不同的，通常认为轴承温度等于润滑油的平均温度。平均温度的计算是否准确，将直接影响润滑油黏度取值的大小。平均温度过低，则润滑油的黏度较大，算出的承载能力偏高；反之，则承载能力偏低。设计时，可先假定润滑油的平均温度（一般取 $t_m=50\sim75℃$），初选润滑油黏度，进行初步设计计算。最后再通过热平衡计算来验算轴承入口油温 t_i 是否在 $35\sim40℃$ 的范围内，否则应重新选择润滑油黏度再做计算。

对于一般轴承，也可按轴颈转速 n（单位为 r/min）先初估润滑油的动力黏度 η'（单位为 $Pa\cdot s$），即

$$\eta' = \frac{\left(\dfrac{n}{60}\right)^{\frac{1}{3}}}{10^{\frac{7}{6}}} \tag{12-32}$$

由式（4-4）计算相应的运动黏度 v'，选定润滑油的平均温度 t_m，参照表 4-1 选定润滑油的黏度等级。然后查图 4-7，重新确定 t_m 时的运动黏度 v_{tm} 及动力黏度 η_{tm}。最后再验算入口油温。

6. 流体动力润滑径向滑动轴承设计举例

例题 12-1   设计一机床用的流体动力润滑径向滑动轴承，载荷垂直向下，工作情况稳定，采用对开式轴承。已知工作载荷 $F = 100\ 000$ N，轴颈直径 $d = 200$ mm，转速 $n = 500$ r/min，在水平剖分面单侧供油。

[解]（1）选择轴承宽径比

根据机床轴承常用的宽径比范围，取宽径比为 1。

（2）计算轴承宽度

$$B = (B/d)d = 1 \times 0.2\ \text{m} = 0.2\ \text{m}$$

（3）计算轴颈圆周速度

$$v = \frac{\pi d n}{60 \times 1000} = \frac{\pi \times 200 \times 500}{60 \times 1000}\ \text{m/s} = 5.24\ \text{m/s}$$

（4）计算轴承工作压力

$$p = \frac{F}{dB} = \frac{100\ 000}{0.2 \times 0.2}\ \text{Pa} = 2.5\ \text{MPa}$$

（5）选择轴瓦材料

查表 12-2，在保证 $p \leqslant [p]$、$v \leqslant [v]$、$pv \leqslant [pv]$ 的条件下，选定轴承材料为 ZCuSn10P1。

（6）初估润滑油动力黏度

由式（12-32）得

$$\eta' = \frac{\left(\dfrac{n}{60}\right)^{-\frac{1}{3}}}{10^{\frac{7}{6}}} = \frac{\left(\dfrac{500}{60}\right)^{-\frac{1}{3}}}{10^{\frac{7}{6}}}\ \text{Pa·s} = 0.034\ \text{Pa·s}$$

（7）计算相应的运动黏度

取润滑油密度 $\rho = 900$ kg/m³，由式（4-4）得

$$v' = \frac{\eta'}{\rho} \times 10^6 = \frac{0.034}{900} \times 10^6\ \text{cSt} = 38\ \text{cSt}$$

（8）选定润滑油的平均温度

现选润滑油的平均温度 $t_m = 50\,℃$。

（9）选定润滑油牌号

参照表 4-1 选定黏度等级为 68 的润滑油。

（10）按 $t_m = 50\,℃$ 查黏度等级为 68 的润滑油的运动黏度

由图 4-7 查得，$v_{50} = 40$ cSt。

（11）换算出润滑油在 50℃时的动力黏度

$$\eta_{50} = \rho v_{50} \times 10^{-6} = 900 \times 40 \times 10^{-6}\ \text{Pa·s} = 0.036\ \text{Pa·s}$$

（12）计算相对间隙

由式（12-31）得

$$\psi \approx \frac{\left(\dfrac{n}{60}\right)^{\frac{4}{9}}}{10^{\frac{31}{9}}} = \frac{\left(\dfrac{500}{60}\right)^{\frac{4}{9}}}{10^{\frac{31}{9}}} = 0.000\,92$$

取 ψ 为 0.001 25。

（13）计算直径间隙

$$\varDelta = \psi d = 0.001\,25 \times 200\ \text{mm} = 0.25\ \text{mm}$$

（14）计算承载量系数

由式（12-23）得

$$C_{\mathrm{p}} = \frac{F\psi^2}{2\eta v B} = \frac{100\,000 \times (0.001\,25)^2}{2 \times 0.036 \times 5.23 \times 0.2} = 2.075$$

（15）求出偏心率

根据 C_{p} 及 B/d 的值查表 12-6，经过插值求出偏心率 $\varepsilon = 0.714$。

（16）计算最小油膜厚度

由式（12-12）得

$$h_{\min} = \frac{d}{2}\psi(1-\varepsilon) = \frac{200}{2} \times 0.001\,25 \times (1-0.714)\ \text{mm} = 35.8\ \mu\text{m}$$

（17）确定轴颈、轴承孔评定轮廓的算术平均偏差

按加工精度要求取轴颈表面粗糙度为 Ra 0.8 μm，轴承孔表面粗糙度为 Ra 1.6 μm，查表 7-6 得轴颈的 $Ra_1 = 0.000\,8$ mm，轴承孔的 $Ra_2 = 0.001\,6$ mm。

（18）计算许用油膜厚度

取安全系数 $S=2$，由式（12-26）

$$[h] = 4S(Ra_1 + Ra_2) = 4 \times 2 \times (0.000\,8 + 0.001\,6)\ \text{mm} = 19.2\ \mu\text{m}$$

因 $h_{\min} > [h]$，故满足工作可靠性要求。

（19）计算轴承与轴颈的摩擦因数

因轴承的宽径比 $B/d = 1$，取随宽径比变化的系数 $\xi = 1$，计算摩擦因数

$$f = \frac{\pi}{\psi}\frac{\eta\omega}{p} + 0.55\psi\xi = \frac{\pi \times 0.036 \times \left(2\pi \times \dfrac{500}{60}\right)}{0.001\,25 \times 2.5 \times 10^6} + 0.55 \times 0.001\,25 \times 1 = 0.002\,58$$

（20）查出润滑油流量系数

由宽径比 $B/d = 1$ 及偏心率 $\varepsilon = 0.714$ 查图 12-16，得润滑油流量系数 $\dfrac{q}{\psi v B d} = 0.145$。

（21）计算润滑油温升

按润滑油密度 $\rho = 900\ \text{kg/m}^3$，取比热容 $c = 1\,800\ \text{J/(kg·℃)}$，表面传热系数 $\alpha_{\mathrm{s}} = 80\ \text{W/(m}^2\text{·℃)}$，由式（12-28）得

$$\Delta t = \frac{\dfrac{f}{\psi}p}{c\rho\dfrac{q}{\psi v B d} + \dfrac{\pi\alpha_{\mathrm{s}}}{\psi v}} = \frac{\dfrac{0.002\,58}{0.001\,25} \times 2.5 \times 10^6}{1\,800 \times 900 \times 0.145 + \dfrac{\pi \times 80}{0.001\,25 \times 5.24}}\ ℃ = 18.882\ ℃$$

（22）计算润滑油入口温度

由式（12-30）得

$$t_i = t_m - \frac{\Delta t}{2} = 50℃ - \frac{18.882}{2}℃ = 40.559℃$$

因一般取 t_i = 35～40℃，故上述入口温度合适。

（23）选择配合

根据直径间隙 Δ = 0.25 mm，按 GB/T 1800.1—2020 选配合 $\frac{F6}{d7}$，查得轴承孔尺寸为 $\phi 200^{+0.079}_{+0.050}$ mm，轴颈尺寸为 $\phi 200^{-0.170}_{-0.216}$ mm。

（24）求最大、最小间隙

$$\Delta_{max} = 0.079\ mm - (-0.216)\ mm = 0.295\ mm$$

$$\Delta_{min} = 0.050\ mm - (-0.170)\ mm = 0.220\ mm$$

因 Δ = 0.25 mm 在 Δ_{max} 与 Δ_{min} 之间，故所选配合可用。

（25）校核轴承的承载能力、最小油膜厚度及润滑油温升

分别按 Δ_{max} 及 Δ_{min} 进行校核，如果在允许值范围内，则绘制轴承工作图；否则需要重新选择参数，再做设计及校核计算。

（26）主要设计结论

轴承的宽径比 $\frac{B}{d}$ = 1；轴承孔直径 $D = \phi 200^{+0.079}_{+0.050}$ mm，轴颈直径 $d = \phi 200^{-0.170}_{-0.216}$ mm；偏心率 ε = 0.714；轴承材料为 ZCuSn10P1；润滑油黏度等级为 68；轴承的承载量系数 C_p = 2.075。

12-8　其他形式滑动轴承简介

1. 自润滑轴承

（1）轴承材料

自润滑轴承是在不加润滑剂的状态下工作的，一般常用各种工程塑料和碳－石墨作为轴承材料，以降低磨损率。此外，为了减小磨损，轴颈材料也最好用不锈钢或碳钢镀硬铬，轴颈表面硬度应大于轴瓦表面硬度。常用的自润滑轴承材料及其性能见表 12-7。自润滑轴承材料的适用环境见表 12-8。

表 12-7　常用的自润滑轴承材料及其性能

轴承材料		最大静压力 p_{max}/MPa	压缩弹性模量 E/GPa	线膨胀系数 $\alpha_1/(10^{-6}/℃)$	导热系数 $\kappa/[\text{W}/(\text{m}\cdot℃)]$
热塑性塑料	无填料热塑性塑料	10	2.8	99	0.24
	金属瓦无填料热塑性塑料衬套	10	2.8	99	0.24
	有填料热塑性塑料	14	2.8	80	0.26

续表

轴承材料		最大静压力 p_{max}/MPa	压缩弹性模量 E/GPa	线膨胀系数 α_1/(10^{-6}/℃)	导热系数 κ/[W/(m·℃)]
热塑性塑料	金属瓦有填料热塑性塑料衬套	300	14.0	27	2.9
聚四氟乙烯	无填料聚四氟乙烯	2	—	86～218	0.26
	有填料聚四氟乙烯	7	0.7	（<20℃）60 （>20℃）80	0.33
	金属瓦有填料聚四氟乙烯衬套	350	21.0	20	42.0
	金属瓦无填料聚四氟乙烯衬套	7	0.8	（<20℃）140 （>20℃）96	0.33
	织物增强聚四氟乙烯	700	4.8	12	0.24
热固性塑料	增强热固性塑料	35	7.0	（<20℃）11～25 （>20℃）80	0.38
	碳-石墨热固性塑料	—	4.8	20	—
碳-石墨	碳-石墨（高碳）	2	9.6	1.4	11
	碳-石墨（低碳）	1.4	4.8	4.2	55
	加铜和铅的碳-石墨	4	15.8	4.9	23
	加巴氏合金的碳-石墨	3	7.0	4	15
	浸渍热固性塑料的碳-石墨	2	11.7	2.7	40
石墨	浸渍金属的石墨	70	28.0	12～20	126

表 12-8　自润滑轴承材料的适用环境

轴承材料	高温 >200℃	低温 <-50℃	辐射	真空	水	油	磨粒	耐酸、碱
有填料热塑性塑料	少数可用	通常好	通常差	大多数可用，避免用石墨作填充物	通常差，注意配合面的表面粗糙度	通常好	一般尚好	尚好或好
有填料聚四氟乙烯	尚好	很好	很差					极好
有填料热固性塑料	部分可用	好	部分尚好					部分好
碳-石墨	很好	很好	很好，不要加塑料	极差	尚好或好	好	不好	好 （除强酸外）

（2）主要设计参数

径向滑动轴承的宽径比 B/d 一般取为 0.35～1.5。止推滑动轴承常取 $d_2/d_1 \leqslant 2$（见

表 12-1）。轴承间隙应随材料的线膨胀系数变化，一般塑料（聚四氟乙烯除外）轴承的间隙应比金属轴承的大，常用直径间隙 $\Delta \approx 0.005\,d$ 且不小于 0.1 mm（碳-石墨轴承的直径间隙可不小于 0.075 mm）。轴瓦壁厚应随轴颈直径 d 变化，为使轴承体积小，多用金属轴瓦，然后在其中压入薄的塑料衬套或涂敷塑料薄膜。使用塑料轴瓦时，常取其壁厚为 $d/(12\sim20)$。为了减小轴承的磨损率，轴瓦工作表面的表面粗糙度值应取低些，通常可取 $Ra=0.2\sim0.4\,\mu m$。

（3）承载能力计算

自润滑轴承的使用寿命取决于其磨损率，而磨损率取决于材料的力学性能和摩擦特性，并随载荷和速度的增加而加大，同时也受到工作条件的影响。温升是限制轴承承载能力的重要因素之一，故应将其 pv 值控制在允许的范围内。工程上校核一般用途的自润滑轴承的承载能力时，相应非金属轴承材料的 $[p]$、$[pv]$ 值可查阅参考文献［63］。

目前应用比较多的自润滑轴承有自润滑镶嵌轴承、粉末冶金轴承（含油轴承）、塑料轴承和橡胶轴承等。自润滑镶嵌轴承是在金属基体上均匀地镶入固体润滑剂，可实现不需加油的自润滑，但初次使用需抹上润滑脂。粉末冶金轴承是金属粉末和其他减摩材料粉末压制、烧结、整形和浸润而成的，具有多孔性结构，在热油中浸润后，孔隙间充满润滑油，工作时由于轴颈转动的抽吸作用和摩擦发热，使金属与油受热膨胀，把油挤出孔隙，进入摩擦表面起润滑作用；轴承冷却后，油又被吸回孔隙中。粉末冶金轴承可在较长时间内不需要添加润滑油。各种自润滑轴承的特点和具体选用可查阅参考文献［43］。

2. 多油楔轴承

前述流体动力润滑径向滑动轴承只能形成一个油楔来产生流体动压油膜，故称为单油楔轴承。这类轴承在轻载、高速条件下运转时，容易出现失稳现象（即当轴颈受到某个微小的外力干扰时，轴心容易偏离平衡位置作有规律或无规律的运动，难以自动返回原来的平衡位置）。多油楔轴承的轴瓦具有可以在轴承工作时产生多个油楔的结构形式，根据轴瓦的结构形式，多油楔轴承可分为固定瓦多油楔轴承和可倾瓦多油楔轴承。

（1）固定瓦多油楔轴承

图 12-17a、b 为双油楔椭圆轴承及双油楔错位轴承示意图。显然，前者可以用于双向旋转的轴，后者只能用于单向旋转的轴。

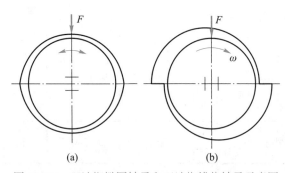

图 12-17　双油楔椭圆轴承和双油楔错位轴承示意图

图 12-18a、b 分别为三油楔轴承和四油楔轴承示意图。工作时，各油楔中同时产生油膜压力，以助于提高轴的旋转精度及轴承的稳定性。但是与同样条件下的单油楔轴承相比，承载能力有所降低，功耗有所增大。

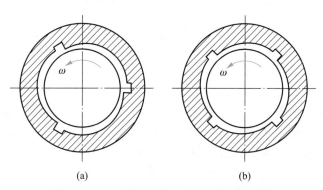

(a)   (b)

图 12-18　三油楔轴承和四油楔轴承示意图

（2）可倾瓦多油楔轴承

常用的可倾瓦多油楔轴承有可倾瓦多油楔径向轴承和可倾瓦多油楔止推轴承。

图 12-19 为可倾瓦多油楔径向轴承示意图，轴瓦由三个或三个以上（通常为奇数）的扇形块组成。扇形块以其背面的球窝由调整螺钉尾端的球面支承。球窝的中心不在扇形块中部，而是沿圆周偏向轴颈旋转方向的一边。由于扇形块是支承在球面上的，所以它的倾斜度可以随轴颈位置的不同而自动调整，以适应不同的载荷、转速和轴的弹性变形偏斜等情况，保持轴颈与轴瓦间的适当间隙，因而能够建立起可靠的液体摩擦的润滑油膜。轴颈与轴瓦间的间隙大小可用球端螺钉进行调整。

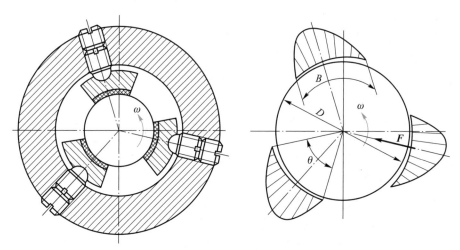

图 12-19　可倾瓦多油楔径向轴承示意图

这类轴承的共同特点是，即使在空载运转时，轴与轴瓦各个扇形块也相对处于某个偏心位置上，即形成几个有承载能力的油楔，而这些油楔中产生的油膜压力有助于轴的稳定运转。

图 12-20 为可倾瓦多油楔止推轴承示意图。轴颈端面仍为一平面，轴承轴瓦是由数个（3~20）支承在圆柱面或球面上的扇形块组成。扇形块用钢板制成，其滑动表面敷有轴承衬材料。轴承工作时，扇形块可以自动调位，以适应不同的工作条件。

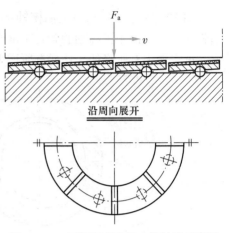

沿周向展开

图 12-20　可倾瓦多油楔止推轴承示意图

3. 流体静压轴承

流体静压轴承是依靠一个液压系统供给压力油，压力油进入轴承间隙里，强制形成压力油膜以隔开摩擦表面，保证了轴颈在任何转速（包括转速为零）和预定载荷下都与轴承处于液体摩擦状态。

顺便指出，流体静压轴承在工作转速足够高时也会产生动压效应，考虑这一因素影响的轴承称为混合轴承。

（1）流体静压轴承的主要优缺点

1）流体静压轴承是依靠外界供给一定的压力油而形成承载油膜，使轴颈和轴承相对转动时处于完全流体摩擦状态，摩擦因数很小，一般 $f = 0.000\,1 \sim 0.000\,4$，因此启动力矩小，效率高。

2）由于工作时轴颈与轴承不直接接触（包括启动、停车等），轴承不会磨损，能长期保持精度，故使用寿命长。

3）流体静压轴承的油膜不像流体动压轴承的油膜那样受到速度的限制，因此能在极低或极高的转速下正常工作。

4）对轴承材料的要求不像流体动压轴承那样高，同时对间隙和表面粗糙度的要求也不像流体动压轴承那么严，可以采用较大的间隙和较大的表面粗糙度值。例如，在回转精度要求相同的情况下，静压轴承的轴承孔和轴颈的加工精度可降低 1~2 级，表面粗糙度值则可增大 1~2 级。

5）油膜刚性大，具有良好的吸振性，运转平稳，精度高。

流体静压轴承的缺点是必须有一套复杂的供给压力油的系统，在重要场合还必须加一套备用设备，故设备费用高，维护管理也较麻烦，一般只在流体动压轴承难以完成任务时才采用流体静压轴承。

但由于流体静压轴承具有上述优点，目前在工业部门中已得到了广泛的应用。

（2）流体静压轴承的工作原理

拓展资源

第 4 章中已介绍了流体静力润滑的基本原理，这里仅以流体静压径向滑动轴承为例介绍流体静压轴承的工作原理。

图 12-21 为一流体静压径向滑动轴承示意图。轴承有四个完全相同的油腔，分别通过各自的节流器与供油管路相连接。压力为 p_b 的高压油流经节流器降压后流入各油腔，然后一部分经过径向封油面流入回油槽，并沿回油槽流出轴承；一部分经轴向封油面流出轴承。当无外载荷（忽略轴的自重）时，四个油腔的油压均相等，使轴颈与轴承同

心。此时，四个油腔的封油面与轴颈间的间隙相等，均为h_0。因此，流经四个油腔的油流量相等，在四个节流器中产生的压力降也相同。

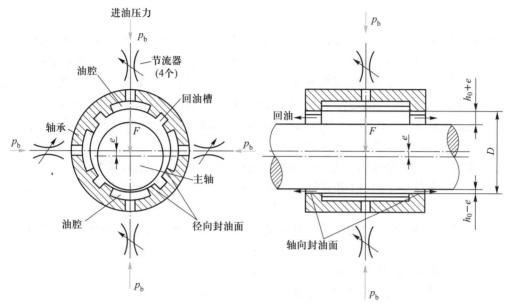

图 12-21　流体静压径向滑动轴承示意图

　　当外载荷 F 加在轴颈上时，轴颈由于失去平衡而下沉，使下部油腔的封油面侧隙减小，油的流量亦随之减小，下部油腔节流器中的压力降也随之减小，下部油腔压力随之上升；同时，上部油腔封油面侧隙加大，流量加大，节流器中压力降加大，上部油腔压力下降，上、下两油腔间形成了一个压力差。由这个压力差所产生的向上的力即与加在轴颈上的外载荷 F 相平衡，使轴颈保持在图示位置上，即轴的轴线下移了 e。因为没有外加的侧向载荷，故左、右两个油腔中并不产生压力差，左右间隙就不改变。只要下油腔封油面侧隙（h_0-e）大于两表面最大不平度之和，就能保证液体摩擦。

　　外载荷 F 减小时，轴承中将发生与上述情况相反的变化，此处不再赘述。

　　常用的节流器有小孔节流器、毛细管节流器、滑阀节流器和薄膜节流器等。

　　图 12-22 为毛细管节流器的结构图。当油流经细长的管道时，产生一压力降。压力降的大小与流量成正比，与毛细管的长度 l_c 和油的黏度的乘积成正比，而与毛细管直径 d_c 的 4 次方成反比。

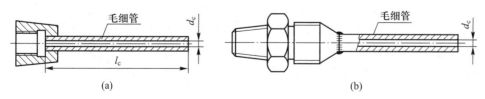

图 12-22　毛细管节流器的结构图

关于流体静压轴承的设计可参阅有关专题资料。

此外，静压的原理现在已不限于在轴承中应用。其他例如精密螺旋和精密机床的导轨利用静压原理，亦可制成静压螺旋（参见 5-9 节）和静压导轨。

4. 气体润滑轴承

当轴颈转速极高（$n > 100\ 000$ r/min）时，用液体润滑剂的轴承即使在液体摩擦状态下工作，摩擦损耗也还是很大的。过大的摩擦损耗将降低机器的效率，引起轴承过热。如改用气体润滑剂，就可极大地降低摩擦损耗，这是由于气体黏度显著低于液体黏度的缘故。如在 20℃时，全损耗系统用油的黏度为 0.072 Pa·s，而空气的黏度为 0.89×10^{-5} Pa·s，二者之比值大约为 8 100。气体润滑轴承（简称气体轴承）也可以分为动压轴承、静压轴承及混合轴承，其工作原理与液体润滑滑动轴承相同。

气体润滑剂主要是空气，它既不需要特别制造，用过之后也不需要回收。此外，氢气的黏度比空气的低 1/2，适用于高速；氮气具有惰性，在高温时使用，可使机件不致生锈等。

气体润滑剂除了黏度低之外，其黏度随温度的变化也小，而且具有耐辐射性及对机器不会产生污染等优点，因而在高速（例如转速在每分钟十几万转以上，目前有的甚至已超过每分钟百万转）、要求摩擦很小、高温（600℃以上）或低温以及有放射线存在的场合，气体润滑轴承显示了它的特殊功能。如在高速磨头、高速离心分离机、原子反应堆、陀螺仪表、电子计算机记忆装置等尖端设备或装置上，由于采用了气体润滑轴承，克服了使用滚动轴承或液体润滑滑动轴承所不能解决的困难。

5. 磁悬浮轴承

随着现代工业的发展，对旋转机械提出了各种越来越苛刻的性能要求。在能源化工机械中，要求转子的旋转速度和精度越来越高、转子与定子之间的间隙越小越好，以追求更高的效率；对于工作在极端高温或低温等环境下的航空航天和核工业等领域的旋转机械来说，除了要求能够承受严酷的环境考验外，对于支承的可控性、安全及可靠性的考虑往往也是极重要的。

具有主动控制功能的磁悬浮轴承（又称电磁轴承）技术正是在这种情况下得以提出并获得了极大发展的。磁悬浮轴承的基本工作原理如图 12-23 所示[70]。传感器在线拾取转子的位移信号；控制器对位移信号进行相应处理并生成控制信号；功率放大器按控制信号产生所需的控制电流，并送往电磁铁线圈，从而在执行电磁铁中产生磁力，使转子稳定地悬浮在平衡位置附近。

磁悬浮轴承拥有许多传统轴承所不具备的优点：

1）可以达到较高的转速。理论上讲，

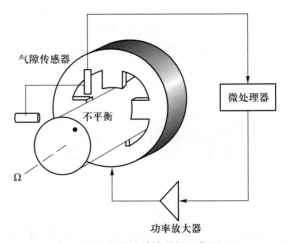

图 12-23　磁悬浮轴承的工作原理

磁悬浮轴承支承的转子最高转速只受到转子材料的限制。一般来说，在相同轴颈直径下，磁悬浮轴承所达到的转速比滚动轴承大约高 5 倍，比流体动压滑动轴承大约高 2.5 倍。

2）摩擦功耗较小。有压缩机摩擦功耗试验对比表明，在转速为 10 000 r/min 的条件下，其摩擦功耗只有流体动压滑动轴承的 10%～20%。

3）由于磁悬浮轴承依靠磁力悬浮转子，因此在相对运动表面之间不接触，没有由磨损和接触疲劳所带来的寿命问题。电子元器件的可靠性大大高于机械零部件，所以磁悬浮轴承的寿命和可靠性均大大高于传统轴承。

4）不需要润滑。由于不存在润滑剂对环境所造成的污染问题，在真空、辐射和禁止润滑剂介质污染的场合，磁悬浮轴承有着很大的优势。加之省去了润滑油存储、过滤、加温、冷却及循环等成套设备，因此从总体上来说，磁悬浮轴承在价格和占有空间上完全可以和常规轴承技术相竞争。

5）对极端高温或极端低温工作环境都具有很好的适应性。

6）可控性。磁悬浮轴承的静态及动态性能都是在线可控的。

7）可测试、可诊断、可在线工况监测。事实上，磁悬浮轴承本身就是集工况监测、故障诊断和在线调节于一体的。

目前，磁悬浮轴承已经应用在 300 多种不同的旋转或往复运动机械上，其中如航天器中的姿态控制陀螺，水泵，风泵，离心机，压缩机，高速电动机，发电机，斯特林制冷机以及各种超高速磨、铣切削机床，飞轮蓄能装置和搬运系统等。磁悬浮轴承尤其在军工和空间技术领域占有特殊的位置，例如，在航空发动机中用磁悬浮轴承取代传统滚动轴承的研究已开展了多年。这一新的支承结构方式不仅可以大大提高发动机的工作温度，而且由于省略了轴承润滑系统而减轻了发动机组的重量。

重难点分析

 习题

12–1　某不完全流体润滑径向滑动轴承，已知：轴颈直径 $d=200$ mm，轴承宽度 $B=200$ mm，轴颈转速 $n=300$ r/min，轴瓦材料为 ZCuAl10Fe3，试问它可以承受的最大径向载荷是多少？

12–2　已知一起重机卷筒的径向滑动轴承所承受的载荷 $F=100\,000$ N，轴颈直径 $d=90$ mm，轴的转速 $n=9$ r/min，轴承材料采用铸造青铜，试设计此轴承（采用不完全流体润滑）。

12–3　某对开式径向滑动轴承，已知径向载荷 $F=35\,000$ N，轴颈直径 $d=100$ mm，轴承宽度 $B=100$ mm，轴颈转速 $n=1\,000$ r/min。选用黏度等级为 32 的润滑油，润滑油密度为 900 kg/m³，设平均温度 $t_m=50$℃，轴承的相对间隙 $\psi=0.001$，轴颈、轴瓦表面粗糙度分别为 $Ra_1=0.4$ μm，$Ra_2=0.8$ μm。试校验此轴承能否实现流体动力润滑。

12–4　设计一发电机转子的流体动压径向滑动轴承。已知：载荷 $F=50\,000$ N，轴颈直径 $d=150$ mm，转速 $n=1\,000$ r/min，工作情况稳定。

第 13 章

"东方红"拖拉机

滚动轴承

知识图谱　学习指南

13-1　概　　述

　　滚动轴承是现代机器中广泛应用的部件之一，它是依靠主要零件间的滚动接触来支承转动零件的。滚动轴承绝大多数已经标准化，并由专业工厂大量制造及供应。滚动轴承具有启动所需力矩小、旋转精度高、选用方便等优点。

　　滚动轴承的基本结构如图 13-1 所示，它由内圈 1、外圈 2、滚动体 3 和保持架 4 四种基本零件组成。内圈用来和轴颈装配，外圈用来和轴承座孔装配。通常是内圈随轴颈回转，外圈固定，但也可用于外圈回转而内圈固定，或是内、外圈同时回转的场合。当内、外圈相对转动时，滚动体即在内、外圈的滚道间滚动。常用的滚动体有滚珠（图 13-2a）、圆柱滚子（图 13-2b）、圆锥滚子（图 13-2c）、球面滚子（图 13-2d）、非对称球面滚子（图 13-2e）、滚针（图 13-2f）等。轴承内、外圈上的滚道有限制滚动体沿轴向位移的作用。

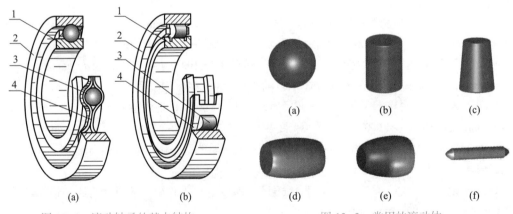

(a)	(b)

図 13-1　滚动轴承的基本结构

图 13-2　常用的滚动体

　　保持架的主要作用是均匀地隔开滚动体。如果没有保持架，则相邻滚动体转动时将会由于接触处产生较大的相对滑动速度而引起磨损。保持架有冲压保持架（图 13-1a）和实体保持架（图 13-1b）两种。冲压保持架一般用低碳钢板冲压制成，它与滚动体间有较大的间隙。实体保持架常用铜合金、铝合金或塑料等材料经切削等方法加工制成，有较好的定心作用。

　　轴承的内、外圈和滚动体，一般用高碳铬轴承钢（如 GCr15）或渗碳轴承钢（如 G20Cr2Ni4A）制造，热处理后硬度一般不低于 60 HRC。由于一般轴承的这些零件都经过 150℃的回火处理，所以通常只要轴承的工作温度不高于 120℃，零件的硬度就不会下降。

　　当滚动体是圆柱滚子或滚针时，在某些情况下，可以没有内圈或外圈，这时的轴颈或轴承座就要起到内圈或外圈的作用，因而工作表面应具备相应的硬度和表面粗糙度。此外，还有一些轴承，除了以上 4 种基本零件外，还增加了其他特殊零件，如密封盖或在外圈上加的止动环等。

　　由于滚动轴承属于标准件，所以本章主要介绍滚动轴承的主要类型和特点，介绍相关的标准，讨论如何根据具体工作条件正确选择轴承的类型和尺寸，验算轴承的承载能力，以及与轴承的安装、调整、润滑、密封等有关的"轴承装置设计"问题。

13-2　滚动轴承的主要类型及其代号

1. 滚动轴承的主要类型、性能与特点

　　若仅按轴承用于承受的外载荷不同来分类，滚动轴承可概括地分为向心轴承和推力轴承两大类。主要用于承受径向载荷 F_r 的轴承称为向心轴承，主要用于承受轴向载荷 F_a 的轴承称为推力轴承。轴承的滚动体与外圈滚道接触点（线）处的法线 N-N 与径向的夹角 α 称为接触角（图 13-3c）。按接触角的不同，向心轴承又分为径向接触轴承（$\alpha=0°$）和角接触向心轴承（$0°<\alpha\leqslant45°$）；推力轴承又分为轴向接触轴承（$\alpha=90°$）和角接触推力轴承（$45°<\alpha<90°$）。图 13-3 所示为不同类型轴承的承载情况。轴向接触轴承中与轴颈配合在一起的零件称为轴圈，与机座孔配合的零件称为座圈。角接触向心（推力）轴承实际所承受的径向载荷 F_r 与轴向载荷 F_a 的合力与径向的夹角 β，称为载荷角（图 13-3c）。

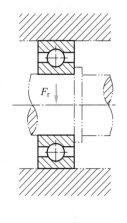
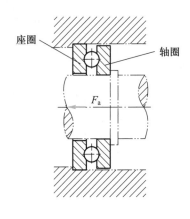
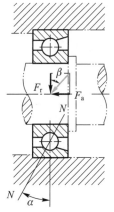

(a) 径向接触轴承　　　　　　(b) 轴向接触轴承　　　　　　(c) 角接触向心(推力)轴承

图 13-3　不同类型轴承的承载情况

滚动轴承的类型很多，常用滚动轴承的类型、性能和特点见表13-1。

　　除了表13-1中介绍的滚动轴承之外，标准的滚动轴承还有双列深沟球轴承、双列角接触球轴承以及各类组合轴承等。目前，国内外滚动轴承在品种规格方面越来越趋向多样化的同时，还有专用化、轻型化、部件化和微型化的趋势。例如，装有传感器的车辆轮毂轴承单元，便于对轴承工况进行监测与控制。

拓展资源

表13-1　常用滚动轴承的类型、主要性能和特点

类型代号	简图	类型名称	结构代号	基本额定动载荷比[①]	极限转速比[②]	轴向承载能力	轴向限位能力[③]	性能和特点
1		调心球轴承	10000	0.6～0.9	中	少量	Ⅰ	因外圈滚道表面是以轴承中点为中心的球面，故能自动调心，允许内圈（轴）相对外圈（机座孔）轴线偏斜量≤2°～3°。一般不宜承受纯轴向载荷
2		调心滚子轴承	20000	1.8～4	低	少量	Ⅰ	性能、特点与调心球轴承相同，但具有较大的径向承载能力，允许内圈对外圈轴线偏斜量≤1.5°～2.5°
		推力调心滚子轴承	29000	1.6～2.5	低	很大	Ⅱ	用于承受以轴向载荷为主的轴向、径向联合载荷，但径向载荷不得超过轴向载荷的55%。运转中滚动体受离心力矩作用，滚动体与滚道间产生滑动，并导致轴圈与座圈分离。为保证正常工作，需施加一定轴向预载荷。允许轴圈对座圈轴线偏斜量≤1.5°～2.5°
3		圆锥滚子轴承 $\alpha=10°～18°$	30000	1.5～2.5	中	较大	Ⅱ	可以同时承受径向载荷及轴向载荷（30000型以径向载荷为主，30000B型以轴向载荷为主）。外圈可分离，安装时可调整轴承的游隙。一般成对使用
		大锥角圆锥滚子轴承 $\alpha=27°～30°$	30000B	1.1～2.1	中	很大		

续表

类型代号	简图	类型名称	结构代号	基本额定动载荷比[①]	极限转速比[②]	轴向承载能力	轴向限位能力[③]	性能和特点
5		推力球轴承	51000	1	低	只能承受单向的轴向载荷	II	只能承受轴向载荷。高速时离心力大，钢球与保持架磨损，发热严重，寿命降低，故极限转速很低。
		双向推力球轴承	52000	1	低	能承受双向的轴向载荷	I	为了防止钢球与滚道之间的滑动，工作时必须加有一定的轴向载荷。轴线必须与轴承座底面垂直，载荷必须与轴线重合，以保证钢球载荷分布均匀
6		深沟球轴承	60000	1	高	少量	I	主要承受径向载荷，也可同时承受小的轴向载荷。当量摩擦因数最小。在高转速且有轻量化要求的场合，可用来承受单向或双向的轴向载荷。工作中允许内、外圈轴线偏斜量≤8′～16′，大量生产，价格最低
7		角接触球轴承	70000C（α=15°）	1.0～1.4	高	一般	II	可以同时承受径向载荷及轴向载荷，也可以单独承受轴向载荷。能在较高转速下正常工作。由于一个轴承只能承受单向的轴向力，因此一般成对使用。承受轴向载荷的能力与接触角α有关。接触角大的，承受轴向载荷的能力也高
			70000AC（α=25°）	1.0～1.3		较大		
			70000B（α=40°）	1.0～1.2		更大		
N		外圈无挡边的圆柱滚子轴承	N0000	1.5～3.0	高	无	III	有较大的径向承载能力。外圈（或内圈）可以分离，故不能承受轴向载荷。滚子由内圈（或外圈）的挡边轴向定位，工作时允许内、外圈有少量的轴向错动。内、外圈轴线的允许偏斜量很小（2′～4′）。此类轴承还可以不带外圈或内圈

续表

类型代号	简图	类型名称	结构代号	基本额定动载荷比[1]	极限转速比[2]	轴向承载能力	轴向限位能力[3]	性能和特点
N		内圈无挡边的圆柱滚子轴承	NU0000	1.5~3.0	高	无	Ⅲ	
		内圈有单挡边的圆柱滚子轴承	NJ0000			少量	Ⅱ	
NA		滚针轴承	NA0000	—	低	无	Ⅲ	在同样内径条件下,与其他类型轴承相比,其外径最小,内圈或外圈可以分离,工作时允许内、外圈有少量的轴向错动。有较大的径向承载能力。一般不带保持架。摩擦因数较大
UC		带顶丝外球面球轴承	UC000	1	中	少量	Ⅰ	内部结构与深沟球轴承相同,但外圈具有球形外表面,与带有凹球面的轴承座相配能自动调心。用紧定螺钉将轴承内圈固定在轴上。轴心线允许偏斜5°

① 基本额定动载荷比:指同一尺寸系列(直径及宽度)各种类型和结构形式的轴承的基本额定动载荷与单列深沟球轴承(推力轴承则与单向推力球轴承)的基本额定动载荷之比。

② 极限转速比:指同一尺寸系列普通级公差的各类轴承脂润滑时的极限转速与单列深沟球轴承脂润滑时极限转速之比。高、中、低的意义为:高为单列深沟球轴承极限转速的90%~100%;中为单列深沟球轴承极限转速的60%~90%;低为单列深沟球轴承极限转速的60%以下。

③ 轴向限位能力:Ⅰ为轴的双向轴向位移限制在轴承的轴向游隙范围以内;Ⅱ为限制轴的单向轴向位移;Ⅲ为不限制轴的轴向位移。

2. 滚动轴承的代号

在常用的各类滚动轴承中,每一种类型又可做成几种不同的结构、尺寸和公差等级,以便适应不同的技术要求。为了统一表征各类轴承的特点,便于组织生产和选用,GB/T 272—2017规定了轴承代号的表示方法。

滚动轴承代号由基本代号、前置代号和后置代号组成，用字母和数字等表示。滚动轴承代号的构成见表 13-2。

表 13-2 滚动轴承代号的构成

前置代号	基本代号					后置代号							
	五	四	三	二	一	内部结构代号	密封与防尘结构代号	保持架及其材料代号	特殊轴承材料代号	公差等级代号	游隙代号	多轴承配置代号	其他代号
轴承分部件代号	类型代号	尺寸系列代号		内径代号									
		宽度系列代号	直径系列代号										

注：基本代号下面的一至五表示代号自右向左的位置序数。

（1）基本代号

基本代号用来表明轴承的内径、直径系列、宽度系列和类型，现分述如下：

1）轴承内径是指轴承内圈的内径，常用 d 表示。基本代号右起第一、二位数字为内径代号。对常用内径 $d=20\sim480$ mm 的轴承，内径一般为 5 的倍数，这两位数字表示轴承内径尺寸被 5 除得的商，如 04 表示 $d=20$ mm，12 表示 $d=60$ mm 等。内径代号还有一些例外的，如对于内径为 10 mm、12 mm、15 mm 和 17 mm 的轴承，内径代号依次为 00、01、02 和 03。此处介绍的内径代号仅适用于常规的滚动轴承，对于 $d\geqslant500$ mm 的特大型轴承和 $d<10$ mm 的微型轴承，其内径代号不在此列。

2）轴承的直径系列（即结构、内径相同的轴承在外径和宽度方面的变化系列）用基本代号右起第三位数字表示。直径系列代号有 7、8、9、0、1、2、3、4 和 5，对应于相同内径轴承的外径尺寸依次递增。部分直径系列之间的尺寸对比如图 13-4 所示。

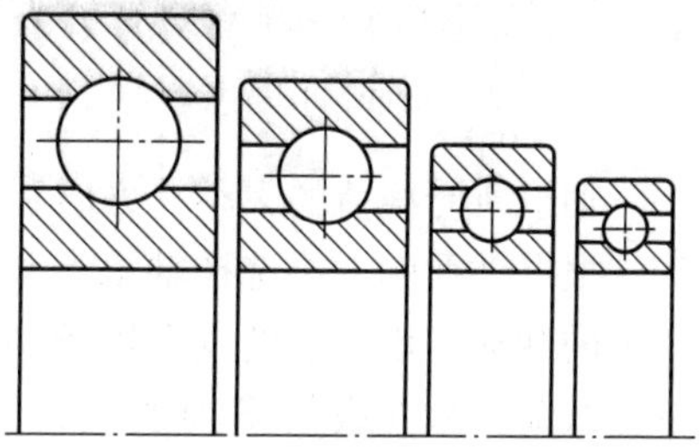

3）轴承的宽度系列（即结构、内径和直径系列都相同的轴承在宽度方面的变化系列。对于推力轴承，是指高度系列）用基本代号右起第四位数字表示。宽度系列代号有 8、0、1、2、3、4、5 和 6，对应同一直径系列的轴承，其宽度依次递增。多数轴承在代号中不标出代号 0，但对于调心滚子轴承和圆锥滚子轴承，宽度系列代号 0 应标出。

图 13-4 直径系列的对比

6410　6310　6210　6010

直径系列代号和宽度系列代号统称为尺寸系列代号。

4）轴承的类型代号用基本代号右起第五位数字（或字母）表示，其表示方法见表 13-1。

（2）后置代号

轴承的后置代号是用字母和数字等来表示轴承的结构、公差及材料的特殊要求等。后置代号的内容很多，下面介绍几个常用的代号。

1）内部结构代号是表示同一类型轴承的不同内部结构，用字母紧跟着基本代号表示。如：接触角为 15°、25°和 40°的角接触球轴承分别用 C、AC 和 B 表示其内部结构。

2）常用的轴承公差等级分为 2 级、4 级、5 级、6 级（或 6X 级）和 N 级，共 5 个级别，精度依次由高到低。N 级为普通级，在轴承代号中不标出，是最常用的轴承公差等级。其余公差等级代号用 /P2、/P4、/P5、/P6（或 /P6X）表示。公差等级中的 6X 级仅适用于圆锥滚子轴承。

3）常用的轴承径向游隙系列分为 2 组、N 组、3 组、4 组和 5 组等 5 个组别，径向游隙依次由小到大。N 组游隙是常用的游隙组别，在轴承代号中不标出，其余的游隙组别在轴承代号中分别用 /C2、/C3、/C4、/C5 表示。

（3）前置代号

轴承的前置代号用于表示轴承的分部件，用字母表示。如用 L 表示可分离轴承的可分离套圈，K 表示轴承的滚动体与保持架组件等。

实际应用中，标准滚动轴承类型是很多的，其中有些轴承的代号也比较复杂。以上介绍的代号是轴承代号中最基本、最常用的部分。熟悉了这部分代号，就可以识别和查选常用的轴承。关于滚动轴承更详细的代号可查阅 GB/T 272—2017。

（4）代号举例

6308——内径为 40 mm 的深沟球轴承，尺寸系列 03，普通级公差，N 组游隙。

7211C——内径为 55 mm 的角接触球轴承，尺寸系列 02，接触角 15°，普通级公差，N 组游隙。

N408/P5——内径为 40 mm 的外圈无挡边圆柱滚子轴承，尺寸系列 04，5 级公差，N 组游隙。

13-3　滚动轴承类型的选择

选用轴承时，首先是选择轴承类型。常用滚动轴承的特点已在表 13-1 中说明，下面介绍合理选择轴承类型时所应考虑的主要因素。

1. 轴承的载荷

轴承所受载荷的大小、方向和性质，是选择轴承类型的主要依据。

根据载荷的大小选择轴承类型时，由于滚子轴承中主要零件间是线接触，宜用于承受较大的载荷，承载后的变形也较小。而球轴承中则主要为点接触，宜用于承受较轻的或中等的载荷，故在载荷较小时，可优先选用球轴承。

根据载荷的方向选择轴承类型时，对于纯轴向载荷，一般选用轴向接触轴承。较小的纯轴向载荷可选用轴向接触球轴承；较大的纯轴向载荷可选用轴向接触滚子轴承。对于纯径向载荷，一般选用径向接触轴承，例如深沟球轴承、圆柱滚子轴承或滚针轴承。当轴承在承受径向载荷的同时，还有不大的轴向载荷时，可选用深沟球轴承或接触角不大的角接触球轴承或圆锥滚子轴承；当轴向载荷较大时，可选用接触角较大的角接触球轴承或圆锥滚子轴承，或者选用径向接触轴承与轴向接触轴承组合在一起的结构，分别承担径向载荷和轴向载荷（参见图 13-21）。

2. 轴承的转速

在一般转速下，转速的高低对轴承类型的选择不产生什么影响，只有在转速较高时，才会有比较显著的影响。滚动轴承手册中列入了各种类型、不同尺寸轴承的极限转速 n_{lim} 值。极限转速是指载荷不太大（当量动载荷 $P \leqslant 0.1C$，C 为基本额定动载荷），冷却条件正常，且为普通级公差轴承时的最大允许转速。但是，由于极限转速主要是受工作时温升的限制，因此不必认为样本中的极限转速是一个绝对不可超越的界限。从工作转速对轴承的要求来看，可以确定以下几点：

1）与滚子轴承相比较，球轴承有较高的极限转速，故在高速时应优先选用球轴承。

2）在内径相同的条件下，外径越小，滚动体就越小，运转时滚动体作用在外圈滚道上的离心力也就越小，因而也就更适于在更高的转速下工作。故在高速时，宜选用相同内径而外径较小的轴承。若用一个外径较小的轴承而承载能力达不到要求，则可再装一个相同的轴承，或者考虑采用较宽的宽度系列轴承。内径相同而外径较大的轴承，宜用于低速重载的场合。

3）保持架的结构与材料对轴承转速影响极大。实体保持架比冲压保持架允许高一些的转速，青铜实体保持架允许更高的转速。

4）轴向接触轴承的极限转速均很低。当工作转速高时，若轴向载荷不十分大，也可以采用角接触球轴承承受纯轴向力。

5）若工作转速略超过滚动轴承手册中规定的极限转速，则可以选用较高公差等级的轴承，或者选用较大游隙的轴承，采用循环润滑或油雾润滑，加强对循环油的冷却等措施来改善轴承的高速性能。若工作转速超过极限转速较多，则应选用特制的高速滚动轴承（参见 13-7 节）。

3. 轴承的调心性能

当轴的中心线与轴承座孔的中心线不重合而有角度误差，或因轴受力而弯曲或倾斜时，会造成轴承的内、外圈轴线发生偏斜。这时，应采用有一定调心性能的调心轴承或带座外球面球轴承（图 13-5）。这类轴承在轴与轴承座孔的轴线有不大的相对偏斜时仍能正常工作。

滚子轴承对轴承的偏斜最为敏感，这类轴承在偏斜状态下的承载能力可能低于球轴承。因此，在轴的刚度和轴承座孔的支承刚度较低时，或有较大偏转力矩作用时，应尽量避免使用滚子轴承。

4. 轴承的安装和拆卸

便于装拆，也是在选择轴承类型时应考虑的一个因素。在轴承座没有剖分面而必须沿轴向安装和拆卸轴承时，应优先选用内、外圈可分离的轴承（如 N0000、NA0000、30000 等）。当轴承在长轴上安装时，为了便于装拆，可以选用其内圈孔为 1:12 的圆锥孔（用以安装在紧定衬套上）的轴承（图 13-5）。

此外，轴承类型的选择还应考虑轴承装置设计的要求，如轴承的配置要求、调节要求等，详见 13-6 节。

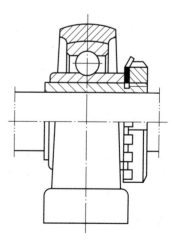

图 13-5　带座外球面球轴承
（安装在紧定衬套上）

13-4   滚动轴承的工作情况

本节介绍径向接触轴承、角接触球轴承和圆锥滚子轴承工作时零件上的载荷分布和变化情况。

1. 轴承工作时轴承零件上的载荷分布

以径向接触轴承为例。当轴承工作的某一瞬间，滚动体处于图 13-6 所示的位置时，径向载荷 F_r 通过轴颈作用于内圈，位于上半圈的滚动体不受此载荷作用，而由下半圈的滚动体将此载荷传到外圈上。假设内、外圈除了与滚动体接触处共同产生的局部接触变形外，它们的几何形状并不改变。这时在载荷 F_r 的作用下，内圈的下沉量 δ_0 就是在 F_r 作用线上的接触变形量。按变形协调关系，不在载荷 F_r 作用线上的其他各接触点的径向变形量为 $\delta_i = \delta_0 \cos(i\gamma)$，$i = 1, 2, \cdots$。也就是说，真实的变形量的分布是中间最大，向两边逐渐减小，如图 13-6 所示。可以进一步判断，接触载荷也是处于 F_r 作用线上的接触点处最大，向两边逐渐减小。各滚动体从开始受载到受载终止所对应的区域称为承载区。

根据力的平衡原理，所有滚动体作用在内圈上的反力的矢量和必定等于径向载荷 F_r。

应该指出，实际上由于轴承内部存在游隙，因此由径向载荷 F_r 产生的承载区的范围将小于 180°。也就是说，不是下半部滚动体全部受载。

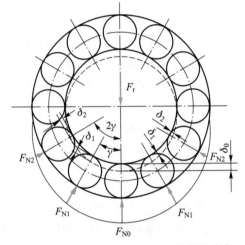

图 13-6   径向接触轴承中径向载荷的分布

2. 轴承工作时轴承零件上的载荷及应力的变化

轴承工作时，各个零件上所受的载荷及产生的应力是时时变化的。根据上面的分析，当滚动体进入承载区后，所受载荷即由零逐渐增加到 F_{N2}、F_{N1} 直到最大值 F_{N0}，然后再逐渐降低到 F_{N1}、F_{N2} 而至零（图 13-6）。就滚动体上某一点而言，它受到的载荷（F'_{Ni}）及应力（σ_H）是周期性地不稳定变化的（图 13-7a）。

滚动轴承工作时，可以是外圈固定、内圈转动，也可以是内圈固定、外圈转动。对于固定套圈[①]，处在承载区内的各接触点，按其所在位置的不同，将受到不同的载荷。处于 F_r 作用线上的点将受到最大的接触载荷。对于每一个具体的点，每当一个滚动体滚过时，便承受一次载荷，其大小是不变的，也就是承受稳定的脉动循环载荷的作用，如图 13-7b 所示。载荷变动的频率取决于滚动体中心的圆周速度，当内圈固定、外圈转动时，滚动体中心的运动速度较大，故作用在固定套圈上的载荷的变化频率也较高。转动套圈上各点的

---

① "套圈"指内圈或外圈以及内、外圈的总称。

受载情况类似于滚动体的受载情况，可用图 13-7a 示意地描述。

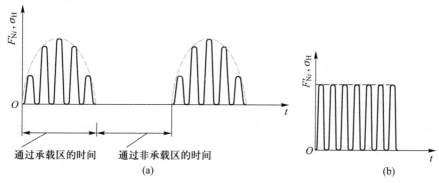

通过承载区的时间　　　通过非承载区的时间

(a) (b)

图 13-7　轴承零件上的载荷及应力变化

3. 轴向载荷对载荷分布的影响

当角接触球轴承或圆锥滚子轴承（现以圆锥滚子轴承为例）承受径向载荷 F_r 时，如图 13-8 所示，由于滚动体与滚道的接触线与轴颈中心线之间夹一个接触角 α，因而各滚动体受到的反力 F'_{Ni} 并不指向半径方向，它可以分解为一个径向分力和一个轴向分力。用 F_{Ni} 代表某一个滚动体反力的径向分力（图 13-8b），则相应的轴向分力 F_{di} 应等于 $F_{Ni}\tan\alpha$。所有径向分力 F_{Ni} 的矢量和与径向载荷 F_r 相平衡；所有轴向分力 F_{di} 之和形成轴承的**派生轴向力** F_d，它迫使轴颈（连同轴承内圈和滚动体）有向右移动的趋势，这应由轴向力 F_a 来与之平衡（图 13-8a）。

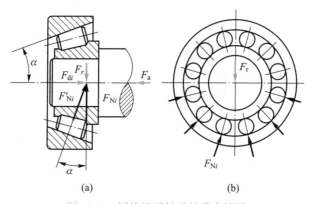

(a) (b)

图 13-8　圆锥滚子轴承的受力情况

当只有最下面一个滚动体受载时，轴向力的平衡关系为

$$F_a = F_d = F_r\tan\alpha \tag{13-1}$$

当受载的滚动体数目增多时，虽然在同样的径向载荷 F_r 的作用下，但派生的轴向力 F_d 将增大，且满足下式：

$$F_d = \sum_{i=1}^{n}F_{di} = \sum_{i=1}^{n}F_{Ni}\tan\alpha > F_r\tan\alpha \tag{13-2}$$

式中：n 为受载的滚动体数目；F_{di} 是作用于各滚动体上的派生的轴向力；F_{Ni} 是作用于各滚动体上的径向分力；尾部的不等式表明了 n 个 F_{Ni} 的代数和大于它们的矢量和。由式（13-2）可得出这时平衡派生轴向力 F_d 所需施加的轴向力 F_a 为

$$F_a = F_d > F_r \tan \alpha \qquad (13-3)$$

上面的分析说明：① 角接触球轴承及圆锥滚子轴承总是在径向力 F_r 和轴向力 F_a 的联合作用下工作。为了使较多的滚动体同时受载，应使 F_a 比 $F_r \tan \alpha$ 大一些；② 对于同一个轴承（设 α 不变），在同样的径向载荷作用下，当轴向力 F_a 由最小值（$F_r \tan \alpha$，即一个滚动体受载时）逐步增大时，同时受载的滚动体数目逐渐增多，与轴向力 F_a 平衡的派生轴向力 F_d 也随之增大。根据研究，当 $F_a \approx 1.25 F_r \tan \alpha$ 时，会有约半数的滚动体同时受载（图 13-9b）；当 $F_a \approx 1.7 F_r \tan \alpha$ 时，开始使全部滚动体同时受载（图 13-9c）。

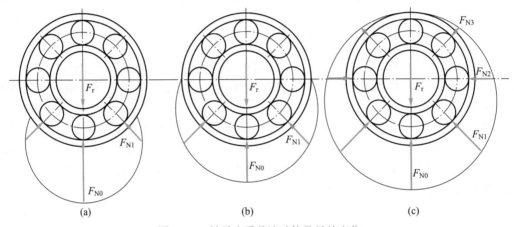

图 13-9　轴承中受载滚动体数目的变化

拓展资源

应该指出，对于实际工作的角接触球轴承或圆锥滚子轴承，为了保证它能可靠地工作，应使它至少达到下半圈的滚动体全部受载。因此，在安装这类轴承时，不能有较大的轴向窜动量。

13-5　滚动轴承尺寸的选择

1. 滚动轴承的失效形式及基本额定寿命

通常滚动轴承的失效形式是内、外圈滚道或滚动体上的点蚀（图 13-10）。这是在安装、润滑、维护良好的条件下，由于大量重复地承受变化的接触应力所致。单个轴承，其中一个套圈或滚动体首次出现疲劳点蚀之前，一套圈相对于另一套圈的转数称为**轴承的寿命**。轴承发生点蚀后，在运转时通常会出现较强烈的振动、噪声和发热现象。

由于制造精度、材料均质程度等的差异，即使是同样材料、同样尺寸以及同一批生产出来的轴承，在完全相同的条件下工作，它们的寿命也会极不相同。图 13-11 所示为典型滚动轴承的寿命分布曲线。从图中可以看出，轴承的最长工作寿命与最早失效的轴承的寿命可相差几倍，甚至几十倍。

(a) 滚道上的点蚀

(b) 滚道上的严重点蚀

图 13-10　轴承滚道上的点蚀

　　轴承的寿命，不能以同一批试验轴承中的最长寿命或者最短寿命作为标准。因为前者过于不安全，在实际使用中，提前失效的可能性几乎为100%；而后者又过于保守，使几乎 100% 的轴承都可以超过标准寿命继续工作。国家标准规定：一组在相同条件下运转的接近于相同的轴承，将其可靠度为 90% 时的寿命作为标准寿命，即按一组轴承中 10% 的轴承发生点蚀，而 90% 的轴承不发生点蚀前的转数（以 10^6 转为单位）或工作小时数作为轴承的寿命，并把这个寿命称为基本额定寿命，以 L_{10} 表示。

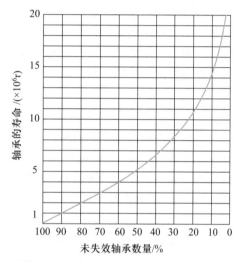

图 13-11　典型滚动轴承的寿命分布曲线

　　由于基本额定寿命与失效概率有关，所以实际上按基本额定寿命计算而选择出的轴承中，可能有 10% 的轴承提前失效；同时，也可能有 90% 的轴承超过基本额定寿命后还能继续工作，甚至相当多的轴承还能再工作一个、两个或更多个基本额定寿命期。对每一个轴承来说，它能顺利地在基本额定寿命期内正常工作的概率为 90%，而在基本额定寿命未达到之前发生点蚀的概率仅为 10%。在做轴承寿命计算时，必须先根据机器的类型、使用条件及对可靠性的要求，确定一个恰当的预期计算寿命（即设计机器时所要求的轴承寿命，通常可参照机器的大修期限确定）。表 13-3 中给出了根据机器的使用经验推荐的轴承预期计算寿命，可供参考采用。

表 13-3　推荐的轴承预期计算寿命 L'_h

机器类型	预期计算寿命 L'_h/h
不经常使用的仪器或设备，如闸门开闭装置等	300～3 000
短期或间断使用的机械，中断使用不致引起严重后果，如手动机械等	3 000～8 000
间断使用的机械，中断使用后果严重，如发动机辅助设备、流水作业线自动传送装置、升降机、车间吊车、不常使用的机床等	8 000～12 000
每日 8 h 工作的机械（利用率不高），如一般的齿轮传动、某些固定电动机等	12 000～20 000

续表

机器类型	预期计算寿命 L'_h/h
每日 8 h 工作的机械（利用率较高），如金属切削机床、连续使用的起重机、木材加工机械、印刷机械等	20 000～30 000
24 h 连续工作的机械，如矿山升降机、纺织机械、泵、电机等	40 000～60 000
24 h 连续工作的机械，中断使用后果严重，如纤维生产或造纸设备、发电站主电机、矿井水泵、船舶螺旋桨轴等	100 000～200 000

除了点蚀以外，轴承还可能发生其他多种形式的失效。例如，润滑油不足使轴承烧伤；润滑油不清洁而使滚动体和滚道过度磨损；装配不当而使轴承卡死，胀破内圈，挤碎内、外圈和保持架等。这些失效形式虽然是多种多样的，但一般都是可以而且应当设法避免的。目前尚不能根据这些失效形式建立轴承的计算理论和公式。所以，对于一般用途的轴承，可以采用装配质量控制和完善使用条件的措施。对于重要用途的轴承，可在使用中采取在线监测及故障诊断的措施，及时发现上述故障并更换失效的轴承。

2. 滚动轴承的基本额定动载荷

轴承的寿命与所受载荷的大小有关，工作载荷越大，引起的接触应力也就越大，因而在发生点蚀前所能经受的应力变化次数也就越少，亦即轴承的寿命越短。所谓轴承的基本额定动载荷，就是使轴承的基本额定寿命恰好为 10^6r（转）时轴承所能承受的载荷，用字母 C 代表。这个基本额定动载荷，对径向接触轴承，指的是纯径向载荷，并称为径向基本额定动载荷，用 C_r 表示；对轴向接触轴承，指的是纯轴向载荷，并称为轴向基本额定动载荷，用 C_a 表示；对角接触球轴承或圆锥滚子轴承，指的是使套圈间产生纯径向位移的载荷的径向分量。

不同型号的轴承有不同的基本额定动载荷，它表征了不同型号轴承的承载能力。在滚动轴承手册中对每个型号的轴承都给出了它的基本额定动载荷，需要时可从滚动轴承手册中查取。轴承的基本额定动载荷是在大量试验研究的基础上，通过理论分析得出来的。

3. 滚动轴承寿命的计算公式

对于具有基本额定动载荷 C（C_a 或 C_r）的轴承，当它所受的载荷 P（当量动载荷，为一计算值，见下面说明）恰好为 C 时，其基本额定寿命就是 10^6r。但是当所受的载荷 $P \neq C$ 时，轴承的寿命为多少？这就是轴承寿命计算所要解决的一类问题。轴承寿命计算所要解决的另一类问题是，轴承所受的载荷等于 P，而且要求轴承具有的预期计算寿命为 L'_h，需选用具有多大的基本额定动载荷的轴承？下面讨论解决上述问题的方法。

图 13-12 所示为在大量试验研究的基础上得出的深沟球轴承 6207 的载荷－寿命曲线。该曲线

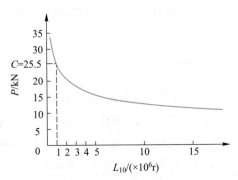

图 13-12　深沟球轴承 6207 的载荷－寿命曲线

表示这类轴承的载荷 P 与基本额定寿命 L_{10} 之间的关系。曲线上对应于寿命 $L_{10} = 1 \times 10^6$r 的载荷（25.5 kN）即为深沟球轴承 6207 的基本额定动载荷 C。其他轴承，也有一样函数规律的载荷－寿命曲线。此曲线的公式如下：

$$L_{10} = \left(\frac{C}{P}\right)^{\varepsilon} \tag{13-4}$$

式中：L_{10} 的单位为 10^6r。ε 为指数。对于球轴承，$\varepsilon = 3$；对于滚子轴承，$\varepsilon = \dfrac{10}{3}$。

实际计算时，用小时数表示寿命比较方便。这时可改写式（13-4）。若令轴承的转速为 n（单位为 r/min），则以小时数表示的轴承基本额定寿命 L_h 为

$$L_h = \frac{10^6}{60n}\left(\frac{C}{P}\right)^{\varepsilon} \tag{13-5}$$

如果载荷 P 和转速 n 为已知，预期计算寿命 L_h' 又已取定，则轴承应具有的基本额定动载荷 C（单位为 N）可根据下式计算得出：

$$C = P\sqrt[\varepsilon]{\frac{60nL_h'}{10^6}} \tag{13-6}$$

在较高温度下工作的轴承（例如高于 120℃），应该采用经过高温回火处理或特殊材料制造的轴承。由于在滚动轴承手册中列出的基本额定动载荷是对一般轴承而言的，因此如果要将该数值用于高温轴承，需乘以温度系数 f_t（表 13-4），即

$$C_t = f_t C \tag{13-7}$$

式中，C_t 为高温轴承的修正额定动载荷，C 为滚动轴承手册所列的同一型号轴承的基本额定动载荷。这时式（13-4）、式（13-5）、式（13-6）变为

$$L_{10} = \left(\frac{f_t C}{P}\right)^{\varepsilon} \tag{13-4a}$$

$$L_h = \frac{10^6}{60n}\left(\frac{f_t C}{P}\right)^{\varepsilon} \tag{13-5a}$$

$$C = \frac{P}{f_t}\sqrt[\varepsilon]{\frac{60nL_h'}{10^6}} \tag{13-6a}$$

表 13-4 温度系数 f_t

轴承工作温度 /℃	≤120	125	150	175	200	225	250	300	350
温度系数 f_t	1.00	0.95	0.90	0.85	0.80	0.75	0.70	0.60	0.50

4. 滚动轴承的当量动载荷

滚动轴承的基本额定动载荷是在一定的运转条件下确定的，如载荷条件为：向心轴承仅承受纯径向载荷 F_r，推力轴承仅承受纯轴向载荷 F_a。实际上，轴承在许多应用场合，

常常同时承受径向载荷 F_r 和轴向载荷 F_a。因此，在进行轴承寿命计算时，必须把实际载荷转换为与确定基本额定动载荷的载荷条件相一致的当量动载荷（用字母 P 表示）。这个当量动载荷，对于以承受径向载荷为主的向心轴承，称为径向当量动载荷，用 P_r 表示；对于以承受轴向载荷为主的推力轴承，称为轴向当量动载荷，用 P_a 表示。当量动载荷 P（P_r 或 P_a）的一般计算公式为

$$P = XF_r + YF_a \tag{13-8}$$

式中，X、Y 分别为径向动载荷系数和轴向动载荷系数，其值见表 13-5。

表 13-5　径向动载荷系数 X 和轴向动载荷系数 Y

轴承类型 名称	轴承类型 代号	相对轴向载荷 F_a/C_0	$F_a/F_r \leqslant e$ X	$F_a/F_r \leqslant e$ Y	$F_a/F_r > e$ X	$F_a/F_r > e$ Y	判断系数 e
调心球轴承	10000	—	1	(Y_1)	0.65	(Y_2)	(e)
调心滚子轴承	20000	—	1	(Y_1)	0.67	(Y_2)	(e)
圆锥滚子轴承	30000	—	1	0	0.40	(Y)	(e)
深沟球轴承	60000	0.025	1	0	0.56	2.0	0.22
深沟球轴承	60000	0.040	1	0	0.56	1.8	0.24
深沟球轴承	60000	0.070	1	0	0.56	1.6	0.27
深沟球轴承	60000	0.130	1	0	0.56	1.4	0.31
深沟球轴承	60000	0.250	1	0	0.56	1.2	0.37
深沟球轴承	60000	0.500	1	0	0.56	1.0	0.44
角接触球轴承	70000C（$\alpha=15°$）	0.015	1	0	0.44	1.47	0.38
角接触球轴承	70000C（$\alpha=15°$）	0.029	1	0	0.44	1.40	0.40
角接触球轴承	70000C（$\alpha=15°$）	0.058	1	0	0.44	1.30	0.43
角接触球轴承	70000C（$\alpha=15°$）	0.087	1	0	0.44	1.23	0.46
角接触球轴承	70000C（$\alpha=15°$）	0.120	1	0	0.44	1.19	0.47
角接触球轴承	70000C（$\alpha=15°$）	0.170	1	0	0.44	1.12	0.50
角接触球轴承	70000C（$\alpha=15°$）	0.290	1	0	0.44	1.02	0.55
角接触球轴承	70000C（$\alpha=15°$）	0.440	1	0	0.44	1.00	0.56
角接触球轴承	70000C（$\alpha=15°$）	0.580	1	0	0.44	1.00	0.56
角接触球轴承	70000AC（$\alpha=25°$）	—	1	0	0.41	0.87	0.68
角接触球轴承	70000B（$\alpha=40°$）	—	1	0	0.35	0.57	1.14

注：① C_0 是轴承基本额定静载荷；α 是接触角。

② 表中括号内的系数 Y、Y_1、Y_2 和 e 的详值应查轴承手册，对不同型号的轴承有不同的值。

③ 深沟球轴承的 X、Y 值仅适用于 N 组游隙的轴承，对应其他游隙组轴承的 X、Y 值可查轴承手册。

④ 对于深沟球轴承和 70000C 型轴承，先根据算得的相对轴向载荷的值查出对应的 e 值，然后再得出相应的 X、Y 值。对于表中未列出的 F_a/C_0 值，可按线性插值法求出相应的 e、X、Y 值。

⑤ 两套相同的角接触球轴承可在同一支点上"背对背""面对面"或"串联"安装，作为一个整体使用，这种轴承可由生产厂选配组合成套提供，其基本额定动载荷及 X、Y 的值可查轴承手册。

对于只能承受纯径向载荷 F_r 的轴承（如 N、NA 类轴承），

$$P = F_r \qquad (13-9)$$

对于只能承受纯轴向载荷 F_a 的轴承（如 5 类轴承），

$$P = F_a \qquad (13-10)$$

按式（13-8）～式（13-10）求得的当量动载荷仅为一理论值。实际上，在许多支承中还会出现一些附加载荷，如冲击力、不平衡作用力、惯性力以及轴挠曲或轴承座变形产生的附加力等，这些因素很难从理论上精确计算。为了考虑这些影响，可将当量动载荷的理论值乘上一个根据经验而定的载荷系数 f_d（其值参见表 13-6）。故实际计算时，轴承的当量动载荷应为

$$P = f_d(XF_r + YF_a) \qquad (13-8a)$$

$$P = f_d F_r \qquad (13-9a)$$

$$P = f_d F_a \qquad (13-10a)$$

表 13-6　滚动轴承的载荷系数 f_d

载荷性质	f_d	举例
无冲击或轻微冲击	1.0～1.2	电动机、汽轮机、通风机、水泵等
中等冲击或中等惯性冲击	1.2～1.8	车辆、动力机械、起重机、造纸机、冶金机械、选矿机、卷扬机、机床等
强大冲击	1.8～3.0	破碎机、轧钢机、钻探机、振动筛等

5. 角接触球轴承和圆锥滚子轴承的径向载荷 F_r 与轴向载荷 F_a 的计算

角接触球轴承和圆锥滚子轴承承受径向载荷时，要产生派生轴向力。为了保证这类轴承正常工作，通常是成对使用的，如图 13-13 所示，图中表示了两种不同的安装方式。

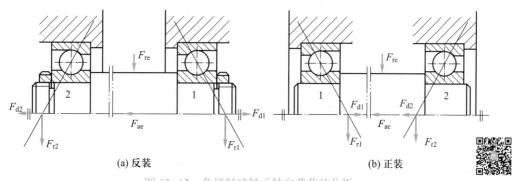

图 13-13　角接触球轴承轴向载荷的分析

在按式（13-8a）计算各轴承的当量动载荷 P 时，其中的径向载荷 F_r 是由外界作用到轴上的径向力 F_{re} 在各轴承上产生的径向载荷；但其中的轴向载荷 F_a 并不完全由外界的轴向作用力 F_{ae} 产生，而是应该根据整个轴上的轴向载荷（包括因径向载荷 F_r 产生的派生轴向力 F_d）之间的平衡条件得出。下面来分析这个问题。

根据力的径向平衡条件，很容易由外界作用在轴上的径向力 F_{re} 计算出两个轴承上的径向载荷 F_{r1}、F_{r2}，当 F_{re} 的大小及作用位置确定时，径向载荷 F_{r1}、F_{r2} 也就确定了。由 F_{r1}、F_{r2} 派生的轴向力 F_{d1}、F_{d2} 的大小可按照表 13-7 中的公式计算。计算所得的 F_d 值大致对应于正常的安装情况下的值，即在下半圈的滚动体全部受载（轴承实际的工作情况不允许比这种情况更差）的情况下的值。

表 13-7　约有半数滚动体接触时派生轴向力 F_d 的计算公式

圆锥滚子轴承	角接触球轴承		
	70000C（$\alpha=15°$）	70000AC（$\alpha=25°$）	70000B（$\alpha=40°$）
$F_d = \dfrac{F_r}{2Y}$ [①]	$F_d = eF_r$ [②]	$F_d = 0.68F_r$	$F_d = 1.14F_r$

注：① 式中 Y 是对应表 13-5 中 $\dfrac{F_a}{F_r} > e$ 的 Y 值。

　　② e 值由表 13-5 查出。

　　如图 13-13 所示，把派生轴向力的方向与外加轴向载荷 F_{ae} 的方向一致的轴承标为轴承 2，另一端标为轴承 1。取轴和与其相配合的轴承内圈为分离体，如达到轴向平衡，则应满足

$$F_{ae} + F_{d2} = F_{d1}$$

如果按表 13-7 中的公式求得的 F_{d1} 和 F_{d2} 不满足上面的关系式，就会出现下面两种情况：

　　当 $F_{ae} + F_{d2} > F_{d1}$ 时，轴有向左窜动的趋势，相当于轴承 1 被"压紧"，轴承 2 被"放松"，但实际上轴必须处于平衡位置（即轴承座必然要通过轴承零件施加一个附加的轴向力来阻止轴的窜动），所以被"压紧"的轴承 1 所受的总轴向力 F_{a1} 必须与 $F_{ae} + F_{d2}$ 相平衡，即

$$F_{a1} = F_{ae} + F_{d2} \tag{13-11a}$$

而被"放松"的轴承 2 只受其本身派生的轴向力 F_{d2}，即

$$F_{a2} = F_{d2} \tag{13-11b}$$

　　当 $F_{ae} + F_{d2} < F_{d1}$ 时，同前理，被"放松"的轴承 1 只受其本身派生的轴向力 F_{d1}，即

$$F_{a1} = F_{d1} \tag{13-12a}$$

而被"压紧"的轴承 2 所受的总轴向力 F_{a2} 为

$$F_{a2} = F_{d1} - F_{ae} \tag{13-12b}$$

　　综上可知，计算角接触球轴承和圆锥滚子轴承所受轴向力的方法可以归结为：先通过派生轴向力及外加轴向载荷的计算与分析，判定被"放松"或被"压紧"的轴承；然后确定被"放松"轴承的轴向力仅为其本身派生的轴向力，被"压紧"轴承的轴向力则为除去本身派生的轴向力外其余各轴向力的代数和。

　　轴承反力的径向分力在轴心线上的作用点称为轴承的压力中心。图 13-13a、b 两种安装方式，对应两种不同的压力中心的位置。但当两轴承支点间的距离不是很小时，常以轴承宽度中点作为支点反力的作用位置，这样计算起来比较方便，且误差也不大。

6. 不稳定载荷和不稳定转速时轴承的寿命计算

对于像金属切削机床、起重机等机械中的轴承来说，工作载荷和转速都是在频繁改变着的。此时，应根据不稳定变应力时的疲劳损伤累积理论求出轴承的计算载荷 P_m 及计算转速 n_m，然后利用式（13-5）计算寿命。

轴承的载荷－寿命曲线的解析式 $L_{10} = \left(\dfrac{C}{P}\right)^\varepsilon$ 可以写为

$$P^\varepsilon L_{10} = C^\varepsilon = K \tag{a}$$

现设轴承顺次地在当量动载荷 P_1、P_2、$\cdots$、P_s 下工作，其相应的转速为 n_1、n_2、$\cdots$、n_s，轴承在每种工作状态下的运转时间与总运转时间之比为 q_1、q_2、$\cdots$、q_s。此时，可以按以下方法推导出计算载荷 P_m 及计算转速 n_m 的公式。

为了避免符号混淆，此处分别用 z_i' 及 z_i 表示轴承在 P_i（$i=1,\ 2,\ \cdots,\ s$）作用下实际载荷循环次数及达到极限值时所需的载荷循环次数，根据疲劳损伤线性累积理论，在寿命达到极限状态时，应有

$$\sum_{i=1}^{s} \frac{z_i'}{z_i} = 1 \tag{b}$$

假定轴承在 P_1、P_2、$\cdots$、P_s 作用下总共工作了时间 H 后，零件寿命达到了极限状态，则轴承失效前在 P_i 作用下的实际载荷循环次数可按下式计算：

$$z_i' = n_i q_i H \tag{c}$$

这时如将所有载荷作用次数的总和记为 z_m，则

$$z_m = n_1 q_1 H + n_2 q_2 H + \cdots + n_s q_s H = (n_1 q_1 + n_2 q_2 + \cdots + n_s q_s)H = n_m H \tag{d}$$

这里 $n_m = n_1 q_1 + n_2 q_2 + \cdots + n_s q_s$，称为计算转速，相当于转速的平均值。

假定作用一个相当的载荷 P_m 来代替所有载荷的作用，并在作用 z_m 次后，轴承达到极限状态，则按式（a）得

$$P_m^\varepsilon z_m = P_i^\varepsilon z_i \tag{e}$$

即

$$z_i = \left(\frac{P_m}{P_i}\right)^\varepsilon z_m \tag{f}$$

将以上式（c）、式（d）、式（f）代入式（b），则得

$$\sum_{i=1}^{s} \frac{n_i q_i H}{\left(\dfrac{P_m}{P_i}\right)^\varepsilon z_m} = \sum_{i=1}^{s} \frac{P_i^\varepsilon n_i q_i}{P_m^\varepsilon n_m} = 1$$

经变换后得

$$P_m = \sqrt[\varepsilon]{\frac{\sum\limits_{i=1}^{s} n_i q_i P_i^\varepsilon}{n_m}} \tag{13-13}$$

而

$$n_m = \sum_{i=1}^{s} n_i q_i \tag{13-14}$$

将式（13-13）及式（13-14）代入式（13-5），可得轴承基本额定寿命计算公式为

$$L_{h} = \frac{10^{6}}{60n_{m}}\left(\frac{C}{P_{m}}\right)^{\varepsilon} \qquad (13-15)$$

式中，L_h 的单位为 h，其余各符号的意义和单位同前。

7. 滚动轴承的静载荷

如前所述，通常轴承的失效形式是点蚀。但是，对于那些在工作载荷下基本上不旋转的轴承（例如起重机吊钩上用的推力轴承），或者慢慢地摆动以及转速极低的轴承，如果还是按照点蚀来选择轴承的尺寸，那就不符合轴承的实际失效形式了。因为在这些情况下，由于滚动接触面上的接触应力过大，使材料表面引起不允许的塑性变形才是轴承的失效形式。这时应按轴承的静强度来选择轴承的尺寸。为此，必须对每个型号的轴承规定一个不能超过的外载荷界限。GB/T 4662—2012 规定，将受载最大的滚动体与滚道接触中心处产生总永久变形量约为滚动体直径的万分之一倍时的载荷，作为轴承静强度的界限，称为基本额定静载荷，用 C_0 表示。对于受径向静载荷的轴承，称为径向基本额定静载荷，用 C_{0r} 表示；对于受轴向静载荷的轴承，称为轴向基本额定静载荷，用 C_{0a} 表示。实践证明，上述的永久接触变形量，除了对那些要求转动灵活性高和振动低的轴承外，一般不会影响其正常工作。

滚动轴承手册中列有各型号轴承的基本额定静载荷值，以供选择轴承时查用。

轴承上作用的径向载荷 F_r 和轴向载荷 F_a 应折合成一个当量静载荷 P_0，即

$$P_0 = X_0F_r + Y_0F_a \qquad (13-16)$$

式中，X_0 及 Y_0 分别为当量静载荷的径向载荷系数和轴向载荷系数，其值可查轴承手册。

按轴承静载能力选择轴承的公式为

$$C_0 \geqslant S_0P_0 \qquad (13-17)$$

式中，S_0 称为轴承的静安全系数。S_0 的值取决于轴承的使用条件，当要求轴承转动很平稳时，S_0 应取大于 1，以尽量避免轴承滚动表面的局部塑性变形量过大；当对轴承转动平稳要求不高，又无冲击载荷，或轴承仅作摆动运动时，S_0 可取 1 或小于 1，以尽量使轴承在保证正常运行条件下发挥最大的静载能力。S_0 的选择可参考表 13-8。

表 13-8　滚动轴承的静强度安全系数 S_0 推荐值（GB/T 4662—2012）

工作条件		S_0 min	
		球轴承	滚子轴承
运转条件平稳：运转平稳、无振动、旋转精度高		2	3
运转条件正常：运转平稳、无振动、正常旋转精度		1	1.5
承受冲击载荷条件：有显著的冲击载荷	冲击载荷大小可精确确定	1.5	3
	冲击载荷大小未知	>1.5	>3

8. 不同可靠度时滚动轴承寿命的计算

前已说明，滚动轴承手册中所列的基本额定动载荷是在不失效的概率（即可靠度 R）为 90% 时的数据。但实际由于使用轴承的各类机械的要求不同，对轴承可靠度的要求也就随之变化。为了将滚动轴承手册中的基本额定动载荷用于可靠度要求不等于 90% 的情况，需引入可靠度寿命修正系数 a_1，于是修正额定寿命定义为

$$L_{nm} = a_1 L_{10} \tag{13-18}$$

式中：L_{nm}——可靠度 $R=(100-n)\%$（破坏概率为 $n\%$）时的寿命，即修正额定寿命；

a_1——可靠度寿命修正系数，其推荐值见表 13-9。

表 13-9　可靠度寿命修正系数 a_1 的推荐值（GB/T 6391—2010）

可靠度 /%	90	95	96	97	98	99
L_{nm}	L_{10m}	L_{5m}	L_{4m}	L_{3m}	L_{2m}	L_{1m}
a_1	1	0.64	0.55	0.47	0.37	0.25

将式（13-5）代入式（13-18），得

$$L_{nm} = \frac{10^6 a_1}{60n} \left(\frac{C}{P} \right)^{\varepsilon} \tag{13-19}$$

式中，修正额定寿命 L_{nm} 的单位为 h。

13-6　轴承装置的设计

要想保证轴承顺利工作，除了正确选择轴承类型和尺寸外，还应正确设计轴承装置。轴承装置的设计主要是正确解决轴承的安装、配置、紧固、调节、润滑、密封等问题。下面提出一些设计中的注意要点以供参考。

1. 支承部分的刚性和同心度

轴、安装轴承的箱体外壳或轴承座以及轴承装置中的其他受力零件，都必须有足够的刚性，因为这些零件的变形都会阻滞滚动体的滚动而使轴承提前损坏。箱体外壳及轴承座孔壁均应有足够的厚度，箱体外壳上轴承座的悬臂应尽可能地缩短，并用肋板来增强支承部位的刚性（参见图 7-9a）。如果箱体外壳是用轻合金或非金属制成的，安装轴承处则应采用钢或铸铁制的套杯（参见图 13-22）。

对于一根轴上两个支承的座孔，必须尽可能地保持同心，以免轴承内、外圈间产生过大的偏斜。最好的办法是采用整体结构的外壳，并把安装轴承的两个孔一次镗出，这就要求一根轴上两个轴承的外径相同。若在一根轴上的轴承尺寸难以相同，箱体外壳上的轴承孔仍应一次镗出，这时可利用衬筒来安装尺寸较小的轴承。当两个轴承孔分在箱体两个外壳上时，应把两个外壳组合在一起进行镗孔。

2. 滚动轴承的轴向定位与紧固

轴承的内圈常以轴肩作为轴向定位面。为了便于轴承拆卸，轴肩的高度应低于轴承内圈的厚度。

滚动轴承内圈定位与紧固的常用方法有：① 用轴肩定位，用轴用弹性挡圈嵌在轴的沟槽内紧固（图 13-14a），主要用于轴向载荷不大及转速不高时；② 用轴肩定位，用螺钉和轴端挡圈紧固（图 13-14b），可用于在高转速下承受大的轴向力的场合；③ 用轴肩定位，用圆螺母和止动垫圈紧固（图 13-14c），主要用于转速高、轴向载荷较大；④ 用紧定衬套、止动垫圈和圆螺母紧固，用于光轴上的、轴向载荷和转速都不大的、内圈为圆锥孔的轴承（参见图 13-5）。

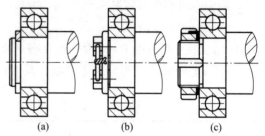

图 13-14   滚动轴承内圈定位与紧固的常用方法

滚动轴承外圈定位与紧固的常用方法有：① 用箱体外壳孔内的凸肩定位，用嵌入外壳沟槽内的孔用弹性挡圈紧固，用于轴向载荷不大且需减小轴承装置的尺寸时（图 13-15a）；② 用嵌入轴承外圈止动槽内的轴用弹性挡圈定位，轴承端盖紧固，用于带有止动槽的深沟球轴承，外壳不便设凸肩或外壳为剖分式结构时（图 13-15b）；③ 用轴承端盖紧固，用于高转速及轴向载荷很大时的各类向心、推力和向心推力轴承（图 13-15c）；④ 用螺纹环紧固，用于转速高、轴向载荷大时，而不适于使用轴承端盖紧固的情况（图 13-15d）。

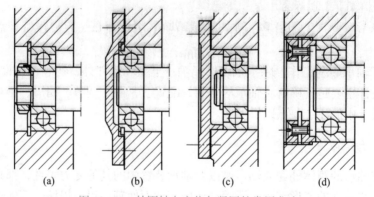

图 13-15   外圈轴向定位与紧固的常用方法

3. 轴承的配置

一般来说，一根轴需要两个支点，每个支点可由一个或一个以上的轴承组成。合理的轴承配置应考虑轴在机器中有正确的位置、防止轴向窜动以及轴受热膨胀后不致将轴承卡死等因素。常用的轴承配置方法有以下三种。

（1）双支点各单向固定

这种轴承配置常用两个反向安装的角接触球轴承或圆锥滚子轴承，两个轴承各限制轴在一个方向的轴向移动，如图 13-16 和图 13-17 所示。安装时，通过调整轴承外圈（图 13-16）或内圈（图 13-17）的轴向位置，可使轴承达到理想的游隙或所要求的预紧程度。图 13-16 和图 13-17 所示的结构均为悬臂支承的锥齿轮轴。从图中可看出，在支承距离 b 相同的条件下，压力中心间的距离，图 13-16 中为 L_1，图 13-17 中为 L_2，且 L_1 $<L_2$，故前者悬臂较长，支承刚性较差。在受热变形方面，因运转时轴的温度一般高于外壳的温度，轴的轴向和径向热膨胀将大于外壳的热膨胀。这时图 13-16 的结构中减小了预调的间隙，可能导致卡死，而图 13-17 的结构可以避免这种情况发生。

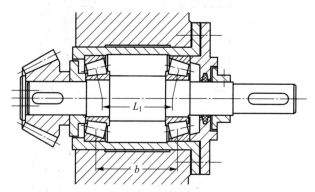

图 13-16　锥齿轮轴支承结构之一

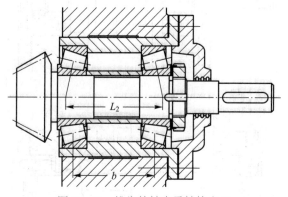

图 13-17　锥齿轮轴支承结构之二

　　深沟球轴承也可用于双支点各单向固定的支承，如图 13-18 所示。这种轴承在安装时，通过调整轴承端盖端面与外壳之间垫片的厚度，使轴承外圈与端盖之间留有很小的轴向间隙，以适当补偿轴受热伸长。由于轴向间隙的存在，这种支承不能做精确的轴向定位。由于轴向间隙不能过大（避免在交变的轴向载荷作用下轴来回窜动），因此这种支承不能用于工作温度较高的场合。

　　（2）一支点双向固定，另一支点游动

　　对于跨距较大且工作温度较高的轴，其热伸长量大，应采用一支点双向固定，另一支点游动的支承结构。作为固定支承的轴承，应能承受双向轴向载荷，故内、外圈在轴向都要固定。作为补偿轴的热膨胀的游动支承，若使用的是内、外圈不可分离型轴承，只需固定内圈，其外圈在座孔内应可以轴向游动，如图 13-19 所示；若使用可分离型的圆柱滚子轴承或滚针轴承作为游动支承，则内、外圈都要固定，如图 13-20 所示。当轴向载荷较大时，作为固定的支点可以采用径向接触轴承和轴向接触轴承组合在一起的结构，如

图 13-21 所示；也可以采用两个角接触球轴承（或圆锥滚子轴承）"背对背"或"面对面"组合的结构，如图 13-22 所示（左端两轴承为"面对面"安装）。

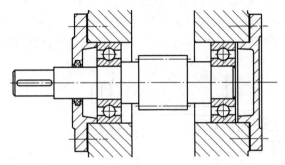

图 13-18   采用深沟球轴承的双支点各单向固定

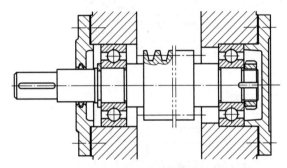

图 13-19   一端固定，另一端游动支承方案之一

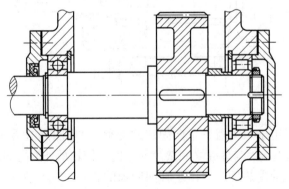

图 13-20   一端固定，另一端游动支承方案之二

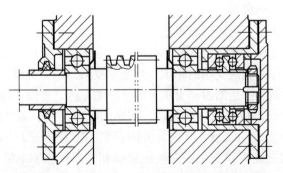

图 13-21   一端固定，另一端游动支承方案之三

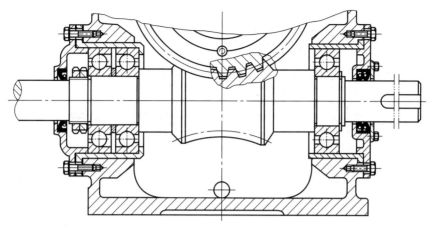

图 13-22　一端固定，另一端游动支承方案之四

（3）两端游动支承

对于一对人字齿轮轴，由于人字齿轮本身的相互轴向限位作用，它们的轴承内、外圈的轴向定位与紧固与其他轴承不同，应设计成只保证其中一根轴相对箱体外壳有固定的轴向位置，而另一根轴上的两个轴承都必须是游动的，以防止齿轮卡死或人字齿的两侧受力不均匀。

4. 轴承游隙及轴上零件位置的调整

如图 13-16、图 13-21 中的右支点及图 13-22 中的左支点，轴承的游隙和预紧是靠端盖下的垫片来调整的，这样比较方便。而图 13-17 中的结构，轴承的游隙是靠改变轴上套筒长度来调整的，操作不方便；由于使用圆螺母锁紧，就必须在轴上制出应力集中严重的螺纹，这样会削弱轴的强度。

拓展资源

锥齿轮或蜗杆在装配时，通常需要进行轴向位置的调整。为了便于调整，可将确定其轴向位置的轴承装在一个套杯中（参见图 13-16 和图 13-17 中的圆锥滚子轴承，图 13-21 中的双向推力球轴承，图 13-22 中的两个角接触球轴承），套杯则装在外壳孔中。通过改变套杯端面与外壳之间垫片的厚度来调整锥齿轮或蜗杆的轴向位置。

5. 滚动轴承的配合

滚动轴承的配合是指内圈与轴颈及外圈与外壳孔的配合。轴承的内、外圈，按其尺寸比例一般可认为是薄壁零件，容易变形。当它装到轴上或装入外壳孔后，其内、外圈的不圆度将受到轴颈及外壳孔形状的影响。因此，除了对轴承的内、外径规定了公差外，还规定了平均内径和平均外径（用 d_m 或 D_m 表示）的公差，后者相当于轴承在正确制造的轴上或外壳孔中装配后，它的内径或外径的尺寸公差。国家标准规定，N、6、5、4、2 各公差等级的轴承的平均内径 d_m 和平均外径 D_m 的公差带均为单向制，而且统一采用上极限偏差为零，下极限偏差为负值的分布（图 13-23）。详细内容见国家标准 GB/T 307.1—2017。

滚动轴承是标准件，为使轴承便于互换和大量生产，轴承内孔与轴的配合采用基孔制，即以轴承内孔的尺寸为基准；轴承外径与外壳孔的配合采用基轴制，即以轴承的外径

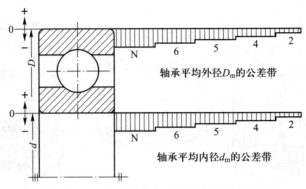

图 13-23　轴承平均内、外径公差带的分布

尺寸为基准。与内圈相配合的轴的公差带以及与外圈相配合的外壳孔的公差带，均按极限与配合的国家标准（GB/T 1800.1—2020）选取。由于 d_m 的公差带在零线之下，而国家标准中基准孔的公差带在零线之上，所以轴承内圈与轴的配合比国家标准中规定的基孔制同类配合要紧得多。图 13-24 中表示了滚动轴承配合和它的基准面（内圈内径、外圈外径）极限偏差与轴颈或轴承座孔尺寸偏差的相对关系。由图可以看出，对轴承内孔与轴的配合而言，国家标准中的许多过渡配合在这里实际成为过盈配合；而有的间隙配合，在这里实际变为过渡配合。轴承外圈与外壳孔的配合与国家标准中规定的基轴制同类配合相比较，配合性质的类别基本一致，但由于轴承外径的精度较高，公差值较小，公差带趋近零线，因而配合也较紧。

轴承配合种类的选取，应根据轴承的类型和尺寸、载荷的大小和方向以及载荷的性质等来决定。正确选择的轴承配合可保证轴承正常运转，防止内圈与轴、外圈与外壳孔在工作时发生相对转动。一般地说，当工作载荷的方向不变时，转动套圈应比固定套圈有更紧一些的配合，因为转动套圈承受旋转的载荷，而固定套圈承受局部的载荷。当转速越高、载荷越大和振动越强烈时，应选用越紧的配合。当轴承安装于薄壁外壳或空心轴上时，也应采用较紧的配合。但是过紧的配合是不利的，这时可能因内圈的弹性膨胀和外圈的收缩而使轴承内部的游隙减小，甚至完全消失，也可能由于相配合的轴和外壳孔表面的不规则形状或不均匀的刚性而导致轴承内、外圈不规则的变形，这些都将破坏轴承的正常工作。过紧的配合还会使装拆困难，尤其对于重型机械。

对开式的外壳与轴承外圈的配合，宜采用较松的配合。当要求轴承的外圈在运转中能沿轴向游动时，该外圈与外壳孔的配合也应较松，但不应让外圈在外壳孔内可以转动。过松的配合对提高轴承的旋转精度、减少振动是不利的。

如果机器工作时有较大的温度变化，那么工作温度将使配合性质发生变化。轴承运转时，对于一般工作机械来说，套圈的温度常高于相邻零件的温度。这时，轴承内圈可能因热膨胀而与轴松动，外圈可能因热膨胀而与外壳孔胀紧，从而可能使需要有轴向游动性的外圈丧失游动性。所以，在选择配合时必须仔细考虑轴承装置各部分的温差及其热传导的方向。

以上介绍了选择轴承配合的一般原则，具体选择时可结合机器的类型和工作情况，参照同类机器的使用经验进行。各类机器所使用的轴承配合以及各类配合的公差、表面粗糙度和几何形状允许偏差等资料可查阅有关设计手册。

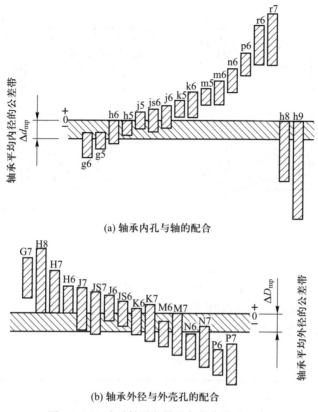

(a) 轴承内孔与轴的配合

(b) 轴承外径与外壳孔的配合

图 13-24　滚动轴承与轴及与外壳孔的配合

6. 滚动轴承的预紧

为了提高轴承的旋转精度，增加轴承装置的刚性，减小机器工作时轴的振动，常采用预紧的滚动轴承。例如机床的主轴轴承，常用预紧来提高其旋转精度与轴向刚度。

所谓预紧，就是在安装时用某种方法在轴承中产生并保持一轴向力，以消除轴承中的轴向游隙，并在滚动体和内、外圈接触处产生初变形。预紧后的轴承承受工作载荷时，其内、外圈的径向及轴向相对移动量要比未预紧的轴承大大减小。

常用的预紧措施有：① 夹紧一对圆锥滚子轴承的外圈而预紧（图 13-25a）；② 用弹簧预紧，可以得到稳定的预紧力（图 13-25b）；③ 在一对轴承中间装入长度不等的套筒而预紧，预紧力可由两套筒的长度差控制（图 13-25c），这种装置刚性较大；④ 夹紧一对磨窄了的外圈而预紧（图 13-25d），反装时可磨窄内圈并夹紧。这种特制的成对安装角接触球轴承，可由滚动轴承生产厂选配组合成套提供。在滚动轴承样本中可以查到不同型号的成对安装角接触球轴承的预紧载荷值及相应的内圈或外圈的磨窄量。

7. 滚动轴承的润滑

润滑对于滚动轴承具有重要意义，轴承中的润滑剂不仅可以降低摩擦阻力，还可以起着散热、减小接触应力、吸收振动、防止锈蚀等作用。

轴承常用的润滑方式有油润滑及脂润滑两类。此外，也有使用固体润滑剂润滑的。

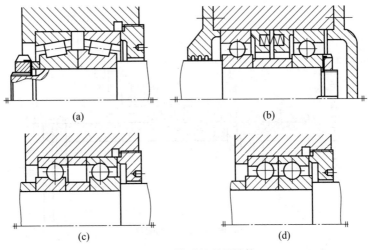

图 13-25　轴承的预紧结构

选用哪一类润滑方式，与轴承的速度有关，一般用滚动轴承的 dn 值（d 为滚动轴承内径，mm；n 为轴承转速，r/min）表示轴承的速度大小。适用于脂润滑和油润滑的 dn 值界限列于表 13-10 中，可作为选择润滑方式时参考。

表 13-10　适用于脂润滑和油润滑的 dn 值界限（表值 $\times 10^4$）　　　mm · r/min

轴承类型	脂润滑	油 润 滑			
		油浴	滴油	循环油（喷油）	油雾
深沟球轴承	≤16	25	40	60	>60
调心球轴承	≤16	25	40	50	
角接触球轴承	≤16	25	40	60	>60
圆柱滚子轴承	≤12	25	40	60	>60
圆锥滚子轴承	≤10	16	23	30	
调心滚子轴承	≤8	12	20	25	
推力球轴承	≤4	6	12	15	

（1）脂润滑

润滑脂形成的润滑膜强度高，能承受较大的载荷，不易流失，容易密封，一次加脂可以维持相当长的一段时间。对于那些不便经常添加润滑剂的地方，或那些不允许润滑油流失而致产品污染的工业机械来说，这种润滑方式十分适宜，但它只适用于较低的 dn 值。滚动轴承的装脂量一般以轴承内部空间容积的 $\frac{1}{3} \sim \frac{2}{3}$ 为宜。

润滑脂的主要性能指标为锥入度和滴点（参看 4-3 节）。当轴承的 dn 值大、载荷小时，应选锥入度较大的润滑脂；反之，应选用锥入度较小的润滑脂。此外，轴承的工作温度应低于润滑脂的滴点：对于矿物油润滑脂，应低 10～20℃；对于合成润滑脂，应低 20～30℃。

（2）油润滑

在高速高温的条件下，通常采用油润滑。润滑油的主要性能指标是黏度：转速越高，选用的润滑油黏度越小；载荷越大，选用的润滑油黏度越大。根据工作温度及 dn 值，参考图 13-26，可选出润滑油应具有的黏度值，然后按黏度值从润滑油产品目录中选出相应的润滑油牌号。

油润滑时，常用的润滑方法有下列几种：

1）油浴润滑

把轴承局部浸入润滑油中，当轴承静止时，油面应不高于最低滚动体的中心（图 13-27）。这个方法不适于高转速的场合，因为搅动油液剧烈时会造成很大的能量损失，以致引起油液和轴承的严重过热。

2）滴油润滑

适用于需要定量供应润滑油的轴承。为使滴油通畅，常使用黏度较小（黏度等级不高于 15）的润滑油。

3）飞溅润滑

这是一般闭式齿轮传动装置中的轴承常用的润滑方法，即利用齿轮的转动把润滑油甩到箱体四周壁面上，然后通过适当的沟槽把油引入轴承。这类润滑方法所用装置的结构形式较多，可参考现有机器的使用经验来进行设计。

4）喷油润滑

适用于转速高、载荷大、要求润滑可靠的轴承。用油泵将润滑油增压，通过油管或机体上特制的油孔，经喷嘴将油喷射到轴承中去；流过轴承后的润滑油，经过过滤冷却后再循环使用。为了保证油能进入高速转动的轴承，喷嘴应对准内圈和保持架之间的间隙。

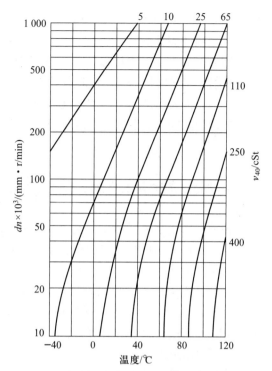

图 13-26　润滑油选择用线图

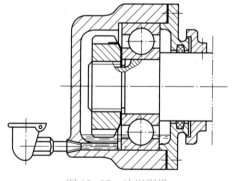

图 13-27　油浴润滑

5）油雾润滑

当轴承滚动体的线速度很高（如 $dn \geqslant 6 \times 10^5$ mm·r/min）时，常采用油雾润滑，以避免其他润滑方法由于供油过多，油的内摩擦增大而增加轴承的工作温度。润滑油通过油雾发生器变成油雾，其温度较液体润滑油的温度低，这对轴承的冷却来说也是有利的。但润滑轴承的油雾，可能部分地随空气散逸，会污染环境。故在必要时，宜用油气分离器来收集油雾，或者采用通风装置来排出废气。

（3）固体润滑

在一些特殊条件下，如果使用脂润滑和油润滑达不到可靠的润滑要求，则可采用固体润滑方法。例如在高温中使用的轴承（如工业焙烧炉车用轴承）、真空环境中工作的轴承等。常用的固体润滑方法有：① 用黏结剂将固体润滑剂黏结在滚道和保持架上；② 把固体润滑剂加入工程塑料和粉末冶金材料中，制成有自润滑性能的轴承零件；③ 用电镀、高频溅射、离子镀层、化学沉积等技术使固体润滑剂或软金属（金、银、铟、铅等）在轴承零件的摩擦表面形成一层均匀致密的薄膜。

最常用的固体润滑剂有二硫化钼、石墨和聚四氟乙烯等。

8. 滚动轴承的密封

滚动轴承的密封主要指轴承所支承的转动轴与相邻的静止件（如轴承端盖）间的密封。

轴承的密封是为了阻止灰尘、水、酸气和其他杂物进入轴承，并阻止润滑剂流失而设置的。密封可分为接触式密封和非接触式密封两大类。

（1）接触式密封

在轴承端盖内放置密封材料与转动轴直接接触而起密封作用。常用的密封材料有毛毡、橡胶、皮革、软木等软材料和减摩性好的硬质材料（如加强石墨、青铜、耐磨铸铁等）。下面是几种常用的结构形式。

1）毡圈油封

在轴承端盖轴孔处开出梯形槽，将毛毡按标准制成环形（尺寸不大时）或带形（尺寸较大时），放置在梯形槽中以与轴紧密接触（图 13-28a）；或者在轴承端盖轴孔处加工下沉槽，放置毡圈油封，用螺钉将压板压在毡圈油封上，使毡圈油封与轴紧密接触（图 13-28b），从而提高密封效果。这种密封主要用于脂润滑的场合，它的结构简单，但摩擦较大，只用于滑动速度小于 4～5 m/s 的情况。当与毡圈油封相接触的轴表面经过抛光且毛毡质量高时，可用于滑动速度达 7～8 m/s 的情况。

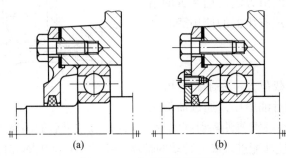

(a)　　　　　(b)

图 13-28　用毡圈油封密封

2）唇形密封圈

在轴承端盖中，放置一个用耐油橡胶制的唇形密封圈，靠弯折了的橡胶的弹力和附加的环形螺旋弹簧的扣紧作用而紧套在轴上，以便起密封作用。有的唇形密封圈还装在一个钢套内，可与轴承端盖较精确地装配。唇形密封圈密封唇的方向不同起的作用也不同。即如果主要是为了封油，密封唇应对着轴承（朝内）；如果主要是为了防止外物侵入，则密封唇应背着轴承（朝外，图 13-29a）；如果两个作用都要有，最好使用密封唇反向放置的两个唇形密封圈（图 13-29b）。它可用到接触面滑动速度小于 10 m/s（当轴颈是精车的时）或小于 15 m/s（当轴颈是磨光的时）处。轴颈与唇形密封圈接触处最好经过表面硬化处理，以增强耐磨性。

3）密封环

密封环是一种带有缺口的环状密封件，把它放置在套筒的环槽内（图 13-30），套筒与轴一起转动，密封环靠缺口被压拢后所具有的弹性而抵紧在静止件的内孔壁上，即可起到密封的作用。各个接触表面均需经硬化处理并磨光。密封环用含铬的耐磨铸铁制造，可用于滑动速度小于 100 m/s 之处。若滑动速度为 60～80 m/s 范围内，也可以用锡青铜制造密封环。

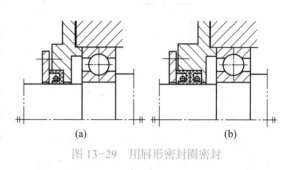

图 13-29　用唇形密封圈密封

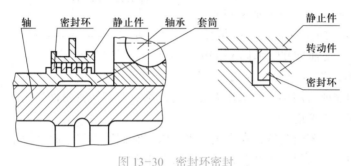

图 13-30　密封环密封

（2）非接触式密封

使用接触式密封，总要在接触处产生滑动摩擦。使用非接触式密封，就能避免此问题。常用的非接触式密封有以下几种：

1）隙缝密封（图 13-31）

在轴和轴承端盖的通孔壁之间留一个极窄的隙缝，半径间隙通常为 0.1～0.3 mm。这对使用脂润滑的轴承来说，已具有一定的密封效果。如果在轴承端盖上车出环槽（图 13-31b），在槽中填以润滑脂，可以增加密封效果。

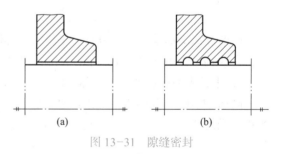

图 13-31　隙缝密封

2）甩油密封（图 13-32）

油润滑时，在轴上加工出沟槽（图 13-32a），或装入一个甩油环（图 13-32b），都可以把欲向外流失的油沿径向甩开，再经过轴承端盖的集油腔及与轴承腔相通的油孔流回。或者在紧贴轴承处装一甩油环，在轴上加工出螺旋式送油槽（图 13-32c），可有效地防止油外流。但这时轴必须只按一个方向旋转，以便把欲向外流失的润滑油借螺旋的输送作用而送回到轴承腔内。

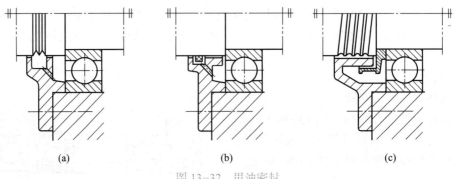

(a)　　　　　　　　(b)　　　　　　　　(c)

图 13-32　甩油密封

3）曲路密封（图 13-33）

当环境比较脏和潮湿时，采用曲路密封是相当可靠的。曲路密封是由旋转与固定的密封零件之间拼合成的曲折隙缝所形成。隙缝中填入润滑脂，可增加密封效果。根据部件的结构，曲路的布置可以是径向的（图 13-33a）或轴向的（图 13-33b）。采用轴向曲路时，端盖应为剖分式。当轴

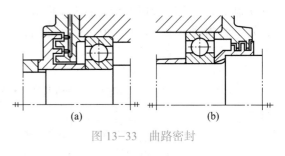

(a)　　　　　　(b)

图 13-33　曲路密封

因温度变化而伸缩或采用调心轴承作为支承时，都有使旋转密封件与固定密封件相接触的可能，设计时应加以考虑。

以上介绍的各种密封装置，在实践中也可以把它们适当组合起来使用。

其他有关润滑、密封方法及装置可参看有关手册。

13-7　其　　他

1. 高速滚动轴承简介

所谓高速滚动轴承，并没有一个绝对的界限，一般认为 $dn \geqslant 10^6$ mm·r/min 就算高速轴承；有些轴承，虽然 $dn < 10^6$ mm·r/min，但其转速达到或超过轴承样本中所列极限转速的 1.6 倍，也常视为高速轴承。实际应用中，轴承的 dn 值已有达到 2.2×10^6 mm·r/min 的。

高速轴承的失效形式，除点蚀外，常见的还有滚道烧伤、保持架断裂、保持架引导边磨损、润滑油失效（氧化或焦化）以及过大的振动等。因此，限制轴承转速的因素可以说有很多。

在高速运转下的轴承，需提高轴承本身的精度，轴承的滚道应有很准确的几何形状、最小的偏心以及很小的表面粗糙度值，滚动体也应有较高的分选精度。

高速轴承的保持架的结构和材料是一个很重要的问题，应该采用强度较高的且能用轴承内圈或外圈的挡边来引导定心的实体保持架，并且经过很好的平衡检验。保持架的材料可用酚醛胶布、铝合金或青铜，后者适合于较高的工作温度。

轴承高速运转时，滚动体在较大的离心力作用下会压向外圈滚道，滚动体与内圈滚道

间因压力减小而产生相对滑动，导致过度磨损，甚至烧伤。对轴承进行适当的预紧，有助于防止滚动体与套圈间的打滑。

尽可能地加强对高速轴承的润滑与冷却，是保持高速轴承可靠工作的另一个重要措施。为此，喷油润滑、油雾润滑及环下供油润滑（即在轴承内圈或外圈上开径向孔，使润滑油经过该孔流入滚道而实现润滑的方法）是高速轴承的主要润滑方法。喷油润滑时，喷嘴应尽可能地对准保持架非引导边一侧的间隙，从而直接喷射到滚动体上。喷嘴可以用一个，也可以用两个或三个，可以安装在轴承的一侧，也可以安装在轴承的两侧。安装在一侧时，应在未装喷嘴的一侧用泵抽油，从而使润滑油能全部通过轴承；两侧安装喷嘴时，也要用泵抽油，或采用其他办法不使油聚集在轴承腔中。

高速轴承的振动和噪声问题，已成为近年来研究的一个重要课题。为了减轻或消除轴承振动对整机振动的影响，除了改善轴承本身条件外，还可在支承设计方面采取措施，例如采用油膜减振支承等结构形式。

2. 高温滚动轴承简介

一般认为，工作温度高于 120℃的轴承可称为高温滚动轴承。

高温轴承的主要失效形式有过热烧伤、退火和表面疲劳点蚀。选用时应对轴承材料和热处理工艺提出要求，选取适当的润滑剂和润滑方法，并注意温度对轴承配合和游隙的影响。

工作温度在 120～250℃的轴承，套圈和滚动体如选用普通轴承钢，则应提高回火温度，一般回火温度比工作温度高 30～50℃。当工作温度在 200～500℃时，套圈和滚动体应采用高温轴承合金钢，如 Cr14Mo4、W18CrV 等；当工作温度在 500℃以上时，套圈和滚动体要采用超高温合金，如钴基或镍基合金以及陶瓷等。

保持架材料也应与工作温度相适应。使用酚醛胶布时，工作温度的上限为 135℃，使用铜合金时，工作温度的上限为 315℃。在使用铜合金且有短时间润滑不足的可能时，应在铜合金保持架表面镀银。对于工作温度约为 500℃，已有成功应用铜镍（蒙乃尔）合金保持架的经验。

普通的矿物润滑油为石油产品，在高温时会氧化成脂肪酸，促使轴承腐蚀而失效。如果使用得当，供油方法良好，已有把矿物润滑油用于工作温度为 280℃的经验。但一般认为矿物润滑油的工作温度应低于其闪点，以保证安全。当温度更高时，可考虑采用固体润滑剂。

此外，高温轴承在结构设计上，应着眼于加强冷却和散热，设法隔绝外来热源，尽量降低轴承的工作温度，以保证可靠工作。

3. 滚动轴承与滑动轴承的比较

表 13-11 列出了滚动轴承与滑动轴承的性能对比。在设计机器时，应当结合具体条件，选择一种最能适应工作要求且较经济的轴承。

表 13-11　滚动轴承与滑动轴承的性能对比

性质		滚动轴承	不完全流体润滑轴承	流体润滑轴承	
				流体动力润滑轴承	流体静力润滑轴承
承载能力与转速的关系		一般无关，特高速时，滚动体的离心力会降低承载能力	随转速增高而降低	随转速增高而增大	与转速无关
受冲击载荷的能力		不高	不高	油膜有承受较大冲击的能力	良好
高速性能		一般，受限于滚动体的离心力及轴承的温升	不高，受限于轴承的发热和磨损	高，受限于油膜振荡及润滑油的温升	高，用空气作润滑剂时极高
启动阻力		低	高	高	低
功率损失		一般不大，但如润滑及安装不当时将骤增	较大	较低	轴承本身的损失不大，加上油泵功率损失可能超过流体动力润滑轴承
寿命		有限，受限于材料的点蚀	有限，受限于材料的磨损	长，载荷稳定时理论上寿命无限，实际上受限于轴瓦的疲劳破坏	理论上无限
噪声		较大	不大	工作不稳定时有噪声，工作稳定时基本上无噪声	轴承本身的噪声不大，但油泵有不小的噪声
轴承的刚性		高，预紧时更高	一般	一般	一般到最高
旋转精度		较高	较低	一般到高	较高到最高
轴承尺寸	径向	大	小	小	小
	轴向	$(0.2\sim0.5)d$	$(0.5\sim4)d$	$(0.5\sim4)d$	中等
使用润滑剂		油、脂或固体	油、脂或固体	液体或气体	液体或气体
润滑剂用量		一般很小，高速时较多	一般不大	较大	最大
维护要求		油质要洁净，脂润滑时只需定期维护	要求不高	油质需洁净	油质需洁净，需经常维护润滑供油系统
更换易损零件		很方便，一般不需修理轴颈	轴承轴瓦需经常更换，有时需修复轴颈	轴承轴瓦需经常更换，有时需修复轴颈	轴承轴瓦需经常更换，有时需修复轴颈
价格		中等	大量生产时价格不高	较高	连同供油系统，价格最高

例题[①]13-1　设某支承根据工作条件决定选用深沟球轴承。轴承上的径向载荷 $F_r = 5\,500\,\text{N}$，轴向载荷 $F_a = 2\,700\,\text{N}$，轴承转速 $n = 1\,250\,\text{r/min}$，装轴承处的轴颈直径可在 $50 \sim 60\,\text{mm}$ 范围内选择，运转时有轻微冲击，预期计算寿命 $L_h' = 5\,000\,\text{h}$。试选择其轴承型号。

〔解〕（1）求比值：

$$\frac{F_a}{F_r} = \frac{2\,700}{5\,500} = 0.49$$

根据表 13-5，深沟球轴承的最大 e 值为 0.44，故此时

$$\frac{F_a}{F_r} > e$$

（2）初步计算当量动载荷 P，根据式（13-8a）得

$$P = f_d(XF_r + YF_a)$$

按照表 13-6，$f_d = 1.0 \sim 1.2$，取 $f_d = 1.2$。

按照表 13-5，$X = 0.56$，Y 值需在已知型号和基本额定静载荷 C_0 后才能求出。现暂选一近似中间值，取 $Y = 1.5$，则

$$P = 1.2 \times (0.56 \times 5\,500 + 1.5 \times 2\,700)\,\text{N} = 8\,556\,\text{N}$$

（3）根据式（13-6），求轴承应有的基本额定动载荷。

$$C = P\sqrt[\varepsilon]{\frac{60nL_h'}{10^6}} = 8\,556 \times \sqrt[3]{\frac{60 \times 1\,250 \times 5\,000}{10^6}}\,\text{N} = 61\,699\,\text{N}$$

（4）按照轴承手册或设计手册选择 $C = 61.8\,\text{kN}$ 的 6310 轴承。

此轴承的基本额定静载荷 $C_0 = 38\,\text{kN}$。验算如下：

1）求相对轴向载荷对应的 e 值与 Y 值。相对轴向载荷为 $\dfrac{F_a}{C_0} = \dfrac{2\,700}{38\,000} = 0.071\,05$，在表 13-5 中该值介于 0.07 与 0.13 之间，对应的 e 值为 $0.27 \sim 0.31$，Y 值为 $1.6 \sim 1.4$。

2）用线性插值法求 Y 值。

$$Y = 1.4 + \frac{(1.6 - 1.4) \times (0.13 - 0.071\,05)}{0.13 - 0.07} = 1.597$$

故　　　　　　　　　　　　　　$X = 0.56$，$Y = 1.597$

3）求当量动载荷 P。

$$P = 1.2 \times (0.56 \times 5\,500 + 1.597 \times 2\,700)\,\text{N} = 8\,870.28\,\text{N}$$

4）验算 6310 轴承的寿命，根据式（13-5）

$$L_h = \frac{10^6}{60n}\left(\frac{C}{P}\right)^\varepsilon = \frac{10^6}{60 \times 1\,250} \times \left(\frac{61\,800}{8\,870.28}\right)^3\,\text{h} = 4\,509.12\,\text{h} < 5\,000\,\text{h}$$

得 6310 轴承的寿命低于预期计算寿命。因题中的轴径尺寸允许取为 $50 \sim 60\,\text{mm}$，故可改用 6311（或 6312）轴承，验算从略。

---

①　本章例题，着重说明本章中各公式和表格数据的用法，偏重于计算方面。有关结构设计的问题，应结合设计任务进行讨论，此处从略。

例题 13-2　设根据工作条件决定在轴的两端正装两个角接触球轴承，如图 13-34a 所示。已知轴上齿轮受切向力 $F_{te}=2\,200$ N，径向力 $F_{re}=900$ N，轴向力 $F_{ae}=400$ N，齿轮分度圆直径 $d=314$ mm，齿轮转速 $n=1\,440$ r/min，运转中有中等冲击载荷，轴承预期计算寿命 $L_h'=15\,000$ h。设初选两个轴承型号均为 7207C，试验算轴承是否可达到预期寿命的要求。

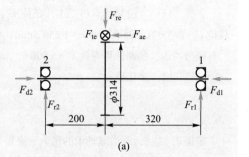

（a）

［解］　查滚动轴承手册可知角接触球轴承 7207C 的基本额定动载荷 $C=30.5$ kN，基本额定静载荷 $C_0=20$ kN。

（1）求两轴承受的径向载荷 F_{r1} 和 F_{r2}

将轴系部件受到的空间力系分解为竖直面（图 13-34b）和水平面（图 13-34c）两个平面力系。其中：图 13-34c 中的 F_{te} 为通过另加转矩而平移到指向轴线（转矩在图中未画出）。由力分析可知：

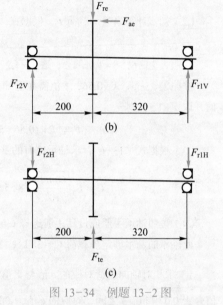

（b）

（c）

图 13-34　例题 13-2 图

$$F_{r1V}=\frac{F_{re}\times200-F_{ae}\times\dfrac{d}{2}}{200+320}=\frac{900\times200-400\times\dfrac{314}{2}}{520}\text{ N}=225.38\text{ N}$$

$$F_{r2V}=F_{re}-F_{r1V}=900\text{ N}-225.38\text{ N}=674.62\text{ N}$$

$$F_{r1H}=\frac{200}{200+320}F_{te}=\frac{200}{520}\times2\,200\text{ N}=846.15\text{ N}$$

$$F_{r2H}=F_{te}-F_{r1H}=2\,200\text{ N}-846.15\text{ N}=1\,353.85\text{ N}$$

$$F_{r1}=\sqrt{F_{r1V}^2+F_{r1H}^2}=\sqrt{225.38^2+846.15^2}\text{ N}=875.65\text{ N}$$

$$F_{r2}=\sqrt{F_{r2V}^2+F_{r2H}^2}=\sqrt{674.62^2+1\,353.85^2}\text{ N}=1\,512.62\text{ N}$$

（2）求两轴承的计算轴向力 F_{a1} 和 F_{a2}

对于 7207C 型轴承，按表 13-7，轴承派生轴向力 $F_d=eF_r$，其中，e 为表 13-5 中的判断系数，其值由 $\dfrac{F_a}{C_0}$ 的大小来确定，但现轴承轴向力 F_a 未知，故先初取 $e=0.4$，因此可估算：

$$F_{d1}=0.4F_{r1}=0.4\times875.65\text{ N}=350.26\text{ N}\;;\quad F_{d2}=0.4F_{r2}=0.4\times1\,512.62\text{ N}=605.05\text{ N}$$

因为 $F_{d2}-F_{ae}=(605.05-400)\text{ N}=205.05\text{ N}<F_{d1}=350.26\text{ N}$，所以 $F_{a1}=F_{d1}=350.26\text{ N}$。

因为 $F_{d1}+F_{ae}=(350.26+400)\text{ N}=750.26\text{ N}>F_{d2}=605.05\text{ N}$，所以 $F_{a2}=F_{d1}+F_{ae}=(305.26+400)\text{ N}=750.26\text{ N}$。

因此 $\dfrac{F_{a1}}{C_0}=\dfrac{350.26}{20\,000}=0.017\,5$，　$\dfrac{F_{a2}}{C_0}=\dfrac{750.26}{20\,000}=0.037\,5$。

由表 13-5 仿例题 13-1 进行插值计算，得 $e_1=0.384$，$e_2=0.409$。再计算：

$$F_{d1}=e_1F_{r1}=0.384\times875.65\text{ N}=336.25\text{ N}\;;\quad F_{d2}=e_2F_{r2}=0.409\times1\,512.62\text{ N}=618.66\text{ N}$$

$$F_{a1}=F_{d1}=336.25\text{ N}\;;\quad F_{a2}=F_{d1}+F_{ae}=(336.25+400)\text{ N}=736.25\text{ N}$$

$$\frac{F_{a1}}{C_0} = \frac{336.25}{20\,000} = 0.016\,8 \; ; \quad \frac{F_{a2}}{C_0} = \frac{736.25}{20\,000} = 0.036\,8$$

两次计算的 $\dfrac{F_a}{C_0}$ 值相差不大，因此确定 $e_1 = 0.384$，$e_2 = 0.409$，$F_{a1} = 336.25$ N，$F_{a2} = 736.25$ N。

（3）求轴承当量动载荷 P_1 和 P_2

因为 $\qquad \dfrac{F_{a1}}{F_{r1}} = \dfrac{336.25}{875.65} = 0.384 = e_1 \; ; \quad \dfrac{F_{a2}}{F_{r2}} = \dfrac{736.25}{1\,512.62} = 0.487 > e_2$

由表 13-5 分别进行查表或插值计算得径向载荷系数和轴向载荷系数为

对轴承 1：$X_1 = 1$，$Y_1 = 0$

对轴承 2：$X_2 = 0.44$，$Y_2 = 1.37$

因轴承运转中有中等冲击载荷，按表 13-6，$f_d = 1.2 \sim 1.8$，取 $f_d = 1.5$。则

$$P_1 = f_d(X_1 F_{r1} + Y_1 F_{a1}) = 1.5 \times (1 \times 875.65 + 0 \times 336.25) \text{ N} = 1\,313.48 \text{ N}$$

$$P_2 = f_d(X_2 F_{r2} + Y_2 F_{a2}) = 1.5 \times (0.44 \times 1\,512.62 + 1.37 \times 736.25) \text{ N} = 2\,511.32 \text{ N}$$

（4）验算轴承寿命

因为 $P_1 < P_2$，所以按轴承 2 的受力大小验算：

$$L_h = \frac{10^6}{60n}\left(\frac{C}{P_2}\right)^{\varepsilon} = \frac{10^6}{60 \times 1\,440} \times \left(\frac{30\,500}{2\,511.32}\right)^3 \text{ h} = 20\,733.83 \text{ h} > L_h'$$

故所选轴承满足寿命要求。

例题 13-3　试选择图 13-22 中支承蜗杆用的轴承型号。设右轴承为支承 1，左轴承（一对）为支承 2。已知轴承所受载荷分别为 $F_{r1} = 1\,500$ N，$F_{r2} = 2\,800$ N，$F_a = 9\,000$ N（方向由支承 1 指向支承 2）。蜗杆装轴承处的轴径 $d = 45$ mm，转速 $n = 30$ r/min，要求连续工作 5 年（设每年按 300 个工作日计），工作情况平稳。

[解]　支承 1 为游动支承，因载荷不大，可选用深沟球轴承。支承 2 选择两个 70000AC 型角接触球轴承，面对面安装。

（1）支承 2 轴承型号的确定

1）由滚动轴承手册查得，70000AC 型轴承背对背或面对面成对安装在一个支点时，当量动载荷可按下式计算：

当 $F_a/F_r \leqslant 0.68$ 时，$P = F_r + 0.92F_a$

当 $F_a/F_r > 0.68$ 时，$P = 0.67F_r + 1.41F_a$

2）因 $F_a/F_{r2} = 9\,000/2\,800 = 3.21 > 0.68$，且工作平稳，取 $f_d = 1$，按式（13-8a），实际当量动载荷

$$P_2 = f_d(0.67F_{r2} + 1.41F_a) = 1 \times (0.67 \times 2\,800 + 1.41 \times 9\,000) \text{ N} = 14\,566 \text{ N}$$

3）计算预期寿命 L_h'。

$$L_h' = 5 \times 300 \times 24 \text{ h} = 36\,000 \text{ h}$$

4）求该对轴承应具有的基本额定动载荷。

按式（13-6）得

$$C = P_2 \sqrt[\varepsilon]{\frac{60nL_h'}{10^6}} = 14\,566 \times \sqrt[3]{\frac{60 \times 30 \times 36\,000}{10^6}} \text{ N} = 58\,505.76 \text{ N}$$

5）按照滚动轴承手册，以下各型号轴承面对面成对安装于一个支点时的基本额定动载荷 C（括号内为单个轴承的 C 值）为：

轴承型号　　　　　　7009AC　　　　　7209AC

基本额定动载荷 /kN　　41.8（25.8）　　59.5（36.8）

故选择一对 7209AC 轴承装在支点 2 上合适。

（2）支承 1 轴承型号的确定（略）

例题 13-4　一个球轴承，要求在可靠度为 99% 时，在径向载荷 $F_r = 11\,000$ N 作用下工作应力循环次数达 80×10^6，求此轴承应具有的基本额定动载荷 C。

［解］题意要求达到的应力循环次数 80×10^6 应该是这一轴承的修正额定寿命 L_{1m}。根据表 13-9，查得可靠度为 99% 时的可靠度寿命修正系数 $a_1 = 0.25$，按式（13-18）计算出相应的基本额定寿命为

$$L_{10} = \frac{L_{1m}}{a_1} = \frac{80 \times 10^6}{0.25} = 320 \times 10^6$$

再按式（13-4）算得轴承应具有的基本额定动载荷（因轴承不受轴向载荷，$P = F_r$；L_{10} 的单位为 10^6r）为

$$C = \sqrt[\varepsilon]{L_{10}} \times P = \sqrt[3]{320} \times 11\,000 \text{ N} = 75\,239 \text{ N}$$

重难点分析

 习题

13-1　试说明下列各轴承的内径有多大？哪个轴承公差等级最高？哪个允许的极限转速最高？哪个承受径向载荷能力最高？哪个不能承受径向载荷？

N307/P4　6207　30207　51301

13-2　欲对一批同型号滚动轴承做寿命试验。若同时投入 50 个轴承进行试验，按其基本额定动载荷加载，试验机主轴转速 $n = 2\,000$ r/min。若预计该批轴承为正品，则试验进行 8 h 20 min，应约有几个轴承已失效？

13-3　某深沟球轴承需在径向载荷 $F_r = 7\,150$ N 作用下，以 $n = 1\,800$ r/min 的转速工作 3 800 h。试求此轴承应有的基本额定动载荷 C。

13-4　一农用水泵，决定选用深沟球轴承，轴颈直径 $d = 35$ mm，转速 $n = 2\,900$ r/min，已知径向载荷 $F_r = 1\,810$ N，轴向载荷 $F_a = 740$ N，预期计算寿命 $L'_h = 6\,000$ h，试选择轴承的型号。

13-5　根据工作条件，决定在轴的两端选用 $\alpha = 25°$ 的两个角接触球轴承，如图 13-13b 所示的正装。轴颈直径 $d = 35$ mm，工作中有中等冲击，转速 $n = 1\,800$ r/min，已知两轴承的径向载荷分别为 $F_{r1} = 3\,390$ N，$F_{r2} = 1\,040$ N，外加轴向载荷 $F_{ae} = 870$ N，作用方向指向轴承 1，试确定其工作寿命。

13-6　若将图 13-34a 中的两轴承换为圆锥滚子轴承，代号为 30207。其他条件同例题 13-2，试验算轴承的寿命。

13-7　某轴的一端支点上原采用 6308 轴承，其工作可靠度为 90%，现需将该支点轴承在寿命不降低的条件下将工作可靠度提高到 99%，试确定可能用来替换的轴承型号。

知识图谱　学习指南

联轴器和离合器

联轴器和离合器是机械传动中常用的部件。它们主要用来连接轴与轴（或连接轴与其他回转零件），以传递运动与转矩；有时也可用作安全装置。根据工作特性，它们有以下应用的种类：

1）联轴器用来把两轴连接在一起，机器运转时两轴不能分离；只有在机器停车并将连接拆开后，两轴才能分离。

2）离合器是在机器运转过程中，可使两轴随时接合或分离的一种装置。它可用来操纵机器传动系统的断续，以便进行变速及换向等。

3）安全联轴器及安全离合器在机器工作时，如果转矩超过规定值，这种联轴器及离合器即可自行断开或打滑，以保证机器中的主要零件不致因过载而损坏。

4）特殊功用的联轴器及离合器用于某些有特殊要求处，例如在一定的回转方向或达到一定的转速时，联轴器或离合器可自动接合或分离等。

由于机器的工况各异，因而对联轴器和离合器提出了各种不同的要求，如传递转矩的大小、转速高低、扭转刚度变化情况、体积大小、缓冲吸振能力等。为了适应这些不同的要求，联轴器和离合器都已出现了很多类型，新型产品不断涌现，发展为一个广阔的领域。设计人员可以结合具体需要自行设计联轴器和离合器。

由于联轴器和离合的类型繁多，本章仅介绍若干典型联轴器和离合器的结构及其有关知识，以便为选用和设计提供必要的基础。

14-1　联轴器的种类和特性

联轴器所连接的两轴，由于制造及安装误差、承载后的变形以及温度变化的影响等，往往不能保证严格的对中，而是存在着某种程度的相对位移，如图 14-1 所示。这就要求设计联轴器时，需从结构上采取各种措施，使之能适应一定范围的相对位移。

根据联轴器对各种相对位移有无补偿能力（即能否在发生相对位移条件下保持连接的功能），联轴器可分为刚性联轴器（无补偿能力）和挠性联轴器（有补偿能力）两大类。挠性联轴器又可分为无弹性元件挠性联轴器和有弹性元件挠性联轴器两个类别。

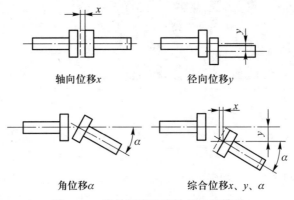

軸向位移*x*　　　　　径向位移*y*

角位移*α*　　　　　綜合位移*x*、*y*、*α*

图 14-1　联轴器所连两轴的相对位移

1. 刚性联轴器

这类联轴器有套筒式（参见图 6-30）、夹壳式和凸缘式等结构形式。这里只介绍较为常用的凸缘联轴器。

凸缘联轴器是将两个带有凸缘的半联轴器用普通平键分别与两轴连接，然后用螺栓把两个半联轴器连成一体，以传递运动和转矩（图 14-2）。这种联轴器有 GY 型和 GYS 型两种主要的结构形式：图 14-2a 所示的凸缘联轴器是靠加强杆螺栓来实现两轴对中和靠螺栓杆承受挤压与剪切来传递转矩；图 14-2b 所示的凸缘联轴器，靠一个半联轴器上的凸肩与另一个半联轴器上的凹槽相配合而对中。连接两个半联轴器的螺栓采用普通螺栓，转矩靠两个半联轴器接合面的摩擦力矩来传递。

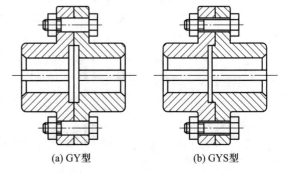

(a) GY型　　　　(b) GYS型

图 14-2　凸缘联轴器

凸缘联轴器对两轴对中性的要求很高，当两轴有相对位移存在时，会在机件内引起附加载荷，使工作情况恶化，这是它的主要缺点。但由于构造简单、成本低、可传递较大转矩，故当转速低、无冲击、轴的刚性大、对中性较好时常被采用。这种联轴器可按国家标准（GB/T 5843—2003）选用。

2. 挠性联轴器

（1）无弹性元件挠性联轴器

这类联轴器的结构可以补偿两轴的相对位移，但因无弹性元件而不能缓冲减振。常用的有以下几种。

1）十字滑块联轴器

如图 14-3 所示，十字滑块联轴器由两个在端面上开有凹槽的半联轴器和一个两面带有凸牙的中间盘组成。因凸牙可在凹槽中滑动，故可补偿安装及运转时两轴间的相对径向位移。为了减少摩擦及磨损，使用时应从中间盘的油孔中注油进行润滑。

因为半联轴器与中间盘组成移动副，无法发生相对转动，故主动轴与从动轴的角速度应相等。但在两轴间有相对位移的情况下工作时，中间盘会产生很大的离心力，从而增大动载荷及磨损。因此，选用时应注意其工作转速不得大于规定值。

这种联轴器一般用于转速 $n<250$ r/min，轴的刚度较大，且无剧烈冲击处。效率 $\eta=1-(3\sim5)\dfrac{fy}{d}$。这里 f 为摩擦因数，一般取为 0.12～0.25；y 为两轴间径向位移量，mm；d 为轴径，mm。

2）滑块联轴器

如图 14-4 所示，这种联轴器与十字滑块联轴器相似，只是两边半联轴器上的沟槽很宽，并把十字滑块联轴器的中间盘改为两面不带凸牙的方形滑块，通常用夹布胶木制成，也可用尼龙制成，但需在配制时加入少量的石墨或二硫化钼，以便在使用时可以自行润滑。这种联轴器结构简单，非金属滑块具有一定的缓冲和吸振能力，其工作温度范围为 $-20\sim70$℃，适用于传递扭矩较小的场合。滑块联轴器已标准化，设计时可按标准选用。

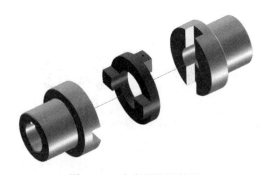 

图 14-3　十字滑块联轴器　　　　　　　图 14-4　滑块联轴器

3）十字轴式万向联轴器

如图 14-5a 所示，它由两个叉形接头 1、3，一个中间连接件 2，轴销 4、5（包括销套及销）所组成；轴销 4 与 5 互相垂直配置并分别把两个叉形接头与中间连接件 2 连接起来。这样构成了一个可动的连接。

十字轴式万向联轴器可以允许两轴间有较大的夹角（夹角 α 可超过 35°，最大可达 45°），而且在机器运转时，夹角发生改变仍可正常传动；但当 α 过大时，传动效率会显著降低。这种联轴器的缺点是：当主动轴角速度 ω_1 为常数时，从动轴的角速度 ω_3 并不是常数，而是在一定范围内 $\left(\omega_1\cos\alpha\leqslant\omega_3\leqslant\dfrac{\omega_1}{\cos\alpha}\right)$ 变化，因而在传动中将产生附加动载荷。为了改善这种情况，常将十字轴式万向联轴器成对使用（图 14-5b），但应注意安装时必须保证主动轴、从动轴与中间轴之间的夹角 α 相等，并且中间轴两端叉形接头应在同一平面内（图 14-6）。只有这种双万向联轴器才能满足 $\omega_3=\omega_1$。

十字轴式万向联轴器结构紧凑，维护方便，广泛应用于汽车、多头钻床等机器的传动系统中。十字轴式万向联轴器已标准化，设计时可按标准选用。

4）齿式联轴器

如图 14-7 所示，这种联轴器由两个带有内齿及凸缘的外套筒和两个带有外齿的内套

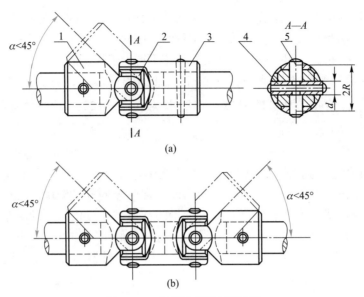

(a)

(b)

图 14-5　十字轴式万向联轴器

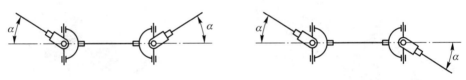

图 14-6　双万向联轴器

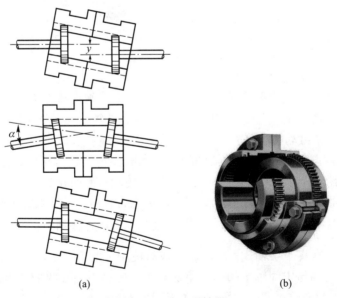

(a)　　　　　　　　　　(b)

图 14-7　齿式联轴器

筒组成。两个内套筒分别用键与两轴连接，两个外套筒用螺栓连成一体，依靠内、外齿相啮合以传递转矩。由于外齿的齿顶制成椭球面，且保证与内齿啮合后具有适当的顶隙和侧隙，故在传动时，套筒可有轴向位移、径向位移以及角位移。为了减少磨损，使用中应对齿面进行润滑。

齿式联轴器中，所用齿轮的齿廓曲线为渐开线，啮合角为 20°，齿数一般为 30～80。这类联轴器能传递很大的转矩，并允许有较大的偏移量，安装精度要求不高；但质量较大，成本较高，在重型机械中广泛应用。常用齿式联轴器已标准化，设计时可按标准选用。

5）滚子链联轴器

图 14-8 所示为滚子链联轴器。这种联轴器是利用一条双排滚子链 2 同时与两个齿数相同的并列链轮啮合来实现两个半联轴器 1 与 3 的连接。为了改善润滑条件并防止污染，一般都将联轴器密封在罩壳 4 内。

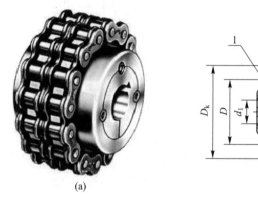
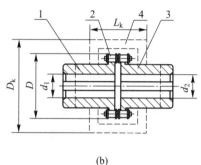

(a)　　　　　　　　　　(b)

图 14-8　滚子链联轴器

滚子链联轴器的特点是结构简单，尺寸紧凑，质量小，装拆方便，维修容易，价廉，并具有一定的补偿性能。但因链条的套筒与其相配件间存在间隙，不宜用于正反向传动、启动频繁或立轴传动。同时由于受离心力影响也不宜用于高速传动。这种联轴器可按国家标准（GB/T 6069—2017）选用。

（2）有弹性元件挠性联轴器

如前所述，这类联轴器因装有弹性元件，不仅可以补偿两轴间的相对位移，而且具有缓冲减振的能力。弹性元件所能储蓄的能量越多，联轴器的缓冲能力越强；弹性元件的弹性滞后性能与弹性变形时零件间的摩擦功越大，联轴器的减振能力越好。这类联轴器目前应用很广，品种亦较多。

制造弹性元件的材料有非金属和金属两种。非金属材料有橡胶、塑料等，其特点为质量小、价格便宜、有良好的弹性滞后性能，因而减振能力强。金属材料制成的弹性元件（主要为各种弹簧）强度高、尺寸小而寿命较长。

联轴器在承受工作转矩 T 以后，被连接两轴将因弹性元件的变形而产生相应的扭转角 ϕ。ϕ 与 T 成正比关系的弹性元件为恒刚度的，不成正比关系的为变刚度的。非金属材料的弹性元件都是变刚度的，金属材料则由其结构不同有变刚度的与恒刚度的两种。常用非金属材料的刚度多随载荷的增大而增大，故缓冲性好，特别适用于工作载荷有较大变化的机器。

1）弹性套柱销联轴器

这种联轴器（图 14-9）的构造与凸缘联轴器相似，只是用套有弹性套的柱销代替了连接螺栓。

(a)

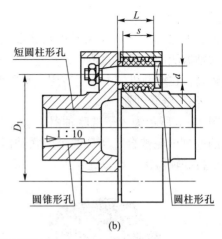

(b)

图 14-9   弹性套柱销联轴器

通过蛹状的弹性套传递转矩可缓冲减振。由于弹性套与销孔的配合间隙不宜过大，工作时弹性套受到挤压变形量不大，因此弹性套柱销联轴器的补偿性能和缓冲性能不高。这种联轴器可按国家标准（GB/T 4323—2017）选用。

弹性套柱销联轴器制造容易，装拆方便，成本较低，但弹性套易磨损，寿命较短。它适用于连接载荷平稳、需正反转或启动频繁的传递中小转矩的轴。

2）弹性柱销联轴器

这种联轴器的结构如图 14-10 所示，工作时转矩是通过主动轴上的键、半联轴器、弹性柱销、另一半联轴器及键而传到从动轴上去的。为了防止柱销脱落，在半联轴器的外侧用螺钉固定有挡板。

弹性柱销联轴器与弹性套柱销联轴器很相似，但传递转矩的能力很大，结构更为简单，安装、制造方便，耐久性好。弹性柱销有一定的缓冲和吸振能力，允许被连接两轴有一定的轴向位移以及少量的径向位移和角位移，适用于轴向窜动较大、正反转变化较多和启动频繁的场合。由于尼龙柱销对温度较敏感，故使用温度限制在 -20～70℃ 的范围内。这种联轴器可按国家标准（GB/T 5014—2017）选用。

3）梅花形弹性联轴器

这种联轴器如图 14-11 所示，其半联轴器与轴的配合孔可做成圆柱形或圆锥形。装配联轴器时将梅花形弹性件的花瓣部分夹紧在两半联轴器端面凸齿交错插进所形成的齿侧空间，以便在联轴器工作时起到缓冲减振的作用。弹性件可根据使用要求选用不同硬度的聚氨酯橡胶、铸型尼龙等材料制造。工作温度范围为 -35～80℃，短时工作温度可达 100℃，传递的公称转矩范围为 16～25 000 N·m。这种联轴器可按国家标准（GB/T 5272—2017）选用。

4）轮胎联轴器

轮胎联轴器如图 14-12 所示，用橡胶或橡胶织物制成轮胎状的弹性元件，两端用压板及螺钉分别压在两个半联轴器上。这种联轴器富有弹性，具有良好的消振能力，能有效地降低动载荷和补偿较大的轴向位移，而且绝缘性能好，运转时无噪声。缺点是径向尺寸 A 较大，当转矩较大时会因过大扭转变形而产生附加轴向载荷。这种联轴器可按国家标准

图 14-10　弹性柱销联轴器

图 14-11　梅花形弹性联轴器

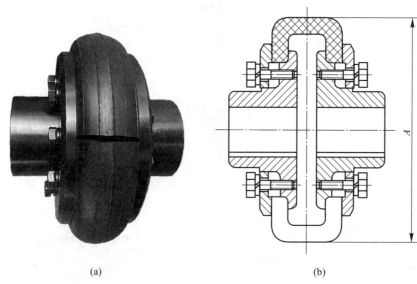

(a)　　　　　　　　　　　　　　(b)

图 14-12　轮胎联轴器

（GB/T 5844—2002）选用。

5）膜片联轴器

膜片联轴器的典型结构如图 14-13 所示。其弹性元件为一定数量的很薄的多边环形（或圆环形）金属膜片叠合而成的膜片组，膜片上有沿圆周均布的若干个螺栓孔，用加强杆螺栓交错间隔与两边的半联轴器相连接。这样将弹性元件上的弧段分为交错受压缩和受拉伸的两部分，拉伸部分传递转矩，压缩部分趋向产生皱褶。当所连接的两轴存在轴向位移、径向位移和角位移时，金属膜片便产生波状变形。

这种联轴器结构比较简单，弹性元件的连接没有间隙，不需润滑，维护方便，平衡容易，质量小，对环境适应性强，发展前途广阔，但扭转弹性较低，缓冲减振性能差，主要用于载荷比较平稳的高速传动。

金属弹性元件挠性联轴器除膜片联轴器外，还有多种形式，如恒刚度的螺旋弹簧联轴器（图 14-14）、变刚度的蛇形弹簧联轴器（图 14-15）及径向簧片联轴器（图 14-16）等。

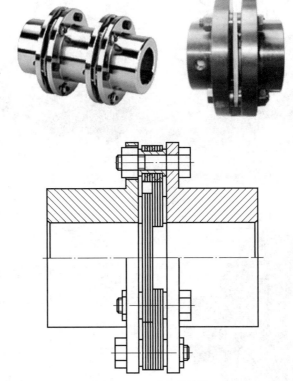

图 14-13　膜片联轴器

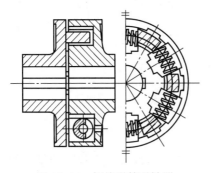

图 14-14　螺旋弹簧联轴器

图 14-15　蛇形弹簧联轴器

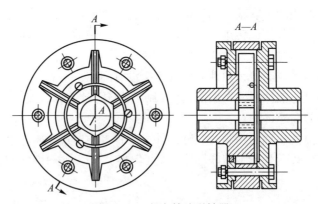

图 14-16　径向簧片联轴器

14-2 联轴器的选择

绝大多数联轴器均已标准化或规格化（见有关手册）。一般机械设计者的任务主要是选用。下面介绍选用联轴器的基本步骤。

1. 选择联轴器的类型

选择一种合适的联轴器类型应考虑以下几点：

1）所需传递的转矩大小和性质以及对缓冲减振功能的要求。例如，对大功率的重载传动，可选用齿式联轴器；对有冲击载荷或要求消除轴系扭转振动的传动，可选用轮胎联轴器等具有高弹性的联轴器。

2）联轴器的工作转速高低和引起的离心力大小。对于高速传动轴，应选用平衡精度高的联轴器，例如膜片联轴器等，而不宜选用存在偏心的滑块联轴器等。

3）两轴相对位移的大小和方向。在安装调整过程中，难以保持两轴严格精确对中，或工作过程中两轴将产生较大的附加相对位移时，应选用挠性联轴器。例如当径向位移较大时，可选滑块联轴器；对于角位移较大或相交两轴的连接，可选用万向联轴器等。

4）联轴器的可靠性和工作环境。通常由金属元件制成的不需要润滑的联轴器比较可靠；需要润滑的联轴器，其性能易受润滑程度的影响，且可能污染环境。含有橡胶等非金属元件的联轴器对温度、腐蚀性介质及强光等比较敏感，而且容易老化。

5）联轴器的制造、安装、维护和成本。在满足使用性能的前提下，应选用装拆方便、维护简单、成本低的联轴器。例如刚性联轴器不但结构简单，而且装拆方便，可用于低速、刚性大的传动轴。一般的非金属弹性元件挠性联轴器（例如弹性套柱销联轴器、弹性柱销联轴器、梅花形弹性联轴器等），由于具有良好的综合性能，广泛适用于一般的中小功率传动。

2. 计算联轴器的计算转矩

由于机器启动时的动载荷和运转中可能出现的过载现象，所以应当按轴上的最大转矩作为联轴器的计算转矩 T_{ca}，并按下式计算：

$$T_{ca} = K_A T \qquad (14\text{-}1)$$

式中：T——理论转矩，$N \cdot m$；

K_A——工作情况系数，见表 14-1。

表 14-1 工作情况系数 K_A

工作机		K_A			
		原 动 机			
分类	工作情况及举例	电动机汽轮机	四缸和四缸以上内燃机	双缸内燃机	单缸内燃机
I	转矩变化很小，如发电机、小型通风机、小型离心泵	1.3	1.5	1.8	2.2

工 作 机		K_A			
		原 动 机			
分类	工作情况及举例	电动机汽轮机	四缸和四缸以上内燃机	双缸内燃机	单缸内燃机
Ⅱ	转矩变化小，如透平压缩机、木工机床、运输机	1.5	1.7	2.0	2.4
Ⅲ	转矩变化中等，如搅拌机、增压泵、有飞轮的压缩机、冲床	1.7	1.9	2.2	2.6
Ⅳ	转矩变化和冲击载荷中等，如织布机、水泥搅拌机、拖拉机	1.9	2.1	2.4	2.8
Ⅴ	转矩变化和冲击载荷大，如造纸机、挖掘机、起重机、碎石机	2.3	2.5	2.8	3.2
Ⅵ	转矩变化大并有极强烈冲击载荷，如压延机、无飞轮的活塞泵、重型初轧机	3.1	3.3	3.6	4.0

3. 确定联轴器的型号

根据计算转矩 T_{ca} 及所选的联轴器类型，按照

$$T_{ca} \leqslant T_n \tag{14-2}$$

的条件由联轴器标准选定该联轴器型号。式中的 T_n 为该型号联轴器的公称转矩，$N \cdot m$。

4. 校核最大转速

被连接轴的转速 n 不应超过所选联轴器的许用转速 $[n]/(r/min)$，即

$$n \leqslant [n] \tag{14-3}$$

5. 协调轴孔直径

多数情况下，每一型号联轴器适用的轴孔直径均有一个范围。标准中一般会给出适用轴孔直径的尺寸系列，被连接两轴的直径应当在此范围之内。一般情况下被连接两轴的直径是不同的，两个轴端的形状也可能是不同的。

6. 规定部件相应的安装精度

通常根据所选联轴器允许轴的相对位移偏差来规定部件相应的安装精度。通常标准中只给出单项位移偏差的允许值。如果有多项位移偏差存在，则必须根据联轴器的尺寸大小计算出相互影响的关系，以此作为规定部件安装精度的依据。

7. 进行必要的校核

如有必要，应对联轴器的主要承载零件进行强度校核。使用非金属弹性元件挠性联轴器时，还应注意联轴器所在部位的工作温度不要超过该弹性元件材料允许的最高温度。

例题 14-1　某车间起重机根据工作要求选用一电动机，其功率 $P=10$ kW，转速 $n=960$ r/min，电动机轴伸的直径 $d=42$ mm，试选择所需的联轴器（只要求与电动机轴伸连接的半联轴器满足直径要求）。

[解]（1）类型选择

为了缓和振动与冲击，选用弹性套柱销联轴器。

（2）载荷计算

理论转矩　　　　$T=9.55\times10^{6}\dfrac{P}{n}=9.55\times10^{6}\times\dfrac{10}{960}$ N·mm=99.48 N·m

由表 14-1 查得 $K_{A}=2.3$，故由式（14-1）得计算转矩为

$$T_{ca}=K_{A}T=2.3\times99.48\text{ N·m}=228.80\text{ N·m}$$

（3）型号选择

从 GB/T 4323—2017 中查得 LT6 型弹性套柱销联轴器的公称转矩为 355 N·m，许用转速为 3 800 r/min，轴孔直径包括 42 mm，故合用。其余计算从略。

14-3　离　合　器

离合器在机器运转中可将传动系统随时分离或接合。对离合器的基本要求有：接合平稳，分离迅速而彻底；调节和修理方便；外廓尺寸小；质量小；耐磨性好和有足够的散热能力；操纵方便省力。离合器的类型很多，常用的分为嵌合式离合器与摩擦式离合器两大类。

1. 嵌合式离合器

嵌合式离合器由两个端面上有牙的半离合器组成（图 14-17）。其中一个半离合器固定在主动轴上；另一个半离合器用导向平键（或花键）与从动轴连接，并由操纵机构使其作轴向移动，以实现离合器的分离与接合。嵌合式离合器是利用牙的相互嵌合来传递运动和转矩的。为使两半离合器能够对中，在主动轴端的半离合器上固定一个对中环，从动轴可在对中环内自由转动。

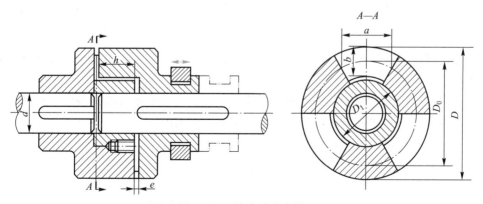

图 14-17　嵌合式离合器

嵌合式离合器常用的牙形如图 14-18 所示，三角形牙（图 a）用于传递小转矩的低速离合器；锯齿形牙（图 b、d）强度高，只能传递单向转矩，用于特定的工作条件下；梯形牙（图 c）的强度高，能传递较大的转矩，能自动补偿牙的磨损与间隙，从而减少冲击，故应用较广；矩形牙（图 e）无轴向分力，但不便于接合与分离，磨损后无法补偿，故使用较少；图 f 所示的牙形主要用于安全离合器。图 g 所示为牙形的纵截面。牙数一般取为 3～60。

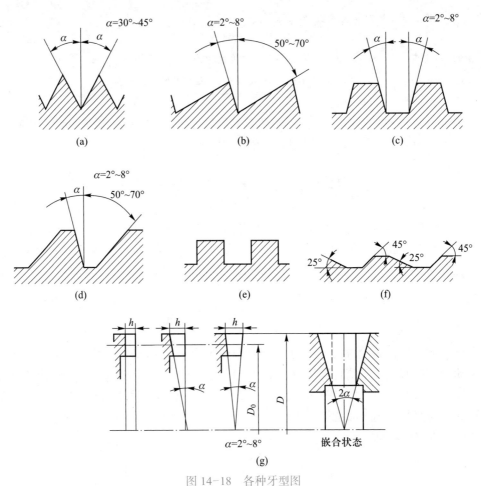

图 14-18　各种牙型图

嵌合式离合器的主要尺寸可从有关手册中选取，必要时应校核牙面的挤压强度和牙根的弯曲强度。

嵌合式离合器一般用于转矩不大、低速接合处。材料常用低碳钢表面渗碳，硬度为 56～62 HRC；或采用中碳钢表面淬火，硬度为 48～54 HRC；不重要的和静止状态接合的离合器，也允许用 HT200 制造。

2. 摩擦离合器

圆盘摩擦离合器是在主动摩擦盘转动时，由主、从动摩擦盘的接触面间产生的摩擦力矩来传递转矩的，有单盘式和多盘式两种结构形式。

　　图 14-19 为单盘式摩擦离合器。在主动轴 1 和从动轴 2 上分别安装摩擦盘 3 和 4，操纵环 5 可以使摩擦盘 4 沿从动轴 2 移动。接合时以力 F 将摩擦盘 4 压在摩擦盘 3 上，主动轴上的转矩即由两摩擦盘接触面间产生的摩擦力矩传到从动轴上。设摩擦力的合力作用在平均半径 R 的圆周上，则可传递的最大转矩 T_{max} 为

$$T_{max}=FfR \qquad (14\text{-}4)$$

式中，f 为摩擦因数。

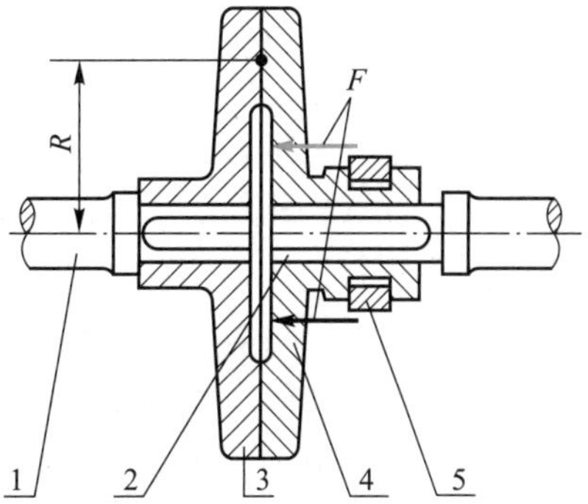

图 14-19　单盘式摩擦离合器

　　图 14-20 为多盘式摩擦离合器。它有两组摩擦盘：一组外摩擦盘 5（图 14-21a）以其外齿插入主动轴 1 上的外鼓轮 2 内缘的纵向槽中，盘的孔壁不与任何零件接触，故摩擦盘 5 可与主动轴 1 一起转动，并可在轴向力的推动下沿轴向移动；另一组内摩擦盘 6（图 14-21b）以其孔壁凹槽与从动轴 3 上的套筒 4 的凸齿相配合，摩擦盘的外缘不与任何零件接触，故摩擦盘 6 可与从动轴 3 一起转动，也可在轴向力推动下作轴向移动。另外，在套筒 4 上开有三个纵向槽，其中安置可绕销轴转动的曲臂压杆 8。当滑环 7 向左移动时，曲臂压杆 8 通过压板 9 将所有内、外摩擦盘紧压在调节螺母 10 上，离合器即进入接合状态。调节螺母 10 可调节摩擦盘之间的压力。内摩擦盘也可做成碟形（图 14-21c），当承压时，可被压平而与外盘贴紧；松脱时，由于内盘的弹力作用可以迅速与外盘分离。

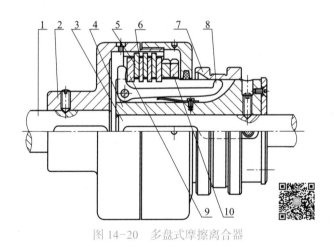

图 14-20　多盘式摩擦离合器

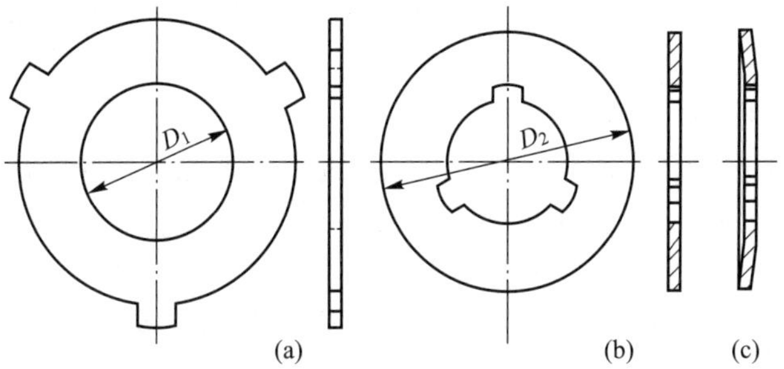

图 14-21　摩擦盘结构图

摩擦离合器和嵌合式离合器相比，有下列优点：不论在何种速度时，两轴都可以接合或分离；接合过程平稳，冲击、振动较小；从动轴的加速时间和所传递的最大转矩可以调节；过载时可发生打滑，以保护重要零件不致损坏。其缺点为：外廓尺寸较大；在接合、分离过程中要产生滑动摩擦，故发热量较大，磨损也较大。为了散热和减轻磨损，可以把摩擦离合器浸入油中工作。根据是否浸入润滑油中工作，摩擦离合器分为干式与油式两种。

摩擦离合器在接合与分离时，从动轴的转速总是小于主动轴的转速，因而内、外摩擦盘间必有相对滑动产生，从而消耗摩擦功，并引起摩擦盘的磨损和发热。当温度过高时，会引起摩擦因数改变，严重时还可能导致摩擦盘胶合与塑性变形。一般对钢制摩擦盘，应限制其表面最高温度不超过 $300\sim400℃$，整个离合器的平均温度不大于 $100\sim120℃$。摩擦离合器根据操纵方法的不同，可分为机械式、电磁式、气动式和液压式等多种。机械式摩擦离合器多用杠杆机构操纵（参见图 14-20）；当所需轴向力较大时，也有采用其他机构，如螺旋机构。

下面介绍一种采用电磁操纵的多盘式摩擦离合器。如图 14-22 所示，当直流电经接触环 1 导入电磁线圈 2 后，产生磁通 Φ 使线圈吸引衔铁 5，于是衔铁 5 将两组摩擦片 3、4 压紧，离合器处于接合状态。当电流切断时，依靠复位弹簧 6 将衔铁推开，使两组摩擦片松开，离合器处于分离状态。电磁式摩擦离合器可实现远距离操纵，动作迅速，没有不平衡的轴向力，因而在数控机床等机械中获得了广泛的应用。

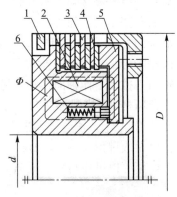

图 14-22　电磁摩擦离合器

14-4　安全联轴器及安全离合器

安全联轴器及安全离合器的作用是：当工作转矩超过机器允许的极限转矩时，连接件将发生折断、脱开或打滑，从而使联轴器或离合器自动停止传动，以保护机器中的重要零件不致损坏。下面介绍几种常用的类型。

1. 剪切销安全联轴器

这种联轴器有凸缘式（图 14-23a）和套筒式（图 14-23b）两种。现以凸缘式剪切销安全联轴器为例加以说明。凸缘式剪切销安全联轴器的结构类似凸缘联轴器，但不用螺栓，而用钢制销连接。销装入经过淬火的两段钢制套管中，过载时即被剪断。销的直径 d（单位为 mm）可按扭转剪切强度计算。

销的材料可采用 45 钢淬火或高碳工具钢，准备剪断处应预先切槽，使剪断处的残余变形最小，以免毛刺过大，有碍于更换报废的销。

这类联轴器由于销的材料力学性能不稳定以及制造尺寸的误差等原因，致使工作精度不高；而且销剪断后，不能自动恢复工作能力，因而必须停车更换销；但由于构造简单，所以对很少过载的机器还常采用。

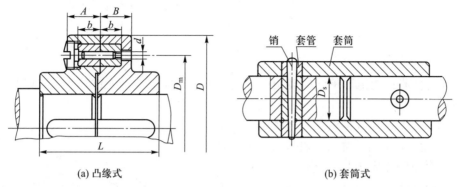

(a) 凸缘式 (b) 套筒式

图 14-23 剪切销安全联轴器

2. 滚珠安全离合器

滚珠安全离合器的结构形式很多。这里介绍较常用的一种，如图 14-24a 所示，离合器由主动齿轮 1、从动盘 2、外套筒 3、弹簧 4、调节螺母 5 组成。主动齿轮 1 活套在轴上，外套筒 3 用花键与从动盘 2 连接，同时又用键与轴相连。在主动齿轮 1 和从动盘 2 的端面上，各沿直径为 D_m 的圆周上制有数量相等的滚珠承窝（一般为 4~8 个），承窝中装入滚珠后（图 14-24b 中 $a > \dfrac{d}{2}$），进行敛口，以免滚珠脱出。正常工作时，由于弹簧 4 的推力使两盘的滚珠互相交错压紧，如图 14-24b 所示。主动齿轮传来的转矩通过滚珠、从动盘、外套筒而传给从动轴。当转矩超过许用值时，弹簧被过大的轴向分力压缩，使从动盘向右移动，原来交错压紧的滚珠因被放松而相互滑过，此时主动齿轮空转，从动轴即停止转动；当载荷恢复正常时，又可重新传递转矩。弹簧压力的大小可用调节螺母 5 来调节。这种离合器由于滚珠表面会受到较严重的冲击与磨损，故一般只用于传递较小转矩的装置中。

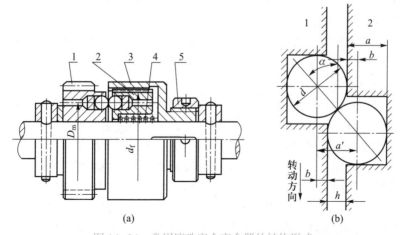

(a) (b)

图 14-24 常用滚珠安全离合器的结构形式

14-5 特殊功用及特殊结构的联轴器及离合器

1. 超越离合器

超越离合器只能传递单向的转矩，其结构可以是摩擦滚动元件式，也可以是棘轮棘爪式。

图 14-25 所示为一种滑销超越离合器，由爪轮 1、套筒 2、滑销 3、弹簧顶杆 4 等组成。如果爪轮 1 为主动轮并作顺时针旋转，滑销被摩擦力驱动而滚向空隙的狭窄部分，并楔紧在爪轮和套筒间，使套筒随爪轮一同回转，离合器即进入接合状态。但当爪轮反向旋转时，滑销即滚到空隙的宽敞部分，这时离合器即处于分离状态。因而，滑销超越离合器只能传递单向的转矩，可在机械中用来防止逆转及完成单向传动。如果在套筒 2 随爪轮 1 旋转的同时，套筒又从另一运动系统获得旋向相同但转速较大的运动，则离合器也将处于分离状态。即从动件的角速度超过主动件时，不能带动主动件回转。这种从动件可以超越主动件的特性多应用于内燃机等的启动装置中。

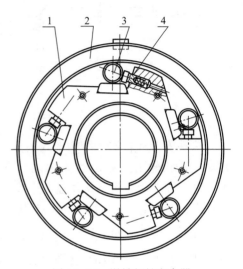

图 14-25 滑销超越离合器

2. 离心离合器

离心离合器按其在静止状态时的离合情况可分为开式和闭式两种：开式离心离合器只有当达到一定工作转速时，主、从动部分才进入接合；闭式离心离合器在到达一定工作转速时，主、从动部分才分离。在启动频繁的机器中采用离心离合器，可使电动机在运转稳定后才接入负载。若电动机的启动电流较大或启动力矩很大，则采用开式离心离合器可避免电动机过热，或防止传动机构受到很大的动载荷。采用闭式离心离合器则可在机器转速过高时起过载保护作用。又因这种离合器是靠摩擦力传递转矩的，故转矩过大时也可通过打滑而起过载保护作用。

图 14-26a 所示为开式离心离合器的工作原理图，在两个拉伸螺旋弹簧 3 的弹力作用下，主动部分的一对闸块 2 与从动部分的鼓轮 1 脱开；当转速达到某一数值后，离心力对支点 4 的力矩增加到超过弹簧拉力对支点 4 的力矩时，便使闸块绕支点 4 向外摆动，从而与从动鼓轮 1 压紧，离合器进入接合状态。当接合面上产生的摩擦力矩足够大时，主、从动轴即一起转动。图 14-26b 为闭式离心离合器的工作原理图，其工作过程与开式离心离合器相反，在正常运转条件下，由于压缩弹簧 3 的弹力，使两个闸块 2 与鼓轮 1 表面压紧，保持接合状态而一起转动；当转速超过某一数值后，离心力矩大于弹簧压力的力矩时，即可使闸块绕支点 4 摆动而与鼓轮脱离接触。

拓展资源

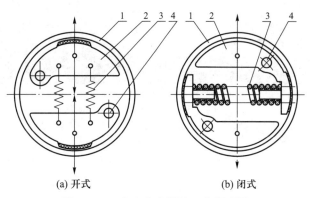

图 14-26 离心离合器的工作原理图

3. 电磁粉末离合器

图 14-27 所示为电磁粉末离合器的原理图。金属外筒 1 为从动件，嵌有环形励磁线圈 3 的电磁铁 4 与主动轴连接，1 与 4 间留有少量间隙，一般为 1.5～2 mm，内装适量的铁和石墨的粉末 2（这种称为干式；如采用羰基化铁加油作为工作介质，则称为油式或湿式）。当励磁线圈中无电流时，散砂似的粉末不妨碍主、从动件之间的相对运动，离合器处于分离状态；当通入电流时（通常为直流电），电磁粉末即在磁场作用下被吸引而聚集，从而将主、从动件联系起来，离合器即接合。这种离合器在过载滑动时，会产生高温。当温度超过电磁粉末的居里点时，磁性消失，离合器即分离，从而可以起到保护作用。这种离合器对电磁粉末颗粒大小有一定要求，工作一定时间后电磁粉末磨损，需进行更换。

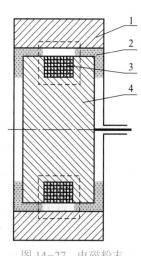

图 14-27 电磁粉末
离合器

重难点分析

 习题

14-1 某电动机与油泵之间用弹性套柱销联轴器连接，功率 $P=4$ kW，转速 $n=960$ r/min，轴伸直径 $d=32$ mm，试决定该联轴器的型号（只要求与电动机轴伸连接的半联轴器满足直径要求）。

14-2 某离心式水泵采用弹性柱销联轴器连接，原动机为电动机，传递功率为 38 kW，转速为 300 r/min，联轴器两端连接轴径均为 50 mm，试选择该联轴器的型号。若原动机改为活塞式内燃机，又应如何选择联轴器？

14-3 一机床主传动换向机构中采用如图 14-20 所示的多盘式摩擦离合器，已知主动摩擦盘 5 片，从动摩擦盘 4 片，接合面内径 $D_1=60$ mm，外径 $D_2=110$ mm，功率 $P=4.4$ kW，转速 $n=1\,214$ r/min，主、从摩擦盘材料均为淬火钢，试写出所需要的轴向力 F 的计算式。

14-4 图 14-23a 所示的凸缘式剪切销安全联轴器，传递转矩 $T_{max}=650$ N·m，销的直径 $d=6$ mm，销的材料用 45 钢正火（$\sigma_S=355$ MPa，$\sigma_B=600$ MPa），销中心所在圆的直径 $D_m=100$ mm，销的数目 $z=2$。若取 $[\tau]=0.7\sigma_B$，试求此联轴器在载荷超过多大时方能体现其安全作用。

第15章

"歼-5"战斗机

轴

知识图谱 学习指南

15-1 概　　述

1. 轴的用途及分类

轴是组成机器的主要零件之一。一切作回转运动的传动零件（如带轮、齿轮、蜗轮等），都必须安装在轴上才能进行运动及动力的传递。因此，轴的主要功用是支承回转零件及传递运动和动力。

按照承受载荷的不同，轴可分为转轴、心轴和传动轴三类。工作中既承受弯矩又承受扭矩的轴称为转轴（图 15-1）。这类轴在各种机器中最为常见。只承受弯矩而不承受扭矩的轴称为心轴。心轴又分为转动心轴（图 15-2a）和固定心轴（图 15-2b）两种。只承受扭矩而不承受弯矩（或弯矩很小）的轴称为传动轴（图 15-3）。

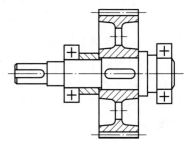

图 15-1　支承齿轮的转轴

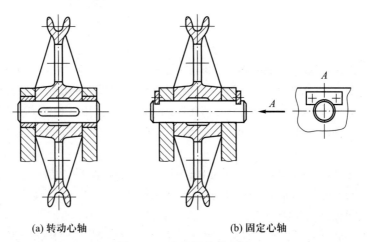

(a) 转动心轴　　　　　　　　(b) 固定心轴

图 15-2　支承滑轮的心轴

轴还可按照轴线形状的不同，分为曲轴（图 15-4）和直轴两大类。通过曲轴连杆可以将旋转运动改变为往复直线运动，或作相反的运动变换。直轴根据外形的不同，可分为光轴（图 15-2）和阶梯轴（图 15-1）两种。光轴形状简单，加工容易，应力集中源少，但轴上的零件不易装配及定位；阶梯轴则正好与光轴相反。因此，光轴主要用于心轴和传动轴，阶梯轴则常用于转轴。

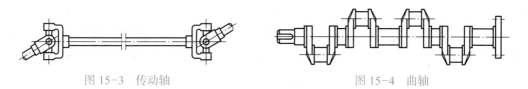

图 15-3　传动轴　　　　　　　　　　　　　　图 15-4　曲轴

直轴一般都制成实心的。在根据机器结构的要求需要在轴中装设其他零件或者减小轴的质量且具有特别重大作用的场合，会将轴制成空心的（图 15-5）。空心轴内径与外径的比值通常为 0.5～0.6，以保证轴的刚度及扭转稳定性。

此外，还有一种钢丝软轴，又称钢丝挠性轴。它是由多组钢丝分层卷绕而成的（图 15-6），具有良好的挠性，可以在狭窄的空间中灵活传递回转运动（图 15-7）。

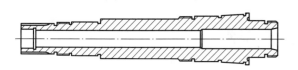

图 15-5　空心轴

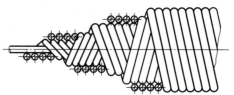

图 15-6　钢丝软轴的绕制

2. 轴设计的主要内容

轴的设计也和其他零件的设计相似，包括结构设计和工作能力计算两方面的内容。

轴的结构设计是根据轴上零件的安装、定位以及轴的制造工艺等方面的要求，合理地确定轴的结构形式和尺寸。轴的结构设计不合理，会影响轴的工作能力和轴上零件的工作可靠性，还会增加轴的制造成本和轴上零件装配的困难等。因此，轴的结构设计是轴设计中的重要内容。

轴的工作能力计算是指轴的强度、刚度和振动稳定性等方面的计算。多数情况下，

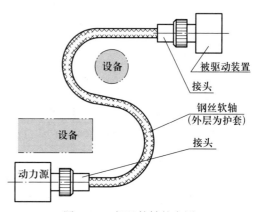

图 15-7　钢丝软轴的应用

轴的工作能力主要取决于轴的强度。这时只需对轴进行强度计算，以防止断裂或塑性变形。而对刚度要求高的轴（如车床主轴）和受力大的细长轴，应进行刚度计算，以防止工作时产生过大的弹性变形。对高速运转的轴，还应进行振动稳定性计算，以防止发生共振而破坏。

3. 轴的材料

轴的材料主要是碳钢和合金钢。钢轴的毛坯多数用轧制圆钢和锻件，有的则直接用圆钢。

由于碳钢比合金钢价廉，对应力集中的敏感性较低，同时也可以用普通热处理或化学热处理的办法提高其耐磨性和抗疲劳强度，故广泛采用碳钢制造轴，其中最常用的是45钢。

合金钢比碳钢具有更高的力学性能和更好的淬火性能。因此，对于传递大动力，并要求减小尺寸与质量、提高轴颈的耐磨性，以及处于高温或低温条件下工作的轴，常采用合金钢。

必须指出，在一般工作温度（低于200℃）下，各种碳钢和合金钢的弹性模量相差不多，因此在选择钢的种类和决定钢的热处理方法时，所根据的是强度与耐磨性，而不是轴的弯曲或扭转刚度。但也应当注意，在既定条件下，有时也可选择强度较低的钢材，而用适当增大轴的截面面积的办法来提高轴的刚度。

各种热处理（如高频淬火、渗碳、氮化、氰化等）以及表面强化处理（如喷丸、滚压等），对提高轴的抗疲劳强度都有着显著的效果。

高强度铸铁和球墨铸铁容易做成复杂的形状，且具有良好的吸振性和耐磨性，以及对应力集中的敏感性较低等优点，可用于制造外形复杂的轴。

表 15-1 中列出了轴的常用材料及其主要力学性能。

表 15-1　轴的常用材料及其主要力学性能

材料牌号	热处理	毛坯直径 /mm	硬度 /HBW	强度极限 σ_B	屈服极限 σ_S	弯曲疲劳极限 σ_{-1}	剪切疲劳极限 τ_{-1}	许用弯曲应力 $[\sigma_{-1}]$	备注
						MPa			
Q235A	热轧或锻后空冷	≤100		400~420	225	170	105	40	用于不重要及受载荷不大的轴
		>100~250		375~390	215				
45	正火	≤100	170~217	590	295	255	140	55	应用最广泛
		>100~300	162~217	570	285	245	135		
	调质	≤200	217~255	640	355	275	155	60	
40Cr	调质	≤100	241~286	735	540	355	200	70	用于载荷较大，而无很大冲击的重要轴
		>100~300		685	490	335	185		
40CrNi	调质	≤100	270~300	900	735	430	260	75	用于很重要的轴
		>100~300	240~270	785	570	370	210		
38SiMnMo	调质	≤100	229~286	735	590	365	210	70	用于重要的轴，性能近于40CrNi
		>100~300	217~269	685	540	345	195		

续表

材料牌号	热处理	毛坯直径/mm	硬度/HBW	强度极限 σ_B	屈服极限 σ_S	弯曲疲劳极限 σ_{-1}	剪切疲劳极限 τ_{-1}	许用弯曲应力 $[\sigma_{-1}]$	备注
						MPa			
38CrMoAlA	调质	≤60	293～321	930	785	440	280	75	用于要求高耐磨性，高强度且热处理（氮化）变形很小的轴
		>60～100	277～302	835	685	410	270		
		>100～160	241～277	785	590	375	220		
20Cr	渗碳淬火回火	≤60	渗碳 56～62HRC	640	390	305	160	60	用于要求强度及韧性均较高的轴
30Cr13	调质	≤100	≥241	835	635	395	230	75	用于腐蚀条件下的轴
QT600-3			190～270	600	370	215	185		用于制造复杂外形的轴
QT800-2			245～335	800	480	290	250		

注：表中所列疲劳极限 σ_{-1} 值是按下列关系式计算的，供设计时参考。碳钢：$\sigma_{-1} \approx 0.43\sigma_B$；合金钢：$\sigma_{-1} \approx 0.2(\sigma_B + \sigma_S) + 100$；不锈钢：$\sigma_{-1} \approx 0.27(\sigma_B + \sigma_S)$，$\tau_{-1} = 0.156(\sigma_B + \sigma_S)$；球墨铸铁：$\sigma_{-1} \approx 0.36\sigma_B$，$\tau_{-1} \approx 0.31\sigma_B$。

15-2　轴的结构设计

轴的结构设计包括定出轴的合理外形和全部结构尺寸。

轴的结构主要取决于以下因素：轴在机器中的安装位置及形式；轴上安装的零件的类型、尺寸、数量以及与轴连接的方法；载荷的性质、大小、方向及分布情况；轴的加工工艺等。由于影响轴的结构的因素较多，且其结构形式又要随着具体情况的不同而异，所以轴没有标准的结构形式。设计时，必须针对不同情况进行具体的分析。但是，不论何种情况，轴的结构都应在满足其承载能力要求的前提下，确保轴和装在轴上的零件具有准确的工作位置；确保轴上的零件便于装拆和调整；确保轴具有良好的制造工艺性等。下面讨论轴的结构设计中要解决的几个主要问题。

1. 拟定轴上零件的装配方案

拟定轴上零件的装配方案是进行轴的结构设计的前提，它决定着轴的基本形式。所谓装配方案，就是预定出轴上主要零件的装配方向、顺序和相互关系。例如图 15-8 中的装配方案是：齿轮、套筒、右端轴承、轴承端盖、半联轴器、轴端挡圈依次从轴的右端向左安装，左端只装左端轴承及其轴承端盖。这样就对各轴段的粗细顺序做了初步安排。拟定装配方案时，一般应考虑几个方案，进行分析比较，选择最优方案。

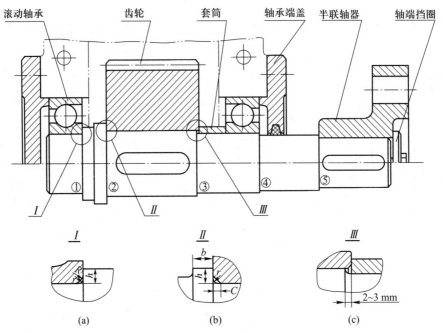

图 15-8　轴上零件装配与轴的结构示例

2. 轴上零件的定位

为了防止轴上零件受力时发生沿轴向或周向的相对运动，除了有游动或空转的要求外，轴上零件都必须进行轴向和周向定位，以保证其准确的工作位置。

（1）轴上零件的轴向定位

轴上零件的轴向定位是以轴肩、套筒、轴端挡圈、轴承端盖和圆螺母等来保证的。图 15-8 中采用了轴肩、套筒、轴端挡圈和轴承端盖等进行轴向定位的方法。

轴肩分为定位轴肩（图 15-8 中的轴肩①、②、⑤）和非定位轴肩（轴肩③、④）两类。轴肩定位是最方便可靠的方法，但采用轴肩就必然会使轴的直径加大，而且轴肩处也会因截面突变而引起应力集中。另外，轴肩过多时也不利于加工。因此，轴肩定位多用于轴向力较大的场合。为了使零件能靠紧轴肩而得到准确可靠的定位，轴肩处的过渡圆角半径 r 必须小于与之相配的零件毂孔端部的圆角半径 R 或倒角尺寸 C（图 15-8a、b）。轴和零件倒角 C 与圆角半径 R 的推荐值见表 15-2。定位轴肩的高度 h 一般取（2～3）C 或（2～3）R。滚动轴承的定位轴肩（如图 15-8 中的轴肩①）高度必须低于轴承内圈端面的高度，以便拆卸轴承，轴肩的高度可查手册中轴承的安装尺寸。非定位轴肩是为了加工和装配方便而设置的，其高度没有严格的规定，一般取为 1～2 mm。

表 15-2　轴和零件倒角 C 与圆角半径 R 的推荐值　　　　　　mm

直径 d	>6～10	>10～18	>18～30	>30～50	>50～80	>80～120	>120～180
C 或 R	0.6	0.8	1.0	1.6	2.0	2.5	3.0

轴环（图 15-8b）的功用与轴肩相同，轴环宽度 $b \geqslant 1.4h$。

套筒定位（图 15-8）结构简单，定位可靠，轴上不需开槽、钻孔或切制螺纹，因而不影响轴的疲劳强度，一般用于轴上两个零件之间的定位。若两零件的间距较大，则不宜采用套筒定位，以免增大套筒的质量及材料用量。因套筒与轴的配合较松，若轴的转速很高，也不宜采用套筒定位。

　　轴端挡圈适用于固定轴端零件，可以承受较大的轴向力。轴端挡圈可采用单螺钉固定（图 15-8），为了防止轴端挡圈转动造成螺钉松脱，可加圆柱销锁定轴端挡圈（图 15-9a），也可采用双螺钉加止动垫片防松（图 15-9b）等固定方法。

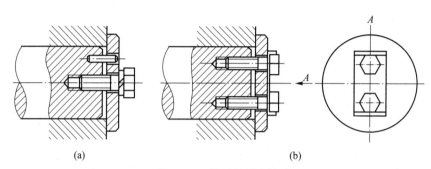

图 15-9　轴端挡圈定位

　　圆螺母定位（图 15-10）可承受大的轴向力，但轴上螺纹处有较大的应力集中，会降低轴的疲劳强度，故一般用于固定轴端的零件，有双圆螺母（图 15-10a）和圆螺母与止动垫圈（图 15-10b）两种形式。当轴上两零件间距离较大不宜采用套筒定位时，也常采用圆螺母定位。

　　轴承端盖用螺钉或榫槽与箱体连接而使滚动轴承的外圈得到轴向定位。一般情况下，整个轴的轴向定位也常利用轴承端盖来实现（图 15-8）。

　　利用弹性挡圈（图 15-11）、紧定螺钉（参见图 5-4）及锁紧挡圈（图 15-12）等进行轴向定位，只适用于零件上的轴向力不大之处。紧定螺钉和锁紧挡圈常用于光轴上零件的定位。此外，对于承受冲击载荷和同心度要求较高的轴端零件，也可采用圆锥面定位（图 15-13）。

　　（2）零件的周向定位

　　周向定位的目的是限制轴上零件与轴发生相对转动。常用的周向定位零件有键、花键、销、紧定螺钉以及过盈配合等，其中紧定螺钉只用在传力不大之处。

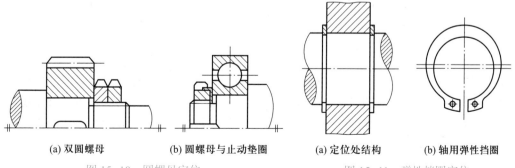

(a) 双圆螺母　　　(b) 圆螺母与止动垫圈　　　(a) 定位处结构　　　(b) 轴用弹性挡圈

图 15-10　圆螺母定位　　　　　　图 15-11　弹性挡圈定位

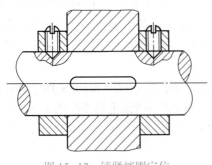

图 15-12 锁紧挡圈定位

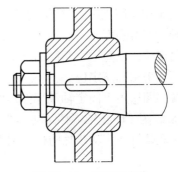

图 15-13 圆锥面定位

3. 各轴段直径和长度的确定

零件在轴上的定位和装拆方案确定后，轴的形状便大体确定。各轴段所需的直径与轴上的载荷大小有关。初步确定轴的直径时，通常还不知道支反力的作用点，不能确定弯矩的大小与分布情况，因而还不能按轴所受的具体载荷及其引起的应力来确定轴的直径。但在进行轴的结构设计前，通常已能求得轴所受的扭矩。因此，可按轴所受的扭矩初步估算轴所需的直径（见 15-3 节）。将初步求出的直径作为承受扭矩轴段的最小直径 $d_{\min}$，然后再按轴上零件的装配方案和定位要求，从 $d_{\min}$ 处起逐一确定各段轴的直径。在实际设计中，轴的直径亦可凭设计者的经验确定，或参考同类机器用类比的方法确定。

有配合要求的轴段，应尽量采用标准直径。安装标准件（如滚动轴承、联轴器、密封圈等）部位的轴径，应取为相应的标准值及所选配合的公差。

为了使齿轮、轴承等有配合要求的零件装拆方便，并减少配合表面的擦伤，在配合轴段前应采用较小的直径（如图 15-8 中轴肩③、④右侧的直径）。为了使与轴做过盈配合的零件易于装配，相配轴段的压入端可制出锥度（图 15-14）；或在同一轴段的两个部位上采用不同的尺寸公差（图 15-15）。

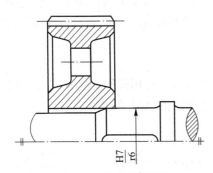

图 15-14 轴的装配锥度

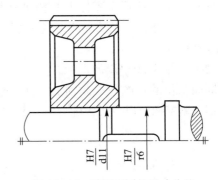

图 15-15 采用不同的尺寸公差

确定各轴段长度时，应尽可能使结构紧凑，同时还要保证零件所需的装配或调整空间。轴的各段长度主要是根据各零件与轴配合部分的轴向尺寸和相邻零件间必要的空隙来确定的。为了保证轴向定位可靠，与齿轮和联轴器等零件相配合部分的轴段长度一般应比轮毂长度短 2～3 mm（图 15-8c）。

4. 提高轴的强度的常用措施

轴和轴上零件的结构、工艺以及轴上零件的安装布置等对轴的强度有很大的影响，所以应在这些方面进行充分考虑，以利于提高轴的承载能力，减小轴的尺寸和机器的质量，降低制造成本。

（1）合理布置轴上零件以减小轴的载荷

为了减小轴所承受的弯矩，传动件应尽量靠近轴承，并尽可能不采用悬臂的支承形式，力求缩短支承跨距及悬臂长度等。

当转矩由一个传动件输入、几个传动件输出时，为了减小轴上的扭矩，应将输入件放在中间，而不要置于一端。如图 15-16 所示，输入转矩为 $T_1=T_2+T_3+T_4$，轴上各轮按图 15-16a 所示的布置方式，轴所受最大扭矩为 $T_2+T_3+T_4$，如改为图 15-16b 所示的布置方式，最大扭矩仅为 T_3+T_4。

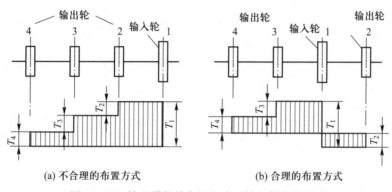

图 15-16　轴上零件的布置方式对轴上载荷的影响

（2）改进轴上零件的结构以减小轴的载荷

通过改进轴上零件的结构也可减小轴的载荷。例如图 15-17 所示起重卷筒的两种安装方案中，图 15-17a 的方案是大齿轮和卷筒连在一起，转矩经大齿轮直接传给卷筒，卷筒轴只受弯矩而不受扭矩；而图 15-17b 的方案是大齿轮将转矩通过轴传到卷筒，因而卷筒轴既受弯矩又受扭矩。在同样的载荷 F 作用下，图 15-17a 中轴的直径可比图 15-17b 中的轴径小。

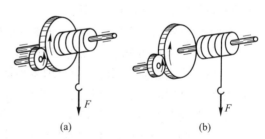

图 15-17　起重卷筒的两种安装方案

（3）改进轴的结构以减小应力集中的影响

轴通常是在变应力条件下工作的，轴的截面尺寸发生突变处要产生应力集中，轴的疲劳破坏往往在此处发生。为了提高轴的疲劳强度，应尽量减少应力集中源和降低应力集中的程度。为此，轴肩处应采用较大的过渡圆角半径 r 来降低应力集中。但对定位轴肩，还必须保证零件得到可靠的定位。当靠轴肩定位的零件的圆角半径很小时（如滚动轴承内圈的圆角），为了增大轴肩处的圆角半径，可采用内凹圆角（图 15-18a）或加装隔离环（图 15-18b）。

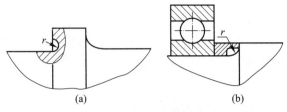

图 15-18   轴肩过渡结构

当轴与轮毂为过盈配合时，配合边缘处会产生较大的应力集中（图 15-19a）。为了减小应力集中，可在轮毂上或轴上开减载槽（图 15-19b、c），或者加大配合处的直径（图 15-19d）。由于配合的过盈量越大，引起的应力集中也越严重，因而在设计中应合理选择零件与轴的配合。

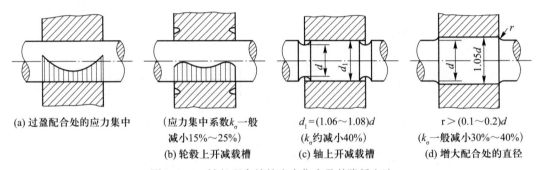

(a) 过盈配合处的应力集中　　(应力集中系数k_σ一般　　$d_1=(1.06\sim1.08)d$　　r > (0.1~0.2)d
　　　　　　　　　　　减小15%～25%)　　　　(k_σ约减小40%)　　(k_σ一般减小30%～40%)
　　　　　　　　　　(b) 轮毂上开减载槽　　(c) 轴上开减载槽　　(d) 增大配合处的直径

图 15-19   轴毂配合处的应力集中及其降低方法

用盘铣刀加工的键槽比用键槽铣刀加工的键槽在过渡处对轴的截面削弱较为平缓（参看图 6-1b、c），因而应力集中较小。渐开线花键比矩形花键在齿根处的应力集中小，在做轴的结构设计时应加以考虑。此外，由于切制螺纹处的应力集中较大，故应尽可能避免在轴上载荷较大的区段切制螺纹。

（4）改进轴的表面质量以提高轴的疲劳强度

轴的表面粗糙度和表面强化处理方法也会对轴的疲劳强度产生影响。轴的表面越粗糙，疲劳强度也越低。因此，应合理减小轴的表面及圆角处的表面粗糙度值。当采用对应力集中甚为敏感的高强度材料制作轴时，表面质量尤应予以注意。

表面强化处理的方法有表面高频淬火等热处理；表面渗碳、氰化、氮化等化学热处理；碾压、喷丸等强化处理。通过碾压、喷丸进行表面强化处理时，可使轴的表层产生预压应力，从而提高轴的抗疲劳能力。

5. 轴的结构工艺性

轴的结构工艺性是指轴的结构形式应便于加工和装配轴上的零件，并且生产率高，成本低。一般地说，轴的结构越简单，工艺性越好。因此，在满足使用要求的前提下，轴的结构形式应尽量简化。

为了便于装配零件并去掉毛刺，轴端应制出 45° 的倒角；需要磨削加工的轴段，应留有砂轮越程槽（图 15-20a）；需要切制螺纹的轴段，应留有退刀槽（图 15-20b）。它们的尺寸可参看标准或手册。

为了减少装夹工件的时间，同一轴上不同轴段的键槽应布置（或投影）在轴的同一母线上。为了减少加工刀具的种类和提高生产率，轴上直径相近处的圆角、倒角、键槽宽度、砂轮越程槽宽度和退刀槽宽度等应尽可能采用相同的尺寸。

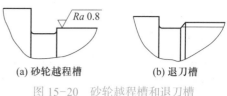

(a) 砂轮越程槽　　　(b) 退刀槽

图 15-20　砂轮越程槽和退刀槽

通过上面的讨论也可进一步说明，轴上零件的装配方案对轴的结构形式起着决定性的作用。为了强调同时拟定不同的装配方案进行分析对比与选择的重要性，现以圆锥－圆柱齿轮减速器（图 15-21）输出轴的两种装配方案（图 15-22）为例进行对比。显而易见，图 15-22b 中的轴向定位套筒长，质量大。相比之下，可知图 15-22a 中的装配方案较为合理。

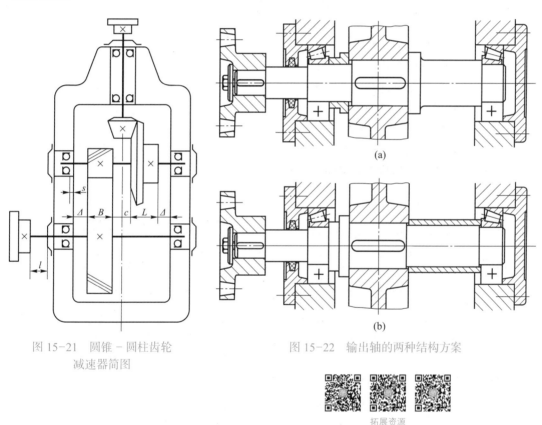

图 15-21　圆锥－圆柱齿轮
　　　　　减速器简图

图 15-22　输出轴的两种结构方案

拓展资源

15-3　轴　的　计　算

轴的计算通常是在初步完成结构设计后进行校核计算，计算准则是满足轴的强度或刚度要求，必要时还应校核轴的振动稳定性。

1. 轴的强度校核计算

进行轴的强度校核计算时，应根据轴的具体受载及应力情况，采取相应的计算方法，并恰当地选取其许用应力。对于仅仅（或主要）承受扭矩的轴（传动轴），应按扭转强度条件计算；对于只承受弯矩的轴（心轴），应按弯曲强度条件计算；对于既承受弯矩又承受扭矩的轴（转轴），应按弯扭合成强度条件进行计算。需要时还应按疲劳强度条件进行精确校核。此外，对于瞬时过载很大或应力循环不对称性较为严重的轴，还应按峰值载荷校核其静强度，以免产生过量的塑性变形。下面介绍几种常用的计算方法。

（1）按扭转强度条件计算

这种方法是只按轴所受的扭矩来计算轴的强度；如果还受有不大的弯矩，则用适当降低许用扭转切应力的办法予以考虑。在做轴的结构设计时，通常用这种方法初步估算轴径。对于不太重要的轴，也可作为最后计算结果。轴的扭转强度条件为

$$\tau_T = \frac{T}{W_T} \approx \frac{9\,550\,000\dfrac{P}{n}}{0.2d^3} \leqslant [\tau_T] \tag{15-1}$$

式中：τ_T——扭转切应力，MPa；

　　　T——轴所受的扭矩，N·mm；

　　　W_T——轴的抗扭截面系数，mm³；

　　　n——轴的转速，r/min；

　　　P——轴传递的功率，kW；

　　　d——计算截面处轴的直径，mm；

　　　$[\tau_T]$——许用扭转切应力，MPa，见表 15-3。

表 15-3　轴常用几种材料的 $[\tau_T]$ 及 A_0 值

轴的材料	Q235A、20	Q275、35	45	40Cr、35SiMn、38SiMnMo、30Cr13
$[\tau_T]$/MPa	15～25	20～35	25～45	35～55
A_0	149～126	135～112	126～103	112～97

注：① 表中 $[\tau_T]$ 值是考虑弯矩影响而降低了的许用扭转切应力。

　　② 在下述情况时，$[\tau_T]$ 取较大值，A_0 取较小值：弯矩较小或只受扭矩作用、载荷较平稳、无轴向载荷或只有较小的轴向载荷、减速器的低速轴、轴只作单向旋转；反之，$[\tau_T]$ 取较小值，A_0 取较大值。

由式（15-1）可得轴的直径

$$d \geqslant \sqrt[3]{\frac{9\,550\,000P}{0.2[\tau_T]n}} = \sqrt[3]{\frac{9\,550\,000}{0.2[\tau_T]}}\sqrt[3]{\frac{P}{n}} = A_0\sqrt[3]{\frac{P}{n}} \tag{15-2}$$

式中，$A_0 = \sqrt[3]{\dfrac{9\,550\,000}{0.2[\tau_T]}}$，查表 15-3。对于空心轴，则

$$d \geqslant A_0\sqrt[3]{\frac{P}{n(1-\beta^4)}} \tag{15-3}$$

式中，$\beta = \dfrac{d_1}{d}$，即空心轴的内径 d_1 与外径 d 之比，通常取 $\beta = 0.5 \sim 0.6$。

应当指出，当轴截面上开有键槽时，应适当增大轴径以考虑键槽对轴的强度的削弱。对于直径 $d>100$ mm 的轴，有一个键槽时，轴径增大 3%；有两个键槽时，应增大 7%。对于直径 $d \leq 100$ mm 的轴，有一个键槽时，轴径增大 5%～7%；有两个键槽时，应增大 10%～15%。然后将轴径圆整为标准直径。应当注意，这样求出的直径，只能作为承受扭矩作用的轴段的最小直径 d_{min}。

（2）按弯扭合成强度条件计算

通过轴的结构设计，轴的主要结构尺寸、轴上零件的位置，以及外载荷和支反力的作用位置均已确定，轴的载荷（弯矩和扭矩）也可以求得，因而可按弯扭合成强度条件对轴进行强度校核计算。对于一般的轴，用这种方法计算即可，其计算步骤如下。

1）做出轴的计算简图（即力学模型）

轴承受的载荷是从轴上零件传来的。计算时，常将轴上的分布载荷简化为集中力，其作用点取为载荷分布段的中点。作用在轴上的扭矩，一般从传动件轮毂宽度的中点算起。通常把轴当作置于铰链支座上的梁，支反力的作用点与轴承的类型和布置方式有关，可按图 15-23 来确定。图 15-23b 中的 a 值可查滚动轴承样本或手册，图 15-23d 中的 e 值与滑动轴承的宽径比 B/d 有关。当 $B/d \leq 1$ 时，取 $e=0.5B$；当 $B/d>1$ 时，取 $e=0.5d$，但不小于（0.25～0.35）B；对于调心轴承，取 $e=0.5B$。

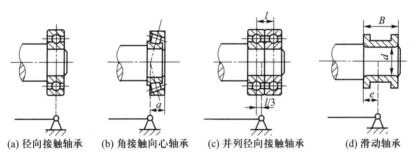

(a) 径向接触轴承　　(b) 角接触向心轴承　　(c) 并列径向接触轴承　　(d) 滑动轴承

图 15-23　轴的支反力作用点

在作计算简图时，应先求出轴上受力零件的载荷（若为空间力系，应把空间力分解为圆周力、径向力和轴向力，然后把它们全部转化到轴上），如图 15-24a 所示。将其分解为水平分力和竖直分力，如图 15-24b、c 所示。然后求出各支承处的水平反力 F_{NH} 和竖直反力 F_{NV}（轴向反力可表示在适当的面上，图 15-24c 是表示在竖直面上，故标以 F'_{NV1}）。

2）作出弯矩图

根据上述简图，分别按水平面和竖直面计算各力产生的弯矩，并按计算结果分别作出水平面上的弯矩 M_H 图（图 15-24b）和竖直面上的弯矩 M_V 图（图 15-24c）[①]。然后按下式计算总弯矩并作出 M 图（图 15-24d）：

$$M = \sqrt{M_H^2 + M_V^2}$$

3）作出扭矩图

扭矩图如图 15-24e 所示。

---

① 图中支反力 F_{NV2} 的假设方向与后面例题的计算结果相反，因此竖直面弯矩图的右段为负弯矩。

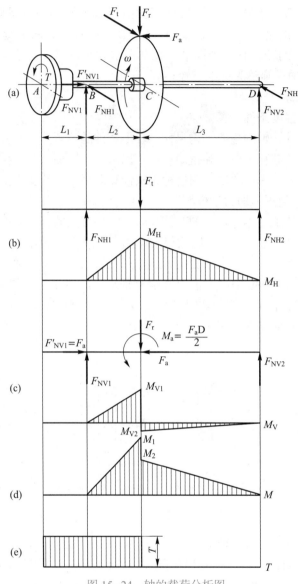

图 15-24　轴的载荷分析图

4）校核轴的强度

已知轴的弯矩和扭矩后，可针对某些危险截面（即弯矩和扭矩大而轴径可能不足的截面）做弯扭合成强度校核计算。按第三强度理论，计算应力为

$$\sigma_{ca} = \sqrt{\sigma^2 + 4\tau^2}$$

通常由弯矩所产生的弯曲应力 σ 是对称循环变应力，而由扭矩所产生的扭转切应力 τ 则常常不是对称循环变应力。为了考虑两者循环特性不同的影响，引入折合系数 α，则计算应力为

$$\sigma_{ca} = \sqrt{\sigma^2 + 4(\alpha\tau)^2} \tag{15-4}$$

式中的弯曲应力为对称循环变应力。当扭转切应力为静应力时，取 $\alpha \approx 0.3$；当扭转切应力

为脉动循环变应力时，取 $\alpha \approx 0.6$；当扭转切应力亦为对称循环变应力时，取 $\alpha = 1$。

对于直径为 d 的圆轴，弯曲应力 $\sigma = \dfrac{M}{W}$，扭转切应力 $\tau = \dfrac{T}{W_T} = \dfrac{T}{2W}$，将 σ 和 τ 代入式（15-4），轴的弯扭合成强度条件为

$$\sigma_{ca} = \sqrt{\left(\frac{M}{W}\right)^2 + 4\left(\frac{\alpha T}{2W}\right)^2} = \frac{\sqrt{M^2 + (\alpha T)^2}}{W} \leqslant [\sigma_{-1}] ^{①} \tag{15-5}$$

式中：σ_{ca}——轴的计算应力，MPa；

$\quad\quad M$——轴所受的弯矩，N·mm；

$\quad\quad T$——轴所受的扭矩，N·mm；

$\quad\quad W$——轴的抗弯截面系数，mm^3，计算公式见表 15-4；

$\quad\quad [\sigma_{-1}]$——对称循环变应力时轴的许用弯曲应力，MPa，其值按表 15-1 选用。

由于心轴工作时只承受弯矩而不承受扭矩，所以在应用式（15-5）时，应取 $T=0$。转动心轴的弯矩在轴截面上所引起的应力是对称循环变应力。对于固定心轴，考虑启动、停车等的影响，弯矩在轴截面上所引起的应力可视为脉动循环变应力，所以在应用式（15-5）时，固定心轴的许用应力应为 $[\sigma_0]$（$[\sigma_0]$ 为脉动循环变应力时的许用弯曲应力）。在没有 $[\sigma_0]$ 的实验值时，对于碳钢材料的轴，可按 $[\sigma_0] \approx 1.7[\sigma_{-1}]$ 估算。

（3）按疲劳强度条件进行精确校核

这种校核计算的实质在于确定变应力情况下轴的安全程度。在已知轴的外形、尺寸及载荷的基础上，即可通过分析确定一个或几个危险截面（这时不仅要考虑弯曲应力和扭转切应力的大小，而且要考虑应力集中和绝对尺寸等因素影响的程度），按式（3-37）求出计算安全系数 S_{ca} 并应使其稍大于或至少等于设计安全系数 S，即

$$S_{ca} = \frac{S_\sigma S_\tau}{\sqrt{S_\sigma^2 + S_\tau^2}} \geqslant S \tag{15-6}$$

仅有法向应力时，应满足

$$S_\sigma = \frac{\sigma_{-1}}{K_\sigma \sigma_a + \varphi_\sigma \sigma_m} \geqslant S \tag{15-7}$$

仅有扭转切应力时，应满足

$$S_\tau = \frac{\tau_{-1}}{K_\tau \tau_a + \varphi_\tau \tau_m} \geqslant S \tag{15-8}$$

以上诸式中的符号及有关数据已在第 3 章中说明，此处不再重复。设计安全系数值可按下述情况选取：

$S = 1.3 \sim 1.5$，用于材料均匀，载荷与应力计算精确时。

$S = 1.5 \sim 1.8$，用于材料不够均匀，计算精确度较低时。

$S = 1.8 \sim 2.5$，用于材料均匀性及计算精确度很低，或轴的直径 $d > 200$ mm 时。

---

① 轴向力引起的压应力与弯曲应力相比，一般较小，故忽略不计（但如果过大，除须计入外，还应考虑轴的失稳问题）。

表 15–4 抗弯截面系数、抗扭截面系数计算公式

截面	W	W_T	截面	W	W_T
	$\dfrac{\pi d^3}{32} \approx 0.1d^3$	$\dfrac{\pi d^3}{16} \approx 0.2d^3$		$\dfrac{\pi d^3}{32} - \dfrac{bt(d-t)^2}{d}$	$\dfrac{\pi d^3}{16} - \dfrac{bt(d-t)^2}{d}$
	$\dfrac{\pi d^3}{32}(1-\beta^4) \approx$ $0.1d^3(1-\beta^4)$ $\beta = \dfrac{d_1}{d}$	$\dfrac{\pi d^3}{16}(1-\beta^4) \approx$ $0.2d^3(1-\beta^4)$ $\beta = \dfrac{d_1}{d}$		$\dfrac{\pi d^3}{32}\left(1-1.54\dfrac{d_1}{d}\right)$	$\dfrac{\pi d^3}{16}\left(1-\dfrac{d_1}{d}\right)$
	$\dfrac{\pi d^3}{32} - \dfrac{bt(d-t)^2}{2d}$	$\dfrac{\pi d^3}{16} - \dfrac{bt(d-t)^2}{2d}$		$\dfrac{\pi d^4 + (D-d)(D+d)^2 zb}{32D}$ z—花键齿数	$\dfrac{\pi d^4 + (D-d)(D+d)^2 zb}{16D}$ z—花键齿数

注：近似计算时，单、双键槽一般可忽略，花键轴截面可视为直径等于平均直径的圆截面。

（4）按静强度条件进行校核

静强度校核的目的在于评定轴对塑性变形的抵抗能力。这对那些瞬时过载很大，或应力循环的不对称性较为严重的轴是很有必要的。轴的静强度是根据轴上作用的最大瞬时载荷来校核的。静强度校核时的强度条件是

$$S_{S_{\text{ca}}} = \frac{S_{S_\sigma} S_{S_\tau}}{\sqrt{S_{S_\sigma}^2 + S_{S_\tau}^2}} \geqslant S_S \tag{15-9}$$

式中：$S_{S_{\text{ca}}}$——危险截面静强度的计算安全系数。

　　　　S_{S_σ}——只考虑弯矩和轴向力时的计算安全系数，见式（15-10）。

　　　　S_{S_τ}——只考虑扭矩时的计算安全系数，见式（15-11）。

　　　　S_S——按屈服极限的设计安全系数。$S_S = 1.2 \sim 1.4$，用于高塑性材料（$\sigma_S/\sigma_B \leqslant 0.6$）制成的钢轴；$S_S = 1.4 \sim 1.8$，用于中等塑性材料（$\sigma_S/\sigma_B = 0.6 \sim 0.8$）制成的钢轴；$S_S = 1.8 \sim 2$，用于低塑性材料制成的钢轴；$S_S = 2 \sim 3$，用于铸造轴。

$$S_{S_\sigma} = \frac{\sigma_S}{\dfrac{M_{\max}}{W} + \dfrac{F_{a\max}}{A}} \tag{15-10}$$

$$S_{S_\tau} = \frac{\tau_S}{\dfrac{T_{\max}}{W_T}} \tag{15-11}$$

式中：σ_S、τ_S——材料的抗弯和抗扭屈服极限，MPa，其中 $\tau_S \approx (0.55 \sim 0.62) \sigma_S$；

　　$M_{\max}$、$T_{\max}$——轴的危险截面上所受的最大弯矩和最大扭矩，N·mm；

　　　　$F_{a\max}$——轴的危险截面上所受的最大轴向力，N；

　　　　　A——轴的危险截面的面积，mm^2；

　　W、W_T——分别为危险截面的抗弯和抗扭截面系数，mm^3，见表 15-4。

如果运用有限元法，可以更为精确地计算各类轴的工作应力，尤其是具有复杂结构的轴的应力。关于有限元法，本书不做介绍，有兴趣的读者可参阅相关文献。

2. 轴的刚度校核计算

轴在载荷作用下将产生弯曲或扭转变形。若变形量超过允许的限度，就会影响轴上零件的正常工作，甚至会丧失机器应有的工作性能。例如，安装齿轮的轴，若弯曲刚度（或扭转刚度）不足而导致挠度（或扭转角）过大，将影响齿轮的正确啮合，使齿轮沿齿宽和齿高方向接触不良，造成载荷在齿面上的分布严重不均。又如采用滑动轴承支承的轴，挠度过大而导致轴颈偏斜过大时，会使轴颈与轴瓦发生边缘接触，造成不均匀磨损和过度发热。因此，在设计有刚度要求的轴时，必须进行刚度的校核计算。

轴的弯曲刚度以挠度或偏转角来度量，扭转刚度以扭转角来度量。轴的刚度校核计算通常是计算轴在受载时的变形量，并控制其不大于允许值。

（1）轴的弯曲刚度校核计算

常见的轴大多可视为简支梁。对于光轴，可直接用材料力学中的公式计算其挠度或偏转角。对于阶梯轴，如果对计算精度要求较高也可以用有限元法计算；如果要求不高，可

用当量直径法做近似计算。即把阶梯轴看成是当量直径为 d_v 的光轴，然后再按材料力学中的公式计算轴的挠度或偏转角。当量直径 d_v（单位为 mm）为

$$d_v = \sqrt[4]{\dfrac{L}{\displaystyle\sum_{i=1}^{z}\dfrac{l_i}{d_i^4}}} \qquad (15\text{-}12)$$

式中：l_i——阶梯轴第 i 段的长度，mm；

$\quad\quad d_i$——阶梯轴第 i 段的直径，mm；

$\quad\quad L$——阶梯轴的计算长度，mm；

$\quad\quad z$——阶梯轴计算长度内的轴段数。

当载荷作用于两支承之间时，$L=l$（l 为支承跨距）；当载荷作用于悬臂端时，$L=l+K$（K 为轴的悬臂长度，mm）。

轴的弯曲刚度条件为

挠度 $\qquad\qquad\qquad\qquad\qquad y \leqslant [y] \qquad\qquad\qquad (15\text{-}13)$

偏转角 $\qquad\qquad\qquad\qquad\quad \theta \leqslant [\theta] \qquad\qquad\qquad (15\text{-}14)$

式中：$[y]$——轴的许用挠度，mm，见表 15-5；

$\quad\quad [\theta]$——轴的许用偏转角，rad，见表 15-5。

表 15-5   轴的许用挠度及许用偏转角

名　　称	许用挠度 [y]/mm	名　　称	许用偏转角 [θ]/rad
一般用途的轴	（0.000 3～0.000 5）l	滑动轴承	0.001
刚度要求较严的轴	0.000 2l	向心球轴承	0.005
感应电动机的轴	0.1Δ	调心球轴承	0.05
安装齿轮的轴	（0.01～0.03）m_n	圆柱滚子轴承	0.002 5
安装蜗轮的轴	（0.02～0.05）m_t	圆锥滚子轴承	0.001 6
		安装齿轮处轴的截面	0.001～0.002

注：l 为轴的跨距，mm；Δ 为电动机定子与转子间的间隙，mm；m_n 为齿轮的法面模数，mm；m_t 为蜗轮的端面模数，mm。

（2）轴的扭转刚度校核计算

轴的扭转变形用每米长的扭转角 φ 来表示。圆轴扭转角 φ［单位为（°）/m］的计算公式为：

光轴 $\qquad\qquad\qquad\qquad\quad \varphi = 5.73 \times 10^4 \dfrac{T}{GI_p} \qquad\qquad\qquad (15\text{-}15)$

阶梯轴 $\qquad\qquad\qquad\quad \varphi = 5.73 \times 10^4 \dfrac{1}{LG} \sum_{i=1}^{z} \dfrac{T_i l_i}{I_{pi}} \qquad\qquad (15\text{-}16)$

式中：$\quad T$——轴所受的扭矩，N·mm；

$\qquad\quad G$——轴的材料的剪切弹性模量，MPa，对于钢材，$G=8.1\times10^4$ MPa；

I_p——轴截面的极惯性矩，mm^4，对于圆轴，$I_p = \dfrac{\pi d^4}{32}$；

L——阶梯轴受扭矩作用的长度，mm；

T_i、l_i、I_{pi}——分别代表阶梯轴第 i 段上所受的扭矩、长度和极惯性矩，单位同前；

z——阶梯轴受扭矩作用的轴段数。

轴的扭转刚度条件为

$$\varphi \leqslant [\varphi] \tag{15-17}$$

式中，$[\varphi]$ 为轴每米长的允许扭转角，与轴的使用场合有关。对于一般传动轴，可取 $[\varphi]=0.5\sim1$ （°）/m；对于精密传动轴，可取 $[\varphi]=0.25\sim0.5$ （°）/m；对于精度要求不高的轴，$[\varphi]$ 可大于 1（°）/m。

3. 轴的振动及振动稳定性的概念

轴是一个弹性体，当其旋转时，由于轴和轴上零件的材料组织不均匀、制造有误差或对中不良等，就会产生以离心力为表征的周期性的干扰力，从而引起轴的弯曲振动（或称为横向振动）。当这种受迫振动的频率与轴的弯曲固有频率重合时，就出现了弯曲共振现象。当轴由于传递的功率有周期性的变化而产生周期性的扭转变形时，将会引起扭转振动。当其受迫振动频率与轴的扭转固有频率重合时，也会产生对轴有破坏作用的扭转共振。与轮类零件相比，轴属于细长类零件，故其弯曲、扭转的固有频率较低，当轴的转速较高时，发生共振的可能性较高。当轴受有周期性的轴向干扰力时，自然也可能会产生纵向振动及在相应条件下的纵向共振。由于轴的弯曲振动现象较扭转振动更为常见，而由于轴的纵向固有频率很高，所以纵向振动常予忽略，所以下面只对轴的弯曲振动问题略加说明。

轴在引起共振时的转速称为临界转速。如果轴的转速停滞在临界转速附近，轴的变形将迅速增大，以致达到使轴甚至整个机器破坏的程度。因此，对于高转速的轴，必须计算其临界转速 n_c，使其工作转速 n 避开其临界转速 n_c。临界转速可以有许多个，最低的一个称为一阶临界转速，其余为二阶、三阶……。在一阶临界转速下，振动激烈，最为危险，所以通常主要计算一阶临界转速。当然，在某些情况下还需要计算高阶的临界转速。

弯曲振动临界转速的计算方法很多，现仅以装有单圆盘的双铰支轴（图 15-25）为例，介绍一种计算一阶临界转速的粗略方法。设圆盘的质量 m 很大，相对而言，轴的质量可略去不计，并假定圆盘材料不均匀或制造有误差而未经“平衡”，其质心 c 与轴线间的偏心距为 e。当该圆盘以角速度 ω 转动时，由于离心力而产生挠度 y，旋转时的离心力为

$$F_r = m\omega^2(y+e) \tag{15-18}$$

与离心力对抗的，就是轴弯曲变形后所产生的弹性反力。当轴的挠度为 y 时，此弹性反力为

$$F_r' = ky \tag{15-19}$$

式中，k 为轴的弯曲刚度。根据平衡条件得

$$m\omega^2(y+e) = ky \tag{15-20}$$

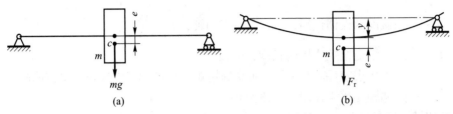

图 15-25　装有单圆盘的双铰支轴

由式（15-20）可求得轴的挠度

$$y = \frac{e}{\dfrac{k}{m\omega^2} - 1} \tag{15-21}$$

当轴的角速度 ω 由零逐渐增大时，式（15-21）的分母随之减小，故 y 值随 ω 的增大而增大。在没有阻尼的情况下，当 $\dfrac{k}{m\omega^2}$ 趋近于 1 时，挠度 y 趋近于无穷大。这就意味着轴会产生极大的变形而导致破坏。此时所对应的角速度称为轴的临界角速度，以 ω_c 表示：

$$\omega_c = \sqrt{\frac{k}{m}} \tag{15-22}$$

上式右边恰为轴的固有角频率，这就表明轴的临界角速度等于其固有角频率。由上式可知，轴的临界角速度 ω_c 只与轴的刚度 k 和圆盘的质量 m 有关，而与偏心距 e 值无关。

由于轴的刚度 $k = \dfrac{mg}{y_0}$，式中，m 为圆盘质量，g 为重力加速度，y_0 为轴在圆盘处的静挠度，所以临界角速度又可写为

$$\omega_c = \sqrt{\frac{k}{m}} = \sqrt{\frac{g}{y_0}} \tag{15-23}$$

现取 $g = 9\,810\ \text{mm/s}^2$；$y_0$ 的单位为 mm。由式（15-23）可求得装有单圆盘的双铰支轴在不计轴的质量时的一阶临界转速 n_{c1}（单位为 r/min）为

$$n_{c1} = \frac{60}{2\pi}\omega_c = \frac{30}{\pi}\sqrt{\frac{g}{y_0}} \approx 946\sqrt{\frac{1}{y_0}}$$

工作转速低于一阶临界转速的轴称为刚性轴（工作于亚临界区），超过一阶临界转速的轴称为挠性轴（工作于超临界区）。一般情况下，对于刚性轴，应使工作转速 $n < 0.85 n_{c1}$；对于挠性轴，应使 $1.15 n_{c1} < n < 0.85 n_{c2}$（此处 n_{c1}、n_{c2} 分别为轴的一阶、二阶临界转速）。当轴的工作转速很高时，应使其转速避开相应的高阶临界转速。满足上述条件的轴就是具有了弯曲振动的稳定性。

运用有限元法，也可以更精确地计算出各类复杂结构轴的临界转速。

例题 15-1　某一化工设备中的输送装置运转平稳，工作转矩变化很小，以圆锥 – 圆柱齿轮减速器作为减速装置，试设计该减速器的输出轴。减速器的装置简图参看图 15-21。输入轴与电动机相连，输出轴通过弹性柱销联轴器与工作机相连，输出轴为单向旋转（从装有半联轴器的一端看为顺时针方向）。已知电动机功率 $P = 10\ \text{kW}$，转速 $n_1 = 1\,450\ \text{r/min}$，齿轮机构的参数列于下表：

级别	z_1	z_2	m、m_n/mm	β	α_n	h_a^*	轴向尺寸 /mm
高速级	20	75	3.5	—			大锥齿轮轮毂长 $L=50$
低速级	23	95	4	8°06′34″	20°	1	圆柱齿轮齿宽 $B_1=85$，$B_2=80$

[解]（1）求输出轴上的功率 P_3、转速 n_3 和转矩 T_3

若取每级齿轮传动的效率（包括轴承效率在内）$\eta=0.97$，则

$$P_3 = P\eta^2 = 10 \times 0.97^2 \text{ kW} = 9.41 \text{ kW}$$

又

$$n_3 = n_1 \frac{1}{i} = 1\,450 \times \frac{20}{75} \times \frac{23}{95} \text{ r/min} = 93.61 \text{ r/min}$$

于是

$$T_3 = 9.55 \times 10^6 \frac{P_3}{n_3} = 9.55 \times 10^6 \times \frac{9.41}{93.61} \text{ N} \cdot \text{mm} = 9.60 \times 10^5 \text{ N} \cdot \text{mm}$$

（2）求作用在齿轮上的力

因已知低速级大齿轮的分度圆直径为

$$d_2 = \frac{m_n z_2}{\cos\beta} = \frac{4 \times 95}{\cos 8°06′34″} \text{ mm} = 383.84 \text{ mm}$$

而

$$F_t = \frac{2T_3}{d_2} = \frac{2 \times 9.60 \times 10^5}{383.84} \text{ N} = 5\,002 \text{ N}$$

$$F_r = F_t \frac{\tan\alpha_n}{\cos\beta} = 5\,002 \times \frac{\tan 20°}{\cos 8°06′34″} \text{ N} = 1\,839 \text{ N}$$

$$F_a = F_t \tan\beta = 5\,002 \times \tan 8°06′34″ \text{ N} = 713 \text{ N}$$

圆周力 F_t、径向力 F_r 及轴向力 F_a 的方向如图 15-24 所示。

（3）初步确定轴的最小直径

先按式（15-2）初步估算轴的最小直径。选取轴的材料为 45 钢，调质处理。根据表 15-3，取 $A_0=112$，于是得

$$d_{\min} = A_0 \sqrt[3]{\frac{P_3}{n_3}} = 112 \times \sqrt[3]{\frac{9.41}{93.61}} \text{ mm} = 52.08 \text{ mm}$$

输出轴的最小直径显然是安装联轴器处轴的直径 d_{I-II}（图 15-26）。为了使所选的轴直径 d_{I-II} 与联轴器的孔径相适应，需同时选取联轴器型号。

联轴器的计算转矩 $T_{ca}=K_A T_3$，查表 14-1，考虑转矩变化很小，故取 $K_A=1.3$，则

$$T_{ca} = K_A T_3 = 1.3 \times 9.6 \times 10^5 \text{ N} \cdot \text{mm} = 1.25 \times 10^6 \text{ N} \cdot \text{mm}$$

按照计算转矩 T_{ca} 应小于联轴器公称转矩的条件，查标准 GB/T 5014—2017 或手册，选用 LX4 型弹性柱销联轴器，其公称转矩为 $2.5 \times 10^6 \text{ N} \cdot \text{mm}$。半联轴器的孔径 $d_I=55 \text{ mm}$，故取 $d_{I-II}=55 \text{ mm}$，半联轴器长度 $L=112 \text{ mm}$，半联轴器与轴配合的毂孔长度 $L_1=84 \text{ mm}$。

（4）轴的结构设计

1）拟定轴上零件的装配方案

本题的装配方案已在前面分析比较，现选用图 15-22a 所示的装配方案。

2）根据轴向定位的要求确定轴的各段直径和长度

① 为了满足半联轴器的轴向定位要求，$I-II$ 轴段右端需制出一轴肩，故取 $II-III$ 段的直径 $d_{II-III}=$ 62 mm；左端用轴端挡圈定位，按轴端直径取挡圈直径为 65 mm。半联轴器与轴配合的毂孔长度 $L_1=84$ mm，为了保证轴端挡圈只压在半联轴器上而不压在轴的端面上，故 $I-II$ 段的长度应比 L_1 略短一些，现取 $l_{I-II}=82$ mm。

② 初步选择滚动轴承。因轴同时受有径向力和轴向力的作用，故选用单列圆锥滚子轴承。参照工作要求并根据 $d_{II-III}=62$ mm，由轴承产品目录中初步选取 0 基本游隙组、标准精度级的单列圆锥滚子轴承 30313，其尺寸为 $d\times D\times T=65$ mm $\times140$ mm $\times36$ mm，故 $d_{III-IV}=d_{VII-VIII}=65$ mm，而 $l_{VII-VIII}=$ 36 mm。

右端滚动轴承采用轴肩进行轴向定位。由手册上查得 30313 型轴承的定位轴肩处的直径为 $\phi77$mm，因此取 $d_{VI-VII}=77$ mm。

③ 取安装齿轮处的轴段 $IV-V$ 的直径 $d_{IV-V}=70$ mm；齿轮的左端与左轴承之间采用套筒定位。已知齿轮轮毂的宽度为 80 mm，为了使套筒端面可靠地压紧齿轮，此轴段应略短于轮毂宽度，故取 $l_{IV-V}=76$ mm。齿轮的右端采用轴肩定位，轴肩高度 $h=(2\sim3)R$，由轴径 $d=70$ mm 查表 15-2，得 $R=2$ mm，故取 $h=6$ mm，则轴环处的直径 $d_{V-VI}=82$ mm。轴环宽度 $b\geqslant1.4h$，取 $l_{V-VI}=12$ mm。

④ 轴承端盖的总宽度为 20 mm（由减速器及轴承端盖的结构设计而定）。根据轴承端盖的装拆及便于对轴承添加润滑脂的要求，取端盖的外端面与半联轴器右端面间的距离 $l=30$ mm（参看图 15-21），故取 $l_{II-III}=50$ mm。

⑤ 取齿轮距箱体内壁之距离 $\Delta=16$ mm，锥齿轮与圆柱齿轮之间的距离 $c=20$ mm（参看图 15-21）。考虑箱体的铸造误差，在确定滚动轴承位置时，应距箱体内壁一段距离 s，取 $s=8$ mm（参见图 15-21），已知滚动轴承宽度 $T=36$ mm，大锥齿轮轮毂长 $L=50$ mm，则

$$l_{III-IV}=T+s+\Delta+(80-76)\text{ mm}=(36+8+16+4)\text{ mm}=64\text{ mm}$$

$$l_{VI-VIII}=L+c+\Delta+s-l_{V-VI}=(50+20+16+8-12)\text{ mm}=82\text{ mm}$$

至此，已初步确定了轴的各段直径和长度。

3）轴上零件的周向定位

齿轮、半联轴器与轴的周向定位均采用平键连接。按 d_{IV-V} 由表 6-1 查得平键截面 $b\times h=$ 20 mm $\times12$ mm，键槽用键槽铣刀加工，长为 70 mm，同时为了保证齿轮与轴配合有良好的对中性，故选择齿轮轮毂与轴的配合为 $\dfrac{\text{H7}}{\text{n6}}$；同样，半联轴器与轴的连接，选用平键为 16 mm $\times10$ mm $\times$ 80 mm，半联轴器与轴的配合为 $\dfrac{\text{H7}}{\text{k6}}$。滚动轴承与轴的周向定位是由过渡配合来保证的，此处选轴的直径尺寸公差为 m6。

4）确定轴上圆角和倒角尺寸

参考表 15-2，取轴端倒角为 C2，各轴肩处的圆角半径如图 15-26 所示。

（5）求轴上的载荷

首先根据轴的结构图（图 15-26）作出轴的计算简图（图 15-24）。在确定轴承的支点位置时，应从手册中查取 a 值（参看图 15-23）。对于 30313 型圆锥滚子轴承，由手册中查得 $a=29$ mm。因此，作为简支梁的轴的支承跨距 $L_2+L_3=71$ mm $+141$ mm $=212$ mm。根据轴的计算简图作出轴的弯矩图和扭矩图（图 15-24）。

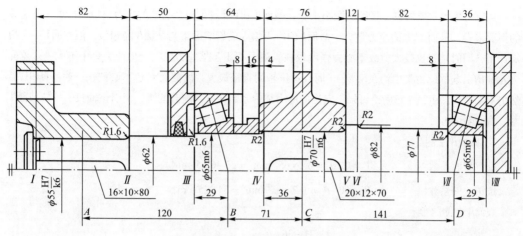

图 15-26 轴的结构与装配

从轴的结构图以及弯矩和扭矩图中可以看出截面 C 是轴的危险截面。现将计算出的截面 C 处的 M_H、M_V 及 M 的值列于下表（参见图 15-24）：

载荷	水平面	竖直面
支反力 F	$F_{NH1} = 3\,327\,N$, $F_{NH2} = 1\,675\,N$	$F_{NV1} = 1\,869\,N$, $F_{NV2} = -30\,N$ [①]
弯矩 M	$M_H = 236\,217\,N \cdot mm$	$M_{V1} = 132\,699\,N \cdot mm$, $M_{V2} = -4\,140\,N \cdot mm$
总弯矩	$M_1 = \sqrt{236\,217^2 + 132\,699^2} = 270\,938\,N \cdot mm$ $M_2 = \sqrt{236\,217^2 + (-4\,140)^2} = 236\,253\,N \cdot mm$	
扭矩 T	$T_3 = 9.6 \times 10^5\,N \cdot mm$	

① 支反力 F_{NV2} 的计算结果为负值，与图 15-24c 中支反力的假设方向相反，因此本例题竖直面弯矩图的右段应当为正弯矩。

（6）按弯扭合成应力校核轴的强度

进行校核时，通常只校核轴上承受最大弯矩和扭矩的截面（即危险截面 C）的强度。根据式（15-5）及上表中的数据，以及轴单向旋转，扭转切应力为脉动循环变应力，取 $\alpha = 0.6$，轴的计算应力

$$\sigma_{ca} = \frac{\sqrt{M_1^2 + (\alpha T_3)^2}}{W} = \frac{\sqrt{270\,938^2 + (0.6 \times 9.6 \times 10^5)^2}}{0.1 \times 70^3}\,MPa = 18.56\,MPa$$

前已选定轴的材料为 45 钢，调质处理，由表 15-1 查得 $[\sigma_{-1}] = 60\,MPa$。因此，$\sigma_{ca} < [\sigma_{-1}]$，故安全。

（7）精确校核轴的疲劳强度 [①]

1）判断危险截面

截面 A、II、III、B 只受扭矩作用，虽然键槽、轴肩及过渡配合所引起的应力集中均将削弱轴的疲劳强度，但由于轴的最小直径是按扭转强度较为宽裕确定的，所以截面 A、II、III、B 均无须校核。

---

① 这里是假设该轴需要精确校核疲劳强度，如不需要，则这一步工作可省略。

从应力集中对轴的疲劳强度的影响来看，截面IV和V处过盈配合引起的应力集中最严重；从受载的情况来看，截面C上的应力最大。截面V的应力集中的影响因素与截面IV的相似，但截面V不受扭矩作用，同时轴径也较大，故不必做强度校核。截面C上虽然应力最大，但应力集中不大（过盈配合及键槽引起的应力集中均在两端），而且这里轴的直径最大，故截面C也不必校核。截面VI和VII显然更不必校核。由第3章附录可知，键槽的应力集中系数比过盈配合的小，因而该轴只需校核截面IV左、右两侧即可。

2）截面IV左侧

抗弯截面系数 $\qquad W = 0.1d^3 = 0.1 \times 65^3 \text{ mm}^3 = 27\,462.5 \text{ mm}^3$

抗扭截面系数 $\qquad W_T = 0.2d^3 = 0.2 \times 65^3 \text{ mm}^3 = 54\,925 \text{ mm}^3$

截面IV左侧的弯矩

$$M = 270\,938 \times \frac{71-36}{71} \text{ N} \cdot \text{mm} = 133\,561 \text{ N} \cdot \text{mm}$$

截面IV上的扭矩 $\qquad T_3 = 9.6 \times 10^5 \text{ N} \cdot \text{mm}$

截面上的弯曲应力

$$\sigma_b = \frac{M}{W} = \frac{133\,561}{27\,462.5} \text{ MPa} = 4.86 \text{ MPa}$$

截面上的扭转切应力

$$\tau_T = \frac{T_3}{W_T} = \frac{9.6 \times 10^5}{54\,925} \text{ MPa} = 17.48 \text{ MPa}$$

轴的材料为45钢，调质处理。由表15-1查得 $\sigma_B = 640 \text{ MPa}$，$\sigma_{-1} = 275 \text{ MPa}$，$\tau_{-1} = 155 \text{ MPa}$。

截面上由于轴肩而形成的理论应力集中系数 α_σ 及 α_τ 按附表3-2查取。因 $\dfrac{r}{d} = \dfrac{2.0}{65} = 0.031$，$\dfrac{D}{d} = \dfrac{70}{65} = 1.08$，经插值后可查得

$$\alpha_\sigma = 2.0, \quad \alpha_\tau = 1.31$$

又由附图3-1可得轴的材料的敏性系数为

$$q_\sigma = 0.82, \quad q_\tau = 0.85$$

故有效应力集中系数按式（附3-4）为

$$k_\sigma = 1 + q_\sigma(\alpha_\sigma - 1) = 1 + 0.82 \times (2.0 - 1) = 1.82$$
$$k_\tau = 1 + q_\tau(\alpha_\tau - 1) = 1 + 0.85 \times (1.31 - 1) = 1.26$$

由附图3-2得尺寸系数 $\varepsilon_\sigma = 0.67$；由附图3-3得扭转剪切尺寸系数 $\varepsilon_\tau = 0.82$。

轴按磨削加工，由附图3-4得表面质量系数为

$$\beta_\sigma = \beta_\tau = 0.92$$

轴未经表面强化处理，即 $\beta_q = 1$，则按式（3-12）及式（3-16）得疲劳极限综合影响系数为

$$K_\sigma = \frac{k_\sigma}{\varepsilon_\sigma} + \frac{1}{\beta_\sigma} - 1 = \frac{1.82}{0.67} + \frac{1}{0.92} - 1 = 2.80$$

$$K_\tau = \frac{k_\tau}{\varepsilon_\tau} + \frac{1}{\beta_\tau} - 1 = \frac{1.26}{0.82} + \frac{1}{0.92} - 1 = 1.62$$

又由 3-1 节及 3-2 节得碳钢的特性系数为：

$$\varphi_\sigma = 0.1 \sim 0.2, \quad 取 \varphi_\sigma = 0.1$$

$$\varphi_\tau = 0.05 \sim 0.1, \quad 取 \varphi_\tau = 0.05$$

于是，计算安全系数 S_{ca} 值，按式（15-6）～式（15-8）则得

$$S_\sigma = \frac{\sigma_{-1}}{K_\sigma \sigma_a + \varphi_\sigma \sigma_m} = \frac{275}{2.80 \times 4.86 + 0.1 \times 0} = 20.21 \quad ①$$

$$S_\tau = \frac{\tau_{-1}}{K_\tau \tau_a + \varphi_\tau \tau_m} = \frac{155}{1.62 \times \dfrac{17.48}{2} + 0.05 \times \dfrac{17.48}{2}} = 10.62$$

$$S_{ca} = \frac{S_\sigma S_\tau}{\sqrt{S_\sigma^2 + S_\tau^2}} = \frac{20.21 \times 10.62}{\sqrt{20.21^2 + 10.62^2}} = 9.40 \gg S = 1.5$$

故可知其安全。

3）截面 IV 右侧

抗弯截面系数 W 按表 15-4 中的公式计算。

$$W = 0.1d^3 = 0.1 \times 70^3 \ \text{mm}^3 = 34\,300 \ \text{mm}^3$$

抗扭截面系数 $\qquad W_T = 0.2d^3 = 0.2 \times 70^3 \ \text{mm}^3 = 68\,600 \ \text{mm}^3$

弯矩 M 及弯曲应力为：

$$M = 270\,938 \times \frac{71 - 36}{71} \ \text{N} \cdot \text{mm} = 133\,561 \ \text{N} \cdot \text{mm} \quad ②$$

$$\sigma_b = \frac{M}{W} = \frac{133\,561}{34\,300} \ \text{MPa} = 3.89 \ \text{MPa}$$

扭矩 T_3 及扭转切应力为：

$$T_3 = 9.6 \times 10^5 \ \text{N} \cdot \text{mm}$$

$$\tau_T = \frac{T_3}{W_T} = \frac{9.6 \times 10^5}{68\,600} \ \text{MPa} = 13.99 \ \text{MPa}$$

过盈配合处的 $\dfrac{k_\sigma}{\varepsilon_\sigma}$，由附表 3-8 用插值法求出，并取 $\dfrac{k_\tau}{\varepsilon_\tau} = 0.8 \dfrac{k_\sigma}{\varepsilon_\sigma}$，于是得

$$\frac{k_\sigma}{\varepsilon_\sigma} = 3.16, \quad \frac{k_\tau}{\varepsilon_\tau} = 0.8 \times 3.16 = 2.53$$

轴按磨削加工，由附图 3-4 得表面质量系数为

$$\beta_\sigma = \beta_\tau = 0.92$$

故得综合系数为：

$$K_\sigma = \frac{k_\sigma}{\varepsilon_\sigma} + \frac{1}{\beta_\sigma} - 1 = 3.16 + \frac{1}{0.92} - 1 = 3.25$$

---

① 由轴向力 F_a 引起的压缩应力在此处本应作为 σ_m 计入，但因其值甚小，故予忽略，下同。

② 这里只做近似计算，因为轴向力产生的弯矩只是理论上集中作用于截面 C 上，实际上是要部分地作用到截面 IV 右侧的。

$$K_\tau = \frac{k_\tau}{\varepsilon_\tau} + \frac{1}{\beta_\tau} - 1 = 2.53 + \frac{1}{0.92} - 1 = 2.62$$

所以轴在截面IV右侧的安全系数为：

$$S_\sigma = \frac{\sigma_{-1}}{K_\sigma \sigma_a + \varphi_\sigma \sigma_m} = \frac{275}{3.25 \times 3.89 + 0.1 \times 0} = 21.75$$

$$S_\tau = \frac{\tau_{-1}}{K_\tau \tau_a + \varphi_\tau \tau_m} = \frac{155}{2.62 \times \dfrac{13.99}{2} + 0.05 \times \dfrac{13.99}{2}} = 8.30$$

$$S_{ca} = \frac{S_\sigma S_\tau}{\sqrt{S_\sigma^2 + S_\tau^2}} = \frac{21.75 \times 8.30}{\sqrt{21.75^2 + 8.30^2}} = 7.75 \gg S = 1.5$$

　　故该轴在截面IV右侧的强度也是足够的。本题因无大的瞬时过载及严重的应力循环不对称性，故可略去静强度校核。至此，轴的设计计算即告结束（当然，如有更高的要求，还可做进一步的研究，采用如有限元法等方法进行更精确的计算）。

　　（8）绘制轴的工作图，如图 15-27 所示。

重难点分析

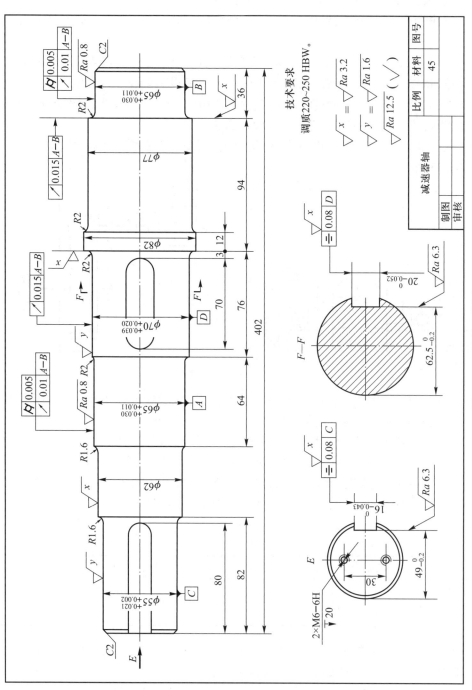

技术要求
调质220~250 HBW。

$\sqrt{\,}^{x} = \sqrt{Ra\ 3.2}$
$\sqrt{\,}^{y} = \sqrt{Ra\ 1.6}$
$\sqrt{Ra\ 12.5}\ (\sqrt{\,})$

减速器轴

比例	材料	图号
	45	

制图
审核

图 15-27　轴的工作图

习题

15-1 若轴的强度不足或刚度不足，可分别采取哪些措施？

15-2 在进行轴的疲劳强度计算时，如果同一截面上有几个应力集中源，应如何确定应力集中系数？

15-3 为什么要进行轴的静强度校核计算？校核计算时为什么不考虑应力集中等因素的影响？

15-4 图 15-28 所示为某减速器输出轴的结构图，试指出其设计错误，并画出改正图。

15-5 有一台离心式水泵，由电动机带动，传递的功率 $P=3$ kW，轴的转速 $n=960$ r/min，轴的材料为 45 钢，调质处理。试按强度要求计算轴所需的最小直径。

15-6 设计某搅拌机用的单级斜齿圆柱齿轮减速器中的低速轴（包括选择两端的轴承及外伸端的联轴器），如图 15-29 所示。

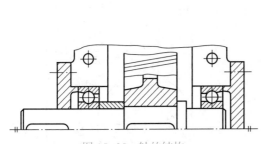

图 15-28 轴的结构

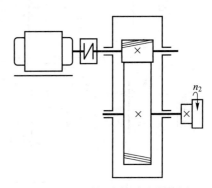

图 15-29 单级齿轮减速器简图

已知：电动机额定功率 $P=4$ kW，转速 $n_1=750$ r/min，低速轴转速 $n_2=130$ r/min，大齿轮节圆直径 $d_2'=300$ mm，宽度 $B_2=90$ mm，轮齿螺旋角 $\beta=12°$，法向压力角 $\alpha_n=20°$。

要求：1）完成轴的全部结构设计。2）选择轴的材料与热处理，根据弯扭合成理论验算轴的强度。若轴的强度不满足要求，则改进设计，直至满足强度要求。3）精确校核轴的危险截面是否安全。

15-7 两级展开式斜齿圆柱齿轮减速器的中间轴（图 15-30a），尺寸和结构如图 15-30b 所示。已知：中间轴转速 $n_2=180$ r/min，传递功率 $P=5.5$ kW，有关的齿轮参数见表 15-6。

表 15-6 题 15-7 的齿轮参数

	m_n/mm	α_n	z	β	旋 向
齿轮 2	3	20°	112	10° 44′	右
齿轮 3	4	20°	23	9° 22′	右

图中 A、D 为圆锥滚子轴承的载荷作用中心。轴的材料为 45 钢（正火）。要求按弯扭合成理论验算轴的截面 I 和 II 的强度，并精确校核轴的危险截面是否安全。

15-8 一蜗杆轴的结构如图 15-31 所示，试计算其确定弯曲刚度的当量直径 d_v。

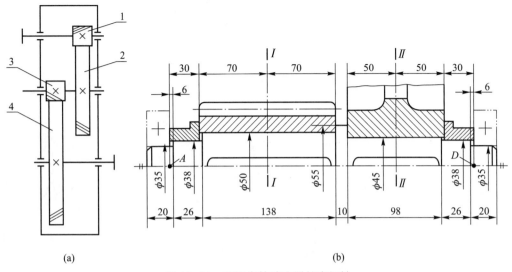

图 15-30　两级齿轮减速器的中间轴

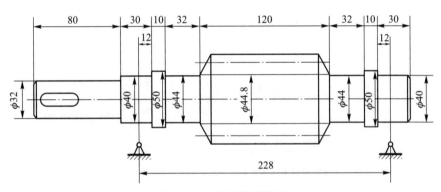

图 15-31　蜗杆轴结构图

第五篇　其他零、部件

知识图谱 学习指南

弹簧

16-1 概　　述

　　弹簧是利用材料的弹性变形工作的一种机械零件，它可以起到减小振动、缓和冲击、调整载荷等作用。弹簧在各类机械中应用十分广泛，主要用于：

　　1）控制机构的运动，如制动器、离合器中的控制弹簧，内燃机气缸的阀门弹簧等。

　　2）减振和缓冲，如汽车、火车车厢下的减振弹簧，以及各种缓冲器用的弹簧等。

　　3）储存及输出能量，如钟表弹簧、枪闩弹簧等。

　　4）测量力的大小，如测力器和弹簧秤中的弹簧等。

　　按照所承受的载荷不同，弹簧可以分为拉伸弹簧、压缩弹簧、扭转弹簧和弯曲弹簧等四种；而按照弹簧的形状不同，又可分为螺旋弹簧、环形弹簧、碟形弹簧、板簧和平面涡卷弹簧等。表 16-1 中列出了弹簧的基本类型。

表 16-1　弹簧的基本类型

按形状分	按载荷分			
	拉　伸	压　缩	扭　转	弯　曲
螺旋形·	圆柱螺旋拉伸弹簧 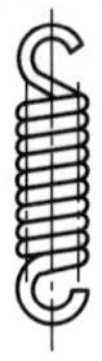	圆柱螺旋压缩弹簧 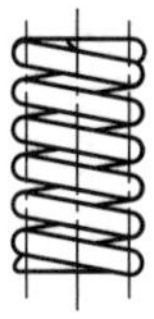　　圆锥螺旋压缩弹簧 	圆柱螺旋扭转弹簧 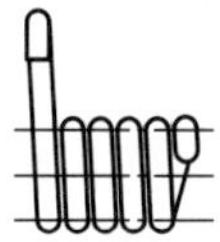	
其他形		环形弹簧 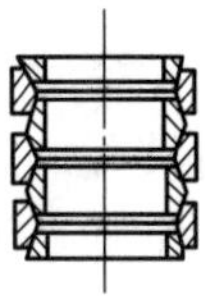　　碟形弹簧 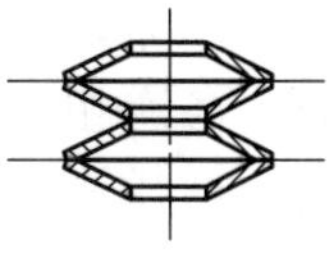	平面涡卷弹簧 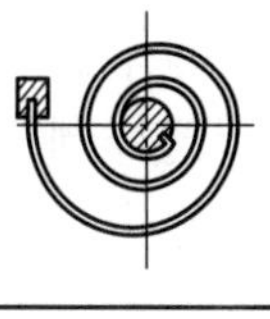	板　簧 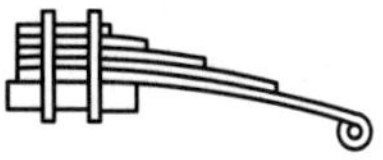

螺旋弹簧是用弹簧丝卷绕制成的，由于制造简便，所以应用最广。在一般机械中，最为常用的是圆柱螺旋弹簧，故本章主要讲述这类弹簧的结构形式和设计方法，其他类型的弹簧见参考文献［71］。

16-2 圆柱螺旋弹簧的结构、制造、材料及许用应力

1. 圆柱螺旋弹簧的结构形式

（1）圆柱螺旋压缩弹簧

如图 16-1 所示，弹簧的节距为 p，在自由状态下，各圈之间应有适当的间距 δ，以便弹簧受压时，有产生相应变形的空间。为了使弹簧在压缩后仍能保持一定的弹性，设计时还应考虑在最大载荷作用下，各圈之间仍需保留一定的间距 δ_1。δ_1 的推荐值一般为

$$\delta_1 = 0.1d \geqslant 0.2 \text{ mm}$$

式中，d 为弹簧丝直径，mm。

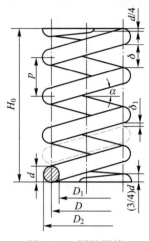

图 16-1　圆柱螺旋压缩弹簧

弹簧的两个端面圈应与邻圈并紧（无间隙），只起支承作用，不参与变形，称为死圈。当弹簧的工作圈数 $n \leqslant 7$ 时，弹簧每端的死圈约为 0.75 圈；$n > 7$ 时，每端的死圈为 1～1.75 圈。弹簧端部的结构有多种形式（图 16-2），常用的有两个端面圈均与邻圈并紧且磨平的 YⅠ型（图 a）、并紧不磨平的 YⅡ型（图 b）和不并紧的 YⅢ型（图 c）三种。在重要的场合，应采用 YⅠ型以保证两支承端面与弹簧的轴线垂直，从而使弹簧受压时不致歪斜。弹簧丝直径 $d \leqslant 0.5$ mm 时，弹簧的两支承端面可不必磨平；$d > 0.5$ mm 时，两支承端面则需磨平。磨平部分应不少于圆周长的 $\frac{3}{4}$，端头厚度一般不小于 $\frac{d}{8}$，端面的表面粗糙度 Ra 值应低于 25 μm。

拓展资源

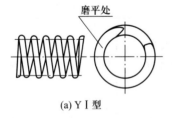

(a) YⅠ型

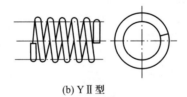

(b) YⅡ型

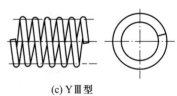

(c) YⅢ型

图 16-2　圆柱螺旋压缩弹簧的端面圈

（2）圆柱螺旋拉伸弹簧

如图 16-3 所示，圆柱螺旋拉伸弹簧空载时，各圈应相互并拢。另外，为了节省轴向工作空间，并保证弹簧在空载时各圈相互压紧，常在卷绕的过程中，同时使弹簧丝绕其本身的轴线产生扭转。这样制成的弹簧，各圈相互间具有一定的压紧力，弹簧丝中也产生了一定的预应力，故称为有预应力的拉伸弹簧。这种弹簧在外加的拉力大于初拉力 F_0

后，各圈才开始分离，故可较无预应力的拉伸弹簧节省轴向的工作空间。拉伸弹簧的端部制有挂钩，以便安装和加载。挂钩的形式如图 16-4 所示。其中端部结构形式为半圆钩环的 LⅠ型和圆钩环压中心的 LⅥ型制造方便，应用很广。但因在挂钩过渡处会产生很大的弯曲应力，故只宜用于弹簧丝直径 $d \leqslant 10$ mm 的弹簧中。LⅦ、LⅧ型挂钩不与弹簧丝连一体，适用于受力较大的场合。

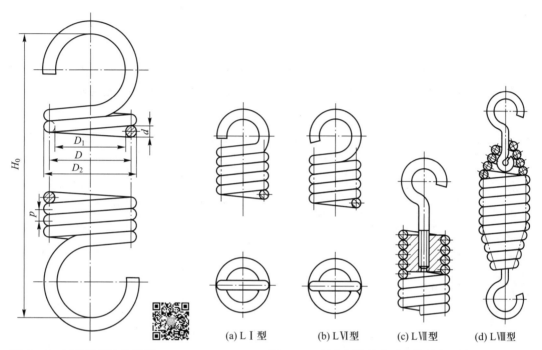

图 16-3　圆柱螺旋拉伸弹簧

(a) LⅠ型　　(b) LⅥ型　　(c) LⅦ型　　(d) LⅧ型

图 16-4　圆柱螺旋拉伸弹簧挂钩的形式

2. 制造

螺旋弹簧的制造工艺包括卷制、挂钩的制作或端面圈的精加工、热处理、工艺试验及强压处理。

卷制分冷卷及热卷两种。冷卷用于经预先热处理后拉成直径 $d <$（8～10）mm 的弹簧丝；直径较大弹簧丝制作的强力弹簧则用热卷。热卷时的温度依据弹簧丝的直径尺寸在 800～1 000℃ 的范围内选择。

对于重要的压缩弹簧，为了保证两端的承压面与其轴线垂直，应将端面圈在专用的磨床上磨平；对于拉伸及扭转弹簧，为了便于连接、固着及加载，两端应制有挂钩或杆臂（参见图 16-4 及图 16-13）。

弹簧在完成上述工序后，均应进行热处理。冷卷后的弹簧只做回火处理，以消除卷制时产生的内应力；热卷后的弹簧需经淬火及中温回火处理。热处理后的弹簧，表面不应出现显著的脱碳层。

此外，弹簧还需进行工艺试验和根据弹簧的技术条件规定进行精度、冲击、疲劳等试验，以检验弹簧是否符合技术要求。需特别指出的是，弹簧的持久强度和抗冲击强度，在很大程度上取决于弹簧丝的表面状况，所以弹簧丝表面必须光洁，没有裂纹和伤痕等缺陷。表面脱碳会严重影响材料的持久强度和抗冲击性能。

为了提高承载能力，还可在弹簧制成后进行强压处理或喷丸处理。强压处理是使弹簧在超过极限载荷作用下持续 6~48 h，以便在弹簧丝的表层高应力区产生有益的塑性变形及与工作应力反向的残余应力，使弹簧在工作时的最大应力下降，从而提高弹簧的承载能力。但用于长期振动、高温或腐蚀性介质中的弹簧，不宜进行强压处理。

3. 弹簧的材料及许用应力

为了使弹簧能够可靠地工作，弹簧材料必须具有高的弹性极限和疲劳极限，同时应具有足够的韧性和塑性，以及良好的可热处理性。几种常用弹簧材料的性能见表 16-2。

表 16-2　几种常用弹簧材料的性能

材料及代号	许用切应力 $[\tau]$/MPa			许用弯曲应力 $[\sigma_b]$/MPa		弹性模量 E/MPa	切变模量 G/MPa	推荐使用温度/℃	推荐硬度/HRC	特性及用途
	I类弹簧	II类弹簧	III类弹簧	II类弹簧	III类弹簧					
碳素弹簧钢丝 SL、SM、DM、SH、DH 型 65Mn	$0.3\sigma_B$	$0.4\sigma_B$	$0.5\sigma_B$	$0.5\sigma_B$	$0.625\sigma_B$	$0.5\leqslant d \leqslant 4$ 时，207 500~205 000；$d>4$ 时，200 000	$0.5\leqslant d \leqslant 4$ 时，83 000~80 000；$d>4$ 时，80 000	-40~130		强度高，加工性能好，适用于小尺寸弹簧。65Mn 弹簧钢丝用作重要弹簧
60Si2Mn 60Si2MnA	480	640	800	800	1 000	200 000	80 000	-40~200	45~50	弹性好，回火稳定性好，易脱碳，用于承受大载荷弹簧
50CrVA	450	600	750	750	940			-40~210		疲劳性能好，淬透性、回火稳定性好
不锈钢丝 12Cr18Ni9	330	440	550	550	690	197 000	73 000	-200~300		耐腐蚀，耐高温，有良好工艺性，适用于小弹簧

注：① 弹簧按载荷性质分为三类：I类——受变载荷作用次数在 10^6 以上的弹簧；II类——受变载荷作用次数在 10^3~10^5 及冲击载荷的弹簧；III类——受变载荷作用次数在 10^3 以下的弹簧。

② 碳素弹簧钢丝按力学性能及载荷特点分为 SL、SM、DM、SH、DH 级，见表 16-3。

③ 碳素弹簧钢丝的强度极限见表 16-3。65Mn 弹簧丝的强度极限见表 16-4。

④ 各类螺旋拉、压弹簧的极限工作应力 τ_{lim}。对于I类、II类弹簧 $\tau_{lim}\leqslant 0.5\sigma_B$，对于III类弹簧，$\tau_{lim}\leqslant 0.56\sigma_B$。

⑤ 表中许用切应力为压缩弹簧的许用值，拉伸弹簧的许用切应力为压缩弹簧的 80%。

⑥ 经强压处理的弹簧，其许用应力可增大 25%。

常用弹簧钢主要有下列几种。

（1）碳素弹簧钢

碳素弹簧钢（例如 65、70 钢）的优点是价格便宜，原材料来源方便；缺点是弹性极限低，多次重复变形后易失去弹性，且不能在高于 130℃的温度下正常工作。

（2）低锰弹簧钢

低锰弹簧钢（例如 65Mn）与碳素弹簧钢相比，优点是淬透性较好，强度较高；缺点是淬火后容易产生裂纹，且具有热脆性。但由于价格低，所以一般机械上常用于制造尺寸不大的弹簧，例如离合器弹簧等。

（3）硅锰弹簧钢

硅锰弹簧钢（例如 60Si2MnA）中因加入了硅，故可显著地提高弹性极限，并提高了回火稳定性，因而可在更高的温度下回火，从而得到良好的力学性能。硅锰弹簧钢在工业中得到了广泛的应用，一般用于制造汽车、拖拉机的螺旋弹簧。

（4）铬钒钢

铬钒钢（例如 50CrVA）中加入钒的目的是细化组织，提高钢的强度和韧性。这种材料的耐疲劳和抗冲击性能良好，并能在 -40～210℃的温度下可靠工作，但价格较高。多用于要求较高的场合，如用于制造航空发动机调节系统中的弹簧。

此外，某些不锈钢和青铜等材料，具有耐腐蚀的特点，青铜还具有防磁性和导电性，故常用于制造化工设备中或工作于腐蚀性介质中的弹簧。其缺点是不容易热处理，力学性能较差，所以在一般机械中很少采用。

在选择材料时，应考虑弹簧的用途、重要程度、使用条件（包括载荷性质、大小及循环特性，工作持续时间，工作温度和周围介质情况等），以及加工、热处理和经济性等因素。同时，也要参照现有设备中使用的弹簧，选择出较为合用的材料。

弹簧材料的许用扭转应力 $[\tau]$ 和许用弯曲应力 $[\sigma_b]$ 的大小和载荷性质有关，静载荷时的 $[\tau]$ 或 $[\sigma_b]$ 较变载荷时的大。表 16-2 中推荐的几种常用材料及其 $[\tau]$ 和 $[\sigma_b]$ 值可供设计时参考。碳素弹簧丝和 65Mn 弹簧丝的强度极限 σ_B 按表 16-3 和表 16-4 选取。

表 16-3　冷拉碳素弹簧丝的强度极限（摘自 GB/T 4357—2022）

弹簧丝公称直径[①]/mm	强度极限 σ_B[②]/MPa				
	SL 型	SM 型	DM 型	SH 型	DH 型
1.25	1 660～1 900	1 910～2 130	1 910～2 130	2 140～2 380	2 140～2 380
1.30	1 640～1 890	1 900～2 130	1 900～2 130	2 140～2 370	2 140～2 370
1.40	1 620～1 860	1 870～2 100	1 870～2 100	2 110～2 340	2 110～2 340
1.50	1 600～1 840	1 850～2 080	1 850～2 080	2 090～2 310	2 090～2 310
1.60	1 590～1 820	1 830～2 050	1 830～2 050	2 060～2 290	2 060～2 290
1.70	1 570～1 800	1 810～2 030	1 810～2 030	2 040～2 260	2 040～2 260
1.80	1 550～1 780	1 790～2 010	1 790～2 010	2 020～2 240	2 020～2 240
1.90	1 540～1 760	1 770～1 990	1 770～1 990	2 000～2 220	2 000～2 220

弹簧丝公称直径 /mm	强度极限 σ_B / MPa				
	SL 型	SM 型	DM 型	SH 型	DH 型
2.00	1 520~1 750	1 760~1 970	1 760~1 970	1 980~2 200	1 980~2 200
2.10	1 510~1 730	1 740~1 960	1 740~1 960	1 970~2 180	1 970~2 180
2.25	1 490~1 710	1 720~1 930	1 720~1 930	1 940~2 150	1 940~2 150
2.40	1 470~1 690	1 700~1 910	1 700~1 910	1 920~2 130	1 920~2 130
2.50	1 460~1 680	1 690~1 890	1 690~1 890	1 900~2 110	1 900~2 110
2.60	1 450~1 660	1 670~1 880	1 670~1 880	1 890~2 100	1 890~2 100
2.80	1 420~1 640	1 650~1 850	1 650~1 850	1 860~2 070	1 860~2 070
3.00	1 410~1 620	1 630~1 830	1 630~1 830	1 840~2 040	1 840~2 040
3.20	1 390~1 600	1 610~1 810	1 610~1 810	1 820~2 020	1 820~2 020
3.40	1 370~1 580	1 590~1 780	1 590~1 780	1 790~1 990	1 790~1 990
3.60	1 350~1 560	1 570~1 760	1 570~1 760	1 770~1 970	1 770~1 970
3.80	1 340~1 540	1 550~1 740	1 550~1 740	1 750~1 950	1 750~1 950
4.00	1 320~1 520	1 530~1 730	1 530~1 730	1 740~1 930	1 740~1 930
4.25	1 310~1 500	1 510~1 700	1 510~1 700	1 710~1 900	1 710~1 900
4.50	1 290~1 490	1 500~1 680	1 500~1 680	1 690~1 880	1 690~1 880
4.75	1 270~1 470	1 480~1 670	1 480~1 670	1 680~1 840	1 680~1 840
5.00	1 260~1 450	1 460~1 650	1 460~1 650	1 660~1 830	1 660~1 830
5.30	1 240~1 430	1 440~1 630	1 440~1 630	1 640~1 820	1 640~1 820

注：弹簧丝按照强度极限分为低强度极限弹簧丝、中等强度极限弹簧丝和高强度极限弹簧丝，分别用符号 L、M 和 H 代表。按照弹簧载荷特点分为静载荷弹簧丝和动载荷弹簧丝，分别用 S 和 D 代表。

① 中间尺寸弹簧丝强度极限值按表中相邻较大弹簧丝的规定执行。

② 对于具体的应用经供需双方协商采用合适的强度等级。

表 16-4　65Mn 弹簧丝的强度极限

弹簧丝直径 d/mm	1~1.2	1.4~1.6	1.8~2	2.2~2.5	2.8~3.4
σ_B/MPa	1 800	1 750	1 700	1 650	1 600

16-3　圆柱螺旋压缩（拉伸）弹簧的设计计算

1. 几何参数计算

普通圆柱螺旋弹簧的主要几何尺寸有外径 D_2、中径 D、内径 D_1、节距 p、螺旋升角 α 及弹簧丝直径 d。由图 16-5 可知，它们的关系为

$$\alpha = \arctan \frac{p}{\pi D} \tag{16-1}$$

式中，α 为弹簧的螺旋升角，对圆柱螺旋压缩弹簧一般应在 5°～9°范围内选取。

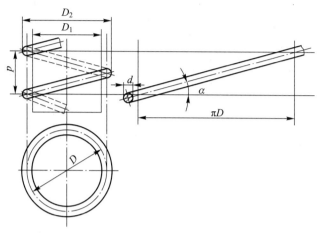

图 16-5 圆柱螺旋弹簧的几何尺寸参数

弹簧的旋向可以右旋或左旋，但无特殊要求时，一般都用右旋。

普通圆柱螺旋压缩及拉伸弹簧的结构尺寸计算公式见表 16-5。计算出的弹簧丝直径 d 及弹簧中径 D 等按表 16-6 的数值圆整。

表 16-5 普通圆柱螺旋压缩及拉伸弹簧的结构尺寸计算公式　　　　　　　　　　mm

参数名称及代号	计算公式		备注
	压缩弹簧	拉伸弹簧	
中径 D	$D=Cd$		按表 16-6 取标准值
内径 D_1	$D_1=D-d$		
外径 D_2	$D_2=D+d$		
旋绕比 C	$C=D/d$		
压缩弹簧高径比 b	$b=\dfrac{H_0}{D}$		b 在 1～5.3 的范围内选取
自由高度或自由长度 H_0	两端并紧，磨平： $H_0 \approx pn+(1.5\sim2)\,d$ 两端并紧，不磨平： $H_0 \approx pn+(3\sim3.5)\,d$	$H_0=nd+H_h$	H_h 为钩环轴向长度
工作高度或工作长度 $H_1, H_2, \cdots, H_n$	$H_n=H_0-\lambda_n$	$H_n=H_0+\lambda_n$	λ_n 为工作变形量
有效圈数 n	根据要求变形量按式（16-11）计算		$n \geqslant 2$

参数名称及代号	计算公式		备注
	压缩弹簧	拉伸弹簧	
总圈数 n_1	冷卷：$n_1=n+(2\sim2.5)$ 热卷：$n_1=n+(1.5\sim2)$	$n_1=n$	拉伸弹簧 n_1 尾数为 $\frac{1}{4}$、$\frac{1}{2}$、$\frac{3}{4}$、整圈，推荐用 $\frac{1}{2}$ 圈
节距 p	$p=(0.28\sim0.5)D$	$p=d$	
轴向间隙 δ	$\delta=p-d$		
展开长度 L	$L=\dfrac{\pi D n_1}{\cos\alpha}$	$L\approx\pi Dn+L_h$	L_h 为钩环展开长度
螺旋升角 α	$\alpha=\arctan\dfrac{p}{\pi D}$		对压缩螺旋弹簧，推荐 $\alpha=5°\sim9°$
质量 m_s	$m_s=\dfrac{\pi d^2}{4}L\rho$		ρ 为材料的密度，对各种钢，$\rho=7\,800\ \text{kg/m}^3$；对铍青铜 $\rho=8\,100\ \text{kg/m}^3$

表 16-6 圆柱螺旋弹簧尺寸系列（摘自 GB/T 1358—2009）

弹簧丝直径 d/mm	第一系列	0.10	0.12	0.14	0.16	0.20	0.25	0.30	0.35	0.40	0.45	0.50	0.60
		0.70	0.80	0.90	1.00	1.20	1.60	2.00	2.50	3.00	3.50	4.00	4.50
		5.00	6.00	8.00	10.0	12.0	15.0	16.0	20.0	25.0	30.0	35.0	40.0
		45.0	50.0	60.0									
	第二系列	0.05	0.06	0.07	0.08	0.09	0.18	0.22	0.28	0.32	0.55	0.65	1.40
		1.80	2.20	2.80	3.20	5.50	6.50	7.00	9.00	11.0	14.0	18.0	22.0
		28.0	32.0	38.0	42.0	55.0							
弹簧中径 D/mm		0.3	0.4	0.5	0.6	0.7	0.8	0.9	1	1.2	1.4	1.6	1.8
		2	2.2	2.5	2.8	3	3.2	3.5	3.8	4	4.2	4.5	4.8
		5	5.5	6	6.5	7	7.5	8	8.5	9	10	12	14
		16	18	20	22	25	28	30	32	38	42	45	48
		50	52	55	58	60	65	70	75	80	85	90	95
		100	105	110	115	120	125	130	135	140	145	150	160
		170	180	190	200	210	220	230	240	250	260	270	280
		290	300	320	340	360	380	400	450	500	550	600	
有效圈数 n/圈	压缩弹簧	2	2.25	2.5	2.75	3	3.25	3.5	3.75	4	4.25	4.5	4.75
		5	5.5	6	6.5	7	7.5	8	8.5	9	9.5	10	10.5
		11.5	12.5	13.5	14.5	15	16	18	20	22	25	28	30
	拉伸弹簧	2	3	4	5	6	7	8	9	10	11	12	13
		14	15	16	17	18	19	20	22	25	28	30	35
		40	45	50	55	60	65	70	80	90	100		

续表

自由高度 H_0/mm	压缩弹簧	2	3	4	5	6	7	8	9	10	11	12	13
		14	15	16	17	18	19	20	22	24	26	28	30
		32	35	38	40	42	45	48	50	52	55	58	60
		65	70	75	80	85	90	95	100	105	110	115	120
自由高度 H_0/mm	压缩弹簧	130	140	150	160	170	180	190	200	220	240	260	280
		300	320	340	380	400	420	450	480	500	520	550	580
		600	620	650	680	700	720	750	780	800	850	900	950
		1 000											

注：① 本表适用于一般用途的圆柱螺旋弹簧；

② 弹簧丝直径应优先采用第一系列；

③ 拉伸弹簧有效圈数除按表中规定外，由于两钩环相对位置不同，其尾数还可以为 0.25、0.5、0.75。

2. 特性曲线

弹簧应具有经久不变的弹性，且不允许产生永久变形。因此在设计弹簧时，务必使其工作应力在弹性极限范围内。在这个范围内工作的压缩弹簧，当承受轴向载荷 F 时，弹簧将产生相应的弹性变形，如图 16-6a 所示。为了表示弹簧的载荷与变形的关系，取纵坐标表示弹簧承受的载荷，横坐标表示弹簧的变形，通常载荷和变形成线性关系[①]（图 16-6b）。这种表示载荷与变形关系的曲线称为**弹簧的特性曲线**。对于拉伸弹簧，如图 16-7 所示，图 b 为无预应力的拉伸弹簧的特性曲线，图 c 为有预应力的拉伸弹簧的特性曲线。

图 16-6a 中的 H_0 是压缩弹簧在没有承受外力时的自由长度。弹簧在安装时，通常预加一个压力 $F_{\min}$，使它可靠地稳定在安装位置上。$F_{\min}$ 称为弹簧的最小载荷（安装载荷）。在它的作用下，弹簧的长度被压缩到 H_1，其压缩变形量为 $\lambda_{\min}$。$F_{\max}$ 为弹簧承受的最大工作载荷。在 $F_{\max}$ 作用下，弹簧长度减到 H_2，其压缩变形量增到 $\lambda_{\max}$。$\lambda_{\max}$ 与 $\lambda_{\min}$ 的差即为弹簧的工作行程 h，$h=\lambda_{\max}-\lambda_{\min}$。$F_{\lim}$ 为弹簧的极限载荷，在该力的作用下，弹簧丝内的应力达到了材料的弹性极限。与 $F_{\lim}$ 对应的弹簧长度为 H_3，压缩变形量为 $\lambda_{\lim}$，产生的极限应力为 $\tau_{\lim}$。

等节距的圆柱螺旋压缩弹簧的特性曲线为一直线，亦即

$$\frac{F_{\min}}{\lambda_{\min}}=\frac{F_{\max}}{\lambda_{\max}}=\cdots=常数$$

压缩弹簧的最小工作载荷通常取为 $F_{\min}=(0.1\sim0.5)F_{\max}$；但对有预应力的拉伸弹簧（图 16-7c），$F_{\min}>F_0$，$F_0$ 为使具有预应力的拉伸弹簧开始变形时所需的初拉力。如图 16-7c 所示，有预应力的拉伸弹簧相当于有预变形 x。因而在同样的 F 作用下，有预应力的拉伸弹簧产生的变形要比没有预应力时小。

弹簧的最大工作载荷 $F_{\max}$，由弹簧在机构中的工作条件决定，但不应达到它的极限载

---

① 某些特殊设计的弹簧，如不等节距弹簧、变径弹簧、平面涡卷弹簧，它们的载荷与变形成非线性关系。

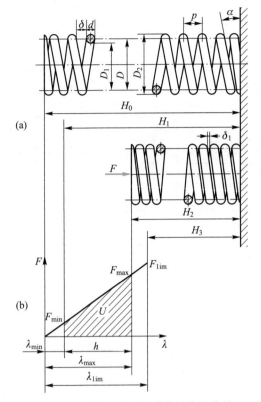

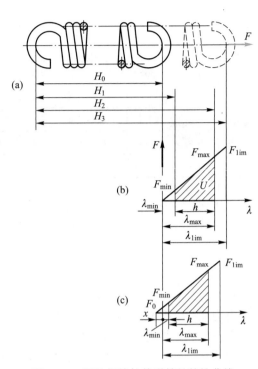

图 16-6　圆柱螺旋压缩弹簧的特性曲线　　　图 16-7　圆柱螺旋拉伸弹簧的特性曲线

荷，通常应保持 $F_{max} \leqslant 0.8F_{lim}$。

弹簧的特性曲线应绘在弹簧零件图中，作为检验和试验时的依据之一。此外，在设计弹簧时，利用特性曲线分析受载与变形的关系也较方便。

3. 圆柱螺旋弹簧受载时的应力及变形

圆柱螺旋弹簧丝的截面多为圆截面，也有矩形截面的情况。下面的分析主要是针对圆截面弹簧丝的圆柱螺旋弹簧进行。

圆柱螺旋弹簧受压或受拉时，弹簧丝的受力情况是完全一样的。现就图 16-8 所示的圆形截面弹簧丝的压缩弹簧承受轴向载荷 F 的情况进行分析。

由图 16-8a（图中弹簧下部断去，未示出）可知，由于弹簧丝具有升角 α，故在通过弹簧轴线的截面上，弹簧丝的截面 A—A 呈椭圆形，作用在该截面上的有力 F 及扭矩 $T = F\dfrac{D}{2}$。因而，在弹簧丝的法向截面 B—B 上则作用有横向力 $F\cos\alpha$、轴向力 $F\sin\alpha$、弯矩 $M = T\sin\alpha$ 及扭矩 $T' = T\cos\alpha$。

由于弹簧螺旋升角一般取为 $\alpha = 5° \sim 9°$，故 $\sin\alpha \approx 0$，$\cos\alpha \approx 1$，则截面 B—B 上的应力（图 16-8c）可近似地取为

$$\tau_\Sigma = \tau_F + \tau_T = \frac{F}{\dfrac{\pi d^2}{4}} + \frac{F\dfrac{D}{2}}{\dfrac{\pi d^3}{16}} = \frac{4F}{\pi d^2}\left(1 + \frac{2D}{d}\right) = \frac{4F}{\pi d^2}(1 + 2C) \qquad (16\text{-}2)$$

式中，$C = \dfrac{D}{d}$ 称为旋绕比（或弹簧指数）。为了使弹簧本身较为稳定，不致颤动和过软，C 值不能太大；但为避免卷绕时弹簧丝受到强烈弯曲，C 值又不应太小。C 值的范围为 4～16（表 16-7），常用值为 5～8。

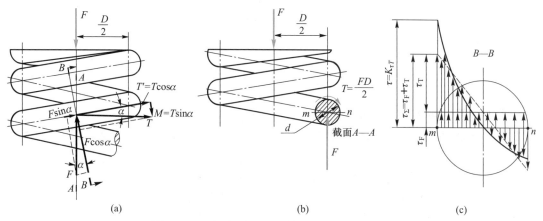

图 16-8　圆柱螺旋压缩弹簧的受力及应力分析

表 16-7　常用旋绕比 C 值

d/mm	0.2～0.4	0.45～1	1.1～2.2	2.5～6	7～16	18～42
$C = \dfrac{D}{d}$	7～14	5～12	5～10	4～9	4～8	4～6

　　为了简化计算，通常在式（16-2）中取 $1 + 2C \approx 2C$（因为当 $C = 4 \sim 16$ 时，$2C \gg 1$，实质上即为略去了 τ_F），由于弹簧升角和曲率的影响，弹簧丝截面中的应力分布将如图 16-8c 中的粗实线所示。由图可知，最大应力产生在弹簧丝截面内侧的点 m。实践证明，弹簧的破坏也大多由这点开始。为了考虑弹簧升角和曲率对弹簧丝中应力的影响，现引进一个曲度系数 K，则弹簧丝内侧的最大应力及强度条件可表示为

$$\tau = K\tau_T = K\frac{8CF}{\pi d^2} \leqslant [\tau] \tag{16-3}$$

式中，K 为弹簧的曲度系数，对于圆截面弹簧丝可按下式计算：

$$K \approx \frac{4C-1}{4C-4} + \frac{0.615}{C} \tag{16-4}$$

式（16-3）用于设计时确定弹簧丝直径 d。

　　圆柱螺旋压缩（拉伸）弹簧受载后的轴向变形量 λ，可根据材料力学关于圆柱螺旋弹簧变形量的公式求得，即

$$\lambda = \frac{8FD^3 n}{Gd^4} = \frac{8FC^3 n}{Gd} \tag{16-5}$$

式中：n——弹簧的有效圈数；

G——弹簧材料的切变模量，MPa，见表 16-2。

如以 F_{max} 代替 F，则最大轴向变形量为：

1）对于压缩弹簧和无预应力的拉伸弹簧

$$\lambda_{max} = \frac{8F_{max}C^3 n}{Gd} \qquad (16\text{-}6)$$

2）对于有预应力的拉伸弹簧

$$\lambda_{max} = \frac{8(F_{max} - F_0)C^3 n}{Gd} \qquad (16\text{-}7)$$

拉伸弹簧的初拉力（或初应力）取决于材料、弹簧丝直径、弹簧旋绕比和加工方法。

用不需要淬火的弹簧钢丝制成的拉伸弹簧，均有一定的初拉力。如果不需要初拉力，各圈间应有间隙。经淬火的弹簧，没有初拉力。当选取初拉力时，推荐初应力 τ_0' 值在图 16-9 的阴影区内选取。

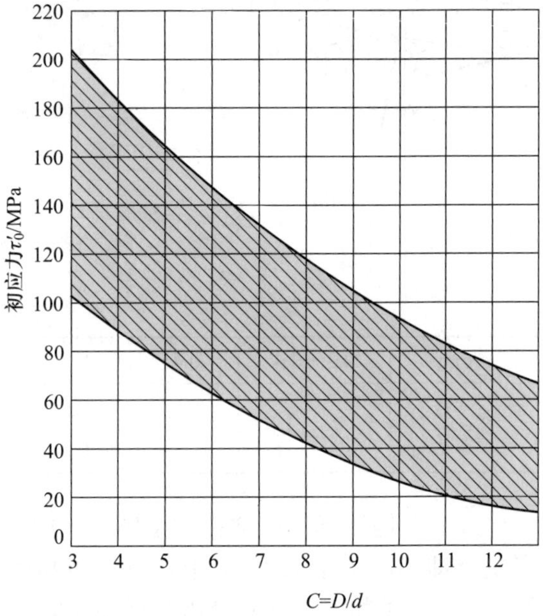

初拉力按下式计算：

$$F_0 = \frac{\pi d^3 \tau_0'}{8KD} \qquad (16\text{-}8)$$

使弹簧产生单位变形所需的载荷称为弹簧刚度，表示为 k_F，即

$$k_F = \frac{F^{①}}{\lambda} = \frac{Gd}{8C^3 n} = \frac{Gd^4}{8D^3 n} \qquad (16\text{-}9)$$

图 16-9　弹簧初应力的选择范围

弹簧刚度是表征弹簧性能的主要参数之一。它表示使弹簧产生单位变形时所需的力，刚度越大，需要的力越大，则弹簧的弹力就越大。影响弹簧刚度的因素很多，从式（16-9）可知，k_F 与 C 的三次方成反比，即 C 值对 k_F 的影响很大。所以，合理地选择 C 值就能控制弹簧的弹力。另外，k_F 还和 G、d、n 有关。在调整弹簧刚度 k_F 时，应综合考虑这些因素的影响。

4. 圆柱螺旋压缩（拉伸）弹簧的设计

在设计时，通常是根据弹簧的最大载荷、最大变形以及结构要求（例如安装空间对弹簧尺寸的限制）等来决定弹簧丝直径、中径、工作圈数、螺旋升角和自由长度等。

具体设计方法和步骤如下：

1）根据工作情况及具体条件选定材料，并查取其力学性能数据。

---

① 对于有预应力的拉伸弹簧，$\frac{F}{\lambda}$ 应改为 $\frac{\Delta F}{\Delta\lambda}$，其中 ΔF 是载荷改变量，$\Delta\lambda$ 是变形改变量，式（16-9）仍成立。

2）选择旋绕比 C，通常可取 $C \approx 5 \sim 8$（极限状态时不小于 4 或超过 16），并按式（16-4）算出曲度系数 K 值。

3）根据安装空间初设弹簧中径 D，根据 C 值估取弹簧丝直径 d，并由表 16-2 查取弹簧丝的许用应力。

4）试算弹簧丝直径 d'，由式（16-3）可得

$$d' \geqslant 1.6 \sqrt{\frac{F_{max}KC}{[\tau]}} \tag{16-10}$$

当弹簧材料选用碳素弹簧钢或 65Mn 弹簧钢时，因钢丝的许用应力取决于其 σ_B，而 σ_B 是随着钢丝的直径 d 变化的（见表 16-3 和表 16-4），所以计算时需先假设一个 d 值，然后进行试算。最后的 d、D、n 及 H_0 值应符合表 16-6 所给的标准尺寸系列。

5）根据变形条件求出弹簧的有效圈数。由式（16-6）、式（16-7）可知：

对于压缩弹簧或无预应力的拉伸弹簧 $\quad n = \dfrac{Gd}{8F_{max}C^3}\lambda_{max}$

对于有预应力的拉伸弹簧 $\quad n = \dfrac{Gd}{8(F_{max}-F_0)C^3}\lambda_{max} \tag{16-11}$

6）求出弹簧的尺寸 D_2、D_1、H_0，并检查其是否符合安装要求等。如不符合，则应改选有关参数（例如 C 值）重新设计。

7）验算稳定性。对于压缩弹簧，如其自由长度较大，则受力后容易失去稳定性（图 16-10a），这在工作中是不允许的。为了便于制造及避免失稳现象，建议一般压缩弹簧的高径比 $b = \dfrac{H_0}{D}$ 按下列情况选取：当两端固定时，取 $b < 5.3$；当一端固定，另一端自由转动时，取 $b < 3.7$；当两端自由转动时，取 $b < 2.6$。

当 b 大于上述数值时，要进行稳定性计算，并应满足

$$F_c = C_B k_F H_0 > F_{max} \tag{16-12}$$

式中：F_c——稳定时的临界载荷，N；

$\quad C_B$——稳定系数，从图 16-11 中查得；

$\quad F_{max}$——弹簧的最大工作载荷，N。

如 $F_{max} > F_c$，则要重新选取参数，改变 b 值，提高 F_c 值，使其大于 F_{max} 值，以保证弹簧的稳定性。如条件受到限制而不能改变参数，则应加装导杆（图 16-10b）或导套（图 16-10c）。导杆（导套）与弹簧间的间隙 c 值（直径差）按表 16-8 的规定选取。

表 16-8 导杆（导套）与弹簧间的间隙

中径 D/mm	≤5	>5~10	>10~18	>18~30	>30~50	>50~80	>80~120	>120~150
间隙 c/mm	0.6	1	2	3	4	5	6	7

8）疲劳强度和静应力强度的验算。对于循环次数较多、在变应力下工作的重要弹簧，还应该进一步对弹簧的疲劳强度和静应力强度进行验算（如果变载荷的作用次数 $N \leqslant 10^3$，或载荷变化的幅度不大，则可只进行静应力强度验算）。

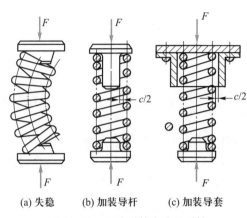

(a) 失稳　　(b) 加装导杆　　(c) 加装导套

图 16-10　压缩弹簧失稳及对策

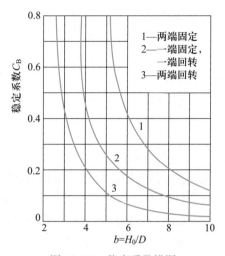

图 16-11　稳定系数线图

疲劳强度验算：图 16-12 所示为弹簧在变载荷作用下的应力变化状态。图中 H_0 为弹簧的自由长度，F_1 和 λ_1 为安装载荷和预压变形量，F_2 和 λ_2 为工作时的最大载荷和最大变形量。当弹簧所受载荷在 F_1 和 F_2 之间不断循环变化时，根据式（16-3）可得弹簧材料内部所产生的最大和最小循环切应力分别为

$$\tau_{\max} = \frac{8KD}{\pi d^3} F_2$$

$$\tau_{\min} = \frac{8KD}{\pi d^3} F_1$$

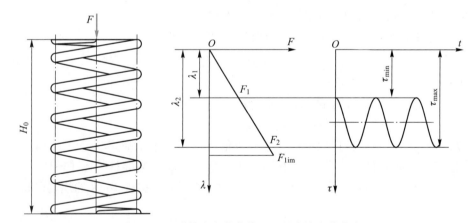

图 16-12　弹簧在变载荷作用下的应力变化状态

对应于上述变应力作用下的普通圆柱螺旋压缩弹簧，疲劳强度安全系数计算值 S_{ca} 及强度条件可按下式计算：

$$S_{ca} = \frac{\tau_0 + 0.75\tau_{\min}}{\tau_{\max}} \geqslant S_F \qquad （16-13）$$

式中：τ_0——弹簧材料的脉动循环剪切疲劳极限，MPa，按变载荷作用次数 N 由表 16-9

中查取。

S_F——弹簧疲劳强度的设计安全系数。当弹簧的设计计算和材料的力学性能数据精确性高时，取 $S_F = 1.3 \sim 1.7$；当精确性低时，取 $S_F = 1.8 \sim 2.2$。

表 16-9　弹簧材料的脉动循环剪切疲劳极限

变载荷作用次数 N	10^4	10^5	10^6	10^7
τ_0/MPa	$0.45\sigma_B$	$0.35\sigma_B$	$0.33\sigma_B$	$0.3\sigma_B$

注：① 此表适用于高优质钢丝、不锈钢丝、铍青铜和硅青铜丝；

　　② 对喷丸处理的弹簧，表中数值可提高 20%；

　　③ 对于硅青铜、不锈钢丝，$N = 10^4$ 时 τ_0 值可取 $0.35\sigma_B$；

　　④ 表中 σ_B 为弹簧材料的拉伸强度极限，MPa。

静应力强度验算：静应力强度安全系数计算值 $S_{S_{ca}}$ 的计算公式及强度条件为

$$S_{S_{ca}} = \frac{\tau_S}{\tau_{max}} \geqslant S_S \tag{16-14}$$

式中，τ_S 为弹簧材料的剪切屈服极限。静应力强度的设计安全系数 S_S 的选取与 S_F 相同。

9）振动验算。承受变载荷的圆柱螺旋弹簧常在加载频率很高的情况下工作（如内燃机气缸阀门弹簧）。为了避免引起弹簧的共振而导致弹簧的破坏，需对弹簧进行振动验算，以保证其临界工作频率（即工作频率的许用值）远低于其固有频率。

圆柱螺旋弹簧的固有频率 f_b（单位为 Hz）为

$$f_b = \frac{1}{2}\sqrt{\frac{k_F}{m_s}} \tag{16-15}$$

式中：k_F——弹簧刚度，N/mm，见式（16-9）；

　　　m_s——弹簧质量，kg，见表 16-5。

将 k_F、m_s 的关系式代入式（16-15），并取 $n \approx n_1$，则

$$f_b = \frac{1}{2}\sqrt{\frac{Gd^4/(8D^3n)}{\pi^2 d^2 Dn_1\rho/(4\cos\alpha)}} \approx \frac{d}{8.9D^2 n_1}\sqrt{\frac{G\cos\alpha}{\rho}} \tag{16-16}$$

式中各符号意义及单位同前。

弹簧的固有频率 f_b 应不低于其工作频率 f_w（单位为 Hz）的 15～20 倍，以避免引起严重的振动，即

$$f_b \geqslant (15 \sim 20)f_w$$

或

$$f_w \leqslant \frac{f_b}{15 \sim 20} \tag{16-17}$$

但弹簧的工作频率一般是预先给定的，故当弹簧的固有频率不能满足上式时，应增大 k_F 或减小 m_s，重新进行设计。

10）进行弹簧的结构设计。如对于拉伸弹簧，确定其钩环类型等，并按表 16-5 计算出全部有关尺寸。

11）绘制弹簧零件图。

对于不重要的普通圆柱螺旋弹簧，也可以采用 GB/T 2088—2009 中提供的选型设计方法，具体方法可以参考该标准中的选用举例。

例题 16-1   设计一普通圆柱螺旋拉伸弹簧。已知该弹簧在一般载荷条件下工作，并要求中径 $D \approx 18$ mm，外径 $D_2 \leqslant 22$ mm。当弹簧拉伸变形量 $\lambda_1 = 7.5$ mm 时，拉力 $F_1 = 180$ N；拉伸变形量 $\lambda_2 = 17$ mm 时，拉力 $F_2 = 340$ N。

[解]（1）根据工作条件选择材料并确定其许用应力

因弹簧在一般载荷条件下工作，可以按第Ⅲ类弹簧来考虑。现选用碳素弹簧钢丝 SL 型。并根据 $D_2 - D \leqslant 22$ mm $- 18$ mm $= 4$ mm，估取弹簧丝直径为 3.0 mm。由表 16-3 暂选 $\sigma_B = 1\,410$ MPa，则根据表 16-2 可知 $[\tau] = 0.8 \times 0.5 \times \sigma_B = 564$ MPa。

（2）根据强度条件计算弹簧丝直径

现选取旋绕比 $C = 6$，则由式（16-4）得

$$K = \frac{4C-1}{4C-4} + \frac{0.615}{C} = \frac{4 \times 6-1}{4 \times 6-4} + \frac{0.615}{6} = 1.25$$

根据式（16-10）得

$$d' \geqslant 1.6\sqrt{\frac{F_2 KC}{[\tau]}} = 1.6 \times \sqrt{\frac{340 \times 1.25 \times 6}{564}}\,\text{mm} = 3.40\,\text{mm}$$

改取 $d = 3.4$ mm，由表 16-3 查得 $\sigma_B = 1\,370$ MPa。重新计算得：$[\tau] = 548$ MPa，取 $D = 18$ mm，$C = \dfrac{18}{3.4} = 5.294$，由式（16-4）计算得 $K \approx 1.290\,8$，于是

$$d' \geqslant 1.6 \times \sqrt{\frac{340 \times 1.290\,8 \times 5.294}{548}}\,\text{mm} = 3.29\,\text{mm}$$

上值与原估取值相近，取弹簧丝直径 $d = 3.4$ mm。此时 $D = 18$ mm 为标准值，则

$$D_2 = D + d = 18\,\text{mm} + 3.4\,\text{mm} = 21.4\,\text{mm} < 22\,\text{mm}$$

所得尺寸与题中的限制条件相符，合适。

（3）根据刚度条件，计算弹簧的有效圈数 n

由式（16-9）得弹簧刚度为

$$k_F = \frac{F_2 - F_1}{\lambda_2 - \lambda_1} = \frac{340-180}{17-7.5}\,\text{N/mm} = 16.84\,\text{N/mm}$$

由表 16-2 取 $G = 82\,000$ MPa，则弹簧的有效圈数 n 为

$$n = \frac{Gd^4}{8D^3 k_F} = \frac{82\,000 \times 3.4^4}{8 \times 18^3 \times 16.84} = 13.95$$

取 $n = 14$ 圈。此时弹簧的刚度为

$$k_F = 13.95 \times \frac{16.84}{14}\,\text{N/mm} \approx 16.78\,\text{N/mm}$$

（4）验算

1）弹簧初拉力

$$F_0 = F_1 - k_F \lambda_1 = 180\,\text{N} - 16.78 \times 7.5\,\text{N} = 54.15\,\text{N}$$

初应力 τ_0' 应按式（16-8）得

$$\tau_0' = K\frac{8F_0 D}{\pi d^3} = 1.290\,8 \times \frac{8 \times 54.15 \times 18}{\pi \times 3.4^3}\ \text{MPa} = 81.51\ \text{MPa}$$

按照图 16-9，当 $C=5.294$ 时，初应力 τ_0' 的推荐值为 75～160 MPa，故此初应力值合适。

2）极限工作应力 τ_{lim}

取 $\tau_{\text{lim}}=0.56\sigma_B$，则

$$\tau_{\text{lim}} = 0.56 \times 1\,370\ \text{MPa} = 767.2\ \text{MPa}$$

3）极限工作载荷

$$F_{\text{lim}} = \frac{\pi d^3 \tau_{\text{lim}}}{8DK} = \frac{\pi \times 3.4^3 \times 767.2}{8 \times 18 \times 1.290\,8}\ \text{N} = 509.65\ \text{N}$$

（5）进行结构设计

选定两端钩环，并计算出全部尺寸（从略）。

16-4　圆柱螺旋扭转弹簧的设计计算

1. 圆柱螺旋扭转弹簧的结构及特性曲线

扭转弹簧常用于压紧、储能或传递扭矩。它的两端带有杆臂或挂钩，以便固着或加载。图 16-13 中，NⅠ型为外臂扭转弹簧，NⅡ型为内臂扭转弹簧，NⅢ型为中心臂扭转弹簧，NⅣ型为平列双扭簧。圆柱螺旋扭转弹簧在相邻两圈间一般留有微小的间距，以免扭转变形时相互摩擦。

拓展资源

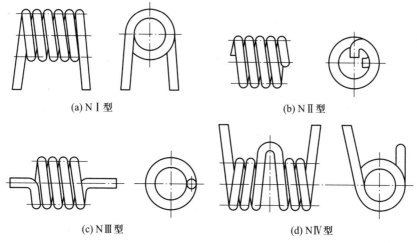

(a) NⅠ型　　　　　(b) NⅡ型

(c) NⅢ型　　　　(d) NⅣ型

图 16-13　圆柱螺旋扭转弹簧

扭转弹簧要在其工作应力处于材料的弹性极限范围内才能正常工作，故载荷 T 与扭转角 φ 仍成线性关系，其特性曲线如图 16-14 所示。图中各符号的意义是：T_{lim} 为极限工作扭矩，即达到这个载荷时，弹簧丝中的应力已接近其弹性极限；T_{max} 为最大工作扭矩，

即对应于弹簧丝中的弯曲应力到达许用值时的最大工作载荷；T_{min} 为最小工作扭矩（安装值），按弹簧的功用选定，一般取 $T_{min}=（0.1\sim0.5）T_{max}$；$\varphi_{lim}$、$\varphi_{max}$、$\varphi_{min}$ 分别为对应于上述各载荷的扭转角。

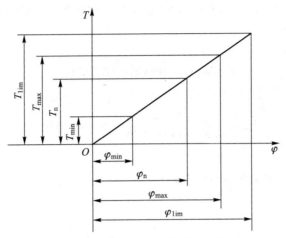

图 16-14   扭转弹簧的特性曲线

扭转弹簧的轴向长度的计算，可仿照表 16-5 中拉伸弹簧自由长度 H_0（单位为 mm）的计算公式进行计算，即

$$H_0=n（d+\delta_0）+H_h$$

式中：δ_0——弹簧相邻两圈间的轴向间隙，mm，一般取 $\delta_0=0\sim0.5$ mm；

H_h——挂钩或杆臂沿弹簧轴向的长度，mm。

2. 圆柱螺旋扭转弹簧受载时的应力及变形

图 16-15 为一承受扭矩 T 的圆柱螺旋扭转弹簧。取弹簧丝的任意圆形截面 $B—B$，扭矩 T 对此截面作用的载荷为一引起弯曲应力的力矩 M 及一引起扭转切应力的扭矩 T'。而 $M=T\cos\alpha$，$T'=T\sin\alpha$。因 α 很小，故 T' 的作用可以忽略不计。而 $M\approx T$，即弹簧丝截面上的应力，可以近似地按受弯矩的梁来计算，其最大弯曲应力 σ_{max}（单位为 MPa）及强度条件（以 T_{max} 代 T，$N\cdot mm$）为

$$\sigma_{max}=\frac{K_1M}{W}\approx\frac{K_1T_{max}}{0.1d^3}\leqslant[\sigma_b] \tag{16-18}$$

式中：W——圆形截面弹簧丝的抗弯截面系数，mm^3，即

$$W=\frac{\pi d^3}{32}\approx0.1d^3$$

d——弹簧丝直径，mm。

K_1——扭转弹簧的曲度系数（意义与前述拉压弹簧的曲度系数 K 相似）。对圆形截面弹簧丝的扭转弹簧，曲度系数 $K_1=\dfrac{4C-1}{4C-4}$，常用 C 值为 $4\sim16$。

$[\sigma_b]$——弹簧丝的许用弯曲应力，MPa，由表 16-2 选取。

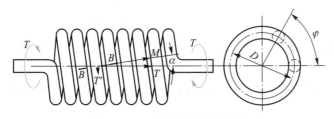

图 16-15　扭转弹簧的载荷分析

扭转弹簧承载时的变形以其角位移来测定。弹簧受扭矩 T 的作用后，因扭转变形而产生的扭转角 φ［单位为（°）］可按材料力学中的公式做近似计算，即

$$\varphi \approx \frac{180TDn}{EI} \qquad (16-19)$$

扭转弹簧的刚度为

$$k_{\mathrm{T}} = \frac{T}{\varphi} = \frac{EI}{180Dn} \qquad (16-20)$$

式中：k_{T}——弹簧的扭转刚度，$\mathrm{N \cdot mm/(°)}$；

　　I——弹簧丝截面的轴惯性矩，$\mathrm{mm^4}$，对于圆形截面，$I = \dfrac{\pi d^4}{64}$；

　　E——弹簧材料的弹性模量，MPa，见表 16-2。

其余各符号的意义和单位同前。

3. 圆柱螺旋扭转弹簧的设计

圆柱螺旋扭转弹簧的设计方法和步骤是：首先选定材料及许用应力，并选择 C 值，计算出 K_1（或暂取 $K_1=1$）；对于圆形截面弹簧丝的弹簧，以 $W = \dfrac{\pi d^3}{32} \approx 0.1d^3$ 代入式（16-18），试算出弹簧丝直径

$$d' \geqslant \sqrt[3]{\frac{K_1 T_{\max}}{0.1[\sigma_{\mathrm{b}}]}} \qquad (16-21)$$

同前理，如果弹簧是选用碳素弹簧钢丝或 65Mn 弹簧钢丝制造，仍应检查 d' 与原来估计的 d 值是否接近。如果接近，即可将 d' 圆整为标准直径 d，并按 d 求出弹簧的其他尺寸。然后检查各尺寸是否合适。

由式（16-19）整理后，可得出计算扭转弹簧有效圈数的公式为

$$n = \frac{EI\varphi}{180TD} \qquad (16-22)$$

扭转弹簧的展开长度可仿照表 16-5 中拉伸弹簧展开长度的计算公式进行计算，即

$$L \approx \pi Dn + L_{\mathrm{h}} \qquad (16-23)$$

式中，L_{h} 为制作挂钩或杆臂的展开长度。

最后绘制弹簧的零件图。

例题 16-2　试设计一 NⅢ型圆柱螺旋扭转弹簧。最大工作扭矩 $T_{\max}=7\,\mathrm{N \cdot m}$，最小工作扭矩

$T_{\min}=2\,\text{N}\cdot\text{m}$，工作扭转角 $\varphi=\varphi_{\max}-\varphi_{\min}=50°$，载荷循环次数 N 为 10^5。

［解］（1）选择材料并确定其许用弯曲应力

根据弹簧的工作情况，属于Ⅱ类弹簧。现选用碳素弹簧钢丝 DM 型制造，由表 16-2 查得 $[\sigma_\text{b}]=0.5\sigma_\text{B}$，估取弹簧丝直径为 5 mm，由表 16-3 取 $\sigma_\text{B}=1\,460\,\text{MPa}$。所以，$[\sigma_\text{b}]=0.5\times1\,460\,\text{MPa}=730\,\text{MPa}$。

（2）选择旋绕比 C 并计算曲度系数 K_1

选取 $C=6$，则

$$K_1=\frac{4C-1}{4C-4}=\frac{4\times6-1}{4\times6-4}=\frac{23}{20}=1.15$$

（3）根据强度条件试算弹簧丝直径

由式（16-21）得

$$d'\geqslant\sqrt[3]{\frac{K_1T_{\max}}{0.1[\sigma_\text{b}]}}=\sqrt[3]{\frac{1.15\times7\,000}{0.1\times730}}\,\text{mm}=4.80\,\text{mm}$$

原值 $d=5$ mm 可用，不需要重算。

（4）计算弹簧的基本几何参数

$$D=Cd=6\times5\,\text{mm}=30\,\text{mm}$$
$$D_2=D+d=30\,\text{mm}+5\,\text{mm}=35\,\text{mm}$$
$$D_1=D-d=30\,\text{mm}-5\,\text{mm}=25\,\text{mm}$$

取轴向间隙 $\delta_0=0.5$ mm，则

$$p=d+\delta_0=5\,\text{mm}+0.5\,\text{mm}=5.5\,\text{mm}$$

$$\alpha=\arctan\frac{p}{\pi D}=\arctan\frac{5.5}{\pi\times30}=3°20'$$

（5）按刚度条件计算弹簧的有效圈数

由表 16-2 取 $E=200\,000\,\text{MPa}$，弹簧丝截面的轴惯性矩 $I=\dfrac{\pi d^4}{64}=\pi\times\dfrac{5^4}{64}\,\text{mm}^4=30.68\,\text{mm}^4$。故由式（16-22）得

$$n=\frac{EI\varphi}{180TD}=\frac{200\,000\times30.68\times50}{180\times(7\,000-2\,000)\times30}=11.36\,\text{（圈）}$$

取 $n=11.5$（圈）。

（6）计算弹簧的扭转刚度

由式（16-20）得

$$k_\text{T}=\frac{EI}{180Dn}=\frac{200\,000\times30.68}{180\times30\times11.5}\,\text{N}\cdot\text{mm}/(°)=98.81\,\text{N}\cdot\text{mm}/(°)$$

（7）计算 $\varphi_{\max}$ 及 $\varphi_{\min}$

因为　　　　　　　　　　　　　　$T_{\max}=k_\text{T}\varphi_{\max}$

所以　　　　　　　　　　$\varphi_{\max}=\dfrac{T_{\max}}{k_\text{T}}=\left(\dfrac{7\,000}{98.81}\right)°=70.84°$

$$\varphi_{\min}=\varphi_{\max}-\varphi=70.84°-50°=20.84°$$

（8）计算自由长度 H_0

取 $H_h=40$ mm，则

$$H_0=n(d+\delta_0)+H_h=11.5\times(5+0.5)\ mm+40\ mm=103.25\ mm$$

（9）计算展开长度 L

取 $L_h=H_h=40$ mm，则由式（16–23）得

$$L\approx\pi Dn+L_h=\pi\times30\times11.5\ mm+40\ mm=1\ 123.85\ mm$$

（10）绘制零件图（从略）。

重难点分析

🔘 **习题** ....

16–1　试设计一在静载荷、常温下工作的阀门上的圆柱螺旋压缩弹簧。已知：最大工作载荷 $F_{max}=220$ N，最小工作载荷 $F_{min}=150$ N，工作行程 $h=5$ mm，弹簧外径不大于 16 mm，工作介质为空气，两端固定支承。

16–2　设计一圆柱螺旋扭转弹簧。已知该弹簧用于受力平稳的一般机构中，安装时的预加扭矩 $T_1=2$ N·m，工作扭矩 $T_2=6$ N·m，工作时的扭转角 $\varphi=\varphi_{max}-\varphi_{min}=40°$。

16–3　某嵌合式离合器用的圆柱螺旋压缩弹簧（参见图 16–6）的参数如下：$D_2=36$ mm，$d=3$ mm，$n=5$，弹簧材料为碳素弹簧钢丝 SL 型，最大工作载荷 $F_{max}=100$ N，载荷性质为 II 类，试校核此弹簧的强度，并计算其最大变形量 λ_{max}。

16–4　设计一具有预应力的圆柱螺旋拉伸弹簧（参见图 16–7）。已知：弹簧中径 $D\approx10$ mm，外径 $D_2<15$ mm。要求：当弹簧变形量为 6 mm 时，拉力为 160 N；当弹簧变形量为 15 mm 时，拉力为 320 N。

16–5　圆柱螺旋扭转弹簧用在 760 mm 宽的门上，如图 16–16 所示。当关门后，手把上加 4.5 N 的推力 F 能把门打开；当门转到 180°时，手把上的推力为 13.5 N，试选择该弹簧材料，并求解：1）该弹簧的弹簧丝直径 d 和中径 D；2）所需的初始变形角 φ_{min}；3）弹簧的有效圈数 n。

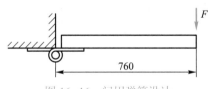

图 16–16　门用弹簧设计

机座和箱体简介

知识图谱　学习指南

17-1　概　　述

机座和箱体是设备的基础部件，是机器中底座、机体、床身、壳体、箱体以及基础平台等零件的统称。

作为基础部件，机器的所有部件最终都安装在机座上或在其导轨面上运动。因此，机座在机器中既起支承作用，承受其他部件的重量和工作载荷，又作为整个机器的安装和定位基准，保证各个部件之间的相对位置关系。机座和箱体通常在很大程度上影响着机器的工作精度及抗振性能，若兼作运动部件的导轨（滑道），还影响着机器的运动精度和耐磨性等。

另外，作为基础部件，机座和箱体支承包容着机器中的其他零部件，相对来说重量和尺寸都要更大一些，通常占一台机器总质量中的很大比例（例如在机床中占总质量的70%～90%）。

因此，正确选择机座和箱体等零件的材料和正确设计其结构及尺寸，是减小机器质量、节约金属材料、提高工作精度、增强机器刚度及耐磨性的重要途径。现仅就机座和箱体的一般类型、材料、制造方法、结构特点及基本设计准则做一简要介绍。

17-2　机座和箱体的一般类型与材料选择

1. 机座和箱体的一般类型

机座（包括机架、基板等）和箱体（包括机壳、机匣等）的形式繁多，分类方法不一。就其一般构造形式而言，可划分为 4 大类（图 17-1）：机座类（图 a、e、h、j）、机架类（图 d、f、g）、基板类（图 c）和箱壳类（图 b、i）。若按结构分类，则可分为整体式和装配式；按制造方法分类，又可分为铸造类、焊接类、拼焊类、螺纹连接类、冲压类以及轧制锻造类，各种制造方法具有不同特点和应用场合，但一般以铸造类、焊接类居多。

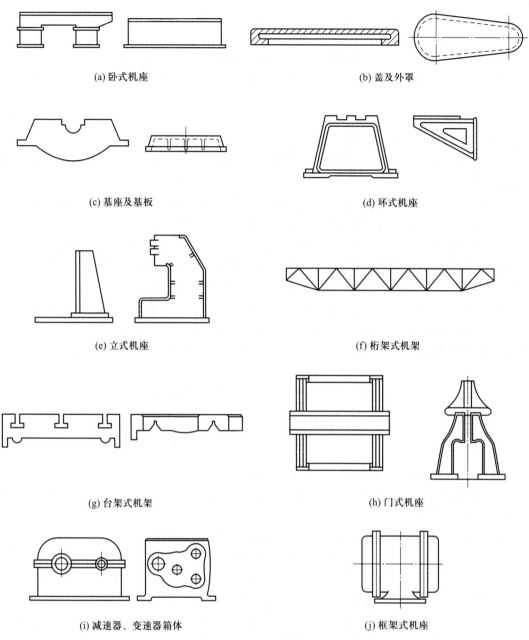

(a) 卧式机座　　　　　　　　　　　　　　　　(b) 盖及外罩

(c) 基座及基板　　　　　　　　　　　　　　　(d) 环式机座

(e) 立式机座　　　　　　　　　　　　　　　　(f) 桁架式机架

(g) 台架式机架　　　　　　　　　　　　　　　(h) 门式机座

(i) 减速器、变速器箱体　　　　　　　　　　　(j) 框架式机座

图 17-1　机座和箱体的形式

2. 机座和箱体的材料及制造方法

机座和箱体一般具有较大的尺寸和质量，材料用量大，同时又是机器中的安装基准、工作基准和运动基准，因此机座和箱体的材料选择必须在满足工作能力的前提下，兼顾经济性要求。

常用机座和箱体的材料有如下几种：

1）铸铁。机座和箱体中使用最多的一种材料。铸铁机座多用于固定式机器，尤其是固定式重型机器等的机座和箱体结构复杂、刚度要求高的场合，具有较好的吸振性和机械加工性能。

2）铸钢。有较高的综合力学性能，一般用于强度高、形状不太复杂的基座。

3）铝合金。多用于飞机、汽车等运行式机器的机座和箱体的制造，以尽可能减小质量。

4）结构钢。具有良好的综合力学性能，常用于受力大，具有一定振动、冲击载荷要求，可以采用焊接工艺制造的机座和箱体。

5）花岗岩或陶瓷机座。一般用于精密机械，如激光测长机等测量设备或精密加工设备的基座设计。

铸造及焊接零件的基本工艺、应用特性及一般选择原则已在金属工艺学课程中阐述，设计时，应进行全面分析比较，以期设计合理，且能符合生产实际。例如，虽然一般成批生产且结构复杂的零件以铸造为宜，单件小批生产且生产期限较短的零件以焊接为宜，但对具体的机座或箱体仍应分析其主要决定因素。比如成批生产的中小型机床及内燃机等的机座，结构复杂是其主要问题，应以铸造为宜；但成批生产的汽车底盘及运行式起重机的机体等却以质量小和运行灵活为主，则应以焊接为宜。又如质量及尺寸都不大的单件机座或箱体以制造简便和经济为主，可采用焊接或3D打印等制造方法；而单件大型机座或箱体若单采用铸造或焊接皆不经济或不可能时，则应采用拼焊结构等。

17-3　机座和箱体设计概要

1. 机座和箱体设计要求

机座和箱体的设计一般应该满足以下几种要求：

1）精度要求。应合理选择和确定机座的加工精度，保证机座上或箱体内、外零部件的相互位置关系准确。

2）工作要求。机座和箱体的设计首先要满足刚度，其次要满足强度、抗振性和吸振性、稳定性等方面的要求；当同时用做导轨时，导轨部分还应具有足够的耐磨性。

3）工艺性要求。机座和箱体体积大，结构复杂，加工工序多，因此必须考虑毛坯制造、机械加工、热处理、装配、安装固定、搬运等工序的工艺问题。

4）运输性要求。机座和箱体体积大，质量大，因此设计时应考虑设备在运输过程中起吊、装运、陆路运输桥梁承重、涵洞宽度等限制，尽量不要出现超大尺寸、超大质量的设计。

除此之外，还有人机工程、经济性等方面的要求。

2. 机座和箱体设计概要

机座和箱体的结构形状和尺寸大小，取决于安装在它的内部或外部的零、部件的形状和尺寸及其相互配置、受力与运动情况等。设计时，应使所安装的零件和部件便于装拆与操作。

机座和箱体的一些结构尺寸（如壁厚、凸缘宽度、肋板厚度等）对机座和箱体的工作能力、材料消耗、质量和成本均有重大影响。但是由于这些结构形状的不规则和应力分布的复杂性，以前大多是按照经验公式、经验数据或比照现用的类似机件进行类比设计，而略去强度和刚度等方面的精确分析与校核。这对那些不太重要的场合虽是可行的，却带有一定的盲目性。因而对重要的机座和箱体，考虑上述设计方法不够可靠，或者资料不够成熟，还需用模型或实物进行实测试验，以便按照测定的数据进一步修改结构及尺寸，从而弥补经验设计的不足。随着科学技术和计算机辅助设计技术的发展，现在可以利用精确的数值计算方法和大型计算机辅助工程（CAE）软件，通过拓扑优化等现代设计手段来确定这些结构的形状和尺寸。

设计机座和箱体时，为了方便机器装配、调整、操纵、检修及维护等，应在适当的位置开设大小适宜的孔洞。金属切削机床的机座还应具有便于迅速清除切屑或边角料的可能。各种机座均应有方便、可靠地与地基连接的装置。

箱体零件上必须镗磨的孔数及各孔位置的相关影响应尽量减少。位于同一轴线上的各孔直径最好相同或顺序递减。在不太重要的场合，可按照经验设计确定减速器箱体具体尺寸。

对于机座和箱体刚度设计，一方面主要通过采用合理的截面形状和合理的肋板布置来提高机座和箱体刚度，另一方面还可以通过尽量减少与其他机件的连接面数、使连接面垂直于作用力、使相连接的各机件间连接牢固并靠紧、尽量减小机座和箱体的内应力以及选用弹性模量较大的材料等一系列措施来增强机座和箱体刚度。

当机座和箱体的质量很大时，应设有便于起吊的装置，如吊装孔、吊钩或吊环等。如需用绳索捆绑，必须保证捆吊时具有足够的刚度，并考虑在放置平稳后，绳索易于解下或抽出。

另外还须指出，机器工作时总会产生振动并引发噪声，对周围的人员、设备、产品质量及自然环境都会带来损害与污染，因而隔振也是设计机座与箱体时应该考虑的问题，特别是当机器转速或往复运动速度较高以及冲击严重时，必须通过增加阻尼或缓冲等手段使振动波在传递过程中迅速衰减到允许的范围（可根据不同的车间设计规范确定）内。最常见的隔振措施是在机座与地基间加装由金属弹簧或橡胶等弹性元件制成的隔振器，它们可根据计算结果从专业工厂的产品中选用，必要时也可委托厂家定制。

拓展资源

17-4 机座和箱体的截面形状及肋板布置

1. 截面形状

绝大多数的机座和箱体受力情况都很复杂，因而要产生拉伸（或压缩）、弯曲、扭转等变形。当受到弯曲或扭转载荷作用时，截面形状对于它们的强度和刚度有着很大的影响。如能正确设计机座和箱体的截面形状，从而在既不增大截面面积又不增大（甚至减小）零件质量（材料消耗量）的条件下，通过增大截面系数及截面的惯性矩，提高它们的强度和刚度。表 17-1 中列出了机座和箱体常用的几种截面形状（面积接近相等），通过它们的相对强度和相对刚度的比较可知：虽然空心矩形截面的弯曲强度不及工字形截面的弯曲强度，扭转强度不及圆形截面的扭转强度，但它的扭转刚度却大得多，而且采用空心矩形截面的机座和箱体的内、外壁上较易装设其他机件。因此对于机座和箱体来说，空心矩形是结构性能较好的截面形状。实际应用中绝大多数的机座和箱体都采用这种截面形状就是这个缘故。

表 17-1　机座和箱体常用的几种截面形状

截面		弯曲			扭转			
形状	面积/cm²	许用弯矩/（N·m）	相对强度	相对刚度	许用扭矩/（N·m）	相对强度	单位长度许用扭矩/（N·m）	相对刚度
（矩形 29×100）	29.0	4.83[σ_b]	1.0	1.0	0.27[τ_T]	1.0	6.6G[φ_0]	1.0
（圆形 φ100，壁厚10）	28.3	5.82[σ_b]	1.2	1.15	11.6[τ_T]	43	58G[φ_0]	8.8
（空心矩形 100×75，壁厚10）	29.5	6.63[σ_b]	1.4	1.6	10.4[τ_T]	38.5	207G[φ_0]	31.4
（工字形 100×100，壁厚10）	29.5	9.0[σ_b]	1.8	2.0	1.2[τ_T]	4.5	12.6G[φ_0]	1.9

注：$[\sigma_b]$ 为许用弯曲应力；$[\tau_T]$ 为许用扭转切应力；G 为切变模量；$[\varphi_0]$ 为单位长度许用扭转角。

2. 肋板布置

一般地，增加壁厚可以增大机座和箱体的强度和刚度，但不如加设肋板更有利。因为加设肋板，在增大强度和刚度的同时，零件质量又可较增大壁厚时小；对于铸件，由于不需增加壁厚，就可减少铸造的缺陷；对于焊件，则壁薄时更易保证焊接的品质。

因此，加设肋板不仅是较为有利的，而且常常是必要的。肋板布置的正确与否对于加设肋板的效果有着很大的影响。如果布置不当，不仅不能增大机座和箱体的强度和刚度，而且会造成浪费工料及增加制造困难。

由表 17-2 所列的几种肋板布置情况可看出:除了第 5、6 号的斜肋板布置情况外,其他几种肋板布置形式对于弯曲刚度增加得很少,尤其是第 3、4 号的布置情况,相对弯曲刚度 C_b 的增加值还小于相对质量 R 的增加值 $\left(\dfrac{C_b}{R}<1\right)$。由此可知,肋板的布置以第 5、6 号所示的斜肋板形式较佳。但若采用斜肋板会造成工艺上的困难,亦可妥善安排若干直肋板。例如为了便于焊制,桥式起重机箱形主梁的肋板即为直肋板。此外,肋板的结构形状也是需要考虑的重要影响因素,并应根据具体的应用场合及不同的工艺要求(如铸、铆、焊、胶等)设计不同的结构形状。

表 17-2   几种肋板布置情况

序号	形状	相对弯曲刚度 C_b	相对扭转刚度 C_T	相对质量 R	$\dfrac{C_b}{R}$	$\dfrac{C_T}{R}$
1（基型）		1.00	1.00	1.00	1.00	1.00
2		1.10	1.63	1.10	1.00	1.48
3		1.08	2.04	1.14	0.95	1.79
4		1.17	2.16	1.38	0.85	1.56
5		1.78	3.69	1.49	1.20	2.47
6		1.55	2.94	1.26	1.23	2.34

另外,肋板的尺寸应合理确定,与箱体壁厚、开孔尺寸等相适应。如一般肋板的高度不应超过壁厚的 3~4 倍,超过后对提高刚度无明显效果。

第 18 章

飞鸽牌自行车

减速器和变速器

知识图谱　学习指南

18-1 减 速 器

1. 概述

减速器是原动机和工作机之间独立的闭式传动装置，用来降低转速和增大转矩以满足各种工作机械的需要。在原动机和工作机之间用来提高转速的独立的闭式传动装置称为增速器。减速器的种类很多，按照传动形式不同可分为齿轮减速器、蜗杆减速器和行星齿轮减速器；按照传动的级数可分为单级减速器和多级减速器；按照传动的布置形式又可分为展开式减速器、分流式减速器和同轴式减速器。这里仅讨论由齿轮传动、蜗杆传动以及由它们组合成的减速器。若按传动和结构特点来划分，这类减速器主要有下述 6 种。

（1）齿轮减速器

主要有圆柱齿轮减速器、锥齿轮减速器和圆锥 – 圆柱齿轮减速器等。

（2）蜗杆减速器

主要有圆柱蜗杆减速器、环面蜗杆减速器和锥蜗杆减速器等。

（3）蜗杆齿轮减速器及齿轮 – 蜗杆减速器

（4）行星齿轮减速器

（5）摆线针轮减速器

（6）谐波齿轮减速器

本节主要介绍齿轮减速器和蜗杆减速器的主要类型、特点及应用，并对标准减速器的选用方法做简单阐述。

2. 齿轮减速器

齿轮减速器的传动效率及可靠性高，工作寿命长，维护简便，因而应用范围很广。齿轮减速器按其减速齿轮的级数可分为单级、两级、三级和多级；按其轴在空间的布置可分为立式和卧式；按其运动简图的特点可分为展开式、同轴式（又称回归式）和分流式等。圆柱齿轮减速器和锥齿轮减速器的几种主要形式和它们的应用特点见表 18-1、表 18-2。

拓展资源

表 18-1　圆柱齿轮减速器

名称		运动简图	推荐传动比	特点及应用
单级圆柱齿轮减速器			$i \leqslant 8 \sim 10$	轮齿可做成直齿、斜齿和人字齿。直齿用于速度较低（$v \leqslant 8$ m/s）、载荷较轻的传动；斜齿轮用于速度较高的传动；人字齿轮用于载荷较重和对平稳性要求高的传动
两级圆柱齿轮减速器	展开式		$i = i_1 i_2$ $i = 8 \sim 60$	结构简单，但齿轮相对于轴承的位置不对称，因此要求轴有较大的刚度。高速级齿轮布置在远离转矩输入端，这样轴在转矩作用下产生的扭转变形和在载荷作用下轴产生的弯曲变形可部分地互相抵消，以减缓沿齿宽载荷分布的不均匀。用于载荷比较平稳的场合
	分流式		$i = i_1 i_2$ $i = 8 \sim 60$	结构复杂，由于齿轮相对于轴承对称布置，与展开式相比载荷沿齿宽分布均匀、轴承受载较均匀。中间轴危险截面上的转矩只相当于轴所传递转矩的一半。适用于变载荷的场合
	同轴式		$i = i_1 i_2$ $i = 8 \sim 60$	减速器横向尺寸较小，两对齿轮浸入油中深度大致相同。但轴向尺寸大和质量较大，且中间轴较长、刚度差，沿齿宽载荷分布不均匀，高速轴的承载能力难以充分利用
	同轴分流式		$i = i_1 i_2$ $i = 8 \sim 60$	每对啮合齿轮仅传递全部载荷的一半，输入轴和输出轴只承受扭矩，中间轴只受全部载荷的一半，故与传递同样功率的其他减速器相比，轴颈尺寸可以缩小
三级圆柱齿轮减速器	展开式		$i = i_1 i_2 i_3$ $i = 40 \sim 400$	同两级展开式
	分流式		$i = i_1 i_2 i_3$ $i = 40 \sim 400$	同两级分流式

表 18-2　锥齿轮减速器

名称	运动简图	推荐传动比	特点及应用
单级锥齿轮减速器		$i \leqslant 8 \sim 10$	轮齿可做成直齿、斜齿或曲线齿。用于两轴垂直相交的传动中，也可用于两轴垂直相错的传动中。由于制造安装复杂、成本高，所以仅在传动布置需要时才采用
两级圆锥-圆柱齿轮减速器		$i=i_1i_2$ 直齿锥齿轮 $i=8 \sim 22$； 斜齿或曲线齿锥齿轮 $i=8 \sim 40$	特点同单级锥齿轮减速器，锥齿轮在高速级，以使锥齿轮尺寸不致太大，否则加工困难
三级圆锥-圆柱齿轮减速器		$i=i_1i_2i_3$ $i=25 \sim 75$	同两级圆锥-圆柱齿轮减速器

3. 蜗杆减速器

与齿轮减速器相比，相同外廓尺寸的蜗杆减速器可以获得更大的传动比，工作平稳，噪声较小，但传动效率较低。蜗杆减速器按其减速蜗杆的级数可分为单级蜗杆减速器、两级蜗杆减速器、三级蜗杆减速器和多级蜗杆减速器。其中，应用最广的是单级蜗杆减速器，两级及以上的蜗杆减速器应用较少。蜗杆减速器的几种方案见表 18-3。

拓展资源

表 18-3　蜗杆减速器

名称		运动简图	推荐传动比	特点及应用
单级蜗杆减速器	蜗杆下置		$i=10 \sim 80$	蜗杆在蜗轮下方啮合处的冷却和润滑都较好，蜗杆轴承润滑也方便，但当蜗杆圆周速度高时，搅油损失大，一般用于蜗杆圆周速度 $v<10$ m/s 的场合
	蜗杆上置		$i=10 \sim 80$	蜗杆在蜗轮上方，蜗杆的圆周速度可高些，但蜗杆轴承润滑不太方便
	蜗杆侧置		$i=10 \sim 80$	蜗杆在蜗轮侧面，蜗轮轴垂直布置，一般用于水平旋转机构的传动

续表

名称	运动简图	推荐传动比	特点及应用
两级蜗杆减速器	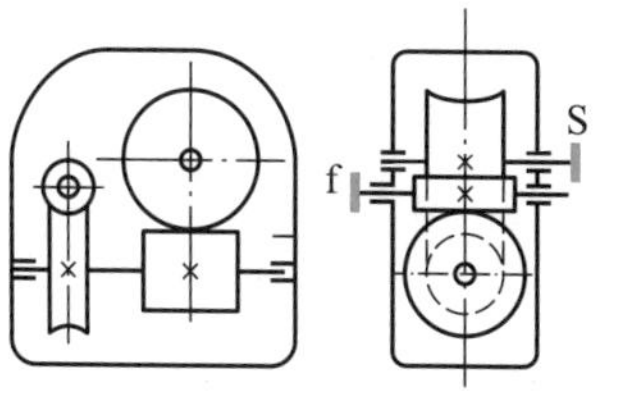	$i=i_1i_2$ $i=43\sim3\ 600$	传动比大，结构紧凑，但效率低，为使高速级和低速级传动浸油深度大致相等，可取高速级中心距等于低速级中心距的 $\dfrac{1}{2}$
齿轮—蜗杆减速器	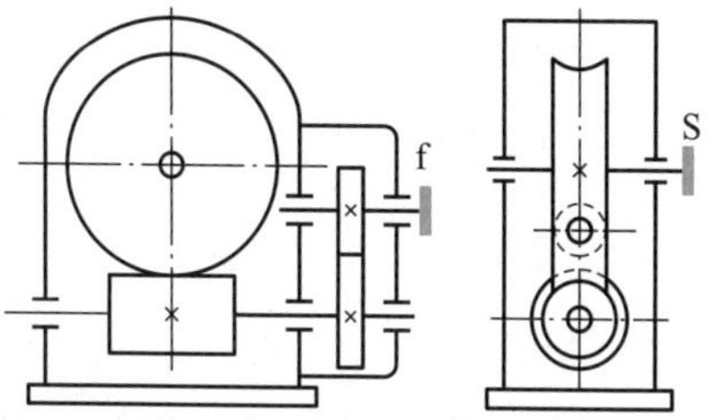	$i=i_1i_2$ $i=15\sim480$	有齿轮传动在高速级和蜗杆传动在高速级两种形式。前者结构紧凑，而后者传动效率高

注：f—高速级；S—低速级。

4. 行星齿轮减速器

行星齿轮减速器由于具有减速比大、体积小、重量轻、效率高等优点，在许多情况下可代替两级、三级圆柱齿轮减速器和蜗杆减速器。行星齿轮减速器几种常用的方案见表 18-4。

表 18-4　行星齿轮减速器

名称		运动简图	推荐传动比	特点及应用
NGW型行星齿轮减速器	单级	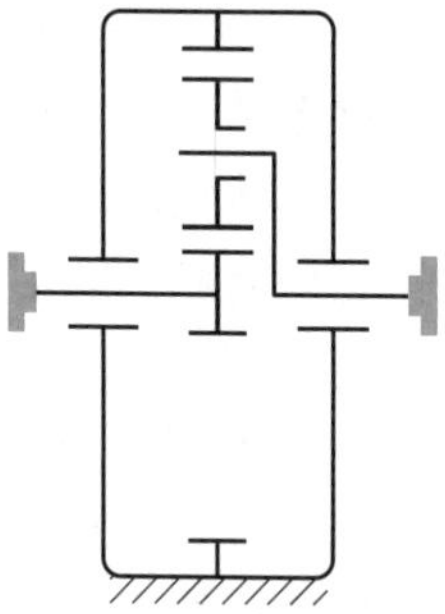	$i=2.8\sim12.5$	与圆柱齿轮减速器相比，尺寸小，重量轻，但制造精度要求较高，结构较复杂，在要求结构紧凑的动力传动中应用广泛
	两级	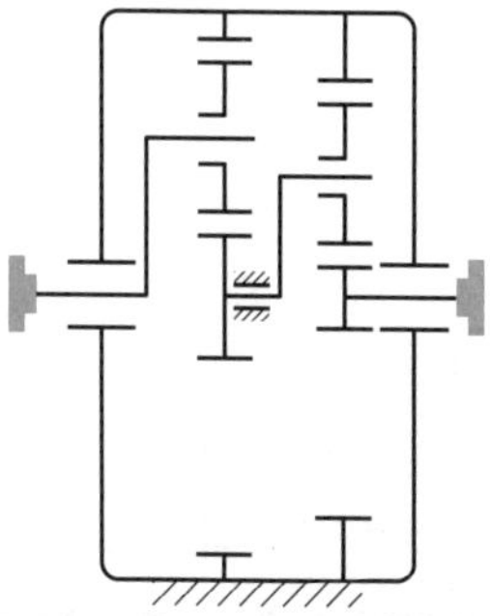	$i=i_1i_2$ $i=14\sim160$	同单级

5. 标准减速器选用简介

本节所介绍的几类减速器已标准化，有系列产品，使用时只需结合所需传动功率、转速、传动比、工作条件和机器的总体布置等具体要求，从产品目录或有关手册中选择即可。只有在选不到合适的产品时，才自行设计制造。

标准减速器的选用主要步骤简述如下。

（1）确定减速器的工况条件

依据实际需求，确定减速器的工况条件，如确定减速器所需要传递的最大功率、减速器的输入转速和输出转速、减速器输出轴与输入轴的相对位置及距离、减速器工作环境温度、工作中有无冲击振动、有无正反转要求、是否频繁启动以及在使用寿命上的要求等。

（2）选择减速器的类型

在选择减速器的类型时，需要根据传动装置总体配置的要求，如所需传动比、总体布局要求、实际的工作环境和工况条件，并结合不同类型减速器的效率、外廓尺寸或质量、使用范围、制造及运转费用等指标进行综合分析比较，从而选择最合理的减速器类型。

（3）确定减速器的规格

在确定减速器类型的基础上，需要进一步依据输入转速、传动比、功率、输出扭矩等参数确定减速器的具体规格，对于大型减速器还需要进行热平衡校核。校核减速器规格的主要步骤是减速器的功率校核→减速器的热平衡校核→减速器轴伸部位的强度校核，有关的校核方法可以参考相关技术资料。

关于减速器的设计可查阅参考文献［49］、［54］或有关书籍。

18-2 变 速 器

拓展资源

减速器是传动比固定不变的传动装置。但在许多情况下，机器需要在工作过程中根据不同的要求随时改变速度，如汽车要根据具体情况改变行驶速度；机床要根据被加工零件的具体情况调整主轴转速以达到最有利的切削速度。变速器就是能随时改变传动比的传动机构。它一般是一台机器整个传动系统的一部分，很少作为独立的传动装置使用，所以也常称其为变速机构。变速器可分为有级变速器（或分级变速器）和无级变速器两大类。前者的传动比只能按既定的设计要求通过操纵机构分级进行改变，而后者的传动比则可在设计预定的范围内无级地进行改变。

本节介绍几种常用变速器的变速原理及特点。

1. 有级变速器

（1）塔轮变速器

如图 18-1a 所示，两个塔形带轮分别固定在轴I、II上，传动带可在带轮上移换三个不同位置。由于两个塔形带轮对应各级的直径比值不同，所以当轴I以固定不变的转速旋转时，通过移换带的位置可使轴II得到三个不同的转速。这种变速器较多采用平带传动，也可用 V 带传动。其特点是传动平稳，结构简单，但尺寸较大，变速不方便。

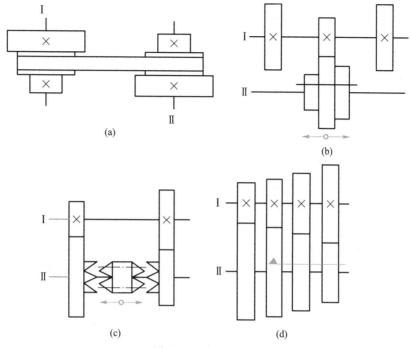

图 18-1 有级变速器

（2）滑移齿轮变速器

如图 18-1b 所示，三个齿轮固连在轴I上，一个三联齿轮由导向花键连接在轴II上。这个三联齿轮可移换左、中、右三个位置，使传动比不同的三对齿轮分别啮合，因而主动轴I转速不变时，从动轴II可得到三个不同的转速。这种变速器变速方便，结构紧凑，传动效率高，应用广泛。

（3）离合器式齿轮变速器

如图 18-1c 所示，固定在轴I上的两个齿轮与空套在轴II上的两个齿轮保持经常啮合。轴II上装有牙嵌式离合器，轴上两齿轮在靠离合器一侧的端面上有能与离合器牙齿相啮合的齿组。当离合器向左或向右移动并与齿轮接合时，齿轮才通过离合器带动轴II同步回转。因此，当轴I以固定的转速旋转时，轴II可获得两种不同的转速。这种变速器的最大特点是可以采用斜齿轮或人字齿轮，使传动平稳。若采用摩擦式离合器，则可在运转中变速。其缺点是齿轮处于常啮合状态，磨损较快，离合器所占空间较大。

（4）拉键式变速器

如图 18-1d 所示，有 4 个齿轮固定连接在轴I上，另 4 个齿轮空套在轴II上，两组齿轮成对地处于常啮合状态。轴II上装有拉键，当拉键沿轴向移动到不同位置时，可使轴I上的某一齿轮与轴II上对应的齿轮传递载荷，从而变换轴I、II间的传动比，使轴II得到不同转速。这种变速器的特点是，结构比较紧凑，但拉键的强度、刚度通常较低，因此不能传递较大的转矩。

2. 无级变速器

为了获得最合适的工作速度，机器通常应能在一定范围内任意调整其转速，这就需要使用无级变速器。实现无级变速的方法有机械、电气（如利用变频器使交流电动机的转速作连续变化）和液动（如液动机调速）。这里只介绍机械无级变速器，以下简称无级变速器。机械无级变速器主要依靠摩擦轮（或摩擦盘、球、环等）传动原理，通过改变主动件和从动件的传动半径，使输出轴的转速可以无级变化。机械无级变速器的类型很多，下面仅举几例略做说明。

（1）滚轮－平盘式变速器

如图 18-2a 所示，主动滚轮与从动平盘用弹簧压紧，工作时靠接触处产生的摩擦力传动，传动比 $i=\dfrac{r_2}{r_1}$。当操纵主动滚轮作轴向移动，即可改变 r_2，从而实现无级变速。这种无级变速器结构简单，制造方便。但因存在较大的相对滑动，所以磨损严重，不宜用于传递大功率。

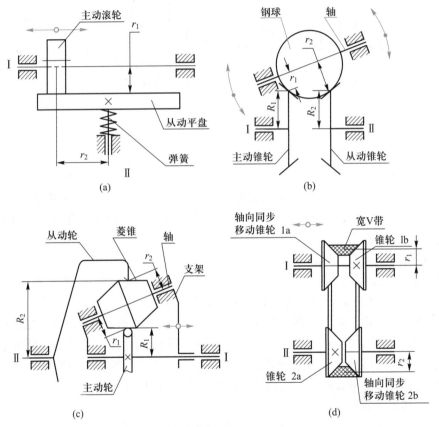

图 18-2 机械无级变速器

（2）钢球无级变速器

如图 18-2b 所示，这种变速器主要由两个锥轮和一组钢球（通常为 6 个）组成。主、从动锥轮分别装在轴Ⅰ、Ⅱ上，钢球被压紧在两锥轮的工作锥面上，并可在轴上自由转动。工作时，主动锥轮依靠摩擦力带动钢球绕轴旋转，钢球同样依靠摩擦力带动从动锥轮转动。轴Ⅰ、Ⅱ传动比 $i=\dfrac{r_1}{R_1}\dfrac{R_2}{r_2}$，由于 $R_1=R_2$，所以 $i=\dfrac{r_1}{r_2}$。调整支承轴的倾斜角与倾斜方向，即可改变钢球的传动半径 r_1 和 r_2，从而实现无级变速。这种变速器结构简单，传动平稳，相对滑动小，结构紧凑，但钢球加工精度要求高。

（3）菱锥无级变速器

如图 18-2c 所示，轴上的菱锥（通常为 5～6 个）被压紧在主、从动轮之间。轴支承在支架上，其倾斜角度是固定的。工作时，主动轮靠摩擦力带动菱锥绕轴旋转，菱锥又靠摩擦力带动从动轮旋转。轴Ⅰ、Ⅱ间传动比 $i = \dfrac{r_1}{R_1} \dfrac{R_2}{r_2}$，水平移动支架时，可改变菱锥的传动半径 r_1、r_2，从而实现无级变速。

（4）宽 V 带无级变速器

如图 18-2d 所示，在主动轴Ⅰ和从动轴Ⅱ上分别装有锥轮 1a、1b 和 2a、2b，其中锥轮 1b 和 2a 分别固定在轴Ⅰ和轴Ⅱ上，锥轮 1a 和 2b 可以沿轴Ⅰ、Ⅱ同步同向移动。宽 V 带套在两对锥轮之间，工作时如同 V 带传动，传动比 $i = \dfrac{r_2}{r_1}$。通过轴

拓展资源

向同步移动锥轮 1a 和 2b，可改变传动半径 r_1 和 r_2 的大小，从而实现无级变速。

靠摩擦传动的无级变速器的优点是：构造简单；过载时可利用摩擦传动元件间的打滑而避免损坏机器；运转平稳、无噪声，可用于较高转速的传动；易于平缓连续地变速；有些（如上述的后 3 种）无级变速器可在较大的变速范围内具有传递恒定功率的特性，这是电气无级变速器和液压无级变速器所难以达到的。但其缺点是：不能保证精确的传动比；承受过载和冲击能力差；传递大功率时结构尺寸过大；轴和轴承上的载荷较大。另外，各种机械无级变速器的变速范围都比较小，一般大约为 $\dfrac{i_{\max}}{i_{\min}} = 10$。为了扩大变速范围，可将无级变速器与有级变速器串联使用。

关于无级变速器的设计方法可参看参考文献 [50]、[51] 或有关书籍。

18-3 摩擦轮传动简介

由上可知，机械无级变速器大多是依靠摩擦轮传动来实现无级变速的。但必须说明，摩擦轮传动除了在机械无级变速器中广泛采用外，在锻压、起重、运输、机床、仪表等设备中也常用到。传递的功率可从很小到数百千瓦，常用的为 10 kW 左右；传动比可达 15，常用的一般小于 5。

摩擦轮传动的基本形式可分为圆柱平摩擦轮传动（图 18-3a）、圆柱槽摩擦轮传动（图 18-3b）和圆锥摩擦轮传动（图 18-3c 为圆锥摩擦轮传动在摩擦压力机中的应用）。此外，还有在基本形式上的某些变形，例如图 18-2a、b、c 所示。

由于摩擦轮传动工作时是依靠主、从动轮接触部位产生的摩擦力（圆周力）来传递转矩的，所以两轮必须事先相互压紧（压紧力 F_p 见图 18-3a），传动时，两轮上产生摩擦力 F_f 和驱动力 F。而且传动时不可避免地要产生弹性滑动（全金属摩擦轮传动中弹性滑动很小），过载时还会出现打滑；对于如图 18-2a 所示的传动形式，由于主动轮沿轮缘宽度与从动轮不同直径的轮面相接触，还要产生几何滑动。圆柱槽摩擦轮传动工作时，沿各轮槽的接触线上只可能在一个接触点处两轮的圆周速度相等（该点即为节点），其他各接触点处都要产生几何滑动。显然，不论采用哪种传动形式，它的主要失效形式是接触疲劳、过

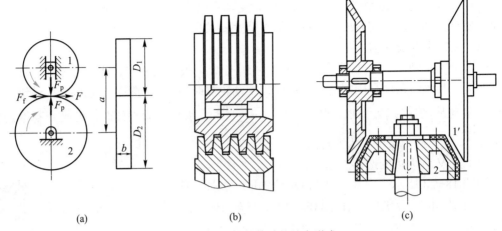

(a)　　　　　　　　(b)　　　　　　　　(c)

图 18-3　摩擦轮传动的基本形式

度磨损或打滑（为了能起过载保护作用而出现的短暂打滑除外），设计时应针对上述失效形式建立相应的计算准则。由上述情况可知，对摩擦轮传动材料副的选择至关重要。对摩擦轮材料（包括在轮芯上的覆面材料）的主要要求和目的如下：

1）接触疲劳强度高，耐磨性好，以便延长工作寿命；

2）弹性模量大，以便减小弹性滑动和功率损耗；

3）摩擦因数大，以便在满足所需摩擦力的前提下，降低所需的压紧力，从而减小工作面上的接触应力、磨损量、发热量以及轴与轴承上的载荷，避免当压紧力过大时需要附加卸载装置（例如在圆柱平摩擦轮传动的两轮外，紧套上一个以两倍中心距为内径的卸载环）。

摩擦轮传动设计的步骤是：首先选定传动形式和摩擦轮材料副，然后通过强度计算定出摩擦轮的主要尺寸，最后进行合理的结构设计。

关于摩擦轮传动较详细的说明可参看参考文献［6］、［8］、［9］。

量的名称（常用符号）	单位名称	单位符号	其他表示	换算关系
力；重力 （F, P, W, G）	牛［顿］	N	kg·m/s²	1 N（≈0.1 kgf）[①]
力矩，转矩（扭矩） （M, T）	牛［顿］米	N·m		1 N·m（≈0.1 kgf·m）[①]
压力、压强[②]，应力 （p, σ, τ）	帕［斯卡］	Pa	N/m²	1 Pa=10^{-3} kPa=10^{-6} MPa ［≈10^{-5} kgf/cm²≈（1/101 325）atm］[①]
能量，功，热量 （E, W, Q）	焦［耳］	J	N·m	1 J［≈（1/4.187）cal］[①]
功率（P）	瓦［特］	W	J/s	1 W=10^{-3}kW（≈1.36×10^{-3} P.S.）[①]
温度（t, t_a）	摄氏度	℃		
体积（V）	升	l，L		1 L=10^{-3} m³
密度[③]（γ, ρ）	千克每立方米	kg/m³		1 kg/m³=10^{-3} g/cm³
平面角 （α, β, γ, δ, φ, ψ, θ）	弧度 度	rad （°）		1 rad=180°/π 1°=60′=3 600″=（π/180）rad
（线）速度，圆周速度 （v, V, u, U）	米每秒	m/s		
加速度，重力加速度 （a, g）	米每二次方秒	m/s²		
旋转速度 （n）	转每分	r/min		1 r/min=（π/30）rad/s
角速度 （ω）	弧度每秒	rad/s		1 rad/s=（30/π）r/min
黏度[④] （η, v）	帕［斯卡］秒	Pa·s	N·s/m²	1 Pa·s［≈10 P（泊）=10^3 cP （厘泊）］[①]
频率 （f）	赫［兹］	Hz		1 Hz=1 s⁻¹
热导率（导热系数） （κ）	瓦［特］ 每米摄氏度	W/ （m·℃）		1 W/(m·℃)［≈0.86 kcal/ (m·h·℃)］[①]
表面传热系数 （α）	瓦［特］ 每平方米摄氏度	W/ （m²·℃）		1 W/(m²·℃)［≈0.86 kcal/ (m²·h·℃)］[①]

续表

量的名称（常用符号）	单位名称	单位符号	其他表示	换算关系
比热容 （c）	焦［耳］ 每千克摄氏度	J/ （kg·℃）		1 J/（kg·℃）［≈4 200 kcal/（kg·℃）］ ①

① 暂时用于对废除单位的换算。

② 压力、压强的单位均为单位面积上的力，本书均使用压力。

③ "相对密度"定义为"在所规定的条件下，某物质的密度（单位为 kg/m³）与参考物质的密度之比"。它是一个量纲为一的量。在未指明参考物质时，均指 4℃的蒸馏水。

④ 单独说黏度时，均指动力黏度 η（或绝对黏度）。运动黏度 ν 均应以 m²/s 为单位，即 1 St（斯）=10⁻⁴ m²/s=100 cSt（厘斯）。我国惯用的相对黏度（或条件黏度）为恩氏黏度，单位为°E_t。各种黏度的换算关系见 4-3 节。

［1］濮良贵，陈国定，吴立言. 机械设计［M］. 9 版. 北京：高等教育出版社，2013.

［2］濮良贵，陈国定，吴立言. 机械设计［M］. 8 版. 北京：高等教育出版社，2006.

［3］濮良贵，纪名刚. 机械设计［M］. 6 版. 北京：高等教育出版社，1996.

［4］濮良贵. 机械设计［M］. 5 版. 北京：高等教育出版社，1989.

［5］濮良贵. 机械零件［M］. 4 版. 北京：高等教育出版社，1982.

［6］濮良贵. 机械零件［M］. 3 版. 北京：人民教育出版社，1962.

［7］濮良贵. 机械零件［M］. 北京：人民教育出版社，1960.

［8］吴宗泽. 机械设计［M］. 2 版. 北京：高等教育出版社，2008.

［9］邱宣怀. 机械设计［M］. 4 版. 北京：高等教育出版社，1997.

［10］库德里亚采夫 B H. 机械零件［M］. 汪一麟，等译. 北京：高等教育出版社，1985.

［11］希格利 J E，米切尔 L D. 机械工程设计［M］. 全永昕，余长庚，汝元功，等译. 北京：高等教育出版社，1981.

［12］扎布隆斯基 K H. 机械零件［M］. 余梦生，等译. 北京：高等教育出版社，1992.

［13］HINDHEDE I, HINDHEDE U. Machine Design Fundamentals: a Practical Approach ［M］. New York: Wiley, 1983.

［14］ORLOV P. Fundamentals of Machine Design. Moscow: Mir Pub., 1987.

［15］伯尔 A H. 机械分析与机械设计［M］. 汪一麟，等译. 北京：机械工业出版社，1988.

［16］JUVINALL R C. Engineering Considerations of Stress, Strain and Strength［M］. New York: McGraw Hill, 1967.

［17］SORS L. Fatigue Design of Machine Components［M］. Oxford: Pergamon Press, 1971.

［18］谢联先 C B. 机械零件的承载能力和强度计算［M］. 汪一麟，等译. 北京：机械工业出版社，1984.

［19］王步瀛. 机械零件强度计算的理论和方法［M］. 北京：高等教育出版社，1986.

［20］COLLACOTT R A. Mechanical Fault Diagnosis and Condition Monitoring［M］. London: Chapman and Hall, 1977.

［21］温诗铸，黄平，田煜，等. 摩擦学原理［M］. 5 版. 北京：清华大学出版社，2018.

［22］王振廷，孟君晟. 摩擦磨损与耐磨材料［M］. 哈尔滨：哈尔滨工业大学出版社，2013.

［23］刘正林. 摩擦学原理［M］. 北京：高等教育出版社，2009.

［24］朱旻昊，蔡振兵，周仲荣. 微动磨损理论［M］. 北京：科学出版社，2021.

［25］巴鹏，马春峰，张秀珩. 机械设备润滑基础及技术应用［M］. 沈阳：东北大学出版

社，2020.

［26］钱林茂，田煜，温诗铸. 纳米摩擦学［M］. 北京：科学出版社，2013.

［27］卜炎. 螺纹联接设计与计算［M］. 北京：高等教育出版社，1995.

［28］山本晃. 螺纹联接的理论与计算［M］. 郭可谦，等译. 上海：上海科学技术文献出版社，1984.

［29］KOLLMANN F G. Rotating Elasto-Plastic Interference Fits［J］. Journal of Mechanical Design, 1981, 103(1): 61−66.

［30］涂铭旌，鄢文彬. 机械零件失效分析与预防［M］. 北京：高等教育出版社，1993.

［31］PATTON W J. Mechanical Power Transmission［M］. New Jersey: Printice-Hall, 1980.

［32］弗罗尼斯. 设计学：传动零件［M］. 王汝霖，等译. 北京：高等教育出版社，1988.

［33］全国带轮与带标准化技术委员会，中国质检出版社第三编辑室. 零部件及相关标准汇编：带传动卷［M］. 北京：中国质检出版社，2011.

［34］全国链传动标准化技术委员会，中国标准出版社第三编辑室. 零部件及相关标准汇编：链传动卷［M］. 北京：中国标准出版社，2008.

［35］齿轮手册编委会. 齿轮手册［M］. 2 版. 北京：机械工业出版社，2000.

［36］仙波正庄. 齿轮强度计算［M］. 姜永，等译. 北京：化学工业出版社，1984.

［37］秦大同，谢里阳. 现代机械设计手册［M］. 2 版. 北京：化学工业出版社，2019.

［38］全国齿轮标准化技术委员会，中国标准出版社. 零部件及相关标准汇编：齿轮与齿轮传动卷［M］. 北京：中国标准出版社，2012.

［39］陈谌闻. 圆弧齿圆柱齿轮传动［M］. 北京：高等教育出版社，1995.

［40］机械设计手册编委会. 机械设计手册：滑动轴承［M］. 北京：机械工业出版社，2007.

［41］张直明. 滑动轴承的流体动力润滑理论［M］. 北京：高等教育出版社，1986.

［42］张鹏顺，陆思聪. 弹性流体动力润滑及其应用［M］. 北京：高等教育出版社，1995.

［43］成大先. 机械设计手册［M］. 6 版. 北京：化学工业出版社，2016.

［44］洛阳轴承研究所. 滚动轴承产品样本［M］. 北京：中国石化出版社，2000.

［45］王振华. 实用轴承手册［M］. 2 版. 上海：上海科学技术文献出版社，1996.

［46］余俊. 滚动轴承计算：额定负荷、当量负荷及寿命［M］. 北京：高等教育出版社，1993.

［47］花家寿. 新型联轴器与离合器［M］. 上海：上海科学技术出版社，1989.

［48］舒荣福，王秀凤. 矩形钢丝圆柱螺旋弹簧的简化设计法［J］. 机械科学与技术，1997，16（2）：245−248.

［49］《减速器实用技术手册》编辑委员会. 减速器实用技术手册［M］. 北京：机械工业出版社，1992.

［50］余茂祉. 摩擦无级变速器［M］. 北京：高等教育出版社，1986.

［51］阮忠唐. 机械无级变速器［M］. 北京：机械工业出版社，1988.

［52］章日晋，等. 机械零件的结构设计［M］. 北京：机械工业出版社，1987.

［53］吴宗泽. 机械结构设计准则与实例［M］. 北京：机械工业出版社，2006.

［54］吴宗泽，罗圣国，高志，等. 机械设计课程设计手册［M］. 5 版. 北京：高等教育出版社，2018.

［55］吴宗泽，黄纯颖. 机械设计习题集［M］. 3 版. 北京：高等教育出版社，2002.

［56］许尚贤. 机械设计中的有限元法［M］. 北京：高等教育出版社，1992.

［57］黄纯颖. 工程设计方法［M］. 北京：中国科学技术出版社，1989.

［58］约翰逊 R C. 机械设计综合：创造性设计与最优化［M］. 陈国贤，等译. 北京：机械工业出版社，1987.

［59］伊藤广. 未来机械设计［M］. 徐风燕，译. 北京：人民交通出版社，1992.

［60］濮良贵，纪名刚. 机械设计学习指南［M］. 4 版. 北京：高等教育出版社，2001.

［61］周开勤. 机械零件手册［M］. 5 版. 北京：高等教育出版社，2001.

［62］岑军健. 非标准机械设计手册［M］. 北京：国防工业出版社，2008.

［63］闻邦椿. 机械设计手册［M］. 6 版. 北京：机械工业出版社，2018.

［64］《紧固件连接设计手册》编写委员会. 紧固件连接设计手册［M］. 北京：国防工业出版社，1990.

［65］汝元功，唐照民. 机械设计手册［M］. 北京：高等教育出版社，1995.

［66］洛阳矿山机械研究所，等. 国际齿轮装置与传动会议论文选［M］. 北京：机械工业出版社，1977.

［67］Zhang Y H, Cao J J, Liu B B. The Study Status of the Key Techniques about the Toroidal Drive［C］//IFTOMM Asian conference on mechanism and machine science, December 16-17, 2016. New Delhi: Springer, 2017.

［68］LOEWENTHAL S H, ANDERSON N E, ROHN D A. Evaluation of a High Performance Fixed-Ratio Traction Drive［J］. Journal of Mechanical Design, 1981, 103(2): 410-417.

［69］成大先. 机械设计图册：第 1 卷［M］. 北京：化学工业出版社，2000.

［70］虞烈. 可控磁悬浮转子系统［M］. 北京：科学出版社，2003.

［71］全国弹簧标准化技术委员会，中国标准出版社第三编辑室. 零部件及相关标准汇编：弹簧卷［M］. 北京：中国标准出版社，2009.

想了解有关机构和通用机械零部件设计的基本理论问题及内容吗？想了解机械机构的组成、表达及其分析与设计的原理及方法吗？想了解通用机械零部件的基本设计原理及方法吗？如何进行机械机构的结构、运动及动力学分析？如何掌握机械中常用机构运动及传力性能分析与设计理论及方法？如何掌握连接零件、传动零件和轴系零件的结构与强度设计基本理论及方法？如何实施机械系统运动方案设计和机械结构设计与实践？让本系列书来帮你解惑答疑吧！

本系列书分为机械原理和机械设计两套，每套都包含获得首届教材建设奖的专业基础教材，主教材系统严密、叙述清晰，充分将成熟的新技术、新成果和新观念融合为一体；系列教材还配套有学习指南、作业集、课程设计，以及类型丰富、紧密配合课程内容的各类多媒体教学资源。

本系列书是机械专业考研推荐用书。通过系统学习本套教材，可以全面了解和掌握常用机构和通用零部件设计的基本理论和方法。只要将书中知识融会贯通，你就会拥有不断创新的底气，更有信心迎接中国制造2025！

机械原理（第九版）
主编：孙桓 葛文杰
ISBN: 978-7-04-055589-9

机械原理学习指南（第五版）
主编：陈作模
ISBN: 978-7-04-023116-8

机械原理作业集（第四版）
主编：葛文杰
ISBN: 978-7-04-055724-4

机械设计学习指南（第四版）
主编：濮良贵 纪名刚
ISBN: 978-7-04-009351-3

机械设计作业集（第五版）
主编：李育锡 李洲洋
ISBN: 978-7-04-054229-5

机械设计课程设计（第三版）
主编：李育锡 董海军
ISBN: 978-7-04-054448-0

机械设计基础（第四版）
主编：李育锡 苏华
ISBN: 978-7-04-049572-0